Mediation und Verhandlungsführung

Systemische Organisationsberatung und Aktionsforschung

Band 4

Schriftenreihe des Instituts für systemische Aktionsforschung

herausgegeben von Siegfried Rosner

Siegfried Rosner / Andreas Winheller

Mediation und Verhandlungsführung

Theorie und Praxis des wertschöpfenden Verhandelns – nicht nur in Konflikten

Rainer Hampp Verlag München und Mering 2012

Bibliografische Information der Deutschen Nationalbibliothek

Die Deutsche Nationalbibliothek verzeichnet diese Publikation in der Deutschen Nationalbibliografie; detaillierte bibliografische Daten sind im Internet über http://dnb.d-nb.de abrufbar.

ISBN 978-3-86618-820-4 (print)
ISBN 978-3-86618-920-1 (e-book)
Systemische Organisationsberatung und Aktionsforschung: ISSN 1864-709X
DOI 10.1688/9783866189201
1. Auflage, 2012

Umschlaggrafik: „Galileo 2012" von Christopher Will – www.christopher-will.de

Marktplatz 5 D – 86415 Mering

www.Hampp-Verlag.de

∞ *Dieses Buch ist auf säurefreiem und chlorfrei gebleichtem Papier gedruckt.*

Liebe Leserinnen und Leser!
Wir wollen Ihnen ein gutes Buch liefern. Wenn Sie aus irgendwelchen Gründen nicht zufrieden sind, wenden Sie sich bitte an uns.

Dieses Buch widmen wir

Roger Fisher

(1922-2012)

Samuel Williston Professor of Law, Harvard Law School

Pionier der Verhandlungswissenschaft,

inspirierender Lehrer,

Botschafter der gewaltfreien Konfliktlösung.

I Vorwort

„Die Kunst des Verhandelns ist so wichtig, dass das Schicksal der bedeutendsten Staaten oft von der guten oder schlechten Verhandlungsführung und vom Grad der Fähigkeiten der damit beauftragten Unterhändler abhängt."

(**Francois de Calliéres**, französischer Diplomat (1645-1717), der Begründer der Europäischen Verhandlungslehre in seinem berühmten Werk *De la Maniere de Nègocier avec le Souverains*)

Professionelles Verhandeln ist seit mehr als 15 Jahren unser gemeinsamer Interessenschwerpunkt. Besonders fasziniert uns, dass die Verhandlung, wenn man genau hinschaut, *das alltägliche und universelle Koordinationsinstrument*[1] im privaten, politischen und geschäftlichen Bereich ist und deshalb in ihrer Bedeutung kaum überschätzt werden kann. „Like it or not, you are a negotiator [...] Everyone negotiates something every day.", so beginnt das wohl einflussreichste Verhandlungsbuch aller Zeiten *Getting to YES* von ROGER FISHER, WILLIAM URY und BRUCE PATTON[2]. Und da ist es nur logisch, dass durch eine Verbesserung der Verhandlungsperformance im privaten Kontext Beziehungen besser werden, im geschäftlichen Kontext nachhaltigere Profite erzielt werden und im politischen Kontext die Vision einer friedlicheren Welt Realität werden könnten.

Wir haben uns im Mai 2001 kennengelernt, als Siegfried Rosner sein Seminar „*Partnerorientierte Gesprächs- und Verhandlungsführung*" für die AKADEMIE MANAGEMENT UND POLITIK[3] durchgeführt hatte, in dessen Mittelpunkt das sogenannte „Harvard-Konzept" zum sachbezogenen Verhandeln stand. Dieser Ansatz, dass es neben der halbgaren deutschen Ratgeberliteratur der damaligen Zeit eine Verhandlungslehre auf wissenschaftlichem Niveau gibt, hat Andreas Winheller sofort fasziniert.

---

[1] LEIGH L. THOMPSON, eine der einflussreichsten Verhandlungswissenschaftlerinnen, bezeichnet das Verhandeln als „your key communication and influence tool" (THOMPSON 2009, S. 2).

[2] Die deutsche Ausgabe trägt den Titel „Das Harvard-Konzept" (FISHER/URY/PATTON 2009).

[3] Dieses Seminar wird nach wie vor regelmäßig angeboten: Informationen unter www.fes-mup.de.

Kein halbes Jahr später konnte er diesen Ansatz bei einem Forschungsaufenthalt am *Program on Negotiation* (PON) an der Harvard Law School vertiefen, wo er eine Weiterbildung zum „Negotiation Instructor" machte. Viele weitere Aufenthalte in Harvard und an der *Kellogg School of Management*, Northwestern University, folgten. Mitgebracht hat er viele Impulse u.a. von William Ury, Bruce Patton, Richard Mnookin, David Lax, Michael Wheeler, Lawrence Susskind, Michael Watkins, Guhan Subramanian, Leigh Thompson, Jeanne Brett und Keith Murnighan und eine neue Trainingsmethodik, die in Harvard entwickelt wurde und auf der Idee des „Action Learning" beruht.

Da Theorie und Trainingsmethodik ideal zu den Fragen passte, die Siegfried Rosner mit seinem wissenschaftlichen Hintergrund aus Soziologie, System-, Konflikt- und Kommunikationstheorie und seiner langjährigen Trainings- und Beratungspraxis ohnehin beschäftigten, entstand die Idee zu einem gemeinsamen Seminar für die Akademie Management und Politik, das Inhalte und Trainingsmethodik des Harvard Konzeptes auf aktuellstem Stand vermittelt. Dieses Seminar „*Verhandlungstraining - intensiv*" gibt es seit 2003 (bis 2007 gemeinsam geleitet, seitdem von Andreas Winheller alleine). Seit dieser Zeit arbeiten die Verfasser in vielfältigen Projekten – mal alleine, mal gemeinsam – in Training und Coaching an dieser Thematik weiter.

Einen weiteren Schub erhielt unser kollegialer Austausch durch das *Masterstudium Mediation an der FernUniversität Hagen*, die erste universitäre Mediationsausbildung in Deutschland, das beide Verfasser absolvierten. Damit geriet insbesondere auch das mediative Verhandeln stärker in unseren gemeinsamen Fokus. Auch die *Systemischen Strukturaufstellungen (SySt®)*, eine innovative Methode auf Grundlage von systemtheoretischen und philosophischen Konzepten, die Siegfried Rosner bei Matthias Varga von Kibed und Insa Sparrer erlernen durfte, und die seitdem seinen Forschungsschwerpunkt darstellte und in mehreren eigenen Veröffentlichungen dargestellt wurde, haben uns gemeinsam inspiriert.[4] Nach anfänglicher Skepsis wurde Andreas Winheller so von den Möglichkeiten dieses neuen Ansatzes überzeugt, dass auch er eine Weiterbildung in SySt® bei Varga von Kibed und Sparrer absolvierte.

Unsere weiteren gemeinsamen Wurzeln sind die systemischen Beratungsansätze, die angewandte Typologie (Team-Management-System u.a.), das Neurolinguistische Program-

[4] z.B. „Systeme in Szene gesetzt" (ROSNER 2006) und „Systemaufstellung als Aktionsforschung" (ROSNER 2007).

mieren (NLP), die Themenzentrierte Interaktion (TZI), die Transaktionsanalyse (TA) sowie die humanistische Psychologie.

Bei allen diesen Ansätzen liegt unser gemeinsames Interesse in der wissenschaftlich fundierten Arbeit. Unser Anspruch ist es, nicht nur „Tools" und Praxistipps zu bieten, sondern gleichzeitig die theoretischen Hintergründe zu erläutern und Verbindungslinien zwischen den verschiedenen Ansätzen aufzuzeigen. Denn eines war uns beiden immer suspekt: Wenn im Weiterbildungs- bzw. Mediationsmarkt „Jünger" oder „Gurus" irgendeiner „Schule" ein bestimmtes Modell zur Ersatzreligion hochstilisieren und die Welt nur noch durch diese eine Brille betrachten. Das Ergebnis sind Bücher oder Seminare wie „Verhandeln mit NLP" oder „Erfolgreiche Kommunikation mit TA".

Als überzeugte Konstruktivisten[5] glauben wir nicht an die „wahre Auffassung" oder die „richtige Lösung" für komplexe Probleme, sondern daran, dass jeder Ansatz, jede Schule, jedes Modell einen anderen Ausschnitt der Wirklichkeit zeigt und – frei nach Platons Höhlengleichnis – erst der Abgleich der unterschiedlichen Ansätze zu einer einigermaßen nützlichen Erkenntnis über die Welt und soziale Prozesse führt. Wir sind der festen Überzeugung, dass die Integration der verschiedensten Perspektiven nicht nur die beste Performance ermöglicht, sondern Kernelement mediativen Verständnisses sein sollte.

Dieser Prozess ist gerade in einer sehr spannenden Phase. Langsam entwickelt sich ein Kanon im Bereich der Verhandlungswissenschaft[6] und der Mediationswissenschaft[7]. In diesen Diskussionsprozess wollen wir unsere Ideen mit diesem Buch einfließen lassen. So haben wir uns insbesondere bemüht, Beiträge zu einer genaueren Begriffsklärung von Begriffen wie „Verhandlung", „Verhandlungsperformance, „Fairness" sowie „Win-Win" (vgl. Kapitel 2.3) zu liefern.

---

[5] Zum methodologischen Spannungsfeld zwischen „konstruktivistischem" und „naturalistischem" Paradigma bei allen erfahrungswissenschaftlich basierten „Aktionsmethoden" (wie z.B. Aufstellungsverfahren, Organisationsentwicklung, Verhandlungscoaching, Konfliktberatung) vgl. auch ROSNER 2008, S. 280ff.

[6] HONEYMAN/KUPFER SCHNEIDER 2006, S. 1ff. stellen in dem von Ihnen für die American Bar Association herausgegebenen *Negotiator's Fieldbook* fest: „A Canon of Negotiation Begins to emerge".

[7] Vgl. HAFT/SCHLIEFFEN 2009 mit dem „Handbuch Mediation", das in zweiter Auflage vorliegt und die Beiträge nahezu aller wichtigen deutschen Mediationswissenschaftler zusammenführt.

Dabei ist es uns ein großes Anliegen, Anregungen möglichst vieler wissenschaftlicher Disziplinen aufzunehmen und sowohl die deutsche als auch die amerikanische Literatur zusammenbringen. Wir hoffen dabei für den interessierten Leser auch das ein oder andere Schätzchen ausgegraben zu haben, das bislang in der deutschen Literatur eher selten thematisiert wird. Das betrifft z.B. die wahre „Erfinderin" des interessenorientierten Verhandlungsansatzes (vgl. Kapitel 1.3.2), den echten Urheber des „Orangen-Gleichnisses" (vgl. Kapitel 2.3), das in Deutschland meist fälschlich Fisher/Ury/Patton zugeschrieben wird, sowie den Erfinder des Rollenverhandelns (vgl. Kapitel 1.3.2), das insbesondere in der Organisationsmediation immer wichtiger wird.

Wir haben in unserer Zusammenarbeit immer wieder erlebt, wie gerade aus unterschiedlichen Perspektiven etwas ganz Neues, etwas qualitativ Anderes (und Wirksameres) entstehen kann, als es jeder Einzelne vermocht hätte. Das ist das Phänomen der *Wertschöpfung*, dem wir dieses Buch widmen. Gäbe es nur Kompromisse und keine wertschöpfenden Verhandlungslösungen, so wäre die Welt ein feindseliger und antagonistischer Ort. Je länger wir uns mit den wissenschaftlichen Hintergründen und praktischen Voraussetzungen von wertschöpfenden Verhandlungslösungen beschäftigen (vgl. Kapitel 2.3.), desto mehr beginnen wir an die Vision des Verhandlungspioniers *Roger Fisher* zu glauben, dass die Welt durch eine Professionalisierung und Optimierung der Verhandlungsprozesse tatsächlich friedfertiger und lebenswerter werden kann. Kurz vor Fertigstellung des Manuskripts verstarb Roger Fisher. Dieses Buch widmen wir ihm.

Ein *Dank* geht an die *Mitglieder des AK Mediation der ASJ Rheinland-Pfalz*. Den intensiven Beratungen mit Markus A. Becker, Karin Hanel, Dominik Hoffmann, Ralf Kaiser, Denis Kittl, Mona Müller und Jörg Städing verdankt Andreas Winheller viele Einsichten in die Prozessqualität des mediativen Verhandelns. Manche unserer Thesen sind im Diskurs in diesem Arbeitskreis gefestigt worden.

Ein *besonderer Dank* gilt unserem Trainerkollegen *Denis Kittl*, mit dem wir in vielen Projekten gemeinsam am Thema Verhandlungsperformance arbeiten durften. Viele Einsichten verdanken wir dem fachlichen Austausch mit Denis, der zudem das Manuskript Korrektur gelesen und uns wertvolle Hinweise zur Weiterentwicklung gegeben hat. Zudem danken wir *Nadya Konrad* und *Christian Wermke* für ihre Endkorrektur.

Nicht zuletzt wollen wir *unseren Familien* für die große Unterstützung und das Verständnis für die Einschränkungen, die das Schreiben eines solchen Buches erfordert danken. Zeitmanagement ist in unserem Beruf immer Mangelverwaltung. Sigis Familie hat damit schon länger Erfahrung, für Andreas Familie war es das erste solche Projekt – wir nehmen das nicht als selbstverständlich hin, sondern sind jedesmal wieder dankbar, dass Ihr uns ermöglicht, unsere Visionen zu verfolgen.

Vorab danken wir allen unseren Leserinnen[8] und Lesern, die uns ein Feedback zu diesem Buch im Allgemeinen oder zu einzelnen Ideen geben möchten. Wir wissen, dass der Verhandlungsprozess zu komplex ist, als dass es einfache „Wahrheiten" geben könnte. Umso interessierter sind wir daran, unsere Perspektiven und Modelle im Diskurs mit Praktikern und mit Wissenschaftlern weiterzuentwickeln, um diesen faszinierenden sozialen Prozess noch besser verstehen zu lernen.

Den Titel dieses Buches ziert eine Zeichnung von Galileo Galilei des Mainzer Künstlers *Christopher Will.* Wir möchten in diesem Buch jedem Skeptiker des wertschöpfenden Verhandelns bzw. von Win-Win-Lösungen aufzeigen, dass für ihn nach der Lektüre dieses Buches unausweichlich eine „Galileo-Entscheidung" ansteht (siehe Kapitel 2.3.4.5).

Dr. Siegfried Rosner

s.rosner@rosner-consult.de

München

Andreas Winheller

a.winheller@verhandlungsperformance.de

Mainz

[8] Wir wissen, dass Frauen weder die schlechteren Verhandler noch die schlechteren Mediatoren sind. Wenn in diesem Buch dennoch Personen ausschließlich in der männlichen Form benannt werden, ist dies ausschließlich der Tatsache geschuldet, dass wir noch keine Formulierung gefunden haben, die bei solchen Texten eine geschlechtergerechte Form mit hoher Lesbarkeit und Verständlichkeit verbindet. Wie so oft in der Mediation besteht auch hier ein Spannungsverhältnis zwischen Zielen und Beschränkungen unserer sprachlichen Möglichkeiten. Wir bitten unsere Leserinnen um Verständnis.

Inhaltsübersicht

Inhaltsverzeichnis

II Einleitung

Wurde noch 2002 zu Zeiten der ersten Auflage des *Handbuch Mediation* von HAFT und VON SCHLIEFFEN gewitzelt, Mediation würde in der Öffentlichkeit regelmäßig mit Medi*t*ation verwechselt und die Enttäuschung sei groß, wenn anstelle von Duftkerzen und innerer Einkehr trockene Konfliktgespräche angeboten würden,[9] so hat sich das Bild ein Jahrzehnt später gewendet. Neben einem von Jahr zu Jahr steigenden Angebot an originär deutscher Mediationsliteratur und einer kaum noch zu überschauenden Verbands- und Ausbildungsszene ist die Mediation sogar in der Politik angekommen: Der Deutsche Bundestag verabschiedete am 21. Juli 2012 ein *Mediationsgesetz*[10].

Viele die Mediation betreffenden Fragen sind in diesem Jahrzehnt intensiv diskutiert worden. Spannenderweise hat dabei gerade der Kern jeder Mediation, nämlich der Verhandlungsprozess, nach Auffassung der Verfasser noch nicht die Aufmerksamkeit erhalten, die er verdient hätte. FRITJOFT HAFT, der Mediation als „Unterstützung einer Verhandlung durch einen neutralen Helfer, der seine Tätigkeit als schlichte Dienstleistung begreift" definiert, hebt die Bedeutung der Verhandlung hervor:

> „Im Zentrum steht also die Verhandlung, nicht die Mediation. Dies zu betonen, ist wichtig, weil die Menschen dazu neigen, sich wichtiger zu nehmen, als sie sind. In dieser Gefahr befinden sich auch die Mediatoren."[11]

HANNELORE DIEZ schreibt zum mediativen Verhandeln in ihrem „Werkstattbuch Mediation": „Die juristische Literatur bietet eine Vielzahl von Abhandlungen und Kompendien zu Verhandlungsergebnissen, zu Verhandlungstheorien, zu Verhandlungsstrategien

[9] Wer diese Befürchtung für einen billigen Witz und eine Übertreibung hält, hat wohl wenig eigene Praxiserfahrungen als Mediationsanbieter. Andreas Winheller erhielt bereits *zweimal* entsprechende Anfragen von potentiellen „Kunden" als Rückmeldung auf eine in der Mainzer Stadtteilzeitung veröffentlichten Anzeige. Beide wollten „sich etwas Gutes tun" und „zu sich selbst finden" und waren ganz enttäuscht als sie hörten, dass ihnen ein Mediator dabei wohl nur helfen kann, wenn sie einen Konflikt und mindestens einen Konfliktpartner mitbringen können…

[10] Gesetz zur Förderung der Mediation und anderer Verfahren der außergerichtlichen Konfliktbeilegung (BGBl I, S. 1577).

[11] HAFT 2002 § 2 Rn. 1.

etc., aber wenig über die **Praxis des Verhandelns** (Hervorhebung d. Verf.)."[12] Weiter: In der Mediationsliteratur werde im Wesentlichen beschrieben, welche Vorteile die so genannten „Win-Win-Alternativen" oder die mediativen Verhandlungsergebnisse hätten, aber auch hier sei wenig darüber zu finden, wie mediatives Verhandeln genau geht (ebd.).

Dabei ist nicht nur die *Praxis* des mediativen Verhandelns durch die Fachliteratur nicht vollständig erschlossen, auch eine wissenschaftlichen Ansprüchen genügende Beschäftigung mit dem Verhandeln an und für sich kommt in Deutschland – insbesondere im Vergleich mit den USA – nur langsam voran;[13] in den letzten Jahren ist allerdings eine erfreuliche Entwicklung festzustellen.[14]

Einen Beitrag zur Fortentwicklung von Theorie und Praxis des mediativen Verhandelns zu schaffen, ist das Ziel dieses Buches.[15] Dazu soll zunächst systematisch an Entstehungsgeschichte und Verständnis des schillernden Begriffs „Mediation" angeknüpft und die Prozessqualität des mediativen Verhandelns anderen Verhandlungsprozessen gegenübergestellt werden (Kapitel 1), bevor die spezielle Bedeutung der Verhandlungsführung für Mediationen im Wirtschafts- und Organisationskontext – dem beruflichen Einsatzgebiet der Autoren – herausgearbeitet (Kapitel 2) und illustriert wird (in Kapitel 3 bis 5). Notwendig scheint es aber auch, Abgrenzungen (Kapitel 6) wie Verknüpfungen der Mediation zu weiteren Konfliktbearbeitungsformen wie Beratung, Organisationsentwicklung, systemischer Strukturaufstellungsarbeit und angewandter Typologie (Kapitel 7)

---

[12] DIEZ 2005, S. 145.

[13] Bereits im Jahr 1977 hatten CROTT/KUTSCHKER/LAMM ein beachtliches verhandlungswissenschaftliches Werk auf den deutschen Markt gebracht, das aber leider weder von Wissenschaft noch von Trainingspraxis oder Ratgeberliteratur hinreichend gewürdigt wurde. Erst mit dem Tübinger Projekt von *Fritjoft Haft* und mit GOTTWALD/HAFT 1993 begann die mühsame Entwicklung einer „evidenzbasierten" (statt „emminenzbasierten") Verhandlungslehre in Deutschland.

[14] Mit den Projekten von *Markus Voeth* (Uni Hohenheim) und *Horst Eidenmüller* (LMU München) gibt es jetzt zwei verhandlungswissenschaftlich beachtliche deutsche Institute, mit VOETH/HERBST 2009 sowie BÜHRING-UHLE/EIDENMÜLLER/NELLE 2009 gibt es zwei gute Verhandlungslehrbücher auch aus Deutschland. Die von Andreas Winheller übersetzten Original-Trainingsmethoden von Harvard-PON und DRRC (Kellogg School of Management) erzielen von Jahr zu Jahr größere Umsätze auf dem deutschen Trainingsmarkt.

[15] Teile der vorliegenden Arbeit wurden von Siegfried Rosner 2009 als Masterthese im Masterstudiengang Mediation an der FernUniversität Hagen mit dem Betreuer RA Dr. Frank Schmidt eingereicht.

aufzuzeigen, um die methodische Weiterentwicklung mediativer Verfahren zu erfassen und eigene Ideen für Zukunftsfelder aufzuzeigen.

Unter den zentralen Wirkprinzipien der Mediation[16] besitzen die Kriterien „Eigenverantwortlichkeit" und „Wertschöpfung" für die **Wirtschaftsmediation**[17] eine besondere Bedeutung. Während z.B. in der gerichtsverbundenen[18] oder gerichtsnahen[19] Mediation das Mediationsverfahren gerichtlich angeordnet oder mit den Streitparteien „nahegelegt" sein kann, sind in der Wirtschaftsmediation die Konfliktparteien als grundsätzlich *autonome* Wirtschaftssubjekte zu deuten.[20] Dies gilt auf jeden Fall in der Mediation *zwischen* Unternehmen, in der Regel aber auch bei der Mediation von Konflikten *innerhalb* eines Unternehmens, weil z.B. auch bei innerbetrieblichen Konflikten zwischen Arbeitgeberseite und Arbeitnehmerseite die Konfliktparteien als souveräne Partner eines Arbeitsverhältnisses zu behandeln sind. Diese „Vertragspartnerschaft" begünstigt und erfordert die Berücksichtigung der Mediationsprinzipien „Eigenverantwortlichkeit" und „Freiwilligkeit" der Teilnahme an der Mediation. Die Wirtschaftsmediation hat denn auch den Grundcharakter einer Verhandlung (zwischen eigenverantwortlichen und selbstbestimmten Wirtschaftssubjekten) und kann prägnant als „Verhandlung mit externem Prozessgestalter" gekennzeichnet werden. Dies hat Auswirkungen auf die – verstärkten – Erwartungen an den „wertschöpfenden" Charakter der Mediation durch die Konfliktparteien einerseits[21] und die anzuwendenden Techniken des Deal-Structuring anderer-

---

[16] Dazu genauer Kapitel 1.2.

[17] Zur Verwendbarkeit (und Problematisierung) des Begriffs „Wirtschaftsmediation" für Mediationen im Wirtschafts- und Organisationskontext und dessen Bezüge zu Begriffen wie „business mediation" oder „Organisationsmediation" wird ausführlicher in Kapitel 2.3.4 eingegangen. Der Kürze halber wird im Folgenden der in der Praxis etabliertere Begriff der Wirtschaftsmediation verwendet.

[18] Vgl. DUVE 1999.

[19] Vgl. GOTTWALD 2002, TROSSEN 2009.

[20] DIEZ 2005, die sich mit ihrem im „Werkstattbuch Mediation" geschilderten Fall einer Erb-Mediation im Grenzbereich von Familien- und Wirtschaftsmediaton bewegt (vgl. ihr Vorwort), deutet dies allgemeiner: das mediative Verhandeln erfolge „im Licht der *Privatautonomie*" (S. 145), deren weiter Rahmen jede Form von Verhandeln und fast jedes Verhandlungsergebnis zulasse, wenn es die Verhandlungspartner denn als fair und gerecht ansähen.

[21] Die ja für die Wirtschaftsmediation ein nicht unerhebliches Honorar zahlen und je nach Fall zudem erhebliche zeitliche Ressourcen sowie Managementkapazitäten investieren, die an anderer Stelle nicht mehr zur Verfügung stehen und somit einen potenziellen Verteilungskonflikt innerbetrieblicher Res-

seits, da ja das **Prinzip der Wertschöpfung** durch das Verfahren **unterstützten** Verhandelns erreicht werden soll.[22]

Ein an Interessenklärung und Interessenausgleich orientiertes Vorgehen findet sich idealtypisch im Konzept der „sachbezogenen" und „integrativen" Verhandlungsführung (principled Negotiating), deren Prinzipien und Techniken des *Deal-Structuring*[23] aus Sicht der Verfasser unabdingbar für das Konzept und die Umsetzung der Mediation als unterstütztem Verhandeln in Wirtschafts- und Organisationskontexten sind. Die Wirtschaftsmediation fokussiert daher im Normalfall stärker auf Elemente der direkten Nutzenverteilung und Präferenzmessung als z.B. Mediationen im Bereich öffentlicher Planung oder sozialräumlicher Konfliktklärung.

Häufig wird daher *für die Wirtschaftsmediation* ein komplett anderer Mediationsansatz bzw. ein *anderes Prozessverständnis postuliert* (Verhandlungsansatz) als es z.B. in der Trennungs- und Scheidungsmediation genutzt wird (sog. „Transformationsansatz"). Diese künstliche Trennung beruht jedoch auf einem Missverständnis über das Wesen von mediativen Verhandlungsprozessen und auf unzulässiger Generalisierung bzw. Stereotypenbildung. **Auf Grundlage eines modernen (weiten) Verhandlungsbegriffs lassen sich diese beiden herkömmlichen Mediationsansätze** in ein einzelfallorientiertes und streng an den Bedürfnissen der Medianten[24] ausgerichtetes Mediationsverständnis **integrieren** (vgl. dazu ausführlich Kapitel 1.3.2)

---

sourcen generieren – insbesondere im Vergleich mit klassischer rechtsförmiger Konfliktaustragung, die anscheinend an die Rechtsabteilung oder sogar externe Anwälte „outgesourced" werden kann. Dass diese Sichtweise voreilig ist, fällt meist erst auf, wenn bei der konkreten Austragung gerichtlicher Auseinandersetzungen doch übermäßig viele Aufmerksamkeitskapazitäten des Managements absorbiert werden.

[22] Das Prinzip der Wertschöpfung gewinnt – in Relation zu den anderen Mediationsprinzipien – an Bedeutung, sofern das Vorgehen nicht vornehmlich auf eine rechtliche Klärung, sondern auf eine Interessenklärung und einen Interessenausgleich ausgerichtet ist.

[23] Sachgerechte Abschlüsse und Vereinbarungen strukturieren.

[24] Für die Parteien in einem Mediationsverfahren wird sowohl der Begriff „Mediant" als auch der Begriff „Mediand" verwendet, obwohl in der deutschen Literatur „Mediant" gebräuchlicher ist (anders als z.B. in Österreich). Das neue deutsche Mediationsgesetz umschifft diese Klippe und spricht nur von „Parteien".

1 Verständnis und Prinzipien der Mediation

Der heutige Begriff der „Mediation" geht auf Entwicklungen seit den späten 1960er Jahren vornehmlich in den USA zurück, wo „Mediation" seitdem erfolgreich in den verschiedensten Lebensbereichen angewendet wird.[25] Das Mediationsverfahren als strukturiertes Verfahren wurde im Rahmen der „Alternative Dispute Resolution" (ADR) Bewegung entwickelt, die es sich zum Ziel gesetzt hat, Alternativen zum traditionellen Gerichtsprozess zu entwickeln, um viele Streitfälle **qualitativ besser** zu lösen, d.h. die Konflikte effektiver und effizienter beilegen zu können.[26]

Die Entwicklung vollzog sich als bewusste Reaktion auf und in Abgrenzung zu den gesetzlich normierten Konfliktregelungsverfahren (z.B. Gerichtsverfahren) und versprach sich bessere Ergebnisse durch eine *informelle* Konfliktlösung *außerhalb* der rechtsförmigen Verfahren.[27] Insofern wird Mediation als „informelles, außergerichtliches Verfahren"[28] definiert. Dabei setzt die Mediation auf *Konfliktbewältigung durch Verhandlung* zwischen den Beteiligten. Deshalb ist nicht jeder Konfliktfall mediationsgeeignet.[29] Vielmehr müssen eine Reihe von Voraussetzungen gegeben sein, vor allem die „Eigenverantwortlichkeit" und Beteiligung aller Parteien sowie ein vorhandenes Potenzial für eine wertschöpfende Verhandlungslösung.[30]

Eine eigenverantwortliche Verhandlungslösung setzt zudem voraus, dass die Konfliktbeteiligten grundsätzlich *kooperationsfähig* sind: Also in der Lage sind, Informationen offen zu legen, auch die berechtigten Interessen der Gegenseite gelten zu lassen und lösungsorientiert zu (ver)handeln,[31] sowie ergebnisoffen in die Gespräche gehen. Weil Verhandlungen generell nur dann zu einem fairen Interessenausgleich und nachhaltigen Lösungen führen, wenn die Beteiligten „auf Augenhöhe verhandeln", ist ein Mediationsverfahren nur dann zu verantworten, wenn diese Augenhöhe gegeben ist oder im

---

[25] BESEMER 1995, S. 14 und YARN 2009.

[26] Vgl. BREIDENBACH 1995, S. 11ff.

[27] SUSSKIND/CRUIKSHANK 1987, S.76 und HEHN 2009.

[28] MÄHLER/MÄHLER 1999, S. 200.

[29] Zu den Kriterien der „Mediationseignung" von Konflikten vgl. ausführlicher Kapitel 6.2.

[30] Vgl. dazu die Ausführungen zu den Mediationsprinzipien in Kapitel 1.2.2.

[31] FLECHSIG/PONSCHAB/SCHWEIZER, Grundlagen der Mediation, S. 58.

Rahmen des Prozesses hergestellt werden kann, indem z.B. evidente Machtgefälle durch Interventionen des Mediators ausgeglichen werden können.[32]

1.1 Genese und Definition der Mediation

Der Begriff „Mediation" bedeutet in etwa „einen Mittelweg einschlagen", „keiner Partei angehörend" oder schlicht „Vermittlung". Insofern kann die Mediation zunächst als ein Verfahren zur Konfliktlösung bezeichnet werden, bei dem unparteiische Dritte als Vermittler Hilfestellung für eine Verhandlungslösung leisten. Ziel der Mediation ist es, das kreative Potential unter der Oberfläche gegensätzlicher Auffassungen zutage zu fördern. Weniger die Analyse oder gar die Aufrechnung vergangener Fehler steht im Mittelpunkt, sondern vielmehr die Suche nach Win-Win-Lösungen[33].

Dabei ist zu berücksichtigen, dass die zentralen Wirkprinzipien der Mediation (Orientierung an den Interessen der Parteien, Vermittlung durch einen allparteilichen[34] Dritten ohne Entscheidungsmacht, Eigenverantwortlichkeit der Parteien und Selbstbestimmung über Prozess und Ergebnis) letztlich eine Wiederentdeckung tradierter Verfahrensweisen zur Konfliktlösung darstellen, die in ihren Wurzeln mindestens seit der Zeit des antiken Griechenlands Bestandteil des Europäischen Rechtslebens sind.[35]

Diese zentralen Wirk- und Erfolgsprinzipien können in folgender **Definition** zusammengefasst werden:

> Mediation ist ein Vorgehen in Konflikten, bei dem alle Konfliktbeteiligten in freiwilligem, vertraulichen und selbstbestimmten Zusammenwirken mit Hilfe von neutralen Dritten (Mediatoren) zu einer für alle akzeptablen und interessengerechten, möglichst wertschöpfenden gemeinsamen Lösung zu gelangen

[32] Zu den „12 Quellen" möglicher Interventionsmacht des Mediators vgl. MOORE 2003, S. 389ff. und BUDDE 1999, S. 59ff. Zur Rolle der Rechtsordnung als Schranke selbstbestimmter Verhandlungsführung in strukturellen Machtungleichgewichtslagen vgl. PALANDT-HEINRICHS Einführung vor § 145 Rn. 7, 13.

[33] Zum Begriff „Win-Win-Lösung" vgl. im Einzelnen Kapitel 2.3.2.

[34] „Allparteilichkeit" bedeutet mehr als Neutralität und wird von SCHÄFFER 2004, S. 50, als „zugewandte Distanz" bezeichnet. Zum Begriff vgl. ausführlich DUSS-VON WERDT 2005.

[35] Dazu ausführlich DUSS-VON WERDT, Mediation in Europa, S. 27ff und ders. 2005.

> versuchen. Dabei besitzen die Mediatoren keine Entscheidungskompetenz in der Sache; das Ergebnis kann nur im Konsens aller Beteiligten erzielt werden.[36]

Die Mediation in heutiger Form entstammt wie erwähnt der ADR-Bewegung, war also auf **ergebnisorientierte** Konfliktklärung gerichtet. Dabei unterstützt der Mediator alle Konfliktbeteiligten in einem Konflikt, bei dem ein akuter Regelungsbedarf besteht, bei der Suche nach einer guten Verhandlungslösung (assisted negotiation). Dabei ist die Mediation keineswegs das einzige assistierte Konfliktlösungsverfahren – auch nicht das einzige unter der Parole der „Alternativen zum Recht" entwickelten außergerichtlichen ADR-Verfahren.[37]

Die Mediation zeichnet sich gegenüber den anderen Verfahren durch ein *spezifisches* **Set von Rollen der Beteiligten am Mediationssystem** *aus, das eine besondere Qualität des vermittelten Verhandlungsprozesses konstituiert.* Nach Auffassung der Verfasser ist es gerade diese Prozessqualität mediativen Verhandelns, die den Wert des Mediatonsverfahrens ausmacht. Um ein besseres Verständnis von dieser *Prozessqualität mediativen Verhandelns* zu gewinnen, ist es daher hilfreich, das mediative Verhandeln von anderen Konfliktregelungsprozessen abzugrenzen, also Mediation auch darüber zu „definieren", was sie nicht ist[38]:

---

[36] Eigene Definition der Verfasser auf der Grundlage der Definitionen von BESEMER 1995 und ALTMANN/FIEBIGER/MÜLLER 1999. Das neue *Mediationsgesetz*, das am 21.7.2012 vom deutschen Bundestag beschlossen wurde, definiert Mediation in § 1 wie folgt: „(1) Mediation ist ein vertrauliches und strukturiertes Verfahren, bei dem Parteien mit Hilfe eines oder mehrerer Mediatoren freiwillig und eigenverantwortlich eine einvernehmliche Beilegung ihres Konflikts anstreben. (2) Ein Mediator ist eine unabhängige und neutrale Person ohne Entscheidungsbefugnis, die die Parteien durch die Mediation führt."

[37] Eine detaillierte Übersicht über die Vielzahl außergerichtlicher Streitbeilegungsverfahren und ihre jeweiligen Vorzüge und Voraussetzungen bietet WALZ 2006.

[38] Viele Einsichten über die Prozessqualität mediativen Verhandelns verdankt Andreas Winheller den Beratungen im AK Mediation der Arbeitsgemeinschaft sozialdemokratischer JuristInnen RLP 2006-2008 mit RA Markus A. Becker, Karin Hanel, RA Dominik Hoffmann, Ralf Kaiser, Denis Kittl, Mona Müller und RiAG Jörg Städing.

1.1.1 Mediation ist nicht „Schlichtung"

Wie die Mediation gehören auch Schlichtung und Schiedsverfahren zu den ADR-Verfahren, sind also Alternativen zur konventionellen gerichtlichen Konfliktbehandlung. Eine Gemeinsamkeit aller drei Verfahren besteht darin, dass die Parteien zur Konfliktbewältigung einen frei gewählten neutralen Dritten hinzuziehen und an ihn zu diesem Zweck Kompetenzen zuweisen. In ihrer Grundidee und „Reinform“[39] *unterscheiden sich* die einzelnen Verfahrensarten jedoch *in der Rolle des neutralen Dritten und der Qualität der Kompetenzen*, die ihm die Konfliktparteien zubilligen.

Dabei werden insbesondere die Begriffe „Schlichtung“ und „Mediation“ im allgemeinen Sprachgebrauch oft nicht klar genug voneinander abgegrenzt. So wird häufig für die Mediation mit dem Slogan „schlichten statt richten“ geworben. Dabei sollten die Begriffe jedoch wegen der unterschiedlichen Wirkprinzipien möglichst trennscharf verwendet werden.

„Schlichten“ bedeutet im Mittelhochdeutschen „etwas durch Bearbeitung glätten, zierlich anordnen, durch Streicheln besänftigen.“[40] In einem Schlichtungsverfahren stellen die Parteien ihre Positionen und Argumente einem oder mehreren[41] neutralen Schlichtern vor, die am Ende den Parteien einen *Schlichtungs***vorschlag** unterbreiten, wie „auf der Grundlage von deren neutraler und unabhängiger Einschätzung des Sachverhalts und der Rechtslage“[42] eine „faire Lösung“[43] des Konflikts aussehen könnte. Der Schlichtungsvorschlag ist für die Parteien *nicht bindend*; entweder er wird von beiden Parteien

[39] In der Praxis haben sich dazu eine Reihe von Hybrid- und Kombinationsformen herausgebildet, z.B. „med-arb“-Verfahren vgl. DUVE 1999, unter 3.3.3.3, RISSE 2003, S. 523ff., SCHWARZMANN 2006, S. 82ff. (mit Mustertexten zur Vertragsgestaltung hybrider ADR-Verfahren).

[40] vgl. dazu GRIMM/GRIMM 1899, S. 669, Anmerkung 6 zu „schlichten“.

[41] In unabhängigen Schlichtungsstellen gibt es oft einen Schlichter, in Tarifverhandlungen ist es aber z.B. üblich, dass jede Partei einen Schlichter ihres Vertrauens benennt und sich dann die beiden Schlichter einstimmig auf einen Schlichtungsvorschlag einigen müssen.

[42] DUVE/PONSCHAB 1999, S. 265.

[43] Zu den verschiedenen Kriterien für faire Lösungen in einer Schlichtung vgl. RAIFFA/ RICHARDSON/METCALFE 2002, S. 348ff.

angenommen, dann ist der Konflikt (i.d.R. durch Vergleich) beigelegt, oder er wird von mindestens einer Partei abgelehnt, dann ist die Schlichtung gescheitert.[44]

Schlichtungsverfahren sind weit verbreitet. Am stärksten im Fokus der Öffentlichkeit stehen sicherlich die Schlichtungen in Tarifstreitigkeiten. Daneben gibt es aber eine Vielzahl außergerichtlicher Schlichtungs-, Schieds- und Gütestellen,[45] die in der außergerichtlichen Konfliktbewältigung teils schon seit Jahrzehnten gute Dienste leisten und durch das „Gesetz zur Förderung der außergerichtlichen Streitbeilegung" des Bundes (§ 15a EGZPO) vom 01.01.2000 und die daraufhin von vielen Bundesländern verabschiedeten Landesgesetze zu Gütestellen[46] zusätzliche Bedeutung erlangten.

Der *Vorteil des Schlichtungsverfahrens* ist es, dass den Beteiligten *schnell* ein aus Sicht eines neutralen Dritten *fairer Lösungsvorschlag* unterbreitet wird, der aufgrund der Autorität des Schlichters besonders glaubwürdig wirkt. Da die Parteien zu diesem Vorschlag nur „Ja" oder „Nein" sagen können, ist *kein Raum für ein Nachkarten und „Basarverhandeln"*, durch das eine unkooperative Partei das Ergebnis noch einseitig zum eigenen Vorteil verändern könnte.

Die Schlichtung ist also vor allen Dingen dann gut geeignet, wenn der Konflikt auf wenige Sach- oder Rechtsfragen eingrenzbar ist, insbesondere, wenn sachkundige Bewertungen von neutraler Seite hilfreich sein können (Sachmängel, mangelhafte Leistungen, Bewertung der Ausgangslage in Tarifverhandlungen). Das gilt vor allem, wenn es sich um *Verteilungs*verhandlungen ohne großes Wertschöpfungspotential handelt, bei denen auch eine Beziehungsklärung nicht im besonderen Interesse der Parteien

---

[44] RÜSSEL 2002 § 33 Rn. 34; zu verschiedenen Sonderformen der Schlichtung (bounding arbitration, last-offer-arbitration, selective arbitration) vgl. RAIFFA/RICHARDSON/METCALFE 2002., S. 330ff.

[45] z.B. beim Handwerk, der Ärztekammer oder im privaten Baurecht. Auch die „Ombudsmann"-Verfahren – z.B. im Bank- oder Versicherungsgewerbe – sind fast immer Schlichtungsverfahren, allerdings mit der Besonderheit, dass der Schlichtungsvorschlag nur für die Kunden unverbindlich ist. Die Unternehmen sind (bis zu einem bestimmten Streitwert) laut Verfahrensordnung daran gebunden.

[46] Acht Bundesländer haben von der Möglichkeit, eine obligatorische Streitschlichtung als Vorschaltverfahren zum Gerichtsverfahren gemäß § 15a EGZPO einzurichten, in Streitigkeiten bis 750,00 Euro und bestimmten nichtvermögensrechtlichen Streitigkeiten, Gebrauch gemacht. Einzelheiten bei ZÖLLER/GEIMER/GREGER 2007, § 15a EGZPO Rn. 27 (S. 2623); RÜSSEL 2002 § 33 Rn. 1ff. m.w.N.

ist. Denn da die Schlichtungsverhandlung wie im Gerichtsverfahren – im Gegensatz zu einer Mediation – lediglich konkrete Sachverhalte aus der Vergangenheit behandelt, unterliegt sie insoweit auch den gleichen Beschränkungen (keine Wertschöpfung, keine Beziehungsklärung, keine Berücksichtigung der Komplexität der Konfliktlage).[47]

Im übrigen besteht aufgrund der verbreiteten Tendenz von Schlichtern, ihren Schlichtungsvorschlag nahezu in der (goldenen?) Mitte der verbleibenden „Lücke" zwischen den Positionen der Parteien anzusiedeln, die Gefahr, dass die Parteien zukünftig *aus taktischen Gründen Extrempositionen einnehmen* und besonders unnachgiebig verhandeln, um sich für eine nachfolgende Schlichtung noch „Spielraum" zu lassen. Das kann dazu führen, dass die Parteien kaum noch ohne Schlichtung zu einer Einigung kommen können („Ernüchterungs-" und „Halbwertzeit-Effekt") und in ihrem Konfliktverhalten immer unselbstständiger und abhängiger von externen Schlichtern werden.[48]

Eine besondere Ausprägung des Schlichtungsverfahrens ist das Verfahren vor den **Schiedsleuten**,[49] das nach der jeweiligen landesgesetzlichen Schiedsamtsordnung durchzuführen ist. In diesen Verfahren können die Parteien ihre Sichtweise in einer weniger förmlichen Atmosphäre vortragen und aktiv an der Erörterung der Sach- und Rechtslage mitwirken. Die Erörterung und (nicht bindende) Entscheidungsfindung folgt den Prinzipien eines Gerichtsverfahrens; eine beziehungsorientierte Konfliktbearbeitung findet i.d.R. nicht statt, da die Schiedsleute dafür weder geeignet ausgebildet noch mandatiert sind.[50]

Fazit: Ein Schlichtungsverfahren ist gut geeignet, wenn es sich um einen *Einmalkonflikt* oder einen *gutachterlich auflösbaren Sachkonflikt* handelt. Weiterhin kann eine Schlichtung dann sinnvoll sein, wenn Repräsentanten eine Rechtfertigung (z.B. gegenüber Ihrem Auftraggeber oder ihrer Mitgliederbais) benötigen, dass „nicht mehr drin war".

[47] COLE/BLANKLEY 2005, S. 319ff.; RÜSSEL 2002 § 33 Rn. 35.

[48] LEWICKI/HIAM/OLANDER 1998, S. 200; grundlegend dazu KATZ/KOCHAN 2003, S. 219ff.

[49] Trotz der begrifflichen Ähnlichkeit ist das Verfahren vor den Schiedsleuten **kein Schiedsverfahren** sondern ein Schlichtungsverfahren, da der Vergleichsvorschlag eines Schiedsmannes nicht bindend ist.

[50] RÜSSEL 2002 § 33 Rn. 41 m.w.N.

Die *Qualität des Verhandlungsprozesses* in einem guten Schlichtungsverfahren ist eher *verteilungsorientiert* (distributiv) auf der Grundlage von „objektiven Kriterien“ und neutralen Standards für eine *faire Verteilung.*

1.1.2 Mediation ist nicht „Schiedsverfahren“

Im Schiedsgerichtsverfahren *delegieren die Konfliktparteien sowohl die Kompetenzen zur Prozessgestaltung als auch zur inhaltlichen Entscheidung* an einen oder mehrere von ihnen einvernehmlich bestimmten neutralen Dritten. Daher ist die Rolle der neutralen Dritten (Schiedsrichter) stark der Rolle eines Richters im herkömmlichen – staatlichen – Gerichtsverfahren angenähert.

Im Schiedsgerichtsverfahren wird der **Streit insgesamt zur Entscheidung übertragen** und dabei der staatliche durch einen per Vertrag zwischen den Parteien vereinbarten (Schieds-)Richter ersetzt.[51] Der wesentliche Unterschied zum ordentlichen Gerichtsverfahren liegt darin, dass *sowohl die Person der Richter als auch die Verfahrensordnung von den Konfliktparteien nach eigenen Vorstellungen frei bestimmt werden*[52] und das Verfahren deutlich zügiger durchgeführt werden kann. Zudem ist ein schiedsrichterliches Urteil i.d.R. nicht anfechtbar, erwächst also sehr schnell in Rechtskraft und kann unkompliziert für vollstreckbar erklärt und zeitnah umgesetzt werden.

Im Unterschied zur Mediation entspricht die Konfliktbehandlung und Art der Entscheidungsfindung der förmlichen und rechtsförmigen[53] Verhandlung im Gerichtsprozess. Das bedeutet, dass die Parteien auf die eigenverantwortliche und selbstbestimmte Erarbeitung konsensualer *Verhandlungs*lösungen – und damit auf wertschöpfende Ergebnisse – freiwillig verzichten und die Konfliktlösung an einen Dritten mit

---

[51] vgl. RISSE 2003 § 1 Rn. 18f.

[52] Die Verfahrensordnung des Schiedsgerichtsverfahrens kann mit Ausnahme der zwingenden gesetzlichen Regelungen der §§ 1025ff. ZPO zwischen den Parteien frei vertraglich vereinbart werden; zu den Grenzen und Möglichkeiten vgl. RAESCHKE-KESSLER/BERGER 1999, S. 1ff.; dabei orientieren sich die Parteien in der Praxis oft an Muster-Verfahrensordnungen nationaler oder internationaler Organisationen wie den UNCITRAL-Arbitration Rules.

[53] Die sogenannte „Friendly Arbitration“, bei der das Schiedsgericht nach Billigkeit entscheidet (§ 1051 Abs. 3 ZPO), spielt in der Praxis nur eine geringe Rolle, vgl. RAESCHKE-KESSLER/BERGER 1999, Rn. 762.

Entscheidungsmacht abgeben. Demnach ergeben sich auch die damit typischerweise verbundenen Beschränkungen, insbesondere:

- Eine rechtsförmige Auseinandersetzung *belastet* aufgrund der besonderen Wirkprinzipien der juristischen Methode[54] fast notwendigerweise *die Beziehungen* zwischen den Parteien. Falls diese Beziehungen zukünftig noch von Interesse sind, kann das ein großes Problem darstellen.
- Das Verfahren ist anspruchs- und positionsbezogen. Dadurch werden die Interessen der Beteiligten meist ausgeblendet[55] (der im Schiedsverfahren relevante „Sachverhalt" ist eine Reduktion des aktuellen Konflikts und der Interessenlage der Beteiligten[56]). Der *Konflikt wird nur ausschnitthaft und vergangenheitsbezogen behandelt* – wertschöpfende Verhandlungslösungen und attraktive Zukunftsgestaltungen sind damit deutlich erschwert – wenn nicht sogar unmöglich.
- Die Delegation des Konflikts bedeutet die volle Unterwerfung unter den Richterspruch und die *Aufgabe jeglicher aktiven Mitgestaltungsmöglichkeiten.*
- Ein Richterspruch kennt nur Sieger und Verlierer (**win/lose**)[57] – mit der Gefahr geringer Akzeptanz des Ergebnisses seitens des Verlierers und Revanchegelüsten.

---

[54] Zu den Wirkprinzipien der Juristischen Methode und ihren Konsequenzen vgl. ausführlich PONSCHAB/SCHWEIZER 2010, S. 17ff.

[55] Zur „Interessenorientierung" bei der Konfliktbearbeitung und dem Unterschied zwischen „Positionen" (Forderungen) und „Interessen" (dahinterstehende Bedürfnisse u.a.) vgl. FISHER/URY/PATTON 2009, S. 69ff. sowie Kapitel 1.3.2 und 2.2.1.

[56] Zur „Herstellung des entscheidungserheblichen Sachverhalts" und den Auswirkungen auf Prozess- und Entscheidungsqualität vgl. SCHLIEFFEN/PONSCHAB/RÜSSEL 2006, S. 8ff.

[57] Auch im Falle eines „teilweisen Obsiegens" ist das Ergebnis in seiner Wirkung eine Win/Lose-Lösung – ein Teil wird dann nämlich vollständig anerkannt („alles"), ein anderer Teil vollständig als nichtbestehend klassifiziert („nichts"). Bestenfalls haben die Beteiligten dann den Eindruck eines Kompromisses, oft genug fühlen sie sich psychologisch beide als Verlierer.

Fazit: Das Schiedsverfahren ist vor allem für solche Fälle geeignet, in denen z.B. aufgrund fehlender Mediationseignung des Falles eine fremdbestimmte Entscheidung durch Delegation gewünscht ist, gleichzeitig aber ein Gerichtsverfahren vor staatlichen Gerichten vermieden werden soll.

Schiedsverfahren werden deshalb vor allem dann gewählt, wenn die Beteiligten von der staatlichen Verfahrensordnung abweichen wollen – z.B. weil zwei Unternehmen ihren Konflikt und Details ihrer Geschäftsbeziehung nicht in einer öffentlichen Verhandlung erörtern wollen, sondern Vertraulichkeit wünschen[58] – oder eine besondere Qualifikation der Richter[59] gewünscht wird. Letzteres ist z.B. in verschiedenen Bereichen des Wirtschaftslebens, in denen es den Parteien wichtig ist, dass ihre Richter fundierte Kenntnisse in ihrem Geschäftsfeld haben, oder im Bereich der Sportgerichtsbarkeit eine starke Motivation für die Wahl eines Schiedsgerichtsverfahrens.

1.1.3 Mediation ist nicht „richterliches Vergleichsverhandeln"

Spätestens seit der Civilprozessordnung[60] von 1877 gehört es zur *Aufgabe des Richters, wenn möglich auf eine gütliche Beilegung des Streits hinzuwirken.* Durch § 278 Absatz 2 ZPO, der im Rahmen des Zivilprozessreformgesetzes als Folge der Diskussionen der 1980er Jahren um „Alternative Streitbeilegung“ eingeführt wurde, **muss** jetzt der Richter vor Eintritt in die streitige Verhandlung **obligatorisch** mit den Parteien die Frage erörtern, ob eine gütliche Streibeilegung möglich ist.

---

[58] z.B. das 2007 durchgeführte Schiedsgerichtsverfahren zwischen dem Deutschen Fußball Bund e.V. und der Adidas AG zur Klärung der Frage, ob der Ausrüstervertrag für die Nationalmannschaft vor der WM durch mündliche Vereinbarung wirksam verlängert worden war.

[59] RISSE 2012, S. 78, hebt als Vorteil staatlicher Gerichte die durch die juristische Ausbildung garantierte hohe Qualifikation der Richter heraus. PÖRNBACHER/WORTMANN 2012, S. 144, weisen jedoch zurecht darauf hin, dass es in vielen Wirtschaftsstreitigkeiten weniger auf im Fächerkanon des juristischen Staatsexamens abgeprüfte Qualifikationen als auf wirtschaftliches Spezialwissen ankomme, das eben in der Regel gerade nicht bei staatlichen Richtern vorhanden ist: „[…] was passiert, wenn er auf einen jungen und unerfahrenen Richter trifft, der keinerlei Erfahrungen mit Unternehmenskäufen hat, Bilanzen nicht lesen und sich zum Beispiel unter einer *due diligence* nichts vorstellen kann.“

[60] Auch in anderen Rechtsbereichen, z.B. Sorgerecht, Kinder- und Jugendhilferecht, Arbeitsrecht, gibt es Vorschriften, die auf eine gütliche Einigung bzw. „Vermittlung“ durch den Richter abzielen.

Bei der richterlichen Vergleichsverhandlung wirkt der Richter darauf hin, dass die Parteien eine einvernehmliche Lösung für ihren Streitfall finden. Dabei weist er die Parteien regelmäßig auf rechtliche und prozessuale Risiken hin.[61] Da derselbe Richter später auch ein Urteil fällen würde, hat seine Einschätzung der Lage für die Bewertung der Nichteinigungsalternative durch die Parteien ein besonderes Gewicht. Nicht selten gelingt es daher dem Richter, tatsächlich einen Vergleich herbeizuführen und den Parteien das streitige Urteil, das „Gewinner“ und „Verlierer“ produziert, zu ersparen.[62] Insoweit handelt es sich tatsächlich um eine *konfliktvermittelnde Tätigkeit des Richters.*

Es gibt allerdings eine Reihe von wichtigen Unterschieden zwischen einer Güteverhandlung bzw. einer richterlichen Vergleichsverhandlung einerseits und einer Mediation andererseits, die es sinnvoll erscheinen lassen, diese beiden Konfliktbearbeitungsverfahren nicht unter den selben Begriff zu fassen:

a. Eine Mediation wird nicht durch den zur Entscheidung in dieser Sache berufenen Richter durchgeführt. Die Tatsache, dass die Güte- oder Vergleichsverhandlung vor dem Streitrichter stattfindet „hat unvermeidlich zur Folge, dass die Parteien – was die Sache betrifft – bereits in diesem Stadium *aus prozesstaktischen Gründen nicht interessenbezogen, sondern positionsbezogen vortragen und argumentieren.*“[63] Dabei werden insbesondere solche Informationen zurückgehalten oder verschleiert, die beim Scheitern der Vergleichsverhandlung zum Nachteil bei

[61] Vgl. RÖHL 1980.

[62] RISSE 2011, S. 142f., sieht aber gerade dieses Abweichen von der binären Entscheidungsstruktur als problematisch an und hält jeden „Vergleichsvorschlag (für) dogmatisch bedenklich, kann er doch eigentlich nur ein ungerechtes Ergebnis herbeiführen. In aller Regel besteht ein rechtlicher Anspruch oder er besteht eben nicht. Jeder Vergleich spricht dem Kläger also entweder einen Anspruch zu, den er eigentlich nicht hat, oder aber er verkürzt den klägerischen Anspruch ohne inhaltliche Rechtfertigung.“ Diese Argumentation unterstellt zunächst, dass es eine „objektive Wahrheit“ bzgl. der Frage gibt, ob ein Anspruch besteht. Schon dies ist aus erkenntnistheoretischer Perspektive sehr kritisch zu betrachten (vgl. PONSCHAB/SCHWEIZER 2011, S. 17ff.). Zweitens wird – ohne Argumente – behauptet, gerade die fragmentierte und formalisierte Konfliktbearbeitung im Gerichtsverfahren (anstatt die Bearbeitung des gesamten lebensweltlichen Konflikts) sei am besten geeignet „Gerechtigkeit“ zu schaffen. Diese Auffassung kann nicht überzeugen.

[63] Projektbeschreibung „Modellversuch Güterichter“ des Bayerischen Staatsministeriums für Justiz, S. 2; http://www.reinhard-greger.de/aber/projektbeschreibung.pdf (abgerufen am 10.4.2012).

einem Urteil gereichen könnten.[64] Dadurch bleiben Wertschöpfungspotentiale unerkannt.[65]

b. Der Mediator unterstützt die Parteien dabei, eigenverantwortlich eine Lösung zu finden. Er vermeidet deshalb, durch seine eigenen juristischen Bewertungen eine Lösungsrichtung vorzugeben oder einen bestimmten eigenen Vergleichsvorschlag zu unterbreiten.[66] Der Vergleichsvorschlag des Streitrichters hingegen ist *nicht nur fremdbestimmt*; es fällt den Beteiligten zudem sehr schwer, den Vergleichsvorschlag abzulehnen – einerseits weil dieser Vorschlag ihre *Bewertung der Nichteinigungsalternative bestimmt*, andererseits weil man den späteren Streitentscheider nicht verärgern[67] möchte.

[64] So auch „Mediation contra Güteverhandlung" – Information des Bayerischen Innenministeriums, in: DGM-Newsletter Nr. 4/2005, S.10.

[65] Zur Bedeutung eines offenen Informationsaustauschs für wertschöpfende Verhandlungslösungen („pareto-optimale Ergebnisse") und für das „Informationsdilemma" vgl. Kapitel 3.

[66] Eine in Deutschland kleine aber in den USA sehr starke Strömung innerhalb der Mediationsszene („evaluative Mediation") vertritt eine andere Auffassung. Demnach soll es zur Rolle eines Mediators gehören, Lösungsoptionen vorzuschlagen oder durch Fairnesskriterien zu bewerten. Die herrschende Auffassung in der Mediationswissenschaft hält dies für unvereinbar mit dem Prinzip der Eigenverantwortlichkeit. Durch das vom deutschen Bundestag am 21.7.2012 beschlossene **Mediationsgesetz** wird diese Frage jedenfalls für den streitvermittelnden Richter verbindlich geklärt: „Während ein Richter in seiner Eigenschaft als gerichtsinterner Mediator sich jeder rechtlichen Bewertung zu enthalten hat und keinen Lösungsvorschlag machen sollte, kann der Güterichter u. a. rechtliche Bewertungen vornehmen und den Parteien Lösungen für den Konflikt vorschlagen." (BT-Drucksache 17/8058 zu § 1 Abs. 1 MediationsG, zitiert nach WERMKE/WINHELLER 2012, S. 139).

[67] GREGER/VON MÜNCHHAUSEN 2010 § 9 Rn. 175, sehen die Gefahr, dass der Richter durch die Ablehnung eines Vergleichsvorschlages „kompromittiert" werden könnte; BLANKENBURG/SCHÖNHOLZ 1979, S. 180, sehen psychologische Faktoren, „die eine Partei in eine Situation bringen kann, in der sie sich dem richterlichen Druck kaum mehr entziehen kann." GOTTWALD/TREUER 2005, S. 113ff., sehen als erfahrene Richter die Position des Zivilrichters im Vergleichsverhandeln als so dominant an, dass sie in ihrer Abhandlung über richterliches Vergleichsverhandeln zehn Seiten der Darstellung von „Manipulationsmitteln" des Streitrichters widmen und die Mahnung für erforderlich halten: „Deshalb können wir an dieser Stelle nur noch einmal betonen, dass es die Aufgabe des Richters ist, zu **informieren und nicht zu manipulieren**" (S. 116). Kritisch zur Vergleichpraxis auch RISSE 2011, S. 133ff.

c. Eine Mediation orientiert sich an der Gesamtheit der Interessen der Konfliktbeteiligten und der zukünftigen Beziehungsgestaltung – die Vergleichsverhandlung vor allem an der Rechtslage bzw. den rechtlichen Ansprüchen (also regelmäßig der Vergangenheit).[68]

d. Ein Mediationsverfahren ist ein *strukturierter Kommunikationsprozess*, der in mehreren aufeinander aufbauenden Phasen durchgeführt wird und einer besonderen *psychologischen Konfliktlogik* folgt.[69] Im gerichtlichen Güteverfahren ist der Richter schon alleine aufgrund der deutlich schlechteren Rahmenbedingungen (insbesondere Zeitbudget, Infrastruktur, einschüchternder Rahmen, Prozessordnung) zu einem anderen Vorgehen gezwungen (*prozessrechtliche Verfahrenslogik*).

e. Schließlich und endlich: Im Gegensatz zu qualitativ hochwertigen Mediationsausbildungen fehlt trotz aller Verbesserungen nach wie vor eine systematische Aus- und Fortbildung der deutschen Richterschaft in professionellen Kommunikations-, Verhandlungs- und Konfliktmanagementtechniken, so dass diese „von den Erkenntnisfortschritten bei Konfliktlösungstechniken und Verhandlungsmanagement bisher wenig profitieren."[70]

Trotz der hervorgehobenen Unterschiede zwischen den beiden Konfliktbearbeitungsverfahren rechtsförmige Streitbewältigung der Gerichte versus Mediation als „informelles, außergerichtliches Verfahren"[71] wird natürlich der Sinn „gerichtsverbundener" oder „integrierter Mediation"[72] bzw. die Verwendung *mediativer Elemente* innerhalb rechtsförmiger Verfahren nicht grundsätzlich in Frage gestellt.

---

[68] Die Defizite im wertschöpfenden Verhandeln bei der richterlichen Vergleichsverhandlung sind *nicht in mangelnder Qualifikation oder falscher Einstellung begründet sondern systemimmanent*, da ein solches wertschöpfendes Verhandeln über Zukunftsoptionen regelmäßig schon an der Dispositionsmaxime und fehlendem Sachvortrag der Parteien scheitert.

[69] Zu den Phasenmodellen der Mediation vgl. Kapitel 1.2.1.

[70] Projektbeschreibung „Modellversuch Güterichter" a.a.O. (Fn. 63); vgl. auch WIRTGEN 2005.

[71] MÄHLER/MÄHLER 1999, S.200.

[72] Von *gerichtsnaher Mediation* wird gesprochen, wenn ein Streitrichter im Einverständnis mit den Parteien den Fall an außergerichtliche oder gerichtsexterne Mediatoren verweist und das Gerichtsverfahren so-

1.1.4 Mediation ist nicht „parteiliches anwaltliches Verhandeln"

Aus Teilen der Anwaltschaft wird der Mediation immer wieder entgegengehalten, Mediation sei nicht neu, schließlich würden Rechtsanwälte immer erst einmal die Möglichkeiten für eine gütliche Einigung auf dem Verhandlungswege ausloten, bevor sie ein gerichtliches Verfahren einleiten. Selbst wenn dem so sein sollte, werden dabei jedoch die gewichtigen Unterschiede in der Verhandlungsqualität zwischen anwaltlichem Verhandeln und mediiertem Verhandeln übersehen:

a. In der anwaltlichen Verhandlung delegieren die Konfliktparteien die Wahrnehmung ihrer Interessen an einen Anwalt, in der Mediation agieren sie selbst nach dem Prinzip der Eigenverantwortlichkeit. Delegation von Konflikten führt zu einer „Entfremdungssituation" und verhindert das Entstehen von Souveränität und Mündigkeit im Konflikt.[73]

b. In der anwaltlichen Verhandlung dominiert eine rationale Logik. Die Anwälte streben eine „sachgerechte" Einigung an und erörtern dazu „die Sachlage" und objektive Kriterien von Fairness. Dabei bleibt die „Affektlogik" – und damit die gesamten emotionalen und sozialen Anteile des Konflikts – regelmäßig unberücksichtigt.[74] Dies verhindert eine echte Konfliktbearbeitung und damit oftmals eine nachhaltige Befriedung.

---

lange aussetzt, GOTTWALD 2002. *Gerichtsinterne Mediation* bedeutet, dass der Streitrichter den Fall zur Mediation an einen anderen Richter innerhalb des Gerichts verweist, der in dem streitigen Verfahren selbst nicht zur Entscheidung berufen ist (z.B. im bayerischen Pilotprojekt „Güterichter"). Bei der sogenannten *„integrierten Mediation"* schließlich werden mediative Prinzipien und Verfahrensweisen in herkömmliche Verfahren, also z.B. in das streitige Gerichtsverfahren, integriert, d.h. durch den Streitrichter selbst durchgeführt, vgl. TROSSEN 2009, Rn. 7ff.

[73] Zu den Folgen einer Delegation von Konflikten vgl. SCHWARZ 2005, S. 273ff. Konflikte sind nur dann durch Delegation effektiv zu lösen, wenn es 1. im jeweiligen Konfliktfall eine richtige und eine falsche Lösung gibt und 2. wenn die angerufene Instanz auch die Lösung findet. Je stärker die emotionalen und sozialen Konfliktanteile ausgeprägt sind, desto untauglicher ist eine Delegation.

[74] Oft genug zeigt sich im Nachhinein das Problem, dass die gefundenen Lösungen zwar sachgerecht sind, dass die gelösten Probleme aber nur „Stellvertreterkonflikte" für tiefer liegende Konflikte waren, die – da die eigentlichen Konfliktursachen unbearbeitet und ungelöst geblieben sind – nach Beendigung eines Konfliktes häufig sofort durch den nächsten „Stellvertreterkonflikt" abgelöst werden.

c. In der anwaltlichen Verhandlung fehlt die Institution des neutralen Dritten als Vermittler. Dessen Einschaltung aber kann die Qualität der Kommunikation zwischen den Parteien signifikant verbessern, was die Chancen einer nachhaltigen Konfliktlösung erhöht.

d. In den anwaltlichen Verhandlungen fehlt die Vertraulichkeit in dem Sinne, dass alle offengelegten Informationen beim Scheitern der Verhandlungen in einem Gerichtsverfahren gegen die Partei verwendet werden könnten. Fehlendes Vertrauen aber produziert häufig Verschweigen oder zumindest taktisches Umgehen mit Informationen.

e. Anwälte reduzieren ihre Vergleichsverhandlungen oft auf rechtliche Aspekte (Bestehen oder Nichtbestehen von Ansprüchen, Prozessrisiko).[75] Sie unterliegen insoweit den Beschränkungen der „juristischen Methode" und orientieren sich oftmals nicht genug an der Diversität der Interessen[76] – auch der rechtlich nicht geschützten – ihrer Mandanten.

f. Anwälte analysieren die Verhandlungssituation aus der parteilichen Perspektive ihrer Mandanten. Diese Parteilichkeit ist systemimmanent und rechtliche Verpflichtung der Anwälte. Sie sind dadurch aber in besonderem Maße anfällig für Entscheidungsheuristiken, die zu Fehlentscheidungen in der Verhandlung führen können (z.B. „Framing", „partisan perceptions").[77] Neutrale Dritte helfen den Parteien, solche Wahrnehmungsverzerrungen zu vermeiden bzw. zu korrigieren.

g. Nach wie vor sind viele Anwälte zu sehr auf „kämpfen" und zu wenig auf „Frieden machen" eingestellt, um eine wertschöpfende und nachhaltige Konfliktlösung

---

[75] „Der Anwalt nimmt den Sachverhalt nicht auf, sondern stellt ihn erst her. Dabei leistet der Anwalt eine Perspektivenverengung: Alles, was nicht in die Kategorien des Rechts passt, was nicht zur Begründung oder Verneinung des Anspruchs dient, scheidet aus. Dadurch schafft er eine neue Wirklichkeit", SCHLIEFFEN/PONSCHAB/RÜSSEL/HARMS 2006, S. 8f.

[76] SAUERLAND, Risiken der Streitbeilegung, S. 61ff.; zur Überwindung der von Juristen errichteten Hindernisse durch den Übergang „von der Anspruchs- zur Interessenjurisprudenz" vgl. auch HAFT 2009a, Rn. 30ff.

[77] Vgl. hier auch Kapitel 4 zu „psychologischen" Verhandlungsfallen und Entscheidungsfallen; zu typischen Entscheidungsheuristiken und ihren Auswirkungen auf Verhandlungsprozesse vgl. auch KLINGER/BIERBRAUER 2009 sowie SCHOLZ/MIEG/WEBER 2003.

zu finden. In bester Absicht spitzen sie die Positionen ihrer Mandanten zu und greifen die „gegnerische" Position mit allen Mitteln an (nicht selten verlangt genau das der eigene Mandant – insbesondere in Konflikten auf einer hohen Eskalationsstufe). Dies bringt MARK MCCORMACK, erfolgreicher Wirtschaftsanwalt, auf den Punkt:

> „Anwälte neigen zu der Meinung – wie Dobermänner – sie seien in die Welt gesetzt, um die Zähne zu fletschen. Während ihrer Abrichtung hat man ihnen die Überzeugung eingeimpft, dass ihre Herren und Meister genau das wollen."[78]

Gleichzeitig ist festzustellen, dass sich gerade das Rollenverständnis der Anwaltschaft (und die Enkulturation im Rahmen der Ausbildung) langsam aber stetig verändert. Das ist sicherlich auch der Mediationsdiskussion bzw. der ADR-Bewegung geschuldet und manifestiert sich in vielfach geänderten Aus- und Fortbildungsangeboten. GREGER und VON MÜNCHHAUSEN weisen zudem darauf hin, dass § 1 Abs. 3 der Berufsordnung dem Rechtsanwalt schon jetzt die Aufgabe zuweist, den Mandanten *„konfliktvermeidend und streitschlichtend zu begleiten."*[79] Im Rahmen dieses gewandelten Rollenverständnisses und des Aufbaus von Konfliktlösungskompetenzen werden sicherlich manche heute noch feststellbare aus unprofessioneller Verhandlungsführung und Eskalationsstrategie erwachsene ineffektive Ergebnisse und Prozessverluste zukünftig zurückgehen.

Doch es zeigt sich, dass in jedem Fall eine Reihe von substantiellen Unterschieden zwischen anwaltlichem, parteilichem Verhandeln und einer Mediation aufgrund **systemimmanenter Eigenheiten** bestehen, die auch bei professionellster Verhandlungsführung des Anwalts in bestimmten Situationen einen Mediator nicht entbehrlich machen. Vielmehr raten gerade solche Anwälte, die selbst über sehr gute Verhandlungskompetenzen verfügen, überdurchschnittlich oft zur Inanspruchnahme der Hilfe durch

---

[78] McCORMACK 1988, S. 23, bringt seine Meinung zur Konfliktlösungskompetenz vieler Anwälte auf folgende Formel: „Folglich würde ich sagen, dass man am besten mit Anwälten auskommt, wenn man auf sie verzichtet." Der Schweizer Anwalt und Mediator ADRIAN SCHWEIZER pflichtet bei: „Wenn Du einen Konflikt wirklich lösen willst, tust Du gut daran, keinen Anwalt hinzuzuziehen." Dabei ist diese Sichtweise keinesfalls neu. Schon bei SHAKESPEARE heisst es im *Heinrich VI. 2. Teil 4. Akt*: „Als erstes lasst uns alle Anwälte töten!"

[79] GREGER/VON MÜNCHHAUSEN 2010 § 1 Rn. 6f.

Mediatoren oder professionelle Verhandlungscoaches – gerade weil sie aus ihrer professionellen Kenntnis heraus deren Wert und die *andere Verhandlungsqualität* einzuschätzen wissen.

1.2 Strukturation des Mediationsverfahrens: Phasen und Prinzipien

Wie beschrieben hat das „Prinzip Mediation" eine Jahrtausende währende abendländische Traditionslinie. Konstitutiv für dieses Prinzip der Konfliktbewältigung sind mehrere Grundelemente:

- Verfahrensleitung durch einen neutralen Mediator
- Freiwilligkeit der Teilnahme
- Eigenverantwortlichkeit der Konfliktparteien
- „Interessen"-Orientierung bei der Konfliktbearbeitung
- Vertraulichkeit

Im Rahmen der Operationalisierung des Prinzips Mediation im Rahmen der modernen Mediationsbewegung in den USA und später in Deutschland hat sich eine innere Logik („**zeitlich-logische Struktur**"[80]) in der zeitlichen Abfolge der zu bearbeitenden Fragestellungen[81] herausgebildet. Daraus sind als Strukturationshilfe für das Verfahren verschiedene Phasenmodelle entstanden, die das „Mediationsverfahren" als *förmliches* Verfahren ausmachen. Die Konstituierung des Mediationsverfahrens erfolgt durch die Einigung auf den Mediationsvertrag (Arbeitsbündnis). Es scheint daher sinnvoll, nur dann von „Mediationsverfahren" zu sprechen, wenn eine Konfliktbearbeitung im Sinne dieses neuzeitlichen förmlichen (strukturierten) Ansatzes gemeint ist.[82]

Phasenmodelle helfen dem Mediator als *Gedächtnisstütze und Strukturationshilfe*, sein Handeln mediationswirksam auszurichten, insbesondere alle erforderlichen Schritte nacheinander abzuarbeiten. Die Reihenfolge der einzelnen Schritte muss dabei nicht

[80] MÄHLER/MÄHLER 1997, S. 27.

[81] MÄHLER/MÄHLER 1995, S. 134.

[82] Ansonsten kann vom Einsatz „mediativer Elemente" gesprochen werden.

sklavisch eingehalten werden, sondern kann je nach Art des Konfliktes und des Verfahrensverlaufs derart variiert werden, dass einzelne Schritte entfallen oder an anderer Stelle aufgegriffen werden können.[83]

1.2.1 Phasen des Mediationsverfahrens

In der Literatur werden eine ganze Reihe verschiedener Phasenmodelle vertreten, die zwischen drei[84] und vierzehn Phasen variieren.[85]. Dabei bestehen jedoch hinsichtlich der Abfolge der Kernaufgaben und des Verfahrensablaufs (Prozessdynamik) nur marginale Unterschiede.[86] Weit verbreitet ist das Fünf-Stufen-Modell[87], das von FRIEDMANN und HIMMELSTEIN entwickelt wurde und hier zur Illustration des konkreten Mediationshandelns herangezogen werden soll:

a. Erste Phase: Abschluss des Mediationsvertrages *(„vorbereiten")*
b. Zweite Phase: Bestandsaufnahme *(„sehen")*
c. Dritte Phase: Konfliktbearbeitung *(„klären")*
d. Vierte Phase: Konfliktlösung/Einigung *(„lösen")*
e. Fünfte Phase: Fixierung des Ergebnisses *(„vereinbaren")*

1.2.1.1 Erste Phase: Vorbereitungsphase/Abschluss des Mediationsvertrages

Das Mediationsverfahren beginnt mit einer Vorbereitungsphase, in der nach der Kontaktaufnahme in Sinn, Prinzipien und Ablauf der Mediation eingeführt wird. Die erste Phase endet mit dem Abschluss einer Mediationsvereinbarung („Arbeitsbündnis"), die einer anwaltlichen Beauftragung ähnelt.[88]

---

[83] BESEMER 2003, S.56.

[84] z.B. SUSSKIND/CRUIKSHANK 1987, S. 94ff.: "Prenegotiation Phase, Negotiation Phase, Implementation or Postnegotiation Phase".

[85] FLECHSIG/PONSCHAB/SCHWEIZER, Grundlagen der Mediation, S. 54. Ein speziell auf Belange der Wirtschaftsmediation zugeschnittenes Verfahren findet sich zudem bei PONSCHAB/ SCHWEIZER 2004.

[86] Einen detaillierten Überblick bieten KESSEN/TROJA 2009.

[87] MÄHLER/MÄHLER 1995, S. 134f. unter Bezugnahme auf FRIEDMAN 1993.

[88] FLECHSIG/PONSCHAB/SCHWEIZER, Grundlagen der Mediation, S. 50f. Dort auch das Beispiel eines Mediationsvertrages.

Die konkreten Aufgaben des Mediators in der ersten, vorbereitenden Phase bestehen darin, zunächst zu klären, wer die Mediation *initiiert* hat (der Gesetzgeber im Falle des Täter-Opfer-Ausgleichs, nur eine Partei oder alle Kofliktparteien). Dann wird der Mediator erfragen, welche *Erwartungen* die Parteien an die Mediation haben und über welches *Vorwissen* sie über das Verfahren verfügen. Der Mediator erklärt den Beteiligten die Regeln und den Ablauf des Mediationsverfahrens.

Wichtig ist dabei zu erläutern, dass seine Aufgabe allein auf der Prozessebene liegt. D.h. der Mediator „ist für den Verhandlungsprozess verantwortlich, für den Inhalt und das Ergebnis sind allein die Parteien zuständig."[89] Evtl. müssen auch die Kosten des Verfahrens und die Aufteilung der Gebühren besprochen werden. Der Mediator entwirft schließlich eine Mediationsvereinbarung, der alle Beteiligten zustimmen müssen. Die Grundprinzipien einer Mediation (z.B. Vertraulichkeit, Freiwilligkeit) sind dabei zu wahren.

1.2.1.2 Zweite Phase: Bestandsaufnahme

Die zweite Phase der Bestandsaufnahme beginnt mit einer Informationssammlung über die strittigen Punkte bzw. offenen Fragen. Übereinstimmungen und Abweichungen in den Positionen der Parteien müssen festgestellt und eine „Tagesordnung" aufgestellt werden, in der vereinbart wird, in welcher Reihenfolge und Gewichtung über die einzelnen Punkte gesprochen wird.

Konkret sind in der Phase der Bestandsaufnahme vom Mediator zusammen mit den Parteien die Themengebiete abzustecken, über die verhandelt werden soll. Insbesondere bei emotionsgeladenen Themen ist es wichtig, auf die Einhaltung der vorher vereinbarten Regeln zu achten. Der Mediator wird durch geschickten Einsatz von *Gesprächsführungstechniken* (z.B. Fragetechnik) eruieren, welche hinter den Positionen der einzelnen Parteien liegenden Interessen eine Rolle spielen.

Bei der Erstellung der *Agenda* für die folgende Bearbeitungsphase ist eine Art hierarchische Gliederung vorzunehmen, die nicht nur die Reihenfolge der Punkte umfasst, sondern auch deren Gewichtung in Abhängigkeit von der relativen Bedeutung für die Konfliktparteien berücksichtigt.

[89] FLECHSIG/PONSCHAB/SCHWEIZER, Grundlagen der Mediation, S. 48.

1.2.1.3 Dritte Phase: Konfliktbearbeitung

In der dritten Phase geht es um die Klärung der Bedürfnisse und Interessen der Parteien. Die Unterscheidung zwischen dem Verhalten eines Beteiligten und seinen tatsächlichen Interessen und Motiven ist dabei ebenso wichtig wie die Identifizierung der dabei wirksamen Bezugs- und Wertesysteme. Nur dadurch kann es zu einer lösungsorientierten und zukunftsgerichteten Bearbeitung der einzelnen Konfliktfelder kommen.

Die Aufgaben des Mediators in dieser Interessenfindungsphase bilden insofern eine Herausforderung, als vielen Parteien der Unterschied zwischen *Positionen* und *Interessen* nicht bewusst ist oder sie, selbst nach Erläuterung, auf ihren Positionen beharren. Auf der Basis konfligierender Positionen ist eine Verständigung meist nicht möglich sein.

Hier gilt es für den Mediator vermehrt, durch geeignete Fragetechnik[90] („wozu?", „weshalb ist das wichtig?") den Parteien zu helfen, die Interessen hinter ihrem positionierenden Verhalten zu erkennen, Techniken des sog. *Aktiven Zuhörens* einzusetzen und Blockaden durch lösungsorientiertes *Fragen* zu überwinden.[91] Anschließend werden dann gemeinsame und divergierende Interessen heraus gearbeitet.

1.2.1.4 Vierte Phase: Konfliktlösung

Auf der Grundlage der ermittelten Interessenlagen und des gewachsenen Vertrauens arbeiten die Parteien in der vierten Phase an den eigentlichen Lösungen des Konflikts. Dazu ist es von grundlegender Bedeutung, dass *in einem ersten Schritt gemeinsam kreative Lösungen entwickelt* werden und diese **erst in einem zweiten Schritt bewertet** werden.[92] Anschließend wird unter den verbleibenden Optionen eine Lösung gesucht, die die Interessen aller Parteien bestmöglich befriedigt. Die Vereinbarung wird auf ihre Realisierbarkeit hin geprüft und in einem Memorandum festgehalten.

---

[90] Vgl. FISHER/URY/PATTON 2009, S. 73ff.

[91] Zu Techniken des „Aktiven Zuhörens" und Fragetechniken vgl. ROSNER/WINHELLER 2012.

[92] Um diese wichtige Trennung zwischen Generierung und Bewertung von Lösungsoptionen noch stärker in den Fokus zu rücken, trennen die 6-Phasen-Modelle regelmäßig diese vierte Phase in zwei eigenständige Phasen auf, z.B. KESSEN/TROJA 2009, Rn. 46ff.: „Phase 4 Kreative Ideensuche/ Optionen bilden – Phase 5: Bewertung und Auswahl von Optionen".

Zentrale Aufgabe des Mediators in der vierten Phase ist es, die Parteien dabei zu untersützen, kooperativ eine Lösung zu entwickeln, die den Interessen und Bedürfnissen aller Parteien gerecht wird, damit diese nicht in einen distributiven Verteilungskampf und in „Machtspielchen" zurückfallen. Denn nur durch die Herausarbeitung der Interessen und den Aufbau von gegenseitigem Respekt und Verständnis wird eine Konfliktlösung in Phase vier möglich. Zu Beginn dieser Phase sammelt daher der Mediator alle *Lösungsoptionen* (z.B. mit der Brainstorming-Technik), die den Beteiligten einfallen und listet sie auf. In der anschließenden Optionsbewertung wirkt der Mediator darauf hin, dass sich die Parteien nicht nur einfach in der Mitte treffen, sondern die Spielräume für tatsächliche *Win-Win-Lösungen* zum beiderseitigen Vorteil nutzen.[93]

1.2.1.5 Fünfte Phase: Fixierung des Ergebnisses

In der fünften, ergebnissichernden Phase wird die von den Parteien gefundene Einigung in die juristische Vertragssprache übersetzt.[94] Beim Entwurf der Vereinbarung sind insbesondere die rechtliche Zulässigkeit der Regelungen und gesetzliche Formvorschriften zu beachten. Der Mediationsvertrag sollte folgende Punkte enthalten: Informationen zu Konfliktparteien, Mediatoren und Mediationsverlauf, Hauptregelungen und offene Fragen, nächste Schritte, Übergangsregelungen, Geltungsdauer oder Anpassungsklauseln sowie Datum und Unterschriften aller Beteiligten.

Bei der Fixierung des Ergebnisses hat der Mediator die rechtlichen Rahmenbedingungen zu beachten. Ist er Anwaltsmediator, kommen u.U. weitere Formvorschriften hinzu. Die Vereinbarung ist in einem Mediationsvertrag festzuhalten, der nach dem sog. Ein-Text-Verfahren[95] erstellt werden kann.

Der Mediator sollte bei der Unterzeichnung des Vertrages bzw. bei jeglicher Fixierung der Einigung die gemeinsam geleistete Arbeit *würdigen*. Falls gewünscht, kann in die Vereinbarung auch eine Bestimmung über Nachverhandlungen aufgenommen werden. Diese Möglichkeit zu benennen, ist eine abschließende Aufgabe des Mediators.

---

[93] Um Win-Win-Lösungen forcieren zu können, bedarf es fundierter Kenntnisse der Techniken wertschöpfenden Verhandelns sowie der Wertschöpfungspotentiale, dazu sogleich im 3. Kapitel.

[94] Ggf. kann diese Aufgabe auch an die begleitenden Anwälte der Parteien delegiert werden. Wenn der Mediator selbst kein Rechtsanwalt ist, sollte diese Aufgabe in jedem Fall delegiert werden, um nicht die Grenze zur verbotenen Rechtsberatung zu überschreiten (Rechtsberatungsgesetz).

[95] Vgl. KESSEN/TROJA 2009, Rn. 78.

1.2.2 Grundprinzipien der Mediation

Die tragenden Grundelemente des „Prinzips Mediation" sind bereits zu Beginn aufgelistet worden. Einige dieser Grundprinzipien verdienen dabei nochmals eine besondere Beachtung und Hervorhebung[96] - insbesondere die Kriterien „Freiwilligkeit" und „Beteiligung aller Konfliktparteien", „Eigenverantwortlichkeit", „Vertraulichkeit" sowie „Wertschöpfung":

Freiwilligkeit bedeutet, dass sich die Beteiligten ohne äußeren Zwang für die Teilnahme entscheiden. Dazu gehört auch, dass die Beteiligten jederzeit über das Verfahren im Ganzen verfügen können, d.h. insbesondere auch über die Beendigung; auf Wunsch einer Partei oder des Mediators kann das Verfahren abgebrochen werden.[97] Soweit die Parteien (z.B. durch Richterspruch) „gezwungen" sind, sich einem Mediationsverfahren zu unterziehen, erfordert das Prinzip der Freiwilligkeit in jedem Fall, dass den Parteien die Möglichkeit bleiben muss, aus dem Verfahren auszusteigen oder ein Ergebnis nicht zu akzeptieren.

Das Prinzip der **Beteiligung aller Konfliktparteien** bedeutet, dass möglichst alle von einem Problem betroffenen Parteien in das Mediationsverfahren einbezogen bzw. deren Interessen dort repräsentiert sein sollten. Denn nur dann, wenn alle Beteiligte, die einen Anteil an dem Konflikt haben, an dem Prozess der Konfliktbearbeitung mitwirken, können nachhaltige und sachgerechte Lösungen gefunden werden.[98]

Das Prinzip der **Eigenverantwortlichkeit** oder **Konfliktlösung ohne Delegation** bedeutet, dass die Parteien die Verantwortung für die Lösung ihres Konfliktes nicht delegieren können, sondern selbst die Lösung des Problems erarbeiten müssen.[99] Anders als

[96] Dabei ist die „Vermittlung durch einen allparteilichen/neutralen Dritten ohne Entscheidungsmacht" als tragendes Grundelement des Mediationsverständnisses impliziert.

[97] Dieser Mediationsgrundsatz wird auch unter dem alternativ formulierten Prinzip „Selbstbestimmung über Prozess und Ergebnis" gefasst.

[98] Ausgehend von den Erkenntnissen der sozialpsychologischen und systemtheoretischen Konfliktforschung (BECK/SCHWARZ 1995, S. 36ff.) ist dabei der Begriff der „Konfliktparteien" deutlich weiter gefasst als der juristische Begriff der „Streitparteien".

[99] Das bedeutet, dass die Parteien auch psychisch und physisch bereit und in der Lage sein müssen, die Verantwortung für die Lösung ihres Konfliktes zu übernehmen – was unter Umständen dann nicht

beispielsweise ein Richter in einer Vergleichsverhandlung ist es nicht Sache des Mediators, eine Lösung vorzugeben oder die rechtlichen Positionen zu bewerten.[100]

Weiterhin ist der **Grundsatz der Vertraulichkeit** zu beachten. Dieser Grundsatz gilt sowohl für den Mediator als auch für die Parteien. Das bedeutet insbesondere, dass die im Mediationsverfahren offen gelegten Informationen nicht öffentlich gemacht werden dürfen. Dieses Prinzip ist deshalb so wichtig, weil die Parteien ansonsten aus taktischen Gründen Informationen zurückhalten würden, die für die Erarbeitung einer interessengerechten Lösung von zentraler Bedeutung sein können.[101] Mit dem Vertraulichkeitsgrundsatz korrespondiert daher der Grundsatz der „Informiertheit" der Beteiligten, indem der Mediator sicherstellt, dass die Parteien über alle entscheidungsrelevanten Tatsachen - und ggf. die Rechtslage - umfassend informiert sind bzw. werden. Würden die Parteien eine Mediationsvereinbarung nämlich auf Basis von Falschinformationen oder Fehlvorstellungen über die rechtlichen Alternativen abschließen, wäre die Nachhaltigkeit und Befriedigungswirkung gefährdet.[102] Damit korreliert auch die Forderung an die Medianten, alle relevanten Informationen auf der sachlichen Ebene offen zu legen.[103]

---

der Fall ist, wenn sie drogen- bzw. alkoholabhängig sind oder unter psycho-pathologischen Störungen leiden.

[100] Besonders anfällig für diese Orientierung sind erfahrungsgemäß Richtermediatoren bei der sog. „gerichtsinternen" Mediation, sei es wegen der Rollenerwartungen der Beteiligten oder aus ihrem eigenen Autoritätsanspruch heraus. Diese Orientierung „unterminiert" jedoch „die Grundpfeiler der Mediation" (PARRA 2006, S. 21): Autonomie und Selbstbestimmung der Parteien und damit die besondere Qualität der mediativen Konfliktbearbeitung. Eine Klarstellung gegen die evaluative „Mediation" findet sich auch im neuen Mediationsgesetz (BT-Drucksache 17/8058 zu § 1 Abs. 1 MediationsG, zitiert nach WERMKE/WINHELLER 2012, S. 139).

[101] Der Mediator ist oftmals bereits von Berufs wegen zur Verschwiegenheit verpflichtet. Dies gilt z.B. für Anwälte, Ärzte und Psychologen. Für die Parteien sollte die Vertraulichkeit durch entsprechende Vereinbarungen im Mediationsvertrag abgesichert werden; dazu ausführlich HARTMANN 2009, Rn. 27ff.). Neue Klarheit bringt hier auch das vom deutschen Bundestag auf den Weg gebrachte Mediationsgesetz: § 4 MediationsG konstituiert eine Verschwiegenheitspflicht und ein Zeugnisverweigerungsrecht für Mediatoren, vgl. WERMKE/WINHELLER 2012, S. 147ff.

[102] Vgl. KRACHT 2009, Rn. 120ff.

[103] Zur strategisch motivierten Zurückhaltung von Informationen durch die Medianten aufgrund des Spannungsverhältnisses zwischen Wertschöpfung und Wertaneignung vgl. Kapitel 3.5.1.

Schließlich gilt das Prinzip der **Wertschöpfung**, das insbesondere für die Wirtschaftsmediation von nicht zu unterschätzender Bedeutung ist und durch das Verfahren **unterstützten** Verhandelns erreicht werden soll.[104] Der Ausgangspunkt ist dabei die Optimierung des Verhandlungsprozesses zwischen den Streitparteien. Ziel ist es, auf effiziente Art und Weise ein konsensuales, interessengerechtes Ergebnis zwischen den Medianten zu erreichen, das die **Wertschöpfungspotentiale** möglichst vollständig ausschöpft („*pareto-optimales Ergebnis*“[105]). Dies macht den **wertschöpfenden Charakter der Mediation** aus und gelingt dann, wenn die in Kapitel 3 – 5 erläuterten Techniken des „*Deal-Structuring*“ in der Verhandlungsphase der Mediation optimal umgesetzt werden.

1.3 Mediation und Verhandlungsführung

Jede Mediation ist unweigerlich eine Verhandlung. Wenn Akteure voneinander abhängig sind (Interdependenz) und (mindestens teilweise) konfliktäre Interessen[106] haben, gibt es zwei Möglichkeiten, mit dieser Situation umzugehen: *Entweder* sie suchen eine *Einigung*, *oder* sie versuchen, ihre Idealvorstellungen ohne Einwilligung der Gegenseite

[104] Wertschöpfung kann auch bei gerichtsnaher oder gerichtsinterner Mediation erfolgen, sofern das Vorgehen nicht auf eine rechtliche Klärung, sondern auf eine Interessenklärung und einen Interessenausgleich ausgerichtet ist (dazu TROSSEN 2009). Vor dem Streitrichter ist wertschöpfendes Verhandeln jedoch aufgrund der Beschränkungen (z.B. durch das Zivilprozessrecht: Dispositionsmaxime) nur schwer möglich.

[105] Pareto-optimale Ergebnisse sind solche, „zu denen sich keine andere Lösung finden läßt, welche für einen der Beteiligten günstiger und für alle anderen mindestens ebenso günstig ist. Solange die Lösung noch nicht pareto-optimal ist, können die Gruppenmitglieder zum wechselseitigen Nutzen zusammenarbeiten. Sobald sie sich aber innerhalb des pareto-optimalen Bereiches befinden, ist jede Steigerung des Gewinnes des einen verbunden mit einer Minderung des Gewinnes des anderen.“ CROTT/KUTSCHKER/LAMM 1977a, S. 25; vgl. im Einzelnen Kapitel 2.3.

[106] „Interessen“ sind in der Verhandlungswissenschaft der Oberbegriff für die „stillen Beweggründe“ der Beteiligten, aus denen sich der „Konflikt beiderseitiger Nöte, Wünsche, Sorgen und Ängste“ als Ausgangslage für die Verhandlung speist (FISHER/URY/PATTON 2009, S. 70); auf Sach- und Beziehungsebene, auf Ebene von persönlichen und Organisationszielen, im Bereich von ökonomischen und psychosozialen Bedürfnissen. Auf eine kurze Formel gebracht: Interessen sind all das, was den Beteiligten wirklich wichtig ist. Dabei sollte der Begriff „Interessen“ nicht lediglich auf „Eigennutz“ bezogen werden, sondern die alle Bedürfnisse der Parteien umfassen, vgl. MONTADA/KALS 2007, S. 53ff.

mit Macht durchzusetzen.[107] Im Rahmen einer Rechtsordnung gibt es darüberhinaus noch die Möglichkeit, auf der Ebene des Rechts Ansprüche zu erwerben, die dann mittels des staatlichen Gewaltmonopols durchgesetzt werden können – also mit „geliehener Macht" – auch gegen den erklärten Willen der Gegenseite.[108]

Im Konfliktfall besteht daher für die Beteiligten zunächst die *strategische Aufgabe sich für eine geeignete Konfliktregelungsebene zu entscheiden*, z.B. für die Verhandlung. Diese Entscheidung kann im Einzelfall emotional und ethisch herausfordernd sein, insbesondere beim „Verhandeln mit dem Teufel" (MNOOKIN), also einer Person oder Organisation, deren Einstellungen und Handlungen man selbst als ethisch absolut inakzeptabel bewertet.[109] *Im zweiten Schritt* muss dann ggf. *das geeignetste Verfahren zum Verhandeln ausgewählt* werden, z.B. eine Mediation als assistiertes Verhandlungsverfahren.

Das Wesen der Verhandlung besteht darin, seine eigenen Interessen nicht durch den Einsatz von Macht ohne Rücksicht auf den Willen des Anderen durchzusetzen, sondern eine „friedliche" Lösung zu suchen, der der andere zustimmen kann. „Friedlich" bedeutet dabei nicht, dass die Verhandlung nicht sehr hart verlaufen könnte und einzelne Verhandler nicht mit Machtmitteln wie Drohungen und Ultimaten arbeiten würden; die Friedlichkeit zeigt sich nur darin, dass in *Verhandlungen keine Lösung mit absoluter Gewalt gegen den Willen des Verhandlungspartners durchgesetzt werden kann*, sondern das „Ja" des Verhandlungspartners unbedingt erforderlich und gewünscht ist. Dadurch können die Eskalation des Konflikt und deren destruktive Ergebnisse vermieden werden.

---

[107] Zu der Psycho-Dynamik des Verhandelns vgl. MASTENBROEK 1992, S. 23ff.

[108] Diese strategische Trias korrespondiert mit dem weit verbreiteten Modell der drei „Ebenen der Konfliktregelung" nach URY/BRETT/GOLDBERG 1996, S. 21ff. (Macht, Recht, Interessen) bzw. mit dem von deutschen Rechtssoziologen in den 1970er Jahren entwickelten Modell zur Typisierung arbeitsrechtlicher Konfliktregelung: „Verhandeln/Vermitteln" (Interessenebene), „Richten" (Rechtsebene) und „Anordnen" (Machtebene) vgl. BLANKENBURG/SCHÖNHOLZ/ROGOWSKI 1979, S. 178.

[109] Zu der strategischen Entscheidung für oder gegen eine Verhandlungslösung und entsprechenden Entscheidungskritierien vgl. MNOOKIN 2011, S. 30ff., der das „Verhandeln mit dem Teufel" anhand der Frage erörtert: „Soll man mit Terroristen verhandeln?"

> „Schon im Kindergarten wird verhandelt. Wenn nur ein Brummkreisel vorhanden ist, der von zwei Kindern begehrt wird, müssen die beiden verhandeln. Die Alternative ist Krieg. Aber wie ausgerissene Haare, Kratzer im Gesicht, Tränen und ein nicht mehr brummender Kreisel anschaulich zeigen, ist das keine gute Alternative. Besser ist es, man sucht auf friedliche Weise nach einem Kompromiss."[110]

Mit der Wahl für eine Mediation bzw. mit der Bereitschaft, sich auf eine Mediation einzulassen (also spätestens mit Unterzeichnung einer Mediationsvereinbarung), treffen die Beteiligten eine – jedenfalls für die Dauer der Mediation geltende[111] – Selbstverpflichtung (Commitment) und beginnen einen Verhandlungsprozess. GRÄFIN VON SCHLIEFFEN hat dafür das treffende Bild vom Mediationsverfahren als „befriedeten Verhandlungszustand"[112] im Konflikt geprägt.

1.3.1 „Verhandlung" – Eine Begriffsbestimmung

Da der Begriff „Verhandeln" der Alltagssprache entlehnt ist, verzichten nicht nur weite Teile der Ratgeberliteratur sondern sogar einige wissenschaftliche Beiträge[113] bewusst auf eine Definition. Weil jedoch der Verhandlungsprozess im Mittelpunkt jeder Mediation steht und im Rahmen dieser Ausarbeitung das mediative Verhandeln in praktischen und theoretischen Bezügen dargestellt werden soll, erscheint eine explizite Begriffsklärung hier unverzichtbar, um eine tragfähige Grundlage für die abzuleitenden Handlungsempfehlungen zu schaffen.

---

[110] HAFT 1993, S. 9.

[111] Dabei konstituieren die Optionen der Beteiligten auf Rechts- und Machtebene den Wert der Nichteinigungsalternative und wirken dadurch kontinuierlich in den Verhandlungsprozess hinein. Das gilt insbesondere für das Gerichtsverfahren als Rückfallposition, mit dem die abstrakten Wertungen der Rechtsordnung durchgesetzt werden können, insbesondere auch die befriedend wirkende Eindämmung willkürlichen Handelns strukturell Mächtiger. Erst dadurch entsteht oft überhaupt ein Nährboden für Verhandlungslösungen – auch für die Mediation, vgl. SCHLIEFFEN 2002, § 7 Rn. 8.

[112] SCHLIEFFEN 2009b, § 9 Rn. 44.

[113] z.B. MASTENBROEK 1992, S. 21ff., oder KELLY/MÜLLER 1997, S. 459ff.

Bis heute hat sich in der verhandlungswissenschaftlichen Literatur keine einheitliche Definition von »Verhandlung« herausgebildet. FISHER, URY und PATTON, die das weltweit meistverbreitete Verhandlungslehrbuch „Das Harvard-Konzept" geschrieben haben, definieren Verhandlung als

> „wechselseitige Kommunikation mit dem Ziel, eine Übereinkunft zu erreichen, wenn man mit der anderen Seite sowohl gemeinsame als auch gegensätzliche Interessen hat."[114]

CROTT, KUTSCHKER und LAMM, die das erste verhandlungswissenschaftliche Grundlagenwerk in deutscher Sprache vorlegten, definieren Verhandlung wie folgt:

> „Ein Verhandlungsspiel im engeren Sinne (bargaining game) ist eine Situation, in der zwei oder mehrere Parteien, seien es Individuen oder Gruppen, durch Kooperation gewinnen können, in der aber bezüglich der konkreten Vereinbarung ein Interessenkonflikt besteht. Dieser Interessenkonflikt wird in der Verhandlung ausgetragen, deren Ergebnis ein von allen Partnern akzeptiertes und verbindliches Übereinkommen sein muss."[115]

Der Aspekt des Verhandelns als Mittel zur Konfliktbeilegung bei Präferenzunterschieden prägt auch die Definition von PRUITT und CARNEVALE:

> „Negotiation is a discussion between two or more parties with the apparent aim of resolving a divergence of interest and thus escaping social conflict. The parties (also called `disputants´) may be individuals, groups, organizations, or political units such as nations. Divergence of interest means that the parties have incompatible preferences among a set of available options."[116]

[114] FISHER/URY/PATTON 2009, S. 19.

[115] CROTT/KUTSCHKER/LAMM 1977a, S. 14.

[116] PRUITT/CARNEVALE 1993, S. 2.

WALL und BLUM hingegen heben in ihrer Definition besonders die Bedeutung von Austauschprozessen hervor:

> „Negotiation is a process in which two or more parties exchange goods or services and attempt to agree upon the exchange rate for them."[117]

Aus diesen und einer Vielzahl weiterer Definitionen, die jeweils unterschiedliche Schwerpunkte setzen, lassen sich **fünf zentrale Merkmale von Verhandlungen** extrahieren:

(1) Gemeinsame Entscheidungsfindung,

(2) Grundsätzliches Einigungsinteresse/partielle Zielkongruenz,

(3) Präferenzkonflikt,

(4) Einigungsraum,[118]

(5) *Austauschprozess durch soziale Interaktion.*[119]

Wir **definieren** daher **Verhandlung** wie folgt:

> Eine Verhandlung ist ein Interaktionsprozess von zwei oder mehr interdependenten Parteien, mit dem Ziel, durch Austausch von Angeboten und Informationen zu einer Einigung über die Nutzenverteilung zu gelangen, mit der trotz stellenweiser konfliktärer Präferenzen im Ergebnis eine Verbesserung ihrer Situation erzielt wird.[120]

---

117 WALL/BLUM 1991, S. 273f.

118 Konstitutiv für eine Verhandlung ist, dass alle Parteien das Bestehen eines Einigungsraums für möglich halten, nicht dass tatsächlich ein solcher Einigungsraum in der konkreten Verhandlung existiert. Tatsächlich kann der Einigungsraum im konkreten Fall auch eine „leere Menge" sein.

119 So auch VOETH/HERBST 2009, S. 5.

120 WINHELLER 2011, S. 4.

1.3.2 Der Verhandlungsprozess in der Mediation zwischen „Verhandlungsansatz" und „Transformationsansatz"

In der Literatur werden überwiegend *zwei Ansätze der Mediation* unterschieden: Der eine wird als **„Verhandlungsansatz"** der andere als **„Transformationsansatz"** oder auch als *„therapeutische Integration"* bzw. „therapeutische Mediation" bezeichnet.[121] Angesichts der eingangs aufgestellten These, dass jede Mediation unweigerlich eine Verhandlung ist und sich die Mediation durch die besondere Prozessqualität mediativen Verhandelns konstituiert, erscheint es unabdingbar, zunächst für jeden einzelnen dieser beiden Ansätze die Bedeutung des Verhandlungsprozesses und seine besondere Qualität darzustellen.

1.3.2.1 Der „Verhandlungsansatz" in der Mediation

Nachdem die ADR-Bewegung durch das berühmte Referat[122] von FRANK E. SANDER auf der Pound-Konferenz 1976 ihren „Big Bang Moment"[123] erlebt hatte und insbesondere die konsensuale Konfliktregelung durch Verhandlungsverfahren in den Mittelpunkt des Interesses rückten, wandte sich die *Aufmerksamkeit von Wissenschaft und Praxis* zunächst der *Optimierung von Verhandlungsprozessen* zu.[124] Zugrunde lag die Erkenntnis, dass durch die Konfliktdynamik eine Reihe von strategischen, psychologischen, institutionellen und strukturellen Barrieren in Verhandlungen bestehen, die die Verhandlungsperformance beeinträchtigen.[125] Der Fokus lag also darauf herauszuarbeiten, wie Mediatoren den Parteien helfen können diese **Barrieren zu überwinden**, und wie generell gute Verhandlungsergebnisse erzielt werden können.

---

[121] BREIDENBACH 1995, S. 139ff.: „[…] lassen sich als Pole in einem Kontinuum strategischer Ausrichtung zwei verschiedene Ansätze finden – Verhandeln und therapeutische Integration" unter Bezugnahme auf SILBEY/MERRY 1986, S. 2065. RÖHL 1987, S. 475ff. unterscheidet „Vermittlung als Verhandlungshilfe" und „Vermittlung als Versöhnungshilfe". GOLDING 1975, S. 113ff. spricht von „conciliation" und „therapeutic integration".

[122] „The Causes of Popular Dissatisfaction with the Administration of Justice", SANDER 1976.

[123] MOFFITT 2006, S. 437.

[124] Dabei konnte auf eine ganze Reihe von Vorarbeiten in den verschiedensten Disziplinen zurückgegriffen werden, vgl. MENKEL-MEADOW 2005, S. 13ff., insbesondere die interdisziplinäre Integration der verschiedensten Ansätze und der starke Fokus auf praktische Handlungsempfehlungen für Konfliktverhandlungen waren aber tatsächlich „neu", vgl. MOFFITT 2006, S. 437ff.

[125] ARROW/MNOOKIN/ROSS/TVERSKY/WILSON 1995, S. 3ff.

So gründeten 1979 ROGER FISHER mit WILLIAM URY und BRUCE PATTON das *Harvard Negotiation Project* zur Erforschung von Theorie und Praxis guten Verhandelns, aus dem sich 1983 das **Program on Negotiation** (PON) als interdisziplinäres interuniversitäres Konsortium von Harvard University, Massachusetts Institute of Technology (MIT) und Tufts University entwickelte. Aus diesem führenden verhandlungswissenschaftlichen Institut kamen bis heute wesentliche Impulse zur professionellen Verhandlungsführung – nicht nur in Konflikten, weshalb der Verhandlungsansatz der Mediation vielfach auch als „*Harvard-Ansatz*“ oder „Harvard-Schule“ der Mediation bezeichnet wird.

Begründet wurde dieser Ansatz durch das 1981 veröffentlichte Buch **Getting to YES**[126] von FISHER, URY und PATTON, in dem ein Konzept zur erfolgreichen Verhandlungsführung dargestellt wird. Dieses Buch ist bis heute das weltweit meistverkaufte Buch zu dem Thema Verhandlungsführung und das in ihm vorgestellte Konzept[127] ist nach wie vor das Fundament der modernen Verhandlungslehre und Mediationspraxis.[128] Weitere einflussreiche Veröffentlichungen betreffen den „consensus building process“ (SUSSKIND/CRUIKSHANK[129]), das Spannungsverhältnis zwischen integrativem und distributiven Verhandeln (LAX/SEBENIUS[130]), Aspekte internationalen Verhandelns (SALACUSE[131]), die

---

[126] Eine dt. Übersetzung ist seit 1983 unter dem Titel „Das Harvard-Konzept“ erhältlich.

[127] In Deutschland ist dieser Verhandlungsansatz als „Harvard-Konzept“ bekannt, in Harvard selbst bzw. den USA spricht man von „principled Negotiating“, „interest-based Negotiating“, „problem-solving Negotiating“ oder „Mutual gains approach“. Zu den Prinzipien vgl. Kapitel 2.2.

[128] „Getting to yes had been published in more than thirty different languages, had sold millions of copies […] and had revolutionized how negotiation is taught in law schools, business, public policy and planning, and in international relations and government departments. (Many of these places, in fact, had never even taught negotiation before the book´s publication). “, schreibt die renommierte amerikanische Verhandlungswissenschaftlerin Carrie Menkel Meadows in ihrer Würdigung zum 25-jährigen Jubiläum des Buches, vgl. MENKEL-MEADOWS (2006), S. 485ff.

[129] „Breaking the Impasse“, SUSSKIND/CRUIKSHANK 1987; der Ansatz wurde im Consensus Building Institute weiterentwickelt und 1999 in einem umfassenden Kompendium („The Consensus Building Handbook“) vertieft, SUSSKIND/McKEARNAN/ THOMAS-LARMER 1999.

[130] „The Manager as Negotiator“, LAX/SEBENIUS 1986, die das „negotiator’s dilemma“ beschreiben, vgl. dazu Kapitel 3.5.1. Die Unterscheidung zwischen integrativem und distributivem Verhandeln ist wesentlich älter und geht auf WALTON/McKERSIE 1965 zurück.

[131] „International erfolgreich verhandeln“, SALACUSE 1992.

„Spannungsverhältnisse in Verhandlungen" (MNOOKIN/PEPPET/ TULUMELLO[132]), den Umgang mit harten Verhandlungstaktiken (URY[133]) sowie die ökonomische Optimierung von Verhandlungsergebnissen (RAIFFA[134]).

Dieser Ansatz knüpft insbesondere an die „**Interessen-Orientierung** bei der Konfliktbearbeitung" als tragendem Grundelement des „Prinzips Mediation" an.[135] Eine Mediation kann demnach dann erfolgreich sein, wenn sich die Konfliktbeteiligten bei der Lösungssuche von ihren Maximalpositionen lösen und in kooperativer Verhandlung eine Lösung suchen, die sich an den Bedürfnissen der Parteien (Interessen) orientiert. Dabei versucht der Mediator durch interessenorientiertes („sachbezogenes")[136] Verhandeln eine kooperative Beziehung zwischen den Konfliktbeteiligten entstehen zu lassen, aus der eine einvernehmliche, interessengerechte, faire und wertschöpfende Verhandlungslösung entwickelt werden kann.

Dazu sollen die Interessen hinter den streitigen Positionen der Konfliktparteien bewusst gemacht, kreative Lösungen entwickelt und zu einem für alle akzeptablen Lösungspaket geschnürt werden. Die **Entdeckung strikter Interessenorientierung und Integration** *als Erfolgsfaktor bei der Konfliktlösung* wird vielfach dem Harvard Konzept zugeschrieben, tatsächlich ist diese Idee deutlich älter und **Mary Parker Follett**

132 „Beyond winning", MNOOKIN/PUPPET/TULUMELLO 2000. SCHWARTZ/TROJA 2010, S. 188, machen sich dieses Modell zu eigen, leider ohne die ursprüngliche Quelle zu nennen.

133 „Schwierige Verhandlungen", URY 1998. Das Prinzip der Selbstbehauptung in der kooperativen Verhandlung („positives Nein") wird bei URY 2009 weiterentwickelt.

134 „The Art and Science of Negotiation", RAIFFA 1982. Die Weiterentwicklung seines Ansatzes findet sich bei RAIFFA/RICHARDSON/METCALFE 2002.

135 „Das Harvard-Konzept" (FISHER/URY/PATTON 2009), das heute als Grundlagenwerk der Verhandlungswissenschaft anerkannt ist, war sogar ursprünglich als Mediationslehrbuch geplant, wurde allerdings auf Bitten des Verlages neu konzeptioniert, weil viele der Mediationsaspekte genauso auch für allgemeine Verhandlungen nutzbar sind.

136 „Sachbezogenes Verhandeln" hat sich als deutscher Begriff für die amerikanischen Begriffe „interest-based Negotiating" bzw. „principled Negotiating" durchgesetzt. Gemeint ist ein Verhandlungsansatz, der sich vorrangig auf die Interessen der Parteien konzentriert und auf eine größtmögliche Bedürfnisbefriedigung abzielt.

zuzurechnen.[137] PARKER FOLLETT, Sozialarbeiterin, Wissenschaftlerin und Autorin zu Beginn des 20. Jahrhunderts, prägte den Begriff „conflict resolution", beschrieb als erste das „integrative Verhandeln" und „Unternehmen als soziale Systeme". Nachdem ihr Werk fast 50 Jahre in Vergessenheit geraten war, wurde ihre Bedeutung für die moderne Konflikt- und Managementtheorie in den letzten 20 Jahren langsam wiederentdeckt und zunehmend gewürdigt.[138]

> „There is a way beginning now to be recognized at least, and even occasionally followed: when two desires are integrated, that means that a solution has been found in which both desires have found a place, that neither side has had to sacrifice anything [...] if we think that integration is more profitable than conquering or compromising, the first step toward this consummation ist to bring the differences into the open. We cannot hope to integrate our differences unless we know what they are. The first rule, then, for obtaining integration ist to put your cards on the table, face the real issue."[139]

Erfolgskriterium für eine Mediation nach dem Verhandlungsansatz ist demnach die **Maximierung der Verhandlungsperformance**[140], also dass die Beteiligten ein konsensuales und möglichst gutes *Ergebnis* erzielt haben – und zwar effizient, also mit

[137] Erste Ansätze finden sich sogar schon 1716 im Verhandlungslehrbuch des französischen Diplomaten Francois de Calliéres (De la manière de Négocier avec les souverains): „The secret of negotiation is to harmonize the interests of the parties concerned.", vgl. CALLIÉRES 2000.

[138] DAVIES 1991, S. 13ff. hat ein fiktives Interview mit Mary Parker Follett verfasst, dessen Antworten sich ausschließlich aus Originalzitaten ihrer wichtigsten Werke „The New State" (1918), „The Creative Experience" (1924) sowie „Dynamic Administration" (1940) speisen, und das heute als hochaktuelle Orientierung in moderner Konflikttheorie wirkt.

[139] PARKER FOLLETT 1940, S. 32ff.

[140] *Verhandlungsperformance* kann nach WINHELLER 2011, S. 4, in Anlehnung an NEELEY/GREGORY/PLATTS 1995, S. 80, als Summation von Effektivität und Effizienz einer Verhandlung beschrieben werden. Effektivität bezeichnet dabei das Maß der Zielerreichung, während Effizienz das Verhältnis von Aufwand (Transaktionskosten) und Ertrag beschreibt. In die Performancemessung sind also Ergebniskriterien (Effektivität) und Prozesskriterien (Effizienz) einzubeziehen, vgl. PLEIER 2008. Dabei sind die Ziele umfassend, d.h. unter Berücksichtigung von Sach- und Beziehungszielen und unter Berücksichtigung mittel- und langfristiger Ziele, zugrunde zu legen. Zur Messung von Verhandlungsperformance in industriellen Verhandlungen vgl. SCHWARZ 2012.

möglichst geringen Transaktionskosten. Diese Orientierung wird auch als „Satisfaction-Story“[141] oder „Service-Delivery-Projekt“[142] bezeichnet. Dazu wird dem Mediator eine **sehr große Prozesskontrolle zugebilligt**, die auch direktive Methoden wie z.B. Einzelgespräche (Shuttle-Mediation) umfasst. „Destruktive Aspekte“, die die Einigung erschweren, sollen durch gezielte Aufmerksamkeitssteuerung ausgeblendet werden;[143] diese Auffassung bringt BREIDENBACH auf den Punkt:

> „Emotional belastete Punkte werden zugunsten einer ökonomisch orientierten Betrachtungsweise des Konflikts gemieden.“[144]

Die meisten Mediatoren – insbesondere im Bereich der Wirtschaftsmediation und auch der gerichtsverbundenen Mediation – arbeiten nach diesem Ansatz. Vor allen Dingen die Vorstellung, möglichst schnell und mit geringen Transaktionskosten zu einem einvernehmlichen Ergebnis zu kommen, ist für viele Medianten eine Hauptmotivation, sich auf eine Mediation einzulassen.

1.3.2.2 Der Transformationsansatz in der Mediation

Je nach Persönlichkeit und Orientierung des Mediators wird und wurde dieser Ansatz der „Verhandlungsunterstützung“ durch verschiedene Mediatoren höchst unterschiedlich gelebt. KOLB unterscheidet Mediatortypen zwischen „Orchestrator“ und

---

[141] BUSH/FOLGER 2005 unterscheiden vier „Storys“ (Haltungen zur Mediation): *Satisfaction Story* (effizientes Ergebnis erreichen), *Social Justice Story* (schwächere Akteure in der Gesellschaft stärken), *Oppression Story* (Mediation als Instrument der Mächtigen zur Unterdrückung der Schwachen) und *Transformation Story* (Individuen und deren Beziehungen positiv verändern).

[142] Der deutsche Mediationswissenschaftler *Stephan Breidenbach* unterscheidet in seiner Habilitationsschrift fünf „Projekte“ („idealtypische Zielvorstellungen“) von Mediation: *Service-Delivery* (effizientes Ergebnis erreichen), *Reconciliation* (Versöhnung), *Individual-Autonomy* (autonome Konfliktbewältigungskompetenz stärken), *Social Transformation* (Gesellschaft verändern), und *Access-to-Justice* (Zugang zum Recht); BREIDENBACH 1995, S. 212.

[143] RISSE 2003 § 7 Rn. 93; KOVACH 2005, S. 306; BREIDENBACH 1995, S. 140; SAPOSNEK 1983, S. 177, rät Mediatoren, zu Beginn der Mediation die Medianten zu instruieren, dass emotionale Äußerungen „irrelevant and counterproductive“ sind und unterbleiben sollten. MOORE 2003, S. 173f., 181, nennt als Instrumentarium dafür die Basisstrategien „venting emotions“ und „suppressing emotions“.

[144] BREIDENBACH 1995, S. 140.

„Dealmaker".[145] Während die „Orchestratoren" sich größtmöglich geduldig zurücknehmen, um die Eigenverantwortlichkeit der Medianten zum Tragen zu bringen, krempeln die „Dealmaker" buchstäblich selbst die Ärmel hoch, um – auch mittels direktiver Interventionen – die Parteien möglichst schnell zu einer Einigung zu bringen.

In der Mediationspraxis in den USA zeigte sich insbesondere bei den juristischen Mediatoren schnell ein zunehmender Trend hin zu einem solchen Mediationsverständnis, das hauptsächlich auf Effizienz, Einigungsquoten und Sachinteressen sowie die Verdrängung von Emotionen und Vergangenheitsbearbeitung konzentriert war. Viele beriefen sich dabei auf das erste Prinzip des Harvard-Konzepts („Separate the people from the problem") und verstanden es derart, dass das „Menscheln" bestmöglich aus der Mediation herausgehalten werden muss, um vorteilhafte Sacheinigungen zu erzielen.

Auf diesen stark ergebnisorientierten und ökonomistisch ausgelebten Verhandlungsansatz reagierten BUSH und FOLGER 1994 mit ihrem berühmten Grundlagenwerk „*The promise of mediation*", das den **Transformationsansatz** der Mediation postulierte. Der Transformationsansatz geht davon aus, dass die Mediation mehr kann – und leisten sollte – als „nur" ein einvernehmliches Ergebnis zu erzielen. Der *Transformationsansatz stellt die Eigenverantwortlichkeit der Medianten in den Mittelpunkt der Mediation* und eine Transformation der konflikthaften Beziehungen:

> „Mediation is defined as a process in which a third party works with parties in conflict to help them change the quality of their conflict interaction from negative and destructive to positive and constructive, as they explore and discuss issues and possibilities for resolution."[146]

Im Vordergrund der mediativen Arbeit soll demnach die Stärkung der individuellen Konfliktkompetenz („Empowerment"[147]) und die positive Klärung der gestörten Bezie-

[145] KOLB 1983, S. 1ff.

[146] BUSH/FOLGER 2005, S. 65f.

[147] *Empowerment* bedeutet, die Medianten beim Erwerb von Kommunikations- und Selbstbehauptungskompetenz zu unterstützen, um sie zu selbstbestimmter konsensualer Konfliktregelung zu „ertüchtigen". BUSH/FOLGER 2005, S. 13: „Participants in mediation have, as a result, gained a greater sense of strength of self, including self-respect, self-reliance, and self-confidence. This has been called the *empowerment* dimension of the mediation process."

hungen („Recognition“[148]) zwischen den Konfliktparteien stehen. Erfolgskriterium für eine Mediation ist bei diesem Ansatz die Frage, „wie“ eine Einigung erreicht worden ist, also der **Prozess**. Alle wesentlichen Konfliktebenen – auch die Tiefenstruktur – sollen im Rahmen der *Transformation Story* von den Beteiligten eigenverantwortlich bearbeitet werden.[149]

Vielfach besteht ein großes *Missverständnis über die Bedeutung einer Einigung* zwischen den Konfliktparteien über konkrete Streitfragen *im Rahmen transformativer Mediation*. Begründet ist dieses Missverständnis wohl zum einen in einer nicht ausreichenden Auseinandersetzung mit der insbesondere für viele juristische Mediatoren „fremden Welt“ von Konfliktpsychologie und systemischem Ansatz[150] und zum anderen in mangelnder Praxiserfahrung mit Transformation von Kommunikationsqualitäten. Nur so ist es erklärbar, das beispielsweise RISSE über die transformative Mediation schreibt: „Adressat der Mediation ist danach primär der einzelne Mensch, erst sekundär der Konflikt, der sich über die zuvor verbesserte Konfliktlösungskompetenz praktisch von selbst lösen sollte.“[151] Das klingt nach einem esoterischen Konzept, bei dem Lösungen auf unerklärliche und wundersame Weise im Raum erscheinen – oder eben nicht. Tatsächlich werden die Sachlösungen auch in der transformativen Mediation von den

[148] *Recognition* bedeutet einen empathischen Perspektivenwechsel, sich also in die anderen Konfliktparteien einfühlen und auch deren Bedürfnisse als legitim anerkennen zu können. BUSH/FOLGER 2005, S. 14: „Mediation has thus engendered, even between parties who start out as fierce adversaries, acknowledgment and concern for each other as fellow human beings. This has been called the *recognition* dimension of the mediation process.” Recognition ist nach Auffassung der transformativen Mediation in jedem Mediationsverfahren ein wichtiges Ziel, *Reconciliation* (Versöhnung) allerdings nicht zwingend. BUSH/FOLGER 2005, S. 77, erklären ausdrücklich, dass Reconciliation im Gegensatz zu Recognition „simply unattainable in all but a tiny fraction of cases“ sei. Andererseits ist Reconciliation z.B. im Täter-Opfer-Ausgleich ein hochrangiges Ziel, vgl. DUVE/EIDENMÜLLER/HACKE 2011, S. 85, unter Verweis auf BREIDENBACH 1995, S. 130ff.

[149] In der Typologie nach BREIDENBACH 1995, S. 116f., entspricht der Transformationsansatz in etwa dem Individual-Autonomy-Projekt mit Elementen des Reconciliation-Projekts.

[150] Vgl. MONTADA/KALS 2007, S. 38ff., zu der unterschiedlichen Prägung juristischer und psychologischer Mediatoren und daraus resultierender Unterschiede im Mediationsverständnis.

[151] RISSE 2003 § 1 Rn. 60.

Konfliktparteien erarbeitet – allerdings aufgrund der vorab verbesserten Beziehungsqualität ohne die üblichen Barrieren für Einigung und wertschöpfende Lösungen. Dies ist keine leere Hoffnung, sondern durch die sozialpsychologische Forschung gesichert:

> „In fact, the relationship between the parties can serve either an additional barrier to Agreements or a means of enhancing both the likelihood and quality of Agreements."[152]

Auch BREIDENBACH unterliegt diesem Missverständnis: „Eine Einstellungsänderung als Basis für eine Versöhnung und/oder künftige autonome Problemlösung und nicht die Lösung des aktuellen Sachproblems wird angestrebt."[153] Richtig ist: *Ein* Ziel der transformativen Mediation ist auch die Sachlösung. Aber weder ist es das einzige Ziel, noch darf es um jeden Preis und mit Effizienzdruck erreicht werden, der durch eine Beschleunigung des Verfahrens die Eigenverantwortlichkeit und Selbstbestimmung der Medianten untergräbt. So erklären BUSH und FOLGER ganz ausdrücklich:

> „Even though the mediator's job is to support empowerment and recognition shifts, the transformative model does not ignore the significance of resolving specific issues [...] Research on transformative mediation has shown that it can and does produce both of these impacts – resolution of specific issues and, even more important, interactional change, just as the theory predicts."[154]

1.3.2.3 Die Integration beider Ansätze durch einen modernen Verhandlungsbegriff

Es stellt sich die Frage, ob diese beiden Mediationsansätze sich tatsächlich unversöhnlich gegenüber stehen, sich ein Mediator also „entscheiden muss", welchen Mediationsansatz er anbieten will, oder ob die Zielsetzungen beider Ansätze in einem konkreten Mediationsverfahren integriert werden können – oder sogar müssen. BUSH und FOLGER lehnen eine solche Integration kategorisch ab:

---

[152] BAZERMAN/NEALE 1995, S. 106, zu den psychologischen Einigungsbarrieren in der Konfliktkommunikation und die Bedeutung der Beziehungsqualität für die Verhandlungsperformance.

[153] BREIDENBACH 1995, S. 141.

[154] BUSH/FOLGER 2005, S. 68f., unter Verweis auf ANTES/FOLGER/DELLANOCE 2001, INTRATER/GANN 2001, BINGHAM/NABATCHI 2001 und BINGHAM 2003.

> „[…] this tension is really an expression of the two different ideologies underlying the differences in practice models [...] In short, the different paths of practice discussed in this chapter are both serving important functions, for private parties in conflict, and for societal goals […] The social demand is real for each of the different approaches."[155]

Es ist jedoch sehr fraglich, ob diese Unvereinbarkeit wirklich mit dem „Verhandlungsansatz" und seiner inneren Logik besteht, oder lediglich mit einzelnen *Auswüchsen*[156] *auf der Basis des Verhandlungsmodells, die sich in extrem direktiven Mediatorhandeln zeigen* und ihre stärkste Ausprägung in der „evaluativen Mediation" finden, bei der der Mediator die Parteien nicht nur zu einer Verhandlungslösung „führt", sondern ihnen auch noch mehr oder weniger deutlich sagt, welche das genau sein sollte. Tatsächlich wird diese Tendenz, die insbesondere aus gerichtsverbundener Mediation genährt wurde, inzwischen auch von vielen Vertretern des Verhandlungsansatzes zurückgewiesen; das *bedeutet nicht, dass ein solches Vorgehen unethisch wäre, sondern lediglich, dass es wenig sinnvoll unter den Begriff „Mediation" subsumiert werden sollte*, weil es die Eigenverantwortlichkeit der Parteien als tragendes Mediationsprinzip missachtet. Sowohl die EU-Richtlinie, als auch das österreichische ZivilMediatG als auch neuerdings § 1 des neuen deutschen Mediationsgesetzes haben *in ihren Legaldefinitionen den evaluativen Ansatz ausgeschlossen.*

Der Transformationsansatz hat durch Bush und Folger wichtige Anstöße zu einer *Rückbesinnung und Weiterentwicklung des Verhandlungsansatzes* gegeben. So ist insbesondere das Verständnis von Beziehungen („Separate the people from the problem") erheblich weiterentwickelt worden. Die ursprünglich propagierten Verhandlungsprinzipien wurden unzulässig generalisiert, insbesondere die Auswirkungen von Kultur und Kontext sowie Gender nicht hinreichend berücksichtigt; inzwischen wird die Theorie sogar kultursensitiv interpretiert.[157] ROGER FISHER als Promotor des Verhandlungsansatzes hat zwischenzeitlich Monographien zur Bedeutung kooperativer

---

[155] BUSH/FOLGER 2005, S. 260f., die prognostizieren: „Living with Diversity for a Long Time to Come".

[156] BUSH/FOLGER 2005, S. 239ff., nennen eine Reihe von Beispielen solcher Auswüchse, um zu belegen, dass die Ansätze unvereinbar seien.

[157] Vgl. dazu z.B. MENKEL-MEADOW 2006, S.492ff. m.w.N., zur kultursensitiven Weiterentwicklung vgl. nur MOVIUS/MATSUURA/YAN/KIM 2006, S. 389ff., und BRETT 2007.

Beziehungen[158] (FISHER/BROWN 1992) und zur Bedeutung von Emotionen und emotionalen Grundbedürfnisse (FISHER/SHAPIRO 2007) für erfolgreiche Verhandlungen vorgelegt.[159] Darin wird das Konzept, *Emotionen* aus den Verhandlungen herauszuhalten, wie folgt abgelehnt und die *proaktive Einbeziehung in den Verhandlungsprozess* gefordert:

> „Emotionen abstellen? Unmöglich. […] Emotionen ignorieren? Nicht ratsam. Wenn Sie Emotionen ignorieren, dann tun Sie dies auf eigene Gefahr. Emotionen sind allgegenwärtig und haben großen Einfluss auf die Art und Weise, wie Sie eine Situation erleben. Sie können versuchen, Ihre Emotionen zu ignorieren, aber Ihre Emotionen werden Sie ganz sicher nicht ignorieren."[160]

Auch die Verknüpfung von Ansätzen des Neurolinguistischen Programmierens (NLP) mit der Mediation öffnet den Blick für den funktionalen Umgang mit Emotionen in der konstruktiven Konfliktbearbeitung, was SCHWEIZER wie folgt auf den Punkt bringt:

> „Eine Mediation hat im Kern genau dann Erfolg, wenn es dem Mediator gelingt, die Medianden aus assoziierten Zuständen in dissoziierte Zustände und zurück zu führen! Wenn es ihm also gelingt, die Medianden aus dem Fühl-Modus in den Denk-Modus und zurück in den Fühl-Modus zu führen, so dass Lernen möglich wird!"[161]

---

[158] „Ohne bestimmte Emotionen – einschließlich des gemeinsamen Interesses am beiderseitigen Wohlergehen – sind Menschen kaum in der Lage, schwerwiegende Konflikte zu lösen […] Wenn wir uns ausschließlich auf kühles rationales Denken verlassen, um die Welt zu verstehen, dann bleiben uns wichtige Bereiche menschlicher Erfahrung verschlossen.", FISHER/BROWN 1992, S. 65.

[159] Co-Autor William Ury hat zur Frage friedlicher Beziehungsgestaltung ebenfalls ein Buch vorgelegt (URY 2000) und der dritte Autor Bruce Patton veröffentlichte ein Buch zur Frage der Verbesserung von Kommunikationsqualität u.a. durch Einbeziehung von Identität und Gefühlen (STONE/PATTON/HEEN 2000); Auch BERGER/BERNHARDT/BERNHARDT 2011, S. 41, wenden sich gegen die „einseitige Interpretation" des ersten Harvard-Prinzips und führen aus, dass gerade durch die Einbeziehung der Emotionen „emotional stark aufgeladene Verhandlungen auf eine sachlichere Ebene zurückgeleitet" werden können.

[160] FISHER/SHAPIRO 2007, S. 22f.

[161] SCHWEIZER 2009 § 14 Rn. 40.

Dieser Ansatz wird von der psychologischen Mediationslehre gestützt, so bezeichnen MONTADA und KALS **Emotionen als „Königsweg zu den im Konflikt relevanten Sichtweisen und Überzeugungen**. Dennoch werden die Möglichkeiten einer produktiven Nutzung von Emotionen häufig nicht erkannt."[162] Bei Mediationen mit wichtigen Beziehungsinteressen (z.B. Familienmediation, internationale Konflikte) ist die Einbeziehung von Emotionen, Kommunikationsstörungen und Aspekten der Vergangenheit immer schon weithin anerkannt gewesen.[163]

Teilweise wird allerdings vertreten, dass es z.B. bei Konflikten im geschäftlichen Umfeld ausreichend sei, sich auf die effiziente Lösung der streitigen Sachfragen zu konzentrieren und die Beziehungsarbeit weder gewünscht noch erforderlich sei:

> „In der Wirtschaftsmediation erwarten die Parteien daher regelmäßig auch nur die Beilegung des in der Vergangenheit entstandenen Konflikts, nicht die Gestaltung zukünftiger Parteibeziehungen. Ob man sich im Geschäftsleben wiedersieht ist – anders als bei den Arbeitskollegen! – unklar. Und selbst wenn, sind erledigte rechtliche Auseinandersetzungen Schnee von gestern."[164]

Diese Auffassung verkennt allerdings die *zunehmende Bedeutung der Beziehungsnetzwerke bzw. der Reputation im geschäftlichen Bereich* sowie die Bedeutung der Tiefenstruktur von Konflikten. Tatsächlich werden branchenübergreifend immer größere Teile der Wirtschaft auf netzwerkartige Koordinationsmodelle gegründet, deren Grundlage stabile Beziehungen und deren Regulationsebene Verhandlungen sind.[165] Gründe dafür sind die differenzierteren Wertschöpfungsketten durch die Konzentration auf Kernkompetenzen sowie gesteigerter Koordinationsaufwand durch Globalisierung,

[162] MONTADA/KALS 2007, S. 61.

[163] RISSE 2003 § 1 Rn 63ff., zur Erörterung der Vergangenheit vgl. umfassend MONTADA/KALS 2007, S. 66ff. m.w.N. Am Beispiel von ethnischen Konflikten verdeutlichen CHUFRIN/SAUNDERS 1993, S. 155ff., die Bedeutung einer Beziehungstransformation als Grundlage für erzielbare (Sach-) Verhandlungslösungen („Public Peace Process").

[164] RISSE 2003 § 1 Rn 73, der auch noch betont: „Verbesserte Gefühle des Prokuristen sind kein Verfahrensziel." (Rn. 63).

[165] POWELL 1996, S. 227ff.

Dezentralisierung und die Erosion klassischer Governanceformen.[166] Insofern wird immer öfter auch dann, wenn auf den ersten Blick ein schlichter sachlicher Disput zwischen Unternehmen vorliegt, ein *wirtschaftliches Interesse bestehen, Störungen im Beziehungsnetz der handelnden Personen und dem Vertrauensfundament*[167] *der Geschäftsbeziehung zu beseitigen*, um die zukünftige Kooperationsbasis zu schützen und Reputationsschäden zu vermeiden.[168]

Doch auch unter dem Gesichtspunkt der **Nachhaltigkeit** der Konfliktregelung ist es oft geboten, sich nicht nur mit der Regelung der offensichtlichen Streitfragen zu beschäftigen. Nachhaltige Konfliktregelung bedeutet, dass die Konfliktbearbeitung zu einer Befriedung des gesamten Konflikts führt und nicht nur das aktuelle Streitthema umfasst. Oft genug wird nämlich eine Konfliktregelung gefunden, die dazu führt, dass sich wenig später der nächste Disput um ein anderes Thema entwickelt.[169]

Dazu ist es wichtig, dass die tatsächlichen Konfliktursachen herausgearbeitet und geklärt werden. Es gibt zwar auch Konflikte, bei denen es den Parteien tatsächlich (nur) um das geht, worüber sie ausdrücklich streiten (sogenannte „Oberflächenstruktur" des Konflikts). In sehr vielen Fällen – und in jedem emotionalisierten eskalierten Konflikt – gibt es jedoch eine *„Tiefenstruktur". Diese ist nicht sofort sichtbar, steuert aber das Denken und Handeln der Beteiligten und damit die Dynamik des Konfliktes.*[170] Die Regelung des Konfliktthemas an der Oberfläche führt in solchen Fällen nur dazu, dass sich die in der Tiefe liegenden Konfliktquellen neue Konfliktthemen an der Oberfläche als

---

[166] BACKHAUS/VOETH 2010, S. 152; NEALE/BAZERMAN 1992, S. 157f.; BARISCH 2011, S. 10f.

[167] Zur Bedeutung des Vertrauensfundaments in Kooperationsstrukturen vgl. STEINHEUSER 2006, S. 1ff.: „Vertrauen avanciert in den letzten Jahren zu einem Schlüsselkonzept der sozial- und verhaltenswissenschaftlichen Diskussion um die zentralen Faktoren ökonomischer Effizienz und Effektivität."

[168] Der Wert des Vertrauens aus ökonomischer Perspektive nimmt insgesamt zu und ist bei Netzwerkorganisationen noch sehr viel höher, vgl. im Einzelnen ULLRICH 2004, S. 82ff.

[169] Viele Richter können über solche jahre- oder jahrzehntelangen Prozessfehden zwischen zwei verfeindeten Nachbarn, zwei verfeindeten Ex-Eheleuten mit Kindern, Gesellschaftern in einem Familienbetrieb oder einer Erbengemeinschaft o.ä. berichten. Die Halbwertzeit zwischen zwei Prozessen nimmt in solchen Fällen immer weiter ab, der Eskalationsgrad des Konfliktes steigt. Eine „Niederlage" vor Gericht führt dazu, dass man noch aufmerksamer „Material" sammelt für die nächste Klage.

[170] BESEMER 2003, S. 27ff.; MONTADA/KALS 2007, S. 33f.

„*Stellvertreterkonflikte*“ suchen, da der eigentliche Konflikt gar nicht angesprochen und somit auch nicht ausgeräumt worden ist („**Eisbergmodell**“ der Konfliktbearbeitung[171]). Die Konflikte können dann nur nachhaltig befriedet werden, wenn die eigentlichen Konfliktursachen thematisiert und ausgeräumt werden. Deshalb ist die insbesondere in der deutschen geschäftlichen Konfliktkultur weit verbreitete „*Flucht in die Versachlichung*“ (DOPPLER et al. 2002) kein Zeichen von Professionalität sondern ein *Selbstbetrug, der letztlich zur Verschwendung von Transaktionskosten führt*:

> „Zwar tritt die Instabilität durch unübersehbare Risse im sichtbaren Bereich in Erscheinung. Es macht aber keinen Sinn, diese zu kitten, wenn die eigentliche fundamentale Störung im nicht sichtbaren unteren Bereich liegt. Es wäre reine **Reparaturkosmetik.**“[172]

Diese *tieferen Konflikttreiber sind praktisch nie Sachkonflikte, sondern z.B. gestörte Beziehungen, Rollenkonflikte, Wertkonflikte (insbesondere verletztes subjektives Gerechtigkeitsempfinden)*[173]. Derartige Konfliktursachen werden in verrechtlichten Verfahren notwendigerweise ausgeblendet, weil dort für deren Bearbeitung meist Zeit, Mandat und Ausbildung fehlen. Im Ergebnis scheitert daran dann oft die Nachhaltigkeit der Befriedung.[174] Die Mediation hingegen ist idealtypisch geeignet, solche Konfliktursachen aufzuspüren, aufzudecken und zu bearbeiten. Insbesondere liegen exzellente Modelle zum Ausgleich unterschiedlicher Wert- und Gerechtigkeitsvorstellungen vor.[175] Gerade wenn ein Mediator bei vorschneller Lösungsorientierung „entschleunigt“[176] bis wirklich alle wichtigen Aspekte herausgearbeitet wurden, werden oft übereilte Lösungen für „Scheinkonflikte“ vermieden.

---

[171] DOPPLER/FUHRMANN/LEBBE-WASCHKE/VOIGT 2002, S. 226ff.; WINHELLER 2006, S. 65ff.

[172] DOPPLER/FUHRMANN/LEBBE-WASCHKE/VOGT 2002, S. 230.

[173] Vgl. zu gestörtem Gerechtigkeitsempfinden als Konflikttreiber MONTADA/KALS 2007, S. 129ff. und WILLIAMS 1983, S. 62ff.

[174] CLOSTERMANN/JOSEPHI/KLEINE-TEBBE/NIEWISCH-LENNARTZ/VOGELEI 2003, S. 266f.

[175] SUSSKIND 2010; S. 1ff.; MONTADA/KALS 2007, S. 129ff. m.w.N.

[176] „Mediation ist ein Prozess der Verlangsamung“, vgl. dazu HAYNES/BASTINE/LINK/MECKE 2002, S. 222.

Dazu ist es erforderlich, **mit einer weiten Problemorientierung**[177] **in die Konfliktdiagnose** hineinzugehen und – sofern im konkreten Fall erforderlich – auch Emotionen, Wertvorstellungen und Beziehungsebene zu addressieren, und zwar schon alleine deshalb, um überhaupt eine effektive Verhandlungslösung zu ermöglichen. Diese Erkenntnis des modernen (vom systemischen Denken geprägten) Verhandlungsverständnisses bringt KREGGENFELD auf den Punkt:

> „Das Beheben von Störungen auf der Beziehungsebene gehört zu den Königsaufgaben von Verhandelnden."[178]

Dabei muss der Mediator allerdings oft damit rechnen, dass die Parteien zunächst einmal die Einbeziehung von „Beziehungsthemen" nicht nachvollziehen können oder sogar ablehnen. Grund dafür ist tatsächlich oft die Kultur der „Flucht in die Versachlichung" (s.o.). So eine Tendenz ist selbst bei der innerbetrieblichen Mediation nicht selten, obwohl dort nach einhelliger Meinung aufgrund der Konfliktstruktur regelmäßig nur mit dem transformativen Ansatz gearbeitet werden sollte.[179] In diesem Fall ist es wichtig, die *Vorbehalte zu reflektieren, die Möglichkeiten aufzuzeigen und den Zusammenhang mit einem guten Verhandlungsergebnis darzustellen*, um die Medianten davor zu schützen, vorschnell in eine Scheinlösung hineinzulaufen.

Es kann also festgestellt werden, dass der **Verhandlungsansatz, wenn er die modernen Erkenntnisse der Verhandlungswissenschaft ernst nimmt, in der Prozessgestaltung die wesentlichen Forderungen der transformativen Mediation aufnimmt**, je nach Betrachtungsweise entweder als Teil des Zielsystems oder mindestens als „notwendiges Mittel zum Zweck" (der optimalen Verhandlungsperformance). Dieser rein

---

[177] RISKIN 1994, S. 111ff., unterscheidet zwischen der „engen" (narrow), also nur auf die offensichtlichen Streitfragen, und der „weiten Problemdefinition" (broad), die auf die gesamte Beziehung zwischen den Parteien und ihre umfassenden Interessen bezogen ist. Nach Auffassung der Verfasser ist ein breiter Problemaufriss – jedenfalls als Angebot an die Medianten – in Konflikten mit relevanter Tiefenstruktur für eine effektive Mediation unbedingt erforderlich.

[178] KREGGENFELD 2010, S. 165, denn die Nachhaltigkeit der Lösungen ist ein wichtiges Kriterium der Verhandlungsperformance (ebd. S. 50)

[179] RISSE 2003 § 1 Rn 71ff. m.w.N.; WINHELLER 2010b, S. 20, der zudem darauf hinweist, dass die transformative Arbeit in der innerbetrieblichen Mediation alle Anforderungen eines modernen Lernkontextes im Betrieb erfüllt und „daher als moderne arbeitsplatznahe Form der betrieblichen Weiterbildung qualifiziert" werden kann (ebd. S. 16).

akademische Unterschied hat allerdings nach Auffassung der Verfasser keine praktischen Konsequenzen. Interessanterweise teilen diese Auffassung auch MOORE und SAPOSNEK, zwei führende Vertreter des Verhandlungsansatzes, die von BUSH/FOLGER in ihrem Buch mit vielen Zitaten beispielhaft als „schlechtes Beispiel" für ein zu ergebnisorientiertes, direktives und sachorientiertes Vorgehen herausgestellt wurden. SAPOSNEK wirbt inzwischen mit einem auf Youtube.com veröffentlichten Video[180] für die hier vertretene Auffassung eines **integrierten Ansatzes**, Moore berücksichtigt die Kritik mit vielen Änderungen in der neuen Auflage seines Lehrbuches.[181]

Dieser Sichtweise wird von manchen Juristen entgegengehalten, dass durch die Annahme, dass massive zwischenmenschliche Konflikte kognitiv-emotionale Schemata aktivieren würden, die zu einer Verzerrung der Wahrnehmung, des Denkens und der Vorstellung und damit zu einer eingeschränkten Entscheidungsfähigkeit führten, die im Rahmen der Mediation abgearbeitet werden sollten, eine „Medikalisierung rechtlicher Konflikte betrieben" würde, die den Medianten den Schutz des Rechtes entziehen und „die alleinige Lösungskompetenz" dem Mediator zuweisen würde.[182] Diese Position ist nur mit einer kompletten Ignoranz gegenüber den Erkenntnissen der Konflikt- und Kommunikationsforschung zu erklären. Die *psychologischen Barrieren für die Konfliktbewältigung sind eine umfassend belegte Tatsache* und müssen daher bei professioneller Prozessgestaltung Beachtung finden.[183] Zudem ist es ein grobes Missverständnis, dem Mediator würde bei transformativer Arbeit eine „alleinige Lösungskompetenz" zugeschrieben; schließlich ist gerade die Eigenverantwortlichkeit der Medianten Grundlage des Transformationsansatzes und die *nicht-direktive Arbeit oberstes Credo.*

Vor allem aber zeigt diese Argumentation eine bemitleidenswert geringe Selbstreflektion der Rolle des Rechts und der rechtsförmigen Regelungsverfahren. Die Behauptung

---

[180] „SAPOSNEK, DON – Transcending Mediation Models: Don Saposnek describes how the different mediation models seem to blend together for an experienced mediator", abgerufen am 21.4.2012.

[181] MOORE 2003.

[182] WOLF/WEBER/KNAUER 2003, S. 1489.

[183] Vgl. DUVE/EIDENMÜLLER/HACKE 2011, S. 136f. sowie ARROW/MNOOKIN/ROSS/TVERSKY/WILSON 1995, S. 10ff., jeweils m.w.N. Angesichts des glasklaren Forschungsstandes ist die komplette Ignoranz gegenüber diesen Befunden und deren durch die Entscheidungsforschung unzweifelhaft nachgewiesenen Auswirkungen schwerlich mit einem professionellen Anspruch zu verbinden.

„justiziable“ – also potentiell mit Rechtsverfahren lösbare – Konflikte „gehörten“ dem Recht (und den Juristen) und es müsse unterbunden werden, dass diese Konflikte „jenen persönlichkeitstheoretischen Tiefen überantwortet (werden), die ZÖLLNER mit der Funktion des Zivilrechts als unvereinbar ansah“[184] ist mit einem modernen zivilgesellschaftlichen Verständnis nicht kompatibel. Erstens ist es keineswegs ein Naturgesetz, dass die Existenz rechtsförmiger Regelungsverfahren dazu führt, dass die Verrechtlichung bei der Konfliktlösung vorgegeben ist.[185] Zweitens sind die *negativen Folgen einer Verrechtlichung und Formalisierung in Konflikten derart gravierend, dass eine solche Vorgehensweise kaum jemals „erste Wahl“ sondern allenfalls das „kleinere Übel“ sein kann.*[186] Drittens darf gerade wenn man der Privatautonomie der Konfliktparteien einen derart großen Wert beimisst, ihnen wohl am wenigsten die privatautonome – und informierte – Entscheidung über die vorzugswürdige Konfliktregelungsebene genommen werden. Und zuletzt bleibt, anders als behauptet, eben auch bei der transformativen Mediation die Schutzfunktion des Rechts grundsätzlich erhalten.[187] Insgesamt ist festzustellen, dass gewichtige inhaltliche Bedenken nicht bestehen, sondern es bei dieser Kritik eher um standespolitische Interessen bzgl. des „Mediationsmarktes“ geht.[188]

---

[184] WOLF/WEBER/KNAUER 2003, S. 1489, unter Verweis auf ZÖLLNER 1976, S. 235.

[185] BREIDENBACH 1995, S. 200ff.; Ausführlich BLANKENBURG/SCHÖNHOLZ/ROGOWSKI 1979 m.w.N.; TRENCZEK 2005, S. 12, spricht von einer „Wiederaneignung der Konflikte durch die Betroffenen“ durch die Mediation.

[186] Zu den Konsequenzen der Verrechtlichung von Konflikten vgl. SCHLIEFFEN/PONSCHAB/RÜSSEL 2006, S. 7ff.: „Aus diesen Gründen ist die Entscheidung, die das Gericht ausspricht, Ausdruck einer hervorragenden Lösung für die juristischen Probleme der Beteiligten, aber keineswegs zwangsläufig ein gutes Ergebnis für den lebensweltlichen Konflikt. Wie soll sie es auch sein, wenn sie sich gar nicht mit ihm beschäftigt hat – und beschäftigen durfte.“ (ebd. S.13). Zu den Vorzügen der Konfliktregelung auf Ebene der „Interessen“ gegenüber der Ebene „Recht“ vgl. URY/BRETT/GOLDBERG 1996. HEGENBARTH 1980, S. 49, sieht Rechtsfrieden sogar nur als „eher zufällige Begleiterscheinung gerichtlicher Verfahren“.

[187] Vgl. TRENCZEK 2005, S. 11.

[188] Dieser Eindruck wird verstärkt durch die Aussage von WOLF/WEBER/KNAUER 2003, S. 1489, dass der „Medikalisierung rechtlicher Konflikte [...] die Rechtswissenschaften die Anwendung des Rechtsberatungsgesetzes entgegenzuhalten suchen.“ Dazu passt, dass die Autoren zugeben, dass „hierzu therapeutisch nicht ausreichend qualifizierte Juristen“ diesen Ansatz nicht verantwortlich ausüben könnten (ebd. S. 1491). Dieser Einschätzung ist natürlich nicht zu widersprechen.

Zu einem weiten Verhandlungsansatz, der die Erkentnnisse der modernen Verhandlungswissenschaft adaptiert und beispielsweise Emotionen, Werte und Beziehungen in den Verhandlungsprozess implementiert, bietet der Transformationsansatz auch auf der Ebene der Prozessgestaltung kaum mehr methodische Alternativen. Schließlich muss berücksichtigt werden, dass die *„Transformation" letztlich auch durch einen Verhandlungsprozess* stattfindet, dass der **Transformationsansatz** also letztlich **auch ein Verhandlungsansatz** ist – nur dass andere Themen diskutiert werden und andere Methoden eingesetzt werden, als es im traditionellen ökonomistisch geprägten Verhandlungsansatz üblich war.

Das Konzept des „**Werteverhandelns**" von MONTADA und KALS inkorporiert den Verhandlungsansatz sogar begrifflich in seine Methodik der transformativen Bearbeitung von unterschiedlichen Wertvorstellungen und Glaubensüberzeugungen.[189] Für den Bereich von Enttäuschungen, Kommunikationsdynamiken und konstruktiven Verhaltenstransformationen in zwischenmenschlichen Konflikten hat ROGER HARRISON mit dem **Rollenverhandeln**[190] ebenfalls eine Methode entwickelt, die schon begrifflich ihre enge Verbindung mit der Verhandlungsdynamik erkennen lässt.

Letztlich ist jedoch der gesamte *Prozess der Transformation ein Prozess der Verbesserung gestörter Austauschbeziehungen* – und den Austausch von Informationen und Angeboten zur einvernehmlichen Nutzenverteilung hatten wir (s.o.) als „Verhandlung" definiert. Nach der Austauschtheorie von GEORGE C. HOMANS (1967, 1968) wird soziales Handeln von Austauschprozessen bestimmt. Konflikte sind demnach Resultat gestörter Austauschbeziehungen und müssen durch Reflektion und Optimierung dieser Prozesse bereinigt werden wenn sie nicht eskalieren sollen.[191] Auch wenn der (mikro-) theoretische Ansatz von HOMANS vielfältig kritisiert worden ist – insbesondere von den Systemtheoretikern wegen seines „individualistischen" Deutungsansatzes und wegen seiner Nähe zum „utilitaristischen" Menschenbild des Rational-Choice-Ansatzes – sind seitdem Verhandlungsprozesse als Grundlage sozialen Handelns anerkannt. Dabei ist es jedoch wichtig, nicht dem ökonomistischen Menschenbild zu verfallen und zu einseitig

[189] Zum Werteverhandeln vgl. im Einzelnen MONTADA/KALS 2007, S. 107ff.

[190] Zur Grundlegung des Rollenverhandelns vgl. HARRISON 1972. Ein detailliertes Konzept für den Einsatz in Konfliktvermittlungen bieten JUSTICE/JAMIESON 2006, S. 249ff.

[191] RÖHL 1987, S. 136ff.

auf die Befriedigung von Eigeninteressen abzustellen[192], *sondern „Nutzen" bzw. Handlungsmotive in einem sehr weiten Rahmen* zu fassen:

> „Was könnte denn an Positivem ausgetauscht werden? […] Freundlichkeit, Achtung, Anerkennung und Respekt, deren Fehlen oft die Konflikte ausgelöst haben. In nahen Beziehungen kann das ergänzt werden um Zuneigung, Loyalität, Treue, Verständnis für Emotionen und Probleme, die Akzeptanz von Lebensplänen, Rücksichtnahme bei Überlastungen, Sorgen und Problemen."[193]

Darüber hinaus kann sich der *Aushandlungsprozess* nach konstruktivistischem Verständnis in Konflikten auch *auf verschiedene Deutungen eines Sachverhaltes beschränken*. Nach SCHWEIZER entsteht ein „Konflikt dann, wenn Einer behauptet, dass sein Konstrukt besser, richtiger oder wahrer ist als das Konstrukt seines Gegenübers."[194] Eine kooperative und beziehungsfördernde Konfliktlösung setzt demnach den Austausch von Informationen und Deutungsangeboten voraus, die im Ergebnis gegenseitiges Verständnis und Akzeptanz für die Sicht des jeweils Anderen zum Ziel haben. Voraussetzung dafür ist ein konstruktivistisches Verständnis von der Subjektivität von Deutungen in der Kommunikation.[195] Auch dieser Prozess ist per Definition „Verhandlung" und unterliegt deren bekannten Dynamiken.

Wenn also die *wichtigen Fragen der transformativen Beziehungsgestaltung tatsächlich in Austauschbeziehungen bestehen*, ist es **sinvoll, diese Aushandlungsprozesse explizit zu begleiten** (wie es dem modernen weiten Verhandlungsansatz entspricht) – und

---

[192] Vgl. MONTADA/KALS 2007, S. 57: „Die ausschließliche Annahme von Eigeninteresse ist falsch […] Konflikte können auch darüber entstehen, dass eine Partei die Interessen anderer in altruistischer Motivation oder aus sozialer Verantwortung vertritt, etwa weil diese anderen dies nicht selbst tun können." Neuere sozialpsychologische Studien konnten diese Auffassung auch experimentell erhärten: Abhängig vom subjektiven Gerechtigkeitsempfinden sind Menschen grundsätzlich bereit, unfaires Verhalten zu bestrafen, auch wenn es gar nicht ihr Eigeninteresse verletzt („altruistic punishment"), vgl. LOTZ/BAUMERT et al. 2011, S. 297ff.

[193] MONTADA/KALS 2007, S. 260f.

[194] SCHWEIZER 2003, S. 31.

[195] SCHWEIZER 2003, S. 7ff.

damit bearbeitbar zu machen – anstatt sie implizit ablaufen zu lassen[196] und jegliche Verantwortung des Mediators für die Optimierung dieser Aushandlungsprozesse zu verneinen. Schließlich hat die Verhandlungsforschung viele Erkenntnisse zu effektiven Austauschprozessen hervorgebracht, die den Konfliktparteien einen echten *Zusatznutzen* bieten können, der nicht ohne Not aufgegeben werden sollte, da er sich *mit dem Ziel der Beziehungstransformation wie gezeigt vereinbaren* lässt.

Nachdem nun gezeigt worden ist, dass der Verhandlungsansatz, wenn er auf der Basis eines aktuellen und umfassenden Verhandlungsverständnisses (anstelle eines auf ökonomische Eigeninteressen verkürzten) durchgeführt wird, allen wesentlichen Forderungen des Transformationsansatzes gerecht wird, und dass ein derartiges Verständnis aus Gründen von Professionalität und nachhaltiger Konfliktklärung je nach Erfordernissen des Einzelfalles grundsätzlich von jedem Mediator gefordert werden muss, **bleibt nach Auffassung der Verfasser für einen „Schulenstreit“ tatsächlich kein Raum mehr**.

Das bedeutet, dass die *Frage nach der generell „richtigen“ oder „besseren“ Orientierung* nicht weiterführt, sondern *nur Einzelfall bezogen* beantwortet werden kann. Je nach Konfliktkonstellation und je nach Wünschen der Beteiligten ist eine engere oder weitere, die Ebenen von Beziehungen, Emotionen und Werten mehr oder weniger thematisierende Vorgehensweise angezeigt. Je bedeutender die tiefendynamische Konfliktstruktur im konkreten Fall ist, desto wichtiger ist die Bearbeitung dieser Aspekte für die Nachhaltigkeit des Ergebnisses.[197] Genauso verfehlt, wie eine rein ergebnisorientierte Arbeit in einem Sorgerechtsstreit sein dürfte, bei dem die eine Partei die andere Seite für Beziehungsenttäuschungen „bestrafen“ will, genauso unangemessen wäre eine intensive Erörterung von Emotionen und Konfliktorientierungen mit therapeutischen Methoden in vielen Wirtschaftsmediationen, deren Grundlage Vertragsstreitigkeiten zwischen zwei Unternehmen sind.

[196] So verlangen auch BUSH/FOLGER 2005, S. 110, vom transformativen Mediator: „**proactively** following and supporting the activity and interaction among the parties“. Ein Unterschied zwischen “proaktivem Unterstützen” und “effektiver Prozessgestaltung” beim Verhandlungsansatz ist dann tatsächlich nicht einmal mehr im Idealkonzept festzustellen.

[197] So zuletzt auch PRUITT 2012, S. 385ff.

Zum gleichen Ergebnis kommt auch CHRISTOPHER MOORE in der 3. Auflage seines Mediationslehrbuchs, in der er sich intensiv mit der Kritik von BUSH und FOLGER an seinem Mediationsverständnis auseinandersetzt und wesentliche Forderungen adaptiert:

> „A more productive approach would be to explore the specific situation and adapt the process to meet the need of the parties. This would mean that in some disputes the intermediary might be highly directive, whereas in others he or she would merely orchestrate the process [...] situation-specific approaches and interventions can be developed that assist parties in establishing and building respectful and trusting relationships and resolve the issues that divide them."[198]

Ein solches **Mediationsverständnis, das sich konkret an den Bedürfnissen der Konfliktbeteiligten ausrichtet und flexibel**[199] **auf den Einzefall eingeht** und nicht an dogmatischen Schulen oder Glaubensüberzeugungen der Mediatoren, was in Scheidungsmediationen oder in Wirtschaftsmediationen generell „der beste Ansatz" sei, wird zudem auch am ehesten dem Anspruch gerecht, den Konfliktparteien den Konflikt zu überlassen und *sie in den Mittelpunkt zu stellen, anstatt ihnen den Konflikt „wegzunehmen"*, um damit vorrangig fremde Zwecke zu verfolgen.[200]

---

[198] MOORE 2003, S. 56.

[199] Und (nur) durch solche Flexibilität wird ein Mediator dem Anspruch gerecht „reflective practitioner" zu sein, den SCHÖN 1983 zurecht zur „good practice" von Professionalität erklärt (so auch MOORE 2003, S. 56). Dabei zeigen die vorliegenden Studien, dass über 50% der Mediatoren diese Flexibilität in ihrem Mediationsverhalten nicht zeigen, vgl. WALL/KRESSEL 2012, S. 408. TRACY/SPRADLIN 1994, S. 110ff. halten die stilistische Flexibilität angesichts bestimmender Werte, Glaubensüberzeugungen und der „professionellen Identität" von Mediatoren für nicht leistbar.

[200] Nils CHRISTIE 1977 sprach davon, dass Konflikte „Eigentum der Bürger sind", die ihnen von Juristen „gestohlen" werden. Die Mediationsbewegung hat es sich auf ihre Fahnen geschrieben, die Konflikte den Bürgern „zurückzugeben". Es wäre mehr als tragisch, wenn nun anstelle des staatlichen Justizsystems Mediatoren die Konflikte „stehlen" würden, indem sie die Parteien zum **Objekt ihrer Orientierung** degradierten, anstatt ihre Prozessgestaltung im Einzelfall in einem diskursiven Prozess mit den Beteiligten selbst zu entwickeln und auf deren konkrete Bedürfnisse abzustellen. Wobei nach wie vor auch noch die Vertreter des staatlichen Justizsystems energisch um die weitere Aneignung der Konflikte kämpfen; so begründet RISSE 2012, S. 78f., unter Berufung auf FISS 1984, S. 1073ff., seine Generalkritik an den ADR-Verfahren u.a. mit der Tatsache, dass durch die vertrauliche Streitbeilegung anstatt des öffentlichen Gerichtsverfahrens die Rechtsfortbildung behindert werde. Dem halten

Festzuhalten bleibt also, dass jeder Mediator *in der Sondierungsphase der Tiefenstruktur des Konflikts Aufmerksamkeit schenken* sollte, um sicherzustellen, dass eine solche Prozessgestaltung gewählt wird[201], mit der nachhaltige Ergebnisse erzielt werden können. Was eben auch bedeuten kann *bewusst zu bremsen*, wenn die Medianten vorschnell auf eine Scheinlösung zusteuern.

Ein solches Verständnis der **Prozessvariabilität auf Grundlage einer Einzelfallbetrachtung** und gründlichen Konfliktdiagnose anstatt eines Standardverfahrens für einen bestimmten Kontext ist **auch ökonomisch vorteilhaft.** HAUSER legt in seiner *Ökonomischen Theorie der Mediation* dar, „dass die unterschiedlichen Verhandlungsprobleme mit dem richtigen Mediationsstil behandelt werden“[202] müssen. Gerade in der Wirtschaftsmediation, in der die ökonomische Perspektive stark dominiert, sollte sich ein guter Mediator also vor einer vorschnellen Komplexitätsreduktion und Fokussierung auf „die Streitgegenstände“ (issues) vorsehen.

Wenn also tatsächlich ein umfassender Verhandlungsbegriff Kern jeder professionellen Mediation ist, wird die Frage umso wichtiger, wie sich dieser **Verhandlungsprozess möglichst effektiv gestalten** lässt. Dazu müssen zunächst einige Betrachtungen zu den erforderlichen Kompetenzen, zur Strukturierung des Prozesses selbst sowie zur Verortung des Verhandlungsgeschehens im Prozessablauf einer Mediation – insbesondere einer Wirtschaftsmediation – angestellt werden.

PÖRNBACHER/WORTMANN 2012, S. 148, zurecht entgegen, dass Private nicht gezwungen werden dürften, ihre Konflikte in der Öffentlichkeit auszutragen, und dass die Öffentlichkeitswirkung in vielen Zivilprozessen faktisch ohnehin stark eingeschränkt sei, da in der mündlichen Verhandlung nur noch kurz auf umfassende Schriftsätze Bezug genommen werde, auf die die Öffentlichkeit aber nur sehr eingeschränkt Zugriff habe.

[201] Diesen Gedanken nimmt SCHWEIZER 2009 § 14 Rn. 12 auf, wenn er fordert, der Mediator müsse sich als „Konfliktlösungsdesigner“ verstehen.

[202] HAUSER 2002, S. 289ff.: „[…] dass eine überkomplexe Mediation verglichen mit dem Konflikttypus ineffizient im Prozess und wenig nützlich im Ergebnis ist, also dass in diesem Fall Transaktionskosten verschwendet werden. Umgekehrt kann eine im Vergleich mit dem Konflikttypus unterkomplexe Mediation zu unbefriedigenden, weil den Verhandlungsüberschuss nicht voll nutzenden Ergebnissen führen.“

2 Verhandlungsführung als Schlüsselqualifikation und Erfolgsfaktor im Mediationsverfahren

Es gibt in der Mediationsliteratur zahlreiche Hinweise auf die für Mediatoren erforderlichen Eigenschaften und Qualifikationen oder gar auf die erforderliche „Identität“ oder „Persönlichkeit des Mediators“.[203]

Zu den wichtigsten Eigenschaften bzw. Qualitäten eines Mediators werden gezählt

a. persönliche Integrität,

b. sachliche und persönliche Neutralität,

c. soziale Kompetenz,

d. Konfliktfähigkeit sowie

e. kommunikative Kompetenzen und professionelle Arbeitsmethoden.

a) Persönliche Integrität

Die „Persönlichkeit des Mediators“ spielt für das Gelingen der Mediation eine nicht zu unterschätzende Rolle, ist er doch, anders als der Richter, nicht mit amtlicher Autorität ausgestattet. So muss der Mediator das Verfahren noch stärker durch Persönlichkeit und Können zum Erfolg führen. DUSS-VON WERDT bezeichnet die vermittlungswirksame Grundhaltung als „Lebensart, sei es als Beruf oder nicht.“[204]

Zur Integrität gehört Verlässlichkeit ebenso wie Vertrauenswürdigkeit. Die Medianten müssen das Gefühl haben, gut aufgehoben zu sein. Die Fähigkeit, dieses Vertrauen zu wecken, beginnt mit der entsprechenden Gestaltung des Raumes und die Schaffung ei-

[203] Stellvertretend SCHWEIZER 2009, S.331ff., und KRACHT 2004, S. 2ff.

[204] DUSS-VON WERDT 2005, S. 15. Diese Lebensart beschreibt er wie folgt (ebd. S. 166): „Er richtet sein Dasein so aus, daß er als mitmenschlicher Mensch und menschlicher Mitmensch sich mit den anders Anderen solidarisiert, auch wenn er sie weder versteht noch mit ihnen einverstanden ist. Er sieht eine Chance mit offener Zukunft, Mensch zu werden, in welche Richtung es auch gehen mag.“

ner vertrauensvollen Atmosphäre von Beginn an, damit Vertrauen „zwischenpersönlich aktiviert und erlebbar werden"[205] kann.

b) Sachliche und persönliche Neutralität

Die Entstehung eines Vertrauensverhältnisses wird neben der persönlichen Ausstrahlung unterstützt durch die Neutralität[206] des Mediators. Er unterstützt durch die professionelle Gestaltung der Mediation den Klärungs- und Verhandlungsprozess der Medianten ohne selbst Partei zu ergreifen. Im Sinne der „Allparteilichkeit" [207] sind die Interessenlagen der Medianten herauszuarbeiten und in einem ausgewogenen Ergebnis zu berücksichtigen. Im Falle von Interessenkonflikten des Mediators ist die Übernahme einer Mediation im Vorfeld abzulehnen oder – falls erst im Prozess ersichtlich werdend – der Auftrag mit entsprechender Vorsorge für die Weiterführung durch einen anderen Kollegen zurückzugeben.

c) Sozialkompetenz

Zur sozialen Kompetenz eines Mediators gehört insbesondere sein Einfühlungsvermögen in die Personen wie in die sozialen Situationen des Mediationsprozesses.[208] Zum Einfühlungsvermögen in eine Person im Sinne der *Empathiefähigkeit* gehört die Fähigkeit zum Perspektivenwechsel. Insbesondere der emotionale Zustand der Medianten muss für den Mediator zugänglich sein, um in emotional aufgeladenen Situationen wieder auf eine sachliche Ebene zurückführen zu können. Perspektivenwechsel heißt aber nicht Übernahme des assoziierten Gefühlszustands der Medianten, sondern dessen „Verstehen" (im Sinne Max Webers) und auch das *Dissoziieren* in die Metaposition.[209]

---

[205] DUSS-VON WERDT 2005, S. 203.

[206] Zur Neutralität des Mediators ausführlich KRACHT 2009 § 12 Rn. 9ff.

[207] „Allparteilichkeit" bedeutet mehr als Neutralität und wird von SCHÄFFER 2004, S. 50, als „zugewandte Distanz" bezeichnet. Zum Begriff vgl. ausführlich DUSS-VON WERDT 2005.

[208] Zu erforderlichen Sozialkompetenzen vgl. grundlegend DUSS-VON WERDT 2005, S. 160ff.

[209] URY 1995, S. 32f., nennt dies unter Bezugnahme auf einen von Ronald Heifetz geprägten Begriff „auf den Balkon gehen". Dies stellt allerdings eine mißverständliche Übersetzung des englischen Begriffes „balcony" dar. Nicht gemeint ist aus der Situation „nach draußen" zu fliehen, sondern das Geschehen „auf der Verhandlungsbühne" mit Distanz von oben zu beobachten – wie von einem

d) Konfliktfähigkeit

Der Mediator sollte in einem gewissen Sinne Konflikte mögen.[210] Jedenfalls wäre Harmoniesucht im eigenen Konfliktverhalten keine gute Voraussetzung für die Mediationstätigkeit. Eigene Verhaltensmuster und Konfliktstile sollten reflektiert worden sein, um „Projektionen“ und „Gegenübertragungen“ auf die Medianten ausschließen zu können.[211] Eigene innere Stabilität und die Fähigkeit, mit Konflikten konstruktiv umzugehen ist somit eine wichtige Eigenschaft des Mediators.

e) Kommunikationsfähigkeit und Methodenkompetenz

Zur Kommunikationsfähigkeit eines Mediators zählt neben der Kenntnis grundlegender Kommunikationsmodelle[212] insbesondere der geschickte Einsatz von Gesprächsführungstechniken. Dazu gehören neben der Fragetechnik[213] die Techniken des sog. Aktiven Zuhörens[214] und generell Techniken der *non-direktiven* Gesprächsführung[215]. Aber auch komplexere Kommunikationsansätze wie das Neuro-Linguistische-Programmieren (NLP) werden mittlerweile für die Ausbildung von Mediatoren genutzt, so dass Reframing-Techniken zur konstruktiven Umdeutung ebenso als kommunikative Techniken

Theaterbalkon oder einer Tribüne aus. Zu den NLP-basierten Techniken vgl. auch AUFERKORTE-MICHAELIS/MICHAELIS 2000, S.23ff. sowie DÖRRENBÄCHER 2009 und insbesondere auch SCHWEIZER 2009.

[210] „Man muss Konflikte mögen“, so formuliert SCHLIEFFEN 2009a § 1 Rn. 3ff.

[211] Eine regelmäßige Supervision oder Intervision zur Reflektion der eigenen beruflichen Praxis und des eigenen „Involviertseins“ ist Grundlage nicht nur jeder qualitativ guten Mediationsausbildung sondern auch professioneller Berufspraxis. „Die Reflexion der eigenen Arbeit ist im Bereich der Mediation sozusagen „doppelt wichtig“. Die Selbstreflexion des eigenen beruflichen Handelns trägt dazu bei, dass Mediatoren dauerhaft nach aktuellen Standards mediieren und erleichtert es dem Mediator, in Sitzungen mit den Medianten einen „klaren Blick“ für das Wesentliche zu wahren und für alle Beteiligten gleichermaßen zu agieren“, AUFERKORTE-MICHAELIS 2000, S. 35.

[212] Wie z.B. die „vier Seiten einer Nachricht“ von SCHULZ VON THUN 1981/89.

[213] Vgl. PATRZEK 2010, TOMM 2004; zu den „10 Fragen, die immer gehen“ mit besonderem Blick auf systemische und hypnosystemische Fragetechniken vgl. auch KINDL-BEILFUSS 2009.

[214] Die Technik der zusammenfassenden Wiederholung (KESSEN/TROJA 2009, Rn. 30) und die Technik des sog. „Einfühlenden Zuhörens“ (ROSNER/WINHELLER 2012, S. 127ff.).

[215] Nach ROGERS 1983, 1997, und GORDON 1989, 1992.

für die Mediation zugänglich sind wie das auf *Noam Chomsky* basierende Transformationsmodell der Sprache.[216]

Zur elementaren Methodenkompetenz gehören Verfahren zur Konfliktlösung (Dispute Resolution), Moderations- und Visualisierungsmethoden[217], die Beherrschung diverser Kreativitäts- und Problemlösungstechniken[218] wie z.B. das Brainstorming sowie zumindest Grundkenntnisse der Techniken lösungsorientierten Arbeitens und Beratens nach der Milwaukee-Schule von STEVE DESHAZER und INSOO KIM BERG[219].

Verhandlungskompetenz als Schlüsselqualifikation

Da die Mediation wie gezeigt im Kern ein vermitteltes Verhandlungsverfahren darstellt, nimmt die *Verhandlungskompetenz* des Mediators eine *Schlüsselstellung* im Rahmen des Kanons erforderlicher Eigenschaften und Kompetenzen eines Mediators ein. Denn letztlich geht es um eine „Dienstleistung“, wie HAFT hervorhebt:

> „Im Zentrum steht also die Verhandlung, nicht die Mediation. Dies zu betonen ist wichtig, weil die Menschen dazu neigen, sich wichtiger zu nehmen als sie sind.“[220]

Die Medianten wollen eben mit Hilfe der Mediation auch eine größtmögliche Verhandlungsperformance erreichen, d.h. Effektivität und Effizienz des Verhandlungsprozesses

---

[216] Vgl. DÖRRENBÄCHER 2009; durch Präzisionsfragen nach dem sogenannten „Meta-Modell“ werden die (selektiven) „Modellbildungen“ der Medianten in ihrer Wirklichkeitskonstruktion erschlossen und weisen somit einen Weg zu den Interessen (= Tiefenstruktur) hinter den Positionen (= Oberflächenstruktur der Sprache).

[217] Eine gleichermaßen theoretisch fundierte wie praxisorientiert aufbereitete Darstellung zu Anwendungsmöglichkeiten von Moderationsmethoden in der Mediation bietet SCHÄFFER 2004, S. 116ff. – auch auf einer separat erhaltlichen DVD mit Praxisdemonstration.

[218] Vgl. die Übersicht bei GREITER 2009.

[219] Vgl. DeSHAZER 1989, 2009. Zur lösungsorientierten Beratung vgl. BAMBERGER 1999 und – angewendet auf die systemische Arbeit mit Aufstellungen – ROSNER 2006. Eine gute Einführung in den international anerkannten Ansatz der ursprünglich als verbale Methode entwickelten lösungsfokussierten Interviewführung bei *deShazer/Kim Berg* in Verbindung mit dem transverbalen Ansatz der systemischen Strukturaufstellungsarbeit bietet SPARRER 2007; vgl. dazu auch Kapitel 7.6.4.

[220] HAFT 2009a § 2 Rn. 1.

zu optimieren. Je mehr es dem Mediator gelingt, die *Verhandlungsperformance durch professionelles Verhandlungsmanagement zu steigern*, desto größer sind sowohl die Chancen, dass die Betroffenen ein hinreichend gutes Ergebnis erzielen, um mit dem Ausgang zufrieden zu sein und einen Konsens zu erreichen, als auch die Chance, dass der Mediator durch sein eigenes Wirken Potentiale eröffnen hilft, die die durch die Mediation verursachten zusätzlichen Transaktionskosten übersteigen und von den Parteien alleine nicht hätten ausgeschöpft werden können. Denn dann wird die Mediation zu einer **Investition, die** sich nicht nur in „weicher Währung" auszahlt (durch Verbesserung der Beziehungen und Beendigung von Konflikten), sondern die **messbaren ökonomischen Nutzen stiften kann**. Die Verfasser wissen aus ihrer Tätigkeit als Verhandlungscoaches und Wirtschaftsmediatoren, dass gerade *das Controlling zu den größten Förderern professioneller Verhandlungshilfe werden* kann.

Fehlorientierungen in der Verhandlungsführung[221] führen oft zu unökonomischen Ergebnissen, mangelnder Kreativität und einem höheren Risiko für eine Konflikteskalation und einem Scheitern der Verhandlungen. Professionelles Verhandeln ist eine hochkomplexe Aufgabenstellung, die ein umfangreiches Kompetenzbündel voraussetzt, das keineswegs jeder Führungskraft „angeboren ist". Das betont FRITJOF HAFT und weist darauf hin, dass Verhandlungskompetenz das Ergebnis sorgfältiger Studien der Forschungsergebnisse und des Trainings praktischer Verhandlungsfertigkeiten ist:

> „Von selbst erwirbt man nicht nur keine Verhandlungsfertigkeiten. Vielmehr erwirbt man auf intuitiver Basis [...] Fähigkeiten, welche das Verhandeln erschweren, wenn nicht gar unmöglich machen." [222]

Dabei hält sich immer noch insbesondere bei vielen erfahrenen Verhandlungspraktikern – Investmentbankern, Anwälten, Managern usw. – (und leider auch bei ihren Kunden bzw. Mandanten) hartnäckig die Überzeugung, man erreiche mit Intellekt und Praxis-

221 Beispielsweise falsche Strategiewahl (vgl. LEWICKI/HIAM/OLANDER 1998), kooperationsbehindernde Einstellungen („Siegen wollen"), Fokus auf Positionen statt auf Interessen, Entscheidungsfehler und „psychologische Verhandlungsfallen" sowie vertrauensmindernde unfaire Verhandlungstaktiken und Manipulationsversuche; siehe hierzu näher Kapitel 4.

222 HAFT 2000, Vorwort, S. 1f.

erfahrung schon automatisch eine gute Verhandlungsperformance.[223] Das ist nachweisbar falsch.

> In einer aufsehenerregenden Untersuchungsreihe mit 40 erfolgreichen Anwälten hat der amerikanische Rechtsprofessor Gerald Williams 1983 nachgewiesen, dass **bei gleicher Ausgangslage** (simulierter Fall mit identischer Fallbeschreibung von Sach- und Rechtslage) die *Anfangs*forderungen der Klägeranwälte von 32.000-675.000 variierten, die Gegengebote der Beklagten von 15.000-95.000; die **Übereinkünfte lagen zwischen 15.000 und 95.000 $.** Diese Ergebnisse präsentierte Williams in seinem Buch *Legal Negotiation and Settlement,*[224] das einen großen Einfluss auf die amerikanische Verhandlungslehre hatte und schließlich zur Einführung von obligatorischen Skill-Trainings in Verhandlungsführung an nahezu allen amerikanischen Law Schools führte.

Diese Erkenntnisse beförderten auch die Gründung des Tübinger Verhandlungsseminars 1983, mit dem insbesondere FRITJOFT HAFT und WALTHER GOTTWALD die *evidenzbasierte Verhandlungslehre* an den deutschen Hochschulen und in der Juristenausbildung verankern wollten.[225] Zwar zählen seit der Änderung des § 5a III 1 DRiG im Jahr 2003 „Verhandlungsmanagement, Gesprächsführung, Rhetorik, Streitschlichtung, Mediation, Vernehmungslehre und Kommunikationsfähigkeit“ zu den Schlüsselqualifikationen, die in der universitären Ausbildung erworben werden sollen. Nach wie vor sind aber entsprechende Angebote auch heute noch kaum an den Hochschulen zu finden – und wenn, dann häufig in zweifelhafter didaktischer und methodischer Qualität. Noch immer lernen Juristen eher die Regeln des professionellen Kampfes (Prozessrecht) als die Regeln professionellen „Frieden stiftens“ (Mediation und Verhandlung).

---

[223] Vgl. dazu ausführlich WERMKE/WINHELLER 2012, S. 23ff.

[224] WILLIAMS 1983, S. 5ff.: „The study raises questions about how well lawyers are able, under present methods, to serve their own clients and/or the public interest through negotiated settlements.“ Nur 55% der teilnehmenden Anwälte erfüllten demnach das Kriterium effektiver Verhandlungsführung, (ebd. S. 18ff.)

[225] Vgl. GOTTWALD/HAFT 1993, S. 9ff.

Das ist umso bedauerlicher als sich die *Wirkung eines qualitativ guten Verhandlungstrainings*[226] *auf die Verhandlungsperformance empririsch nachweisen* lässt. In Bezug auf den Faktor „Erfahrung" zeigen die Studien, dass erfahrene Verhandler (2-3 Jahre) gegenüber „Novizen" klare Performancevorteile haben, dass aber weitere Erfahrung alleine keine Performancevorteile mehr mit sich bringt.[227] Weitere Erfahrung bringt nur dann Performancevorteile, wenn die Verhandler ein effektives Verhandlungstraining besucht hatten, so dass sie aus ihrer Verhandlungspraxis systematisch Schlüsse ziehen können.[228] Tatsächlich kann durch ein geeignetes Training von Novizen der Performancefaktor „Erfahrung" im Verhältnis zu erfahrenen Verhandlern ohne Training neutralisiert werden.[229]

In einer Mediation wird ein in professioneller Verhandlungstechnik gut geschulter und erfahrener Mediator also regelmäßig die Chance haben, alleine *durch Optimierung des Verhandlungsprozesses* bereits *einen wertvollen Beitrag* zur Ergebnisverbesserung zu leisten. **Professionelle Verhandlungsführung** ist deshalb unbestreitbar **Schlüsselqualifikation und Erfolgsfaktor** im Mediationsverfahren.

Daraus ergibt sich sofort die Frage, was ein Mediator im Einzelnen wissen und können muss, um den mediativen Verhandlungsprozess optimal unterstützen zu können. Erste Antworten dazu wollen die Verfasser in den nächsten Abschnitten und Kapiteln geben – auch wenn es den Umfang dieses Buches sprengen würde, jeden Aspekt des mediativen Verhandelns im Detail darzulegen. Insbesondere Spezialthemen wie das Mehrparteienverhandeln oder das Verhandeln im Team sollen daher ausgespart bleiben.

2.1 Rationales versus intuitives Verhandeln

Sehr oft sind der Mediation bilaterale Verhandlungen vorgeschaltet, die gescheitert sind. Der Ausgangspunkt der Mediation ist dann die *Optimierung des Verhandlungsprozesses* zwischen den Streitparteien. Dazu muss sich der Mediator fragen, welche Störungen,

---

[226] Zu den Qualitätskriterien für Verhandlungstrainings vgl. PATTON 2000, S. 7ff., und WINHELLER 2011, S. 10f. m.w.N.

[227] VOETH/HERBST 2009, S. 62f.; THOMPSON 2009, S. 9.

[228] THOMPSON 2009, S.9.: „experience in the absence of feedback is largely ineffective in improving negotiation skills"; vgl. auch LOEWENSTEIN/THOMPSON 2006, S. 77ff.

[229] HERBST/SCHWARZ 2011, S. 163ff.

Widerstände und Barrieren den Verhandlungsprozess der Parteien bislang behindert haben und wie er die Verhandlungsführung in der Mediation so optimieren kann, dass die Parteien die Einigungsgespräche doch noch erfolgreich beenden.

Die Mediation baut also auf den Erkenntnissen der Verhandlungsforschung über Erfolgsfaktoren und Wirkprinzipien von Verhandlungen auf und setzt sie in ein Ablaufschema[230] um. Um das Verfahren so effektiv wie möglich strukturieren zu können, muss sich der Mediator mit diesen Erkenntnissen auseinandergesetzt haben. Je besser sich der Mediator in der Verhandlungswissenschaft auskennt, desto besser versteht er auf der Metaebene, was im Verhandlungsprozess gerade vor sich geht. Und *desto zielgerichteter kann er seine Interventionen setzen*, um diesen Prozess im Sinne der Mediationsziele zu optimieren.

Der Mediator muss dazu die regelmäßig auftretenden Verhandlungsprobleme genau kennen. Er muss wissen, wie Streitparteien typischerweise verhandeln, wie sie besser verhandeln könnten und warum Verhandlungen scheitern, obwohl eine Einigung objektiv möglich ist. Eine erste wichtige Grundlage ist hier die **Unterscheidung zwischen dem intuitiven Verhandeln und dem rationalen Verhandeln**, die auf FRITJOFT HAFT, den Pionier der deutschen Verhandlungswissenschaft, zurück geht.[231]

Intuitives Verhandeln bezeichnet das typische Verhalten, das Menschen zeigen, die sich nicht mit verhandlungswissenschaftlichen Erkenntnissen beschäftigt haben und ihre Interaktionen in Verhandlungen eher unbewusst wählen („auf Autopilot“). Im Mittelpunkt dieses Verhandlungsmodells steht das „Basarverhandeln“ (oder: „Feilschen um Positionen“), bei dem mehr oder weniger ambitionierte Forderungen in den Raum gestellt werden, die intensiv verteidigt werden (Positionsdenken), und anschließend durch gegenseitige Konzessionen (d.h. „Nachgeben“) versucht wird, sich „in der Mitte zu treffen“[232]. HOWARD RAIFFA bezeichnet dieses Interaktionsmuster als *Negotiation Dance*.[233]

---

[230] Mediation als „förmliches“ Verfahren (vgl. Kapitel 1.2) ist eben keine intuitive Suche nach Konsens, sondern ein strukturierter Kommunikationsprozess, der in mehreren aufeinander aufbauenden Phasen durchgeführt wird (vgl. KESSEN/TROJA 2009).

[231] HAFT 2000, S. 20ff.

[232] Forschungen zeigen, dass sich die Verhandlungsparteien beim intuitiven Basarverhandeln regelmäßig in etwa der Mitte zwischen den beiden Anfangsgeboten einigen – sofern diese Mitte innerhalb der sogenannten ZOPA (Zone of possible Agreements) liegt, vgl. RAIFFA 1982, S. 48ff.

Grund für dieses intuitive Verhalten sind ungünstige mentale „Vereinfachungsprogramme" zur Bewältigung der Komplexität[234] im Verhandlungsprozess:

> „Jede Verhandlung überfordert die Teilnehmer wegen der in ihr zu bewältigenden Komplexität. Aus dieser Überforderung hilft die Einnahme von extremen Positionen (Positionsdenken). Positionen sind aber nicht verhandelbar. Sie stehen einander unversöhnlich gegenüber. Um diese Erstarrung wieder aufzuweichen, wenden die Partner gegenseitig Manipulationstechniken an (Machaivellismus). Das Resultat dieser Manipulationen ist der «Negotiation Dance»."[235]

Beim intuitiven Verhandeln bestehen die **Vorteile** also darin, dass es sich um ein weithin praktiziertes Verhandlungsmodell handelt. Die Regeln des so genannten „Basarverhandelns" können als bekannt und weithin akzeptiert vorausgesetzt werden. Man kann die Erfolgsfaktoren dieses Verhandlungsmodells sogar trainieren und so relative Vorteile gegenüber anderen Verhandlern erzielen. Jeder kann so verhandeln und intuitives Verhandeln erfordert keine besonderen kognitiven oder kommunikativen Fähigkeiten.

Dem stehen allerdings gewichtige **Nachteile** gegenüber, denn das intuitive Verhandeln leidet unter mangelnder gedanklicher Flexibilität. Durch die Konzentration auf das übliche Positionsdenken und den Eigennutz wird die Verhandlung zum Verteilungskampf und damit oft zum „*Nullsummenspiel*"[236]. Bestehende Chancen, durch Kooperation gemeinsamen Mehrwert zu schaffen und „den Kuchen zu vergrößern"[237], werden verpasst. Das Ergebnis sind suboptimale Lösungen. Da die Verhandlungen in der intuitiven Einstellung oft als *Kampf* gesehen werden, sind sie von Misstrauen geprägt: Informationen werden dadurch zurückgehalten, deren Offenlegung ebenfalls Wertschöpfung ermöglichen könnte.[238] Da das „Basarspiel" auch zur Anwendung *manipulativer* Taktiken führt, die wiederum eskalationserzeugend sind, stellt das eindimensionale Geschacher

---

233 RAIFFA 1982, S. 47.

234 Zur Überkomplexität und Bewältigungsstrategien vgl. HAFT 2009b, S. 14ff.

235 HAFT 2000, S. 21ff.

236 Zum Begriff des „Nullsummenspiels" vgl. ausführlich Kapitel 2.3.2.

237 Vgl. MNOOKIN/PEPPET/TULUMELLO 2000 und Kapitel 2.3.

238 Vgl. HAFT 2000, S. 28ff.

und Positionsdenken keine taugliche Lösung für das Komplexitäts- und Überforderungsproblem dar. Zudem werden Entscheidungen der Verhandlungsbeteiligten stark durch *Irrationalität und Entscheidungsfallen* beeinflusst, was unökonomische Ergebnisse begünstigt.[239]

Der gewichtigste Nachteil ist jedoch, dass die Beteiligten die Verhandlungsdynamik gar nicht wirksam steuern können, weil ihnen die Stellschrauben gar nicht bewusst sind: „Die Verhandlungspartner wissen überhaupt nicht, was sie tun."[240] Damit verpassen die Beteiligten dann auch die für eine Verhandlungsperformanceentwicklung notwendigen Lerngelegenheiten:

> „Nicht Erfahrungen selbst sind wertvoll, sondern nur **Erfahrungswissen**. Aus Erfahrungen wird nicht automatisch Wissen; dazu ist eine bewusste Analyse, also eine Bewertung der Erfahrungen anhand von allgemeinen Prinzipien erforderlich. Genau diese allgemeinen Prinzipien sind aber den Menschen, die Verhandeln nur intuitiv betreiben, gar nicht bekannt. Beim Stabhochsprung kann man sich nicht selbst täuschen: Wenn die Latte gerissen wird, war man nicht erfolgreich und muss etwas ändern. Ein solcher klarer intuitiver Maßstab fehlt allerdings beim Verhandeln."[241]

Das intuitive Verhandeln führt daher zu einer Situation der **„selbstverstärkenden Inkompetenz"** (*Self-Reinforcing Incompetence* nach L. THOMPSON[242]) bei den Verhandlern. Grundlage dafür ist eine bei intuitiven Verhandlern feststellbare Fehlvorstellung über die eigene Verhandlungskompetenz. DUNNING ET. AL, die Autoren der größten Studie zu diesem Thema, fassen ihre Ergebnisse wie folgt zusammen: Solche Verhandler seien meist „blissfully unaware of their own incompetence."[243] Aus diesem mangelnden

[239] HAFT 2000, S. 31; zu den Entscheidungsfallen vgl. ausführlich Kapitel 4.

[240] So auch HAFT 2000, S. 31f.: „Verhandlungspartner wissen überhaupt nicht, was sie tun. Deshalb bleiben ihnen die genannten Nachteile des intuitiven Modells weitgehend verborgen."

[241] WERMKE/WINHELLER 2012, S. 23.

[242] Vgl. THOMPSON 2009, S. 7.

[243] DUNNING/JOHNSON/EHRLINGER/KRUGER 2003, S. 7.

Problembewusstsein entsteht dann ein Festhalten an ineffektiven Verhaltensweisen: „Negotiators instead rationalize their behavior in a self-perpetuating fashion."[244]

Das **rationale Verhandlungsmodell** setzt daher auf eine bewusste Steuerung der Prozessdynamik. Dabei werden erfolgversprechende Strategien, Taktiken und Techniken zur Gestaltung eines möglichst effektiven Verhandlungsprozesses eingesetzt.[245] Diese *Prinzipien des rationalen Verhandelns* – z.B. das Heranziehen objektiver Kriterien, das interessengeleitete Verhandeln, die Orientierung an Sachargumenten – *müssen erst „installiert" werden*, d.h. die Prozessgestaltung ist nicht selbsterklärend, sondern muss oft genug erläutert und mit den Verhandlungspartnern vereinbart werden und verlangt von allen Beteiligten Energie und Selbstdisziplin. Um erfolgreich rational verhandeln zu können, muss ein Verhandler (bzw. ein Mediator als Verhandlungshelfer) außerdem *umfassende Kenntnisse* darüber besitzen, wie einzelne Vorgehensweisen auf den Verhandlungsprozess wirken, d.h. welche Strategien und Taktiken effektiv sind.

Diese Kenntnisse können auf zweierlei Weise erworben werden: Erstens durch *Auseinandersetzung mit den wissenschaftlichen Erkenntnissen* zu den psychologischen (Entscheidungsfallen), sozialpsychologischen (Manipulationsversuche), soziologischen und ökonomietheoretischen (Spieltheorie und Rational Choice Ansatz) Grundlagen des Verhandelns. So ensteht eine *präskriptive Theorie*, die tatsächlich **evidenzbasiert** ist.[246] Zweitens durch ein *kontinuierliches strukturiertes Lernen* anhand der eigenen praktischen Verhandlungsfälle. Nur durch einen Zyklus von strukturierter Vorbereitung, bewusster Durchführung, systematischer Nachbereitung und Anpassung des eigenen

---

[244] THOMPSON 2009, S. 7.

[245] Und oft genug stellt sich bei der wissenschaftlichen Analyse der Wirkfaktoren heraus, dass gerade das Gegenteil des intuitiv vermittelten Verhaltens zu guten Verhandlungsergebnissen führt. So trägt ein Special Report des Negotiation Newsletters von Harvard PON aus dem Jahr 2006 den aussagekräftigen Titel „*9 Counterintuitive Strategies of Successful Negotiators*".

[246] Gerade in der deutschen Verhandlungsliteratur und im Verhandlungstraining sind nach wie vor die **„eminenzbasierten"** Theorien weit verbreitet, d.h. es werden gut klingende Ratschläge als Resultat der eigenen (meist intuitiven) Verhandlungserfahrung eines Autors bzw „Verhandlungsgurus" propagiert. Nicht selten stehen diese Ratschläge im krassen Gegensatz zu wissenschaftlichen Erkenntnissen, die empirisch nachweisbar sind. Ähnlich der Entwicklungslinien in der deutschen Medizin ist auch hier eine Entwicklung von der eminenzbasierten (wer sagt es) zur evidenzbasierten Theorie (was ist nachweislich wirksam) geboten. Die Verfasser legen daher großen Wert darauf, ihre Ratschläge jeweils mit Nachweisen zu unterlegen.

Verhandlungsverhaltens auf Grundlage der gewonnenen Erfahrungen (Double-Loop-Learning nach CHRIS ARGYRIS) kann letztlich die individuelle Verhandlungsperformance immer weiter optimiert werden.[247]

Die **Vorteile rationalen Verhandelns** sind vor allem:

- Durch die Verhandlung als *gemeinsame Problemlösung* werden die Beziehungen zwischen den Verhandlungsparteien positiv gestaltet und die Eskalationsgefahr von Konflikten merklich reduziert.
- Durch einen *gut strukturierten Verhandlungsprozess* können Transaktionskosten minimiert werden und es kann sichergestellt werden, dass alle wichtigen Fragen sachgerecht behandelt werden.[248]
- Moralisch fragwürdige und nutzenbegrenzende *Manipulationen* können *vermieden* (oder mindestens neutralisiert) werden.
- Misstrauen wird durch eine (bedingte[249]) Vertrauenskultur ersetzt, so dass Informationen ausgetauscht werden können, die es möglich machen, gemeinsamen *Mehrwert* zu schaffen („Kuchenvergrößerung").
- Durch die Suche nach *kreativen Optionen* werden Kooperationschancen besser ausgeschöpft und ermöglichen einen hohen Nutzen für alle Beteiligten ohne harten Verteilungskampf.
- Rationales Verhandeln ist im Unterschied zum Basarverhandeln *kein Glücksspiel.* Das Verhandlungsverhalten kann bewusst gesteuert, der Entscheidungsprozess[250] kontrolliert werden. Verhandlungserfolg wird durch rationales, sachgerechtes und interessengeleitetes Verhandeln *planbar.*

[247] In der modernen Verhandlungswissenschaft weithin anerkannte Auffassung vgl. WINHELLER 2011, S. 11; THOMPSON 2008, S. 5f.; BÜHRING-UHLE/EIDENMÜLLER/NELLE 2009, S. 189ff., bringen es auf den Punkt: „Reflektierte Übung macht den Meister" und sprechen von einer „lebenslangen Lernaufgabe".

[248] Zur Bedeutung der Strukturierung für einen guten Verhandlungsprozess vgl. HAFT 2009b, S. 31ff.

[249] Rationales Verhandeln und kooperative Verhandlungsansätze ersetzen Misstrauen nicht durch *unbedingtes* Vertrauen. Tatsächlich besteht grundsätzlich ein Spannungsverhältnis beim kooperativen Verhandeln („Negotiator's Dilemma"), so dass die Kooperation *strategisch abgesichert* werden sollte; vgl. Kapitel 3.5.1.

[250] Vgl. HAMMOND/KEENEY/RAIFFA 2001.

In einem Vergleich beider Verhandlungsmodelle werden die Vorteile rationalen Verhandelns ersichtlich: Die Unterschiede zwischen beiden Verhandlungsarten liegen vor allem darin, dass das *intuitive* Verhandeln ein eingeführtes Modell ist, dessen Anwendung kein aufwändiges Training erfordert, wohingegen das *rationale* Verhandeln[251] erst systematisch erlernt werden muss, dafür aber auch bessere Ergebnisse erzeugt. Von daher gilt für den professionellen Anspruch an einen Mediator bzw. an das mediative Verhandeln:

Professionelles Verhandeln heißt bewusste und geplante Erfolgsherbeiführung beim Verhandeln – und nicht weniger darf man von einem Mediator als Verhandlungsprofi erwarten.

2.2 Der Harvard-Ansatz des sachbezogenenen Verhandelns

Um den Anspruch umzusetzen, evidenzbasierte und praxistaugliche Handlungsempfehlungen für effektiveres Verhandeln zu entwickeln, entstand 1979 das *Harvard Negotiation Project* (HNP) an der *Harvard Law School* als interdisziplinärer Ansatz für Forschung und Lehre auf dem Gebiet von Verhandlungstechnik und Konfliktmanagement.[252] Das HNP hat einige sehr erfolgreiche Verhandlungs- und Schlichtungskonzepte entwickelt, die auf verschiedenen Ebenen – in Wirtschaft, Politik und in außer- und vorgerichtlichen Verfahren – praktiziert werden.[253] Nach dem Buch von FISHER, URY und PATTON wird dieser Verhandlungsansatz in Deutschland oft auch als „Harvard-Konzept[254]" für Verhandlungen bezeichnet.

---

[251] *Max Bazerman* (Harvard Business School) und *Margaret Neale* (Stanford Business School) haben in ihrem Werk *Negotiating Rationally*, das als Klassiker der Verhandlungswissenschaft gilt (BAZERMAN/NEALE 1992) die verschiedenen Fallstricke der Irrationalität in Verhandlungen aufgezeigt. Nach der Lektüre dieses Werkes fragt man sich unweigerlich, wie es intuitiven Verhandlern gelingt, angesichts dieser massiven Beschränkungen „auf Autopilot" noch einigermaßen zurecht zu kommen. Andererseits wird ersichtlich, wie groß die Optimierungspotentiale sind und welcher „Mehrwert" durch diese Optimierung in eine Mediation eingebracht werden kann.

[252] Zum „Harvard-Ansatz" vgl. auch die Ausführungen im Kapitel 1.3.1.

[253] Vgl. BÜHRING-UHLE 1997, S. 75.

[254] Der Begriff „Harvard-Konzept" wurde bereits 1995 in der Schweiz als eingetragene Marke geschützt. Am 11.1.2008 beantragte dann die Harvard-Universität unter der Anmeldenummer 951971 internationalen Markenschutz. Dieser Markenschutz wurde abgelehnt, da ein Freihaltungsanspruch an diesem Begriff festgestellt wurde.

2.2.1 Die Prinzipien des „Harvard-Konzeptes" (principled negotiation)

Da die Grundzüge des „Harvard-Konzepts" mittlerweile als weithin bekannt vorausgesetzt werden können, soll deren Darstellung hier sehr kurz gehalten werden. Es besteht aus vier aufeinander aufbauenden Verhandlungsprinzipien: 1) Trennung von Personen und Problemen 2) Trennung von „Positionen" (Forderungen) und Interessen 3) Entwicklung kreativer Lösungsoptionen 4) Entscheidung auf der Basis objektiver Kriterien. Meist wird allerdings von **5 Prinzipien** gesprochen, da der Hinweis auf die Nichteinigungsalternative (BATNA[255]) als Entscheidungskriterium für einen Abschluss, den die Autoren ursprünglich gar nicht so gewichtig präsentiert hatten, von den meisten Lesern insbesondere aus der Praxis als eine der wichtigsten Lehren aus dem Buch angesehen wird. Das HNP nennt diesen Verhandlungsansatz „principled Negotiating" (in der deutschen Übersetzung: „sachbezogenes Verhandeln"), also prinzipiengeleitete (und damit rationale) Verhandlungsführung[256], die durch folgende elementare Handlungsanweisungen konstituiert wird[257]:

- **Unterscheide zwischen dem Verhandlungsgegenstand einerseits und der Beziehung zwischen den Verhandlungspartnern andererseits!** („*Separate the people from the problem.*")
- **Konzentriere Dich nicht auf Positionen, sondern auf die dahinter liegenden Interessen!** („*Focus on interests, not positions.*")
- **Entwickle zuerst möglichst viele Optionen, bewerte und entscheide später!** („*Invent options for mutual gain.*")
- **Ziehe allgemein gültige Normen oder Grundsätze als objektive Entscheidungskriterien heran!** („*Insist on using objective criteria.*")

[255] In der engl. Literatur: BATNA = **B**est **A**lternative **t**o **n**egotiated **Agreements**.

[256] Es gibt eine ganze Reihe von Verhandlungsmodellen, die auf diesen elementaren Grundprinzipien beruhen und sich allenfalls in einzelnen operativen Details unterscheiden. Diese werden unter vielfältigen Begriffen verbreitet, z.B. „interessenorientiertes Verhandeln", „interest-based", „mutual-gains-approach (MGA)", „Both-Win® Negotiation", „Win-Win-Verhandeln" (vgl. dazu auch Kapitel 2.3), „Kooperationsansatz".

[257] FISHER/URY/PATTON 2009.

- **Entscheide Dich für oder gegen eine Verhandlungsübereinkunft durch deren Vergleich mit Deiner besten Alternative dazu!** („*Develop your BATNA. Make a deal that beat your BATNA.*“)

ROSNER/WINHELLER 2012 stellen dazu einen Entscheidungsbaum dar,[258] der in konkreten Verhandlungen eine praktische Hilfestellung leisten soll und in diversen Verhandlungstrainings eingesetzt wird:

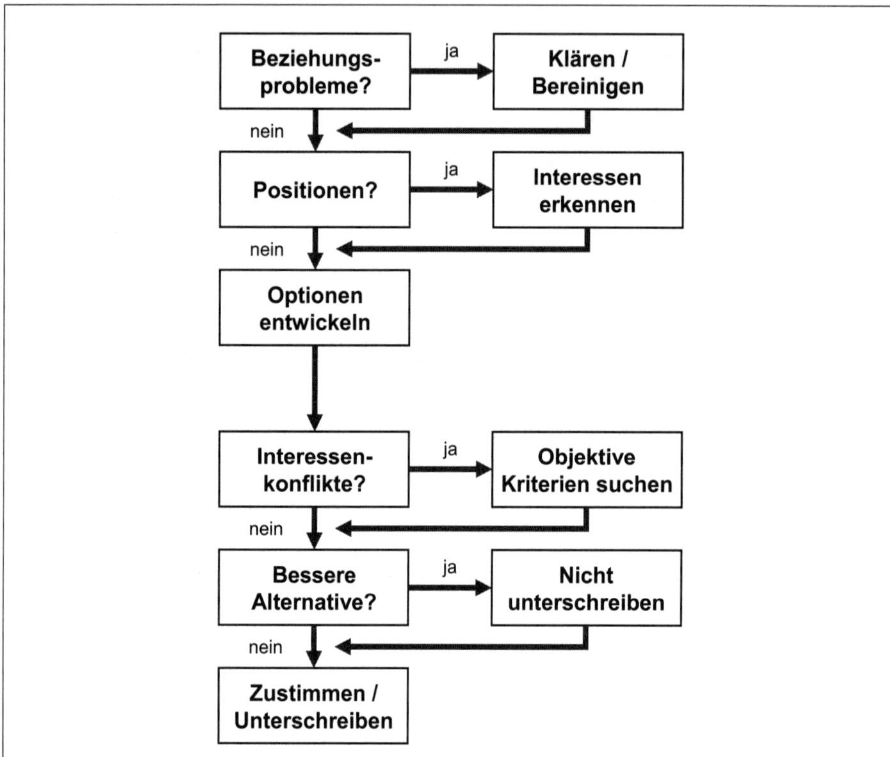

Abb. 1: Entscheidungsbaum zu den Harvard-Verhandlungsprinzipien

[258] ROSNER/WINHELLER 2012, S. 166.

Zunächst ist zu klären, ob die Beziehung zwischen den Verhandlungsparteien „gestört" ist und Beziehungsprobleme etwa infolge einer konfliktträchtigen Vorgeschichte vorliegen. Wenn ja, ist die Frage, ob diese Störungen in irgend einer Art und Weise bereinigt werden können, bevor mit der inhaltlichen Verhandlung begonnen wird, um sich auf die Verhandlung in der Sache konzentrieren zu können. Manchmal hilft es den Verhandlungsparteien auch schon, gemeinsam festzustellen, dass die Beziehungsebene „belastet" ist, um ggf. diesen Konflikt auszusparen und an anderer Stelle zu bearbeiten und nicht über den gegebenen inhaltlichen Verhandlungsgegenstand „abzuarbeiten", was in der Regel wenig konstruktiv ist und kaum zu interessengerechten Lösungen führt.

Stellt man fest, dass die andere Partei schon zu Beginn der Verhandlung Positionen beispielsweise in Form konkreter und kaum akzeptabler Forderungen einnimmt, geht es darum, die hinter den Positionen liegenden Interessen zu erkennen. Durch „aktives" Zuhören und geschickten Einsatz von Fragetechniken gelingt es häufig herauszufinden, was der Gegenpartei wichtig ist, was ihre Anliegen, Motive und Interessen sind. Entsprechend gilt es in dieser Verhandlungsphase, die eigenen Interessen ehrlich und für die andere Seite nachvollziehbar, d.h. sachlich begründet, offen zu legen, ohne ein allzu großes Risiko einzugehen, dass diese Informationen ausgebeutet werden können. Hier taucht das **Negotiators Dilemma** zwischen Wert schaffen und Wert verteilen auf.[259]

Werden Informationen über die Interessenlage der Parteien offengelegt, können die Verhandlungspartner gemeinsam kreative Optionen entwickeln, wie die Interessen gleichzeitig, abwechselnd oder durch interessengerechte „*Tauschgeschäfte*" realisiert werden können.[260] Die im Harvardkonzept empfohlene Trennung zwischen Entwicklung und Bewertung der Optionen beruht auf Erfahrungen aus der Problemlösungs- und Kreativitätstechnik, dass die sofortige Bewertung (und ggf. Zurückweisung) den kreativen Entwicklungsprozess von Ideen empfindlich stört und zu suboptimalen Ergebnissen führt.[261] Deshalb sollen, ähnlich dem *Brainstorming*-Verfahren, die Ideen ohne

[259] Zum „Negotiator's Dilemma" vgl. Kapitel 3.5.1.

[260] Die Potenziale für Austauschbeziehungen und Kooperationsgewinne durch „Kuchenvergrößerung" werden in Kapitel 3.2 und 3.3 ausführlich dargelegt.

[261] Vgl. SCHLICKSUPP 1999, S. 50ff.; WACK/DETLINGER/GROTHOFF 1998, S. 23.

Einschränkung erst gesammelt und danach – eventuell anhand gemeinsam entwickelter Kriterien, die sich an den Interessen der Parteien orientieren – bewertet werden.[262]

Sind nach der gemeinsamen Optionsentwicklung und -bewertung noch Interessenkonflikte feststellbar und einem interessengerechten *Deal* hinderlich, ist das Hinzuziehen sogenannter „objektiver Kriterien" eine weitere wichtige Möglichkeit zu klären, ob die Interessen legitim und durchsetzbar sind. Da sich die *objektiven* Kriterien wie Gesetzesvorschriften, übliche Standards[263], wissenschaftliche Untersuchungsergebnisse oder Rechtsprechung durch ihre Unabhängigkeit von den Verhandlungs- und Konfliktparteien definieren, also bei Machtungleichgewichten zwischen den Parteien selbst die übermächtig erscheinende Partei keinen Einfluss auf die Gestaltung der Kriterien haben darf, ist der Bezug auf objektive Kriterien besonders wichtig für die bei Machtgefällen unterlegene Partei, um sich gegen Übervorteilung durch die mächtigere Partei wehren zu können.

Eine ähnliche Bedeutung bei Machtungleichgewichten wie das Heranziehen objektiver Kriterien hat die Erarbeitung von Alternativen für eine mögliche Verhandlungsübereinkunft für die schwächere Partei, um nicht zu einem Abschluss gezwungen werden zu können.[264] Natürlich ist die Frage, ob es zu einem erreichbaren Verhandlungsabschluss noch bessere Alternativen gibt, auch bei symmetrischen Verhandlungsbeziehungen ohne Machtgefälle zwischen den Parteien wichtig, wäre es doch sonst rationaler, dem ausgehandelten *Deal* nicht zuzustimmen. Die Zustimmung zum Verhandlungsergebnis und die Unterschrift unter den Vertrag ist nur dann sinnvoll, wenn diese Verhandlungs-

[262] Die Anwendung dieses Prinzips führt nach Erfahrung der Verfasser im Sinne der Verhandlungsführung und Prozesssteuerung auf der praktischen Ebene bei Verhandlungen wie Mediationen zu größten Herausforderungen, insbesondere wenn die (anderen) Beteiligten nicht gewohnt sind, zwischen Genese und Bewertung von Ideen zu unterscheiden. Im Sinne des *intuitiven* Verhandelns üblich ist die unmittelbare Bewertung (i.d.R. spontane Ablehnung) eingebrachter Vorschläge durch die andere Verhandlungs- oder Konfliktpartei.

[263] Ein Beispiel für neutrale Standards ist die Bewertung von Gebrauchtwagenpreisen nach der sog. *Schwacke*-Liste oder der überregionalen Händlerliste.

[264] Zum Instrumentarium des Mediators bei Machtgefällen vgl. auch die Hinweise in Kapitel 4.4.

übereinkunft für die Beteiligten besser ist, als die „Beste Alternative"[265] (BATNA), die sie dazu haben.[266]

2.2.2 Zur Kritik am Harvard-Konzept

Gegen die Verhandlungstheorie des „*Harvard-Konzepts*" ist aus ganz unterschiedlichen Richtungen *Kritik* geäußert worden.[267] Zunächst wird dem Ansatz eine unzulässige *Generalisierung* vorgeworfen. Die Auswirkungen von Kultur und Gender würden zu wenig berücksichtigt.[268] Zwischenzeitlich sind diese Aspekte Gegenstand intensiver Forschungstätigkeiten in Harvard und an anderen Stellen geworden.[269] Desweiteren wird kritisiert, die Auswirkungen des Kontextes auf die Verhandlung komme zu kurz.[270] FISHER selbst erklärt dazu in seiner Entgegnung auf MCCARTHY:

> „Of course there are differences, and important ones, depending upon the subject under negotiation. Yet what Bill Ury and I were seeking – and often continue to seek – is the power that comes from general theory."[271]

---

[265] HAFT 2000, S. 15, weist darauf hin, dass „Beste Alternative" begrifflich falsch sei, weil der Begriff „Alternative" (von lateinisch „alter", d.h. der andere) bereits die eine beste verfügbare andere Option beinhalte. Diese Auffassung übersieht, dass sich ausgehend von der etwas anderen Begriffsverwendung im englischen Sprachraum zwischenzeitlich auch die Bedeutung in der deutschen Sprache gewandelt hat, vgl. DUDEN 2012: „Möglichkeit des Wählens zwischen zwei *oder mehr* Dingen."

[266] Inwieweit ein bereits vereinbartes „Paket" in dieser Schlussphase der Verhandlung nochmals „aufgeschnürt" und mit Risikobegrenzung „nachverhandelt" werden kann, wird in Kapitel 5.5 bei der Beschreibung der Post-Settlement-Settlement-Technik ausgeführt.

[267] Einen Überblick über die verschiedenen Kritikansätze bietet FUNKEN, S. 1ff. m.w.N.

[268] MENKEL-MEADOW 2006, S. 492f.

[269] MENKEL-MEADOW 2006, S. 495: „in the last decade, research on whether the theory itself is gendered, or whether the practice of negotiation depends on certain patterned demographics (gender, race, class, age, nationality, ethnicity) has flourished, although in my view, the answers to these controversial questions remains unresolved."

[270] McCARTHY 1985, S. 65f.; MENKEL-MEADOW 2001, S. 257ff.

[271] FISHER 1985, S. 69. RADDATZ 2005, S. 27ff. legt im Vergleich mit der Entwicklung einer Gesamttheorie für die „Führung" auch für die Verhandlungstheorie dar: „dass „das Ganze" nur dann im Blick gehalten werden kann, wenn man sich auf eine radikale Vereinfachung bzw. eine Beschränkung des Fokus einlässt."

Ein weiterer Kritikpunkt ist die Vernachlässigung von Emotionen und anderen „weichen“ (oder „irrationalen“[272]) Aspekten und die zu starke Orientierung an einem Menschenbild des homo oeconomicus. Diese Defizite sind zwischenzeitlich durch die Autoren des Harvard-Konzepts und andere intensiv aufgearbeitet und durch zahlreiche Veröffentlichungen kompensiert worden.[273]

Der fundamentalste Teil der Kritik am Harvard-Konzept betrifft allerdings die *Frage von „Macht“ und die starke Betonung der Kooperation* in der Verhandlungsführung (problem-solving approach). Dazu schreibt WHITE in seiner Streitschrift:

> „In short, the author´s suggestion in Chapter 5 that one can avoid „contest of will“ and thereby eliminate the exercise of raw power is at best naive and at worst misleading.“[274]

Und MCCARTHY weist darauf hin, dass die Forderung des Harvard-Konzepts, nicht Druck und einem Willenskampf nachzugeben, sondern nur vernünftigen Argumenten und fairen Standards zu folgen, jedenfalls in bestimmten Kontexten unrealistisch sei:

> „But in the area of collective bargaining, at least, I know of no set maxims or principles which will enable any of us to escape from the limits set by a power situation.“[275]

FISHER selbst hat von Anfang an zugestanden, dass der Aspekt der Macht im Buch *Getting to YES* zu kurz kommt.[276] Gleichzeitig hat er frühzeitig deutlich gemacht, dass Machtaspekte zwar wichtig sind, dass er sie allerdings für überbewertet hält und den Fokus eher auf andere Aspekte richten möchte:

> „If, for example, a future U.S. President were to seek Vatican support for contraception as a means of limiting world population, would the outcome

---

[272] Vgl. ausführlich BAZERMAN/NEALE 1992, z.B. zu Entscheidungsheuristiken (cognitive biases).

[273] Vgl. dazu die Ausführungen und Nachweise in Kapitel 1.3.2.

[274] WHITE 1984, S. 115ff.

[275] McCARTHY 1985, S. 65.

[276] FISHER 1985, S. 69: „Lord McCarthy correctly points out that the discussion of power in *Getting to YES* falls short of what is needed.“

> of a power struggle reflect the superior ability of the United States to destroy the Vatican with nuclear weapons? I doubt it […] Negotiators, like other people, are influenced by more than risk of causing damage. Negotiators, like others, respond to logic, facts, friends, ideals, law, precedent, and persuasive rhetoric."[277]

Seit der zweiten Auflage finden sich im Anhang des Buches im Rahmen der Diskussion von „10 Leserfragen" eine intensive Erörterung der Machtfrage und der Bedeutung der Fairness. Dabei wird sehr deutlich, dass für die Autoren das Harvard-Konzept tatsächlich nicht nur eine Technik ist, sondern sich mit einer umfassenden Werthaltung und einer politischen Programmatik verbindet. Das kulminiert in den Ausführungen zur Frage „Soll ich fair sein, wenn ich es nicht muss?" in der Warnung, sich sorgfältig zu überlegen, ob man mehr nehmen sollte als man für fair hält, weil man sonst z.B. „Gewissensbisse" bekommen könne.[278]

Diese Werthaltung und das dahinter stehende Menschenbild der Autoren hat insbesondere *in der deutschen Öffentlichkeit* – und insbesondere in der Wirtschaft – die *Rezeption des Harvard-Konzepts oft negativ* geprägt (dazu kommt noch ein mangelndes Verständnis des Konzepts der Wertschöpfung bzw. von „Win-Win-Lösungen" und die Unfähigkeit vieler Trainer und Berater dieses Konzept auf praktische Geschäftsprozesse nachvollziehbar zu übertragen[279]). So wird das Harvard-Konzept als „sozialpädagogisierendes Kuschelkonzept", als „naiv" oder als „weltfremd" angesehen und ihm die „betriebswirtschaftliche Anwendbarkeit" abgesprochen. Diese Auffassung trennt allerdings nicht genug zwischen persönlicher Motivation der Autoren und Wirksamkeit der Ratschläge und zieht zudem den Begriff „Harvard-Konzept" viel zu eng.

ROGER FISHER, hat sich sowohl als Völkerrechtsprofessor als auch als Regierungsbeamter und Vermittler in internationalen Konflikten profiliert.[280] Er war maßgeblich bei den

---

[277] FISHER 1985, S. 69.

[278] FISHER/URY/PATTON 2009, S. 208ff.

[279] Zur Frage von Win-Win-Lösungen und Wertschöpfung vgl. Kapitel 2.3. m.w.N.

[280] PONSCHAB 2012, S. 172, zitiert in seinem Nachruf auf Roger Fisher einen Toast von *John Kenneth Galbraith* auf Roger Fishers 80. Geburtstag: „Immer wenn ich mir bei schwierigen Situationen gedacht habe, da müsste sich einmal jemand darum kümmern, hat es mein Gewissen beruhigt, zu wissen, dass sich Roger bereits mit dem Problem beschäftigte."

Camp-David-Verhandlungen 1978 und bei der Beilegung der Geiselkrise in der Teheraner US-Botschaft 1980/81 beteiligt. Triebfeder für seine Arbeiten insbesondere in den Bereichen Konfliktmanagement und Verhandlungsführung waren seine Erfahrungen im Zweiten Weltkrieg, die Schrecken des Krieges und der Verlust enger Freunde. In einer besseren Konfliktaustragung insbesondere durch optimierte Verhandlungen liegt für ihn die Hoffnung auf eine friedfertigere Welt.[281]

FISHER veröffentlichte daher schon seit den 60er Jahren zu Fragen der Verhandlungsführung, wobei die Aspekte „Interessen" und „Kooperation" sich wie ein roter Faden durch sein Werk ziehen. 1969 erschien *International Conflict for Beginners*, das 1971 in Großbritannien unter dem Titel *Basic Negotiation Strategy* veröffentlicht wurde.[282] 1972 veröffentlichte er mit *Dear Israelis, Dear Arabs* ein außergewöhnliches Werk[283], in dem er in offenen Briefen an die Betroffenen des Nahost-Konflikts Lösungsperspektiven auslotet. Heute, 40 Jahre später, ist es bewegend und erschreckend aktuell, diese Gedankengänge nachzuvollziehen. 1978 veröffentlichte er dann gemeinsam mit WILLIAM URY als erstes Produkt ihrer Zusammenarbeit *International Mediation, a Working Guide: Ideas for the Practitioner*, den Vorläufer des Harvard-Konzepts. Das Buch *Getting to YES* selbst war von den Autoren zunächst eigentlich als Buch über mediatives Verhandeln geplant, wurde dann aber (auch auf Anraten des Verlages) als allgemeines Verhandlungslehrbuch rekonzipiert.

---

[281] Vgl. MENKEL-MEADOW 2006, S. 489: „witnessing the waste of war and unnecessary death and destruction as well as the impoverished rigidity of adversarial argument, he thought that there must be a better way for nations and people to live with each other." Bei MNOOKIN 2011, S. 8ff., werden die unterschiedlichen Perspektiven verschiedener Harvard-Verhandlungsexperten auf der Basis der selben Grundlagentheorie sichtbar. Roger Fisher trat für Verhandlungen mit den Taliban ein, Richard Mnookin war dagegen und hat inzwischen eine Theorie entwickelt, wann man auch „mit dem Teufel" verhandeln sollte – und wann nicht.

[282] FISHER 1971. In seinem Vorwort zu diesem Buch schreibt Senator Edward Kennedy über Fisher: „He is engaged in changing our perception of international affairs and in opening up new choices in how we approach the multitude of problems in building a better world."

[283] FISHER 1972. In seinem Vorwort schreibt Philip Jessup: „The book presumes to be a sort of marriage counselor to two unmarried, and indeed antagonistic states, telling each one in turn what mistakes to avoid and what affirmative courses may be productive or good and in the state's self-interest."

Diese Geschichte der Autoren und ihrer Arbeit erklärt, warum *Getting to YES* mehr sein will als ein Verhandlungsratgeber:

> „Wir sind der Meinung, dass sachgerechtes Verhandeln nicht nur eine gute, universell einsetzbare Methode liefert, um in einer Verhandlung das zu erhalten, was man will, sondern darüberhinaus dazu beitragen kann, die Welt zu verbessern."[284]

Es ist daher nachvollziehbar, wenn teilweise *im Businessbereich Vorbehalte* gegen das Harvard-Konzept („idealistisch") bestehen – aber *gerechtfertigt sind diese nicht.* Erstens könnte man mit guten Gründen die These vertreten es sei ein argumentum a maiori ad minus, dass wenn ein Verhandlungsansatz geeignet ist, sogar zwischen feindseligen Parteien interessengerechte und friedensstiftende Lösungen herbeizuführen, er *erst recht* geeignet sein sollte, im Wettbewerb einen befriedigenden Ausgleich zwischen nach Eigennutz strebenden, wenig emotionalisierten Akteuren zu schaffen. Zweitens richtet sich die Skepsis insbesondere gegen die Kooperationsstrategie und die Wertschöpfungsoptionen (gemeinsame Problemlösungen), die aber gerade im Businessbereich in besonderem Maße relevant und nachweislich wirksam sind.[285] Drittens **ist das „Harvard-Konzept" viel mehr als das Buch aus dem Jahr 1981**.

Dem Buch sind inzwischen viele weitere aus der Feder der Autoren gefolgt, in der der Verhandlungsansatz und das theoretische Modell von FISHER, URY und PATTON selbst vertieft und erweitert wurde.[286] Außerdem herrscht von Anfang an im *Program on Negotiation* in Harvard, das sich aus dem HNP entwickelte, ein gemeinsames Verständnis vor, nach dem es ein gemeinsamer Verhandlungsansatz ist, der im akademischen Diskurs konkretisiert und mit jeweils eigenen Schwerpunkten und Kontexten weiterentwickelt wird. So weisen die Autoren bereits in *Getting to YES* darauf hin, dass die

---

[284] FISHER/URY/PATTON 2009, S. 208.

[285] Dazu sogleich in Kapitel 2.3.

[286] *Getting Disputes Resolved* von URY/BRETT/GOLDBERG (1988), *Getting Past No* von URY (1991), *Getting to Peace* von URY (1999), *The Power of a Positive No* von URY (2007); *Getting Together* von FISHER/BROWN (1988), *Beyond Machiavelli* von FISHER/KOPELMAN/KUPFER-SCHNEIDER (1994), *Getting it Done* von FISHER/SHARP (1999), *Getting Ready to Negotiate* von FISHER/ERTEL (1995), *Beyond Reason* von FISHER/SHAPIRO (2005); *Difficult Conversations* von STONE/PATTON/HEEN/FISHER (1999).

Modelle im engen Dialog mit HOWARD RAIFFA, DAVID LAX, JAMES SEBENIUS, THOMAS SCHELLING, LAWRENCE SUSSKIND, FRANK E. SANDER u.a. enstanden sind. Aus deren Feder stammen dann wiederum wichtige Ergänzungen zu *Getting to YES*. Wegweisend war *The Manager as Negotiator* von LAX und SEBENIUS (1986), in dem erstmals das „Negotiator Dilemma" zwischen Wert schaffen und Wert verteilen beschrieben wurde und eine rationale Kooperationsstrategie unter Rückgriff auf die Arbeiten von ROBERT AXELROD zum Gefangenendilemma herausgearbeitet wurde.[287] Genauso wie LAX und SEBENIUS in ihrem Werk die elementaren Grundprinzipien von FISHER/URY/PATTON integrierten, sind ihre verhandlungsstrategischen Überlegungen Bestandteil des verhandlungstheoretischen Kanons in Harvard geworden. Kurz gesagt: Niemand in Harvard würde heute unter „Harvard-Konzept" die Ideen des Buches von 1981 verstehen; **„Harvard-Konzept", das ist der Kanon, der sich ausgehend von Getting to Yes in den letzten 31 Jahren entwickelt hat** und neben den bereits skizzierten Arbeiten weitere wichtige Beiträge von HOWARD RAIFFA, LAWRENCE SUSSKIND, RICHARD MNOOKIN, MICHAEL WATKINS, MAX BAZERMAN, DEPAK MALHOTRA, MICHAEL WHEELER, GUHAN SUBRAMANIAN und vielen anderen umfasst. Da viele dieser Beiträge nicht ins Deutsche übersetzt wurden[288] oder längst vergriffen sind und nicht nachgedruckt werden, ist Umfang und Bedeutung dieses „Harvard-Kanons[289]" den meisten Praktikern und auch vielen deutschen Verhandlungswissenschaftlern nicht hinreichend bekannt. Es mag also nach wie vor Defizite beim Harvard-Konzept geben – jedenfalls ist dieser Ansatz auch in Fragen von Macht, Strategie und Geschäftsverhandlungen inzwischen ausgefeilter und besser begründet als jeder andere bekannte Verhandlungsansatz.

Dabei zeigt sich die Qualität dieses Ansatzes insbesondere bei der heftig umstrittenen Frage der „Win-Win-Lösungen" bzw. der Wertschöpfung.

---

[287] LAX/SEBENIUS 1986, S. 29ff., mit ihrem Konzept der „conditional openness"; zum „Negotiator's Dilemma" im Einzelnen vgl. Kapitel 3.1.

[288] Interessanterweise ist das Buch „*The Manager as Negotiator*" von LAX/SEBENIUS, das unbestritten eines der Hauptwerke der Verhandlungswissenschaft ist, bis heute nicht in Deutsch erhältlich.

[289] Das Fundament dieses Harvard-Kanons nach einem Jahrzehnt der Weiterentwicklung der Verhandlungstheorie (Stand 1991) skizziert das *PON Curriculum* (LANDRY/KOLB/RUBIN 1991) und das dazugehörige Theoriekompendium von BRESLIN/RUBIN 1991. Seitdem sind selbstverständlich viele weitere Bausteine hinzugekommen, die allerdings nicht kodifiziert vorliegen.

2.3 Wertschöpfendes Verhandeln: Win-Win-Lösungen sind keine Illusion

Das zentrale Motiv beim mediativen Verhandeln ist die Orientierung an „Win-Win-Lösungen". Diesen Satz liest man in nahezu jedem Buch über Mediation oder wissenschaftlich fundierter Verhandlungsliteratur. Gleichzeitig bleibt der konkrete Bedeutungskern in vielen Büchern sehr schwammig. Es gibt wohl kaum einen anderen Begriff in der Weiterbildungslandschaft, der so schludrig verwendet wird. Und so verschwimmt jede klare Bedeutung. Von ökonomischen Ergebniskategorien bis hin zu einem diffusen Begriff „netter Verhandlungsatmosphäre" und Verzicht auf Ergebnismaximierung reichen die Bedeutungen, die hier vertreten werden. Nur so ist es zu erklären, dass die Frage nach dem „Win-Win-Verhandeln" jedenfalls in Deutschland zu einem Glaubenskrieg mutiert ist und nicht unwesentliche Teile von Führungskräften „Win-Win" für eine idealistische Programmatik halten, für die im Business bzw. im geschäftlichen Verhandeln[290] – kein Platz ist.

2.3.1 Die „Win-Win"-Skeptiker

Prominentester Vertreter der Win-Win-Skeptiker in Deutschland[291] ist der Verhandlungstrainer MATTHIAS SCHRANNER, dessen „Verhandlungsphilosophie" laut der

---

[290] Dabei ist die Win-Win-Strategie keineswegs nur in Verhandlungsprozessen eine gute Strategie. BRANDENBURGER/NALEBUFF 2008 zeigen in ihrem Standardwerk zur modernen Strategieentwicklung, dass oftmals „Coopetition" (also die Kooperation mit Wettbewerbern) zu den besten Lösungen führt: „Wir werden Situationen entdecken, in denen es sich lohnt, einen Konkurrenten erfolgreich sein zu lassen. Ein erfolgreicher Konkurrent ist oft weniger gefährlich als ein verzweifelter" (ebd. S. 69).

[291] Der weltweit einflussreichste Win-Win-Skeptiker ist wohl der Amerikaner *Jim Camp*, der sich selbst als „worlds #1 negotiation coach" vermarktet und Win-Win-Verhandeln als Ausbeutungsstrategie der wirklichen „Verhandlungsprofis" bezeichnet, mit der naive Verhandler über den Tisch gezogen werden („disastrous strategy"), vgl. CAMP 2002, 2007. Wir werden zeigen, dass naive Verhandler tatsächlich bei Anwendung des Win-Win-Verhandelns schlechte Ergebnisse erzielen, dass das aber keineswegs notwendige Folge der Win-Win-Strategie ist, sondern vielmehr Folge einer unreflektierten naiven (idealistischen) Kooperationsstrategie um jeden Preis (vgl. Kapitel 3.5.1). Wir werden außerdem zeigen, dass die Win-Win-Skeptiker oftmals – *nachweislich!* – eine noch schlechtere Verhandlungsperformance erreichen als die naiven Win-Win-Verhandler – und fast immer eine deutlich schlechtere als die „aufgeklärte Win-Win-Strategie".

Selbstdarstellung auf seiner Homepage die Vorstellung von **„Win-Win" als unrealistisch** ablehnt:

> „Es gibt immer einen Sieger – im Sport, im Business und in der Politik. Wir glauben, dass es auch in einer Verhandlung einen Sieger und einen Verlierer gibt und eine „Win-Win" Verhandlung nicht möglich ist."[292]

In seinem Buch „*Teure Fehler*" beschreibt *Schranner* den Glauben an Win-Win-Lösungen als einen „Verhandlungsirrtum", der Verhandler viel Geld kosten könne:

> „Gleich zu Beginn möchte ich entgegen der Annahme von Sozialromantikern aufzeigen, warum es in schwierigen Verhandlungen keine Win-win-Situation geben kann. Win-win gehört neben »strategischer Partnerschaft« zu den meistmissbrauchten Formulierungen in heiklen Verhandlungen. Obwohl die Herbeiführung einer solchen Situation aufgrund unterschiedlicher Interessen schlicht und ergreifend nicht möglich ist, wird sie als goldener Schrein vor Verhandlungen hergetragen."[293]

Als Begründung für die These, dass Win-Win-Lösungen nicht möglich sein sollen, nennt Schranner zwei Gründe: Erstens verhandelten sehr viele Geschäftsleute profitorientiert und nur als Fassade partnerschaftlich[294], zweitens setzten Win-Win-Lösungen nach Harvard-Konzept voraus, „dass keine fundamentalen Interessengegensätze [...] bestehen".

Bei genauerer Betrachtung ist diese Argumentation ziemlich dürftig: Die Beobachtung, *dass viele Verhandler nicht Win-Win orientiert verhandeln, ist unbestreitbar richtig* und wird von der empirischen Verhandlungswissenschaft gestützt.[295] Die Behauptung, dass diese Verhandlungsorientierung zu guten Ergebnissen führen würde, ist **nachweis-**

---

[292] „Philosophie" von Schranner Negotiation Institute laut Selbstdarstellung auf seiner Homepage www.schranner.com/de/institut (abgerufen am 22.8.2012).

[293] SCHRANNER 2009, S. 15.

[294] SCHRANNER 2009, S. 12: „Nach außen hin, etwa in Pressekonferenzen, kommunizieren auch meine Kunden ebendieses Ziel der gleichberechtigten Partnerschaft. Im Hintergrund entwerfen wir jedoch Strategien [...]"

[295] Vgl. dazu Kapitel 2.3.3 m.w.N.

lich falsch.[296] Tatsächlich kostet diese Fehlorientierung in der Praxis sehr viel Geld, man könnte also *Schranner* genauso plakativ erwidern:

> „Ein „teurer Fehler“ wäre es, solchen Ratschlägen zu folgen und die verhandlungswissenschaftlichen Erkenntnisse zu ignorieren.“[297]

Denn diese *Fehlorientierung ist typisch für intuitive Verhandler*, die ihre Verhandlungstaktiken ohne geeignete Strategie und ohne genaue Kenntnis der Wirkprinzipien professionellen Verhandelns auswählen. Tatsächlich ist es möglich, vorteilhafte Win-Win-Ergebnisse sogar dann zu erzielen, wenn die Gegenseite diesen Ansatz nicht kennt, nicht beherrscht oder anders orientiert ist.[298] Für jeden professionellen Mediator, aber auch jeden anderen Verhandlungshelfer, -coach oder -trainer, ist es daher eine *Schlüsselaufgabe*, den Verhandlern dabei zu helfen, die Win-Win-Potentiale auszuschöpfen.

Der zweite Grund – Win-Win geht nur bei weitgehender Interessenidentität – ist schlicht falsch und diese Aussage den Autoren des Harvard-Konzepts unterzuschieben zeugt davon, dass *Schranner* dieses Konzept entweder nicht verstanden hat oder nicht verstehen will. Tatsächlich erläutern die Autoren – FISHER, URY und PATTON – ausführlich in einem eigenen Abschnitt, dass **Win-Win-Lösungen** meistens gerade **auf der Basis von Unterschieden bei den Interessenlagen entstehen.**[299]

Da *Schranner* in seinem Buch kurz nach dieser Aussage mit „lösen Sie sich von der Bewertung »richtig« oder »falsch«“ dann eine weitere zentrale Botschaft des „Harvard-Konzepts“ ausdrücklich als Empfehlung seinen Lesern an die Hand gibt (freilich ohne die geistige Urheberschaft dieser Idee kenntlich zu machen, wie es in seinen Büchern leider ungute Praxis ist[300]), kann man vermuten, dass *Schranner* es selbst eigentlich

---

[296] Vgl. dazu Kapitel 2.3.2 und 2.3.3 m.w.N.

[297] WERMKE/WINHELLER 2012, S. 36.

[298] Vgl. dazu Kapitel 3 und Kapitel 4.4.

[299] FISHER/URY/PATTON 2009, S. 111ff. „Verschmelzen Sie unterschiedliche Interessen“; ausführlicher zu diesem Missverständnis Kapitel 2.3.2.

[300] Die Tatsache, dass SCHRANNER in seinen Büchern konsequent Ideen und Theorien anderer berühmter Experten (Frederick J. Lanceley, Raoul Schindler u.a.) wiedergibt, ohne die Urheber ordentlich zu zitieren, ist ein gutes Beispiel für eine verpasste Win-Win-Gelegenheit. Den Urhebern dieser wichtigen Ideen hätte eine ordentliche Zitierung die angemessene Wertschatzung (und vielleicht Umsätze für ihre Originalliteratur) verschafft, Schranner selbst hätte sich als seriöser und theo-

besser wüsste, es allerdings in sein PR-Konzept besser passt, Win-Win zu verleugnen. Schließlich vermarktet er sich als „der harte Hund" unter den Verhandlungsexperten, der mit Geiselnehmern und anderen Gaunern verhandelt hat, und deshalb der richtige ist, um Managern in schwierigen Verhandlungen zur Seite zu stehen. Und da gilt eben die alte Handwerkerweisheit zum Schaden mangelnder Flexibilität: *Für einen Handwerker, der nur einen Hammer im Werkzeugkoffer hat, ist jedes Problem ein Nagel...*

Aber da diese Meinungen vertreten werden und auch nach wie vor einen großen Einfluss auf die öffentliche Meinung – insbesondere im Businessbereich – haben, ist es wichtig, hier einmal gründlich den Begriff „Win-Win" zu klären, die Win-Win-Potentiale aufzuzeigen und die Realisierungschancen zu analysieren. Es soll keiner sagen, er habe es nicht besser wissen können...

2.3.2 Wertschöpfungspotentiale existieren: Win-Win ist möglich

Nicht in jeder Verhandlung existieren Lösungen, bei denen man davon sprechen kann, dass beide Seiten „gewinnen" (Win-Win) – aber in fast allen komplexen Businessverhandlungen.

2.3.2.1 Keine Win-Win-Ergebnisse in reinen Verteilungsverhandlungen

Die Formulierung „Win-Win" macht schließlich nur dann Sinn, wenn alternativ auch Lösungsoptionen existieren, die man als Win-Lose-Lösungen bezeichnen kann, bei denen also eine Seite „verliert". Dafür ist in reinen Verteilungsverhandlungen kein Raum:

> Bsp.: Ein Vasenhändler im Basar kauft seine Vasen für 4 Euro ein, bei einem Verkaufspreis über 4 Euro erzielt er also einen Gewinn. Ein Kunde kommt an seinen Stand, der den Nutzen der Vase für sich mit 7 Euro bewertet (weil er ihm die Vase das wert ist und er sie nirgendwo günstiger gesehen hat). Folglich erzielt er also bei einem Kaufpreis unter 7 Euro einen „Gewinn". Daraus ergibt sich ein „Einigungsraum" (ZOPA[301]) zwischen 4 und 7 Euro. Diese

retisch fundierter Experte positionieren können, der den aktuellen Stand der Verhandlungstheorie in seine Arbeit integriert. Der Versuch eines einseitigen Gewinns (sich selbst als schlauster Kopf der Verhandlungslehre darzustellen) führt jetzt zu einem eher schalen Nachgeschmack und Bedenken bzgl. seiner Seriösität.

[301] ZOPA (**Z**one **o**f **p**ossible **A**greements) bezeichnet in der internationalen Verhandlungsliteratur den Bereich, in dem grundsätzlich – abhängig vom Verlauf der Verhandlung – eine Verhandlungseinigung

Grenzen der ZOPA nennt man „Reservation Price“ (RP)[302]. Innerhalb der ZOPA ist die Verhandlung ein „Nullsummenspiel“, d.h. jeder Euro höherer Kaufpreis erreicht einen Zusatznutzen bei dem Verkäufer, dem ein genauso hoher Nachteil des Käufers gegenübersteht – und umgekehrt.

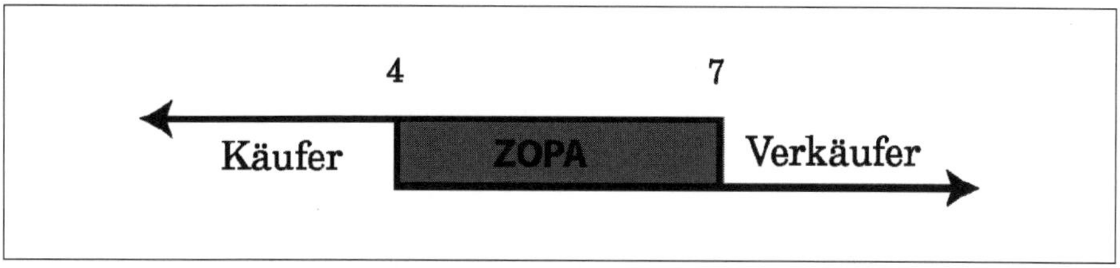

Abb. 2: Lineare ZOPA bei reiner Verteilungsverhandlung

Jede Einigung innerhalb der ZOPA bietet hier beiden Verhandlern einen „Gewinn“ gegenüber einer Nichteinigung. „Verlieren“ können Verhandler in solchen Verhandlungen nur dann, wenn sie es trotz Einigungsmöglichkeiten nicht schaffen, überhaupt zu einer Einigung zu gelangen.[303] Da jedes Ergebnis insofern einen Gewinn darstellt, als dass es besser als die Nichteinigungsalternative (BATNA) ist, *macht es wenig Sinn mit Blick*

möglich ist. Die ZOPA kann groß oder klein sein – und manchmal gibt es gar keine ZOPA (wenn beispielsweise der niedrigste Preis des Verkäufers über dem Maximalpreis des Käufers liegt). Das Konzept geht zurück auf RAIFFA 1982, S. 45ff. („geometry of distributive bargaining“).

302 Bei rationaler Entscheidungsfindung sollte der Reservation Price durch die Bewertung des Nutzens der Nichteinigungsalternative (Best Alternative to negotiated Agreements, BATNA) ermittelt werden. Dafür bieten sich hier (und auch oft in der Realität) zwei Referenzpunkte an: Der verlorene Nutzen durch Verzicht auf den Verhandlungsgegenstand (man kann sicherlich auch ohne die Vase überleben) sowie eine alternative Bezugsquelle (wäre die selbe Vase am Nebenstand für 6,- Euro zu haben und weiß das der Käufer, wird er sicherlich nicht bereit sein 7 Euro zu bezahlen). Der Reservation Price sollte also immer an Fakten, nicht an Hoffnungen oder Ängsten festgemacht werden, so THOMPSON 2009, S. 16: „The reservation point is not determined by what the negotiator wishes and hopes for but, rather, what her BATNA represents.“

303 Tatsächlich geschieht es nicht selten, dass Verhandler trotz eines bestehenden Einigungsraumes nicht zu einer Einigung finden. Ursache dafür sind meist beziehungsbelastende Taktiken sowie „Zocken“, d.h. dass die Parteien Extrempositionen vertreten und sich mit ihrer Glaubwürdigkeit darauf selbst binden („einbetonieren“), so dass sie schließlich diese Positionen nicht mehr ohne Gesichtsverlust räumen können.

auf den objektiven Nutzen von „Win-Win-Lösung" zu sprechen – egal wie gut die Verhandlungsatmosphäre ist oder wie zufrieden die Verhandler mit dem Ergebnis sind. Bei rationaler Verhandlungsführung sind also gar keine Verhandlungsergebnisse denkbar, bei denen eine Seite objektiv „verliert". Schließlich bekommt der Käufer die Vase zu dem Preis, der sie ihm wert ist (oder billiger), und der Verkäufer erwirtschaftet einen Gewinn. (Treffen die beiden sich nicht genau in der Mitte der ZOPA – bei 5,50 Euro – kann es lediglich sein, dass einer der beiden einen *größeren* Nutzen bzw. „Gewinn" erzielt, als der andere.) Man kann also auch sehr in Frage stellen, ob es sinnvoll ist, solche distributiven Verhandlungssituationen, die ohne Zweifel ein „Nullsummenspiel" sind, als „Win-Lose"-Verhandlungen zu qualifizieren, wie es in der Literatur weit verbreitet ist.[304]

Richtig ist aber, dass ausgehend von jedem beliebigen Punkt bzw. Angebot in solchen Verhandlungen sich die konfliktären Präferenzen der Parteien so äußern, dass sich die eine Seite *nur „auf Kosten" der anderen Seite verbessern* kann. Wenn der Verkäufer also von seiner ersten Kaufpreisforderung „7,50 Euro" einen Euro nachlässt („6,50"), muss er auf Nutzen verzichten, der dann dem Verhandlungspartner zugute kommt. Dieses Beispiel zeigt allerdings auch sehr gut auf, dass diese Tatsache alleine wohl kaum geeignet ist, die Klassifizierung als „Verlieren" zu rechtfertigen. Wenn der Kunde dann nämlich für 6,50 Euro kauft, hat der Verkäufer den weitaus größeren Teil der ZOPA für sich gewonnen und ein sehr vorteilhaftes Ergebnis erzielt – wohl kaum ein „Verlieren". Nach unserer Überzeugung ist es daher *nicht sinnvoll, in distributiven Verhandlungen ohne Wertschöpfungspotential von „Win-Lose-Ergebnissen" zu sprechen.* Etwas anderes kann nur gelten, wenn eine Partei einer Einigung außerhalb der ZOPA zustimmt (die also schlechter als ihre BATNA ist). In diesem Fall macht sie durch die Verhandlung wirklich einen Verlust. Beim rationalen Verhandeln ist eine solche Option wenig wahrscheinlich, intuitiven Verhandlern unterläuft ein solcher Fehler allerdings in der Praxis immer wieder einmal – vor allen Dingen bei mangelnder Vorbereitung und mangelndem Vergleich ihrer Alternativen.[305]

---

304 Vgl. z.B. KREYER 2011, S. 28; SCHWARZ 2012, S. 20; WALTON/McKERSIE 1965, S. 4; BAZERMAN/LEWICKI 1985, S. 1ff.; LEWICKI/SAUNDERS/BARRY 2006, S. 32.

305 RAIFFA (1982), S. 46: „Very often in practice the parties have but an imprecise feel for their own reservation price […]" Diese Tendenz, die auch auf der Unfähigkeit, eine Verhandlung scheitern zu lassen, beruhen kann, wird auch als „Agreements bias" bezeichnet, vgl. THOMPSON 2009, S. 5, 230.

2.3.2.2 Verhältnis zu den Erwartungen als untaugliches Kriterium

Eine weitere Möglichkeit wäre, den „Gewinn" für eine Partei daran zu messen, wie das Ergebnis *im Verhältnis zur Erwartung* bzw. den Zielsetzungen der Parteien ausfällt. Das ist jedoch aus zweierlei Gründen nicht sinnvoll: Erstens enden die meisten Verhandlungen damit, dass Verhandler ihre (meist zu optimistischen) Zielsetzungen nicht voll erreichen. Zweitens sind Zielsetzungen und Erwartungen höchst subjektiv und meistens aufgrund unvollständiger (und teilweise asymmetrischer) Informationen kalkuliert. Sie bieten daher tatsächlich häufig einen Maßstab für subjektive Zufriedenheit aber kaum einen maßgeblichen Maßstab für ein gutes Verhandlungsergebnis. Schließlich wird Verhandlern auf Grundlage empirischer Befunde ausdrücklich geraten, ihre Erwartungen für die Verhandlung aus taktischen Gründen zwar realistisch aber optimistisch hoch zu setzen.[306]

2.3.2.3 Objektive Fairness als untaugliches Kriterium

Denkbar wäre auch, von „*Win-Win*" dann zu sprechen, wenn die Verteilungsverhandlung zu einem **„fairen" Verteilungsergebnis** führt. Auch dieser Anknüpfungspunkt kann aber nicht voll befriedigen. Erstens werden die Parteien die ZOPA in einer realen Verhandlung kaum wirklich herausfinden, da das „Limit" der Gegenseite fast nie bekannt ist und nur selten in der Verhandlung bekannt wird. Die Verteilung kann also höchstens daran gemessen werden, wie der Raum zwischen den beiden ersten Angeboten aufgeteilt wurde[307] (ein wichtiger Maßstab für die Ergebniszufriedenheit bei intuitiven Verhandlern); diese ersten Angebote sind allerdings willkürlich bzw. taktisch gewählt. Zweitens sind die Fairnesskriterien gerade für Verteilungsgerechtigkeit höchst subjektiv; es existieren ganz unterschiedliche Maßstäbe für faire Verteilung[308], *so dass es*

[306] THOMPSON (2009), S. 47: „Negotiators who set high aspirations end up with more of the pie than those who set lower aspirations." unter Bezugnahme auf CHEN/MANNIX/OKUMURA 2003.

[307] Empirische Studien zeigen, dass das Ergebnis meist in etwa in der Mitte zwischen den beiden ersten Angeboten der Parteien liegt – sofern dieser Mittelpunkt in der ZOPA liegt, vgl. RAIFFA 1982, S. 48.

[308] Zu den unterschiedlichen Fairnesskriterien und den Auswirkungen der unterschiedlichen Werteorientierungen auf den Verhandlungsprozess vgl. ausführlich MENKEL-MEADOW/WHEELER 2004. Als unterschiedliche Verteilungskriterien kommen z.B. in Betracht: Gleichverteilung (jeder die Hälfte/equality principle), Verteilung nach Leistung (wer mehr dazu beigetragen hat, etwas zu erwirtschaften, soll einen größeren Anteil bekommen/equity principle), Verteilung nach Bedarf (wer etwas dringender benötigt, soll mehr davon bekommen/needs principle). Die Geltung dieser Fairnessregeln

nicht „das" objektiv „faire Ergebnis" gibt, sondern **Fairness immer eine intersubjektive Vereinbarung im konkreten Verhandlungsystem** darstellt („wird von den Betroffenen übereinstimmend für fair gehalten").

> Wenn zum Beispiel der Vasenhändler mit einem ersten Angebot von 15 Euro beginnt, der Käufer dann aber mit 4 Euro dagegenhält und sich beide am Ende auf 7 Euro einigen, wird der Käufer meist das Verhandlungsergebnis für sehr vorteilhaft halten, weil er nur drei Euro nachgegeben hat, der Verkäufer hingegen 8 Euro. Objektiv hat der Verkäufer den gesamten tatsächlichen Verteilungsspielraum für sich „erobert".
>
> In diesem Beispiel fiele es auch schwer zu sagen, was ein „fairer Preis" ist. Soll er sich am Durchschnittspreis des Basars orientieren? Oder an den Einkaufspreisen des Händlers? Spielt es eine Rolle ob der Händler arm und der Käufer ein reicher Tourist ist?

Unsere Charakterisierung von Fairness als „intersubjektiver Vereinbarung im konkreten Verhandlungssytem" berücksichtigt **die vierfache Subjektivität der Fairness**, die die moderne Sozialpsychologie herausgearbeitet hat. Erstens ist Fairness subjektiv, *da jeder Mensch eigene Wertvorstellungen in Bezug auf Fairnesskriterien* hat.[309] Zweitens ist Fairness subjektiv, da *das eigene Fairnessurteil davon abhängig ist, welches Subjekt beurteilt wird*; das Urteil wird durch Egozentrismus (egocentrism bias[310]) beeinflusst.

> In einer Studie[311] befragten MESSICK und SENTIS Menschen, wenn sie für einen Arbeitstag von 7 Stunden Arbeit 25 Dollar erhalten würden, wieviel jemand für einen Arbeitstag von 10 Stunden der selben Arbeit bekommen sollte. Im Durchschnitt wurde ein Betrag von $30,29 für fair angesehen.

ist auch durch den jeweiligen *Verhandlungskontext* bedingt, vgl. grundlegend SCHWINGER 1980, S. 107ff.

309 Vgl. MENKEL-MEADOW/WHEELER 2004 und die Ausführungen zu Beginn dieses Kapitels.

310 Auf deutsch: "Egozentrismus Heuristik" vgl. THOMPSON 2009, S. 68ff.; MALHOTRA/BAZERMAN 2007, S. 129ff.

311 MESSICK/SENTIS 1979, S. 418ff.

> In der Kontrollgruppe wurde die Frage umgekehrt. Jemand anderes hat 7 Stunden für $25 gearbeitet, wieviel sollte man selbst für einen 10 stündigen Arbeitstag bekommen? Im Schnitt wurden $35,24 genannt. Der Unterschied zwischen $30,29 und $35,24 ist erheblich! Ganz so unbestechlich und unparteilich sind wir wohl nicht in unserem Fairnessurteil...

Drittens ist die *Fairness subjektiv, da die Fairnesswahrnehmung von der Bewertung der Beziehung* zum anderen abhängig ist. In positiven Beziehungen wird in etwa eine Gleichverteilung als fair empfunden, dies ist auch dasjenige Verhandlungsergebnis, das die höchste eigene Zufriedenheit bewirkt. Bekommt man selbst ein größeres Stück vom Kuchen sinkt die eigene Zufriedenheit sogar. Ähnliches gilt in fast derselben Intensität sogar in „neutral" bewerteten Beziehungen. In negativen Beziehungen wird erst dann eine ähnlich hohe Zufriedenheit mit dem Ergebnis erreicht, wenn man selbst deutlich mehr bekommen hat als der Andere. Je größer das eigene Stück vom Kuchen, desto höher die Zufriedenheit.[312] Menschen halten es also für fair, dass ein unangenehmer Verhandlungspartner weniger bekommt – weswegen es auch strategisch sehr unklug ist, die Beziehung zu einem Verhandlungspartner zu „vergiften".

Viertens ist die Fairness subjektiv, weil *Menschen unterschiedliche Ausmaße an empfundener Unfairness für „hinnehmbar" halten*, ohne dass ein Sanktionsbedürfnis ausgelöst wird. Das bedeutet, dass selbst dann, wenn tatsächlich ein Vorschlag für nicht ganz fair gehalten wird, nicht automatisch eine entsprechende negative Reaktion – in Form einer wahrnehmbaren Sanktionierung erfolgt.

> Bsp.: Besonders gut ist diese Dynamik in sogenannten **Ultimatum-Spielen** erforscht worden. Ultimatumspiele haben folgendes Grundprinzip: Der Spielleiter erklärt zwei Spielern, dass sie einen bestimmten Geldbetrag (z.B. 10 Euro) unter sich aufteilen dürfen, wenn sie sich über dessen Verteilung einigen. Dabei darf Spieler A ein Angebot unterbreiten und Spieler B nur noch über die Annahme entscheiden. Nimmt er an, wird das Geld wie von A vorgeschlagen verteilt, lehnt er ab, bekommen beide nichts.

[312] LOEWENSTEIN/THOMPSON/BAZERMAN 1989, S. 426ff.

Rational und strategisch betrachtet sollte es reichen, wenn Spieler A dem anderen Spieler 1 Euro anbietet. Beim Vergleich mit der besten Alternative (0 Euro) ist dieses Angebot besser; B sollte also lieber den einen Euro nehmen als die 0 Euro.

Die Forschung zu den Ultimatumspielen[313] zeigt jedoch, dass Menschen ein solches Angebot meist ablehnen, obwohl sie sich dadurch ökonomisch gesehen schaden. Wird die Unfairness eines Ergebnisses für „untragbar" gehalten, lassen wir es uns etwas kosten, den Anderen für dieses unfaire Angebot zu sanktionieren.[314] Gleichzeitig ist allerdings festzustellen, dass die Bewertung, ab wann ein Angebot „untragbar unfair" ist, stark differiert.[315] Während teilweise sogar 9:1 Angebote angenommen werden, lehnen andere Spieler sogar 6:4 Angebote ab. Die Hirnforschung zeigt, dass Angebote vor allen Dingen dann auch um den Preis der Selbstschädigung abgelehnt werden, wenn sie Hirnregionen stimulieren, die mit negativen Emotionen verbunden sind.[316] Für Verhandlungen bedeuten diese Erkenntnisse, dass es nicht ausreicht, dem anderen nur ein Angebot zu unterbreiten „das er vernünftigerweise nicht ablehnen kann". Falls beim Anderen das Angebot als zu unfair wahrgenommen wird, wird er es nämlich möglicherweise doch ablehnen. Zum beiderseitigen Schaden.[317]

---

[313] Vgl. BAZERMAN 2006, S. 96ff.; THOMPSON 2009, S. 303;

[314] BAZERMAN 2006, S. 97: „People often rely on attaining what they consider to be a fair or justifiable result. As a result they are often willing to pay to punish their opponent if he or she asks for too much." Sofern der Gegenseite weniger als 20% der Verhandlungsmasse angeboten wird, lehnen 40-60% der Spieler das Angebot ab, vgl. FEHR/SCHMIDT 2001, S. 1ff. m.w.N.

[315] Den Zusammenhang zwischen der Persönlichkeitsdisposition „Gerechtigkeitsempfinden" (Justice Sensitivity) und der Bereitschaft zum „Altruistic Punishment" zeigten auch die Studien von LOTZ/BAUMERT/SCHLÖSSER/GRESSER/FETCHENHAUER 2011, S. 297ff.

[316] Vgl. dazu die spannenden Ergebnisse von Ultimatum-Spielen unter Magnetresonanztomographen (MRT)-Kontrolle bei SANFEY/RILLING/ARONSON/NYSTROM/COHEN 2003, S. 1755ff.

[317] Zur Bedeutung der Forschungsansätze innerhalb der Spieltheorie, die die – manchmal aus Sicht eines homo oeconomicus-Modells irrationalen – psychologischen Grundlagen von Entscheidungen herausgearbeitet haben, vgl. die Ausführungen des deutschen Wirtschaftsnobelpreisträgers Reinhard SELTEN 2001, S. 1ff.

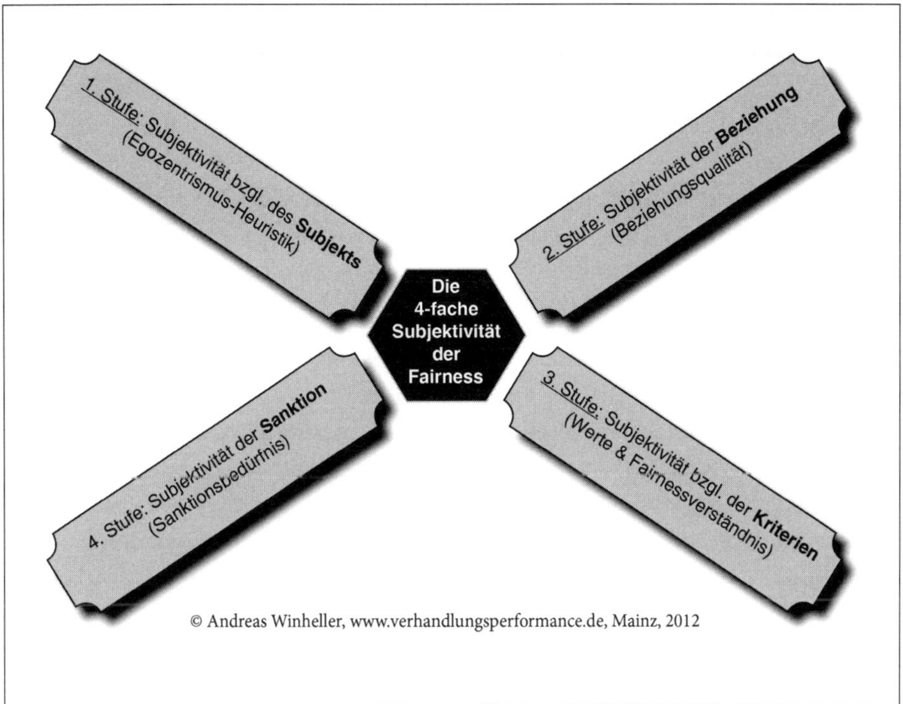

Abb. 3: Die 4-fache Subjektivität der Fairness.

„Objektive Fairness" ist also kaum zu bestimmen[318] und daher ebenfalls kein geeignetes Kriterium für die Definition einer Win-Win-Lösung.

2.3.2.4 Subjektives Fairnessempfinden als Win-Win-Kriterium

Anders sieht es jedoch mit dem Kriterium des **subjektiven Fairnessempfindens** aus. Es ist sowohl für Mediatoren als auch für Verhandler wichtig zu verstehen, dass subjektive Fairnessempfindung kein automatisches Produkt eines guten Sachergebnisses ist dies gilt umso mehr für Situationen mit unklarer und nicht überprüfbarer Informationslage.

[318] Auch wenn es eine Reihe von Ansätzen in der Entscheidungstheorie gibt, das „Fair Division"-Problem mathematisch (rational) zu lösen, vgl. RAIFFA/RICHRADSON/METCALFE 2002, S. 231ff., 348ff., verbleibt immer noch ein subjektiver Kern bei der Priorisierung der jeweiligen – divergierenden – Fairnesskriterien, die den Berechnungsverfahren zugrunde liegen.

> Bsp.: In unseren Verhandlungsseminaren verwenden wir eine Übung zum Kauf eines Gegenstandes, bei der die ZOPA zwischen 7.000 und 15.000 Euro liegt – dies aber für die Verhandler nicht erkennbar ist. Regelmäßig stellen wir fest, dass manche Käufer, die für 12.000 Euro gekauft haben zu Beginn der Nachbesprechung zufriedener mit dem Ergebnis sind als andere, die nur 8.000 Euro bezahlen mussten. Die Zufriedenheit und Beurteilung eines Ergebnisses als „fair" ist also im wesentlichen Resultat des Verhandlungs*prozesses*.

Die Wahrnehmung eines bestimmten Ergebnisses als „fair" hängt dabei stark vom *Framing*, also der konkreten Formulierung bzw. dem psychologischen Rahmen ab.[319] Einen großen Einfluss auf das subjektive Fairnessempfinden hat zudem die wahrgenommene **Fairness des Verfahrens**, die sogenannte „**Verfahrensgerechtigkeit**". Studien zeigen, dass diese Fairness des Verfahrens genauso wichtig ist, wie die Substanz des eigentlichen Ergebnisses.[320] Bei wahrgenommener Verfahrensfairness akzeptieren Menschen durchaus auch ein Ergebnis, das ungünstiger als erwartet ausfällt („just-procedure-effect")[321]. Dieser Effekt ist umso größer, je höher die *Selbstachtung* der entsprechenden Person ist.[322]

Die wirkt sich nicht nur in formellen Entscheidungsverfahren, sondern auch in informellen Verfahren wie Verhandlung oder Mediation aus.[323] Besonders bedeutend und daher ggf. von einem Mediator unbedingt im Blick zu behalten sind hier *Verfahrensprinzipien,* wie jedem Medianten ausreichend Gehör zu schenken und den Eindruck zu vermitteln, dass eine Entscheidung nicht vorab festgelegt ist, dass Kriterien konsistent

---

319 HARRIS/JOYCE 1980, S. 165ff.

320 ORBELL/VAN DER KRAGT/DAWES 1988, S. 811ff.; Diese Bewertung gilt auch aus einer übergeordneten Gerechtigkeitsperspektive. Während eine materiell definitive Aussage über (objektive) Gerechtigkeitskriterien für Ergebnisse unter entscheidungstheoretischen Gesichtspunkten höchst fragwürdig ist, wird die Ergebnisgerechtigkeit durch Verfahrensgerechtigkeit erreicht (Legitimierung durch Verfahren, LUHMANN 1983). Dies entspricht auch den Leitgedanken der Diskursethik, vgl. HABERMAS 1983.

321 Vgl. HALLER/MACHURA/BIERHOFF 1995, S. 111ff.; zum „just-procedure-effect"-Konzept vgl. auch GREENBERG/FOLGER 1983, S. 235ff.

322 BROCKNER et al. 1998, S. 394ff.; HEUER et al. 1999, S. 1279ff.

323 MONTADA/KALS 2007, S. 129f.

angelegt werden und faire Kommunikationsregeln eingehalten werden (ausreden lassen, Konzessionen nicht zurücknehmen usw.)[324] *Desweiteren trägt respektvolle und höfliche Behandlung zum Entstehen eines subjektiven Fairnessempfindens bei* – vor allen Dingen bei Menschen mit hoher Selbstachtung.[325]

Darüberhinaus gibt es eine ganze Reihe von Techniken, mit denen die Verhandlung gerade in der Abschlussphase so inszeniert[326] werden kann, dass bei der Gegenseite der Eindruck entsteht, ein faires Ergebnis erzielt zu haben. Dabei besteht *nicht die Wahl, ob man inszenieren möchte*, sondern nur welchen Eindruck man beim Anderen – gesteuert oder ungesteuert – erwecken möchte. Zur Illustration folgendes Beispiel:

> In einer Verhandlung unterbreiten Sie gerade Ihr erstes Angebot, als Ihr Verhandlungspartner sich entspannt, freundlich lächelt, die Hand ausstreckt und sagt: „Deal!“ Logisch betrachtet, haben Sie soeben 100% dessen erreicht, was Sie von der Verhandlung erwarten können (denn mehr als Sie fordern, wird Ihnen wohl kaum jemand bezahlen, der geschäftsfähig ist). Psychologisch fühlen sich die allermeisten Menschen in diesem Moment „über den Tisch gezogen“ und haben das Gefühl, zuwenig gefordert und deshalb zuwenig bekommen zu haben. Dieser Eindruck beruht alleine auf der Grundlage des Gefühls „das war zu einfach, das muss für den Anderen ein Super-Ergebnis sein“. Dieses psychologische Phänomen wird auch als „Winners Curse“ (Fluch des Gewinners, den sein Gewinn reut) bezeichnet.[327]

---

[324] Zu Kriterien von Verfahrensgerechtigkeit vgl. LEVENTHAL 1980, S. 27ff. und MONTADA/KALS 2007, S. 128ff.

[325] LIND/TYLER 1988; HALLER/MACHURA/BIERHOFF 1995, S. 111ff.; zu negativen Auswirkungen auf den Verhandlungsprozess bei Verletzung der Statusbedürfnisse von Menschen mit hoher Selbstachtung vgl. auch FISHER/SHAPIRO 2007, S. 125ff.

[326] Natürlich kann man das auch als „Schauspielerei“ bezeichnen. Dieses inszenierte Framing hat aber einen erheblichen Einfluss auf die subjektive Zufriedenheit der Gegenseite, die wiederum für die Nachhaltigkeit des Ergebnisses von entscheidender Bedeutung ist. Im Einzelnen zu Überzeugungstechniken, um die Zufriedenheit des Verhandlungspartners zu erhöhen vgl. BAZERMAN/MALHOTRA 2007, S. 159ff. Dass dabei oft sogar ein Widerspruch zwischen logischen und psychologischen Entscheidungskriterien wirksam wird zeigt die Darstellung „Make them more satisfied with less“ im PON Negotiation Newsletter von November 2007, S. 4.

[327] BAZERMAN/NEALE 1992, S. 49ff.

Die Tatsache, dass die Gegenseite das Ergebnis für fair hält, ist aus mehreren Gründen von großer Bedeutung; fühlt sich der Verhandlungspartner – zu Recht oder zu Unrecht – „über den Tisch gezogen", hat das negative Konsequenzen:

- Das Gefühl, unfair behandelt worden zu sein, führt zu einer *Belastung der Beziehung, die zukünftige Verhandlungen erschwert.* Eventuell entsteht das Gefühl, sich „etwas zurückholen zu müssen". Das ist besonders problematisch, wenn weitere Verhandlungen im Rahmen des konkreten Geschäfts zu erwarten sind, z.B. Nachtragsverhandlungen bei Bauprojekten.

- Außerdem steigt die Gefahr, dass die Gegenseite das vermeintlich schlechte Ergebnis durch *schlechtere Leistungen bei der Implementierung* auszugleichen versucht. Insbesondere dann, wenn bei der Implementierung Kreativität oder schlecht messbare oder schwierig überprüfbare Qualität gefordert ist, ist es besonders wichtig, dass die Gegenseite nicht das Gefühl hat, schlecht behandelt worden zu sein. Das gilt umso mehr, wenn Leistungsstörungen noch nicht einmal eingeklagt werden können (wegen Eilbedürftigkeit oder unkalkulierbarer Rechtssysteme).[328]

- Zudem stellt jeder Verhandlungspartner, der das Gefühl hat, unfair behandelt worden zu sein, eine große *Gefahr für die eigene Verhandlerreputation* dar, die wiederum von erheblicher strategischer Bedeutung ist.[329] Dies gilt umso mehr, als Verhandlungspartner gegenüber Akteuren mit fairer Reputation mit deutlich höherer Wahrscheinlichkeit wertschöpfend verhandeln.[330]

Es ist also von großer strategischer Bedeutung, dass der Verhandlungspartner ein Ergebnis zumindest für fair und vertretbar hält, damit die positiven Folgen eines Win-Win-

[328] So auch SCHWARZ 2012, S. 29f.; vgl. auch BARRY/OLIVER 1996, S. 139, und GREENHALGH/CHAPMAN 1993.

[329] Zur strategischen Bedeutung der Reputation für Verhandlungen vgl. THOMPSON 2009, S. 146f.; zur Bedeutung der Reputation für geschäftlichen Erfolg von Unternehmen vgl. BAUHOFER 2004.

[330] In einer Studie zeigten GLICK/CROSON 2001, S. 177ff., dass Verhandler mit einer Reputation als „Liar-Manipulator" bei zukünftigen Verhandlungen in 61% der Fälle mit harten Verteilungsverhandlungstaktiken konfrontiert wurden; bei einer Reputation als „Tough but honest" sank diese Rate auf 49%, bei einer Reputation „Nice and reasonable" sogar auf 30%. In gleichem Maße stieg der Anteil wertschöpfender Taktiken an.

Ergebnisses wirksam werden. Selbst wenn „objektiv" ein Win-Win-Ergebnis vorliegen sollte, würde es nicht als solches wirken können, wenn einer der Beteiligten sich als „Verlierer" fühlt. Von daher gilt: **„Schließe nur Abkommen, mit denen die Gegenseite leben kann!"** Das bedeutet aber nicht, dass die Gegenseite dazu alle ihre Wunschziele erreichen muss – insbesondere dann nicht, wenn die Legitimität auch der entgegenstehenden Interessen überzeugend vermittelt wurde und die Verteilung als fair empfunden wird – z.B. weil sie *mit einer Fairnessargumentation auf Basis von objektiven Kriterien unterlegt* wurde.

2.3.2.5 Pareto-superiore Lösungen als Win-Win-Kriterium

Auch wenn die subjektive Wahrnehmung des Ergebnisses ein wichtiges Kriterium darstellt, so reicht dies selbstverständlich nicht aus, um von einem Win-Win-Ergebnis sprechen zu können. Schließlich geht es in den meisten Verhandlungen – auch in Konfliktsituationen – um wichtige Sachziele. Würde man diese bei der Bewertung von Ergebnissen nicht berücksichtigen, so könnte die daraus resultierende Verhandlungsstrategie kaum zielführend sein. „Win-Win" ist eben kein Konzept, das ein bestimmtes „Verhandlungsklima" als Selbstzweck verfolgt – vielmehr ist es ein Mittel zum Zweck einer möglichst effektiven Verhandlungsführung.[331] Von Win-Win-Ergebnissen kann also nur dann gesprochen werden, wenn die Verhandlungsparteien tatsächlich auch bezogen auf ihre Verhandlungsziele etwas objektiv „gewinnen".

Wie bereits dargestellt (vgl. 2.3.2.1) wird dieser Gewinn allerdings *nicht auf Kosten der Gegenseite* erzielt. Da drängt sich also die Frage auf: „Wo soll dieser Gewinn dann herkommen?" Um zu verdeutlichen wie dieser Gewinn entsteht, ist in der Verhandlungsliteratur das **Orangen-Gleichnis** weit verbreitet, das fälschlicherweise oft den Autoren des Buches „Das Harvard-Konzept" zugeschrieben wird, tatsächlich aber auf ROBERT J. HOUSE[332] zurückgeht.

[331] So auch THOMPSON 2009, S. 75: „Satisfaction is no guarantee that money and resources have not been wasted; in fact, many "happy" negotiators do not expand the pie." Anderer Auffassung sind MONTADA/KALS 2007, S. 249, die „Gewinner-Gewinner-Ausgang" so definieren: „Wenn auf allen Seiten die Vorteile in subjektiver Wertung überwiegen, wenn also keine Partei mehr Nachteile als Vorteile sieht [...]"

[332] Teilweise wird die Geschichte fälschlich auch Mary Parker Follett zugeschrieben, von der allerdings nur das Bibliotheksbeispiel aus dem „Harvard-Konzept" stammt (vgl. PARKER FOLLETT 1940, S. 32). Das Orangengleichnis wurde jedoch von R. House bereits in den 1970er Jahren als „Ugli

Das Orangengleichnis

Zwei Schwestern streiten sich um eine Orange. Es ist nur eine Orange vorhanden und beide Schwestern wollen sie unbedingt haben. Was nun?

Auf den ersten Blick scheint diese Verhandlung unserem Beispiel der Vase im Basar zu gleichen. Wenn wir diese Geschichte in unseren Verhandlungstrainings erzählen, dann kriegen wir allerdings oft erst einmal ganz andere Lösungsvorschläge als eine solche Verteilungsverhandlung:

- „Wer ist denn die Stärkere? Die nimmt sich einfach die Orange?“ (Gewalt)
- „Die Jüngere bricht einfach in Tränen aus und dann gibt ihr die Ältere (oder die Mutter) die Orange.“ (emotionale Erpressung)

Und derartige – realitätsnahe – Lösungsmöglichkeiten machen sehr deutlich, dass jede konsensuale Verhandlungslösung demgegenüber schon einen großen zivilisatorischen Fortschritt darstellt. Fragt man nach realistischen Verhandlungslösungen, so schlagen die meisten Teilnehmer eine Halbierung der Orange vor – manchmal noch ergänzt um faire Verfahrensgestaltungen wie „Ich schneide, Du wählst“.[333] Beide Schwestern müssen dann auf einen Teil *verzichten* und können so einen *Kompromiss* schließen. Diese Lösung wird meist für die bestmögliche gehalten, der gegenseitige Verzicht für unvermeidbar. Das kann sein, muss aber nicht.

Die eine Schwester fragte die Andere: „Wozu willst Du die Orange?“ „Ist doch klar“, antwortete diese, „ich will sie essen“. „Dann ist es ja gut“, entgeg-

---

Orange Case“ vermittelt und bei HALL/BOWEN/LEWICKI/HALL 1982, S. 130ff. zitiert. Zur Zuschreibung vgl. auch KOLB 2000, S. 81.

[333] Vgl. FISHER/URY/PATTON 2009, S. 126ff.; dieses Prinzip hat sich nicht nur im familiären Bereich bewährt, sondern leistet gute Dienste auch z.B. bei der Auseinandersetzung von Gesellschaftern oder Erbengemeinschaften. Es wurde von der Antikenverwaltung in Ägypten eingesetzt, um Grabungsfunde (wie gesetzlich vorgeschrieben) fair zwischen ägyptischem Staat und Grabungsexpeditionen aufzuteilen. Die Ausgräber mussten alle Funde in zwei ihrer Meinung nach gleich wertvolle Gruppen teilen, die Antikenverwaltung suchte dann die eine Gruppe aus, die dem Staat gehören sollte.

nete die Schwester: „Ich brauche die Schale, um einen Orangenkuchen zu backen."

Und nun erscheint der Kompromiss - also die Halbierung - auf einmal in einem ganz anderen Licht. Niemand würde jetzt ernsthaft eine solche Lösung vorschlagen. Stattdessen ist klar, dass es *nur eine vernünftige Lösung gibt: Die eine Schwester bekommt die ganze Schale, die andere Schwester das ganze Fruchtfleisch.* So kriegen beide Schwestern das, was sie wollen – und zwar zu 100%. **Aus 100% Orange wird also 200% Bedürfnisbefriedigung.** Beide Schwestern gewinnen („Win-Win"). Jede andere Aufteilung wäre inakzeptabel, da damit beide Seiten auf Nutzen verzichten würden.

Das Orangengleichnis macht deutlich, dass es in Verhandlungen oft möglich ist, *durch* **kreative Integration** *auf der Ebene der Interessen der Parteien eine Einigung zu erzielen, durch die Wertschöpfung betrieben wird*, indem mehr „Verhandlungswert" verteilt wird, als bei einer reinen Basarverhandlung zu verteilen gewesen wäre. Dieser „Mehrwert zum beiderseitigen Nutzen" (mutual gain) ist der objektive Gewinn, der ein Win Win Ergebnis ausmacht. Voraussetzung dafür ist allerdings die **Orientierung an den Interessen** der Parteien. Im Falle des Orangengleichnisses können die gegensätzlichen Positionen durch eine kreative Lösung so überwunden werden, dass keine Präferenzkonflikte mehr verbleiben.

Gleichzeitig macht das Gleichnis deutlich, dass selbst in einem solchen – einfachen – Fall Win-Win-Ergebnisse nicht automatisch entstehen. Empirische Studien zeigen, dass solche *gemeinsamen Interessen nur in ca. 50% der Verhandlungen überhaupt gefunden werden.*[334] Insbesondere dann, wenn die Beteiligten mit intuitivem Basarverhandeln lediglich einen Kompromiss zwischen ihren anfänglichen Forderungen bzw. „Wunschlösungen" ermitteln, werden sie meist gar nicht erkennen, dass hier auch „mehr" möglich gewesen wäre, weil die Interessenebene typischerweise bei diesem Verhandlungsstil gar nicht analysiert wird.[335] Doch derartige Kompromisse verschleudern Potential und sind

[334] THOMPSON/HREBEC 1996, S. 396ff.

[335] PARKER FOLLETT 1940, S. 36, nennt dies „Base of Integration": „The first step toward this consummation is to bring the differences into the open. We cannot hope to integrate our differences unless we know what they are."

daher bestenfalls die „besser als nichts"-Option aber sicher nicht die bestmögliche Lösung. DEAN G. PRUITT kommentiert dies wie folgt:

> „Compromises are seen as arising from lazy problem solving involving a half-hearted attempt to satisfy both parties´ interests."[336]

Bereits MARY PARKER FOLLETT verdeutlichte diese negative Sichtweise von Kompromissen 1942 am Beispiel eines erbitterten Disputs zwischen Lieferanten und einer Molkereigenossenschaft. Die Molkerei lag mitten an einem Hang und es bestand ein Streit, ob die Lieferanten, die von oben kommen oder die, die von unten ankommen als erste abladen dürfen. Dieser Konflikt hätte fast zur Auflösung der Genossenschaft geführt, weil keine Seite nachgeben wollte. Alle Beteiligten rangen hart um einen Kompromiss. Auf Vorschlag eines Vermittlers wurde dann aber die Laderampe so verlegt, dass von beiden Seiten gleichzeitig abgeladen werden kann und der Anlieferprozess beschleunigt wird. Alle Beteiligten stimmten dieser Lösung begeistert zu, was beträchtliche Produktivitätsgewinne ermöglichte. Mary Parker Follett schreibt dazu:

> „Compromise does not create, it deals with what already exists; integration creates something new, in the case a different way of unloading. And because this not only settled the controversy but was actually better technique, saved time for both the farmers and the creamery, I call this: setting friction to work, making it *do* something."[337]

Teilweise wird ausgehend von einem Definitionsvorschlag des Spieltheoretikers CHRISTIAN RIECK[338] eine objektive Definition des „Win-Win-Ergebnisses" so vorgenommen, dass *ein Win-Win-Ergebnis nur in solchen Situationen möglich sein soll, in denen eine Kooperationslösung für beide Seiten die beste denkbare Strategie darstellt* also – spieltheoretisch gesprochen – das von beiden Seiten bevorzugte „Gleichgewicht"[339] ist, weil es **keine echten Präferenzkonflikte** gibt.

---

[336] PRUITT 1999, S. 31.

[337] PARKER FOLLETT 1940, S. 35.

[338] Vgl. die Ausführungen zum „Win-Win-Spiel" in der insgesamt sehr lesenswerten Einführung in die Grundkonzepte der Spieltheorie bei RIECK 2012, S. 58ff.

[339] Zum spieltheoretischen Begriff des „Gleichgewichts" vgl. RIECK 2012, S. 24ff.

> Das bereits erwähnte „Orangen-Gleichnis" ist das Musterbeispiel für eine solche Verhandlungssituation. Die Lösung, dass die eine Schwester die gesamte Schale erhält und die andere Schwester das gesamte Fruchtfleisch ist für beide Schwestern die bestmögliche Lösung. Da damit 100% der eigenen Bedürfnisse befriedigt werden, gibt es keine andere Lösung, die noch besser ist; jede andere Aufteilung der Orange böte weniger Nutzen. Selbst wenn eine Seite die komplette Orange bekäme (was sicherlich für die andere Seite nicht zustimmungsfähig wäre), wäre kein größerer Nutzen gegeben.

Nach dieser Auffassung sind bei vorliegenden Präferenzkonflikten (sogenannten „mixed-motive-Situationen"[340]) keine Win-Win-Ergebnisse möglich, weil Kooperation durch eigennütziges Ausbeutungsverhalten dominiert wird. Win-Win wäre demnach eine reine Koordinationsaufgabe in solchen Situationen, in denen keine echten Interessengegensätze bestehen.[341]

So plakativ das „Orangen-Gleichnis" den Wert von Win-Win-Lösungen demonstriert, so mißverständlich ist es auch in Bezug auf Präferenzkonflikte. Im „Orangengleichnis" lösen sich durch kreative Lösungen tatsächlich alle Probleme in Wohlgefallen auf und alle Beteiligten können ihre Bedürfnisse zu 100% befriedigen. Wer allerdings daraus folgert, durch Win-Win-Verhandeln und hinreichend kreative Lösungen könnten immer alle Verteilungskonflikte zur hundertprozentigen Zufriedenheit aller Beteiligten gelöst werden, irrt. Tatsächlich gibt es solche Situationen in der Praxis – sie sind aber *exotische Ausnahmefälle*. Normalerweise gibt es nämlich *immer auch noch einen Verteilungsaspekt in Bezug auf verbleibende Präferenzkonflikte* und selbst bei noch so kreativen Lösungen kann dann nicht immer jeder alles bekommen, was er gerne hätte. Diese Situationen bilden die überwiegende Mehrzahl der geschäftlichen Verhandlungen.[342]

[340] Zu Verhandlungen als „mixed-motive-Situationen" vgl. HERBST 2007, S. 28ff.

[341] So auch SCHRANNER 2009, S. 15f.

[342] So auch HERBST 2007, S. 30f., unter Bezugnahme auf KIRSCH/KUTSCHKER 1972, S. 24.

Und auch in diesen Situationen sind „Win-Win-Ergebnisse" möglich, indem man nämlich gerade die Präferenzkonflikte – also die Differenzen – zur Grundlage für die Wertschöpfung macht.[343] Diese (schon im Buch „Das Harvard-Konzept" angelegte) Idee ist der ökonomische Kern der kooperativen (Win-Win-)Verhandlungsstrategie. In solchen Situationen auf den ökonomischen Nutzen zu verzichten, wäre für alle Verhandlungsparteien ein großer Nachteil. Ein derart verkürzter Win-Win-Begriff ist daher abzulehnen. Vielmehr werden wir zeigen, wie *gerade auch in mixed-motive-Situationen durch Win-Win-Verhandeln ökonomische Potentiale ausgeschöpft* werden können.

Dieses Grundprinzip wird an einem kleinen Verhandlungsfall deutlich.

> X muss an Y eine Zahlung leisten, deren Höhe zu verhandeln ist. Nehmen wir an, X hätte sich dafür ein Limit von maximal 31.200 Euro gesetzt. Nehmen wir gleichzeitig an, Y würde nur eine Einigung akzeptieren, die ihm mindestens 20.000 Euro netto nach Steuern bringt, natürlich möchte er aber soviel wie möglich realisieren. Daraus ergibt sich zunächst scheinbar eine reine Verteilungsverhandlung mit einer ZOPA.
>
> Jetzt nehmen wir an, es sei möglich, zwei verschiedene steuerliche Gestaltungsmöglichkeiten zu wählen. Anstelle der normalen Zahlung, die X aus seinem versteuerten Einkommen leisten müsste und die für Y steuerfrei wäre, könnte die Zahlung so klassifiziert werden (Pauschalzahlung), dass X sie als Betriebsausgaben absetzen kann, dafür aber Y voll versteuern müsste. Jetzt nehmen wir an, dass X einen Steuersatz von 30% hat, während B nur 15% Steuern zahlt. Damit ergeben sich jetzt, **je nach steuerlicher Gestaltung zwei ZOPAs**, zwischen denen die Verhandlungsparteien wählen können.

In ein Nutzendiagramm umgesetzt, bei dem der Nutzen beider Parteien grafisch dargestellt wird (möglichst niedriger finanzieller Aufwand vs. möglichst hoher Nettoertrag) stellt sich dieses Verhandlungsproblem wie folgt dar:

---

[343] Ganz herrschende Auffassung in der internationalen Verhandlungswissenschaft, vgl. dazu ausführlich die Darstellung in Kapitel 3.3.

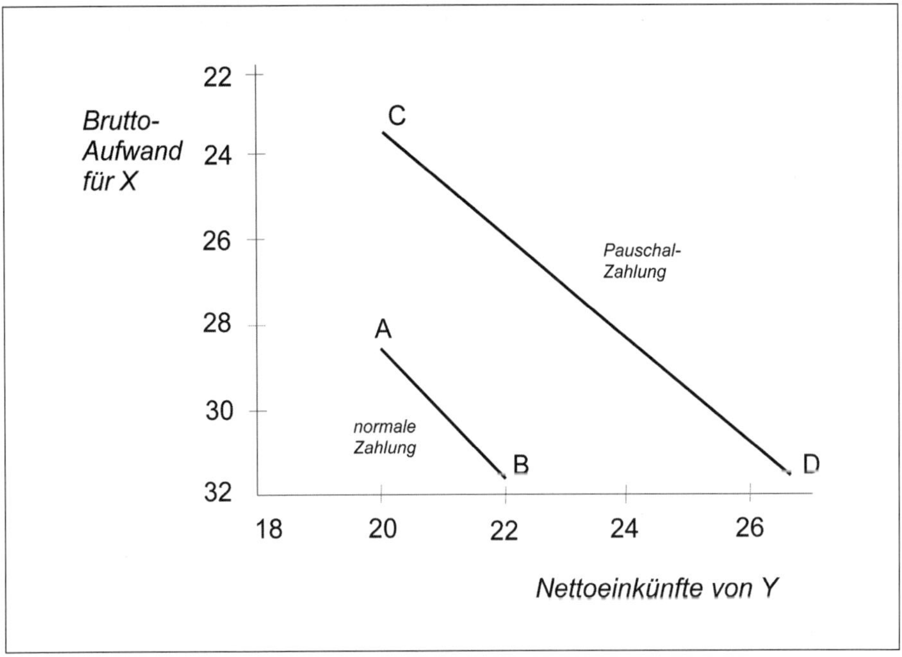

Abb. 4: Integrative Verhandlung mit zwei ZOPAs

Diese Übersicht macht deutlich, dass jedes einzelne Ergebnis auf der A/B-ZOPA, bei der Y die Leistungen steuerfrei bekäme (und X sie versteuern müsste) im Vergleich zur zweiten ZOPA unwirtschaftlich abschneidet. Am deutlichsten wird dieser Aspekt an den Extrempunkten: Beim Punkt A zahlt X 20.000 Euro; da er diese Zahlung versteuern muss, kostet ihn dies 28.576 Euro. Hätten die Parteien sich stattdessen auf den Punkt C geeinigt (entspricht 23.528 Euro, die Y versteuern muss), *hätte Y denselben Nutzen von 20.000 Euro, X müsste dafür aber nur 23.528 Euro bezahlen*. Die 15% ersparten Steuern (bei Punkt A: immerhin 5044,- Euro), die jetzt nicht mehr aus dem Verhandlungssystem abfließen, können von den Verhandlern zusätzlich verteilt werden. So könnte z.B. ein Ergebnis von 26.000 Euro vereinbart werden, die Y versteuern muss, dann hätte Y sogar einen Nutzen von 22.100 Euro (also mehr, als er bei der anderen Gestaltung überhaupt hätte bekommen können), gleichzeitig hat X immer noch einen deutlich niedrigeren Aufwand. X kann also auf der C/D-ZOPA bei jeder beliebigen Verteilung an Y mehr auszahlen und hat selbst geringere Kosten. Es ist daher **im Interesse beider Parteien**, sich auf die Versteuerung durch Y zu verständigen, weil damit 15%

Wertschöpfung betrieben wird. *Wer hier die Versteuerung durch X vereinbart, „verbrennt" dieses Geld.*[344]

Man kann daher „effiziente" und „nicht-effiziente" Verhandlungsergebnisse unterscheiden. Die Verhandlungswissenschaft greift hier auf ein von dem italienischen Nationalökonom VILFREDO PARETO entwickeltes Effizienzkriterium zurück.[345]

Ein Verhandlungsergebnis ist dann **pareto-optimal** (also maximal effizient), *wenn keine andere mögliche Lösung verglichen mit dieser Lösung beiden Partnern zugleich einen größeren Nutzen bietet oder einem Partner einen größeren Nutzen bietet, während der andere Partner gleich gut abschneidet.*

Bei einer pareto-optimalen Lösung sind die Wertschöpfungspotentiale ausgeschöpft; an diesem Punkt wird dann die Verhandlung wieder zu einem Nullsummenspiel, d.h. wenn sich eine Partei ausgehend von diesem Ergebnis noch verbesserrn will, so geht das nur auf Kosten der Gegenseite. Alle Lösungen auf der C/D-ZOPA sind in diesem Sinne pareto-optimal, alle Lösungen auf der A/B-ZOPA sind es nicht (sind also *„pareto-inferior"*, d.h. weniger effizient).

Damit stellt diese Verhandlung – stark vereinfacht – den typischen Fall einer mixed-motive-Verhandlung mit integrativem Potential (Wertschöpfungsmöglichkeiten) dar. Dabei lässt sich zeigen, dass obwohl es deutliche Präferenzkonflikte gibt, die einen Verteilungsaspekt in die Verhandlung hineinbringen, gleichzeitig eine Wertschöpfungsoption besteht, die im ökonomischen Interesse beider Seiten genutzt werden sollte. Aus

---

[344] Streng genommen wird dieses Geld nur in Bezug auf die ökonomischen Interessen der Verhandler „verbrannt", da es ja an den Finanzminister fließt und dort gesellschaftlichen Nutzen stiftet. Dies macht schon deutlich, dass „Win-Win"-Ergebnisse keineswegs immer einen Gewinn für die gesamte Gesellschaft bedeuten müssen, sondern sich nur auf die Interessen der Beteiligten bezieht. Gleichzeitig gibt es aber auch Wertschöpfungspotentiale, bei denen echte neue Wertschöpfung entsteht, die nicht auf Kosten eines Dritten erfolgt, vgl. dazu Kapitel 3.

[345] CROTT/KUTSCHKER/LAMM 1977a, S. 16. Das Effizienzkriterium beruht auf einem allgemeinen Prinzip sozialen Wandels, vgl. PARETO 1909. Zum Pareto-Prinzip vgl. auch detailliert EIDENMÜLLER 2005, S. 47ff. Dabei handelt es sich nicht um das einzige in der Verhandlungswissenschaft verwendete Effizienzkriterium. Nach dem *Caldor-Hicks-Kriterium* ist ein Verhandlungsergebnis dann effizient, wenn die eine Seite mehr gewinnt, als die andere Seite verliert. Zum Problem der Verzerrung des Effizienzmaßes bei integrativen Verhandlungen vgl. CLYMAN 1995, S. 41ff.

dieser Gleichzeitigkeit entsteht ein *Spannungsverhältnis zwischen Wertschöpfung und Verteilung, das durch eine überlegte Kooperationsstrategie ausbalanciert werden muss*, um eine optimale Verhandlungsperformance zu erreichen.[346] Wer das größte Stück vom kleinen Verhandlungskuchen (A/B-ZOPA) bekommt, schneidet genauso zu schlecht ab wie der Verhandler, der kreativ die Wertschöpfungsoption auf die C/D-ZOPA eröffnet, dann aber nur einen „kleinen Bissen" von dem „großen Verhandlungskuchen" bekommt.

Die Problematik wird noch deutlicher, wenn man von diesem stark reduzierten Beispiel, das nur zwei Ergebnisqualitäten kennt (pareto-optimal und pareto-inferior), zu einem etwas differenzierteren Beispiel[347] einer mixed-motive-Verhandlungssituation wechselt. Bei dieser Verhandlung bestehen nicht einfach zwei starre ZOPAs, sondern es besteht ein *Präferenzkonflikt in zwei Themen* (Lieferzeit und Preis), *die* allerdings *von den Parteien unterschiedlich gewichtet werden*, so dass ein **wertschöpfender Austausch (trade-off)** [348] möglich wird:

> Verkäufer X bereitet sich auf die Verhandlung mit dem potentiellen Käufer Y über die Lieferung einer technischen Anlage vor. Fast alle Vertragsaspekte sind einvernehmlich geklärt, umstritten sind noch der Preis und die Lieferzeit. Je länger die Lieferzeit, desto größere Flexibilität hat der Verkäufer beim Personaleinsatz und kann auch noch kurzfristige (sehr lukrative) Aufträge annehmen. Natürlich möchte er auch einen möglichst hohen Preis erzielen. Um diese beiden Themen miteinander vergleichen zu können, hat er ein *Scoringsystem*[349] erarbeitet, das den Optionen jeweils Nutzenpunkte zuweist. So kann

[346] Zu diesem Spannungsverhältnis und den strategischen Folgerungen vgl. detailliert Kapitel 3.5.1.

[347] Noch komplexer - und realitätsnäher - ist die Darstellung bei PRUITT/LEWIS 1975, S. 621ff., die aber zu den gleichen Ergebnissen kommt.

[348] Zu den Potentialen für die Wertschöpfung durch trade-offs in realen Verhandlungsfällen vgl. ausführlich Kapitel 3.3.

[349] Ein Scoringsystem, das alle Optionen aller relevanten Verhandlungsaspekte (issues) in Nutzenpunkten bewertet und damit vergleichbar macht, empfiehlt sich zur Vorbereitung jeder Verhandlung, bei der „weiche" Faktoren eine wichtige Rolle bei der eigenen Interessenlage spielen. Zur Gestaltung eines Scoringsystems vgl. MEDVEC/GALINSKY 2005, S. 5f., sowie die „Negotiator Toolbox" im Harvard PON *Negotiation* Newsletter, November 2007, S. 5f.

er jedes Angebot des Verhandlungspartners leicht bewerten: Je mehr Nutzenpunkte, desto besser für ihn.

Scoringsystem von X: Jeder Tag, den er mehr an Lieferzeit heraushandeln kann, bringt ihm 2 Nutzenpunkte. Gleichzeitig bewertet er jeweils 10.000 Euro, die er auf seinen Angebotspreis nachlassen muss, mit 5 Nutzenpunkten (minus). Den Vertrag wird er angesichts anderer Interessenten nur akzeptieren, wenn er ihm mindestens 30 Nutzenpunkte bringt. Das bedeutet, dass X eigentlich am liebsten eine lange Lieferzeit und einen möglichst hohen Kaufpreis vereinbaren würde, aber im Zweifel ist der Preis für ihn das ökonomisch bedeutendere Verhandlungsziel (Priorität).

Der Käufer Y hingegen braucht unbedingt so schnell wie möglich die Anlage. Nach dem Ausfall der bisherigen Anlage steht die Produktion still und verursacht hohe Einnahmeausfälle. Natürlich möchte er außerdem einen möglichst niedrigen Kaufpreis zahlen. Auch er erarbeitet ein Scoringsystem:

Scoringsystem von Y: Jeder Tag, um den er die Lieferzeit verkürzen kann, bringt ihm 5 Nutzenpunkte. Gleichzeitig bewertet er jeweils 10.000 Euro, um die er den Angebotspreis drücken kann, mit 2 Nutzenpunkten (Top-Priorität: Lieferzeit). Den Vertrag wird er angesichts anderer Angebote nur akzeptieren, wenn er ihm mindestens 30 Nutzenpunkte bringt.

In solchen Fällen können die Parteien natürlich eine „klassische" Basarverhandlung führen und – bestenfalls – einen Kompromiss vereinbaren (Standard-Lieferzeit, mittlerer Preis). Das wäre für beide Parteien aber ein ineffizientes Ergebnis, da sich hier ein **Lösungsraum** ergibt, der sich wie folgt darstellt:

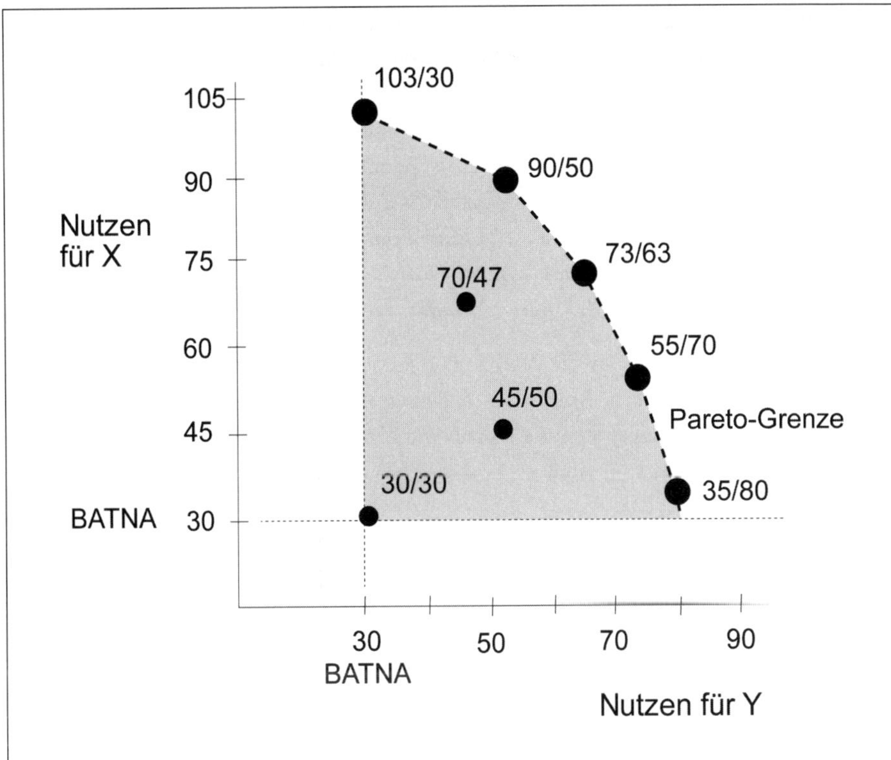

Abb. 5: Integrative Verhandlung mit Lösungsraum

Der Lösungsraum (der grau schraffierte Bereich) wird hier bestimmt durch die BATNAs beider Parteien (30 Nutzenpunkte). Innerhalb des Lösungsraumes gibt es unendlich viele Einigungsmöglichkeiten, von denen hier acht exemplarisch dargestellt sind. Außen wird der Lösungsraum durch eine schraffierte Linie begrenzt – die sogenannte „Pareto-Grenze". Nur Ergebnisse, die auf dieser Grenze liegen, sind **pareto-optimal.** Fünf solche Ergebnisse sind hier beispielhaft dargestellt (dicke Punkte); die Grafik zeigt aber auch wieder, dass sich die verschiedenen pareto-optimalen Ergebnisse hinsichtlich des Verteilungsaspektes erheblich unterscheiden. (103/30) ist genauso ein pareto-optimales Ergebnis wie (35/80), beide Ergebnisse sind also effizient – allerdings jeweils für eine der beiden Verhandlungsparteien *sehr unvorteilhaft*!

Dieses Beispiel zeigt allerdings gegenüber dem vorangegangenen Beispiel eine neue Ergebnisqualität: **pareto-superiore Ergebnisse** (dünne Punkte). Dies sind solche Ergebnisse, die *pareto-effizienter* sind als andere mögliche Ergebnisse, gleichzeitig aber nicht pareto-optimal, weil es noch effizientere Ergebnisse gibt. Ein Beispiel dafür ist in der Grafik das Ergebnis (45/50), das pareto-superior gegenüber dem „Kompromiss" (30/30) ist, gleichzeitig aber nicht so effizient wie das Ergebnis (73/63), bei dem sich noch einmal beide Seiten deutlich verbessern können. *Ab dem Status eines pareto-superioren Ergebnisses kann man also objektiv von einem Win-Win-Ergebnis sprechen, da dann gemeinsamer Mehrwert geschaffen wird.*

Der gemeinsame Auftrag an die Verhandler lautet also: „**Geht nach Nordosten!**" (rechts oben im Nutzendiagramm). Das bedeutet, das Ergebnis durch Nutzung möglichst aller Wertschöpfungspotentiale so nah wie möglich an die Paretogrenze zu bewegen.

Wie aber entstehen pareto-optimale Ergebnisse, bei denen die Parteien mehr Nutzenpunkte schaffen als bei den weniger effizienten Ergebnissen?

Wenn beide Parteien „Feilschen um Positionen" (Basarverhandeln) praktizieren, dann werden sie sich – wenn überhaupt – irgendwo in der Mitte ihrer Maximalforderungen treffen (Kompromiss). Das wäre hier eine mittlere Lieferzeit bei einem mittleren Kaufpreis. Im Ergebnis entstehen relativ wenige Nutzenpunkte und ein Ergebnis wie (30/30).

Wenn die Parteien aber interessenorientiert verhandeln und herausfinden, dass sie zwar Interessengegensätze haben aber unterschiedliche Prioritäten setzen, dann bietet sich die Chance auf ein besseres Ergebnis: Wenn der Käufer um einen Tag bei der Lieferzeit nachgibt, verzichtet er auf fünf Nutzenpunkte und verursacht damit nur zwei Nutzenpunkte bei seinem Verhandlungspartner. Das wäre deshalb eine sehr teure und ineffiziente Konzession. Er sollte daher seine *Zugeständnisse lieber komplett beim Preis* machen – dort bewirkt er mit jeweils 10.000 Euro fünf Nutzenpunkte beim Verkäufer, die ihn selbst aber nur zwei Punkte kosten. Dadurch ergibt sich ein *Mehrwert von „+3"*. Wenn der *Verkäufer seinerseits die maximal kurze Lieferzeit akzeptiert* (was ihn jeweils *„+2"* Nutzenpunkte kostet aber dem Käufer *„+5"* Nutzenpunkte bringt), können sie den maximalen gemeinsamen Mehrwert verteilen.

Pareto-optimale Ergebnisse erreichen die Parteien in diesem Beispiel also dadurch, dass sie die *kürzest mögliche Lieferzeit und als Kompensation einen überdurchschnittlichen Preis vereinbaren*. Dazu müssen die Verhandler allerdings erst einmal herausfinden, dass sie diese unterschiedlichen Prioritäten haben, und das ist – wie wir in Kapitel 2.3.3 zeigen werden – keineswegs selbstverständlich. Das Beispiel zeigt allerdings, wie sehr es sich lohnt, nach diesen Wertschöpfungspotentialen zu suchen, weil dadurch für die Verhandlungsparteien ein deutlich größerer Nutzen geschaffen werden kann. Je besser diese Potentiale ausgenutzt werden, desto effizienter werden die Lösungen: bei „ein wenig" Wertschöpfung ein pareto-superiores Ergebnis wie (45/50), bei maximaler Wertschöpfung ein pareto-optimales Ergebnis wie etwa (73/63).[350]

2.3.2.6 Definition „Win-Win-Ergebnis"

Nach alledem erscheint es also notwendig, *bei der Definition eines Win-Win-Ergebnisses sowohl objektive als auch subjektive Merkmale zu berücksichtigen.* Objektiv ist das Kriterium der pareto-superioren (im Idealfall: pareto-optimalen) Lösung, subjektiv die Akzeptanz des gefundenen Ergebnisses als mindestens „nicht unfair" zu nennen. Wir definieren daher „Win-Win-Ergebnis" wie folgt:

> Ein Win-Win-Verhandlungsergebnis liegt dann vor, wenn die Parteien durch die Nutzung von Wertschöpfungspotentialen einen „Verhandlungsmehrwert" erwirtschaftet haben, also der geschaffene Verhandlungswert beider Parteien zusammengenommen größer ist als bei einem anderen möglichen Verhandlungsergebnis in der ZOPA (Zone of possible Agreements), und wenn alle Verhandlungsparteien das Ergebnis für akzeptabel halten.

Diese Definition verdeutlicht, dass es innerhalb der Gruppe von Win-Win-Ergebnissen durchaus noch unterschiedliche Qualitäten geben kann. Einerseits sind pareto-optimale Ergebnisse natürlich besser als „nur" pareto-superiore, andererseits gibt es natürlich auch auf der subjektiven Seite zwischen „gerade so eben noch für akzeptabel halten" und „sehr zufrieden mit dem Ergebnis sein" große Unterschiede. Nach Auffassung der Verfasser ist aber der entscheidende qualitative Schritt die Orientierung an Kooperationsgewinnen und nicht deren perfekte Ausnutzung.

---

[350] In realen Verhandlungen können Verhandler praktisch niemals sicher wissen, dass sie ein pareto-optimales Ergebnis erreicht haben. Deshalb geht es darum, durch die Techniken interessenorientierten und wertschöpfenden Verhandelns (vgl. Kapitel 3.2) systematisch alle Wertschöpfungspotentiale auszuteσten (vgl. Kapitel 3.1 und 3.3). Dann kann man wenigstens sicher sein, keine wesentlichen Wertschöpfungspotentiale übersehen zu haben.

LEIGH L. THOMPSON unterscheidet ebenfalls in ihrem „Pyramidenmodell"[351] *unterschiedliche Ergebnisqualitäten in integrativen Verhandlungssituationen.*

Level 1 Ergebnisse sind lediglich besser als die BATNAs der Parteien, liegen also **in der ZOPA** und erreichen damit einen positiven Verhandlungswert.

Ein **Level 2 Ergebnis** ist dann gegeben, wenn die Parteien ein *pareto-superiores* Ergebnis erzielt haben.

Ein **Level 3 Ergebnis** ist ein *pareto-optimales Ergebnis.*

Gemäß der Definition der Verfasser beginnen „Win-Win-Ergebnisse" ab Level 2. Dabei ist der Schritt von Level 1 zu Level 2 nach Thompson eine Frage der Orientierung (Haltung); der Schritt von Level 2 zu Level 3 ist dann eine Frage professioneller Technik (Verhandlungsfertigkeiten) und souveräner Kooperationsstrategie („enlightened negotiator"[352]).

2.3.2.7 Win-Lose-Orientierung und Win-Win-Orientierung

Neben den Ergebnisqualitäten (z.B. Win-Win-Ergebnis) kann man auch noch die Orientierung (also die „Haltung") in einer bestimmten Verhandlungssituation unterscheiden. Nützlich ist hier vor allem die Unterscheidung zwischen *Win-Lose-Orientierung*, bei der ein Verhandler die Maximierung nur des eigenen Nutzens im Fokus hat und sich kaum Gedanken um die Bedürfnisse des Verhandlungspartners macht („ich will das größte Stück vom Verhandlungskuchen"), und der *Win-Win-Orientierung*, bei der die eigenen Bedürfnisse und die Bedürfnisse der Gegenseite als zwei wichtige Faktoren im Fokus sind, zwischen denen es einen möglichst interessengerechten Ausgleich zu finden gilt. Die Unterscheidung ist deshalb wichtig, weil nachweisbar ist, dass Win-Win-Ergebnisse von Verhandlern mit Win-Lose-Orientierung nur sehr selten erreicht werden.[353] Dafür gibt es viele Gründe. Der wichtigste Grund ist, dass Verhandlungsverhalten erwidert wird. Eine kooperative Win-Win-Orientierung führt durchschnittlich nur in etwa 30% der Fälle dazu, dass der Verhandlungspartner kompetitive Taktiken anwendet; eine kompetitive Win-Lose-Orientierung bewirkt in 61% der Fälle eine kompetitive Reaktion

---

[351] THOMPSON 2009, S. 77f.

[352] THOMPSON 2009, S. 95ff.

[353] Dazu mehr in Kapitel 2.3.3.

(Reziprozitätsprinzip der Verhandlungsorientierung).[354] In einer neuen Studie konnte zudem nachgewiesen werden, dass *mit einer Win-Win-Orientierung bei weitem die meisten relevanten Informationen herausgearbeitet werden*, während eine Win-Lose-Orientierung eher zu einem zurückhaltenden und taktischen Umgang mit Informationen führt.[355] Wer also effektive Win-Win-Ergebnisse erzielen will, muss auch mit einer Win-Win-Orientierung in die Verhandlung gehen – das bedeutet nicht automatisch, den eigenen Anspruch in der Verteilungsdimension der Verhandlung zu sehr zurückzustellen.[356]

2.3.3 Verhandlungsperformance beim „Wert schöpfen" unterdurchschnittlich: Mehr Win-Win ist notwendig

Wir haben also gesehen, dass es in vielen Verhandlungssituationen – teils beträchtliche – Wertschöpfungspotentiale gibt, die durch geschickte Vertragsgestaltung (und dafür erforderliche effektive Verhandlungsführung) aktiviert werden können. Interessant ist daher die *Frage, inwieweit ein durchschnittlicher Verhandler diese Potentiale auch tatsächlich ausschöpft.* Diese Frage ist in vielfältigen empirischen Studien untersucht worden, die allesamt ziemlich ernüchternde Ergebnisse über die tatsächliche Verhandlungsperformance erbracht haben. Die meisten Führungskräfte halten sich für effektive Verhandler; Selbstbild und tatsächliche Performance liegen allerdings oft deutlich auseinander.[357]

Zahlreiche dieser Führungskräfte bezeichnen sich selbst als Win-Win-Verhandler, gleichzeitig erzielen allerdings nur knapp 4% Ergebnisse, die die Wertschöpfungspotentiale weitgehend ausschöpfen.[358] Gleichzeitig erreichen etwa 20% von ihnen sogar Ergebnisse, die für beide Seiten nachteilig sind (Lose-Lose-Ergebnisse).[359] Selbst wenn die Parteien tatsächlich kongruente Interessen haben (wie im Orangen-Gleichnis), also keine

---

[354] Vgl. GLICK/CROSON 2001, S. 177ff.

[355] ZARANKIN/WALL 2012, S. 162ff.

[356] Vgl. dazu die Ausführungen zum "Negotiator's Dilemma" (3.5.1) sowie Kapitel 2.3.4.1.

[357] THOMPSON 2009, S. 5.

[358] NADLER/THOMPSON/VAN BOVEN 2003, S. 529ff.

[359] THOMPSON/HREBEC 1996, S. 396ff.: Ein Lose-Lose-Ergebnis liegt dann vor, wenn Verhandlungsparteien eine Übereinkunft treffen, die gemeinsame (kompatible) Interessen der Parteien nicht berücksichtigt, sondern eine andere (also von allen Beteiligten weniger präferierte) Lösung enthält.

Präferenzkonflikte bestehen, die Verteilungsfragen aufwerfen, realisieren dies nur etwa 50% der Verhandler.[360] LEIGH L. THOMPSON, die viele dieser Studien durchgeführt hat, bringt die Konsequenz dieser Befunde wie folgt auf den Punkt:

> „Numerous business executives describe their negotiations as win-win only to discover that they left hundreds of thousands of dollars on the table."[361]

Diese *Performanceschwächen werden nicht einfach durch Erfahrung ausgeglichen*. Erfahrene Verhandler haben zwar gegenüber „Novizen" Wertschöpfungsvorteile im Bereich des Logrolling[362], sofern sie in ihrem bekannten Kontext verhandeln, in allen anderen Wertschöpfungs-Bereichen schneiden sie allerdings kaum besser ab – manchmal sogar schlechter.[363]

Immer wieder wird Skepsis geäußert, ob die Ergebnisse solcher Studien wirklich aussagekräftig seien. Zuletzt hat GUHAN SUBRAMANIAN in seinem Buch über *Negotiauctions*, komplexe geschäftliche Transaktionen, die Erkenntnisse der empirischen Verhandlungsforschung als nur eingeschränkt nützlich bezeichnet. Dazu hat er zwei wesentliche Argumente vorgebracht: Erstens seien viele dieser Experimente mit studentischen Probanden durchgeführt worden und zweitens gelte:

> „In der Realität aber ist der Verhandlungsprozess viel zu komplex, vielschichtig und chaotisch – und per se Verhandlungssache –, als dass er sich exakt definieren ließe. Dieser Widerspruch zeigt, dass experimentelle Forschungsarbeiten auf dem Gebiet der Verhandlungslehre unmöglich widerspiegeln können, wie reale Deals ausgehandelt werden, geschweige denn aufzeigen können, wie sie ausgehandelt werden sollten."[364]

Dazu ist aus unserer Sicht folgendes zu sagen: Der Vorbehalt gegenüber studentischen Probanden, mit denen etwa Zweidrittel der neueren Studien in der Verhandlungslehre

---

[360] THOMPSON/HREBEC 1996, S. 396ff.

[361] THOMPSON 2009, S. 5.

[362] Zum „Logrolling" vgl. Kapitel 3.2.4, zu den anderen Wertschöpfungsquellen vgl. Kapitel 3.3.

[363] Vgl. LOEWENSTEIN/THOMPSON 2006, S. 78f. m.w.N.

[364] SUBRAMANIAN 2012, S. 155.

gearbeitet haben, ist zunächst naheliegend.[365] Allerdings zeigen auch die nicht wenigen mit „Praktikern" durchgeführten Studien konsistente Ergebnisse. Außerdem haben UTA HERBST und SABINE SCHWARZ 2011 Studien vorgelegt[366], die diese Frage explizit untersuchen und die *Validität der Ergebnisse von Studenten-Studien bei entsprechendem Design nachweisen.*

Der Vorbehalt hinsichtlich der zu geringen Komplexität der „Labor-Verhandlungen" im Vergleich zu den realen Transaktionen ist allerdings sehr bedenkenswert. So zeigten z.B. frühe Studien der mathematisch geprägten Spieltheorie, dass Verhandler großteils pareto-optimale Ergebnisse erreichen.[367] Diese Ergebnisse waren allerdings einer sehr reduzierten und künstlichen Situationsgestaltung geschuldet (nur einzelne Themen, geringe inhaltliche Komplexität, geringe Optionenvielfalt, nur eine Drohmöglichkeit). Die hier zitierten *moderneren Studien arbeiten* zumeist *mit* sehr komplexen Fallgestaltungen, die das *Konzentrat realer Verhandlungssituationen* darstellen.[368] Das gilt übrigens auch für die (wenigen) Studien im deutschsprachigen Raum.[369]

Wenn auch diese modernen Simulationen ein hohes Maß an Komplexität aufweisen, so kann trotzdem die Komplexität der meisten echten Verhandlungsprozesse nicht einmal annähernd erreicht werden. Es ist aber auch nicht ersichtlich, wofür das erforderlich sein sollte. *Wissenschaftliche Modellbildung arbeitet prinzipiell mit Komplexitätsreduzierung*; würde das ihren Nutzen generell in Frage stellen, wären Studienfächer wie Volkswirtschaft oder Hirnforschung überflüssig. Natürlich muss berücksichtigt werden, dass solche Verhandlungsmodelle nicht „die Wahrheit" darstellen, sondern nur ein mehr oder

---

365 Vgl. dazu BENDERSKY/McGINN 2008 m.w.N.

366 HERBST/SCHWARZ 2011, S. 147ff.

367 CROTT/KUTSCHKER/LAMM 1977a, S. 29f. unter Bezug auf SIEGEL/FOURAKER 1960.

368 Insbesondere das Dispute Resolution Research Center (DRRC) der Kellogg School of Management hat sich darauf spezialisiert, hochkomplexe Verhandlungssituationen zu entwickeln, die reale Businessverhandlungen bestmöglichen abbilden, beispielsweise die für Studien verwendete Übung „Moms.com", die sehr viele der typischen Dynamiken einer Beschaffungsverhandlung aufweist, vgl. dazu auch ausführlich BAZERMAN/MALHOTRA 2007, S. 53ff.

369 Zu nennen sind hier z.B. SANDSTEDE 2010, S. 111ff.; GEIGER 2007, S. 154ff., sowie generell die am Lehrstuhl von Prof. Dr. Markus Voeth an der Universität Hohenheim regelmäßig durchgeführten Simulationsstudien (https://verhandlungsforschung.uni-hohenheim.de/).

weniger taugliches Werkzeug zur Orientierung in einer komplexeren Welt sind.[370] Wir stellen jedoch in unserer Trainings- und Beratungspraxis fest, dass die Grundmodelle der Verhandlungswissenschaft für die Teilnehmer sehr nützlich sind. Auch deshalb erreichen Verhandler nach einem guten Verhandlungstraining eine signifikant bessere Verhandlungsperformance.[371]

Zwei Dinge sind noch nachzutragen. Erstens: Die intuitive **Nutzung von Wertschöpfungspotentialen wird durch den Faktor „Gender" beeinflusst**. So zeigt sich, dass Frauen intuitiv die Wertschöpfungspotentziale etwas besser nutzen als Männer.[372] Die klassischen Studien zeigten demgegenüber Nachteile im Bereich des Verteilungsverhandelns; diese treten allerdings wie neuere Studien zeigen nur bei intuitivem Verhandlungsverhalten auf und können durch ein spezielles – die Stereotypen ausdrücklich adressierendes Verhandlungstraining – vollständig kompensiert werden.[373]

Zweitens: Auch wenn die meisten empirischen Verhandlungsstudien im angelsächsischen Raum durchgeführt wurden, sind die Ergebnisse jedenfalls im Bereich der Verhandlungsperformance ohne weiteres *auf den deutschsprachigen Raum übertragbar*. So zeigen die wenigen deutschen Studien konsistente Ergebnisse:

> Andreas Winheller konnte im Oktober 2010 an einer großen Studie mit erfahrenen Verhandlern aus Unternehmen des deutschsprachigen Raums am Lehrstuhl von Prof. Voeth an der Universität Hohenheim teilnehmen. Zu verhandeln war eine komplexe Simulation aus dem Industriegütermarketing,

370 Wenn Verhandlungssysteme wie ein Modell abgebildet werden und damit Systemzustände modellartig simuliert werden können, so entspricht dieses Modellverständnis der Theorie der analytischen Wissenschaftstheorie: Theorien und Modelle sind konstruierte selektive Repräsentationen der als Realität bezeichneten Ausschnitte der Welt (BALZER 1997). Im Sinne des „strukturalistischen Theorienkonzepts" Wolfgang Stegmüllers, dessen Schüler Balzer war, sind dabei Theorien und Modelle nach den Konstruktionsmerkmalen gleich zu setzen, wenngleich Theorien komplexer sind.

371 Vgl. COLEMAN/LIM 2001, S. 383f. m.w.N.

372 WALTERS/STUHLMACHER/MEYER 1998, S. 1ff.; VOETH/HERBST 2009, S. 59ff. m.w.N. – „etwas besser" bedeutet allerdings nicht, dass die Wertschöpfungspotenziale voll ausgeschöpft wurden und kein Optimierungspotential mehr vorhanden wäre.

373 THOMPSON 2009, S. 167f.; KRAY/GALINSKI/THOMPSON 2002, S. 386ff.

die realen Vorbildern nachgebildet war.[374] Diese Verhandlung bot erhebliches Wertschöpfungspotential, so konnte je nach Vertragsgestaltung ein gemeinsamer Verhandlungsgewinn von maximal 12.886.920 Euro erreicht werden. Durchschnittlich wurde jedoch nur ein Gewinn von 7.744.736,14 Euro erzielt – das heißt über 5 Millionen an Wert (40% des Potentials) blieben ungenutzt. Teilweise wurden sogar Lose-Lose-Ergebnisse erzielt, die beiden Seiten Verluste brachten.[375]

Andreas Winheller konnte demgegenüber durch schlichte Anwendung der Wertschöpfungstechniken in seiner Verhandlungsgruppe einen gemeinsamen Verhandlungsgewinn von 12.876.652,50 Euro erreichen.

Diese Erfahrung und die Erfahrungen aus vielen weiteren Trainings und Studien in den letzten Jahren[376] zeigen: Wertschöpfendes Verhandeln ist keine Kunst, sondern ein Handwerk, das man lernen kann. Man kann Wertschöpfungspotentiale zuverlässig nutzen, wenn man die Quellen und die relevanten Techniken kennt. Und alleine schon die Ergebnisse der zuletzt referierten Studie zu einer Industriegütermarketingverhandlung ergeben eine erste Einschätzung, dass durch besseres wertschöpfenderes Verhandeln volkswirtschaftlich betrachtet Milliarden an zusätzlicherer Wertschöpfung erzielt werden können, die bislang vergeudet werden.

Für Mediatoren und andere professionelle Verhandlungshelfer zeigen diese Zahlen, dass sie die mit ihrem Einsatz verbundenen zusätzlichen Transaktionskosten leicht alleine dadurch kompensieren können, dass sie die Verhandlungsparteien bei einer professionellen Wertschöpfung unterstützen. Denn selbst wenn die Verhandlungsparteien die elementaren Verhandlungskonzepte und Techniken beherrschen sollten, hat SUBRAMANIAN natürlich Recht: Große Verhandlungsprozesse sind so komplex, dass Erfahrung und Kompetenzen professioneller Verhandlungscoaches sich immer auszahlen.

---

[374] Wir verzichten auf die Nennung des Namens und genauerer Details zu dieser Simulation, um den Gebrauchswert der Übung zu erhalten. Bei wissenschaftlichem Interesse erhalten Sie sicherlich über den Lehrstuhl weitere Informationen.

[375] Ergebnisdarstellung nach der Ergebnismitteilung von S. SCHWARZ an die Teilnehmer per E-Mail vom 22.10.2010.

[376] Vgl. dazu COLEMAN/LIM 2001, S. 383f. m.w.N.

2.3.4 Fazit: Professionell verhandeln heißt in den meisten Fällen: Win-Win-Lösungen suchen

Verhandeln erfordert eine *flexible Strategiewahl*, weil jede Verhandlung unterschiedliche Ausgangslagen hat. Weder die Strategie „Kooperation: Win-Win" noch die Strategie „Besiegen" sind in jeder Verhandlung die beste Wahl. Kriterien für die Strategiewahl sind die Interessen der Parteien, insbesondere Beziehungsinteressen, Präferenzkonflikte und das Wertschöpfungspotential.[377] Daraus ergeben sich mehrere mögliche Szenarien.

2.3.4.1 Langfristige Beziehungsinteressen

„Noch so ein Sieg und ich bin verloren", soll der griechische König Pyrrhus nach der Schlacht bei Ausculum 279 v. Chr. ausgerufen haben, bei der er zwar gegen die Römer nominell gesiegt hatte, gleichzeitig aber so große Verluste erlitten hatte, dass sein Eroberungsfeldzug in Süditalien kaum noch Erfolg haben konnte. „Pyrrhus-Sieg" ist seitdem ein geflügeltes Wort für einen (zu) teuer erkauften kurzfristigen Sieg, der langfristig schadet.

Auch am Verhandlungstisch werden viele Pyrrhus-Siege errungen. Viele Verhandler lassen sich vom „Gewinnen wollen" überwältigen und streben um jeden Preis nach dem eigenen Sieg – wenn es sein muss auch mittels unfairer Taktiken oder schlichter Erpressung. Die Gefahr eines solchen kurzsichtigen Vorgehens liegt auf der Hand: *Wenn es nicht nur auf die einzelne Schlacht ankommt, sondern es ein „Danach" gibt, könnten sie für ihren Sieg „bezahlen" müssen.*

Wenn ein Verhandlungspartner das Gefühl hat, ungerecht behandelt worden zu sein, wird er nach Wegen suchen, zu „seinem Recht" zu kommen. Das *verstärkt den Anreiz, die Grenzen des Vertrages auszutesten und Rechtsstreitigkeiten zu provozieren*, ggf. sogar den Vertrag unzureichend zu erfüllen. Außerdem wird er nach Möglichkeiten für „Nachverhandlungen" bzw. „Nachberechnungen" suchen, um den Vertrag für ihn günstiger zu gestalten. Die Spezifikationen nachträglich ändern? Fristen verlängern, Bestellmengen anpassen? Geht natürlich, aber: „dann müssen wir noch mal über den Preis reden..." Kulanz kann man dann sicherlich nicht mehr erwarten.

> Bsp.: In einem Verhandlungstraining erzählten Einkäufer eines großen Konzerns von einem Problem mit einem französischen Mittelständler, der trotz

[377] Vgl. zu den Basisstrategien und den Kriterien für die Strategiewahl WINHELLER 2003.

klarer Vertragslage die Lieferung eingestellt hatte. Dadurch entstand ein sehr hoher Schaden, da der Konzern selbst Vertragsstrafen wegen der Verzögerung an Kunden bezahlen musste und kurzfristig keine alternative Bezugsquelle zur Verfügung stand. Die Antwort des Lieferanten auf „böse Briefe" der Konzernrechtsabteilung war: „Verklagt mich doch, dann melde ich halt Insolvenz an." Die Einkäufer waren ratlos. Bei Nachfragen stellte sich heraus, dass die Einkäufer bei Vertragsabschluss eine Notlage des Lieferanten (kurzfristiges Wegbrechen eines Kunden und deshalb mangelnde Auslastung) genutzt hatten, um die bisherigen Konditionen aggressiv zu drücken. Der Lieferant unterschrieb zähneknirschend; die Einkäufer wurden für die Top-Konditionen gefeiert. Der Lieferant stellte dann fest, dass die Konditionen nicht kostendeckend waren. Daraus entstand wohl seine Einschätzung: „Dann ist es auch egal, dann will ich die wenigstens noch bestrafen." Im Endergebnis waren es wohl die teuersten „billigen Teile", die der Konzern je eingekauft hat. *Unser Rat im Verhandlungscoaching*: Vertrag schnellstens nachverhandeln und freiwillig mehr bezahlen – gekoppelt an Qualitätsziele und die Einhaltung der Lieferfristen. Für die Mitglieder der Rechtsabteilung war das völlig unverständlich: Wie konnte man einen Vertragsverletzer noch durch Bonuszahlungen „belohnen"? Kaufmännisch war der Vorschlag der einzig richtige – und das Management gab schließlich die Weisung. Allerdings blieb eine Frage: Wie verhindert man, dass das ein unguter Präzedenzfall wird? Natürlich musste der Lieferant deshalb schnellstmöglich ausgetauscht werden. Den Ärger hätte man sich sparen können, wenn man damals stärker darauf geachtet hätte, nur einen Vertrag auszuhandeln, mit dem der Lieferant „leben" kann.

„Erfolgreich Verhandeln" bedeutet, die eigenen langfristigen Ziele zu erreichen. Die *Verhandlung ist nicht Selbstzweck, sondern fast immer Mittel zur Erreichung höherer Ziele*. Entscheidendes Kriterium für den Verhandlungserfolg kann also nicht die Gestaltung der konkreten Übereinkunft sein, sondern ob die Verhandlung die Erreichung der langfristigen Ziele fördert oder behindert. Mindestens ebenso wichtig kann also eine *konstruktive Umsetzungsphase* und die *Auswirkung auf die weitere Zusammenarbeit und zukünftige Verhandlungen* sein.[378]

[378] Vgl. ERTEL/GORDON 2007.

Überlegen Sie sich also vorher, wie wichtig die Beziehung zu Ihrem Verhandlungspartner für Sie ist. Wie soll die Beziehung zu Ihrem Verhandlungspartner nach der Verhandlung sein? *Wie wichtig ist es für Sie, auf Dauer vertrauensvoll und respektvoll mit der Gegenseite zusammenzuarbeiten?*[379] Sehr wichtig? Unwichtig? Falls Ihnen eine gute Beziehung wichtig ist, sollten Sie anders verhandeln, als wenn die Beziehung überhaupt keine Rolle spielt.

Bedenken Sie, wie wichtig eine vertrauensvolle persönliche Beziehung sein kann, wenn schwierige Fragen zu lösen sind oder extreme Interessengegensätze überwunden werden müssen. *Vergessen Sie nicht, wie schwierig es ist und wie lange es dauert, bis Vertrauen entsteht.* Sie können in einer einzigen Verhandlung ohne große Schwierigkeiten eine über Jahre aufgebaute freundschaftliche Beziehung ruinieren. Es kann sein, dass Sie eine Beziehung tatsächlich aus schwerwiegenden Gründen „opfern" müssen, aber Sie sollten sich wenigstens vorher überlegen, ob es Ihnen das wert ist und ob Sie Ihre sachlichen Ziele nicht auch anders erreichen können.

Fragen Sie sich daher vor jeder Verhandlung:

- Gab es in der Vergangenheit eine persönliche Beziehung zum Verhandlungspartner? Wie war diese Beziehung gestaltet? Vertrauensvoll? Kooperativ? Feindselig?
- Ist eine gute Beziehung nach der Verhandlung wünschenswert?
- Wie wichtig ist eine vertrauensvolle Beziehung nach der Verhandlung für das Erreichen Ihrer eigenen sachlichen Ziele?
- Wie wichtig ist eine vertrauensvolle Beziehung nach der Verhandlung für das Erreichen der sachlichen Ziele der Gegenseite?
- Wie groß ist der Grad der gegenseitigen Abhängigkeit?

---

[379] COVEY/MERRILL 2011 bezeichnen Vertrauen als „die unterschätzte ökonomische Macht". Die gleiche Einschätzung hat SPRENGER 2007, der diesen Aspekt schon im Titel betont: „Vertrauen führt".

Nehmen Sie sich ausreichend Zeit für diese Überlegungen. Viele bewerten die Sachziele vorschnell als wichtiger als die Beziehungsziele und übersehen dabei, dass ihre *Sachziele ohne eine gute Beziehung nicht erreichbar sind.*

Wenn Sie Ihr Interesse an einer guten Beziehung zur Gegenseite analysieren, sollten Sie sich vor einer gefährlichen Verkürzung vorsehen: Eine langfristig gute Beziehung ist nicht nur dann von Interesse, wenn Ihnen die Gegenseite *Nutzen* bringen kann. Sie sollten eine gute Beziehung auch dann anstreben, wenn Ihnen Ihr Verhandlungspartner zwar keinen Nutzen bringen, *aber Ihnen Schaden zufügen kann.*

Selbst wenn Sie nach einer Übereinkunft die Gegenseite nicht mehr „brauchen", könnte sie, falls sie sich übervorteilt fühlt, möglicherweise Ihre zukünftige Arbeit sabotieren, indem sie Blockadekoalitionen bildet oder Ihre Reputation beschädigt.

Aus der Analyse Ihrer Interessen ergibt sich dann auch ein erster Aufschluss über eine geeignete Basisstrategie:

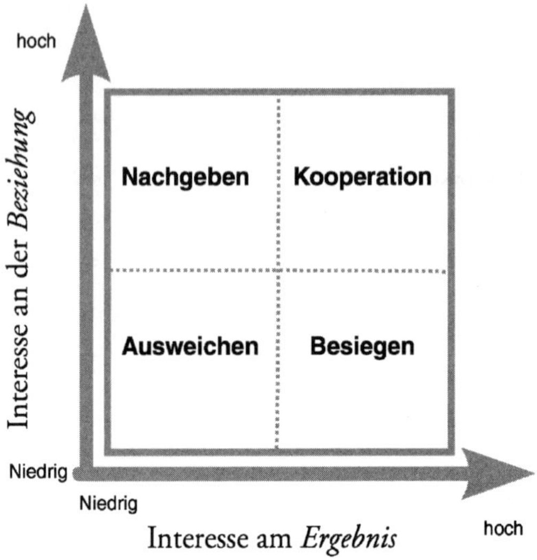

Abb. 6: Analysemodell zu Verhandlungsstrategien nach WINHELLER 2003[380].

Von daher kann kein Zweifel bestehen: *Bei hohem Beziehungsinteresse muss eine Strategie gewählt werden, die die Beziehung dadurch schützt*, dass *sowohl der Verhandlungsprozess als auch das Ergebnis von der Gegenseite als "fair" bewertet* werden kann. Das bedeutet keinesfalls, dass man in diesen Situationen nicht die eigenen Sachergebnisse optimieren kann und soll. Verhandlungsexperte MICHAEL WATKINS brachte sein Verhandlungscredo einmal wie folgt auf den Punkt: „*My goal is a deal which is*

[380] Dieses Strategiemodell geht zurück auf das bekannte *Dual-Concern-Modell* von BLAKE/MOUTON 1964 und die Übertragung auf Konfliktstrategien von THOMAS 1976. Nach PRUITT 1999, S. 31, enthält dieses Modell nicht den „Kompromiss" als fünfte Strategie in der Mitte des Rasters. Zur Begründung schreibt Pruitt: „[…] because compromises are seen as arising from lazy problem solving involving a half-hearted attempt to satisfy both parties's interests." Mit dem Thomas-Kilman Conflict Mode Instrument (TKI) liegt ein valider Fragebogen zur Messung intuitiv bevorzugter persönlicher Basisstrategien vor. Zur Tauglichkeit des adaptierten TKI für das Verhandlungstraining vgl. SHELL 2001, S. 155ff.; zur Nutzung des TKI speziell für das Training eines angemessenen Managements des Negotiator's Dilemma vgl. BROWN 2012, S. 79ff.

good for them and great for me.“[381] Und diese Grenze kann durch geschickte Überzeugungstechnik ein Stück weit verschoben werden[382], denn das „Wert verteilen“ ist ja elementarer Bestandteil der Win-Win-Strategie. [383] **Wer aber darüber hinaus geht und eine Strategie des „Besiegens“ einsetzt, handelt strategisch (und damit ökonomisch) unvernünftig, jedenfalls wenn ein Beziehungsinteresse besteht.**

2.3.4.2 Keine Präferenzkonflikte

In Verhandlungssituationen, in denen tatsächlich *keine Präferenzkonflikte* bestehen, weil durch eine entsprechende Gestaltung einer Einigung alle Interessen voll befriedigt werden können, ist eine *kooperative Win-Win-Strategie selbstverständlich die einzig akzeptable Strategie*, da jede andere Strategie zu einem Lose-Lose-Ergebnis führt.[384] Allerdings besteht die Schwierigkeit auch in einer solchen Situation darin, die Win-Win-Potentiale überhaupt zu erkennen und die Win-Win-Lösungen zu realisieren, so dass 50% der Verhandler auch in solchen Situationen scheitern.[385] Dieses Scheitern beruht darauf, dass aufgrund der Entscheidungsheuristik „mythical fixed pie“[386] fälschlich eine Strategie des „Besiegens“ gewählt wird und/oder die Techniken zur Entwicklung von Wertschöpfungsoptionen nur mangelhaft angewendet werden.

---

[381] Im Rahmen eines Vortrags vor amerikanischen Führungskräften am 22. Oktober 2001 in Cambridge, MA (USA).

[382] Vgl. z.B. die Übersicht „Make them more satisfied with less“ im PON Negotiation Newsletter von November 2007, S. 4; siehe auch MALHOTRA/BAZERMAN 2007, S. 159ff.

[383] Vgl. die Ausführungen zum Negotiator's Dilemma und zur Kooperationsstrategie in Kapitel 3.5.1.

[384] In diesem Punkt stimmen sogar Win-Win-Skeptiker zu, vgl. SCHRANNER 2007, S. 16, der zudem behauptet: „Wenn jedoch beide Verhandlungspartner ähnliche Interessen haben, dann – erlauben Sie mir bitte die Behauptung – ist Verhandeln auch nicht schwer!“ Mit Blick darauf, dass 50% der Verhandler in solchen Situationen scheitern, muss man diese Behauptung kritisch hinterfragen. Man könnte aber sagen: „Das Verhandeln müsste dann nicht schwer sein, wenn den Verhandlern nicht Glaubensüberzeugungen des permanenten Siegen-müssens eingeredet würden, die ihnen dann das Verhandeln selbst in solchen einfacheren Situationen erschweren, weil sie kooperationsunfähig sind.“

[385] THOMPSON/HREBEC 1996, S. 396ff.

[386] Zum „Mythos vom begrenzten Kuchen“ siehe Kapitel 4.2.3.

2.3.4.3 Hohes Wertschöpfungspotential

In sehr vielen komplexen Verhandlungen gibt es erhebliche Wertschöpfungspotentiale aufgrund von unterschiedlichen Präferenzsystemen der Parteien – und oft stellt sich dieses Potential erst im Laufe der Verhandlung heraus.[387] Wir haben gezeigt, dass es dabei um erhebliche Summen gehen kann und dass diese beim intuitiven Verhandeln nur schlecht genutzt werden. **Bei hohem Wertschöpfungspotential ist eine Win-Win-Strategie die einzige vertretbare Strategie**, denn jede andere Strategie (vor allen Dingen: „Besiegen") „verbrennt" bares Geld.[388]

Das beruht darauf, dass die effektive Nutzung von Wertschöpfungspotentialen Kooperation erfordert, insbesondere den glaubwürdigen Austausch von authentischen Schlüsselinformationen,[389] und dass *ein harter distributiver Verhandlungsstil das Entstehen effektiver Kooperation behindert.*[390] Der Grund dafür liegt darin, dass kooperativ motiviertere Verhandler deutlich mehr der wertschöpfungsrelevanten Informationen austauschen.[391] *Außerdem provoziert kooperatives Verhandlungsverhalten mit einer hohen Wahrscheinlichkeit die kooperative Erwiderung* durch die andere Seite.[392] Der Grund dafür wird in der „Reziprozitätsnorm" gesehen, nach der Menschen das Bedürfnis empfinden, sich für positives Verhalten Anderer zu „revanchieren".[393]

Die Vorstellung, stramm auf „Besiegen"-Kurs segeln zu können, dabei aber im Vorbeifahren mal eben noch die Wertschöpfungspotentiale abzugrasen,[394] ist also eine durch zahlreiche empirische Studien widerlegte Illusion. „Wasch mir den Pelz aber mach mich

---

387 Aus diesem Grund sollte man, solange Wertschöpfungspotentiale noch nicht ausgeschlossen wurden, erst einmal so verhandeln, *als ob* Wertschöpfungspotentiale bestehen.

388 Vgl. nur TINSLEY/O´CONNOR/SULLIVAN 2002, S. 621ff.

389 Vgl. dazu die Ausführungen zum *Negotiator's Dilemma* in Kapitel 3.5.1.

390 PRUITT 1999, S. 39ff. m.w.N.

391 WEINGART/BRETT/OLEKALNS 2007, S. 994ff.

392 GLICK/CROSON 2001, S. 177ff.; BRETT/SHAPIRO/LYTTLE 1998, S. 410ff.; DONOHUE 1981, S. 273ff.

393 Vgl. CIALDINI 2009, S. 43ff.

394 Der erfahrene Verhandlungsberater *Wolfgang Salewski* bezeichnet professionelle „Verhandlungsführung als Haltung" und verweist darauf, dass in Verhandlungen nur authentische Kommunikation effektiv wirkt, SALEWSKI 2008, S. 128ff.

nicht nass", funktioniert auch bei der Wertschöpfung nicht. Die Entscheidung lautet: „Win-Win-Orientierung" (Kooperation) oder „Win-Lose-Orientierung" (Besiegen); letztere bekommen das größere Stück eines kleinen Kuchenteilchens, erstere ein vielleicht etwas kleineres Stück aber dafür von der großen Torte. Rational kann da die Entscheidung nur „Kooperation" heißen.

2.3.4.4 Kaum Wertschöpfungspotential und keine Beziehungsinteressen

Darüberhinaus gibt es allerdings auch Verhandlungssituationen, bei denen tatsächlich kein Wertschöpfungspotential vorhanden ist, die also rein distributiv sind (z.B. den Kauf der Vase im Basar). Wenn zudem kein strategisches Beziehungsinteresse besteht, gibt es *weder Win-Win-Potential noch eine strategische Notwendigkeit für Fairness*.[395] Da jedoch Wertschöpfungspotentiale nicht immer sofort als solche erkennbar sind und oftmals eine zunächst rein distributiv erscheinende Verhandlung dennoch Wertschöpfungspotential aufweisen kann, sollte diese Festlegung nicht vorschnell erfolgen, sondern erst einmal verhandelt werden, *„als ob" Wertschöpfung möglich* wäre, um die Potentiale auszutesten. In solchen Situationen gilt es aber besonders, die eigene *Kooperationsbereitschaft gegen Ausbeutungsverhalten abzusichern*.[396] Sobald ersichtlich ist, dass keine relevanten Wertschöpfungspotentiale mehr bestehen, kann voll in den „Verteilungsmodus" gewechselt werden, d.h. das eigene Verhandlungsverhalten ausschließlich daran ausgerichtet werden, wie das *eigene Verhandlungsergebnis maximiert* werden kann. Die Interessen des Verhandlungspartners sind in diesem Moment dann nur noch insoweit relevant, als sie Grundlage für geschickte Argumentation sein können.

Auch in solchen rein distributiven Verhandlungen gibt es gute Gründe, nicht in die klassische intuitive Basarverhandlung (Feilschen um Positionen) zurückzufallen, sondern die *Verteilung nach den Prinzipien des rationalen sachbezogenen Verhandelns (objektive Kriterien, effektive Verfahrensgestaltung u.a.*[397]*) durchzuführen*, da dadurch sowohl das Interesse an einem effizienten Verhandlungsprozess gewahrt wird als auch ein

[395] Das bedeutet natürlich nicht, dass es nicht trotzdem sehr gute Gründe geben könnte, auch dann fair zu sein, wenn man es nicht muss. Das betrifft dann allerdings nicht mehr rein ökonomische Fragestellungen, sondern Aspekte von Ethik und „Psychohygiene", die jeder Verhandler für sich einmal reflektiert haben sollte, vgl. FISHER/URY/PATTON 2009, S. 208ff.

[396] Vgl. dazu die Diskussion der Kooperationsstrategie und des Negotiator Dilemmas in Kapitel 3.5.1.

[397] Vgl. auch die Ausführungen zu Verteilungskonflikten in Kapitel 5.6.

Schutz vor einem unnötigen durch eine Beziehungseskalation hervorgerufenen Scheitern der Verhandlung besteht[398] – mit Win-Win hat das aber nichts zu tun.

Vielmehr geht es darum, beim Einsatz von Angeboten, bei der Konzessionsstrategie und beim taktischen Informationsmanagement den eigenen Nutzen zu mehren. Das bedeutet, dass meist nicht der offene Informationsaustausch sondern gezielte Eindruckssteuerung im Mittelpunkt der Kommunikation steht.[399] *Wer in reinen Verteilungsverhandlungen kooperativ und ausgleichend verhandeln will, wird regelmäßig schlechte Verhandlungsergebnisse erzielen* – insbesondere dann, wenn der Verhandlungspartner konsequent seine eigenen Interessen verfolgt.

2.3.4.5 Die Galileo-Entscheidung

Bislang hat die Argumentation der Win-Win-Skeptiker angesichts der harten *Evidenz hinsichtlich der Existenz und wirtschaftlichen Bedeutung von Wertschöpfungspotentialen und der mangelnden Effizienz bei der Nutzung dieser Potentiale durch den durchschnittlichen intuitiven Verhandler* noch nicht überzeugen können. Noch bleibt aber das wichtigste Argument offen: Die behauptete Effektivität einer „Sieger-Mentalität“ beim Verhandeln. Es ist doch spannend zu sehen, ob diejenigen, die daran glauben, dass es beim Verhandeln immer Sieger geben muss, ihr eigenes Ziel erreichen – also Sieger sind und eine hohe Effektivität erreichen.

Auch diese Frage hat die Verhandlungswissenschaft untersucht. ANDREA KUPFER SCHNEIDER hat in einer Studie über 700 erfahrene Rechtsanwälte hinsichtlich ihrer Verhandlungsorientierung und ihrer Verhandlungseffektivität untersucht. Die Ergebnisse waren eindeutig: *Über 60% der „Besiegen“-orientierten Verhandler (adversarial) wurden als ineffektiv wahrgenommen, aber nur 1% der echten Win-Win-Verhandler* (True Problem-Solver Orientation). Je stärker Verhandler dabei Verhaltensweisen wie Sturheit, unethisches Verhalten und Täuschungstaktiken einsetzen, desto geringer wurde ihre Effektivität.[400] Zu ähnlichen Ergebnissen kommt GERALD R. WILLIAMS, in dessen Studie sich 33% der „Besiegen“-Verhandler (agressive style) als ineffektiv erwiesen, aber nur

[398] Vgl. dazu ausführlich FUNKEN, S. 19: „Principled negotiation is the better process to find such a quick and friendly solution, rather than a contest of will by positional bargaining.“

[399] Zu den Taktiken und Techniken effektiven Verteilungsverhandelns vgl. WINHELLER 2004b, S. 109ff. und MALHOTRA/BAZERMAN 2007, S. 15ff.

[400] SCHNEIDER 2002, S. 143ff.

3% der kooperativen Verhandler. Er gibt allerdings zu bedenken, dass es *durchaus auch Fälle gibt, in denen ein aggressives Verhandlungsverhalten (Besiegen) effektiv sein kann*[401] – wie ja auch die Verfasser zuvor bereits aufgezeigt haben (2.3.4.4.) – und Fälle in denen kooperatives Verhandlungsverhalten weniger effektiv sein kann.[402]

Eine ganze Reihe weiterer Studien[403] stützen diesen klaren Befund. **Effektive Verhandler weisen eine Haltung auf und zeigen Verhaltensweisen, die auf Kooperation und gemeinsame Problemlösung gerichtet sind**: Dazu gehören z.B. mehr Informationsaustausch, mehr Kooperationsangebote, weniger distributive Taktiken[404] außerdem im Kommunikationsverhalten mehr Fragen, kaum persönliche Angriffe, das authentische Sprechen über eigene Emotionen sowie mehr Paraphrasieren.[405]

Das heißt, der Streit um das „Win-Win-Verhandeln" ist nicht mehr ein Streit der Argumente, der Beweise oder der Wissenschaft. Auf diesen Ebenen **gibt es angesichts der Befunde der Verhandlungswissenschaft keinen vernünftigen Grund mehr, an der Überlegenheit einer Win-Win-Strategie in mixed-motive-Situationen zu zweifeln.**[406] Der Streit, der fortbesteht ist jetzt *entweder eine Frage von Wissen bzw. Nichtwissen*, wenn Beteiligte die entsprechenden Befunde noch nicht kennen, *oder eine Frage von Weltanschauung*, von „Glaubensgewissheiten" – von nicht akzeptieren wollen oder können. Und solche Glaubensgewissheiten können starke Beharrungskräfte sein, wie schon GEORG FRIEDRICH WILHELM HEGEL vor 150 Jahren wusste:

---

[401] WILLIAMS 1993, S. 165: „When you need a problem solver or a healer nothing else will quite do, and when you really need a warrior, it is also true that nothing else will do [...] The question is not: Which strategy should I invariably use? But rather: How can I develop sufficiently as a negotiator that I can appropriately invoke one or the other, depending on the requirements of the situation." *Williams* zielt hier insbesondere auf das "Grenzen setzen" und das "Verteilungsergebnisse optimieren" ab und setzt dies mit "aggressivem distributivem Stil" gleich.

[402] Wenn die Kooperationsstrategie nicht hinreichend „provokativ" ist, vgl. Kapitel 3.5.1.

[403] Vgl. THOMPSON 2009, S. 101 m.w.N.

[404] OLEKALNS/SMITH 1999, S. 657ff.

[405] GRAHAM 2011, S. 3ff.

[406] Als überzeugte Konstruktivisten glauben die Verfasser nicht an die „objektive Wahrheit" oder den „endgültigen Beweis". Der Zustand, dass es keinen vernünftigen Grund mehr gibt, an etwas zu zweifeln, ist daher die höchste Stufe der überhaupt auf Basis von Evidenz zu erlangenen Gewissheit, vgl. LAY 2003, S. 18ff.

„Wenn die Vorstellung stark genug ist, hält die Realität nicht stand."

Und deshalb steht jetzt für Win-Win-Skeptiker eine „**Galileo-Entscheidung**" an.

> GALILEO GALILEI (1564-1642) war ein italienischer Astronom, Philosoph, Physiker und Mathematiker, der mit zahlreichen Beweisen die Tatsache, dass sich die Erde um die Sonne dreht (das von Nikolaus Kopernikus entwickelte heliozentrische Weltbild) gegen die offizielle Lehrmeinung der katholischen Kirche von der Erde als Mittelpunkt des Universums (geozentrisches Weltbild) stellte. 1632 veröffentlichte er seinen „Dialog", mit dem er mit zahlreichen starken Beweisen, das geozentrische Weltbild weitgehend widerlegte. Die katholische Kirche, die sich dadurch in ihrem Wahrheitsanspruch und ihren Glaubensgewissheiten bedroht sah, verfolgte ihn daraufhin mit der Inquisition und machte ihm 1633 den Prozess. Angesichts des drohenden Scheiterhaufens widerrief Galileo Galilei und wurde „nur" zu lebenslanger Kerkerhaft verurteilt.

Erst am 2. November 1992 wurde Galileo Galilei vom Vatikan rehabilitiert. Das zeigt, wie lange sich auch falsche Einschätzungen gegen harte Evidenz behaupten können - zuerst als Glaubensgewissheit und später, wenn man die Einsicht beim besten Willen nicht mehr verdrängen kann, als peinlich berührtes Todschweigen zur Gesichtswahrung.

Nur: All die Macht der katholischen Kirche und auch der Widerruf Galileis konnten eine Sache nicht verhindern: *Auch von 1633-1992 drehte sich die Erde trotzdem um die Sonne*! Und darum geht es auch bei der Galileo-Entscheidung der Win-Win-Skeptiker. Niemand kann gezwungen werden, die Existenz von Wertschöpfungspotentialen und die Effektivität der Kooperationsstrategie anzuerkennen. Aber genauso sicher wie sich die Erde weiter um die Sonne dreht, führt Win-Win-Verhandeln zu besseren Ergebnissen.

Einen wesentlichen Unterschied gibt es aber: Die Erde dreht sich um die Sonne, egal ob das die Menschen glauben. Aus Wertschöpfungs*potentialen* werden allerdings nur Wertschöpfungs*gewinne*, wenn sie tatsächlich durch die Verhandler „gehoben" werden, da diese Wirklichkeit *durch das Verhandlungsverhalten konstruiert wird*. **Mangelnder Glaube an Win-Win-Ergebnisse führt also als „selbsterfüllende Prophezeiung"**

dazu, dass auch keine Win-Win-Ergebnisse entstehen – und so kann dieser Glaube auch nicht durch Erfahrung widerlegt werden.[407] Also: Es ist Ihre Entscheidung.

Die Entscheidung für eine kooperative Konfliktaustragung und die Suche nach Win-Win-Lösungen hat zudem auch noch *erkenntnistheoretische Gründe,* wie es zuletzt auch BILL CLINTON auf den Punkt brachte:

> „Why does cooperation work better than constant conflict? Because nobody is right all the time and even a broken clock is right twice a day."[408]

2.4 Die Bedeutung der Verhandlungsführung für Wirtschafts- und Organisationsmediation

In der Praxis hat sich die Mediation ein breites Anwendungsfeld erobert: Täter-Opfer-Ausgleich, Familienmediation, Schulmediation und Wirtschaftsmediation sind dabei die etabliertesten Felder, doch auch bei der Mediation im öffentlichen Bereich, bei der Mediation in Erbschaftskonflikten und der Interkulturellen Mediation steigt das Interesse an der Anwendung dieser Methode. Selbst die Mediation im Steuerrecht, dessen Mediationseignung stark umstritten war, ist durch das neue Mediationsgesetz eröffnet worden.[409] Dabei entfallen allerdings die große Mehrzahl der Verfahren nach wie vor auf den Täter-Opfer-Ausgleich, die Schulmediation und vor allem die Trennungs- und Scheidungsmediation[410], also Mediationsgebiete, die sich regelmäßig durch besonders emotionalisierte persönliche Konfliktkonstellationen und einen eher beziehungsorientierten

---

[407] So auch bereits HAFT 2009b, S. 66: „Damit aber bestätigt sich das Weltbild des defektiven Typs, wonach er in einer harten Welt voller defektiver Typen lebt. Er trifft ja überall auf kompetitives Verhalten und merkt nicht, daß er dieses zu wesentlichen Teilen selbst produziert hat. Er wird zum Opfer einer geradezu klassischen sich selbst erfüllenden Prophezeiung. Als Folge auch davon ist der defektive Typ nicht lernfähig."

[408] Nominierungsrede von Bill Clinton für Barack Obama auf dem Parteitag der Demokraten am 5.9.2012 in Charlotte, North Carolina.

[409] Vgl. HÖLZER 2012, S. 119ff.

[410] Im Jahr 2002, dem Erscheinungsjahr des bekannten von Fritjof Haft und Katharina Gräfin von Schlieffen herausgegebenen „Handbuch Mediation", entfielen ca. 90% aller Mediationsverfahren auf die Trennungs- und Scheidungsmediation, was etwa 2.000 Mediationsverfahren entspricht, vgl. KRAUTER/LÜER/RIPKE 2002, § 19 Rn. 8ff.

Verhandlungsstil auszeichnen. Es ist auffällig, dass sich die Wirtschaftsmediation, in deren Fokus sehr viel stärker die ökonomische Optimierung von Verhandlungsprozessen steht, im Verhältnis dazu noch durch geringe Fallzahlen auszeichnet, auch wenn es teilweise sehr hohe Streitwerte gibt.

Eine Marktanalyse von *Zweisicht* bei 150 deutschen Unternehmen ergab denn auch bereits im Jahr 2003, dass zu diesem Zeitpunkt schon 20% der befragten Unternehmen Mediation nutzten, weitere 25% planten deren Einsatz.[411] Auch wenn die Repräsentativität der Studie angesichts der geringen Zahl der befragten Unternehmen und der Auswahl der Stichprobe in Zweifel steht, so zeigt sie jedenfalls, dass die Mediation in deutschen Unternehmen genutzt wird – und Verfahrenszahlen stetig steigen[412]. Wirtschaftsmediation ist also auch in Deutschland – langsam aber stetig – im Kommen.

Angesichts der Größenordnungen, in denen durch effektivere Verhandlungsprozesse zusätzliche Wertschöpfung betrieben werden kann und in denen der durchschnittliche Verhandler diese Potentiale ungenutzt verstreichen lässt (vgl. Kapitel 2.3.3), mag trotzdem die relativ geringe Zahl verwundern. Die *Vermutung liegt nahe, dass diese Potentiale entweder den möglichen Kunden gar nicht bewusst sind oder dass sie auch in der „real existierenden Wirtschaftsmediation" allzu oft nur unvollkommen genutzt werden.* Die Frage der Bekanntheit wird sich angesichts der derzeitigen Informationskampagnen mit der Zeit von selbst erledigen (dazu möchte auch dieses Buch einen kleinen Beitrag leisten), das zweite Thema ist allerdings die Gretchenfrage der Wirtschaftsmediation: **Schaffen wir Wirtschaftsmediatoren es, in der Mediationspraxis tatsächlich einen hohen professionellen Standard in der Verhandlungsprozessoptimierung zu bieten?** Wenn ja, dann ist eine prosperierende Zukunft dieses Mediationszweiges vorprogrammiert.

In Frage steht natürlich, ob der Begriff „Wirtschaftsmediation" als eigener Begriff aus fachlicher Sicht überhaupt gerechtfertigt ist, ob also Konflikte bzw. Mediation in der Wirtschaft grundsätzlich anders sind. Bei Konflikten **zwischen Unternehmen**, in denen es fast ausschließlich um Rechtsansprüche geht und meist Anwälte mit am Tisch sitzen, mag dies stimmen. Zur Wirtschaftsmediation zählt man aber oft auch die Mediation von

[411] BÄHNER/SCHWERTFEGER 2003, S. 23.

[412] Vgl. KIRCHHOFF 2007, S. 108ff. m.w.N.

Konflikten **innerhalb** von Unternehmen (die *innerbetriebliche Mediation*[413]). Praktiker machen dabei die Erfahrung, dass die Umgangskultur zwischen den Beteiligten selbstverständlich in den verschiedenen Unternehmen, Branchen, Organisationen stark variiert, dass sich aber die Konfliktdynamiken – von ihrer inneren Logik her gesehen – auffallend ähneln.[414]

WILFRIED KERNTKE plädiert daher – in Anlehnung an die Sprachregelung im Bundesverband Mediation – dafür, den Begriff „Wirtschaftsmediation" für innerbetriebliche Konflikte durch den Begriff „Organisationsmediation" zu ersetzen.[415] Für die Mediation sei z.B. nicht die Frage entscheidend, ob es sich um Non-Profit- oder Profit-Organisationen handele. Wichtig sei vielmehr, ob es den „Zusammenhang organisierter Arbeit für gemeinsame Ziele"[416] gäbe. Ob die wirtschaftliche Gewinnorientierung Teil dieser Zielsetzung sei, mache für die Arbeit des Mediators nicht den entscheidenden Unterschied. Entscheidend sei vielmehr, dass die Mediation innerhalb von einer oder mehreren **Organisationen** stattfinde. Die Tatsache, *dass* Akteure gemeinsame Ziele koordiniert anstreben bestimmt die Konfliktdynamik stärker als die Qualität dieser Ziele.

Die Bezeichnung Wirtschafts- **oder** Organisationsmediation ist vielleicht auch eine Geschmacksfrage und soll daher hier nicht im Mittelpunkt stehen.[417] Interessant sind vielmehr die Besonderheiten von Mediationen im Wirtschafts- und Organisationskontext und deren Auswirkungen auf die Gestaltung des Mediationsverfahrens bzw. die Ausge-

[413] Zum „Betrieb als Ort und Ausgangspunkt des Konflikts" vgl. BUDDE, Mediation im Arbeits- und Sozialrecht, sowie die für diesen Bereich eher seltenen Falldarstellungen in ALTMANN/FIEBIGER/MÜLLER 1999, S. 175ff.

[414] Wenn aber die Logik der Konfliktgenese und -eskalation zwischen den verschiedensten Bereichen praktisch gleich bleibt, dürften auch die Interventionsstrategien durch (zum Beispiel) Mediation im Businessbereich nicht grundsätzlich anders sein, so KERNTKE 2004, S. 19.

[415] KERNTKE 2004, S. 19; der Begriff „Wirtschaftsmediation" wäre dann sinnvoll nur noch auf Konflikte *zwischen* Unternehmen anwendbar.

[416] KERNTKE 2004.

[417] Vgl. zu dieser Diskussion RISSE 2003 und DUVE/EIDENMÜLLER/HACKE 2011, S. 15, die von „Mediation in der Wirtschaft" sprechen und Konflikte darstellen, die sich zwischen Unternehmen entwickeln (externe Konflikte), aber auch innerhalb von Betrieben (interne Konflikte). Eine weitere Einengung aber nehmen sie nicht vor. WITTSCHIER 1998 und ALTMANN/FIEBIGER/MÜLLER 1999 geben keine Definition, schreiben aber vor allem vom „Konflikt im Unternehmen".

staltung eines spezifischen Phasenmodells. Für die Wirtschaftsmediation im engeren Sinne, also die Mediation zwischen Unternehmen, lassen sich z.B. folgende besonderen Merkmale benennen[418], die damit zugleich einen signifikanten Unterschied zu Mediationen etwa im Bereich von Familien-, Trennungs- und Scheidungskonflikten bezeichnen:

- Beziehungsprobleme bzw. „verletzte" Gefühle sind in der Regel nicht vorrangig.
- Bei den Interessen stehen wirtschaftliche und finanzielle Überlegungen, Kosten-Nutzen-Fragen und – ökonomische oder politische – Risikoeinschätzungen im Vordergrund.
- Der Mediationsansatz ist eher entscheidungsorientiert als transformativ.
- Bisweilen ist die Klärung von Sach- oder Rechtsfragen notwendig bzw. der weitere Umgang mit bisher eingenommenen Rechtspositionen.
- Die Themen und damit die Verhandlungsgegenstände sind meist klar umrissen.
- Teilnehmer an der (Wirtschafts-)Mediation sind nicht immer entscheidungsbefugt: Klärung und Berücksichtigung der Bevollmächtigung ist daher notwendig.[419]

Diese Merkmalsliste lässt sich nach Auffassung der Verfasser auch ohne große Einschränkungen auf Mediationen im öffentlichen Bereich anwenden, die ja im genannten Sinne dem von KERNTKE (2004) bevorzugten Begriff der „Organisationsmediation" zugeordnet werden können, weil sie im Kontext von einer oder mehreren (auch Nonprofit-) Organisationen stattfinden.[420]

Die Harvard-Verhandlungsprinzipien (Kapitel 2.2.1) lassen sich zunächst problemlos in das gängige Fünf-Phasen-Modell[421] von FRIEDMAN und HIMMELSTEIN integrieren: So kann schon in der „Bestandsaufnahme" (zweite Phase) die Fokussierung auf Interessen statt auf Positionen berücksichtigt werden. Die Identifikation der hinter den Positionen liegenden Interessen in der „Bestandsaufnahme" ist dann Voraussetzung für die Priorisierung bzw. Bewertung der Interessen sowie die Entwicklung kreativer Optionen in der

---

[418] Diese Aufzählung lehnt sich an eine Darstellung von RA Dr. Frank Schmidt im Präsenzseminar zum Masterstudium Mediation der FU Hagen am 13.-15.06.2008 an.

[419] Vgl. hierzu auch die Erläuterung des sog. „Principal-Agent-Problems" in Kapitel 5.2.

[420] Dazu zählen im „öffentlichen" Bereich dann auch Verwaltungen, Bürgerinitiativen usw.

[421] Hier ausführlicher dargestellt in Kapitel 1.2.1; vgl. ansonsten MÄHLER/MÄHLER 1995, S. 134f. unter Bezugnahme auf FRIEDMAN 1993.

dritten Phase „Konfliktbearbeitung". Und die hier im Vordergrund stehenden Techniken des Deal-Structuring im Sinne der Nutzung von Kooperationsgewinnen („mutual gains") und Austauschbeziehungen („trade-offs"[422]) zwischen den Konflikt- und Verhandlungsparteien wäre typisch für die Stufe „Konfliktlösung/Einigung" (Phase vier) und „Fixierung des Ergebnisses" (Phase fünf).

Hierzu gibt es auch zahlreiche Hilfestellungen zur Praxis mediativen Verhandelns, die sich meist an den Harvard-Prinzipien orientieren.[423] HANNELORE DIEZ, die die Ideen von FRIEDMAN und HIMMELSTEIN auf Grundlage von bislang unveröffentlichten Ausbildungsmaterialien wesentlich aufbereitet und zugänglich gemacht hat, ist sogar der Auffassung, dass „mediatives Verhandeln mit der Optionsentwicklung beginnt (in der 3. Phase; Anm. d. Verf.) und nicht selten das eigentliche Verhandeln überflüssig macht."[424] G. FRIEDMAN, J. HIMMELSTEIN (und auch J.M. HAYNES)[425] hätten das mediative Verhandeln vor allem an die Bedigung geknüpft, dass die Grundprinzipien der Mediation gelten müssen, nämlich die Selbstbehauptung jedes einzelnen Konfliktpartners unterstützt und die Wechselseitigkeit bzw. Gemeinsamkeit aller am Konflikt Beteiligten gesucht wird.[426]

Trotzdem werden – insbesondere in Modellen für die Wirtschafts- oder Organisationsmediation – wegen der besonderen Bedeutung des Verhandelns im Phasenverlauf des Mediationsverfahrens meist explizite „Verhandlungsphasen" vorgesehen, in denen der Fokus auf die Austauschbeziehungen gelegt wird. Eines dieser Modelle hat der Anwalt und Mediator FRANK SCHMIDT mit Blick auf die Besonderheiten in der Wirtschaftsmediation für die eigene Mediationspraxis entwickelt und vielfach erprobt:

[422] Zum Begriff „trade-off" und den Potentialen vgl. Kapitel 3.3.

[423] Z.B. bei DUVE/EIDENMÜLLER/HACKE 2011 und PONSCHAB/SCHWEIZER 2010.

[424] DIEZ 2005, S. 146, unter Bezugnahme auf *de Bono* und *Gottwald.*

[425] Vgl. auch HAYNES et al. 2002.

[426] DIEZ 2005, S. 146.

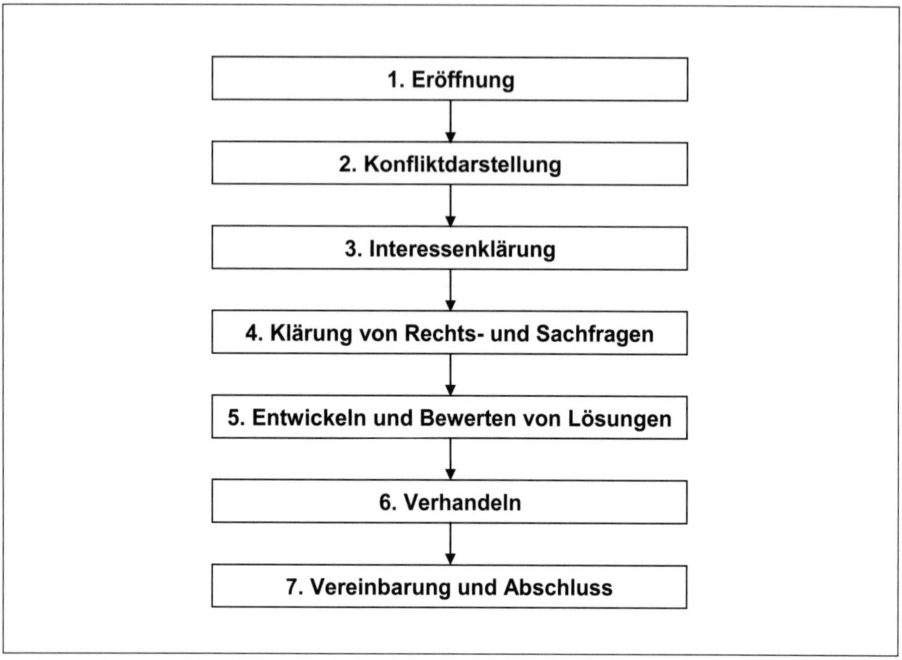

Abb. 7: Phasenmodell für die Wirtschaftsmediation nach FRANK SCHMIDT

Schmidts Phasenmodell verträgt sich gut mit dem Verständnis der Mediation als professionelles (außergerichtliches Konfliktlösungs-) „Verfahren **unterstützten** Verhandelns" (*assisted negotiation*) und hat nach Auffassung der Verfasser die Konzeption des Mediators als *Negotiating Facilitator* zur Folge (vgl. Kapitel 5.1). Der Ausweis einer eigenständigen Verhandlungsphase bedeutet jedoch nicht, dass die Prinzipien des Harvard-Konzepts bzw. des hier referierten Ansatzes integrativen Verhandelns in den anderen Phasen des Mediationsverfahrens keine Rolle spielen.[427] Ein Zitat aus dem „Werkstattbuch Mediation“ von Hannelore Diez macht diese – kaum zu vermeidende – Unschärfe noch einmal deutlich:

[427] Natürlich könnte man dem Missverständnis unterliegen, „Verhandeln“ fände nur in der „Verhandlungsphase“ statt, doch die hier zitierten Experten sind allesamt als Praktiker natürlich erfahren genug, um diesem Mißverständnis nicht zu unterliegen. Es sollte jedoch sehr darauf geachtet werden, dass dieses Mißverständnis auch nicht bei Medianten oder in der Mediationsausbildung auftritt.

> „Verhandeln hat seinen Platz im Allgemeinen in der Stufe nach den Optionen[428], aber **deutlich abgekoppelt von der Optionsentwicklung** einerseits und dem Vereinbaren andererseits. Meist zieht sich das Verhandeln aber durch den *gesamten Prozess* [...]"[429]

Gerade diese Tatsache, dass „Verhandeln" eigentlich an einer bestimmten Stelle im Prozess seinen Platz hat, andererseits aber durch den gesamten Prozess in schwer fassbarer Weise „diffundiert", führt oft zu einem Gefühl der schwer bewältigbaren Komplexität.[430] Typisch dafür ist folgende Aussage eines deutschen „Verhandlungsexperten":

> „Verhandeln ist Gefühlssache. Was den exzellenten Verhandler vom Amateur unterscheidet, ist sein Gespür für die Situation. Man weiß eben nicht, ob es in einer bestimmten Lage z.B. Erfolg versprechender wäre, mehr Druck aufzubauen oder aber sich konziliant zu zeigen, sondern spürt es allenfalls. Man kann es auch gar nicht wissen, denn das Verhalten der anderen Seite ist abhängig vom eigenen - aber dieses eben auch wieder umgekehrt von dem Verhalten der Anderen. In einem solchen System herrscht also Rückbezüglichkeit. In logisch-mathematischer Betrachtungsweise verhält es sich damit nicht-linear und sein Verhalten kann prinzipiell nicht vorhergesagt werden. Es ist unberechenbar. Genauer gesagt: chaotisch.
>
> Zudem ist der Kontext meist komplex. Da zu viele Parameter an der Entscheidungsfindung beteiligt sind und diese miteinander wechselwirken, ist sie mit reiner Logik nicht zu durchdringen. Bei Gericht und auf hoher See bist Du in Gottes Hand [...] Wesensmerkmal jeder Verhandlung ist die relative Unvorhersehbarkeit in Verlauf und Ergebnis."[431]

---

[428] Dies entspricht in *Frank Schmidts* Phasenschema Stufe 5 „Entwickeln und Bewerten von Lösungen" und wäre insofern eine mit dem erweiterten Ablaufschema von *Schmidt* kongruente Deutung.

[429] DIEZ 2005, S. 147.

[430] Da haben es diejenigen natürlich besser, die dem Missverständnis unterliegen, Verhandeln fände in der „Verhandlungsphase" statt und Verhandeln sei (nur) der förmliche Austausch von Angeboten und Gegenangeboten: In diesem Stadium sogenannter „Unbewusster Inkompetenz" scheint die Welt tatsächlich überschaubar und gut beherrschbar. Das kommt daher, dass die meisten Beobachtungsfelder und Stellschrauben gar nicht beachtet werden, weil sie überhaupt nicht bekannt sind.

[431] http://www.step-online.de/verhandlungsexperte/index_ger.html (Abruf am 2.9.2012).

Auch wenn es unzweifelhaft stimmt, dass exzellente Verhandler auch eine gute Intuition benötigen und auch wenn es richtig ist, dass das Verhalten von Kommunikationssystemen niemals mit hundertprozentiger Sicherheit vorhersagbar ist, so ist diese Auffassung, die sich in der Formel „Verhandeln ist Gefühlssache“ konzentriert, doch nur eine andere Form intuitiven Verhandelns. Man könnte sie auch als *intuitives Verhandeln zweiter Ordnung* bezeichnen. Ein rationaler Verhandlungskern wird von Schichten intuitiven Verhandlungsverhaltens eingefasst, die natürlich denselben Beschränkungen unterliegen wie jedes andere intuitive Verhandeln[432] auch – die mangelnde bewusste Gestaltbarkeit.

Doch seit DAVID LAX und JAMES SEBENIUS 2006 ihr richtungsweisendes[433] Werk **„3D Negotiation“** veröffentlichten, sind sehr viel mehr Schichten deutlich geworden, die auch rational verhandelt werden könnten. Lax/Sebenius beschreiben dort auf Grundlage ihrer Forschungen und ihrer Arbeit als Verhandlungsberater (und unter Einbeziehung von Vorarbeiten[434] anderer Autoren) **drei Dimensionen des Verhandelns als Analysemodell und Planungstool für rationales Verhandeln**. Durch den Fokus auf die **„3. Dimension“** wird der herkömmliche *Verhandlungsbegriff erheblich erweitert*:

1. **Dimension: Taktiken „am Tisch“** (z.B. Angebote, Konzessionstechnik, Framing, Umgang mit Konflikten, Umgang mit Emotionen, distributive Taktiken)

2. **Dimension: Deal Design** (Ausschöpfung der Wertschöpfungspotentiale durch „Deal Structuring“[435])

---

[432] Vgl. dazu Kapitel 2.1.

[433] *Max Bazerman*, Harvard Business School, selbst einer der bedeutendsten zeitgenössischen Verhandlungsexperten bewertet den Beitrag durch „3D Negotiation“ wie folgt: „Lax und Sebenius highlight aspects on the negotiation process too often ignored or given insufficient attention by other authors – moves away from the table to set up and reset the negotiation most favorably. The result is both original and powerful.“ (Testimonial zu Beginn des Buches)

[434] Wesentliche Beiträge zur Entdeckung der “3. Dimension“ lieferten SAUNDERS 1999, S. 57ff. („The Importance of Pre-Negotiating Phases“), FISHER/URY 1978 in ihrem Mediationsratgeber, der Vorläufer des “Harvard-Konzepts” war (gesteuerte Kommunikation mit der Öffentlichkeit), und vor allem Michael WATKINS, der als Schüler von Lax und Sebenius zu vielen Strukturfragen („shaping the game“/ „process follows structure“/ „moves away from the table“) veröffentlicht hat vgl. WATKINS 2002, 2003, 2006, sowie SEBENIUS selbst, z.B. SEBENIUS 1996 (“Sequencing“).

[435] Zum Deal-Structuring vgl. Kapitel 3.

3. **Dimension: Setup** (Verhandlungsstrukturanalyse: „Simply put, it means acting to ensure that the *right parties* have been involved, in the *right sequence*, to deal with the *right issues* that engage the *right set of interests*, at the *right table or tables*, at the *right time*, under the *right expectations*, and facing the *right consequenzes of walking away if there is no deal*".[436])

"Strategische Züge" sind in der Spieltheorie ein bereits lange bekanntes Konzept.[437] Es ist aber der besondere Verdienst von Lax und Sebenius dieses Konzept auf Verhandlungen übertragen und systematisch aufgezeigt zu haben, *wieviele Stellschrauben es „abseits des Verhandlungstisches" gibt, die Verhandlung „am Tisch" zu beeinflussen.* Es liegt auf der Hand, dass bei einer rationalen Gestaltung der Verhandlungsaspekte der 3. Dimension erhebliche zusätzliche Einflusspotentiale genutzt werden können, die die Machtlage „am Tisch" beeinflussen.[438]

Natürlich sind damit auch noch nicht alle Einflussebenen und Wirkprinzipien des Verhandlungssystems entdeckt, so dass es auch hier sicherlich noch Bereiche gibt (vielleicht die „4. Dimension"?[439]), in denen wir uns intuitiv (und unbewusst) bewegen, das wäre dann aber immerhin *intuitives Verhandeln der dritten Ordnung* und damit das heute maximal Mögliche.

[436] LAX/SEBENIUS 2006, S. 12, das Grundprinzip lautet: „Negotiation involves moves away from the table to set up the most promising situation once you're at the table."

[437] Vgl. DIXIT/NALEBUFF 1997, S. 117ff.

[438] LAX/SEBENIUS 2006, S. 9: „Even if they don´t recognize it or acknowledge it, one-dimensional negotiators are actually playing in a 3-D world, and they often pay a steep price for their very limited approach. They, or the people whom they represent, are the losers."

[439] Tatsächlich gibt es bereits eine „4D-Strategie" (LUM 2005). Die 4D-Strategie hat allerdings nichts mit dem 3D-Ansatz von Lax/Sebenius zu tun (tatsächlich vernachlässigt sie die 3. Dimension" weitgehend) und bezieht sich nur auf Verhandlungsphasen (Design, Dig and Develop, Decide).

Es erscheint daher für Mediatoren unverzichtbar, sich mit diesem neuen Theorieansatz gründlich vertraut zu machen, um sicherzustellen, dass sie *auch auf der Ebene der 3. Dimension für einen fairen und konstruktiven Verhandlungsprozess sorgen können*[440] bzw. sich dort selbst souverän bewegen und intervenieren können. Bis heute liegt allerdings dieses Buch, das zu den bedeutendsten Werken der Verhandlungswissenschaft gehört, nicht in einer deutschen Übersetzung vor. Es wäre der deutschen Verhandlungs-Öffentlichkeit und Mediationsszene zu gönnen, sich noch viel intensiver mit diesen Gedanken beschäftigen zu können. Die 3D-Theorie noch weiter auszuführen, würde den Rahmen dieses Buches, in dessen Mittelpunkt die Wertschöpfung stehen soll, allerdings sprengen.

2.5 Phasenmodelle für schwierige Verhandlungen

Wer sich intensiver in die professionelle Verhandlungsführung einzuarbeiten beginnt, sieht sich sehr schnell mit einer Fülle von Taktiken, Techniken, Beobachtungsschwerpunkten und Tipps konfrontiert. Die Gefahr ist groß, dass man sich in diesen Details verliert und den roten Faden in der Verhandlung nicht mehr erkennt. Deshalb entsteht rasch das Bedürfnis nach einer *Struktur des Verhandlungsprozesses*, an der man sich orientieren kann. Phasenmodelle für Verhandlungen dienen dazu, Orientierung zu geben, was wann dran ist oder anders gesagt: Wie können die einzelnen Handlungsoptionen mit optimalem **Timing** in eine Verhandlung eingebracht werden? Eine Intervention, die zu einem bestimmten Zeitpunkt den Durchbruch bringen kann, kann nämlich wirkungslos verpuffen, wenn die Zeit dafür nicht reif ist.

Insbesondere beim Paket-Verhandeln, bei dem alle Fragen offen gehalten und gleichzeitig verhandelt werden, um im Sinne einer *integrativen* Lösung „Austauschbeziehungen" (vgl. Kapitel 3.3) zwischen den Verhandlungsparteien voll nutzen und damit mögliche Kooperationsgewinne realisieren zu können, ist die Gefahr groß, dass man sich in den Details der verschiedenen Verhandlungsgegenstände verliert.[441]

---

[440] Es werden dann nämlich die verhandlungsstrategischen Konsequenzen einer bestimmten Sitzordnung, einer Agenda oder der Frage, wer in einer Mehrparteienverhandlung als Erster reden darf und damit gewaltige Vorteile auf der Koalitionsebene hat, besser ersichtlich und damit gestaltbar.

[441] Bei allen Phasenmodellen ist natürlich zu bedenken, dass sie die – teils „chaotische" – Komplexität realer Verhandlungen (wie jedes Modell) stark reduzieren und Verhandlungen meist nicht derart ideal-

2.5.1 Die chronologischen Phasenmodelle von Saner und Gulliver

Das allgemeingültige – wenn auch sehr grobe – Phasenmodell von RAYMOND SANER für alle Arten von Verhandlungen unterscheidet vier grundlegende Phasen, in deren Mittelpunkt jeweils „grundlegende Fragen" stehen sollen[442]:

Die erste Phase (*Warmlaufphase*) steht unter der Kernfrage: „**Wer?**". Dabei geht es darum, Atmosphäre zu schaffen, eine kommunikative Rapportbeziehung[443] aufzubauen und sich einen Eindruck vom Verhandlungspartner zu bilden. Zu klären ist insbesondere:

- Welches Mandat der Verhandlungspartner hat?
- Welche Themen die Gegenseite behandeln will?
- Ob der Verhandlungspartner Abschlussvollmacht hat oder Genehmigungsvorbehalt bzw. Widerrufsrechte bestehen?

Die zweite Phase (*Positionsphase*) steht unter der Kernfrage: „**Was?**". In dieser Phase bringen die Parteien ihre Forderungen (Positionen) und Argumentationen vor. Wichtig ist es jedoch, sich noch nicht festzulegen, sondern im Konditionalstil Spielräume auszuloten („*Wir könnten das vielleicht in Erwägung ziehen, falls Sie...*").

Für den erfolgreichen Verlauf dieser Phase ist neben der konsequenten Vertretung der eigenen Positionen wichtig die „reichliche Verwendung von abschwächenden Wörtern wie falls, vielleicht, eventuell, gegebenenfalls, möglicherweise"[444]. Zu klären ist während dieser Phase:

typisch und logisch stringent ablaufen. Andererseits ermöglichen derartige Phasenmodelle eine Grundorientierung über fundamentale Dynamiken und eine effektive Hypothesenbildung über geeignete Interventionen. Kurz gesagt: Phasenmodelle können nützlich sein, wenn man sich ihrer Beschränkungen bewusst ist.

[442] SANER 1997, S. 153ff.

[443] Der Begriff „Rapport" stammt aus dem NLP und beschreibt eine kommunikative Vertrauensbeziehung, vgl. TRAGESER/VON MÜNCHHAUSEN 2005 I.14.1ff. Zur Bedeutung von Rapport in der Mediation vgl. MONTADA/KALS 2007, S. 209f.

[444] SANER 1997, S. 157. Dabei ist es wichtig, aufkommende Forderungen als zu erörternde Optionen darzustellen und gleichzeitig eigene Themen vorzubringen, ohne sich jedoch ultimativ „einzubetonieren" und damit einen möglichen Verhandlungsspielraum aufzugeben, bevor abzusehen ist, welche

- Was wollen wir?
- Was wollen die anderen?
- Was ist verhandelbar?

In der dritten Phase (*Interessenphase*) geht es um die Kernfrage: „**Warum?**“ (oder psychologisch günstiger: „**Wozu?**“[445]). Dabei sollen zunächst die Kooperationsspielräume genutzt (integratives Verhandeln) und dann eine für alle Seiten akzeptable Verteilungslösung gefunden werden.[446] Im Mittelpunkt stehen die Bedürfnisse und Wünsche (Interessen) der Parteien und kreative Lösungsoptionen. Zentrale Aspekte sind:

- Warum verhandelt die andere Seite mit uns?
- Welche allseits akzeptablen Lösungen gibt es?
- Was müssen und können wir leisten?

Die vierte Phase (*Abschlussphase*) steht unter der Frage: „**Wie und Wann?**“. Hier sind die Lösungspakete zu bewerten und schließlich die Entscheidung zu treffen, ob eines dieser Pakete akzeptabel ist. Daraus folgt entweder der Abschluss oder der Abbruch der Verhandlung. Kernfragen sind:

- Welches sind die machbaren Pakete?
- Wie sieht die Beste Alternative (BATNA) aus?
- Wann wird der Vertrag unterschrieben?

Diese einzelnen – in einer Verhandlung nicht immer klar abgegrenzten – Phasen eignen sich als grobe Orientierung zur Planung und Steuerung der eigenen Aktivitäten.

Konzessionen für eine Einigung erforderlich sind. Die Grundregel lautet hier: „Sag den Anderen nicht, was Du nicht tun wirst (keine Dealbreaker), es sei denn Du willst und kannst dies unter gar keinen Umständen akzeptieren!“ Dabei muss allerdings darauf geachtet werden, dass diese Formulierungen nicht als Zeichen von Nachgiebigkeit oder Schwäche wahrgenommen werden und zu Nachteilen in der Verteilungsdimension der Verhandlung führen. Dies kann durch das Zusammenspiel von „explorierend flexibler Vorgehensweise“ und „hartnäckiger Interessenvertretung“ erreicht werden.

[445] Durch eine „Warum?“-Frage fühlen sich Gesprächspartner oft unter Rechtfertigungsdruck gesetzt. Das Fragewort „Wozu?“ zielt ebenfalls auf Interessen und Absichten, ist aber stärker lösungs- als problemorientiert, vgl. ROSNER/WINHELLER 2012, S. 145.

[446] Zum Spannungsverhältnis zwischen Wertschöpfung und Wertaneignung vgl. Kapitel 3.5.1.

Ein deutlich detaillierteres – universelles – Phasenmodell, das in der Literatur großen Anklang gefunden hat, beschreibt GULLIVER auf Grundlage interkultureller Studien und unterscheidet dort sogar *8 Phasen*.[447] Durch die höhere Detailtiefe ergibt sich natürlich eine bessere Passung, andererseits ist das Modell komplexer und deshalb weniger übersichtlich:

1. Phase: The Search for an Arena
2. Phase: Composition of Agenda and Definition of Issues
3. Phase: Establishing maximal Limits to Issues in Dispute
4. Phase: Narrowing the Differences
5. Phase: Preliminaries to Final Bargaining
6. Phase: Final Bargaining
7. Phase: Ritual Affirmation
8. Phase: Execution of the Agreements[448]

2.5.2 Das qualitative Phasenmodell von Walton/McKersie

Neben den Phasenmodellen, die sich rein deskriptiv am zeitlichen Ablauf orientieren, gibt es Phasenmodelle, die unterschiedliche *Qualitäten* der einzelnen Verhandlungsphasen identifizieren. „Qualitäten" in diesem Sinne bedeutet, dass die Akteure nicht nur andere Hauptaufgaben zu erfüllen haben, sondern dass sich auch ihre grundsätzliche Orientierung in Bezug auf die Verhandlungspartner, die Verhandlungsthemen und die Kooperationsbereitschaft ändert. Diese Phasenmodelle gründen auf die bahnbrechenden Forschungsarbeiten von RICHARD E. WALTON und ROBERT B. MCKERSIE, die 1965[449]

[447] Vgl. GULLIVER 1979, S. 129ff.

[448] Die systematische Berücksichtigung der Implementierungsphase bereits in der Verhandlung selbst ist ein Aspekt, dessen Bedeutung die Verhandlungswissenschaft in jüngster Zeit stärker in den Fokus genommen hat, vgl. ERTEL/GORDON 2007.

[449] WALTON/McKERSIE 1965.

ausgehend von Analysen von Verhandlungsprozessen zwischen Arbeitgebern und Arbeitnehmervertretungen (labor relations) Verhandlungen als eine Verknüpfung von vier Verhandlungsprozessen beschrieben haben. In den einzelnen Phasen der Verhandlung stehen die einzelnen Prozesse jeweils mehr oder weniger stark im Vordergrund:

1. das distributive Verhandeln zur Maximierung des eigenen Nutzens (*distributive*);
2. das integrative Verhandeln zur Maximierung des gemeinsamen Nutzens (*integrative*);
3. die Strukturierung von Haltungen der Akteure (*attitudinal structuring*);
4. das Verhandeln innerhalb der vertretenen Organisationen (*intraorganizational bargaining*).

Insbesondere die Theorie der **Dichotomie von distributivem und integrativem Verhandeln** ist eines der Hauptmotive der Verhandlungswissenschaft geworden, das auch Grundlage für die einflussreichen Konzepte des *Negotiators Dilemma* (LAX/SEBENIUS 1986) und der „*3 Spannungsverhältnisse*“ (MNOOKIN/PEPPET/TULUMELLO 2000[450]) war. Inzwischen wurde das 4-Prozess-Modell von den Autoren weiterentwickelt:

> „Core elements […] are still at heart of our analysis of current developments in industrial relations, but we have also found it necessary to make key additions. First […] the concept of negotiation outcomes has been refined to incorporate the distinction between substantive outcomes and social contract outcomes. Second we have introduced the idea of primary Negotiating strategies […] In addition we have changed our organization of the Negotiating processes that we featured in Behavioral Theory. We collapsed the two types of bargaining into one of three processes labeled "bargaining". The other two processes – attitudinal structuring and intra-organizational bargaining – have been renamed, and each plays a more

[450] MNOOKIN/PEPPET/TULUMELLO 2000 sprechen von den „three tensions“. Neben dem „Spannungsverhältnis von Wert schaffen und Wert verteilen“ sind das noch das „Spannungsverhältnis zwischen Empathie und Selbstbehauptung“ sowie das „Spannungsverhältnis zwischen Agent und Geschäftsherrn“.

important role in the present theory, but they each continue to refer to the same general phenomenon.“[451]

Der Fokus geriet also noch stärker speziell auf die Veränderung von sozialen Kontrakten durch Verhandlungen – also weg von der einzelnen Verhandlung hin auf die Analyse von langfristigen Veränderungsprozessen (für diesen Teil strategischer Meta-Prozessstrukturierung hat Andreas Winheller den Ansatz des *„Strategischen Beziehungsmanagements“* entwickelt). Dabei ist die aufgezeigte strategische Bedeutung der **„social contracts“** ein Konzept, das Walton, Cutcher-Gershenfeld und McKersie aus der Politikwissenschaft in die Verhandlungsanalyse übernahmen, ein bedeutender Impuls für die Weiterentwicklung strategischer Verhandlungskonzepte. Zur taktischen und technischen Orientierung in einer einzelnen Verhandlung ist das Modell allerdings wenig geeignet.

2.5.3 Die Entdeckung der „Konfrontation"

Die Unterscheidung von WALTON/MCKERSIE zwischen „integrativem“ und „distributivem“ Verhandeln, also die ständige Gratwanderung zwischen Kooperation und Wettbewerb, bestimmt nahezu die gesamte Verhandlungsliteratur. Mittlerweile ist anerkannt, dass ein „Spannungsverhältnis zwischen Wert schaffen und Wert verteilen“ besteht, das einen Dilemmacharakter[452] hat, also nicht endgültig gelöst, sondern nur situativ ausbalanciert werden kann.

Kooperatives Verhandeln beinhaltet andere Taktiken und Erfolgsfaktoren als distributives Verhandeln. Deshalb wird je nachdem, ob die kooperativen Taktiken Anwendung finden oder nicht zwischen kooperativem und nicht-kooperativem Verhandlungsverhalten unterschieden.[453] Dieser Gegensatz, der sich alleine an den angewandten Taktiken

[451] WALTON/CUTCHER-GERSHENFELD/McKERSIE 1994, S. 61.

[452] Sog. “Negotiator’s Dilemma”, vgl. LAX/SEBENIUS 1986, S. 29ff. sowie Kapitel 3.5.1.

[453] MASTENBROEK 1992, S. 29ff., wendet sich gegen die Unterscheidung zwischen distributivem und integrativem Verhandeln. Er hält die „scharfe Unterscheidung zwischen Kampf und Harmonie“ für unangebracht und sieht sie „eher als komplementär“. Soweit er damit das Spannungsverhältnis zwischen Kooperation und Wettbewerb beschreibt, ist ihm Recht zu geben. Insbesondere beinhaltet jede erfolgreiche Kooperationsstrategie die Bereitschaft, für die Kooperation notfalls zu kämpfen und Ausbeutungsverhalten zu sanktionieren. In jeder einzelnen Phase der Verhandlung kann man jedoch die Orientierung (Fokus auf Eigennutz oder mutual gain) eindeutig bestimmen, insbesondere auch bei

orientiert, geht auf die Kooperationsforschung[454] und die spiel- bzw. entscheidungstheoretischen Ansätze zurück.[455] So gibt es im berühmten „Gefangenendilemma" nur die Wahl zwischen Kooperation und Defektion (Ausbeutung).[456] Diese Betrachtungsweise berücksichtigt nur die Entscheidung als solche (Kooperation: Ja oder Nein[457]). Bei dieser *binären Entscheidung* wird jedoch der Grad des Aggressionsniveaus bei der Entscheidung gegen Kooperation vernachlässigt.

Im (Sach-)Ergebnis macht es vielleicht keinen Unterschied, ob jemand aus Kalkül nach Abwägung aller Argumente eine Kooperation nicht für lukrativ hält oder ob jemand mit der Einstellung ablehnt: „Ist mir egal, was es kostet, dem gönne ich nicht mal die Butter auf dem Brot." Für den Verlauf der Verhandlungen und vor allem für die Wege, das Gegenüber vielleicht doch noch für eine Kooperation gewinnen zu können, ist die emotionale Seite der Entscheidungsfindung allerdings sehr wichtig.[458] Insofern ist es sinnvoll, nicht nur zwei Qualitäten der Verhandlungsorientierung (pro und contra Kooperation) zu unterscheiden, sondern noch eine *dritte Qualität: „Aus emotionalen Gründen unter keinen Umständen zur Kooperation bereit und „vernünftigen" Argumenten (jedenfalls temporär) unzugänglich."*

Diese dritte Qualität findet sich (als „*Konfrontation*"[459] bezeichnet) bei dem Verhandlungsmodell des deutschen Diplomaten ALEXANDER MÜHLEN wieder:

---

der Auswahl geeigneter Taktiken und Techniken. Insofern ist eine Unterscheidung weiterhin möglich und sinnvoll.

[454] Vgl. AXELROD 2000.

[455] Vgl. RAIFFA/RICHARDSON/METCALFE 2002 m.w.N.

[456] Zum Gefangenendilemma vgl. Kapitel 3.5.1 und DIXIT/NALEBUFF 1997, S. 15, 89ff.

[457] In den meisten Experimenten zum Kooperationsverhalten wurde diese Ja/Nein-Orientierung bereits dadurch deutlich, dass nur zwei Entscheidungsoptionen (X oder Y, Ausbeutung oder Kooperation) zur Wahl standen.

[458] Die Spieltheorie ging ursprünglich vom „rational choice"-Ansatz aus: Der Homo oeconomicus als „rationaler Egoist, der in sozialen Interaktionen seinen individuellen Nutzen zu maximieren sucht und sich dabei zweckrational verhält", MILLER 1994, S. 6. Zur Kritik vgl. MILLER 1994 m.w.N.

[459] Üblicherweise werden in der Verhandlungsliteratur sonst die Begriffe „Konfrontation", „Wettbewerb", „distributives Verhandeln", „kompetitives Verhandeln", „Kampfverhandeln" synonym verwendet.

> „Im Vergleich zu anderen Kommunikationsformen ist Verhandlung dynamisch, beruht auf Gleichgewicht und durchläuft die Phasen **konfrontativ – kompetitiv – kooperativ.**“[460]

Auch wenn es fraglich ist, ob jede Verhandlung eine konfrontative Phase beinhaltet[461], ist die Unterscheidung zwischen konfrontativem Verhandeln und kompetitivem Verhandeln sehr hilfreich.

Konfrontatives Verhandeln bedeutet unnachgiebiges Verfolgen der eigenen Interessen und Bekämpfung der Forderungen der Gegenseite als mindestens[462] *gleichgewichtige Motive.* Das Gegenüber wird als „Feind“ betrachtet, seine Interessen und Forderungen nicht als legitim anerkannt. Die *Bekämpfung anderer Verhandlungsparteien ist* dabei nicht nur taktisches Mittel zur Verbesserung der eigenen distributiven Verhandlungssituationen, sondern *(auch) Selbstzweck*. Während der konfrontativen Phase(n) sind einzelne Parteien oft gar nicht sicher, ob sie überhaupt eine Verhandlungslösung wollen.

Kompetitives Verhandeln bedeutet stattdessen, dass die Einstellung darauf gerichtet ist, den eigenen Nutzen in der Verhandlung dadurch zu maximieren, dass man selbst ein „möglichst großes Stück vom Verhandlungskuchen“ bekommt. In dieser Phase wird die eigene Position im Verteilungskampf durch die Anwendung der Taktiken und Techniken distributiven Verhandelns optimiert. Dabei werden ebenfalls die eigenen Forderungen nachdrücklich vertreten und die Forderungen der Gegenseite zurückgewiesen – allerdings *als Mittel zum Zweck der Verbesserung der eigenen Verhandlungsposition.*

---

460 MÜHLEN 2005, S. 27.

461 *Mühlen* selbst sieht die Konfrontation besonders in Situationen ausgeprägt, in denen „Einsicht und guter Wille von anderen Motiven überlagert werden. Oft herrschen Gefühle des Misstrauens, der Unterlegenheit und des Nicht-Einschätzen-Könnens des Gegenübers vor“, MÜHLEN 2005, S. 16.

462 Bei entsprechend hohem Konfliktniveau kann die Zerstörung des Gegenübers sogar wichtiger werden als das Erreichen eigenen Nutzens („Kamikaze“), vgl. Eskalationsstufe 9 des Konflikteskalationsmodell von GLASL 2011, S. 118f.: „Die totale Konfrontation zielt auf die endgültige Vernichtung des Gegners. Es genügt, dass wenigstens eine Partei bereit ist, hemmungslos bis zum Äußersten zu gehen, und kein Mittel der Zerstörung mehr scheut, auch wenn dies zur Selbstvernichtung führen sollte.“ Eine Einführung in das Konfliktmodell von Glasl geben ROSNER/WINHELLER 2012, S. 107ff.

2.5.4 Das qualitative und chronologische Phasenmodell für „politisierte" Verhandlungen von Winheller

Konfrontative Verhandlungsphasen gibt es nicht in jeder Verhandlung – sie sind aber bei der Beschreibung der Verhandlungsdynamik von Verhandlungen sehr nützlich, die in dem von Andreas Winheller entwickelten qualitativen *und* chronologischen Phasenmodell als „*politisierte Verhandlungen*" bezeichnet werden. Solche Verhandlungen weisen nach seinen Untersuchungen[463] tatsächlich eine eigene Dynamik und (Psycho-)Logik auf, die in diesem Phasenmodell skizziert werden. Das Modell soll dabei helfen, den idealtypischen Ablauf einer solchen Verhandlung zu verstehen, den Stand einer aktuellen Verhandlung zu analysieren und ein gutes Timing für die zentralen konstruktiven Interventionen zu finden.[464]

Eine genaue Definition von „politisiert" ist dabei nur sehr schwer möglich. Klar ist, dass es dabei nicht nur um Verhandlungen in der „großen Politik" geht. Politisierte Verhandlungen in dem hier gemeinten Sinne gibt es auch in zentralen Fragen in Unternehmen – oder sogar in Familien. „Politisiert" beschreibt einen höheren Grad des Aggressionsniveaus bei mindestens einer Partei, das nicht nur Mittel zum Zweck der Erzielung eines besseren Sachergebnisses (also Taktik im engeren Sinne) ist.

> Bsp.: Wenn ein Kunde einen Mitarbeiter am Serviceschalter im Möbelhaus anschreit, um von ihm ein größeres Entgegenkommen bei einer Reklamation zu erreichen, ist das eine taktische Maßnahme (Skandalisierung und emotionale Eskalation), keine „politisierte Verhandlung".
>
> Wenn der für den Service zuständige Bereichsleiter in einer internen Verhandlung über das neue Tarifsystem bestimmte Regelungen kategorisch ablehnt,

---

[463] Das hier dargestellte Phasenmodell beruht auf einer Meta-Analyse bestehender Phasenmodelle, Modellen mediativer Konfliktbewältigung sowie praktischen Erfahrungen als Verhandler und Mediator in politisierten Verhandlungen. Die Kernaussagen haben sich bei der Analyse von Verhandlungssimulationen, insbesondere der Referenzfälle *Hotel auf Heiligem Grund* (Autor: Andreas Winheller, Bezugsquelle: a.winheller@m-plus-pc.de) und Der *Nächstenliebe e.V.* (Autor: PON, Übersetzung: Andreas Winheller, Bezugsquelle: www.pon.org), bewährt. Bislang fehlt jedoch noch eine empirische Absicherung nach wissenschaftlichen Kriterien über die Augenscheinsvalidität hinaus.

[464] In politisierten Verhandlungen sollten Sie – wenn möglich – die Hilfe eines neutralen Dritten als Verhandlungshelfer (Moderator, Mediator, Schlichter etc.) in Anspruch nehmen.

und argumentiert, sie würde „wieder einmal eindeutig auf dem Rücken des Schalterpersonals ausgetragen, wie fast jede Organisationsentwicklungsmaßnahme der letzten Jahre“ und „jetzt muss damit endlich einmal Schluss sein“, dann zeigt diese – vordergründig sachbezogene interne Geschäftsverhandlung – starke Züge einer politisierten Verhandlung im hier dargestellten Sinne.

Nicht immer ist der Grad der „Politisierung“ sofort erkennbar. Nicht das phänotypische Erscheinungsbild, sondern vor allem die motivationale Ebene ist dafür entscheidend. Es gibt aber eine Reihe von Faktoren, die zu der „Politisierung“ einer Verhandlung beitragen können. Je mehr dieser Faktoren im konkreten Fall gegeben sind, desto stärker ist üblicherweise auch der Grad der „Politisierung“:

- Der Verhandlung liegt ein Konflikt mit einem höheren Eskalationsgrad zugrunde;[465]
- Zugrundeliegende Wertekonflikte;[466]
- Negative Absichtsunterstellung durch eine oder mehrere Parteien, insbesondere, wenn die Verhandlungspartner sich vorher persönlich nicht bekannt waren;[467]

---

[465] Oberhalb der Stufe 5 des bekannten Konflikteskalationsmodells (GLASL 2011, S. 96ff.) sind Konfliktverhandlungen i.d.R. nicht mehr ohne Unterstützung eines neutralen Dritten konstruktiv zu bewältigen. Eine hohe Konfliktstufe und eine emotionale Eskalation wird in politisierten Verhandlungen sehr oft festzustellen sein, ist aber nicht immer gegeben. Nicht selten ist der Konflikt innerhalb der Basis der Verhandlungsparteien sehr konflikthaft, wird aber von routinierten Verhandlungsvertretern geschäftsmäßig-distanziert „gemanaged“. In diesen Fällen findet trotzdem oft eine konfrontative Zuspitzung im Sinne dieses Phasenmodells statt, die aber eher der Legitimierung bzw. Absicherung der Repräsentanten geschuldet ist anstatt einer emotional-stresshaften Kommunikationshaltung, vgl. KALIN 1991, S. 211ff.; MONTADA/KALS 2007, S. 64: „Im Sinne einer strategischen Eindrucksbildung (Impression Management) werden nicht nur echte Emotionen, sondern auch vorgeschobene, strategisch günstige und normativ erwünschte Emotionen geäußert.“

[466] Z.B.: Ökologie vs. Ökonomie, „Risikogesellschaft“ vs. Sicherheitsanspruch, Pazifismus vs. Militärische Optionen.

[467] Z.B.: Ein Unternehmensvertreter ist der Auffassung, der Verhandlungsvertreter einer Umweltgruppe sei alleine deshalb, weil er für ökologische Belange bei einem Projekt eintritt, ein „Fundamentalist, der ohnehin nur chaotisieren oder sabotieren will“. Solche negativen Absichtszuschreibungen sind gerade im politischen Bereich an der Tagesordnung. Prinzipien selektiver Wahrnehmung und sozialer Eigen-

- Verhalten oder vermutete Ziele anderer Verhandlungsparteien werden als „unmoralisch" bewertet;[468]
- Gefühl der eigenen Machtlosigkeit bzw. Unterlegenheit bei gleichzeitiger vermuteter Böswilligkeit der Gegenseite;
- Feindseliges Verhandlungsverhalten einiger oder aller Parteien;
- Einige oder alle Verhandlungsparteien sind Repräsentanten von Organisationen oder Anspruchsgruppen – insbesondere wenn Streitigkeiten innerhalb der „Basis" bestehen, ob man sich überhaupt an der Verhandlung beteiligen soll;
- Öffentliche (bzw. mediale) Aufmerksamkeit für die Verhandlung, ggf. verhandeln vor „Publikum";
- Sehr eingeschränkte Verhandlungsmandate und überzogene Erwartungshaltungen.

Der idealtypische Verhandlungsverlauf in solchen „politisierten Verhandlungen" verläuft in sechs Phasen. „Idealtypisch" bedeutet einerseits, dass natürlich nicht jede Verhandlung alle Phasen erreicht – manche scheitern schon vorher. Andererseits *sind auch „Loops", d.h. ein temporäres Rückfallen in frühere Verhandlungsphasen abhängig vom Verhandlungsverlauf festzustellen.* Das Modell bietet dann allerdings Aufschluss, welche Interventionen in diesem Moment hilfreich sein könnten, um in die nächste Phase voranzuschreiten.

---

schaftszuschreibungen („labeling") bewirken, dass sich solche Vorurteile in Verhandlungen oft bestätigen („selbsterfüllende Prophezeiungen"; dieses Phänomen wurde vom Soziologen Robert K. MERTON 1948 beschrieben, vgl. dort zu den konkreten Wirkdynamiken).

[468] Insbesondere die Emotionen „Empörung" und „Schuld" als emotionale Indikatoren von Verantwortungszuschreibungen verstärken die „Politisierung" der Verhandlung. Dabei können ausgehend von unterschiedlichen Wertvorstellungen und unklarer Faktenlage durchaus beide Seiten in einem politischen Konflikt das Handeln der Gegenseite als „schuldhaft" und „unverantwortlich" ansehen, z.B.: Gefährdung von Arbeitsplätzen vs. Gefährdung der Umwelt; vgl. MONTADA/KALS 2007, S. 64.

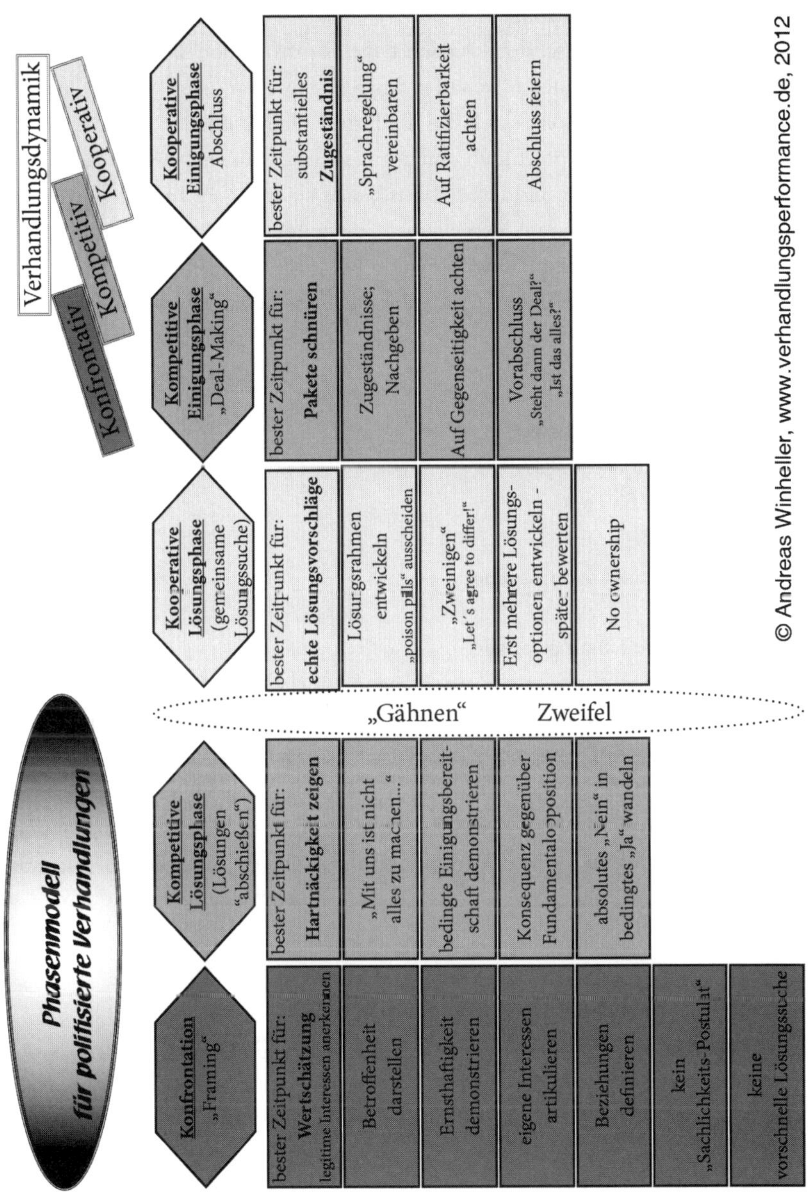

Abb. 8: Phasenmodell für politisierte Verhandlungen

Phase 1: Konfrontation/Framing

Funktion: In der ersten Phase steht zunächst die Konfrontation im Mittelpunkt. Die eigene Position wird gerade auch in scharfer Abgrenzung zu anderen Verhandlungsparteien definiert. Eine große Rolle spielt das Bedürfnis, dem Anderen „die Meinung zu sagen". Mit dieser – teilweise polemisch und aggressiv erfolgenden – Abgrenzung beweisen die Verhandler sich selbst und ihrer „Basis", dass sie engagiert für die eigene Sache eintreten. Inhaltlich geht es darum, den eigenen Standpunkt zu beziehen und ein für die eigene Sache günstiges „Framing"[469] der Situation bzw. eigene Begriffe durchzusetzen.
Bestes Timing für[470] : Wertschätzung (Annahme) demonstrieren / Legitimität der jeweiligen Interessen anerkennen.

- Betroffenheit darstellen
- Ernsthaftigkeit demonstrieren
- Eigene Interessen artikulieren
- Beziehungen definieren
- Kein „Sachlichkeits-Postulat"
- Keine vorschnelle Lösungssuche

Phase 2: Kompetitive Lösungsphase

Funktion: In dieser Phase geht es nur anscheinend um eine Lösungssuche, obwohl Optionen diskutiert werden. Im Fokus steht nämlich nicht die echte Lösungssuche, sondern die Sicherung der eigenen Interessen falls es tatsächlich zu einer Lösung kommen sollte. Um sich eine optimale Ausgangsposition für die streitige Verhandlung zu sichern und die eigene Verhandlungshärte zu beweisen, werden vorgeschlagene Lösungsoptionen zurückgewiesen[471], teilweise auch in Verbindung mit ultimativ formulierten (Maximal-) forderungen.

---

[469] Zum „Framing" (psychologische Rahmensetzung für die Verhandlung) vgl. Kapitel 4.2.1.

[470] Die Tipps zum „Besten Timing" beziehen sich auf einen Verhandler, der grundsätzlich an einer Lösung orientiert ist und eine *kooperative* Verhandlungsstrategie verfolgt. Selbstverständlich sind im Rahmen von Sabotage- oder Eskalationsstrategien ggf. andere Interaktionen zu wählen.

[471] Man sollte daher sehr *vorsichtig mit guten Lösungsvorschlägen umgehen*. Werden sie in dieser Phase vorgebracht besteht die Gefahr, dass sie unabhängig von ihrer Substanz als Mittel zum Zweck der eigenen Positionierung von einzelnen Parteien abgelehnt („abgeschossen") werden und damit „verbrannt" sind, weil sie später nicht mehr ohne Glaubwürdigkeitsverlust reaktiviert werden können.

Bestes Timing für: Hartnäckigkeit demonstrieren.

- „Mit uns ist nicht alles zu machen“ (Lösungen abschießen)
- Bedingte Einigungsbereitschaft demonstrieren
- Konsequenz gegenüber Fundamentalopposition / Sabotage
- Dealbreaker („Ich werde nicht…“) in hypothetischen Lösungsrahmen umformulieren („unter den derzeitigen Bedingungen werde ich nicht…“)

Phase 3: „Gähnen“

Nachdem die Verhandlungsparteien sich konfrontativ angegangen sind, ihre Standpunkte einbetoniert haben und die ersten aufkommenden Lösungen „abgeschossen“, also ohne Ansehen des Inhalts aus taktischen Gründen kategorisch abgelehnt worden sind, entsteht nach einiger Zeit oft eine Phase, in der die „Luft heraus ist“ – also die anfängliche Kampfenergie verbraucht ist – und sich die Beteiligten fragen, ob und wie sie überhaupt zu einer Lösung kommen können. Das ist der Moment, wo sich einige bewusst werden, dass jedenfalls so, wie bisher verhandelt wurde, eine Lösung nicht möglich ist – und gleichzeitig oft genug nicht wissen, wie man aus der festgefahrenen Lage heraus kommt. Dieser Moment ist oft der „Knackpunkt“ für die gesamte Verhandlung, wenn einer oder mehrere Akteure hier mit neuen (echten) Lösungsvorschlägen zur Sache oder zum Verfahren vorangehen und selbst Kompromissbereitschaft andeuten. Wenn ein Mediator dabei ist, dann ist dies der Moment, wo ein „Lösungsdruck“ hilfreich sein kann bzw. die Frage, ob die Parteien sich noch einigen wollen oder lieber abbrechen.

Phase 4: Kooperative Lösungsphase

Funktion: In dieser Phase steht die gemeinsame Suche nach (echten) Lösungsoptionen im Fokus. Hier geht es den Beteiligten tatsächlich darum, auszuloten ob eine Integration der verschiedenen Interessen möglich ist bzw. ob ein Spielraum für eine Einigung besteht. Je mehr kreative – wertschöpfende – Optionen entwickelt werden, desto größer ist die Chance, anschließend ein Lösungspaket schnüren zu können, das für alle Parteien akzeptabel ist. Insbesondere das Gefühl, gemeinsam Lösungen entwickelt zu haben, verbessert die Beziehungen und stärkt die Konzessionsbereitschaft.[472]

---

[472] FREY/GRAUPMANN 2012, S. 130: „Vor allem ein Fokus auf die gemeinsame Findung und Erarbeitung einer Lösung kann das Gefühl reduzieren, eine Freiheit wird von außen eingeschränkt, da man selbst an der Lösung beteiligt ist.“

Bestes Timing für: Echte Lösungsvorschläge.

- Lösungsrahmen entwickeln – „poison pills[473]" ausscheiden
- „Zweinigen"[474] – let´s agree to differ
- Erst mehrere Lösungsoptionen entwickeln, später bewerten (gemeinsames Brainstorming)
- No ownership[475]

Phase 5: Kompetitive Einigungsphase („Deal Making")

Funktion: Sobald die Beteiligten den – nach der konfrontativen Anfangsphase oft unerwarteten – Eindruck gewinnen, dass die Verhandlung mit einer Einigung enden könnte, richtet sich der Fokus der Beteiligten wieder mehr auf die Durchsetzung der eigenen Interessen. Konkret geht es darum, so viele wie möglich der eigenen Forderungen in das Einigungspaket hineinzuverhandeln und selbst möglichst wenig Zugeständnisse zu machen. Dabei ist es oft so, dass diejenigen Verhandlungsparteien, die als erste den gemeinsamen kooperativen Pfad wieder verlassen und zu Durchsetzungstaktiken greifen, bei rein intuitivem Verhandlungsverhalten oft die besten Ergebnisse (auf Kosten der koope-

---

[473] Der Begriff „poison pill" stammt ursprünglich aus dem Bereich der Abwehrmaßnahmen bei Firmenübernahmen. Durch einseitige Maßnahmen des Managements eines Unternehmens, das nicht übernommen werden will, wird der Wert des Unternehmens für den Aufkäufer gesenkt (oder der Preis erhöht) und dadurch die Chance auf eine erfolgreiche Transaktion vermindert, vgl. GORDON 2002, S. 8f. Der Begriff wurde für Verhandlungen übernommen und bezeichnet dabei Themen, bei denen eine Verständigung unmöglich ist, die also als *Dealbreaker* wirken können. Häufig werden diese Themen von einzelnen Akteuren mit Sabotageabsicht in die Agenda eingeschleust („Wir haben nichts gegen ein Wirtschaftsabkommen mit China, wir wollen nur dass ein Bekenntnis zu den individuellen Menschenrechten aufgenommen wird"). Synonym wird dazu der Begriff „toxic issue" gebraucht, vgl. WATKINS 2003, S. 8. Voraussetzung für eine Einigung ist dann, dass zuvor derartige „giftige" Themen aus der Agenda ausgegliedert werden.

[474] Der Begriff „Zweinigen" wurde von der Kommunikationstrainerin Vera F. Birkenbihl eingeführt.

[475] Durch Methoden oder mindestens durch eine bewusste Sprache sollte darauf geachtet werden, dass die Optionen von den Beteiligten als gemeinsam entwickelte Optionen wahrgenommen und nicht bestimmten „Urhebern" zugeschrieben werden (z.B. „der IHK-Vorschlag", „die SPD-Lösung"). Damit kann auch die negative Auswirkung der „reaktiven Abwertung" (vgl. Kapitel 4.2.3) reduziert werden.

rativeren Akteure) erzielen. Es sollte daher streng auf eine bedingte und gegenseitige Kooperationsstrategie geachtet und eigene Beiträge ggf. „abgesichert" werden.[476]
Bestes Timing für: Pakete schnüren.

- Konzessionen (Zugeständnisse) – Nachgeben
- Auf Gegenseitigkeit achten (bedingte Angebote)
- Vorabschluss („Wenn wir an diesem Punkt eine Lösung finden sollten – steht dann der gesamte Deal?")

Phase 6: Kooperative Einigungsphase
Funktion: Wenn Lösungsoptionen entwickelt wurden und ein Einigungsraum erkennbar wird, müssen die Verhandlungen noch zum Abschluss gebracht werden („den Deckel zu machen"). Das geschieht am besten im Verhandlungsplenum in einem gemeinsam inszenierten Akt des „Aufeinander-zu-Gehens". In dieser Phase ist es von größter Bedeutung, die Inszenierung der Konzessionen, des Abschlusses und der Kommunikation an dem gemeinsamen Grundbedürfnis der „Ratifizierbarkeit" des Verhandlungsergebnisses in den jeweiligen Gremien bzw. an der „Basis" der Repräsentanten auszurichten.
Bestes Timing für: Substantielles Zugeständnis.

- Letztes – gemeinsames – substantielles Zugeständnis inszenieren
- "Sprachregelung" vereinbaren
- Auf Ratifizierbarkeit achten
- Abschluss feiern

[476] Zu einer effektiven Kooperationsstrategie und zur Absicherung gegen Ausbeutungsverhalten vgl. Kapitel 3.5.1.

3 Deal-Structuring

Die Formulierung „einen Deal machen“ wird im Deutschen häufig auch mit Geringschätzung verwendet. Zwar gibt es auch im Englischen die *bad sense*-Bedeutung von *deal* im Sinne eines „zwielichtigen Geschäfts“, doch wird der Deal-Begriff in der Regel im nicht-ehrenrührigen Sinne der *Abmachung*, der *Übereinkunft*, des *Abkommens* oder schlicht des *geschäftlichen Abschlusses* verwendet.

Der Begriff *Deal-Structuring* wird hier also im Sinne der Techniken **wertschöpfenden** Verhandelns angewandt, wie sie im Kontext des Harvard-Ansatzes zur integrativen Verhandlungsführung entwickelt wurden.[477] Im wesentlichen geht es um das Entwickeln von Optionen für gemeinsamen Gewinn und um das Vermeiden wertbegrenzender oder gar wertmindernder, also unökonomischer und ineffektiver Verhandlungsfehler. DAVID LAX und JAMES K. SEBENIUS bezeichnen diesen Aspekt in Ihrem wegweisenden Werk *3D Negotiation* als „**Deal Design**“ und „**2. Dimension des Verhandelns**“. Während die Bedeutung des wertschöpfenden Verhandelns allgemein von FISHER, URY und PATTON im „Harvard Konzept“ herausgearbeitet wurde, stammt die erste umfassende Theorie zu Wertschöpfungspotentialen auf der Basis von Unterschieden in den Interessenlagen (Präferenzkonflikte) von JAMES K. SEBENIUS.[478]

Wenn also ein Mediator seine wichtige Aufgabe professionell erfüllen will, die Verhandlungsparteien bei der Strukturierung effektiver Abschlüsse zu unterstützen und damit die Erfolgschancen für eine Einigung zu steigern, sollte er die verschiedenen Potentiale für Wertschöpfung gut kennen – und zwar nicht nur, wenn eine Orange zwischen zwei Schwestern aufzuteilen ist, die im Prinzip keinen Präferenzkonflikt haben, sondern auch dann, wenn es um komplexe Präferenzkonflikte – z.B. im Business-Kontext – geht.

---

[477] Programmatisch kommt der wertschöpfende Anspruch integrativen Verhandelns z.B. im Titel von MNOOKIN/PEPPET/TULUMELLO 2000 sowie bei LUM/TYLER-WOOD/WANIS-St.JOHN 2003 zum Ausdruck. Zum aktuellen Stand dieses Verhandlungsansatzes vgl. THOMPSON 2009, S. 74ff. und MALHOTRA/BAZERMAN 2007.

[478] Zunächst wurde die Theorie zum Deal Design auf Grundlage von Interessengegensätzen von Sebenius in seiner Dissertation (SEBENIUS 1980) vorgestellt und dann bei SEBENIUS 1984 sowie LAX/SEBENIUS 1986 weiter ausdifferenziert. Grundlegend hatten bereits FROMAN/COHEN 1970, S. 180ff. die Überlegenheit von „Logrolling“ bei Präferenzkonflikten gegenüber schlichten Kompromissen herausgearbeitet.

3.1 Potenziale für Kooperationsgewinne

Manche Konfliktsituationen sind „Nullsummenspiele". In solchen Situationen geht es lediglich um eine Verteilung des (vorhandenen und nicht erweiterbaren) Wertes zwischen den Parteien und die Medianten haben, wie ausgeführt, darauf zu achten, dass sie sich ein hinreichend großes Stück vom Kuchen sichern.

Die meisten komplexen Konfliktlagen bieten jedoch mehr oder weniger Raum für eine „Kuchenvergrößerung", d.h. durch kooperatives Verhandeln können wie gezeigt Austauschpotenziale zum beiderseitigen Nutzen ausgeschöpft werden (Win-Win). Jede konfrontative Haltung vermindert die Möglichkeiten, die bestehenden Kooperationschancen voll auszunutzen.[479] Angesichts der eher unterdurchschnittlichen Wertschöpfungsperformance des durchschnittlichen Verhandlers (vgl. 2.3.3.) werden deshalb besonders wertschöpfende Lösungen oft mit Unterstützung eines Mediators oder professionellen Verhandlungscoaches (bzw. „Ghost Negotiators"[480]) erreicht.

DEAN G. PRUITT hat 1983 in seinem richtungsweisenden Aufsatz „Achieving Integrative Agreements" mehrere strukturelle Wertschöpfungspotentiale beschrieben.[481]

3.1.1 „Kuchenvergrößerung" durch Einbeziehung zusätzlicher Fragen (Expanding the Pie)

Unter „Kuchenvergrößerung" versteht *Pruitt*, dass *zusätzliche Fragen in die Verhandlungen einbezogen* werden, um den Verhandlungsspielraum und die Anzahl möglicher Optionen zu vergrößern oder dass die zur Verhandlung anstehenden *Ressourcen erweitert werden* (einfachstes Beispiel: Sie kaufen einen Markenanzug, bei dem der Verkäufer aufgrund von Vorgaben des Herstellers keinen Rabatt gewähren darf. Wenn Sie jetzt noch eine Krawatte und drei Paar Socken dazu nehmen und alles im Paket verhandeln, können Sie doch noch den gewünschten Rabatt bekommen, der Anzug bleibt aber

[479] Vgl. MNOOKIN/PEPPET/TULUMELLO 2000, S.11ff., S. 37f.

[480] Ein „Ghost Negotiator" ist eine besondere Ausprägung eines Verhandlungscoaches, der eine Verhandlungspartei „im Hintergrund" vor und während eines Verhandlungsprozesses unterstützt, ohne selbst für die Gegenseite sichtbar zu sein.

[481] PRUITT 1983, S. 35ff.

optisch „ohne Rabatt“[482]). Durch Kuchenvergrößerung werden oft einvernehmliche Lösungen möglich, wo die Verhandlung über den engeren Gegenstand alleine zur Konfrontation und Machtprobe geführt hätte:

> Bsp.: In einer öffentlichen Mediation sind die Verhandlungen über einen geeigneten Standort für eine Anlage zur Zwischenlagerung ins Stocken geraten. Möglicherweise wird eine Einigung leichter möglich, wenn man den Verhandlungsgegenstand erweitert und über die gesamte Entwicklung der Region und die staatliche Investitionsförderung verhandelt.

Mit der Einbeziehung regionaler Entwicklungsfragen (kommunale Infrastruktur, Arbeitsplatzsituation, demographische Entwicklung usw.) sowie der möglichen Förderung entsprechender Investitionen durch öffentliche Mittel werden weitere potenzielle Interessen einer Kommune berührt. So stimmte eine (strukturschwache) Kommune im Norden Bayerns der Errichtung einer Anlage zur Zwischenlagerung mittelradioaktiver Abfälle erst dann zu, als von der Ministerialbürokratie auch eine Erweiterung des Gewerbegebiets, der Bau eines Hallenbads und die direkte Anbindung an die geplante neue Autobahn in Aussicht gestellt wurde. Mittlerweile hat sich an der Autobahnausfahrt in der Nähe der Zwischenlagerstätte weiteres Gewerbe mit neuen Arbeitsplätzen sowie ein neuer Autobahnrasthof mit Tankstelle, Restaurant und Hotel angesiedelt.

Die Standortfrage der Anlage zur Zwischenlagerung wurde im obigen Fall um weitere „Standortfragen“ erweitert. Integratives Verhandeln, also das Erzielen von Kooperationsgewinnen, ist immer nur dann möglich, wenn *mehr als eine Frage* verhandelt wird.[483]

> Bsp.: In einer von Sigi Rosner mediierten Verhandlung ging es zwischen den Verkäufern und den potenziellen Käufern einer Doppelhaushälfte um die Höhe des Kaufpreises. Die Verhandlung hatte sich festgefahren, weil die

---

[482] Solche Vorgaben sind kartellrechtlich sehr problematisch. Faktisch werden aber immer wieder entsprechende Anreizsysteme geschaffen, z.B. durch Vereinbarung einer Bonuszahlung abhängig von der Erreichung bestimmter „Umsatzziele“, die sich an dem Verkauf der Anzüge bemessen. Dann ist es für den Verkäufer sehr „teuer“, diesen Anzug zu verbilligen (weil er den Bonus verlieren würde), bei zusätzlichen Artikeln besteht dieses Problem meist nicht.

[483] THOMPSON 2009, S. 94: „Because mutually beneficial trade-offs require a minimum of two issues, it is important to fractionate conflict into more than one issues.“

> Preisvorstellungen beider Seiten sehr weit auseinander lagen. Anstatt unverrichteter Dinge auseinander zu gehen, engagierte der Makler in Absprache mit den Verhandlungsparteien einen Mediator. Der Stillstand des Verhandlungsprozesses konnte überwunden werden, als weitere Fragen des Verhandlungsgegenstandes systematisch einbezogen wurden: Zeitpunkt und Konditionen der Kaufpreiszahlung, Umbaumaßnahmen vor Einzug der neuen Käufer, höherwertigere Fliesen, Teppiche und Bodenbeläge usw. Weitere gemeinsam entwickelte kreative Optionen wie kostenlose Planungsleistungen für Umbaumaßnahmen durch die verkaufenden Architekten, Verlegung der Fliesen in Eigenarbeit durch die Käufer, verbilligter Materialbezug durch Kontakte der Bauträger etc. führten schließlich auch zu einer Einigung über den zunächst stark umstrittenen Kaufpreis für die Doppelhaushälfte.

Der Kuchen war jetzt für die Verkäufer größer, weil sie einen akzeptablen Verkaufspreis erhielten und von den Käufern als Bauherren (für zukünftige Projekte) im Bekanntenkreis weiterempfohlen wurden. Der Kuchen war für das kaufende Ehepaar größer, weil unter Mithilfe der verkaufenden Architekten das Haus familiengerecht umgebaut und besser ausgestattet werden konnte, ohne den gegebenen Finanzrahmen der Käufer zu sprengen. Schließlich war der Kuchen auch für den Makler vergrößert, da er nicht nur die vereinbarte Provision für die Vermittlung kassieren konnte, sondern auch zwei zufriedene Kunden hatte, die sich für seine neutrale fachliche Beratung bedankten und ihn weiterempfehlen wollten.

So war durch das kooperative Vorgehen, z.B. durch die gemeinsame Entwicklung kreativer Optionen, mehr Wert geschaffen worden, der zusätzlich zum ursprünglichen Verhandlungsgegenstand (Kaufpreis) verhandelt und geteilt werden konnte. Der Kuchen ließ sich durch Kooperation vergrößern. Solche Kuchenvergrößerung funktioniert oft auch bei Vertragskonflikten, z.B. im Claim Management (Abwehr von Schadensersatzansprüchen):

> Bsp.: In einem Verhandlungscoaching von Andreas Winheller sah sich sein Kunde, ein deutscher Maschinenbauer, einer Schadensersatzforderung von 800.000 Euro gegenüber, die der Käufer, eine staatliche Agentur eines Europäischen Staates, geltend machte. Dieser Anspruch war bestritten worden, der Lieferant wusste aber, dass ein gewisser Schadensersatz berechtigt wäre. In der

Verhandlungsvorbereitung sollte es eigentlich darum gehen, den Claim mit „maximal 350.000 Euro Schadensersatz" abzuwehren.

Ausgehend von der Frage: „Wie können wir dem Kunden möglichst viel Nutzen bieten, ohne dass es uns viel kostet?" entstand ein anderer Plan. Der Projektleiter wies darauf hin, dass der Kunde ursprünglich eine nationalsprachliche Fassung der Benutzerhandbücher haben wollte, die mit 500.000 Euro bepreist gewesen sei. Diese sei erst kurz vor Vertragsunterzeichnung wieder aus dem Vertrag gestrichen worden, weil der Haushaltsausschuss das Budget begrenzt hatte. Gleiches galt für eine Reihe von Funktionen, die abgespeckt worden waren. Eine dieser Funktionen sei für 350.000 Euro bepreist gewesen, könne aber für einen minimalen eigenen Aufwand (geschätzt: ca. 50.000 Euro) nachgerüstet werden. Die Übersetzung der Benutzerhandbücher liege bereits fast fertig vor. Wegen eines engen Terminplans und freier Übersetzungskapazitäten sei damals die Übersetzung bereits parallel zum Vertragsabschluss begonnen worden. Nachdem der Kunde die Leistung abgewählt hätte, habe man sie natürlich auch nicht verschenken wollen. Die Fertigstellung wurde mit einem Aufwand von nur noch ca. 25.000 Euro kalkuliert.

In der Verhandlung wurde der Kunde dann vor die Wahl gestellt, entweder hart um eine Schadensersatzzahlung zu ringen oder den geforderten Schadensersatz in voller Höhe in Zusatznutzen zu erhalten. Der Kunde akzeptierte das Angebot, Benutzerhandbücher und Zusatzfunktion nachzurüsten, sogar freudig. Der Grund dafür lag in der Interessenlage der Repräsentanten: Die Schadensersatzzahlung wäre dem allgemeinen Haushalt zugute gekommen; mit dem Zusatznutzen erhielten die Vertreter der staatlichen Agentur wichtige Funktionalitäten, die sie eigentlich schon „abgeschrieben" hatten. Im Ergebnis kostete diese Lösung den Lieferanten weniger als 100.000 Euro, der Kunde war glücklich mit seinem vollen Zusatznutzen – eine echte Win-Win-Lösung. Durch gute Verhandlungsvorbereitung und Ausnutzung der Wertschöpfungspotentiale sparte der Lieferant also 200.000-250.000 Euro – und vermied obendrein eine Belastung der Kundenbeziehung.

Pruitt schlägt für die Kuchenvergrößerung vor, z.B. folgende „**Refocusing Questions**" zu stellen, um entsprechendes Potenzial zu identifizieren:

- Wie können beide Seiten bekommen, was sie wollen und brauchen?
- Gründen die Probleme auf (zu) knappen Ressourcen?
- Wie können diese Ressourcen erweitert werden, so dass alle Bedürfnisse ausreichend befriedigt werden können?

3.1.2 Unspezifische Kompensationen (Nonspecific Compensation)

„Unspezifische[484] Kompensationen" bedeuten, dass eine Partei ihre Interessen in der Verhandlung durchsetzen kann, während die Gegenseite dort verzichtet, und sie der Gegenseite dafür eine *Ersatzleistung* gewährt, die eigentlich nichts mit der aktuellen Verhandlungssituation zu tun hat, aber ein anderes wichtiges Interesse der Gegenseite befriedigt.

> Bsp.: Um die Zustimmung der Kommune und der öffentlichen Bürgerinitiative zur Ansiedlung einer Müllverbrennungsanlage zu erhalten, bietet der Betreiber an, neben der Müllverbrennungsanlage auch eine Sporthalle zu errichten und sie den örtlichen Vereinen zur Verfügung zu stellen.[485]

In der Vergangenheit haben etwa die USA mehrfach Entwicklungsländern oder auch ostEuropäischen Staaten Militär- oder Wirtschaftshilfe angeboten, wenn sie die amerikanische Position auf einer internationalen Konferenz (z.B. zum Internationalen Strafgerichtshof oder zum Klimaschutz) unterstützen. Was in internationalen Verhandlungen üblich ist, lässt sich auch in der Mediation nutzen: die Idee von Ersatzleistungen, also

[484] Wenn Ihre Frau zustimmt, Sie – obwohl eigentlich nicht besonders favorisiert – in einen bestimmten Kinofilm zu begleiten, weil Sie ihr im Gegenzug versprechen, ihr einen neuen Mantel zu schenken, ist das eine unspezifische Kompensation. Wenn Sie die Kompensation direkt bei der Abendgestaltung vornehmen, also z.B. vereinbaren „erst Kino, dann Tanzen", handelt es sich um eine Kompensation in „Verhandlungswährung", also *Bridging*, vgl. Kapitel 3.1.5.

[485] Gerade in öffentlichen Disputen herrscht häufig der Glaube vor, es sei kaum Wertschöpfungspotential vorhanden, deshalb ginge es nur um das „mit Macht durchsetzen". Diesen (Irr-)glauben entlarven BAZERMAN/BARON/SHONK 2001 unter dem ironischen Titel „You can´t Enlarge the Pie!" und zeigen an vielen konkreten Beispielen auf, dass in solchen Situationen nahezu immer Wertschöpfung im Interesse aller Beteiligten möglich ist.

unspezifischen Kompensationen für Interesseneinbußen einer Konfliktpartei. Die Kompensation wirkt dann im Sinne eines Interessenausgleichs.

Statt des spezifischen, sich auf den unmittelbaren Verhandlungs- oder Konfliktgegenstand gerichteten Interesses wird ersatzweise ein anderes wichtiges Interesse befriedigt (oder auch mehrere andere Interessen). Die Anwendung dieser Verhandlungstechnik erfordert vom Mediator – in Abstimmung mit den Medianten – eine *Erweiterung* des Lösungs-Rahmens. Diese Erweiterung kann in Form einer Kontexterweiterung[486] oder eines Reframing[487] erfolgen.

Einer Erweiterung des Lösungs-Rahmens dienen auch *finanzielle Kompensationen.* Durch sie können Nachteile, die eine Verhandlungspartei durch Nachgeben bei einem Thema erleidet, abgemildert oder ausgeglichen werden. In Businessverhandlungen sind solche Kompensationen durchaus an der Tagesordnung.

> Bsp.: Firma A und Firma B betreiben zusammen ein joint venture. Sie sind sich nicht einig über die zukünftige Geschäftsstrategie. Da sie auch nach längeren Verhandlungen keine Einigkeit erzielen können, bietet die eine Firma der anderen an sie „herauszukaufen", ihr also einen hohen Geldbetrag im Tausch für ihre Anteile oder die Übergabe der operativen Führung zu überlassen. Ein solches Ergebnis kann für beide Parteien interessengerechter sein, als eine gegenseitige Blockade oder eine gerichtliche Auseinandersetzung über die Auslegung des Gesellschaftsvertrages.

In der Wirtschaftsmediation dürfte die Anwendung dieser Verhandlungstechnik unproblematisch sein. Bei der Mediation im öffentlichen Bereich jedoch ist Vorsicht geboten,

[486] Der Kontext der Unterstützung bei der Positionierung beim Klimaschutz wird beispielsweise um den Kontext der Unterstützung bei Fragen der Militär- oder Wirtschaftshilfe erweitert.

[487] Der zunächst enger und spezifischer gesetzte Rahmen (frame) der Verhandlung wird erweitert, verschoben und/oder umdefiniert (re-framing), um möglichen Ersatzleistungen Raum zu geben. Dabei ist es oft auch notwendig, das Thema auf eine höhere Ebene zu heben, damit nicht ein schales Gefühl von „gekauft werden" entsteht. Anstatt der konkreten Frage „Abstimmung Kyoto-Konferenz" (wo dann der „Preis" für die Stimme verhandelt wird) wird das Thema erweitert auf: „Kooperation und gegenseitige Unterstützung bei der wirtschaftlichen Entwicklung" (wo dann darüber gesprochen werden kann, wie man sich gegenseitig helfen kann).

da bei politischen Verhandlungssituationen bzw. bei Beteiligung der Verwaltung in Deutschland (anders als z.B. in den USA[488]) finanzielle Kompensationen sehr unüblich sind, da enge verwaltungsrechtliche Grenzen bestehen[489] und die Öffentlichkeit meist sehr empfindlich reagiert („Sich-kaufen-lassen" hat den Makel der „Bestechlichkeit"). Grundsätzlich hängt die Legitimität der Kompensation vor allen Dingen davon ab, mit welchen Interessen „aufgerechnet" wird:

> Wird einem Staat angeboten, im Gegenzug für die Unterstützung auf einer Klimaschutzkonferenz ein Renaturierungsprojekt finanziell zu unterstützen, gilt diese Kompensation meist als legitim, weil *Interessen der Vertretenen* (Bevölkerung) befriedigt werden.
>
> Wird dem Unterhändler angeboten, im Gegenzug für seine Unterstützung auf der Klimakonferenz seinen Neffen für teures Geld als Berater zu beschäftigen, ist das Korruption und illegitim – weil die *Interessen des Vertreters auf Kosten der Vertretenen* befriedigt werden.

Als hilfreiche Fragen zur Identifizierung von Potential für unspezifische Kompensationen schlägt PRUITT vor, z.B. in folgende Richtung zu fragen:

- Wie sehr schmerzt es die Gegenseite, in einem bestimmten Punkt nachzugeben?
- Was würde der anderen Partei nutzen, was wir ihr anbieten können?
- Wie wertvoll wäre diese Gegenleistung für die Gegenseite?

3.1.3 „Logrolling" – Austauschverhältnisse nutzen

Geht es bei den unspezifischen und finanziellen Kompensationen um „Ersatzleistungen" für den Verzicht auf Interessenbefriedigung, werden beim Logrolling Austauschverhältnisse (trade-offs) zwischen den Verhandlungspartnern oder Medianten noch anderweitig genutzt. „Logrolling" bedeutet, dass eine Verhandlungspartei bei einem für

[488] Vgl. die Diskussion bei RAIFFA 2002, S. 515ff.

[489] Vgl. §§ 56, 59 VwVfG, die enge Grenzen für die Zulässigkeit eines öffentlich-rechtlichen Austauschvertrages vorsehen; Grundprinzip: Verwaltungsakte sind nicht „käuflich".

sie weniger wichtigen Verhandlungsaspekt nachgibt und dafür das Nachgeben der anderen Seite bei dem für sich wichtigeren Anspekt „eintauscht":

> „Each party concedes on low priority issues in exchange for concessions on issues of higher priority to itself. Each gets that part of its demands that it finds most important."[490]

In Mehrparteienverhandlungen, z.B. auf internationalen Konferenzen, kann Logrolling bis zum „Stimmentausch" gehen, dass also der eine Akteur in einer bestimmten Frage für die Position des anderen stimmt und dafür dessen Unterstützung (Stimmen) in einer anderen Frage enthält.

> Bsp.: Bei vergangenen Verhandlungen um das EU-Budget stimmte Deutschland mit Frankreich gegen die Kürzung der Agrarsubventionen (die Frankreich besonders wichtig waren) und erhielt dafür Frankreichs Unterstützung bei dem Erhalt der Strukturhilfen für Ostdeutschland (die Frankreich eigentlich egal sind, aber Deutschland besonders wichtig waren).

In sehr vielen Verfahren der Wirtschaftsmediation streiten die Parteien vor allen Dingen um die *Höhe einer bestimmten Geldzahlung. Diese Zahl ist zentrales „Schlachtfeld"*, auf das sich alle Aufmerksamkeit richtet. Dies ist aber meist nicht sachgerecht.

Erstens geht es den Parteien selten um diese Scheine bedruckten bunten Papiers als Selbstzweck. Das *Geld steht in der Verhandlung für andere Interessen*; es ist daher wichtig, zunächst einmal herauszuarbeiten, für welche Nutzenkategorie dieses Geld im konkreten Fall steht. Manchmal steht das Geld gar nicht in erster Linie für ökonomische Interessen, sondern für etwas anderes (Genugtuung, Sicherheit, Anerkennung, Gerechtigkeit, Fairness, Reputation etc.), das man sich mit diesem Geld verschaffen will.

> Im deutschen Rechtssystem kann man z.B. keine Entschuldigung einklagen, weil es dafür keine Anspruchsgrundlage gibt. Oft wäre aber eine Entschuldigung bzw. Klarstellung dasjenige, was am besten die Interessen eines Klägers befriedigen würde. Eine Klage auf Schadensersatz (Geld) ist dann nur (ziemlich ungeeignetes) Substitut für das eigentlich Gewollte. Hier wäre es im bei-

---

[490] PRUITT 1983, S. 36ff.

> derseitigen Interesse (Win-Win), die Verhandlung auf die eigentliche „Ausgleichswährung" zu fokussieren – kommunikatives Entgegenkommen.

Zweitens *geht es* selbst dann, wenn vorrangig ökonomische Interessen im engeren Sinne im Spiel sind, fast immer *um weit mehr als nur den Geldbetrag.*

> Besonders oft wird dieser Aspekt in unprofessionellen Einkaufsverhandlungen übersehen, in denen nur der Preis wirklich verhandelt wird. Dabei hat kein Unternehmen ein Interesse an einem möglichst billigen Preis. Schließlich setzt ein ökonomischer Erfolg eine Vielzahl von Faktoren voraus, im Einkauf z.B. Preis, Service, Termintreue, Qualität, Menge, Reputation, Beschaffungssicherheit, Präzedenzwirkung, Flexibilität, günstige Transaktionskosten.

Die Fokussierung auf den Geldbetrag dient dann vornehmlich der Reduzierung der Komplexität. Dadurch wird jedoch auch der *Spielraum für Kooperationsgewinne erheblich eingeengt.* Deshalb sollte man in der Wirtschaftsmediation immer berücksichtigen, dass jede Leistung, über die verhandelt oder gar gestritten wird, tatsächlich aus mindestens vier gestaltbaren Faktoren besteht:

1. *Leistungshöhe* (wie viel?),
2. *Leistungszeit* (wann? in Raten?),
3. *Leistungsart* (wie?) und
4. „*Währung*" der Leistung (was? womit?).

Oft ist in einer oder mehrerer dieser Dimensionen ein *Logrolling* möglich.[491] PRUITTS Refokussierungsfragen zum Logrolling lauten:

---

[491] Eine umfassende Darstellung zur Wertschöpfung auf der Basis von Austauschverhältnissen mit weiteren praktischen Beispielen bietet Kapitel 3.3.

- Welche Themen haben für mich eine höhere (niedrigere) Priorität?
- Welche Themen haben für die Gegenseite eine höhere (niedrigere) Priorität?
- Welche meiner Top-Prioritäten sind der Gegenseite nicht so wichtig – und umgekehrt?

3.1.4 Cost Cutting – Oft geht es günstiger

„Cost Cutting"-Optionen geben der einen Partei das, was sie will, reduzieren aber sogleich die Kosten (bzw. den Aufwand im weiteren Sinne) der Gegenseite. *Wegen dieser günstigeren Kosten können daher größere Zugeständnisse gemacht werden*, um einen Teil dieser Vorteile weiterreichen. Es ist daher im Interesse aller Parteien, ihre Schnittstellen bzw. die Prozesse zu optimieren; das gelingt umso besser, je besser eine Partei (und ein Verhandlungshelfer wie z.B. ein Mediator) das Geschäftsmodell der anderen Seite versteht. Diese Kooperationspotentiale können also dann besonders gut gehoben werden, wenn bei den Beteiligten ein großes Kontextwissen (z.B. zu der jeweiligen Branche) vorhanden ist.

> Bsp.: Jedes Jahr im September fällt deutschen Unternehmen auf, dass am 24.12. Weihnachten ist – und es werden Angebote für den Druck von Weihnachtskarten eingeholt. Eine Wertschöpfungsstrategie, die von den Teilnehmern unserer Seminare schon oft mit großem Erfolg ausprobiert wurde, ist: Sie gehen schon im März ins Risiko und wetten darauf, dass im Dezember Weihnachten kommen wird. Deshalb holen Sie sich im März ein Angebot zu den folgenden Konditionen ein: Die Druckerei darf die Weihnachtskarten zwischen März und spätestens Anfang November **zu jedem beliebigen Zeitpunkt** liefern. So kann dieser Auftrag „auf Reserve" genommen werden, um zu einem Zeitpunkt, wo kurzfristig ein anderer Auftrag ausgefallen ist (und die Maschine mit Stornokosten bereits bezahlt ist), weil z.B. ein anderer Kunde die Daten nicht rechtzeitig übermittelt hat, ausgeführt zu werden. Das bietet der Druckerei die Chance, die eigene Produktivität zu maximieren, da Leerlaufzeiten minimiert werden. Dies senkt kalkulatorisch die Kosten, so dass die Druckerei Ihnen einen günstigeren Preis anbieten kann und trotzdem profitabler arbeitet (Win-Win).

Ähnliche Vertragsgestaltungen sind in vielen Branchen erprobt (z.B. Bereitstellung von Kfz für Fahrzeugpools in einer Zeitspanne, Erbringen einer Baudienstleistung innerhalb eines Zeitraums, Optimierung des Supply Chain Managements durch bessere IT-Schnittstellen mit den Zulieferern u.ä.). Natürlich wäre es der anderen Verhandlungspartei am liebsten, die gemeinsam erzielten Vorteile komplett selbst zu vereinnahmen. Sie müssen daher – wie bei allen anderen Wertschöpfungsoptionen – darauf achten, *Ihren Anteil an dem geschaffenen Nutzen – z.B. über einen günstigeren Preis – für sich zu reklamieren*. Dieser Verteilungsaspekt findet sich daher auch in beinahe allen Verhandlungen, in denen wertschöpfend verhandelt wird – ausgenommen nur solche Verhandlungen, in denen durch eine kreative Lösung alle Interessen voll befriedigt werden können (Outframing wie im „Orangen-Gleichnis").

Zum Bereich des Cost Cutting gehören auch *spezifische Kompensationen*. Im Gegensatz zu unspezifischen Kompensationen werden dabei Aufwände der Gegenseite gerade durch *spezifische Leistungen* kompensiert, also Leistungen, die *genau diese Aufwände ausgleichen*.

> Bsp.: Zwei Organisationen streiten um die Spezifikationen einer EDV-Schnittstelle zum Datenaustausch. Es stellt sich heraus, dass es der Gegenseite gar nicht so sehr um die „beste technische Lösung" geht, sondern dass der eigene Standard verteidigt wird, um Kosten für Umprogrammierung zu vermeiden. Hier könnte eine Win-Win-Lösung darin bestehen, dass ein Teil des Aufwands spezifisch kompensiert wird, also der andere Partner einen Programmierer aus der eigenen EDV-Abteilung ausleiht oder Geld zahlt, um (einen Teil) des Aufwands auszugleichen.

Refokussierungsfragen nach PRUITT für den Bereich Cost Cutting sind:

- Welche Kosten (im weitesten Sinne) entstehen durch unsere Forderungen bei der Gegenseite?
- Wie können diese Kosten minimiert werden (oder ganz vermieden)?

3.1.5 Bridging – Themen kreativ verbinden

„Bridging" bedeutet, dass nach kreativen Lösungen gesucht wird, wie die einzelnen Themen so verbunden werden können, dass jeder Akteur seine Interessen befriedigen kann.

> Das klassische „Orangen-Gleichnis" ist ein Beispiel für Bridging. Bei der Analyse der Interessen stellt sich heraus, dass die eine Schwester die Orangenschale zum Kuchenbacken, die andere das Fruchtfleisch zum Essen haben möchte. Anstatt die Orange einfach zu teilen, was im Sinne einer „fairen" Lösung ohne ausreichende Interessenanalyse auf den ersten Blick nahe läge, wird nun die kreative Lösung erarbeitet, dass die eine die ganze Schale, die andere die gesamte Frucht erhält – 100% interessengerecht.

Auch beim Bridging geht es darum, die Themen so in einen neuen „Rahmen" zu stellen, dass sie kreativ miteinander verbunden werden. Insofern stellt auch das Bridging eine *Erweiterung* des Lösungs-Rahmens dar, das sich der Reframing- bzw. Outframing-Technik bedient und als Kontexterweiterung beschrieben werden kann.

> Nehmen wir das Beispiel eines Paares, das sich nicht einig ist, wie man den Urlaub verbringen soll. Er möchte gerne Bergwandern und denkt an die Dolomiten, sie möchte gerne sowohl im Meer als auch in der Sonne baden. Bridging entsteht jetzt durch *kreatives Brainstorming* anhand der Frage: „Wie können wir Urlaub machen und dabei Sonnenbaden, im Meer baden und Bergwandern?" So kann z.B. die Idee entstehen, nach Teneriffa zu fahren. Dort gibt es Sandstrände, viel Sonne und mit dem Pico del Teide den höchsten Berg Spaniens, der viele Möglichkeiten auch für ambionierte Bergwanderer bietet. Diese Option dürfte gegenüber anderen „Kompromissen" (z.B. „wir fahren eine Woche in die Dolomiten und eine Woche in die Dominikanische Republik") interessengerechter sein.

Nach diesem Prinzip sind oft auch im Bereich geschäftlicher Verhandlungssituationen wertschöpfende Lösungen denkbar.

> Andreas Winheller wurde als Verhandlungscoach zu einer Verhandlung hinzugezogen, die „auf Messers Schneide" stand. Es ging um eine Kooperations-

beziehung zwischen einem Hersteller und neuen Zulieferer. Man war sich in fast allen wirtschaftlichen Fragen einig, der Knackpunkt waren Vorschriften zum Qualitätsmanagement. Der Hersteller verlangte spezifische Garantien nach einem bestimmten Qualitätsmanagementstandard. Der Zulieferer lehnte diese Forderung kategorisch ab. Der Hersteller war überrascht über die Unnachgiebigkeit; bei ihm entstanden daher Zweifel hinsichtlich der Zuverlässigkeit dieses (ausländischen) Zulieferers. Eine genauere Interessenanalyse zeigte, dass der Grund für den Widerstand nicht mangelnde Qualität, sondern vielmehr die Tatsache war, dass der Zulieferer ein anderes Qualitätsmanagementsystem verwendete, das nicht vollständig kompatibel war. Die Zertifizierung auf das deutsche System wäre extrem teuer und unwirtschaftlich gewesen. Die Frage „*Wie können die Qualitätsansprüche des deutschen Herstellers befriedigt werden, ohne dass der Zulieferer das deutsche System einführen muss?*" führte zu einer Lösung, bei der bestimmte Prozessvereinbarungen geschlossen wurden und im übrigen eine „Gleichwertigkeitserklärung" durch spezifische Analyse des anderen Systems eingeholt wurde.

Bei einem anderen Unternehmen war in einer scheinbar identischen Verhandlungssituation eine solche Lösung nicht möglich – da der Hersteller aber auch nicht die durch das neue QM-System notwendigen Kosten abdecken wollte, scheiterte die Verhandlung. Hintergrund: Dieses Unternehmen war im Flugzeugbau tätig. Dort gelten strenge formale rechtliche Vorgaben, so dass die „Gleichwertigkeit" eines anderen Systems nicht zählt, weil genau ein bestimmtes System vorgeschrieben war. Dieses Beispiel zeigt, *dass es bei der Wertschöpfung keine „Standardlösungen" gibt*, sondern die Optionen in jedem Einzelfall kreativ entwickelt werden müssen.

Dabei bedeutet Bridging keineswegs, dass sich die Probleme insgesamt in Luft auflösen, wie auch Win-Win nur als Gewinn der Verhandlungsparteien verstanden wird. Es kann durchaus sein, dass die Belastungen durch kreative Einigungen bei Dritten wirksam wird.

Bsp.: Die Einkaufsverhandlungen im deutschen Lebensmitteleinzelhandel werden sehr hart geführt, da die deutschen Verbraucher extrem preisempfindlich sind. Kleinere und austauschbare Produzenten können daher Kostensteigerungen kaum weitergeben. Wenn allerdings ein wichtiger Markenhersteller mit großer Verhandlungsmacht mit Preiserhöhungsforderungen kommt, kann

> dieses Verlangen nicht so einfach abgewehrt werden. Gleichzeitig will der Händler auf der Basis seiner Preiselastizitätsberechnungen meist keine Preiserhöhung zulassen. „Kreative Lösung“ ist da oft, dass der Preis für das Produkt gleich bleibt, aber die Füllmenge der Packung kleiner wird – und mit Pressluft aufgefüllt wird. So erlöst der Hersteller mehr, der Händler kann optisch den gleichen Preis verlangen, beide sind zufrieden und der Verbraucher zahlt die Zeche…

PRUITT schlägt vor, *für Bridging folgende Refokussierungsfragen* zu verwenden:

- Was sind die grundlegenden Interessen der Parteien?
- Welche Prioritäten haben Sie in Bezug auf diese grundlegenden Interessen?
- Wie können die jeweiligen Top-Prioritäts-Interessen durch eine kreative Lösung miteinander vereinbart werden?

3.2 Systematisch Wertschöpfungspotentiale erschließen

Wenn Wertschöpfungsoptionen erst einmal herausgearbeitet worden sind, erscheinen sie „logisch“ und „selbstverständlich“. Das heißt aber nicht, dass es eine Selbstverständlichkeit ist, dass solche Optionen gefunden werden. Grund dafür ist die Komplexität:

> „Because negotiation is an ill-structured task, with few constraints and a myriad of possible „moves“, a royal road for reaching integrative Agreements does not exist.“[492]

LEIGH THOMPSON hat daher vorgeschlagen, die für die Wertschöpfung notwendige Prozessstruktur in einem Ablaufdiagramm zu visualisieren, das Verhandlern als Orientierungshilfe für die Entscheidungsfindung in integrativen Verhandlungssituationen dienen kann.[493] Auf der Basis von Thompsons Überlegungen hat Andreas Winheller folgendes Ablaufdiagramm erarbeitet und in Seminaren erprobt:

---

[492] THOMPSON 2009, S. 93.

[493] THOMPSON 2009, S. 93.

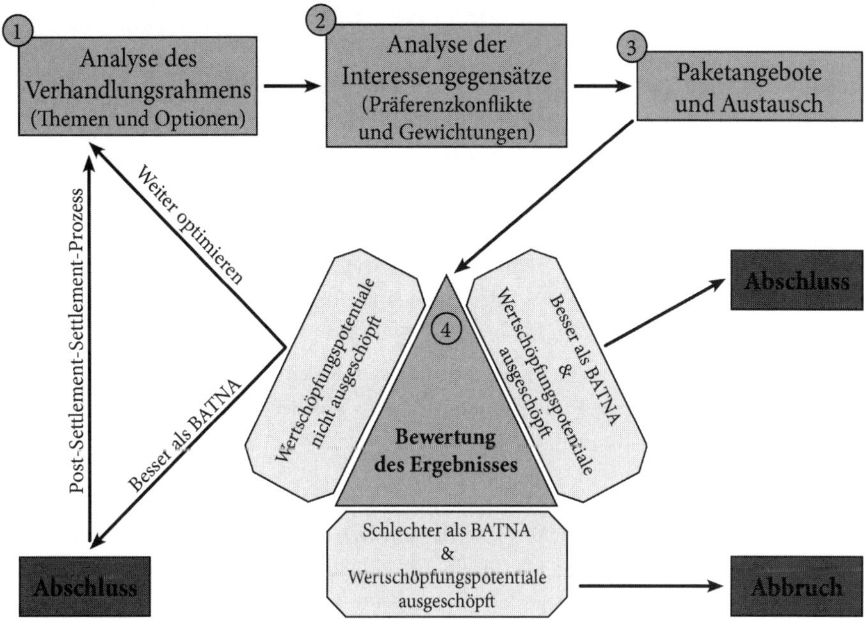

Abb. 9: Prozessbeschreibung integratives Verhandeln

3.2.1 Analyse des Verhandlungsrahmens / Themen und Optionen

Integratives Verhandeln beginnt zunächst mit der Entwicklung eines effektiven Verhandlungsrahmens (Agenda). Dabei gilt es, möglichst einen weiten Verhandlungsrahmen zu setzen, d.h. alle relevanten Fragen in die Verhandlung mit einzubeziehen, da Wertschöpfungspotentiale nur bei Mehr-Themen-Verhandlungen bestehen:

> „Most negotiations begin as single-issue negotiations. By definition, single issue negotiations are not win-win because whatever one party gains, the

> other party loses. However it is usually possible to identify more than one issue."[494]

In der Mediation gibt es dazu zunächst die Aufgabe des „Themensammelns"[495], bei dem vereinbart wird, über was man sprechen möchte. Dabei ist es sehr wichtig, dass man die *Themenliste breit* anlegt, weil Beteiligte oft – insbesondere in emotionalisierten Konflikten – auf ein oder zwei Hauptthemen fokussiert sind. Diese einschränkende Problemsicht reduziert allerdings später die Möglichkeiten für Wertschöpfungsoptionen. So sollte also konsequent nachgefragt werden: „Und was wäre Ihnen darüberhinaus noch wichtig". Zudem sollten die *Themen* auf der Agenda so formuliert (ggf. umformuliert) werden, dass sie nicht *zu einschränkend auf bestimmte Lösungsoptionen (Positionen) gerichtet* sind.[496] Wenn es den Beteiligten schwer fällt, eine breite Themensicht einzunehmen, kann möglicherweise die „Wunderfrage"[497] aus der Lösungsfokussierten Kurzzeittherapie helfen.

Diese Themenliste wird sich üblicherweise noch einmal verändern und erweitern, wenn die *Interessen der Parteien sorgfältig herausgearbeitet* wurden. Auf der Basis der Interessen werden oft Zusammenhänge oder Notwendigkeiten erkennbar, die den Betroffenen in ihrer Positionsfixierung noch nicht bewusst waren.

Eine zentrale Bedeutung kommt dabei dem sogenannten **„Unbundling"** zu, also dem Zergliedern und Erweitern des zentralen Streitthemas. Streiten sich die Parteien also beispielsweise über die Höhe einer Zahlung, sollte ein Mediator z.B. die Idee einbringen, die Zahlung in ihre notwendigen Bestandteile (Frist, Währung, Höhe, Zahlungsweg usw.) zu zerlegen und jeweils explizit zu verhandeln. Das *Unbundling ist eine wichtige Grundlage für die spätere Wertschöpfung* und erfordert *Kenntnis der Systematik* der Wertschöpfungspotentiale (vgl. Kapitel 3.3) *sowie kreatives Denken.*[498]

---

[494] THOMPSON 2009, S. 75.

[495] Vgl. KESSEN/TROJA 2009 § 9 Rn. 20ff.

[496] Thema sollte also nicht sein: „Ende der Lärmbelästigung" sondern eher „Vereinbarungen für nachbarschaftlichen Umgang". Statt „Abfindung" könnte man ggf. jedenfalls anfänglich „Wie geht's weiter mit dem Arbeitsverhältnis?" festhalten.

[497] Zur Wunderfrage vgl. SPARRER 2009, S. 34ff., und hier Kapitel 7.6.4.

[498] Vgl. THOMPSON 2009, S. 94, und zum kreativen Denken S. 183ff.

Neben den Themen wird der Verhandlungsrahmen durch die Zahl und die Qualität möglicher Optionen bestimmt, die Grundlage für spätere trade-offs (Austauschpotentiale) bilden. Die *Qualität der gefunden Optionen ist ein Produkt der Haltung der Beteiligten und des kreativen Prozesses*, den die Beteiligten (und der Mediator) implementieren. Die „Haltung" ist dann optimal für die Optionsentwicklung ausgerichtet, wenn es gelingt, den Parteien das Gefühl zu vermitteln, sie seien *„Partner bei der Problemlösung"*.[499] Solange die Parteien sich noch in einem „Besiegen"-Modus befinden, wird die Optionsentwicklung wenig effektiv sein; deshalb empfiehlt es sich, die Optionsentwicklung an mehreren Stellen im Prozess noch einmal zu ergänzen.

Die Qualität des kreativen Prozesses ist davon abhängig, inwieweit es gelingt, die Parteien auf die Regeln *„während der Optionsentwicklung wird nicht bewertet"* und *„möglichst viele Optionen sind besser, als die eine beste Lösung"* zu fokussieren und inwieweit die zur Verfügung stehenden Kreativitätstechniken souverän eingesetzt werden. Schon seit dem Harvard-Konzept ist die Idee eines *„gemeinsamen Brainstormings für Optionen" elementarer Bestandteil jeder sachbezogenen Verhandlung* – es muss allerdings nicht immer ein Brainstorming sein, denn es gibt noch eine Reihe anderer (im Einzelfall möglicherweise zweckmäßigerer) Kreativitätstechniken.[500]

3.2.2 Analyse der Interessengegensätze

Wenn der Verhandlungsrahmen und damit die Ressourcen für die wertschöpfenden Lösungen festgelegt ist, geht es darum, **Informationen über die jeweiligen Interessenlagen und die daraus resultierenden Wertschöpfungspotentiale zu generieren**, um anschließend optimale trade-offs realisieren zu können.[501]

Gerade dieser Prozess des effektiven Informationsaustauschs ist gleichermaßen zentraler Erfolgsfaktor wie Achillesferse im wertschöpfenden Verhandeln. Tatsächlich zeigen em-

---

[499] THOMPSON 2009, S. 189; die Idee von der „gemeinsamen Problemlösung" steht auch im Mittelpunkt des „Harvard-Konzepts", vgl. FISHER/URY/PATTON 2009.

[500] Vgl. dazu die exzellenten Darstellungen bei DUVE/EIDENMÜLLER/HACKE 2011, S. 196ff., GREITER 2009 § 16 Rn. 1ff. und SCHÄFFER 2004, S. 133ff. Sehr nützlich ist auch die Anwendung des „6-Denkhüte-Modells" von Edward de Bono auf Verhandlungen, vgl. die Darstellung bei KNAPP/NOVAK 2010, S. 45ff.

[501] Zur Idee der „trade-offs" und den Potentialen vgl. Kapitel 3.3.

pirische Studien, dass der Informationsaustausch – insbesondere beim intuitiven Verhandeln – in der Praxis oft ineffektiv abläuft.[502]

Dabei ist natürlich ein besonders *großes Problemfeld das sogenannte „Informationsdilemma"*, dass also Informationen aus taktischen Gründen zurückgehalten oder verzerrt weitergegeben werden, um die eigene Position im Verteilungskampf zu verbessern.[503] Aber selbst dann, wenn die Parteien grundsätzlich Informationen offen austauschen wollen, wird dieser Prozess oft ineffektiv gestaltet. Das beruht z.B. darauf, dass die meisten Verhandler *zu wenige und die falschen Fragen stellen*, insbesondere durchschnittlich nur sieben Prozent der Verhandler nach Präferenzen und Prioritäten fragen – die wesentlichste Schlüsselinformation für Win-Win-Ergebnisse.[504] *Annahmen über die Gegenseite werden nicht als Hypothesen wahrgenommen*, die überprüft werden müssen, sondern als Gewissheiten. Gleichzeitig führt die Dynamik der *illusion of transparency* dazu, dass Verhandler zu wenige Informationen, zu knapp und mit zu wenig Wiederholungen kommunizieren, weil sie fälschlicherweise annehmen, das sei „ja ohnehin klar".[505] Die Dynamik des *false conflict*[506] führt dazu, dass *Informationen über die Interessen der Gegenseite falsch und als unvereinbar mit den eigenen Interessen interpretiert* werden. Im Ergebnis finden etwa 50% der Verhandler nicht einmal heraus, wenn sie vollständig kompatible Interessen haben.[507] Ein Mediator als Prozessexperte sollte diese Problembereiche kennen und durch eine geschickte Prozessgestaltung darauf achten, dass Informationen effektiv ausgetauscht werden, um eine gute Grundlage für Win-Win-Ergebnisse zu schaffen.

Wesentlicher Baustein dafür ist die gründliche Erörterung – und Herausarbeitung – der jeweiligen Interessen und Präferenzen. Gerade die Frage nach den Prioritäten ist besonders wichtig – und wird insbesondere unerfahrene intuitive Verhandler häufig „kalt erwischen", weil sie sich über Prioritäten und Gewichtungen kaum Gedanken gemacht

---

[502] Vgl. THOMPSON 1991, S. 161ff., und THOMPSON 2009, S. 81ff. m.w.N.

[503] Vgl. zu diesem Dilemma und Möglichkeiten, es konstruktiv zu „managen" die detaillierte Darstellung in Kapitel 3.5.1.

[504] THOMPSON 1991, S. 161ff.

[505] GILOVICH/SAVITSKY/MEDVEC 1998, S. 332ff.

[506] Vgl. THOMPSON 2009, S. 78.

[507] THOMPSON/HREBEC 1996, S. 396ff.

haben.[508] Hier kann der Verhandlungspartner – oder besser noch ein Mediator - Hilfestellung bei den mentalen Klärungsprozessen bieten, indem *Unterscheidungsfragen oder Skalierungsfragen* gestellt werden, z.B.:

- Was würde es Sie kosten, wenn Sie die Baustelle schon in einer Woche fertigstellen müssten?
- Was wäre Ihnen lieber, wenn Sie wählen müssten, A oder B?
- Wie wichtig ist Ihnen dieser Punkt auf einer Skala von 1 bis 10?

Besonders nützlich ist es, zur Vorbereitung auf die Verhandlung ein **Scoringsystem**[509] für die eigenen Interessen und deren Gewichtungen zu implementieren. Dann können in der Verhandlung sehr schnell über Paketangebote Wertschöpfungspotentiale herausgearbeitet werden. Eventuell kann ein solches Scoringsystem als „Hausaufgabe" für die Medianten vereinbart werden oder die Verhandlung dafür unterbrochen werden – gegebenenfalls kann der Mediator bei der Konstruktion des Scoringsystems auch im Rahmen eines Einzelgesprächs Hilfestellung leisten.

Mit Blick auf die Gefahr der *Illusion of Transparency* sollte der Mediator darauf achten, intensiv nachzufragen und mittels der Techniken des Aktiven Zuhörens[510] gleichzeitig das richtige Verständnis zu überprüfen, die wichtigsten Dinge deutlich herauszustellen sowie die notwendigen Wiederholungen zu generieren, damit Schlüsselinformationen auch von allen Beteiligten wahrgenommen werden. Insofern ist der Mediator besonders gefährdet, wenn er intensive Vorgespräche oder Einzelgespräche mit den Medianten führt, weil er selbst dann möglicherweise der gleichen Heuristik unterliegt, und ihm die Dinge (die er ja schon mehrfach gehört hat) klarer zu sein scheinen als sie für die anderen Beteiligten tatsächlich sind.

[508] Zur schlechten Vorbereitung als Sollbruchstelle für Wertschöpfung vgl. auch Kapitel 3.5.2.

[509] Zur Gestaltung eines Scoringsystems vgl. MEDVEC/GALINSKY 2005, S. 5f., sowie die „Negotiator Toolbox" im Harvard PON *Negotiation* Newsletter 10 (11), November 2007, S. 5f. Die Grundlagen finden sich bereits bei LAX/SEBENIUS 1986, S. 77ff. Sehr ausgefeilte Ansätze zur Präferenzmessung, die nicht nur in industriellen Verhandlungen anwendbar sind, finden sich bei HERBST 2007.

[510] Zum „Aktiven Zuhören" vgl. ROSNER/WINHELLER 2012, S. 125ff.

Der Mediator sollte die Beteiligten *ermutigen, relevante Informationen*[511] (z.B. über Interessen, Möglichkeiten, Präferenzen) *offenzulegen*, gleichzeitig aber auch darauf achten, dass dieses auf Gegenseitigkeit beruht und *Zug-um-Zug* erfolgt. Denn nur wenn alle Beteiligten Informationen offenlegen, wird die notwendige Grundlage für Win-Win-Ergebnisse geschaffen, schließlich führt kooperative Informationsweitergabe in der großen Mehrzahl der Fälle zu einer Erwiderung im gleichermaßen kooperativen Verhandlungsverhalten und damit letztlich zu deutlich wertschöpfenderen Ergebnissen.[512] Vor allem bei unerfahreneren Beteiligten und Machtungleichgewichtslagen sollte der Mediator *auf die Fairness im Informationsaustausch achten*, insbesondere einzelne Beteiligte davor schützen, sich unabsichtlich durch die Offenbarung von sensiblen Informationen dem Verhandlungspartner auszuliefern (z.B. durch die Preisgabe der eigenen BATNA bzw. des Reservation Prices) oder persönliche (z.B. arbeitsrechtliche) Risiken einzugehen.

Weiterhin kann der Mediator in dieser Phase konstruktiv wirken, wenn er die Beteiligten – durch entsprechende Fragen oder in Einzelgesprächen – dabei unterstützt, sich *in die Perspektive der anderen Verhandlungspartei hineinzudenken*. Tatsächlich ist die Perspektivenübernahme (Perspective-Taking) eine hervorragende Grundlage für effektive Verhandlungsprozesse und effiziente Ergebnisse.[513] Während Empathie die Fähigkeit bezeichnet, eine emotionale Verbindung zum Gegenüber aufzubauen, ist *Perspektivenübernahme eine kognitive Fertigkeit, die es ermöglicht, die Welt aus den Augen des anderen zu betrachten* und dessen Standpunkt assoziiert wahrzunehmen. Es ist damit die *wichtigste kognitive Fertigkeit in der Verhandlungsführung*. Empirisch ist eine deutliche positive Korrelation zwischen „Perspective Taking Ability" (PTA) und Verhandlungserfolg sowie Wertschöpfungsleistung nachweisbar.[514]

Die Perspektivenübernahme kann durch entsprechende Fragen seitens des Mediators erreicht[515] oder z.B. im Rahmen einer strukturierten Rollenwechselübung ausprobiert werden, wie sie am Harvard Verhandlungsprogramm (PON) entwickelt wurden.[516]

---

[511] Vgl. „Six key types of information during negotiation" bei THOMPSON 2009, S. 83.

[512] Vgl. ZARANKIN/WALL 2012, S. 162ff.

[513] GALINSKY/KU/WANG 2005, S. 109ff.

[514] GALINSKY/MADDUX/GILIN/WHITE 2008, S. 378ff.; BAZERMAN/NEALE 1982, S. 543ff.

[515] Vgl. z.B. URY 1998, S. 110ff. sowie FISHER/URY/PATTON 2009, S. 102ff.

3.2.3 Paketangebote und Austausch

Durch Angebote und Gegenangebote müssen als nächstes die Wertschöpfungspotentiale realisiert werden, indem die integrativen Techniken angewendet (Kapitel 3.1) und Austauschverhältnisse (Kapitel 3.3) operationalisiert werden. Dies gelingt am besten, wenn **Paketangebote** verhandelt und **mehrere Angebote alternativ** auf den Verhandlungstisch gebracht werden.

3.2.3.1 Paket-Verhandeln versus „Salami-Technik" (single-issue)

Wenn komplexe Verhandlungen zu führen sind, die eine Vielzahl von Themen beinhalten, so wird meist die *Salami-Technik* angewendet, d.h. eine Frage nach der anderen wird abgearbeitet, bis in allen Themenbereichen eine Einigung erzielt wurde (single issue negotiating). In manchen Ratgebern zur mediativen Verhandlung wird zudem empfohlen, mit einfachen Fragen zu beginnen, um schnell Erfolgserlebnisse zu erzielen, und die „dicken Brocken", d.h. die Fragen die besonders wichtig und umstritten sind, bis zum Ende aufzuschieben, wo alle Beteiligten kompromissbereiter sind, weil sie schon zuviel in die Konfliktbearbeitung investiert haben, als dass sie die Verhandlung oder Mediation noch scheitern lassen wollten (Verstrickungssituation).

Die Vorteile eines derartigen Vorgehens liegen auf der Hand:

- Jede noch so komplexe Materie kann derart zergliedert werden, dass sie für alle Akteure leicht handhabbar wird.
- Der Verhandlungsprozess ist stets transparent, und eine klare Struktur ist für alle Beteiligten erkennbar.
- Die schnellen Erfolgserlebnisse zu Beginn wirken motivierend und vertrauensfördernd auf die Streitparteien.

Dadurch dass jede Frage einzeln und nacheinander behandelt wird, ist es allerdings schwieriger, Wertschöpfungspotentiale zu erkennen und zu entwickeln. Gerade die angestrebten Tauschgeschäfte (Kooperationsgewinne) werden behindert. Zudem besteht

[516] BÜHRING-UHLE/EIDENMÜLLER/NELLE 2009, S. 108ff. beschreiben eine solche Übung. Diese Übung „Role Reversal Exercise" ist inzwischen auch in einer deutschen Übersetzung von Andreas Winheller beim Harvard PON Clearinghouse zu beziehen, vgl. www.pon.org.

die Gefahr, dass die Parteien jede einzelne Frage als *distributive* Verhandlung einschätzen und jeweils ein hartes Feilschen um Positionen stattfindet.

Oft entstehen ungesunde Dynamiken, die zu irrationalen Ergebnissen führen: Eine Seite hat z.B. das Gefühl, dass sie bei mehreren besprochenen Themen nachgegeben hat und deshalb „jetzt einmal die andere Seite dran ist zurückzustecken". Sie beharrt dann unnachgiebig auf ihrer Position und fordert Zugeständnisse der Gegenseite als Zeichen des guten Willens ein. Dieses kann schlimmstenfalls zum Scheitern der Mediation führen. Das Problem dabei ist nicht, dass eine Seite auf ihren Forderungen beharrt – das Problem ist vielmehr, dass sie *nicht aus sachlichen Gründen* auf dieser Forderung beharrt, *sondern aus psychologischen Gründen*, weil sie „nicht schon wieder nachgeben will". Vielleicht wäre es interessengerechter, wenn die andere Seite nicht in der gerade besprochenen Frage nachgeben würde, sondern in irgendeinem anderen der zu verhandelnden Punkte – das jedoch steht gerade nicht zur Diskussion. Die Frage, in welchen Punkten welche Seite Konzessionen macht bzw. machen muss hängt somit häufig nicht von den inhaltlichen Prioritäten bzw. Interessen der Parteien ab sondern schlicht von psychologischen Dynamiken.

Interessensgerechter ist daher fast immer ein anderes Vorgehen: das **Paket-Verhandeln**. Dabei werden *alle relevanten Fragen offen gehalten und gleichzeitig verhandelt.* Ziel ist es jetzt nicht, für jedes einzelne zu verhandelnde Thema eine isolierte Lösung zu finden; Ziel ist es ein Ergebnis zu erzielen, durch das alle Fragen gleichzeitig gelöst werden. Dabei können Austauschbeziehungen voll genutzt werden; zentrale Bedeutung haben unterschiedliche Prioritätensetzungen der Beteiligten: „Was wäre Ihnen lieber: viel A, viel B, wenig C oder lieber mehr C und dafür weniger A und B?" Auf diese Art und Weise erkennen die Akteure immer genauer die Interessenlage der anderen Seite und können schließlich ein „Paket" schnüren, das die Interessen beider Seiten maximal möglich berücksichtigt und die Chancen für gemeinsamen Mehrwert konsequent nutzt. Jede Seite erkennt, wo sie zurückstecken muss und kann dieses gezielt an den Stellen tun, die der Gegenseite deutlich wichtiger sind als ihr selbst. Ein derartiges Vorgehen beinhaltet eine hohe Ziel- und Prioritätenorientierung und ermöglicht eine *integrative* Verhandlungsführung und *gemeinsame* Wertschöpfung.[517]

In der Anwendung ist für den Mediator jedoch dringend zu bedenken, dass das Paket-Prinzip *einen wesentlichen Nachteil* gegenüber der Salami-Technik hat: je mehr Aspekte zu verhandeln sind, desto *komplexer* werden derartige Verhandlungen. Dadurch, dass grundsätzlich alle Fragen gleichzeitig offen gehalten und besprochen werden, birgt diese Technik die große Gefahr, dass die Gespräche völlig unstrukturiert verlaufen, weil die Akteure den roten Faden nicht mehr erkennen und nur noch „im Nebel stochern", weil sie von der hohen Komplexität überfordert werden.[518] Wenn die Akteure nicht mehr wissen, worüber gerade verhandelt wird und an welchem Punkt die Verhandlung gerade steht, ist das Ergebnis der Paket-Taktik Konfusion und Frustration anstelle von Effektivität und Motivation.

Bei der Auswahl des richtigen Vorgehens gilt es daher, *die Komplexität des Verhandlungsgegenstandes und die Gesprächsführungskompetenz der Akteure sorgfältig einzuschätzen und dann die angemessene Verhandlungsstruktur zu gestalten.* Gerade bei schwieriger Ausgangslage oder unbekannten Verhandlungspartnern empfiehlt es sich für den Mediator, einige kleinere Themenbereiche abzuspalten und vorab zu klären, und erst danach die Hauptfragen nach dem Paket-Prinzip zu behandeln.[519]

Erfahrene Verhandler unter den Medianten wissen die vertrauensstiftende und motivationsfördernde Wirkung von Anfangserfolgen zu würdigen. Gerade wenn die großen Fragen stark umstritten und große Erfolge derzeit nicht möglich sind, kann es gelingen, durch gemeinsame kleine Erfolge ein Klima aufzubauen, das letzten Endes auch die großen Kompromisse möglich macht. Gerade deshalb gilt es, „Paketverhandeln" und „Salamitechnik" geschickt zu verbinden – indem die wesentlichen Wertschöpfungs-

[517] Den Effektivitätsvorteil von „Paket-Verhandeln" zeigten zunächst GRIGSBY/BIGONESS 1982; heute ist diese Tatsache in der verhandlungswissenschaftlichen Literatur unbestritten, vgl. nur THOMPSON 2009, S. 86; MALHOTRA/BAZERMAN 2007, S. 76f.

[518] Techniken zum Umgang mit der Komplexität in Verhandlungen beschreibt HAFT 1993.

[519] Eine innovative Variante des Paketverhandelns – wenn auch für die meisten Medianten wohl eine zunächst ungewohnte – ist der Interessenausgleich und eine Wertschöpfungsoptimierung über eine eNegotiation-Plattform wie z.B. *www.smartsettle.com.* Dort geben die Parteien ihre Interessen und Gewichtungen ein und der Computer schlägt ein pareto-optimales und nach „fair-division"-Kriterien optimiertes Lösungspaket vor.

potentiale im Paket verhandelt werden und gleichzeitig einzelne Themen klug „vor die Klammer" gezogen oder ans Ende gestellt werden.

3.2.3.2 Verhandeln mit gleichzeitigen (Paket-)Angeboten (multiple offer strategy)

Das „Paketverhandeln" ermöglicht schon eine deutlich größere Wertschöpfung als das Verhandeln von Einzelthemen. Noch weiter kann jedoch die Effektivität der Wertschöpfung gesteigert werden, **wenn anstelle eines Angebotes mehrere Angebote gleichzeitig** unterbreitet werden (*multiple offer strategy*). In der Verhandlungslehre wird seit langem eine solche Mehr-Angebots-Strategie empfohlen, mit der auch mit sehr unkooperativen Verhandlungspartnern eine gute Wertschöpfung erreicht werden kann.[520] Dabei ist es wichtig, dass von einer Verhandlungspartei mindestens zwei Angebote (besser mehr[521]) gleichzeitig unterbreitet werden, **die für sie den gleichen Wert** haben, d.h. bei denen es dem Anbietenden egal ist, welches dieser Angebote die Gegenseite bevorzugt. So könnte z.B. im Falle einer Lizenzverhandlung eine höhere Gebühr mit Exklusivität und besserem Service und als Alternative eine niedrigere Gebühr ohne Exklusivitätsklausel und mit etwas schlechterem Service angeboten werden. Beide Angebote werden gleichzeitig auf den Tisch gelegt und die Gegenseite wird gefragt, welches dieser Angebote ihr besser gefällt („Von welchem Angebot aus sollen wir denn jetzt einmal weiter denken?").

Ein Forscherteam um MEDVEC, LEONARDELLI, GALINSKY und CLAUSSEN-SCHULZ hat die Effektivität dieser Technik in mehreren Studien[522] erforscht und dafür den Begriff **„Multiple equivalent simulataneous offers (MESO)"** geprägt (*mehrere gleichwertige gleichzeitige Angebote*). Sie haben aufzeigen können, dass die MESO-Technik Verhandlern eine Reihe von Vorteilen bringt:

---

[520] Vgl. nur BAZERMAN/NEALE 1992, S. 92f.; THOMPSON 2009, S. 86f.; zuerst wohl bei KELLEY 1966, S. 49ff.

[521] Je mehr Angebote unterbreitet werden, desto genauer kann auf die Präferenzverteilung der Gegenseite geschlossen und das Wertschöpfungspotential optimal ausgenutzt werden. Andererseits verursacht jedes zusätzliche Angebot Transaktionskosten und erhöht die Komplexität. Dabei dürfte in den meisten Verhandlungen eine Zahl von **drei** gleichzeitigen Angeboten einen guten Kompromiss zwischen diesen beiden Aspekten darstellen.

[522] Vgl. MEDVEC/LEONARDELLI/GALINSKY/CLAUSSEN-SCHULZ 2005, S. 1ff.

a. Durch diese Strategie können Informationen über die Präferenzen der Gegenseite gewonnen werden (nicht nur die Prioritäten, sondern auch die *Gewichtung*), auch wenn die Gegenseite darüber nicht reden möchte.[523] Da alle Paketangebote so kalkuliert sind, dass sie für den Anbieter gleichwertig sind, gibt alleine die Auswahl bereits hinreihend Aufschluss. Wenn die Gegenseite beispielsweise das Paket mit der längsten Garantiezeit auswählt, so ist dieser Punkt für die Gegenseite *relativ* wichtiger als für den Anbieter; wählt der Käufer das Angebot mit der längsten Lieferzeit aus, so ist dieser Punkt *relativ* weniger wertvoll.

b. Die Wertschöpfung kann optimiert werden, da der Verhandlungspartner automatisch das Paketangebot auswählt, das die Konzessionen an der für ihn wertvollsten Stelle enthält. Dadurch können ganz automatisch trade-offs genutzt werden, selbst wenn die Interessenlage der Gegenseite nicht genau bekannt ist.

c. Gleichzeitig wird die Beziehung zur Gegenseite positiv beeinflusst, da die Verhandler alleine durch den Einsatz der Technik flexibel und anpassungsfähig erscheinen. Schließlich beharren sie nicht auf einer bestimmten Lösung, sondern machen mehrere Angebote und signalisieren „Verhandlungsbereitschaft".

d. Diesen Beziehungsvorteil können Verhandler nutzen, um auch auf der Verteilungsebene der Verhandlung vorteilhafte Lösungen auszuhandeln.

Die empirischen Ergebnisse zur Effektivität dieser Technik sind beeindruckend[524]: In einer Studie auf Grundlage einer sehr schwierigen Konfliktverhandlung zur Vermeidung einer Insolvenz, waren mit der MESO-Technik 86% der Verhandler erfolgreich und konnten eine vorteilhafte Einigung erzielen, mit Einzelangeboten waren es nur 63%. In einer anderen Studie auf Grundlage einer komplexen Lizenzvertragsverhandlung zeigte sich, dass 67% der Verhandler, die die MESO-Technik einsetzten, ein pareto-otimales Ergebnis erreichten (also das Wertschöpfungspotential komplett ausschöpften) gegenüber nur 27% der Verhandler mit Einzelangeboten. **Im Schnitt erzielten die MESO-Verhandler ein um ca. 40% besseres Ergebnis**, *da sie auch auf der distributiven Verhandlungsebene besser abschnitten.* Der Vorteil beim distributiven Verhandeln wird

[523] Durch den Einsatz der MESO-Technik werden Informationen durch *induktives Schließen* gewonnen, vgl. THOMPSON 2009, S. 88, 212f.

[524] Darstellung der Ergebnisse nach GALINSKI 2005 und nach MEDVEC/LEONARDELLI/GALINSKY/CLAUSSEN-SCHULZ 2005, S. 1ff.

noch größer, wenn der MESO-Verhandler sich in einer schwächeren Ausgangslage (Verhandlungsmacht) befindet. In einer weiteren Studie zu einer Verteilungsverhandlung in einer solchen Machtungleichgewichtslage erzielten die „Schwächeren" mithilfe der MESO-Technik durchschnittlich ein ca. 15% besseres Verhandlungsergebnis.

Die empirischen Studien haben also gezeigt, dass die MESO-Technik das Risiko des Scheiterns vermindert, die Beziehung zum Verhandlungspartner verbessert, die Wertschöpfungspotentiale besser ausschöpft und das eigene Verteilungsergebnis maximiert. *Sie ist damit ein sehr mächtiges Mittel, das jeder professionelle Verhandler in seinem Werkzeugkoffer haben sollte.* Wenn sie dennoch bislang in Deutschland wenig eingesetzt wird, liegt das daran, dass die Technik und die Studien hierzulande relativ wenig bekannt sind, und dass die *MESO-Technik eine gründliche professionelle Vorbereitung erfordert*, woran es in der Praxis häufig mangelt.[525] Nur wenn man weiß, was Optionen wie z.B. eine Garantieverlängerung wirklich kosten, kann man tatsächlich gleichwertige Angebote berechnen.[526] Wenn man das allerdings nicht weiß, ist man – mit und ohne MESO-Technik – sowieso nicht fähig, professionell und erfolgreich zu verhandeln.

Um die MESO-Technik erfolgreich anzuwenden und Ausbeutungsverluste zu vermeiden, sollten drei Aspekte berücksichtigt werden[527]:

Durch die Abgabe des MESO-Angebotes gibt man seinerseits Informationen über die eigenen Präferenzen preis. Diese Informationen könnten grundsätzlich von der Gegenseite zum Nachteil verwendet werden.[528] Deshalb *sollte das MESO-Angebot in einem vorteilhaften Bereich „geankert[529]" werden*, der noch Verhandlungsspielraum zu den eigenen Verhandlungszielen lässt. Zweitens besteht die Gefahr, dass der Verhandlungspartner „Rosinenpicken" möchte, also sich seine Lieblingsoptionen aus allen Paketen isoliert und daraus ein neues Paket schnüren will. Dem sollte dadurch begegnet werden, dass man grundsätzlich bei der Angebotspräsentation explizit erklärt, dass diese Angebo-

---

[525] Vgl. dazu Kapitel 3.5.2.

[526] Derartige Informationen sind i.d.R. beim zuständigen Controller unproblematisch erhältlich. Leider wird allerdings das Controlling an der Verhandlungsvorbereitung in der Praxis viel zu selten beteiligt.

[527] Diese drei Aspekte diskutieren MEDVEC/GALINSKY 2005, S. 6, unter dem Motto „A word of caution".

[528] Vgl. dazu die Ausführungen zum *Negotiator's Dilemma* in Kapitel 3.5.1.

[529] Zum „Verankerungseffekt" (Anchoring) vgl. Kapitel 4.1.

te nur im Paket gelten (das natürlich weiter angepasst werden kann) aber nicht isoliert. Anschließend sollte man alle *Versuche des Rosinenpickens schlicht zurückweisen* und stattdessen die eigenen Angebote in akzeptabler Weise weiterentwickeln. Der dritte Aspekt betrifft die Komplexität: Die Gegenseite muss die MESO-Angebote erst einmal kognitiv verarbeiten und kalkulieren (insbesonderer wenn sie unerfahren und/oder schlecht vorbereitet ist). Deshalb sollte nach der Angebotspräsentation eine obligatorische Verhandlungsunterbrechung stattfinden bevor die Gegenseite sich äußert. (Denn es geht ja ausdrücklich um eine Optimierung der Sachverhandlung, nicht um eine „Überrumpelung" der Gegenseite in manipulativer Absicht.)

In der Verhandlungspause kann bei Bedarf dann z.B. ein Mediator die Parteien bei der Analyse des Angebots unterstützen.

3.2.4 Bewertungen des Ergebnisses und Prozessentscheidung

Am Ende des Austauschprozesses und der gegenseitigen Konzessionen wird ein mögliches Ergebnis zunehmend sichtbarer. Zu diesem Zeitpunkt ist eine *Bewertung dieser Einigungsoption* durch die Beteiligten erforderlich, die durch einen Abgleich mit zwei zentralen Faktoren erfolgen sollte:

1. Ist die Einigungsoption *besser als die Beste Alternative* (BATNA[530])?
2. Sind die *Wertschöpfungspotentiale ausgeschöpft*?

Dabei ist zu berücksichtigen, dass die Antwort auf die erste Frage (BATNA) eine rational-analytische Kalkulation erfordert, die bei entsprechender Vorbereitung – eine sichere Entscheidungsgrundlage bietet. Die zweite Frage (alle Wertschöpfungspotentiale genutzt) ist unter der Bedingung von Unsicherheit und unvollständiger Information, wie sie für reale Verhandlungssituationen typisch ist, *nicht mit letzter Sicherheit zu beantworten*. Wenn jedoch die „typischen" Potentiale ausgetestet wurden und eine zeitlang ergebnislos nach weiteren kreativen Optionen gesucht wurde, kann man sich hinreichend sicher sein, jedenfalls keinen wesentlichen Mehrwert zum beiderseitigen Nutzen übersehen zu haben. Gefragt ist hier eine *fachkundige Einschätzung*, die mit steigender Erfahrung im professionellen Verhandeln immer besser wird.

---

[530] Zum Konzept der BATNA vgl. Kapitel 2.2.1 oder ausführlich FISHER/URY/PATTON 2009, S. 141ff.

Die Antwort auf diese Fragen weist dann auf *vier mögliche Entscheidungsoptionen* über die *Fortführung des Verhandlungsprozesses.*

a) Abbruch der Verhandlung

Wenn die Wertschöpfungspotentiale anscheinend ausgeschöpft sind und die sich abzeichnende Einigung trotzdem schlechter ist als Ihre BATNA, dann dürfen Sie auf keinen Fall „Ja“ sagen, denn dadurch würden Sie Ihre Interessenbefriedigung opfern, nur um zu einer Einigung zu kommen („Agreements Bias“[531]). Andererseits sollten Sie in diese Verhandlung auch nicht mehr allzu viel Aufwand investieren (Transaktionskosten), da die Wahrscheinlichkeit eines Scheiterns groß ist. Kommunizieren Sie die Situation Ihrem Verhandlungspartner:

> „Ich würde wirklich gerne mit Ihnen zu einer Einigung kommen, andererseits sind wir im Moment in einem Bereich, bei dem ein Abschluss für mich (wenn Sie weit außerhalb der ZOPA liegen: „absolut“) nicht in Frage kommt. Gleichzeitig sehe ich im Moment nicht, was ich noch tun könnte, damit wir doch eine faire und für uns beide interessengerechte Einigung erreichen können. Haben Sie noch eine Idee?“

Wenn Sie Ihren Spielraum noch nicht ganz ausgeschöpft haben und nicht allzu weit auseinanderliegen, können Sie der Gegenseite ein **bedingtes letztes Angebot**[532] unterbreiten. Wichtig ist, dass Sie dieses Angebot *nicht mehr auf der Verteilungsebene nachverhandeln* (wenn die Gegenseite doch noch eine Wertschöpfungsoption ins Spiel bringt, können Sie diese natürlich diskutieren). Ist dieses Angebot nicht mehr erfolgreich, brechen Sie die Verhandlung *konsequent aber wertschätzend auf der persönlichen Ebene ab* (konstruktive Exit-Option); gegebenenfalls können Sie der Gegenseite noch einen Tag Bedenkzeit einräumen und das Angebot solange offen halten.

---

[531] THOMPSON 2009, S. 5.

[532] Generell sollte die Formulierung „letztes Angebot“ wirklich erst in einer solchen Situation verwendet werden. Als generelle Verhandlungstaktik (also als „Bluff“) ist diese Formulierung sehr problematisch, weil man sich damit Verhandlungsspielraum nimmt (sich einbetoniert), den man möglicherweise noch benötigt, um Wertschöpfungsoptionen zu realisieren oder überhaupt zu einer Einigung kommen zu können.

„Ich möchte mir nicht vorwerfen, nicht alles versucht zu haben. Deshalb bin ich in diesem Fall bereit, bis an die Schmerzgrenze zu gehen, und Ihnen einen Preis von 37,50 Euro anzubieten, wenn Sie dafür die Lieferung innerhalb von 2 Wochen garantieren. Das ist das Letzte, was ich Ihnen noch anbieten kann. Deshalb müssen Sie entscheiden, ob wir das so vereinbaren wollen oder abbrechen sollen."

b) Einigung (Abschluss der Verhandlung)

Wenn sich eine Einigung abzeichnet, die besser ist als Ihre BATNA, dann sollten Sie die Verhandlung nicht mehr scheitern lassen, weil Sie sich dann ja verschlechtern würden. Wenn Sie zudem den Eindruck haben, dass die Wertschöpfungspotentiale genutzt wurden, dann können Sie einen *Abschluss* der Verhandlungen ins Auge fassen. Dazu sollten Sie drei Dinge nicht aus den Augen verlieren:

1. Versuchen Sie durch letzte taktische Interventionen *Ihren Anteil* am „Verhandlungskuchen" soweit möglich *zu maximieren* (Verteilungsdimension).

2. Achten Sie darauf, dass der *Verhandlungspartner mit dem Ergebnis zufrieden* ist. Dazu sollten Sie: a) jedes „Triumphgeheul" unterlassen und stattdessen lieber die Zugeständnisse hervorheben, die Sie gemacht haben, b) der Gegenseite für die harte aber faire Verhandlungsführung danken[533] und c) die zukünftige Verhandlungsbeziehung bekräftigen.

3. Denken Sie bereits vor dem Abschluss an die Implementierung und *verhandeln Sie proaktiv über Implementierungsfragen und vereinbaren Sie Verfahren zum Umgang mit Konflikten* während der Implementierungsphase.[534]

---

[533] Natürlich kann man das auch als „Schauspielerei" bezeichnen. Dieses inszenierte Framing hat aber einen erheblichen Einfluss auf die subjektive Zufriedenheit der Gegenseite, die wiederum für die Nachhaltigkeit des Ergebnisses von entscheidender Bedeutung ist. Im Einzelnen zu Überzeugungstechniken, um die Zufriedenheit des Verhandlungspartners zu erhöhen vgl. BAZERMAN/ MALHOTRA 2007, S. 159ff.

[534] Ausführlich dazu ERTEL/GORDON 2007.

c) Weiterverhandlung (Wertschöpfungs-Loop)

Wenn Sie den Eindruck haben, dass die Wertschöpfungsoptionen noch nicht ausgeschöpft sind, dann sollten Sie konsequent weiterverhandeln und *keine Abschlussstimmung aufkommen lassen*. Lenken Sie die Aufmerksamkeit besonders auf die Wertschöpfungsoptionen. Wichtig ist dabei, dass Sie tatsächlich einen „*Loop*" machen, d.h. sich nicht nur in der Austauschphase festbeißen sondern auch noch einmal neu zusätzliche Themen und Verhandlungsoptionen sammeln. Die Erfahrung zeigt, dass manchmal erst im Laufe der Verhandlung (z.B. im Rahmen von durch erste gemeinsame Erfolge gestiegenen Vertrauens) die wirklich attraktiven Angebote und Optionen „auf den Tisch gelegt" werden.

Wichtig ist, dass Sie sich in dieser Phase *konsequent anspruchsvolle Ziele setzen und Ihre Erwartungen hoch halten*, selbst wenn Sie bereits ein für Sie akzeptables Ergebnis „auf dem Tisch" haben. Das gilt insbesondere, wenn Sie von Ihrer Motivstruktur eher ein **Satisficer** sind. „Satisficing" ist ein Begriff, der auf den amerikanischen Wirtschaftsnobelpreisträger HERBERT SIMON zurückgeht[535] und sich aus den englischen Begriffen „satisfying" (befriedigend) und „suffice" (genügen) zusammensetzt. Er beschreibt eine *Motivstruktur, die darauf gerichtet ist, in einer Situation möglichst schnell eine Lösung zu finden, die die gesetzten Ziele erfüllt.* Für einen Satisficer ist eine Verhandlung also wie Hochsprung: Es geht darum, die Latte (Zielvorgabe, Reservation Price) zu überspringen. Sobald sich eine Einigung abzeichnet, die in der ZOPA liegt, entsteht in einem Satisficer Einigungsdruck (Latte übersprungen). Dieser Tendenz sollte aber unbedingt widerstanden werden, da nur durch konsequent hohe Ziele und den Willen zur Optimierung[536] das Wertschöpfungspotential weitgehend ausgeschöpft werden kann.[537]

---

[535] Vgl. SIMON 1955, S. 99ff.

[536] Die entsprechende Motivstruktur (immer das maximal Mögliche Erreichen) bezeichnet SIMON 1955 als „**Optimizer**". Den Unterschied zwischen Optimizern und Satisficern kann man auf eine einfache Formel bringen: Optimizer erreichen die besseren Verhandlungsergebnisse, Satisficer sind die glücklicheren Menschen. Ersteres kann man durch Reflexion und rationale Verhandlungsführung weitgehend kompensieren, das Zweite selbst durch eine Therapie nur schlecht.

[537] HUBER/NEALE 1986, S. 342ff.

d) (Vorläufiger) Abschluss und Postsettlement-Settlement (PSS)

Eine andere Option in der gleichen Situation – unter der Voraussetzung, das die gefundene Einigung bereits besser als die BATNA ist, ist der *vorläufige Abschluss der Verhandlung in Verbindung mit der Vereinbarung einer strukturierten Nachverhandlung zur Optimierung der Wertschöpfung* (sog. Post-Settlement-Settlement, PSS[538]). Ein solches Vorgehen empfiehlt sich vor allen Dingen dann, wenn für die weitere Wertschöpfung sensible Informationen ausgetauscht werden müssten, die ein erhöhtes Gefährdungspotential schaffen, dass der gute Wille einer Partei durch die andere Partei ausgenutzt werden kann, um die eigenen Verteilungsgewinne zu maximieren. Der Vorabschluss im PSS bietet hier eine sichere Rückfallposition, die dieses Risiko minimiert.

3.3 „Austauschbeziehungen" (trade-offs) in der Praxis

Bei den durch Deal-Structuring erreichten Vereinbarungen/Lösungen wird ein „Tausch" (trade-off) vorgenommen zwischen verschiedenen Themen/Interessen mit unterschiedlicher Wertigkeit. Die Differenzen eröffnen erst das Tausch-Potenzial, so dass für die Nutzung der Austauschverhältnisse die Suche nach Unterschieden bei den Medianten hinsichtlich deren Interessenlage, Einstellungen, Gefühle, Vorstellungen etc. hilfreich ist. LAX und SEBENIUS erläutern dies so:

> „In part, we focus on differences because they are often thought to cause bargaining friction or discord, especially compared to „common" interests … Instead, the observation that the set of differences among the negotiators is often the engine that drives their joint action may point them toward potential gains."[539]

Einige typische Unterschiede, die Grundlage für Austauschbeziehungen („trade-offs") zwischen den Medianten sein können, sollen hier als praktische Handlungshilfe angeführt werden:[540]

---

[538] Der Post-Settlement-Settlement-Prozess wird detailliert in Kapitel 5.5 beschrieben.

[539] LAX/SEBENIUS 1986, S. 91.

[540] Auf Grundlage von LAX/SEBENIUS 1986, S. 88ff.

3.3.1 Unterschiedliche Prioritäten

„Setzen die Medianten bei den Themen (issues) unterschiedliche Prioritäten?" ist eine der zentralen Fragen, die sich in der Verhandlungsphase der Mediation stellt. Falls nämlich eine Seite Verhandlungsgegenstand „A" besonders wichtig findet, während die andere Seite mehr Wert auf „B" legt, ist wahrscheinlich ein Austausch möglich. Die einen könnten dann bereit sein, im Bereich „A" ein für sie schlechteres Egebnis zu akzeptieren, wenn sie dafür mehr von „B" bekommen können – und umgekehrt.

> Bsp.: „Herr Verhandlungspartner, ist es richtig, dass für Sie die Frage der Höhe der Miete weniger wichtig ist als die Frage der Dauer des Mietvertrages? Dann könnte ich Ihnen eine kurze Vertragsdauer anbietet, die Ihnen größtmögliche Flexibilität gewährleistet, wenn Sie im Gegenzug bereit wären, eine etwas höhere Miete zu akzeptieren. Was halten Sie davon?

Die Zahlungsdauer – und damit die Dauer der Verpflichtung, die als Flexibilität einschränkend empfunden wird – hat also im obigen Beispiel für die eine Seite Priorität gegenüber dem Thema Zahlungsvolumen. Setzt die andere Seite die Priorität bei der Höhe der Zahlung gegenüber der Zahlungsdauer, ist ein Tauschgeschäft mit unterschiedlichen Prioritäten möglich. Grundlage für derartige Tauschgeschäfte („cross-issue trades") ist eine vorherige gründliche Analyse der beiderseitigen Interessenlage und Prioritätensetzung (Präferenzen[541]) im Mediationsprozess und eine Überprüfung der eigenen Hypothesen in dieser Frage.

3.3.2 Unterschiedliche Zeitempfindlichkeiten

Ist es im gemeinsamen Interesse, dass eine (etwas höhere) Leistung etwas später erbracht werden kann bzw. dass eine (etwas niedrigere) Leistung etwas früher erbracht werden kann („Diskontieren")? Damit generieren Sie Wertschöpfungsgewinne aus einer unterschiedlichen Zeitsensitivität.

> Praxisbeispiel: Viele Firmen bieten ihren Kunden ein „Skonto" an, d.h. dass die Kunden, wenn sie besonders schnell bezahlen und die Zahlungsfrist nicht

[541] Zur Präferenzmessung in industriellen Verhandlungen, die eine Voraussetzung für optimale tradeoffs darstellt, vgl. HERBST 2007.

> voll ausschöpfen, z.B. 3% weniger bezahlen müssen. Für die Firmen lohnt sich das trotzdem, weil sie sich Mahnkosten sparen und das Geld schneller zur Verfügung haben.

Derartige Tauschgeschäfte kommen in der Wirtschaftsmediation vor allem dann in Frage, wenn daraus bilanzielle oder steuerliche Vorteile erwachsen, benötigte Ressourcen auf unterschiedliche Jahresbudgets verteilt oder Vorteile im Cash Management erzielt werden können. Deshalb sollten Sie in komplexen Verhandlungen immer austesten, ob es für die Parteien vorteilhaft ist, Leistung oder Gegenleistung auf dem Zeitstrahl zu verschieben.

> Bsp.: In einem von Sigi Rosner mediierten Fall wollte ein Freiberufler ein bereits angemahntes Honorar für diverse Beratungsdienstleistungen bei einer Firma in beträchtlicher Höhe eintreiben. Der Honoraranspruch wurde im Prinzip vom Kunden anerkannt, jedoch waren Qualität und Nutzen der Beratung, Honorarhöhe und Zahlungsmodalitäten strittig. Die Interessenlage beider Parteien stellte sich nach genauerer Analyse wie folgt dar: Die Firma hatte ihr Beratungsbudget für das laufende Jahr bereits ausgeschöpft, hatte Liquiditätsprobleme und die vorgebrachte Kritik an der Beratungsqualität wirkte vorgeschoben. Der Freiberufler wollte grundsätzlich für seine Beratungsleistung „gerecht und fair" entlohnt werden, hatte aber wenig Interesse an einer sofortigen Überweisung des Honorars wegen negativer Auswirkungen auf seine Steuerprogression im noch laufenden Geschäftsjahr. Die Lösung aufgrund der unterschiedlichen Zeitempfindlichkeiten: Die Honorarzahlung in ursprünglicher Höhe wurde um einige Monate ins nächste Jahr verschoben. Dies sicherte der Firma die Möglichkeit, die Verbindlichkeit ins Budget einzustellen. Der Freiberufler musste zwar auf sein Honorar warten und verzichtete auf Verzugszinsen, hatte aber die Möglichkeit, längerfristig mit der Einnahme auch hinsichtlich Umsatzplanung und Steuerprogression zu planen. Zudem hatte die Vereinbarung für beide Seiten den Vorteil, dass die Geschäftsbeziehung durch die einvernehmliche Regelung nicht belastet wurde.

Dabei kann sich die *Zeitsensitivität nicht nur auf finanzielle Leistungen beziehen, sondern genauso z.B. auf Vertragsklauseln.*

> Bsp.: Ein Projektentwickler möchte ein Einkaufszentrum bauen und die *Südstar AG* als „Ankermieter" verpflichten, der die Besucher ins Einkaufszentrum zieht. Dazu soll ein Mietvertrag zu subventionierten Konditionen über 30 Jahre abgeschlossen werden. Beide Seiten sind sich über nahezu alle Klauseln einig, strittig ist nur noch eine Klausel zu Untervermietung und Nutzungsrecht. Südstar will sich maximale Flexibilität vorbehalten, um auf Veränderungen der Marktlage flexibel reagieren zu können und profitabel zu bleiben. Der Vermieter möchte hingegen möglichst große Stabilität, um mit dem Ankermieter sicher kalkulieren zu können und die restlichen Flächen mit Exklusivverträgen lukrativ vermieten zu können. Dies ist zudem eine Auflage der finanzierenden Bank. In einer solchen Situation würden beide Seiten normalerweise nach einem Kompromiss suchen, der eine mittlere Flexibilität vorsieht (z.B. prozentual begrenzter Teil der Fläche, Ausschlussliste). Eine bessere Lösung wäre allerdings, eine gleitende Klausel zu vereinbaren, die in den ersten 15 Jahren, die für die Finanzierung wichtig und zudem für den Mieter leichter kalkulierbar sind, eine sehr niedrige Flexibilität vorsieht, dafür aber in den letzten 15 Jahren eine überdurchschnittliche Flexibilität bietet. Diese Lösung wäre für beide Parteien interessengerechter.

3.3.3 Unterschiedliche Fähigkeiten oder Ressourcen

Wertschöpfungspotentiale können auch dadurch gehoben werden, dass die Parteien ihre unterschiedlichen Fähigkeiten oder Ressourcen (z.B. Informationen, Kontakte) austauschen bzw. kombinieren.

> Bsp.: Im Austausch gegen eine neue Krone verlegt der Elektriker dem Zahnarzt eine neue Hausanlage.
>
> Bsp. 2: Der Wissenschaftler berät einen Großkonzern und darf dafür einmal dessen Rechenzentrum für eine Simulation nutzen.

Diese Tauschperspektiven sind immer dann attraktiv, wenn sie beim Anderen mehr Nutzen stiften als sie Aufwand verursachen. Idealerweise können solche „kreativen Optonen" sogar kostenlos erbracht werden.

3.3.4 Unterschiedliche Einstellungen zu Risiken

Eine weitere Grundlage für Tauschgeschäfte ist die Frage nach Unterschieden in der Einstellung zu Risiken. Manche Konflikt- und Verhandlungspartner bevorzugen eine niedrigere, aber dafür garantierte Leistung, andere bevorzugen eine flexible risikoabhängige Leistung.

> Bsp.: Ein großer Pharmakonzern bildet ein joint-venture mit einem kleinen start-up-Biotech-Unternehmen, um einen Bioreaktor zu entwickeln und zu vermarkten. Der große Konzern kann eine Verzögerung bzw. einen Rückschlag leicht verschmerzen – für das start-up könnte jeder unerwartete Liquiditätsengpaß die Insolvenz bedeuten. Es ist daher in beiderseitigem Interesse, wenn der Konzern dem start-up bestimmte Erlöse garantiert, dafür aber einen größeren Anteil an den Erlösen vereinnahmt.

Die unterschiedliche Einstellung zu Risiken kann sich auch aus asymmetrischer Information (Sonderwissen) ergeben.

> Bsp.: Ein Unternehmer kann die Qualität seiner Produkte exakt einschätzen, weil er seine Prozesse genau kennt. Wenn er also sorgfältig gearbeitet hat, ist seine Risikoprognose für einen Defekt des Produkts immer günstiger als die des Kunden, der von außen schaut und einen „Risikoaufschlag" machen muss. Das bedeutet, dass der sorgfältige Unternehmer eine Garantieverlängerung immer billiger anbieten kann, als das Rückstellungserfordernis für Reparaturen beim Kunden wäre. Hier sind Win-Win-Deals zu realisieren (Garantieverlängerung gegen Preisaufschlag).

Neben der unterschiedlichen *Einstellung* zu Risiken können aber auch unterschiedliche *Kosten* der Risikoübernahme (hier: Versicherungskosten) ein Potenzial für Austauschbeziehungen bilden. Der Mediator hat hier mit den Medianten auszuloten, ob eine Seite ein Risiko leichter tragen kann bzw. sich günstiger dagegen versichern kann als die andere Seite.

Bsp.: Große Konzerne kaufen Versicherungsleistungen zu Großkundenkonditionen ein, die schon mal 50% günstiger sein können als die Konditionen für Kleinunternehmer. Es wäre daher eine absolute Win-Win-Lösung, wenn der Konzern diegesamten Risiken des joint-ventures absichert und dafür durch einen etwas größeren Gewinnanteil[542] entschädigt wird. In der Praxis wird diese Stellschraube für Wertschöpfung leider viel zu selten genutzt und Regelungen getroffen á la „jeder versichert seine eigenen Risiken“. Solche Vereinbarungen vernichten möglichen Verhandlungsgewinn und lenken ihn in die Kassen der Versicherungen um.

3.3.5 Unterschiedliche Zukunftserwartungen (Contingency Contracts)

Nicht selten beruhen unvereinbare Bewertungen der Parteien auf einer unterschiedlichen Einschätzung zukünftiger Ereignisse (Prognose). Dann gibt es die bekannten zwei Möglichkeiten, solche Unterschiede auszuverhandeln: intuitiv oder rational. Die meisten Menschen verhandeln in solchen Fällen intuitiv, d.h. sie streiten sich darüber, wessen Prognose richtig ist.

Bsp.: Das Management eines amerikanischen Popstars, der in den 80er Jahren im Zenit seiner Popularität stand, kann sich mit dem Konzertveranstalter nicht über die Höhe der Gage für die neue Europatournee einigen. Während der angejahrte Popstar meint, dass die Europäischen Fans nach wie vor begeistert wären und alle Konzerte innerhalb von Stunden ausverkauft sein würden, ist der Konzertveranstalter der Meinung, der Glanz des ehemaligen Stars sei ziemlich verblasst und es sei nur mit durchschnittlicher Auslastung zu rechnen. Wenn die Verhandlungsparteien dies jetzt „ausdiskutieren“, wird die Beziehung erheblich gestört, was zum Scheitern der Verhandlung führen kann und in jedem Fall die spätere Zusammenarbeit belastet. Wenn sich die Parteien dann aber am Ende auf ein bestimmtes Honorar geeignigt haben, dann

[542] Wie bei (fast) allen Wertschöpfungsoptionen muss auch in diesem Fall die genaue Aufteilung der Wertschöpfung (hier: Kostenersparnis durch günstigere Prämien) ausgehandelt werden (Verteilungsdimension).

> haben sie nach einem „Feilschen über die Zukunft" einen „Kompromiss" gemacht (z.B. Auslastung ca. 80%) und den (meist unbewusst und implizit) ihrer Einigung zugrunde gelegt.

Dieses – sehr konfliktverschärfende – Verhandlungsverhalten ist jedoch nicht sehr klug, denn die *Zukunft war an diesem Kompromiss nicht beteiligt und wird einfach wie sie will.* So ist sie halt, die Zukunft! Und dass die Zukunft ausgerechnet so wird, wie es die Parteien in ihrem Kompromiss erwartet haben, ist möglich aber nicht sehr wahrscheinlich. Und wenn sie anders wird, dann fühlt sich eine Seite über den Tisch gezogen.

> Wenn die Konzerte tatsächlich ausverkauft sind, fühlt sich die Band (oder deren Agent) vom Konzertveranstalter betrogen. „Ich wusste es doch, hätte ich mich mal besser nicht von ihm bequatschen lassen, jetzt streicht er einen Extragewinn ein – und zwar auf unsere Kosten." Keine gute Grundlage für die weitere Zusammenarbeit. Bei einer sehr schlechten Auslastung (60%) passiert dasselbe nur mit vertauschten Rollen.

Das bedeutet, dass *die intuitive Verhandlungsweise bei Zukunftsprognosen dazu führt, dass man unter großer Beziehungsbelastung ein Ergebnis erzielt, bei dem sich mit großer Wahrscheinlichkeit eine der beiden Parteien unfair behandelt fühlt.*

Professionell ist ein anderes Vorgehen: Anstelle einer Auseinandersetzung, welche der Wahrscheinlichkeitsprognosen zutreffend ist, wird eine „**Bedingte Klausel**[543]" (Contingency Contract[544]) vereinbart. Dabei werden alle Prognosen als potentiell richtig unterstellt und jeweils eine für dieses Szenario angemessene Vereinbarung getroffen („Don't argue over the future – bet on it.[545]"). Das ist viel weniger beziehungsbelastend und die Parteien wissen, dass sie – egal wie die Zukunft wird – in jedem Fall ein faires Ergebnis haben.

---

[543] Der Begriff „Bedingte Klausel" wurde von WINHELLER 2004c, S. 139f., geprägt. DUVE/EIDENMÜLLER/HACKE 2011, S.191f. sprechen von „kontingenten Verträgen".

[544] Vgl. THOMPSON 2009, S. 89ff.; Der Begriff „Contingent Treaty" geht mindestens auf das 1716 erschienende Verhandlungslehrbuch von Francois de Calliéres zurück, in dem er folgende Definition gibt: „so called because their success depends upon future events.", CALLIÉRES 2000, S. 101.

[545] BAZERMAN/GILLESPIE 1999, S. 155ff.

> Eine Möglichkeit für eine „Bedingte Klausel“: Für den Fall, dass weniger als 80% der Karten verkauft werden, gilt das Honorarangebot des Veranstalters. Sollten aber mehr als 90% der Karten verkauft werden, gilt die Honorarforderung der Band. Bei Auslastung von 80-90% trifft man sich mit dem Honorar „in der Mitte“.

Natürlich gibt es im gegebenen Fall auch die Möglichkeit einer Staffelung der Gage in Abhängigkeit von den Konzerteinnahmen als weiterer Variante einer *bedingten Klausel*. Auch zeigt sich hier die Möglichkeit einer Kombination mit der *unterschiedlichen Risikoeinstellung*, wenn die Bereitschaft, höhere Risiken einzugehen mit einer höheren Gewinnbeteiligung bei den Konzerteinnahmen kombiniert wird. In diesem Falle bestünde die „bedingte Klausel“ in einer Erhöhung des *flexiblen* Gewinnanteils zuungunsten des *festen* Honorar- oder Gewinnanteils, wie man es häufig bei Provisionsvereinbarungen im Vertrieb oder bei Gewinnbeteiligungsmodellen in der Wirtschaft vorfindet.

> Bsp.: Anstatt für einen Verkäufer ein Festgehalt von 2.500 Euro zuzüglich einer Provision von 1% der verkauften Waren zu vereinbaren, einigt man sich auf ein Festgehalt von nur 1.000 Euro und eine Provision von 2,5%.

Grundsätzlich sind alle aufgelisteten Möglichkeiten für Austauschbeziehungen kombinierbar, um Potenziale für Kooperationsgewinne und nutzensteigernde „Tauschgeschäfte“ optimal auszuschöpfen.

Auf den ersten Blick ist jedoch nur schwer ersichtlich, worin hier der *Wertschöpfungsgewinn* liegt, da ja die Auslastung nicht gleichzeitig hoch und niedrig werden kann und somit immer einer schlechter abschneidet. Das ist richtig, jedoch *ex post* betrachtet, d.h. „hinterher ist man immer schlauer“. Bei der ökonomischen Bewertung von Entscheidungsoptionen ist allerdings *nur die ex ante Betrachtung sachgerecht*, d.h. die Bewertung mit dem Informationsstand zum Zeitpunkt der Entscheidungsfindung. Und wenn die Beteiligten tatsächlich an ihre Prognosen glauben, dann hält die Band den Misserfolg wirklich für unwahrscheinlich. Bei ihrer Bewertung des Vertrages mit einer Bedingten Klausel wie skizziert *ergibt sich in der Erwartungswertberechnung*[546] *ein berechenbarer*

[546] Zur Erwartungswertberechnung vgl. ausführlich EISENFÜHR/WEBER 2003.

ökonomischer Vorteil gegenüber dem Vertrag mit Festhonorar. Wenn dann die Tournee ein Misserfolg wird, ist das *Pech*, stellt aber die Richtigkeit der ökonomischen Entscheidung nicht in Frage.

Dieses Beispiel beleuchtet auch weitere wesentliche **Vorteile von „Bedingten Klauseln"**: Sie ermöglichen, *auszutesten, wie ehrlich* die Gegenseite eine Prognose meint. Wer „100% sicher" ist, dass eine optimistische Prognose eintrifft, macht sich verdächtig, wenn er vehement gegen eine für ihn ungünstige Regelung für den worst-case ankämpft. Damit können solche Klauseln auch gut *Vertrauensprobleme bei Informationsasymmetrie absichern.* Zudem bieten sie *Möglichkeiten zur Risikoteilung* und – bei richtiger Gestaltung – bieten *Anreizstrukturen, die die Parteien zur Optimierung motivieren.*[547] Zuletzt können Sie helfen, den *Einfluss von Psychologischen Fallen* (vgl. Kapitel 4) zu *reduzieren.*[548] Wenn Bedingte Klauseln dennoch in der Praxis zu selten genutzt werden, dann liegt das vor allen Dingen daran, dass sehr *viele nicht wissen, wie genau sie eine solche Klausel aufbauen* und wie sie rational und systematisch mit den Risiken und Unsicherheiten umgehen können.[549] Ein Mediator – zumal in einer Wirtschaftsmediation – sollte über diese Fähigkeiten verfügen und die Parteien dabei unterstützen können.

Damit Bedingte Klauseln gut funktionieren, sollten allerdings vier **Voraussetzungen** gegeben sein:[550]

Erstens funktionieren sie dann besonders gut, wenn es *zukünftige Interaktionen zwischen den Parteien* gibt. Da die genauen Verpflichtungen erst in der Zukunft endgültig feststehen, könnte eine Versuchung entstehen, sich den Verpflichtungen zu entziehen. Je

---

[547] Wenn man die Bedingte Klausel so formuliert, dass dem Verhandlungspartner Zielkriterien gesetzt werden, die mit unseren Interessen symmetrisch sind, dann wird er sich *aus Eigeninteresse* bemühen, unsere Interessen zu befriedigen: Erhält beispielsweise ein Handwerker eine Sonderzahlung, wenn er fristgerecht in der definierten Qualität mit seiner Arbeit fertig ist, wird er sich aus Eigeninteresse bemühen, Verzögerungen zu vermeiden – der Kontrollaufwand wird geringer.

[548] BAZERMAN/GILLESPIE 1999, S. 155ff.

[549] THOMPSON 2009, S. 192.

[550] So auch BAZERMAN/GILLESPIE 1999, S. 155ff., und THOMPSON 2009, S. 1921ff.

größer der „Schatten der Zukunft"[551] ist, desto größer die Neigung zur Kooperation und desto besser funktioniert die Bedingte Klausel. Ist das nicht der Fall sollte über Sicherungsmechanismen wie Anderkonten oder Pfänder nachgedacht werden.

Zweitens müssen die Parteien darüber nachdenken, wie sie die Bedingte *Klausel durchsetzbar bzw. vollstreckbar gestalten* können. Es soll sich dabei natürlich nicht um eine lose Absichtserklärung handeln, sondern um eine endgültige rechtsverbindliche Vereinbarung.

Drittens müssen Bedingte Klauseln *sehr eindeutig, klar und messbar formuliert* sein. Wenn das Zukunftsereignis interpretierbar, unklar, schwer messbar ist, sollten sich die Parteien gründlich überlegen, an welchen eindeutigen Bewertungsmaßstäben, sie das Eintreten der Prognose festmachen können. Zur Not könnte dazu die Einigung auf einen neutralen Dritten als (Schieds-)Gutachter beitragen.

Viertens sollten die Parteien darauf achten, dass sie ausschließlich *konstruktive Anreizstrukturen (incentives) konstruieren* und Interessenkonflikte vermeiden. Wenn beispielsweise ein sehr langfristiger Gewerbemietvertrag eine Sonderkündigungsmöglichkeit vorsieht, falls drei Monate lang die Umsätze wegbrechen, könnte es für den Mieter wirtschaftlich vorteilhafter sein, drei Monate jedes Marketing einzustellen und die Kunden zu vergraulen und dann komplett frei zu sein, anstatt sich auf Dauer anstrengen zu müssen, den Laden einigermaßen „am laufen" zu halten.

3.3.6 Unterschiedliche Abhängigkeiten von der öffentlichen Meinung

Eine weitere Möglichkeit für cross-issue trade-offs stellt die Frage dar: „Gibt es eine unterschiedliche Abhängigkeit von der öffentlichen Meinung?" In diesem Fall haben die Medianten zu entscheiden, ob sie einen öffentlichkeitswirksamen „Sieg"[552] der einen Partei gegen ein Zugeständnis der anderen Seite in der Sache tauschen können und wollen.

[551] Der „Schatten der Zukunft" bezeichnet die möglichen Gewinne, die in einer bestimmten Beziehung zukünftig erzielt werden können und deshalb dafür sorgen, auf kurzfristige Ausbeutungsgewinne zu verzichten (vgl. Kapitel 3.5.1).

[552] Dabei haben die öffentlichen „Siege" bzw. „Niederlagen" vielfältige Erscheinungsformen. Dieses Prinzip kann beispielsweise auch zu Vereinbarungen führen, wer die Verantwortung für die Kommunikation von unangenehmen Wahrheiten oder Tätigkeiten übernimmt.

Manche Verhandlungspartner wie Politiker oder Verbandsfunktionäre sind in hohem Maße von der öffentlichen Meinung abhängig. Dies gilt für andere Beteiligte vielleicht nicht in gleichem Maße. Man sollte sich allerdings vorsehen, bei Führungskräften in der Industrie ein solches Interesse von vornherein auszuschließen.[553] Deshalb kann eine Vereinbarung darin bestehen, dass der einen Seite in einer Frage von öffentlichem Interesse und hohem Symbolwert ein „Sieg" ermöglicht wird, der mit Zugeständnissen in anderen Bereichen „bezahlt" wird, die für die andere Seite von Interesse sind.

> Bsp.: In Tarifverhandlungen geben die Arbeitgeber nach und ermöglichen den Gewerkschaftsfunktionären, eine öffentlichkeitswirksame „Marke" bei den Lohnsteigerungen zu erreichen (z.B. mindestens die „4 vor dem Komma"). Dafür bekommen sie – weniger öffentlichkeitswirksame – Öffnungsklauseln, längere Laufzeiten, Kostenersparnisse bei der betrieblichen Altersvorsorge usw.

Bei dieser Vorgehensweise gilt es in der Mediation eine gute und differenzierte Interessenanalyse durchzuführen, weil es beispielsweise durchaus einen wichtigen Unterschied geben kann zwischen der Abhängigkeit von der *internen* und der *externen* Öffentlichkeit. So würden im angeführten Beispiel die Gewerkschaftsmitglieder (und ggf. die nicht gewerkschaftlich organisierten Belegschaften, auf die die Tarifvereinbarung später übertragen wird), die *interne* Öffentlichkeit für die Gewerkschaftsfunktionäre darstellen und die *externe* Öffentlichkeit bilden dann die übrigen gesellschaftlichen Akteure, die Medien und die Gesamtbevölkerung. So ist bei solchen „Deals" immer zu überlegen, was genau wem gegenüber – mit symbolischer Bedeutung – bewirkt werden soll. Schwierige Aufgabe des Mediators ist es, diese komplexen Wirkungszusammhänge als Grundlage des „Tauschgeschäfts" erkennbar und nutzbar werden zu lassen, ohne dass die Medianten dabei einen „Gesichtsverlust" erleiden.[554] Dazu muss ein Weg gefunden werden, die

[553] Ein neuer Manager (z.B. der neu eingekaufte Einkaufsvorstand als „harter Hund") oder ein Vorstandsmitglied, dessen Vertrag zur Verlängerung ansteht aber im Aufsichtsrat umstritten ist, kann durchaus in gleicher Weise darauf angewiesen sein, sich zu beweisen.

[554] Auch der verhandelnde Arbeitgeberverband muss ja sein Verhandlungsergebnis gegenüber den eigenen Mitgliedern „öffentlichkeitswirksam" darstellen und es bedarf vielleicht bestimmter Absprachen zwischen den Verhandlungsparteien, wie die Ergebnisse in die interne und externe Öffentlichkeit hinein kommuniziert werden.

entsprechenden Vereinbarungen *in einer legitimen Argumentation implizit* auszuhandeln, da eine explizite Verhandlung für die Beteiligten üblicherweise zu gefährlich wäre:

> Bsp.: Es ist nur schwer vorstellbar, dass ein Gewerkschaftsvorsitzender zum Verhandlungsführer des Arbeitgeberverbandes sagen könnte: „Was schlagen Sie vor, wie wir meine Mitglieder geschickt darüber täuschen können, dass ich sie verkaufe, um meine eigene Haut zu retten?" – Jedenfalls könnte er das wohl nur einmal sagen…

Diese Darstellung der trade-off-Potentiale, die aus Unterschieden erwachsen, bietet einerseits eine Grundlage für Wertschöpfung. Sie kann aber auch noch in einer ganz anderen Ebene nützlich sein. In Konflikten sind es gerade die Unterschiedlichkeiten, die im Fokus stehen, die emotional aufgeladen die Konflikteskalation vorantreiben. Unterschiede bekommen somit – gerade in der Mediation – oft einen negativen Beigeschmack. Für Konfliktparteien ist es daher unheimlich schwer, ihren „**Frieden mit den Unterschieden** zu **machen**". Vielleicht ist es da hilfreich, wenn man sich bewusst macht, dass es *ohne diese Unterschiede kein wertschöpfendes Verhandeln und keine Win-Win-Lösungen* geben würde. LAX und SEBENIUS schreiben dazu:

> „Imagine a world in which everybody is exactly the same – a world populated by identical twins […] In this world of clones, everybody has the same interests and capabilities […] To the negotiator eager to create value, this world is hellish! Why? Because […] there is absolutely no opportunity to design mutually beneficial deals. There are no differences to dovetail. Fortunately our world – the real world – is full of differences, waiting to be discovered. And it is in the ways that we *differ* from one another – not in the ways that we´re the same – that we can make the pie bigger, unlock joint gains, and move northeast."[555]

[555] LAX/SEBENIUS 2006, S. 146. „Move northeast" bezieht sich auf die Orientierung an pareto-optimalen Ergebnissen im Nutzendiagramm, vgl. Kapitel 2.3.2.5.

3.4 Prinzip integrativen Verhandelns: Wertschöpfung durch Reziprozität

Das Prinzip, das den aufgeführten Möglichkeiten für nutzensteigernde Austauschbeziehungen (trade-offs) zugrunde liegt, ist letztlich das *Reziprozitätprinzip*. In Frageform an die Medianten formuliert, heißt das:

> „*Können Sie der Gegenseite helfen* (Interessen besser zu realisieren), *ohne dass es Sie (zu) viel kostet?*“ und

> „*Kann Ihnen die Gegenseite helfen* (Ihren eigenen Nutzen zu steigern), *ohne dass es diese (zu) viel kostet?*“[556]

Diese Fragen wechselseitig angewandt schaffen Potenziale für Kooperationsgewinne. Je mehr Wert man „auf dem Tisch“ hat, desto eher können bei der Verteilung des Wertes Angebote unterbreitet werden, die besser sind als die „Besten Alternativen“ der Parteien. Mittels geschickter Steuerung des Verhandlungsprozesses (z.B. durch den Mediator) wird Mehrwert geschaffen durch kreative Optionen zum beiderseitigen Nutzen. Da so der Verhandlungskuchen größer wird, steigen die Chancen, dass letztendlich jede Seite ein ausreichend großes „Stück vom Kuchen“ erhält, also Nutzen, der größer ist als die eigene BATNA.

Das Reziprozitätsprinzip des Gebens und Nehmens[557], des „Gibst du mir, geb ich dir“, des „Auge um Auge, Zahn um Zahn“[558], ist nicht nur für die integrative Verhandlungs-

---

[556] Sinngemäß nach WINHELLER 2004c, S. 140, der eine Übersicht zu Fragen liefert, die dabei helfen, die in Kapitel 3.3 aufgelisteten Potenziale für Austauschbeziehungen zu finden.

[557] Zur Reziprozitätsnorm grundsätzlich – die Orientierungspunkt nicht nur aller soziologischen „Austauschtheorien“ der Gesellschaft (*George C. Homans*), sondern auch der (individualistischen) Verhaltens- und (ökonomistischen) Nutzentheorien wie Rational Choice (*James Coleman*) ist – vgl. GOULDNER 1960; zur Einführung TREIBEL 1997, S. 87ff.

[558] Das biblische Motiv ist – entgegen weit verbreiteten Fehlvorstellungen – kein Hinweis auf martialische Vergeltungssucht, sondern beschreibt im Alten Testament insoweit einen zivilisatorischen Fortschritt, weil Gleiches nur noch mit Gleichem vergolten werden soll, also z.B. die Brandschatzung durch den Feind nicht mehr mit der Ausrottung des ganzen feindlichen Volkes (Übermaßverbot).

führung bzw. die Strukturierung eines interessengerechten *Deals* zwischen Konfliktparteien innerhalb des Mediationsverfahrens von Bedeutung, sondern als Prinzip für das Verständnis der Mediation als Konfliktbearbeitungsform generell. Dabei sollten durchaus auch methodische Entwicklungen auf anderen Gebieten als der Verhandlungswissenschaften und der Mediation – z.B. der Therapie, der systemischen Aufstellungen usw. – registriert und gewürdigt werden. Diese Überlegungen werden in Kapitel 7.6 am Beispiel der Verknüpfungen zwischen Mediation und Aufstellungsverfahren fortgeführt. Ein wichtiges Beispiel für mögliche methodische Verknüpfungen mag an dieser Stelle zur Illustration der Reziprozitätsnorm in ihrer Bedeutung für mediative Verhandlungen genügen.

Das aus der systemisch inspirierten therapeutischen Arbeit stammende Konzept der „intergenerationalen Solidarität" von IVAN BOSZORMENYI-NAGY[559] zeigt, dass Loyalitäten und Verpflichtungen häufig über Generationen hinweg „vererbt" werden.[560] In der Erbfolge-Mediation eines Familienunternehmens kann man sicherlich solche Beobachtungen machen, die den Eindruck erwecken, dass die „Beziehungskonten" – auch über Generationen hinweg, wenn z.B. mehrere Familienclans am Unternehmen beteiligt sind oder waren – für eine gute, tragfähige Vereinbarung ausgeglichen werden müssen. Das Konzept des **Kontenausgleichs** ist denn auch jenes, das Hannelore Diez heranzieht, um einerseits nochmals auf die Fruchtbarkeit des von Ivan Boszormenyi-Nagy entwickelten Modells der „inneren Buchführung und des Kontenausgleichs von Geben und Nehmen" für die Bildung von Arbeits-Hypothesen in der Mediation hinzuweisen und andererseits zu betonen, dass es dabei nicht nur um den **Austausch** von materiellen, sondern auch **von immateriellen Werten** gehen könne.[561] Sie schreibt:

[559] Vgl. BOSZORMENYI-NAGI/SPARK 1973.

[560] Das kann dann zu Störungen führen oder sogar pathogen werden, wenn ein Nachkomme eine Verpflichtung aus der Vorgeneration auszuleben versucht oder eine „Schuld" aus der Elterngeneration (z.B. das Kriegsverbrechen des Vaters im Krieg Nazideutschlands) so übernommen wird, dass es die Umsetzung eines selbstbestimmten, an Glück orientierten eigenen Lebensentwurfs verhindert, und sollte dann therapeutisch oder para-therapeutisch (z.B. im Rahmen einer systemischen Familienaufstellung) bearbeitet werden.

[561] Immaterielle Werte sind z.B. die „Vorstellungen" der Medianten darüber, welche Vereinbarungen als „fair" und „gerecht" gelten können. Einen sehr guten, soziologischen Überblick über „Gerechtigkeitsvorstellungen" bietet STRASSER 1986; zum „meritokratischen" Prinzip der „Leistungsgerech-

> „Für dieses Bedürfnis nach **Verrechnung** von materiellen und immateriellen Werten und Konten ist die Mediation eine besonders **adäquate Börse**, weil hier mit einer eigenen `Währung´ und mit dem Interessenausgleich (im Unterschied zur juristischen Methode; d.Verf.) gehandelt wird […]“[562]

Die Idee des – auch *immateriellen* – Äquivalententauschs nach der Reziprozitätsnorm dürfte nicht auf ökonomie-ferne Mediationen (wie z.B. Täter-Opfer-Ausgleich[563], Familienmediation, Schulmediation) beschränkt sein, sondern auch für ökonomie-nahe Mediationsformen wie Wirtschafts- oder Organisationsmediation sowie *innerbetriebliche Mediation* seine Bedeutung haben. Schließlich sind – systemisch betrachtet – nicht nur die Logiken von Konfliktgenese und -eskalation[564] ähnlich (wie bereits in Kapitel 2.4 mit Wilfried Kerntke argumentiert), sondern wohl auch die Funktions- und Ordnungsprinzipien als *soziales*[565] System.

Bezogen auf diese Funktions- und Ordnungsprinzipien wurden im Rahmen der systemischen Strukturaufstelltungsverfahren verschiedene *Prinzipien für den Systemerhalt* und im Rahmen des von MATTHIAS VARGA VON KIBÉD (2000) und INSA SPARRER (2000) so genannten *dritten Metaprinzips* Formen des **konfliktreduzierenden Ausgleichs** entwickelt. [566] Diese stellen darauf ab, dass soziale Systeme durch angemessene Formen des Ausgleichs von Geben und Nehmen stabilisiert werden.[567] Der Ausgleich ist durch *Austausch*, *Rückgabe* und *Weitergabe* möglich, wobei das Prinzip des *nicht-exakten*

tigkeit“ als Grundlage marktwirtschaftlich verfasster westlicher Arbeitsgesellschaften, die in der Regel den gesellschaftlichen Rahmen von Wirtschaftsmediation abgeben, vgl. auch ROSNER 1990, S. 40ff.

562 DIEZ 2005, S. 73.

563 Vgl. KERNER 2009.

564 Vgl. dazu das bekannte Stufenmodell der Konflikteskalation und -dynamik von GLASL 1999 und im Sinne des Selbsthilfekonzepts GLASL 2011.

565 Zur Begriffsbestimmung *sozialer* Systeme als Unterform *lebender* Systeme im Unterschied zu anderen nicht-sozialen, z.B. technischen, Systemen vgl. ROSNER 2006, S. 11ff., sowie zu Geschichte und aktueller gesellschaftlicher Bedeutung des systemtheoretischen Ansatzes PICHLBAUER/ROSNER 2008.

566 Vgl. ausführlicher mit Bezug auf die Hypothesenarbeit in der Mediation Kapitel 7.6.2.

567 Zu den – letztlich auf die Ideen *I. Boszormenyi-Nagys* zurückgehenden – Ausgleichsprinzipien in der Aufstellungsarbeit die Darstellung bei WRESNIK 2006. S. 13ff.

Ausgleichs gilt: Ein zu geringer Austausch würde Systeme erstarren oder „vertrocknen" lassen, ein zu starker Austausch würde zur Diffusion des Systems führen. Matthias Varga von Kibéd und Insa Sparrer charakterisieren daher das *dritte Meta-Prinzip* des Systemerhalts als *Prinzip zur Förderung von Umsatz und Stoffwechsel im System*.[568]

Das Reziprozitätsprinzip als soziales und gesellschaftliches Ordnungsmoment sichert sozusagen die Elastizität der Bindungskräfte des Systems auf jeder Systemebene. Hypothesen über diese Ordnungsmomente oder Ordnungsprinzipien haben nach den beiden Begründern der systemischen Strukturaufstellungsverfahren eine *kurative* Funktion, weil sie Hinweise darauf geben können, wodurch Störungen in einem sozialen System entstanden sind und wie Konflikte durch Verletzungen der systemischen Ausgleichsprinzipien bearbeitet werden können.[569] Eine explizite Auseinandersetzung der Mediations-Schule mit diesen aus der Aufstellungs-Schule stammenden Grundannahmen über die Funktionsweise sozialer Systeme, deren systemisch beschreibbaren Störungen und den Interventionshinweisen zur Bearbeitung daraus resultierender Konflikte steht nach Auffassung der Verfasser dringend an, weil dadurch auch eine systematische Verküpfung zum wertschöpfenden Reziprozitätsprinzip der integrierten Verhandlungsführung hergestellt werden kann.[570]

3.5 Hindernisse für wertschöpfende Lösungen

3.5.1 Das „Negotiator's Dilemma" zwischen Wertschöpfung und Wertaneignung

Eine erste Herausforderung betrifft die Frage, wie gemeinsame Wertschöpfung in mixed-motive-Situationen[571] (also den meisten Businessverhandlungen) effektiv erreicht

---

[568] Vgl. VARGA VON KIBÉD/SPARRER 2011, S. 184ff.

[569] Zur Diskussion um die dabei auftauchende Frage der Normativität dieser System-Annahmen und das – zumindest *Bert Hellinger* zuzuschreibende – Hinwirken auf Grundordnungen vgl. ROSNER 2007, S. 150ff.

[570] In Kapitel 7.6.2 finden Sie weitere Hinweise zur kurativen Funktion systemischer Ordnungsannahmen, die damit wichtige Quelle von heuristischer Hypothesenbildung zu Konfliktursachen, Verlaufsformen und mediativer Intervention werden.

[571] Zum Begriff „mixed-motive-Situation" vgl. Kapitel 2.3.2.

werden kann, da diese in einem Spannungsfeld mit dem Interesse der Parteien an einem möglichst guten Ergebnis auf der Verteilungsebene steht.

3.5.1.1 Das Negotiator's Dilemma

Die für effektive Wertschöpfung erforderlichen Verhaltensweisen stehen in einem Widerspruch zu dem optimalen Verhandlungsverhalten für Verteilungsverhandlungen.[572] Dieser Widerspruch zeigt sich insbesondere beim Umgang mit Informationen. Während die *optimale Wertschöpfung* erreicht werden kann, wenn möglichst alle relevanten Informationen (Interessen, Präferenzen, Möglichkeiten etc.) offen, ehrlich und unverzerrt ausgetauscht werden (also unter den Bedingungen von *Full Open Truthful Exchange*, FOTE[573]), ist es für die eigene Position in einer Verteilungsverhandlung am besten, taktisch mit Informationen umzugehen, Kaufzurückhaltung und Desinteresse vorzuschieben und die eigenen Präferenzen zu verschleiern.

> „Creating value requires openness, communication, learning, ingenuity, joint problem solving, and preventing conflict escalation. Claiming value involves advantageously shaping opponents´ perceptions of the bargaining range, often by manipulating alternatives and aspirations, making commitments, holding prime values hostage, misleading, and exploiting cultural expectations."[574]

Dieses Spannungsfeld beschreiben MNOOKIN ET AL. in ihrer Theorie der „three tensions" (drei Spannungsverhältnisse) als „Tension between Creating and Distributing Value"[575]:

---

[572] Zu den Erfolgsfaktoren für Wertschöpfung und für Verteilung vgl. MALHOTRA/BAZERMAN 2007, S. 15ff.

[573] Zu den Auswirkungen des FOTE-Zustandes vgl. detailliert RAIFFA/RICHRDSON/METCALFE 2002, S. 86ff.

[574] LAX/SEBENIUS 1986, S. 154ff.

[575] MNOOKIN/PEPPET/TULUMELLO 2000, S. 11ff.

Spannungsfeld zwischen

Möglichkeiten,
Nutzen zu schaffen
(den „Kuchen zu vergrößern")

und

Der Notwendigkeit,
Nutzen zu verteilen
(den „Kuchen zu verteilen")

Abb. 10: Spannungsfeld zwischen „Kuchen vergrößern und verteilen"

Bereits LAX und SEBENIUS hatten 1986 in ihrem wegweisenden Werk „*The Manager as Negotiator*" aufgezeigt, dass dieses Spannungsverhältnis in jeder mixed-motive-Verhandlung auftritt und Dilemmacharakter hat. Das bedeutet, dass dieses *Spannungsverhältnis nicht aufgelöst, sondern nur konstruktiv und professionell „gemanaged" werden kann.* Dieses Dilemma bezeichnen sie als **Negotiator's Dilemma**.[576]

Im Gegensatz zur *kompetitiven* Strategie, bei der die Beteiligten davon ausgehen, dass die eine Seite nur das gewinnen kann, was die andere Seite verliert, geht die *kooperative* Strategie davon aus, dass durch Zusammenarbeit gemeinsamer Nutzen erzeugt werden kann, der für beide Seiten einen „Mehrwert" bringt. Deshalb wird diese Strategie auch *Win-Win-Strategie* genannt.[577] Grundlage dafür ist, dass die Interessen und Bedürfnisse des Konfliktpartners als ebenso legitim betrachtet werden, wie die eigenen.

Ein wesentlicher Vorteil der Win-Win-Strategie besteht wie bereits gezeigt darin, dass durch kreative Optionen zum beiderseitigen Nutzen ein gemeinsamer „Mehrwert" geschaffen, der zur späteren Verteilung anstehende „Kuchen" also vergrößert werden kann, so dass für alle Beteiligten letztlich ein „größeres Stück" übrig bleibt. Dazu allerdings müssen die Parteien ihre Informationen offen legen, um derartige Möglichkeiten

---

[576] LAX/SEBENIUS 1986, S. 154ff.

[577] Zum Begriff und zur Bedeutung der Win-Win-Strategie vgl. Kapitel 2.3.

zum Schaffen von Mehrwert erkennen zu können. Ohne die freiwillige Preisgabe von Informationen gibt es keinen Mehrwert, also keine Vorteile für die Beteiligten. Das Dilemma besteht darin, dass einseitig offengelegte Informationen, sofern sie nicht erwidert werden, genutzt werden können, um eine Partei zu übervorteilen und auszunutzen.

> Bsp.: Bei einer mediativen Verhandlung zwischen der Vertriebsabteilung von Unternehmen X und dem Einkauf von Unternehmen Y könnte der Verkäufer darauf hinweisen, dass aus betriebsinternen Gründen die eigenen Produktionskapazitäten derzeit nicht ausgelastet sind. Dieses Wissen könnten die Parteien dann nutzen, um eine für beide Seiten vorteilhafte Einigung zu erzielen, etwa indem der Käufer vom Unternehmen Y eine größere Menge bestellt oder weitere Geschäftspartner wirbt, die sich der Bestellung anschließen, also die Kapazitäten des Herstellers besser auslasten und dafür günstigere Konditionen erhalten. Der Einkäufer könnte dieses Wissen natürlich auch gegen den Verkäufer nutzen, indem er nun einseitig günstigere Konditionen fordert, weil er weiß, dass der Verkäufer und das herstellende Unternehmen X in besonderer Weise auf den Abschluss angewiesen sind.

Manche Vertreter des Win-Win-Ansatzes vernachlässigen dieses Dilemma. Dann wird der Eindruck vermittelt, bei einer wahren Win-Win-Orientierung sei ein Verteilungsproblem gar nicht mehr existent. Insbesondere dem Buch *Das Harvard-Konzept* von Fisher, Ury und Patton ist vorgehalten worden, insofern missverständlich zu sein. Die *Verleugnung des Verteilungsproblems ist allerdings aus zweierlei Gründen gefährlich*: Erstens neigen „nette" kooperative Verhandler dazu, zu schnell nachzugeben und zu wenig hart ihre eigenen Interessen zu vertreten; dadurch erhalten Sie nicht nur beim Verteilen des (größeren Kuchens) einen zu geringen Anteil, auch die Wertschöpfungspotentiale werden schlechter ausgeschöpft.[578] Zweitens besteht das große Risiko, dass die Gutmütigkeit von der Gegenseite ausgebeutet wird. So zeigten GLICK und CROSON, dass bei Verhandlern mit bedingungslos kooperativer Orientierung (sie nannten diese Reputation „Cream Puffs") nur 27% der Verhandlungspartner mit wertschöpfenden Verhandlungstechniken antworten, wohingegen 64% wertschöpfend verhandelten, wenn

[578] Vgl. THOMPSON 2009, S. 80, S. 149ff.

sie ihren Verhandlungspartner als „bedingt kooperativ" wahrnahmen.[579] WILLIAMS beschrieb dieses Problem auf Grundlage seiner Studien über Verhandlungsorientierungen von Anwälten so:

> „[...] the cooperative attorney has an alarming tendency to ignore the lack of cooperation and to pursue his cooperative strategy unilaterally. [...] In this situation, the tough negotiator is free to accept all of this fairness and cooperation without giving anything in return."[580]

Es ist daher – gerade für Verhandler mit Win-Win-Orientierung – wichtig zu verstehen, warum dieses Verteilungsdilemma unauflöslich ist und eine strategische Orientierung zu entwickeln, wie die Chancen und Risiken in der konkreten Verhandlung bestmöglich in Ausgleich gebracht werden können.

3.5.1.2 Win-Win-Verhandeln als Gefangenendilemma

Kooperatives Verhalten[581] hat also Grenzen. Dies wurde in der Spieltheorie anhand der Diskussion der Entscheidungssituation um das „Gefangenendilemma"[582] deutlich.

> **Das Gefangenendilemma**[583]
>
> Zwei Verbrecher begehen gemeinsam einen Raub und werden anschließend gefasst, ohne dass ihnen jedoch der Raub nachgewiesen werden könnte. Die Polizei sperrt beide in getrennte Zellen und unterbreitet jedem einzeln im Verhör folgendes Angebot: Die Gefangenen können den Raub entweder gestehen oder leugnen. Leugnen beide, kann ihnen der Raub nicht nachgewiesen werden, aber sie erhalten beide eine Strafe wegen unerlaubten Waffenbesitzes

[579] GLICK/CROSON 2001, S. 177ff.

[580] WILLIAMS 1983, S. 54.

[581] Vgl. OLSON 1968.

[582] Das spieltheoretische Modell eines Entscheidungsdilemmas geht auf ein Experiment im Jahre 1950 zurück. *Albert Tucker* modellierte das Dilemma kurz darauf erstmals mit dem inhaltlichen Bezug auf zwei Ganoven als „Gefangenen"-Dilemma, das darin besteht, dass individuell rationales und Nutzen maximierendes Verhalten in bestimmten Konstellationen zu einem für alle Beteiligten suboptimalen Ergebnis führen kann; vgl. POUNDSTONE 1992, S. 106ff. Zum Gefangenendilemma vgl. auch die Darstellungen bei RIECK 2012, S. 46ff., sowie DIXIT/NALEBUFF 1997, S. 15ff.

[583] Diese Version des Gefangenendilemmas ist nach RIECK 2012, S. 47 erzählt.

von 1 Jahr. Gesteht jedoch der eine während der andere leugnet, so wird der Gestehende als Kronzeuge freigelassen, wogegen der Leugner 5 Jahre Gefängnis wegen Raubes erhält. Gestehen allerdings beide, so erhalten beide jeweils vier Jahre, da es dann kein „Kronzeugenprivileg" gibt.

Die Struktur des **Prisoners' Dilemma** wurde in der „Spieltheorie" am Beispiel einmaliger Entscheidungssituationen erarbeitet, in denen die Entscheider nicht miteinander kommunizieren (können).[584] In einer solchen Situation ist das „Gestehen" die „dominierende Strategie", d.h. egal wie sich der andere Gefangene entscheidet, ist das eigene Ergebnis immer besser als im Falle des „Leugnens". Gesteht der andere ebenfalls verringert das eigene Leugnen die Gefängnisstrafe von 5 auf 4 Jahre, leugnet der andere sogar, verschafft einem das Geständnis die Freiheit (anstatt 1 Jahr Gefängnis).

		B	
		gesteht	**leugnet**
A	**gesteht**	A: 4 Jahre B: 4 Jahre	A: Freiheit B: 5 Jahre
	leugnet	A: 5 Jahre B: Freiheit	A: 1 Jahr B: 1 Jahr

Abb. 11: Das „Gefangenendilemma"

Strategisch betrachtet gibt es also für jeden Einzelnen einen großen Anreiz zu gestehen. Im Ergebnis landen dann allerdings beide Akteure bei einem gemeinsamen Ergebnis, das schlechter ausfällt, als wenn sie sich jeweils für die individuell weniger attraktive Option (leugnen) entschieden hätten. Diese strategische Figur des *Gefangenendilemmas* ist in

[584] Eine ausführliche Darstellung des Entscheidungsdilemmas in seiner Bedeutung für die Verhandlungsführung findet sich auch bei BÜHRING-UHLE/EIDENMÜLLER/NELLE 2009, S. 82ff. und 137ff.

vielen Bereichen von Politik und Wirtschaft nachgewiesen worden.[585] *Durch den Egoismus des Einzelnen entsteht am Ende ein kollektiv schlechtes Ergebnis.*

LAX/SEBENIUS[586] haben herausgearbeitet, dass kooperatives Verhandeln in mixed-motive-Situationen in seiner strategischen Struktur ebenfalls als Gefangenendilemma dargestellt werden kann:

		Der Andere	
		kooperiert	**sucht nur seinen Vorteil**
Sie	**kooperieren**	*Alle Seiten gewinnen im mittleren Bereich,* aber nicht soviel, als wenn man selbst die Kooperation ausgebeutet hätte.	*Sie verlieren viel,die Anderen gewinnen viel.*
	suchen nur Ihren Vorteil	*Sie gewinnen viel, die Anderen verlieren viel.*	*Alle Seiten verlieren,* aber nicht soviel, als wenn man selbst kooperativ verhandelt hätte.

Abb. 12: Kooperatives Verhandeln als „Gefangenendilemma"

Auch hier erscheint ein Win-Win-Ergebnis nur als das zweitbeste mögliche Ergebnis, da das Ausbeutungsergebnis noch vorteilhafter ausfällt. Auch hier besteht also eine individuelle Versuchung zu ausbeuterischem unkooperativen Verhalten (sogenannte „Defektion").

Neuerdings hat SUBRAMANIAN gegen diese Sichtweise vorgebracht, sie sei zu theoretisch. Tatsächlich seien die Varianten, dass ein Kooperationsbereiter mit einem schlechten Ergebnis in Folge von Ausbeutung aus der Verhandlung herausgeht, zwar möglich

[585] Vgl. DIXIT/NALEBUFF 1997, S. 17.

[586] LAX/SEBENIUS 1986, S. 156.

aber sehr *unwahrscheinlich*, da er ein solches Ergebnis nicht akzeptieren würde und dann keine Einigung zustande käme. Damit seien nur zwei Optionen wahrscheinlich unter denen die beidseitige Kooperation für beide Seiten attraktiv sei:

> „Die simple, aber realistische Annahme, dass das Zustandekommen eines Geschäfts umso wahrscheinlicher wird, je höher der daraus resultierende Profit für die Parteien ausfällt, entschärft das Dilemma, in dem sich die Verhandelnden befinden. Fakt ist, dass eine Analyse, bei der die jeweiligen Wahrscheinlichkeitswerte der Verhandlungsergebnisse berücksichtigt werden, in einer strategischen Kehrtwende resultiert und nicht Fordern/Fordern, sondern Fördern/Fördern (beidseitige Kooperation) zu der dominanten Strategie werden lässt.“[587]

Diese Sichtweise vernachlässigt, dass es in den allermeisten Verhandlungen nicht das *eine* Verhandlungsergebnis gibt, das für einen Verhandler akzeptabel ist. Typischerweise gibt es einen Mindestnutzen, der zu erzielen ist (Reservation Price), und darüber eine Reihe von möglichen Lösungen. Ganz egal wie hoch also die Mindestgrenze ist, die eine Partei gerade noch akzeptieren würde, jedenfalls für den tatsächlichen Verhandlungsspielraum besteht nach wie vor die Gefahr, dass eine einseitig kooperative Strategie von der Gegenseite ausgebeutet wird und mit einem recht kleinen Anteil an diesem Kuchen endet.[588] Von daher hat Subramanian sicherlich recht, dass insbesondere im geschäftlichen Bereich die Gefahr einer krassen Ausbeutungsstrategie so groß ist, dass sie wenig wahrscheinlich ist; das mildert das Dilemma allerdings nur ab, da nach wie vor ein Verteilungsspielraum besteht, auf den bezogen nach wie vor Nachteile durch eine einseitige kooperative Verhandlungsführung bestehen.

Dabei gibt es natürlich Menschen, für die *aus ethischen Gründen Ausbeutung niemals eine akzeptable Option ist und die daher immer kooperieren würden.* Diese Verhandlungspartner sind allerdings für eine Kooperationsstrategie keine Gefährdung, da in solchen Fällen stets eine erfolgreiche Kooperation gelingt. Die Schlüsselfrage bei der

---

[587] SUBRAMANIAN 2012, S. 148.

[588] Das gilt umso mehr in Verhandlungssituationen, in denen eine Partei ohnehin schon unter großem Druck steht, wie z.B. für den durchschnittlichen Zulieferer in der Automobilindustrie oder im deutschen Lebensmitteleinzelhandel, wo Einkäufer in dem Ruf stehen, die „Schrauben“ oft soweit anzuziehen, dass die andere Seite gerade noch „atmen“ (also die Insolvenz vermeiden) kann.

Kooperationsstrategie ist deshalb, wie jemand agiert, der Ausbeutungsverhalten – wenn es sich „lohnt" – nicht grundsätzlich ablehnt, bzw. wie man solche *individualistisch orientierten Verhandler unter der Bedingung des Gefangenendilemmas zur Kooperation motivieren* kann.

3.5.1.3 Kooperation im „One-Shot-Gefangenendilemma" – nur mit Absicherung

In dem klassischen Gefangenendilemma gibt es keinen strategischen Anreiz zur Kooperation; deshalb ist „leugnen" die dominante Strategie.[589] Daran ändert sich selbst dann nichts, wenn die Spieler die Gelegenheit zur Kommunikation vor ihrer Entscheidung haben, solange sie dann die Entscheidung doch unabhängig voneinander und ohne Wissen um die Entscheidung des anderen treffen müssen. Auch wenn sich die Gefangenen hoch und heilig versprochen haben, beide zu leugnen, bleibt der *Anreiz zur Defektion* weiterhin hoch, wenn das Verhör erst einmal begonnen hat. Manche Menschen stehen aus ethischen Gründen prinzipiell zu ihrem Wort – deshalb besteht mit der Möglichkeit der Absprache eine deutlich höhere Chance für Kooperation – nach wie vor besteht aber die Unsicherheit, dass Ausbeutung strategische Vorteile mit sich bringt.

Die Begrenzung der Kooperations-Rationalität angesichts einer fehlenden langfristigen Perspektive kann nur durch Vereinbarung entsprechender „Spielregeln" im Sinne der „Selbstorganisation" oder durch „institutionelle Arrangements"[590] überwunden werden, die ebenfalls zur Auflösung des kollektiven Dilemmas beitragen. Die *Rational Choice Institutionalisten* haben gezeigt, dass dafür aktive Überwachung und Sanktionen notwendig sind, denn ohne den externen Zwang, wenn auch nur in leichter Form, bleibt die nicht-kooperative Strategie eine mögliche Option für die Verhandlungs- oder Konfliktparteien. Die Kosten der nicht-kooperativen Strategie müssen auf diese Weise erhöht

[589] So auch RIECK 2012, S. 48ff., der ausführt, dass dieses Ergebnis von vielen Menschen gerade wegen des schwierigen Kontextes (Freunde verraten) emotional abgelehnt wird bzw. unzulässigerweise doch Zukunftsaspekte („Was wenn der zukünftig frei kommt"?) einbezogen werden, dass diese Vorbehalte sich aber bei Einkleidung des Entscheidungsproblems in einen anderen Kontext („Schwarzhändler-Dilemma") fast vollständig auflösen lassen.

[590] Vgl. OSTROM 1990. Die amerikanische Wissenschaftlerin *Elinor Ostrom* erhielt 2009 den Wirtschaftsnobelpreis für ihre Forschungen über die „Allmende" als einer exemplarischen Form des kollektiven Dilemmas.

werden. Nicht Abschreckung oder Vergeltungsschläge, sondern die Anwendung **institutioneller** Mechanismen schafft kooperatives Verhalten im institutionellen Ansatz.[591]

Da Kooperation in solchen Situationen also nicht aus sich selbst heraus bei rationalem Verhalten selbstverständlich – und damit sicher – ist, sollte man darauf achten, die Kooperation **zusätzlich abzusichern**. Solche Absicherungsmechanismen können in einer Gestaltung des Informations- und Leistungsaustausches *Zug-um-Zug* bestehen, bei der die Gefährlichkeit der Informationen langsam gesteigert wird. Eine andere Möglichkeit ist die Absicherung über Sicherungsmechanismen[592]:

- *Verifikationsregeln:* Die Parteien vereinbaren, jeweils Vertretern der Gegenseite zu gestatten, die Umsetzungshandlungen zu überwachen, um die Transparenz zu erhöhen und gegenseitig Unsicherheit und Missverständnisse zu minimieren. Derartige Regelungen werden z.B. bei Vereinbarungen zur Rüstungskontrolle getroffen.

- *Abschreckung:* Die Parteien gehen eine glaubwürdige Selbstverpflichtung ein, erhebliche Vergeltungsmaßnahmen gegen einen Vertragspartner zu ergreifen, der das Abkommen bricht. Ein solches Vorgehen aus der Sicherheitspolitik bekannt, kommt regelmäßig aber auch im geschäftlichen Bereich vor. („Wer ein Abkommen mit der xyz AG bricht, der wird aus Prinzip so fertig gemacht, dass er nicht mehr weiß, wo oben oder unten ist.")

- *Strategie der kleinen Schritte:* Die Parteien entscheiden sich, lieber erstmal Schritt für Schritt in kleinen (weniger gefährlichen und gut überprüfbaren) Schritten vorzugehen, anstatt direkt die „große Lösung" anzustreben, die für alle Beteiligten mit großen Risiken verbunden ist. Dabei wird sichergestellt, dass durch die dauerhaften und häufigeren Interaktionen der „Schatten der Zukunft" hinreichend groß bleibt, so dass die Kooperationsbereitschaft dauerhaft hoch bleibt und das Problem der „letzten Runde" vermieden wird.

- *Geiseln/Pfänder:* Beide Parteien hinterlegen Sicherheiten (z.B. eine größere Geldsumme auf ein Treuhandkonto), die von einem neutralen Dritten verwaltet werden, und bestimmen, dass diese Einlage verfällt, wenn die Übereinkunft nicht

[591] Vgl. OSTROM et al. 1994, S. 301ff.

[592] Vgl. WATKINS 2003 und MNOOKIN/PEPPET/TULUMELLO 2000.

vereinbarungsgemäß umgesetzt wird. Ähnliche Regelungen sind für den Verschuldensfall in manchen Ehe-, Gesellschafts- und Erbverträgen enthalten. Von der Antike bis hinein ins Mittelalter war es üblich, Friedens- und Bündnisverträge dadurch abzusichern, dass Kinder des Regenten und adliger Familien des Vasallenstaates als Geiseln an den Hof des Herrschers entsandt wurden, die dann bei Vertragsbruch getötet wurden.

- *Garanten/Schutzmächte:* Die Parteien beziehen mächtige Dritte in ihre Verhandlungen ein, damit diese als Garanten für die Vereinbarung wirken. Das bedeutet, dass sie sich verpflichten, jede Partei, die vertragsbrüchig wird, mit all ihrer Macht zu bestrafen. Dieses Konzept ist zunächst einmal aus der internationalen Politik bekannt („Schutz- bzw. Garantiemächte"), kann aber auch beispielsweise bei Verträgen zwischen zwei Kommunen (Garant: Land) oder bei Verträgen in strategischen Netzwerken, z.B. zwischen zwei Zulieferern durch den Konzern, der die strategische Führung ausübt und mit beiden Parteien Geschäftsbeziehungen unterhält, angewandt werden.

Die *pure Hoffnung*, dass der andere auf Ausbeutung verzichten wird, ist jedenfalls eine *naive und unvernünftige Strategie*, die erstens häufig zu Enttäuschungen führt (emotional teuer ist), zweitens im Ausbeutungsfall zu sehr schlechten Sachergebnissen führt (ökonomisch teuer ist) und drittens zu alledem auch noch die Verbreitung von ausbeuterischem Verhalten in der Gesellschaft fördert und damit die Chancen für Kooperation vermindert.[593]

3.5.1.4 Kooperation im Mehr-Runden-Gefangenendilemma: Tit-for-Tat

Wenn man die Voraussetzung der nicht-kommunikativen „One Shot Games" in Richtung iterativer Spiele verlässt, bei denen Lernen möglich ist und die Spielregeln selbst neu gestaltet werden können, wird die Strategiewahl zum Ergebnis **interdependenter** Entscheidungen. In der einschlägigen Forschung[594] konnte demonstriert werden, dass sogar bei endlichen Spielen nach dem Muster des iterativen „Gefangenendilemmas"

---

[593] Vgl. dazu sogleich die Ausführungen zur „Provozierbarkeit" in Kapitel 3.5.1.4.

[594] Vgl. OSTROM 1998, SCHMID 1994; zur Einführung in die organisationstheoretischen Ansätze MIEBACH 2006, S. 137ff.

Kooperation möglich ist, wenn die Akteure keine Informationen über die Strategien der anderen Seite haben.[595]

In seinem einflussreichen Werk „**Die Evolution der Kooperation**"[596] konnte der US-amerikanische Politikwissenschaftler und Spieltheoretiker ROBERT AXELROD aufzeigen, dass Kooperation tatsächlich auch unter Wettbewerbern (bzw. bei Präferenzkonflikten/Gefangenendilemma) entstehen kann, wenn die Interaktion wiederholt durchgeführt werden und damit Zukunftsperspektiven strategisch bedeutsam werden.

> Bsp.: Geschäftliche Verhandler, die sich fragen, ob es tatsächlich Kooperation mit Wettbewerbern geben kann, können sich mit der spannenden Feststellung trösten: „Unter geeigneten Umständen kann sich Kooperation auch zwischen **Feinden** entwickeln."[597] Auf Grundlage historischer Dokumente legt Axelrod dar, wie sich im 1. Weltkrieg selbst unter den aufgehetzten und emotionalisierten Soldaten in den Schützengräben der Westfront informelle „Nichtangriffspakte" bildeten, die zeitweilig geschätzt bis zu 1/3 der Stellungen betrafen. Diese informellen Vereinbarungen (explizite Kommunikation wäre Hochverrat gewesen) bildeten sich aus der Erkenntnis heraus, dass es für alle Beteiligten besser ist, bewusst daneben zu schießen und dem Gegner nicht den Proviantwagen zu zerstören, da ansonsten nach der zu erwartenden Vergeltung beide Seiten hungern werden. Wenn aber Kooperation schon ohne Kommunikation selbst unter Feinden entstehen kann, sofern die Rahmenbedingungen stimmen, so muss Kooperation natürlich umso eher mit Kommunikation in reinen Wettbewerbssituationen erreichbar sein (argumentum a maiore ad minus).

Um die Bedingungen einer effektiven Strategie im iterativen Gefangenendilemma zu ermitteln, lud *Axelrod* führende Wissenschaftler seiner Zeit ein, mit ihrer bevorzugten

[595] In diesem Fall können es die Akteure wagen, kooperative Strategien auszuprobieren. Wenn die anderen Akteure rational reagieren, ist ihre beste Strategie, sich ebenfalls kooperativ zu verhalten, weil sie sonst regelmäßig gestraft werden würden. Vgl. zur Kooperation in mehrstufigen Gefangenendilemmasituationen RAPOPORT/CHAMMAH 1965.

[596] AXELROD 2000.

[597] AXELROD 2000, S. 78.

Strategie an einem *Turnier* teilzunehmen, bei dem diese Strategien als FORTRAN-Programme mehrfach jeder gegen jeden (round robin) in 200-Runden-Gefangenendilemma-Spielen antreten würden. Nach diesem Turnier veröffentlichte Axelrod die Siegerstrategie und lud zu einem zweiten Turnier ein. Dazu wurden wiederum – in Kenntnis der Siegerstrategie – viele neue Strategien eingereicht. Der Turniersieger des ersten Turniers konnte auch das zweite Turnier gewinnen.[598]

Die Gewinnerstrategie war eine der einfachsten im gesamten Turnier (nur 4 Zeilen Programmcode) und zeichnete sich dadurch aus, dass sie keinen einzigen Gegner im direkten Duell „schlagen“ konnte (also mehr Punkte erzielte als ihr Gegner), trotzdem aber auf das gesamte Turnier gesehen die meisten Punkte erreichte. Dieses erstaunliche Ergebnis bringt THOMPSON wie folgt auf den Punkt: „**The Winner is a Loser**“[599].

Diese Strategie war von dem kanadischen Spieltheoretiker *Anatol Rapoport* eingereicht worden und hieß **TIT FOR TAT**.[600] Sie bestand aus nur 2 Regeln:

- Beginne kooperativ in der ersten Runde.
- Spiele in jeder weiteren Runde das, was der andere Spieler in der Runde zuvor gespielt hat.

Diese Strategie konnte gegen kooperative Strategien die maximalen Kooperationsgewinne erzielen und gegen Ausbeutungsstrategien die eigenen Verluste begrenzen. Obwohl sie keine andere Strategie im direkten Vergleich „schlagen“ kann, war sie im Turnier am erfolgreichsten, weil es ihr am besten gelingt, Kooperation in Gefangenendilemmasituationen zu induzieren. Grund genug, die Erfolgsfaktoren von TIT FOR TAT zu analysieren, da diese offenkundig universelle[601] Bausteine einer effektiven Kooperationsstrategie in mixed-motive-Situationen darstellen:

---

598 Zu den Turnierergebnissen vgl. im Detail AXELROD 2000, S. 173ff.

599 THOMPSON 2009, S. 298.

600 Grundprinzipien der Tit-for-Tat-Strategie wurden von Rapoport bereits in den 1960er Jahren entwickelt vgl. RAPOPORT/CHAMMAH 1965. „Tit for Tat“ lässt sich dabei mit „Auge um Auge“ übersetzen und entspricht in ihren Grundzügen der alttestamentarischen Forderung nach einer Vergeltungsstrategie, die sich in ihren Sanktionen streng an der Schuld orientiert (Übermaßverbot).

601 AXELROD 2000, S. 183ff., konnte zeigen, dass auch bei anderen Rahmenbedingungen TIT FOR TAT sehr erfolgreich ist. Von sechs hypothetischen Konstellationen (sehr kooperative bis sehr aus-

„Freundlichkeit" als Erfolgsfaktor

In den Turnieren zeigte sich, dass der zentrale Erfolgsfaktor in der *Win-Win-Orientierung* einer Strategie besteht:

> „Überraschenderweise gibt es eine einzige Eigenschaft, mit der relativ erfolgreiche von erfolglosen Teilnehmern unterschieden werden können. Diese Eigenschaft besteht darin, *freundlich* zu sein, d.h. nicht als erster zu defektieren."[602]

TIT FOR TAT beginnt immer mit einem *Vertrauensvorschuss*[603] in der ersten Runde. Anschließend defektiert die Strategie nur dann, wenn vorher die andere Seite unkooperativ gehandelt hat. Deshalb kann sie zwar keine andere Strategie schlagen – sie erreicht aber mit einer kooperationswilligen Strategie die *maximalen Kooperationsgewinne*. Die Axelrod-Turniere haben die generelle Überlegenheit freundlicher Strategien gegenüber Ausbeutungsstrategien im Gefangenendilemma nachgewiesen.[604] Darin besteht ein weiterer Erklärungsansatz für die generelle Überlegenheit von Win-Win-Verhandlungs-

---

beuterische Rahmenbedingungen) konnte TIT FOR TAT fünf der hypothetischen Turniere gewinnen, im sechsten wäre sie Zweiter geworden. Das zeigt, dass TIT FOR TAT tatsächlich für viele denkbare Rahmenbedingungen eine sehr effektive Kooperationsstrategie darstellt, insbesondere wenn – wie regelmäßig beim kooperativen Verhandeln – die Strategie der Gegenseite unklar ist.

[602] AXELROD 2000, S. 29f.

[603] Die Überlegenheit von Strategien des Vertrauensvorschusses („Trusting More-Strategy") belegen auch neuere Studien von MURNIGHAN 2012, S. 96ff. Im Rahmen des *Attributional Trust Impetus Models* zeigen sich die Vorteile früher vertrauensdemonstrierender Interaktionen, vgl. WEBER/ MALHOTRA/MURNIGHAN 2001, S. 27f.: „Finally, where the risk-benefit profile merits, serious acts of trust can be valuable catalysts, especially early in a relationship. Such acts seem better positioned than more ambiguous acts to result in a valued other party making attributions of trust and trustworthiness, thereby setting the stage for relatively rapid, positive relational developments in the future."

[604] Im ersten Turnier platzierten sich die acht freundlichen Strategien auf den ersten acht Plätzen; *keine freundliche Strategie war schlechter als die beste Ausbeutungsstrategie.* Im zweiten Turnier waren alle bis auf eine (sie wurde achte) der besten 15 Strategien freundlich, alle bis auf eine der schlechtesten 15 Strategien waren nicht freundlich, vgl. AXELROD 2000, S. 29ff., 39f. Es ist daher schlicht unverständlich, wie MÜHLEN 2005, S. 176, angesichts dieser klaren Befunde in Bezug auf kooperatives Verhandeln immer noch von „Praxisferne" und „Machbarkeitsillusion" sprechen und empfehlen kann „solange wie möglich in Deckung zu bleiben."

strategien gegenüber egoistischen Durchsetzungsstrategien.[605] THOMPSON sieht zudem eine Grundlage des Erfolgs von TIT FOR TAT darin, dass diese Strategie erkennbar darauf verzichtet, mehr als die Gegenseite bekommen zu wollen, wodurch Neideffekte und Mißtrauen vermieden werden.[606] Nach den verhandlungswissenschaftlichen Erkenntnissen schließt Win-Win-Verhandeln also nicht generell aus, das „größere Stück vom Kuchen“ bekommen zu wollen; wer dies jedoch übertreibt oder die eigenen Ansprüche zu stark in den Fokus der Verhandlung bringt, behindert effektive Kooperation.[607]

„Provozierbarkeit“ als Erfolgsfaktor

Ähnlich wichtig wie die Freundlichkeit einer Strategie ist ihre *Fähigkeit, Ausbeutungsversuchen Grenzen zu setzen*. Wie bereits gesagt, sind „natürlich kooperative“-Spieler, die aus Grundüberzeugung unabhängig von den Rahmenbedingungen heraus selbst kooperativ handeln wollen, für eine Kooperationsstrategie kein Problem. Problematisch ist die Frage, wie man „strategisch kooperative“ Spieler, die dann zur Kooperation bereit sind, wenn sie sich „lohnt“, aber grundsätzlich auch eine lohnende Defektion ins Auge fassen würden, zur Kooperation bringen (oder „zwingen“) kann.

Kooperation wird im Gefangenendilemma aber erst dann „lohnend“, wenn die Alternative, kontinuierlich Ausbeutungsgewinne zu erzielen, nicht zur Verfügung steht. Deshalb ist es unverzichtbar, *auf Ausbeutungsversuche mit Sanktion (bzw. eigener Defektion) zu antworten* (sogenannte „**Provozierbarkeit**“).[608] TIT FOR TAT reagiert auf jede Defektion mit eigener Defektion in der nächsten Runde und kooperiert erst dann wieder, wenn die Gegenseite zuerst zur Kooperation zurückgekehrt ist. Dadurch kann die Gegenseite maximal in einer Runde Ausbeutungsgewinne erzielen (und behalten), so dass die Verluste gegen egoistische Strategien stark begrenzt werden. Strategisch kooperative Spieler müssen sich also zwischen Kooperation und dauerhafter gemeinsamer Defektion

[605] Vgl. dazu die Ausführungen zu der Überlegenheit der Win-Win-Strategie in Kapitel 2.3.

[606] THOMPSON 2009, S. 299.

[607] Gerade darin besteht ja das „Spannungsverhältnis zwischen Wertschöpfung und –verteilung“; vgl. zur Optimierung des Verteilungsgewinns beim wertschöpfenden Verhandeln auch Kapitel 2.3.4.1.

[608] AXELROD 2000, S. 56: „Das allgemeine Prinzip lautet, dass eine freundliche Regel bereits durch die erste Defektion des anderen Spielers *provoziert* werden muss.“

entscheiden – so wird Kooperation zur dominanten Strategie, die aus sich selbst heraus stabil bleiben kann. Wenn eine Kooperationsstrategie nicht provozierbar ist oder erst nach sehr vielen Defektionen reagiert, belohnt sie damit genau dasjenige Verhalten, das sie eigentlich nicht möchte; damit wird Ausbeutung zu einer lohnenden Strategie, die sich verbreitet, während stabile Kooperation nicht entstehen kann.[609] Insbesondere die zweite Runde des Turniers hat gezeigt, dass unmittelbare Provozierbarkeit durch die erste Defektion von großer Bedeutung ist, weil man ansonsten „raffinierten Ausbeutungsstrategien", die zunächst kooperativ handeln und dann testen, wieviel sie sich „erlauben können", hilflos gegenübersteht.[610]

Die strategische Analyse kommt hier zum gleichen Ergebnis wie die Verhaltenspsychologen, die aufgezeigt haben, dass *Verhalten durch Belohnung verstärkt wird*. Das erwünschte Verhalten (Kooperation) sollte daher durch Belohnung verstärkt werden, das unerwünschte Verhalten hingegen auf gar keinen Fall.

In sozialen Gruppen bzw. Gesellschaften erfüllt die Provozierbarkeit, d.h. die Reaktion auf ausbeuterisches Verhalten, zudem den Zweck, durch „positive Generalprävention"[611] den Glauben der Gemeinschaft in die Normgeltung zu bestärken und damit defektierendes Verhalten zu minimieren. Schon THOMAS HOBBES brachte die Notwendigkeit der Sanktionsbewehrung von Vereinbarungen auf die Formel:

> „Covenants without the sword are but words."[612]

[609] Vgl. dazu die Populationsstudien bei AXELROD 2000, S. 50ff., die deutlich zeigen, dass sich Ausbeutungsstrategien in Populationen nur dann halten können, wenn es zuviele nicht provozierbare Kooperationsstrategien gibt. Durch konsequente Sanktionierung können Ausbeutungsstrategien isoliert und letztlich eliminiert werden. Diese Erkenntnis brachte der amerikanische Verhandlungswissenschaftler Michael WATKINS im Rahmen eines Vortrags vor amerikanischen Führungskräften am 22.Oktober 2001 in Cambridge, MA, so auf den Punkt: „Es gibt soviel Ausbeutungsverhalten in der Welt, weil es soviele „pathologisch kooperative" Menschen gibt, die nicht effektiv Grenzen setzen."

[610] Vgl. die Analyse bei AXELROD 2000, S. 39ff., zu den Strategien TRANQUILIZER und TESTER.

[611] JAKOBS 1993.

[612] HOBBES 1958 (1651), S. 1139.

Nachsicht als Erfolgsfaktor

Neben der Provozierbarkeit ist allerdings auch die Nachsicht ein wesentlicher Erfolgsfaktor von TIT FOR TAT. Das bedeutet, dass eine effektive Kooperationsstrategie nicht wie eine „beleidigte Leberwurst“[613] reagieren und nachtragend, sondern nach einer Sanktion sofort wieder zu Kooperationsangeboten bereit sein sollte. Der Grund dafür ist, dass es viele „strategisch kooperative“ Spieler gibt, die die Gutmütigkeit des Gegenspielers austesten, bei konsequenter Sanktionierung von Defektion dann aber zu einer stabilen Kooperation bereit sind. Eine nachtragende Strategie würde in diesen Fällen auf wertvolle Kooperationsgewinne verzichten. Der Verzicht auf unnötige Eskalationsspiralen und die strikte *Beachtung des Übermaßverbotes* wirkt hier zivilisierend und ist unter dem Strich interessengerecht und nützlich.

> **„Auge um Auge, Zahn um Zahn“ als Zivilisationsfortschritt**
>
> TIT FOR TAT entspricht in seinem Grundprinzip dem alttestamentlichen Bibelwort „Leben für Leben, Auge für Auge, Zahn für Zahn, Hand für Hand, Fuß für Fuß, Brandmal für Brandmal, Wunde für Wunde, Striemen für Striemen“ (2. Buch Mose 21, 22-25). Dieses sogenannte *ius talionis* wird häufig als Beispiel für Grausamkeit genommen, entwicklungsgeschichtlich war es jedoch ein Zivilisationsfortschritt. Gemeint ist hier nämlich: Wenn Dir der andere ein Auge ausschlägt, darfst Du ihm auch nur ein Auge ausschlagen, nicht etwa ihn töten, sein Vieh nehmen und seine Angehörigen in die Sklaverei verkaufen. Derartig übermäßige Sanktionen werden nämlich ihrerseits als ungerecht angesehen und mit Vergeltung beantwortet, so dass Blutrache und jahrelange Fehden zwischen Sippen entstehen, die das Gewaltmonopol des Staates untergraben und jede Rückkehr zu einer friedlichen Normalität nach der Strafe (als Vergeltung/Sühne) unmöglich machen. Das ius talionis war daher in vielen Hochkulturen ein Zwischenschritt in der Entwicklung zivilisierter Rechtssysteme; so findet sich z.B. im Codex Hammurabi (1700 v.Chr.) der Passus „§ 196: Wenn ein freier Mann das Auge eines freien Mannes zerstört,

[613] Das schlechteste Ergebnis aller Kooperationsstrategieen erreichte FRIEDMANN. Diese Strategie kooperierte immer bis zu einer Defektion des anderen Spielers. Bei einer Defektion schaltete die Strategie unwiderruflich bis zum Spielende in den Defektionsmodus – mit sehr schlechten Resultaten, vgl. AXELROD 2000, S. 32.

zerstört man sein Auge."[614] TIT FOR TAT bestraft und „vergisst" dann die Defektion. Damit ist die Chance für einen Neuanfang gegeben, der für beide Seiten besser ist als eine Fortsetzung des Konflikts.

Noch effektiver wirken Kooperationsstrategien, wenn sie die Sanktion – jedenfalls anfänglich – etwas geringer bemessen als die Defektion, weil durch moderate negative Sanktionen einerseits schon die notwendige Wirkung des „Grenzen-setzens" erreicht werden kann, andererseits aber schneller wieder ein kooperatives Verhalten erreicht wird, weil es weniger Verletzungen und „Sanktionsschlachten" gibt.[615] Diese Wirkung ist in einem starren Gefangenendilemma, das nur eine Entweder-Oder-Entscheidung zulässt, nicht zu erreichen – in einer offenen Verhandlungssituation allerdings schon.

Verständlichkeit als Erfolgsfaktor

TIT FOR TAT zeigte überdies, dass eine erfolgreiche Kooperationsstrategie auch *verständlich* sein muss. Verständlichkeit bedeutet, dass die Interaktionspartner möglichst einfach erkennen können, dass Kooperation angestrebt wird, keine Ausbeutung beabsichtigt ist und fremde Ausbeutung konsequent sanktioniert wird. Je schneller diese Botschaft vermittelt wird, desto schneller ist mit rationalen Ausbeutungsstrategien („strategisch kooperativen") eine stabile Kooperation möglich. Verwirrendes Verhalten zerstört hingegen Kooperationsanreize.

Während die Verständlichkeit in dem Computer-Turnier recht einfach zu erreichen ist, bestehen hier in realen Verhandlungsfällen zusätzlich potentielle Probleme, z.B. in Kommunikationsmissverständnissen und daraus resultierenden als „unfair" wahrgenommenen Saktionen.[616]

Endrundeneffekte als Kooperationshürde

Die Grenzen für kooperatives Verhalten liegen jedoch auch beim iterativen Gefangenendilemma in der „letzten Runde", d.h. wenn es keine Fortsetzung der Zusammenarbeit

[614] Vgl. dazu OEMING 2003.

[615] DIXIT/NALEBUFF 1997, S. 104f.

[616] Vgl. dazu sogleich Kapitel 3.5.1.5.

bzw. keine zukünftige Perspektive des Aufeinander-Angewiesen-Seins der Konfliktparteien gibt. Dort „lohnt“ sich Defektion, die strategische Situation entspricht dem einmaligen Gefangenendilemma (vgl. Kaptel 3.5.1.3). Axelrod weist daher auch darauf hin, dass mit Blick auf TIT FOR TAT:

> „[...] niemand ein besseres Ergebnis erzielen kann, indem er eine andere Strategie einführt, vorausgesetzt die Zukunft wirft einen ausreichend großen Schatten auf die Gegenwart.“[617]

Dort, wo diese zukünftigen Potentiale nicht groß genug sind – oder von einzelnen Beteiligten nicht entsprechend bewertet werden – ist die Kooperation *nicht mehr aus sich selbst heraus stabil*, so dass auch hier *externe Sicherungsmechanismen* herangezogen werden sollten.[618]

3.5.1.5 Rationale Kooperationsstrategien in mixed-motive-Verhandlungen

Aus den spieltheoretischen Forschungen zu erfolgreichen Strategien im Gefangenendilemma können wichtige Erkenntnisse für die Strategieplanung in Verhandlungssituationen gewonnen werden:

- Es gibt ein Spannungsverhältnis zwischen Kooperation und Wettbewerb.
- Kooperation kann auch dann im Wettbewerb - sogar unter Feinden - entstehen, wenn es eine langfristige Perspektive gibt.
- Das Ziel ist es dann, die andere Seite zu überzeugen, dass Kooperation die beste Alternative ist.

---

[617] AXELROD 2000, S. 53, der den „Diskontparameter“ darstellt, nach dem sich die Attraktivität zukünftiger Kooperationgewinne aus den verbleibenden Runden und dem Verhältnis von Kooperations- und Ausbeutungsgewinnen errechnen lässt.

[618] Zu den externen Sicherungsmechanismen vgl. Kapitel 3.5.1.3; in der zweiten Auflage seines Computerturniers legte Axelrod die Anzahl der Spielrunden nicht mehr exakt fest, sondern das Spielende wurde durch einen *Zufallsgenerator* bestimmt. Dadurch konnten die Endrundeneffekte minimiert werden. Anscheinend ist nicht ein *mögliches* Ende der Kooperation, sondern nur ein *hinreichend sicheres* Ende der Kooperation eine wesentliche Kooperationshürde.

Eine „langfristige Perspektive" bedeutet dabei nicht unbedingt, dass es langfristige Beziehungsinteressen mit dem Verhandlungspartner geben muss – in einem solchen Fall ist ohnehin die Kooperationsstrategie für beide Seiten zwingend.[619] Eine komplexere multi-issue-Verhandlung enthält selbst eine Reihe von Interaktionen, bei denen jeweils die Wahlmöglichkeit zwischen kooperativem Verhalten (z.B. „Information offenlegen") und Defektion (z.B. „Information taktisch verschleiern") besteht; *eine solche Verhandlung kann also selbst als iteratives Gefangenendilemma betrachtet werden.*

Eine wichtige Grundlage ist die Analyse, wieviele Wertschöpfungspotentiale in der Verhandlung zu erwarten sind, wie groß also die potentiellen Kooperationsgewinne ausfallen würden.

Management „ Wert schaffen und verteilen"
– abhängig vom Kontext der Verhandlung –

- **Einige Verhandlungen haben hauptsächlich Verteilungscharakter und bieten nur geringe Möglichkeiten für „gemeinsamen Nutzen".**
- **Andere Verhandlungen bieten dagegen ganz wesentliche Möglichkeiten für „gemeinsamen Nutzen".**

Abb. 13: „Management zwischen Wert schaffen und Wert verteilen"

Indizien für kooperative Verhandlungen, die Potenzial für „Mehrwert" bieten, sind:[620]

- Viele Verhandlungsgegenstände
- Variable Transaktionskosten
- Längerfristige wichtige Beziehungen
- Umfassender Austausch und Nutzung von Informationen

[619] Vgl. die Ausführungen in Kapitel 2.3.4.1.

[620] Vgl. WINHELLER 2003, S. 122.

Indizien für distributive Verhandlungen, bei denen es vor allem um die Verteilung eines begrenzten „Kuchens" geht, sind:[621]

- Nur ein Verhandlungsgegenstand
- Feste Transaktionskosten
- Keine längerfristigen Beziehungen
- Einseitige Informationen
- Verhandlungspartner zeigen nachhaltig keine Kooperationsbereitschaft

In jedem Fall ist es wichtig, nicht nur die eigene Bewertung in die strategische Analyse einzubeziehen, sondern sich auch zu fragen, wie diese Frage aus der subjektiven Sicht des Anderen bewertet wird, da diese subjektive Sicht und nicht „objektive Faktoren" (sofern es die überhaupt gibt), das Verhandlungsverhalten der Gegenseite bestimmt. *Je besser es gelingt, der Gegenseite möglichst konkret zukünftige Kooperationschancen vor Augen zu führen, desto weniger wahrscheinlich ist ausbeuterisches Verhalten.*

> Bsp.: Ein gutes Beispiel sind Dachdecker in Großstädten. Wenn der Dachdecker bei einem Privathaus das Dach deckt, ist das – bei sachgemäßer Ausführung – üblicherweise das einzig wesentliche Geschäft im Berufsleben des Dachdeckers bzw. Leben des Kunden. Es besteht daher ein großer Anreiz, aus diesem Geschäft rauszuholen, was geht, auch wenn dann zukünftige Aufträge (eine Dachziegel ersetzen) verloren gehen sollten. Auf dem Land bildet hier die Reputation das soziale Korrektiv: Der Dachdecker würde viele Folgeaufträge verlieren, wenn er als Abzocker bekannt wird. In der Anonymität von Großstädten ist dieser Faktor längst nicht so bedeutend. Es ist daher sehr nützlich, den Dachdecker darauf hinzuweisen, dass man mit den Nachbarn der Siedlung gemeinsam gebaut hat und diese auch bald neue Dächer brauchen, und er sich hier mit einem „Referenzdach" beweisen kann. Man kann also anbieten, dass man – wenn die Arbeit korrekt ausgeführt wird – mit dem Dachdecker zu den Nachbarn gehen wird und ihn weiterempfiehlt. Wenn der Dachdecker daran glaubt, besteht für ihn ein Eigeninteresse für eine faire und sachgerechte Abwicklung.

---

[621] Zu den Taktiken effektiven distributiven Verhandelns vgl. WINHELLER 2004b.

Wenn man also eine *Zusammenarbeit beenden will,*[622] *sollte man das so spät wie möglich mitteilen und ab diesem Zeitpunkt auf Defektionsversuche vorbereitet sein* und sich so gut wie möglich absichern.

> Bsp.: In einem Verhandlungscoaching wurde mit einem Vermieter eine Strategie für die Auflösung der Zusammenarbeit mit einem langjährigen Gewerbemieter erarbeitet. Die Zusammenarbeit lief kooperativ und reibungslos, aufgrund von Neukonzeption kam allerdings eine weitere Zusammenarbeit mit dem Mieter nicht mehr in Frage. Es wurde also herausgearbeitet, dass die Kündigung erst *zum letztmöglichen Zeitpunkt mitgeteilt* werden darf und ab diesem Zeitpunkt ein *strenges Controlling* implementiert werden muss, um absehbare Versuche, eigennütziger Vertragsverletzung im Ansatz zu unterbinden. Gleichzeitig wurde während der laufenden Kündigungsfrist eine vage Fortsetzung des Mietverhältnisses in anderer Form und an anderer Stelle offen gehalten. Im Ergebnis konnte das Mietverhältnis relativ reibungslos und mit nur geringen Defektionskosten zu Ende gebracht werden.

Immer dann, wenn es nicht gelingt, der Gegenseite hinreichend große Kooperationsgewinne aufzeigen zu können, ist eine aus sich selbst heraus stabile Kooperation nicht zu erwarten. In diesem Fall muss eine *Kooperation besonders gut abgesichert werden*, sei es durch einen Informationsaustausch Zug-um-Zug oder durch externe Sicherungsmechanismen. Eine *unbedingte Kooperation wäre in diesem Fall naiv* und würde mit hoher Wahrscheinlichkeit zu Enttäuschung und Ausbeutungsverlusten führen.

Wenn jedoch Kooperationsgewinne erkennbar sind, empfiehlt sich eine bedingte Kooperationsstrategie, die sich an den folgenden zwei Prinzipien orientiert und das daraus resultierende Dilemma bestmöglich auszubalancieren versucht:

---

[622] Diese Situation entspricht auch dem bekannten „lame-duck-Phänomen“: Wenn der Abgang einer Führungskraft feststeht, wenn ein Abgeordneter erklärt, dass er nicht mehr wieder kandidieren wird, oder wenn eine Firma vor der Insolvenz steht, wird es schwierig, Kooperation aufrechtzuerhalten, weil der Glaube fehlt, dass sich das noch „auszahlt“, vgl. AXELROD 2000, S. 53f.; von CAESAR 1971, S. 165, stammt die Erkenntnis, dass „im Unglück aus Freunden Feinden werden.“

„Versuchen Sie, den Kuchen soweit zu vergößern, wie das sinnvoll möglich ist.“ Aber:

„Achten Sie auch darauf, dass Sie Ihren fairen Anteil vom Kuchen erhalten!“

Das bedeutet zunächst kooperativ, d.h. mit Vertrauensvorschuss, in die Verhandlungen zu starten und z.B. als erster Informationen offenzulegen und gleichzeitig für ein kooperatives Miteinander zu werben. Studien zeigen, dass anfängliches kooperatives Verhalten mit einer hohen Wahrscheinlichkeit erwidert wird.[623] Es sollte darauf geachtet werden, dass die einseitigen Verstrickungen bzw. die offengelegten Informationen zunächst keine zu große Gefährlichkeit aufweisen, d.h. Ausbeutungspotential eher gering ist. In dem Maße, wie die Kooperationsangebote von der Gegenseite erwidert werden, kann die *Gefährlichkeit mit der Zeit Zug-um-Zug gesteigert werden.*

Parteien sollten sich während der Vorbereitung einer Kooperationsstrategie überlegen – oder darin vom Mediator unterstützt werden – welche Informationen so sensibel sind, dass sie sie auf keinen Fall[624] preisgeben dürfen. Man stelle sich zur Illustration folgende Situation vor:

> Bsp.: Thomas und Andreas leben auf einer einsamen Insel. Thomas besitzt einen Orangenbaum, Andreas besitzt einen Apfelbaum. Eines Tages kommt Andreas zu Thomas und sagt: „Thomas, ich bin gegen Äpfel allergisch, lass uns doch bitte Früchte tauschen.“ Überlegen Sie, wie groß die Versuchung für Thomas ist, zu sagen: „OK. Wenn du keine Äpfel verträgst, dann mache ich dir einen Vorschlag: Du gibst mir alle deine Äpfel und darfst dafür einmal von meiner Orange abbeißen. Das ist immer noch besser als gar nichts!“ Die Medianten sollten also niemals Informationen preisgeben, bei denen sie sich vollständig der Gnade der Gegenseite ausliefern.

[623] Vgl. ZARANKIN/WALL 2012, S. 162ff.

[624] Wenn solche Informationen große Wertschöpfungspotentiale beinhalten könnten, können sie ggf. in einem Einzelgespräch mit dem Mediator oder im Rahmen eines Post-Settlement-Settlement-Prozesses (vgl. Kapitel 5.5) offenbart werden.

Wenn Kooperationsangebote nachhaltig nicht erwidert werden, muss eine Reaktion erfolgen (Provozierbarkeit). Im Gegensatz zum klassischen Gefangenendilemma besteht hier allerdings die Gefahr von Missverständnissen. Eine als unkooperatives Verhalten wahrgenommene Interaktion war vielleicht gar kein Ausbeutungsversuch, sondern ein Fehler, ein internes Abstimmungsproblem, oder eine Reaktion auf ein eigenes Missverständnis. Wenn hier eine „harte“ Sanktion erfolgt, besteht die Gefahr, in eine Eskalationsspirale hineingezogen zu werden, die Kooperationschancen nachhaltig zerstört.[625] Insbesondere in Konfliktverhandlungen besteht diese Gefahr aufgrund der durch die Konflikte verursachten Wahrnehmungsverzerrungen. Es ist daher sehr wichtig, zunächst zu überprüfen, ob tatsächlich ein die „Spielregeln der Kooperation“ verletzendes Verhalten vorliegt und ob es der Gegenseite zugerechnet werden kann. Ggf. sind Prozessinterventionen (z.B. Metaverhandlung über die Art zu verhandeln) anzuraten, um kooperative Spielregeln explizit zu vereinbaren. Solche Interventionen bieten die beste Chance, zu einer Kooperation zurückzufinden.[626] Wichtig ist jedoch, **nach einem unkooperativen Verhalten der Gegenseite keine Konzessionen** zu machen, da man dieses Verhalten ansonsten belohnen und damit verstärken würde[627]:

> „Why? A unilateral concession may be seen as a reward for contentious behavior; therefore it may encourage the repetition of such behavior.“[628]

THOMPSON weist insbesondere auf die nonverbalen Signale Lächeln, Augenkontakt, Kopfnicken, Zuwendung als niedrigschwellige Verstärkungs- und Sanktionsinstrumente hin, mit denen auf der unbewussten Ebene eine bewusste Kooperationsstrategie unterstützt werden kann.[629]

---

[625] Vgl. DIXIT/NALEBUFF 1997, S. 106ff.

[626] URY/BRETT/GOLDBERG 1996 zeigten, dass mit derartigen Prozessinterventionen in 82% der Fälle eine kooperative interessenorientierte Verhandlung erreicht werden konnte, stärker als mit jeder anderen Intervention.

[627] LYTLE/BRETT/SHAPIRO 1999, S. 13ff. zeigten, dass Zugeständnisse deutlich schlechter in der Lage waren, eine Refokussierung auf einen Interessenausgleich herbeizuführen, als verbale Kooperationsangebote.

[628] THOMPSON 2009, S. 113.

[629] THOMPSON 2009, S. 113.

Natürlich ist im Falle eines eindeutigen starken oder wiederholten unkooperativen Verhaltens eine deutliche Sanktion unvermeidbar, um die Botschaft zu senden, dass Ausbeutungsgewinne nicht zu erwarten sind. Solche Sanktionen können sogar die vorübergehende Implementierung von Macht- oder Rechtsstrategien umfassen, um glaubwürdig die eigene Provozierbarkeit zu demonstrieren.[630] Erst wenn die Gegenseite klare Signale für eine grundsätzliche Kooperationsbereitschaft sendet, ist die eigene Rückkehr zu einer kooperativen Strategie wieder vorstellbar.

Dabei ist es wichtig, diszipliniert und emotional distanziert zu bleiben (dissoziiert),[631] um sich nicht in einen emotionalen Kampf hineinziehen zu lassen, sondern auf der Prozessebene die effektivsten Interaktionen rational planen zu können. WILLIAM URY hat in seinem Bestseller *Getting Past No*[632], der auf das Grundwerk *Das Harvard-Konzept* aufbaut, Taktiken und Techniken für den Umgang mit unkooperativen Verhandlungsparteien umfassend dargestellt. Ziel ist es dabei immer, schnellstmöglich zu einem sachbezogenen Verhandeln zurückzukehren, um die Kooperationsgewinne nutzen zu können (dies entspricht der „Nachsicht" von TIT FOR TAT).

Nur dann, wenn die Gegenseite *nachhaltig* nicht zu einer Kooperation bereit ist, werden die eigenen Interessen konsequent abgesichert und auf umfassende Offenlegung von Informationen verzichtet, um Ausbeutungsgefahren zu minimieren. Ggf. kann aber auch in solchen Fällen das Wertschöpfungspotential nachträglich noch durch einen sogenannten Post-Settlement-Settlement-Prozess (PSS) aktiviert werden.[633]

Ausgehend von der Idee des „Entwicklungsquadrats" von FRIEDEMANN SCHULZ VON THUN[634], nach der Werte nur effektiv in ausgehaltener Spannung zu einem Gegenwert

---

[630] Zu den verschiedenen effektiven Interventionen vgl. THOMPSON 2009, S. 112ff.

[631] URY 1998, S. 32, nennt das „auf den Balkon gehen" und rät: „Wenn Sie sich in einer schwierigen Verhandlung befinden, dann müssen Sie sich von der Situation distanzieren, indem Sie einen Schritt zurücktreten, sich sammeln und die Lage objektiv betrachten." Mit *Balkon* ist dabei eine Empore im Theater gemeint, von der man einen guten Überblick über das Geschehen hat, weil man etwas größere Distanz zur „Bühne" einnimmt.

[632] URY 1998.

[633] Vgl. Kapitel 5.5.

[634] Das Entwicklungsquadrat entwickelte SCHULZ VON THUN 1989 auf der Grundlage von HELWIG 1967. Es gründet auf den Ideen von Aristoteles über die „rechte Mitte".

gelebt werden können, weil sie ansonsten durch Übertreibung entwertet werden, visualisiert KREGGENFELD den strategischen Rahmen effektiver Kooperationsstrategien wie folgt:

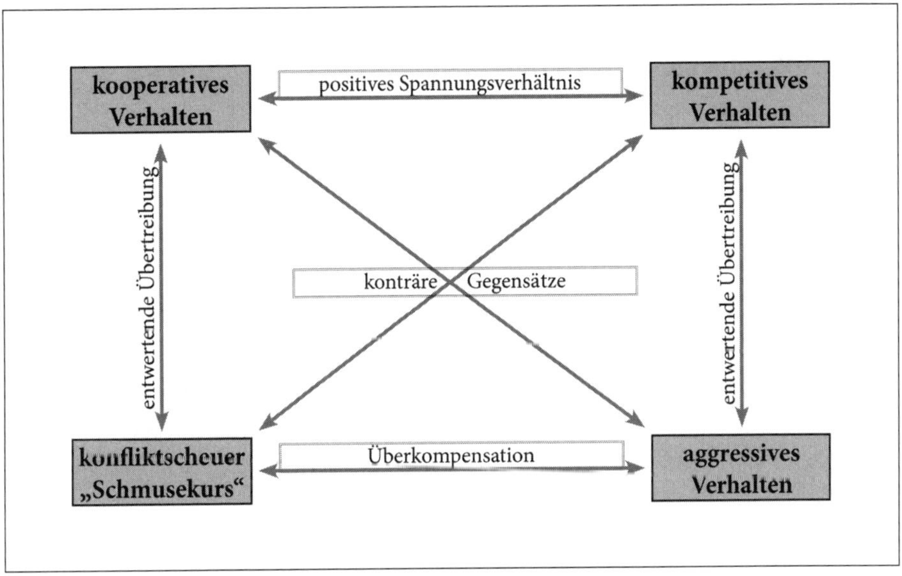

Abb. 14: Entwicklungsquadrat Verhandlungskompetenz (nach KREGGENFELD 2010, S. 98)

Die Idee, durch Freundlichkeit, Provozierbarkeit, Nachsicht und durch strikte Fokussierung auf Wertschöpfung und Wertaneignung eine wirksame Strategie im Negotiator's Dilemma zu finden, zieht sich seit LAX/SEBENIUS 1986 („*conditional openness*“) als Konstante durch die meisten modernen verhandlungswissenschaftlichen Abhandlungen und wird u.a. als *Firm Flexibility Strategie* (PRUITT 1999), *Enlightened Negotiator* (THOMPSON 2009) oder *conditional principled negotiation* (TENBERKEN 2001) bezeichnet. Je stärker die kooperationswilligen Verhandler eine solche Strategie adaptieren, die Ausbeutungsgewinne begrenzt, umso eher versprechen die Erkenntnisse Axelrods über die Verbreitung von Kooperation in Populationen[635], dass sich allgemein eine stärkere kooperative Grundorientierung in unserer Verhandlungskultur durchsetzt.

[635] Vgl. AXELROD 2000, S. 50ff.

Mediatoren als professionelle Verhandlungshelfer sollten sich daher dieser Zusammenhänge bewusst sein, damit sie nicht eine grenzenlose (bzw. „unbedingte") Kooperation propagieren, die sich zum Schaden naiver bzw. zu gutmütiger Verhandler auswirken könnte.

3.5.2 Mangelnde Vorbereitung

Schon lange (vgl. WINHAM 1979) ist bekannt, dass eine gute Vorbereitung der wichtigste Erfolgsfaktor für jede Verhandlung ist.[636] Tatsächlich wird in der Praxis häufig geschlampt – entweder weil das Wissen, um einen effektiven Vorbereitungsprozess nicht vorhanden ist oder weil dieser Tätigkeit im Zeitmanagement keine ausreichend hohe Priorität eingeräumt wird. So bereiten gerade einmal 20% der Verhandlungsteams eine Teamstrategie vor, nur 13,5% setzen sich mit erwarteten Fragen der Gegenseite auseinander und nur 23% setzen effektive Verhandlungsziele.[637]

FRIEDHELM WACHS, der wie die Verfasser als Verhandlungscoach viele Verhandlungen großer Unternehmen begleitet und für eine umfassende Verhandlungsvorbereitung und Recherche den Begriff „*Verhandlungsprofiling*"[638] geprägt hat, bringt seine Erfahrungen wie folgt auf den Punkt:

> „Jedem auch nur halbwegs erfahrenen Verhandlungsführer ist irgendwie klar, dass gute Vorbereitung eine Voraussetzung des Verhandlungserfolges ist. Doch leider ist selbst vielen sehr erfahrenen Verhandlungsführern nicht wirklich klar, wie gut – besser gesagt: wie detailliert – sie sich auf anstehen-

---

[636] SANER 1997, S. 28, weist darauf hin, dass „alleine die Planung mehr als die Hälfte des Erfolgs oder Misserfolgs einer Verhandlung ausmacht."; RAIFFA/RICHARDSON/METCALFE 2002, S. 195: „Negotiators who neglect preparation do so at their peril. Purposeful preparation is a launching pad for successful negotiation."; PETERSON/SHEPHERD 2010, S. 66ff., stellen insbesondere die hohe Bedeutung der Vorbereitung für Verhandlungen im geschäftlichen Kontext heraus und beschreiben zentrale Funktionalitäten.

[637] PETERSON/SHEPHERD 2010, S. 72.

[638] Ein sehr gut strukturiertes Konzept für die Datensammlung bieten DIETMEYER/KAPLAN 2004, S. 84ff., deren Credo lautet: „The single most important element in any negotiation is *knowledge*, so it's essential to have as much data – and accurate data – as possible."

de Verhandlungen vorbereiten könnten. Zugleich unterschätzen sie massiv den Nutzen, den eine penible Vorbereitung stiftet.“[639]

Weil also die Vorbereitung die absolute Basis erfolgreicher Verhandlungen ist, geben ERTEL UND GORDON Führungskräften folgenden zentralen Ratschlag: „*Insist on thorough preparation.*“[640] Eine Verhandlung ohne gründliche Vorbereitung zu führen ist also wirtschaftlich ähnlich vernünftig wie die feierliche Verbrennung eines Sacks voll 100-Euro-Scheine als Kostensenkungsmaßnahme, und die Gerichte sollten ein solches Verhalten genauso behandeln: Als schadensersatzbegründendes (und ggf. arbeitsrechtlich relevantes) Fehlverhalten bzw. mangelhafte Leistung eines Verhandlungsvertreters.

Dass dennoch in der Praxis auch professionelle Verhandler von Unternehmen immer wieder schlecht vorbereitet in Verhandlungen gehen ist nur dadurch erklärlich, dass Verhandlungsprozesse in vielen Unternehmen nach wie vor nicht „gemanaged“ werden, sondern jeder einzelne Verhandler beim „Wie“ – also der konkreten Ausführung – selbst entscheiden kann, wie er verhandeln will (und wie er sich vorbereitet).[641]

Deshalb hat Andreas Winheller seit 2007 mit seinem neuen Konzept des **Integrated Negotiation Management System (INMS)®** im Rahmen des **Better Negotiating Organization (BENE-ORG®)**[642]-Prozesses ein Programm entwickelt, mit dem das Management die Führung über die Verhandlungsprozesse übernehmen und die organisationale Verhandlungsperformance steigern kann. Dem liegt der Gedanke zugrunde, dass es ökonomisch nicht vertretbar ist, dass in den meisten deutschen Unternehmen der Beschaffungsprozess für einen Bleistift besser strukturiert ist als der Verhandlungsprozess über einen Multi-Millionen-Euro-Deal.

Ein Baustein des INMS ist dabei sicherzustellen, dass alle wichtigen Verhandlungen mit einem ihrer Bedeutung entsprechenden Aufwand vorbereitet werden.

---

[639] WACHS 2012, S. 27f.

[640] ERTEL/GORDON 2007, S. 135ff., mit einer ausführlichen Beschreibung einer konstruktiven Rolle der Führungskraft in solchen Verhandlungsvorbereitungen und wichtiger Besprechungspunkte.

[641] Wie hier auch ERTEL/GORDON 2007; MOVIUS/SUSSKIND 2009 sowie VOETH/HERBST 2009.

[642] Zum INMS und zum BENE-ORG®-Prozess allgemein vgl. ausführlich WINHELLER 2011.

Dazu sollten verschiedene Standardprozesse definiert werden, deren Durchlauf dokumentiert wird, z.B.:

Verhandlung < 50.000 €: Vorbereitungsformular (kurz)

Verhandlung <250.000 €: Vorbereitungsformular (lang) + Peer Review

Verhandlung <500.000 €: Vorbereitungsformular (lang) im Team (3er)

Verhandlung <2.000.000 €: Formular (lang) im Team (3er) mit Coach

Wichtig ist darauf zu achten, dass eine umfassende Verhandlungsanalyse durchgeführt wird, die auch die „3. Dimension“[643] (Strukturebene) berücksichtigt. Entscheidend ist aber vor allem, dass das Management deutlich vermittelt, dass Verhandlungsvorbereitung eine Top-Priorität besitzt und auch bei Arbeitsüberlastung und Terminschwierigkeiten unbedingt durchzuführen ist – und zwar von allen Betroffenen gemeinsam![644]

All diese Überlegungen helfen allerdings nicht mehr weiter, wenn ein schlecht vorbereiteter Verhandler erst einmal in einer Verhandlung sitzt. Die mangelnde Vorbereitung führt nämlich nicht nur dazu, dass er selbst schlechter abschneidet, weil ihn die Gegenseite übervorteilt – vielmehr setzen insbesondere die Wertschöpfungspotentiale voraus, dass die *Parteien ihre eigenen Interessen und Prioritäten kennen*. Wenn nämlich die Antwort auf die Frage „wie viel höher muss der Preis sein, damit ich eine dreijährige Gewährleistungsfrist akzeptieren kann“ unbekannt ist, sind nur schwer effektive tradeoffs zu organisieren. Das Ergebnis ist das typische Feilschen um Positionen – weil gar nicht anders verhandelt werden kann.

Möchte man als Mediator die Verhandlung trotzdem in eine konstruktive und wertschöpfende Richtung entwickeln, muss man also den Verhandler dabei *unterstützen*, die unterlassene *Vorbereitung bestmöglich nachzuholen*. Die am wenigsten aufwändige Methode ist dabei, die *Denkprozesse des Betroffenen durch geeignete Frage zu steuern*, die im Rahmen des „Verhandlungsjudo“ entwickelt worden sind, um „harte“ Verhandler zum sachbezogenen Verhandeln zu „zwingen“.[645]

[643] Vgl. LAX/SEBENIUS 2006, S. 7ff.

[644] So auch MOVIUS/SUSSKIND 2009, S. 82ff.

[645] URY 1998, S. 103ff.

Dazu zählen z.B.:

- „Warum wäre das für Sie gut? Weshalb ist gerade das für Sie so wichtig?" (Interessen)
- „Was wäre für Sie wichtiger, A oder B?" oder „Habe ich Sie richtig verstanden, dass A für Sie wichtiger als B ist?" (Prioritäten)
- „Wenn Sie in meiner Situation wären, was würden Sie an meiner Stelle Ihnen dann anbieten?" (Perspektivwechsel)
- „Was würden Sie tun, wenn wir uns nicht einigen können?" (BATNA)
- „Was könnten Sie sich noch vorstellen, wie wir …?" (Optionen)

Eine andere hilfreiche Option ist es, dem schlecht vorbereiteten Verhandlungspartner ein MESO-Angebot auf den Tisch zu legen, mit dem Informationen über seine Präferenzen gesammelt und Wertschöpfungsoptionen auch ohne seine Mitarbeit realisiert werden können.[646]

Wenn eine Abstimmung mit der eigenen Organisation bzw. mit dem Auftraggeber erforderlich ist, könnte der Mediator auch „*Hausaufgaben*" aufgeben, um die Vorbereitung nachzuholen („Es wäre gut, wenn Sie darüber nachdenken würden…") – natürlich für **beide** Parteien. Gegebenenfalls kann die unterstützte Verhandlungsvorbereitung auch zur Gesichtswahrung in einem Einzelgespräch durchgeführt werden.

3.5.3 Begrenzter Verhandlungsrahmen durch „Geschäftspolitik"

Ein drittes Problemfeld ist die **Flexibilität der Verhandlungsführer** bzw. der *Umfang der Verhandlungsmandate*. Je enger das Verhandlungsmandat geknüpft wird, je mehr Punkte für nicht verhandelbar erklärt werden, je mehr neuartige Lösungen skeptisch betrachtet werden, desto mehr wird auf die Generierung von Wertschöpfungspotentialen in den Verhandlungen verzichtet, was sich negativ auf die Verhandlungsperformance auswirkt.[647] Allzu oft werden Aspekte wie Haftungsklauseln, Liefer- oder Zahlungs-

[646] Zur MESO-Technik vgl. Kapitel 3.2.3.2.

[647] LAX/SEBENIUS 2006, S. 119ff.; VOETH/HERBST 2009, S. 83ff.; PONSCHAB/SCHWEIZER 2010, S. 135ff.

bedingungen im Rahmen von Allgemeinen Geschäftsbedingungen[648] in Stein gemeißelt und damit dem Einfluss des Verhandlungssystems entzogen. Wie bereits gezeigt, sind es allerdings gerade diese Bereiche, in denen regelmäßig erhebliche Wertschöpfungspotentiale durch kreative Austauschverhältnisse realisiert werden können.

So bringen GREGER UND MÜNCHHAUSEN das Flexibilitätsproblem folgendermaßen auf den Punkt:

> „Wie [...] gezeigt wurde, setzt effizientes Verhandeln Freiräume für kooperative, wertschöpfende Lösungen voraus. Verhandlungen, in denen ein Teilnehmer eine feste Vorgabe für das Ergebnis hat [...] können nicht erfolgreich sein.“[649]

Dahinter stecken durchaus nachvollziehbare Überlegungen: Da sehr viele Verhandler insbesondere von Unternehmen nicht über juristische Expertise verfügen, sollen rechtliche Risiken durch „Verträge auf dem Bierdeckel“ verhindert werden, indem die geprüften Klauseln der Rechtsabteilung Vertragsinhalt werden. Gleichzeitig kostet diese „Vollkaskomentalität“ viel Geld – grob überschlagen ein Vielfaches der dadurch vermiedenen rechtlichen Risiken.[650]

Organisationen, die ihre Verhandlungsperformance optimieren wollen, sollten daher eine Kultur des „grundsätzlich ist alles verhandelbar“ (natürlich innerhalb der gesetzten ethischen und rechtlichen Grenzen[651]) entwickeln, nach der grundsätzlich jedes wirtschaftlich vorteilhafte Verhandlungsergebnis erstrebenswert ist und die „Geschäftspolitik“ auf eine Ermöglichung der bestmöglichen Performance gerichtet ist. Im Rahmen des Konzepts des **Integrated Negotiation Management System (INMS)®** wird

---

[648] Z.B. „Einkaufsbedingungen“, „Verkaufsbedingungen“, oder „Lieferbedingungen“.

[649] GREGER/MÜNCHHAUSEN 2010, S. 68.

[650] So auch KINNAIRD/MOVIUS 2008, S. 49ff., die die Gestaltung der meisten „Strategic Sourcing Prozesse“ – insbesondere wenn Sie durch e-sourcing tools ergänzt sind – als „deadly sin of value destruction“ (Todsünde der Wertvernichtung) bewerten und folgendes besonders negatives Beispiel aus Einkaufsbedingungen zitieren: „Tick box to acknowledge you agree to our standard terms and conditions (attached). If you do not tick this box you will be excluded from taking any further part in this RFP process.“

[651] Zur Bedeutung eines „Policy Statements“ als Orientierungsrahmen für Verhandler von Organisationen vgl. WINHELLER 2011, S. 16f.

daher auch ein geeigneter Verhandlungsrahmen entwickelt und Verhandlungsvollmachten wertschöpfungsorientiert ausgerichtet.[652]

Wenn Verhandlungshelfer wie Mediatoren realisieren, dass Wertschöpfungspotentiale aufgrund von zu engen Verhandlungsmandaten blockiert sind, sollten sie diese Zusammenhänge transparent machen und *die Möglichkeit der Ausweitung dieser Mandate aufzeigen*. Gleiches gilt, wenn die kreative Wertschöpfung auf der Basis umfassender Interessenanalysen daran zu scheitern droht, dass die Verhandlungsparteien persönlich nicht an der Verhandlung teilnehmen, sondern sich nur durch Repräsentanten (z.B. Rechtsanwälte) vertreten lassen, die die Interessen der Konfliktparteien nur sehr grob kennen. Auch hier sollte der „Preis" (entgangene Wertschöpfung) eines nicht persönlichen Erscheinens transparent gemacht werden.

3.5.4 Zu enges Beziehungsinteresse

Wir haben gezeigt, dass ein strategisches Interesse an einer langfristigen Beziehung zum Verhandlungspartner insofern für die Wertschöpfung hilfreich ist, als dass leichter eine kooperative Grundorientierung erreicht werden kann und Vertrauen entsteht, das die Offenlegung von Informationen und das Management des „Negotiator's Dilemma" erleichtert.

Zu enge Beziehungen ((Ehe-)partner, gute Freunde, langfristige Geschäftsfreunde, Verliebte) sind allerdings nachweislich für die Ausschöpfung der Wertschöpfungspotentiale *nicht optimal*, da Verhandler dann dazu neigen, zu schnell Kompromisse zu machen und ihre Ansprüche zu niedrig zu formulieren. Durch den fehlenden Wettbewerb wird auch das Kreativitätspotential nicht voll aktiviert, das für optimierte Deals erforderlich ist.[653]

> Bsp.: Wie häufig haben wir uns in privaten „Verhandlungen" mit dem (Ehe)partner nicht schon mit der ersten Option abgefunden, mit der beide einigermaßen leben können, obwohl bei längerer Diskussion wahrscheinlich eine noch bessere Gestaltung möglich gewesen wäre. Weil es „den Streit nicht

[652] Zu Grundlagen eines *Integrated Negotiation Management Systems®* vgl. WINHELLER 2011, S. 17ff.

[653] FRY/FIRESTONE/WILLIAMS 1983, S. 1ff., beantworten die Frage „Do Lovers lose?" auf Grundlage ihrer Studie mit einem eindeutigen: „Ja!" In die gleiche Richtung gehen die Ergebnisse von KURTZBERG/MEDVEC 1999, S. 355ff.

> wert ist" nehmen wir die „erstbeste Lösung" statt der „besten Lösung" – genau so entstehen Kompromisse statt Win-Win-Lösungen.

Wenn enge Beziehungen zum Verhandlungspartner bestehen und ein hinreichend großes Sachinteresse an dem Verhandlungsgegenstand besteht, kann es daher sinnvoll sein, sich in der Verhandlung *von einem – unbefangenen – Repräsentanten vertreten zu lassen* oder mindestens begleiten zu lassen. Wichtig ist vor allen Dingen, die *eigenen Ziele für eine solche Verhandlung ambitioniert zu setzen.*[654] Die Gefährdungen durch eine zu enge Geschäftsbeziehung gelten natürlich auch für eingeschaltete Verhandlungsvertreter. Studien zeigen allerdings, dass erfahrene Repräsentanten (mit über zehnjähriger Berufserfahrung) die Gefährdungen besser kontrollieren und aus den Beziehungen insgesamt sogar Vorteile ziehen können, während Berufsanfänger in ihrer Performance deutlich beeinträchtigt werden.[655]

3.5.5 „Multikulturelle Verhandlungen"

Eine weitere Erschwernis – nicht nur des Verhandlungserfolges insgesamt, sondern auch der Förderung von Wertschöpfungspotentialen – kann in sogenannten „multikulturellen Verhandlungen" vorliegen.[656] Missverständnisse können insbesondere bei dem Aufeinandertreffen von *high-context und low-context Verhandlungskulturen* entstehen, die beide die Fähigkeit zur integrativen Verhandlungsführung besitzen, dabei aber eine komplett unterschiedliche Strategie verwenden (Informationsgewinn durch geschickten Austausch von Angeboten vs. direkte Fragen zu den Interessen).[657]

Man sollte sich allerdings hüten, bei multikulturellen Verhandlungen nur an Chinesen oder Araber zu denken. Dann liegt nämlich der Fehlschluss sehr nah, „wir hier" hätten „die gleiche Kultur". Damit sind kulturelle Missverständnisse vorprogrammiert: Schon unsere österreichischen Nachbarn weisen hohe kulturelle Unterschiede auf, die verhand-

---

[654] Vgl. THOMPSON 2009, S. 47f., 88.

[655] HALPERN 1994, S. 1ff.

[656] Zu multikulturellen Verhandlungen vgl. ausführlich das Standardwerk von Jeanne M. BRETT 2007.

[657] Vgl. BRETT 2007, S. 53ff.

lungswirksam werden können.[658] Und wenn ein katholischer Ingenieur aus Oberbayern mit einem protestantischen Juristen aus der Hansestadt Lübeck verhandelt, kann man wohl kaum erwarten, dass sie dieselbe „Verhandlungskultur" haben…

3.6 Die Grammatik der Integration im Tetralemma nach Varga von Kibéd und Sparrer

Einen ganz anderen Ansatz, um die Potentiale zur Integration von gegensätzlichen Positionen zu erschließen, haben die deutsche Psychotherapeutin Insa Sparrer und der deutsch-ungarische Logik-Professor Matthias Varga von Kibéd ausgehend von *Denkschemata aus der alten indischen Logik*, dem sogenannten **Tetralemma** („Urteilsvierkant") entwickelt. Das Tetralemma:

> „[…] entstand ursprünglich als Argumentationsschema im frühen indischen Rechtssystem. Es diente als Antwort auf die Frage, welche Positionen ein Richter bezüglich eines Streitfalls zwischen zwei Parteien einnehmen kann: In einem derartigen Fall sollte ein unvoreingenommener Richter stets folgende vier Möglichkeiten ernsthaft in Erwägung genommen haben, ehe er urteilt: Der Angeklagte könnte Recht haben (*das Eine*); der Kläger könnte im Recht sein (*das Andere*); es könnten jedoch auch beide Recht haben (*Beides*), z.B. wenn beide Perspektiven sich ergänzen; und schließlich gibt es auch die Möglichkeit, dass keiner von beiden Recht hat (*keines von Beidem*), wenn es um eine ganz neue Sachlage geht."[659]

Diese vier Grundpositionen[660] bieten also eine gute Grundlage, um Lösungsmöglichkeiten bei (echten oder scheinbaren) Gegensätzen systematisch zu durchdenken. Varga von

[658] Vgl. DAEUBNER/HENNRICH 2001, S. 178ff.: „Obwohl Österreicher und Deutsche fast die gleiche Sprache sprechen, sind die Unterschiede in der Mentalität riesengroß."

[659] SPARRER 2009.

[660] Die vier Positionen des Tetralemmas wurden von Logikern in der Tradition des Madhyamika-Buddhismus des Nagarjuna um eine fünfte Denkposition ergänzt: Die Negation des Tetralemmas („All dies nicht - und selbst das nicht!"). Hintergrund ist die Kritik an der Idee, letzte Standpunkte einnehmen oder abgeschlossene Denkstrukturen konstruieren zu können. Es handelt sich dabei um eine „reflexive Musterunterbrechung" (VARGA VON KIBÉD/SPARRER 2011, S. 90ff.), die aus der Perspektive der Europäischen Logik fremd wirkt, auf der Grundlage moderner systemischer

Kibéd und Sparer haben für die dritte Position (*Beides*) eine **Grammatik** beschrieben, welche grundsätzlichen Möglichkeiten aus Perspektive der Logik für die Integration von zwei Standpunkten bestehen. Diese Grammatik bietet ein „Regelsystem“[661], das bei der „Ableitung“ von konkreten Wertschöpfungsoptionen Orientierung bieten kann. So kann *an die Stelle der intuitiven Suche nach Wertschöpfung eine rationale Wertschöpfung treten*, bei denen die Optionen systematisch, bewusst und gezielt entwickelt werden. Zudem kann durch eine solche Grammatik die „Sprache“ der Integration leichter erlernt werden. Aus Sicht der Verfasser stellt diese Grammatik daher einen hochinteressanten neuen Ansatz für wertschöpfendes Verhandeln[662] dar.

Grundsätzlich kann die Vereinbarkeit zweier Gegensätze auf fünf verschiedenen fundamentalen Integrationsprinzipien aufgebaut werden, die alleine angewendet oder kombiniert werden können, um größtmögliche Wertschöpfung und einen bestmöglichen Interessenausgleich zu erreichen[663]:

- Geeignete Trennung (T)
- Eine neue Art der Verbindung (V)
- Neue Kombinationsformen von Trenung und Verbindung (T+V)

Kommunikationskonzepte allerdings als „kreativer Sprung“ durch reflexives Denken und Kontextveränderung gedeutet werden kann, das neue Möglichkeiten erschließt. Für die hier dargestellte Grammatik der Integration ist diese fünfte Position allerdings weniger bedeutend und wird daher an dieser Stelle nicht weiter vertieft.

[661] Varga von Kibéd und Sparrer weisen darauf hin, dass diese Systematisierung aus ihrer Sicht noch keine „umfassende Theorie“ darstellt, sondern lediglich „Heuristiken (Hilfsmittel zur Entdeckung von Lösungen) zum Finden übersehener Formen.“ (SPARRER 2009, S. 61) Nach Auffassung der Verfasser bietet dieser Ansatz aber schon jetzt ein hinreichend gutes Regelsystem, dass von einer Grammatik gesprochen werden kann, auch wenn die beschriebenen Untertypen nicht disjunkt sind, sich also in der ein oder anderen Weise überlappen.

[662] Die Arbeit mit dem Tetralemma kann *verbal* stattfinden bzw. als interne Denkstruktur genutzt werden. Varga von Kibéd und Sparrer haben dazu allerdings auch ein Systemische Strukturaufstellungsformat (Tetralemma-Aufstellung) entwickelt, mit der diese Grammatik *transverbal* bearbeitet werden kann; zu diesem Aufstellungsformat vgl. Kapitel 7.6.3.4.

[663] Die Darstellung der fünf Integrationsprinzipien und der 13 Untertypen der dritten Position des Tetralemmas erfolgt auf Grundlage von SPARRER 2009, S. 61ff., und VARGA VON KIBÉD/ SPARRER 2011, S. 78ff.

- Verschiebungen des Themas bzw. Transformation (TR)
- Auflösung bzw. Aufhebung des Gegensatzes (A)

Aus diesen fünf Grundtypen leiten Varga von Kibéd und Sparer 13 Untertypen[664] der dritten Kategorie (*Beides*) ab:

1. Räumliche Aufteilung

Entsteht durch Kompromiss (V) und Bereichsaufteilung (T), so dass jede der beiden Auffassungen/Interessen in einem Bereich wirksam werden kann. Beispiele:

- Aufteilung eines Sozialraums in einen Raum für Ältere (mit Ruhebedürfnis) und einen anderen Raum für Jüngere (Spielbedürfnis, es kann laut werden). (T)
- Ein Ehepaar kann sich nicht über das Fernsehprogramm einigen: Er geht deshalb in die Sportsbar zum Fußball schauen, sie kann derweil zu Hause den Rosamunde Pilcher-Film sehen. (T)[665]
- Kompromiss zwischen einem Quadrat und einem Kreis könnte ein konvexes gleichseitiges Achteck sein. (V)
- Aufteilung von Kosten bzw. Lasten (T)

2. Zeitliche Aufteilung

Entsteht durch Iteration (Wiederholung, T), Oszillation (Schwankung, T), Rhythmysierung (T) sowie zeitliches Verteilungsschema (T). Beispiele:

---

[664] SPARRER 2009, S. 61ff., beschreibt sogar schon 16 Untertypen. Das macht deutlich, dass der Prozess der Entdeckung weiterer Untertypen durch Erforschen dieser neuen Grammatik und Erproben in der Praxis keineswegs abgeschlossen ist. Neue Untertypen werden allerdings zunehmend Überlappungen mit anderen bereits beschriebenen Untertypen aufweisen. Da die Funktion dieser Untertypen aber darin besteht, kreativitätserzeugend zu wirken und sicherzustellen, dass keine Wertschöpfungsoptionen vergessen wurden, schaden derartige Überlappungen nicht.

[665] Wir entschuldigen uns für dieses maßlose Abgleiten in Gender-Stereotypen, aber für das Verständnis von Grundprinzipien sind solche illustrativen Beispiele erfahrungsgemäß nützlich.

- Verschieben von Leistungen und Gegenleistungen auf dem Zeitstrahl (z.B. Zahlungsaufschub). (T)
- Vereinbarung von Ruhezeiten (T)
- Nicht: Tanzen oder Kino, sondern erst ins Kino, dann Tanzen gehen (T)

3. Scheingegensatz

Entsteht durch Rekonstruktion (V, A) der ursprünglichen Gegensätze als Scheingegensatz. Beispiele:

- Das Orangengleichnis[666]: Der Wunsch beider Schwestern nach der Orange ist überraschend vereinbar, wenn jede den „Abfall", den sie nicht benötigt, der Schwester überlässt. (A)
- Auflösung des Gegensatzes Arbeit vs. Beruf durch stärkeres für alle erfreuliches Einbeziehen der Familie in berufliche Aktivitäten bzw. Themen. (V, A)
- Brüllen in „Giraffensprache" (Form der Gewaltfreien Kommunikation nach *Rosenberg*[667]) als Verbindung von nachdrücklicher Artikulation eigener Bedürfnisse und nicht-eskalierender Kommunikation durch Verzicht auf jegliche Schuldzuschreibung. (V, A)

4. Thesenverschiebung

Entsteht durch Transformation (TR) der ursprünglichen Gegensätze durch ein neues *Framing* zu einer widerspruchsfreieren Koexistenz. Beispiele:

- Statt der streitigen Frage „Welche der beiden Strategien ist die richtige für unser Unternehmen?" Übergang zur Frage: Welche der beiden grundsätzlich denkbaren und jeweils unsicheren Strategieoptionen wollen wir zuerst ausprobieren (z.B. wegen geringerer Risiken im Falle eines Scheiterns oder größerer Akzeptanz bei den Mitarbeitern). (TR)

---

[666] Zum Orangen-Gleichnis vgl. im Einzelnen Kapitel 2.3.

[667] Zur Gewaltfreien Kommunikation (GFK) vgl. Kapitel 7.3.

- Statt der konfrontativen Auseinandersetzung zwischen Traditionalisten und Reformern in einem Veränderungsprozess Umdeutung zur integrativen Fragestellung: „Wie können wir das bewahren, was uns wirklich wichtig ist, dadurch, dass wir rechtzeitig dasjenige verändern, was die Existenz des Ganzen gefährdet?" (TR)

5. Paradoxe Verbindung

Entsteht durch entdecken einer zusätzlichen Dimension bzw. eines zusätzlichen integrierenden Parameters (V oder TR). Beispiele:

- Viktor Frankls berühmtes Beispiel, dass sich *gerade wegen* des anscheinenden Gegensatzes der Wahrnehmung des linken und des rechten Augens das beidäugige, räumliche Sehen ergibt. (V, TR)
- Ablehnen einer „0-Fehlerkultur" als zu fehleranfällig und innovationsfeindlich.[668] (TR) Grundsätzlicher tritt dieses Prinzip in dem von VARGA VON KIBÉD entwickelten Ansatz der „richtigen Fehler" und „falschen Richtigkeiten" zutage (fraktale Verbindung von *falsch* und *richtig*).[669]
- Das Prinzip „systemische Schuld" (trotz fehlender ethischer Schuld ist ein Schuldgefühl vorhanden, z.B. weil der Betreffende nicht anders handeln konnte) ist in sich eine paradoxe Verbindung der Fragen „Schuld?" oder „nicht Schuld?". In diesem Prinzip wird die ethische Schuld negiert, gleichzeitig jedoch ein Ausgleichsbedürfnis anerkannt (ökonomische Verwendung des Schuldbegriffs). (V, TR)

6. Indirekte Verschiebung

Entsteht durch *Prämissenverschiebung* (Veränderte Auffassung von den Wahrheitsbedingungen), *Präsuppositionenverschiebung* (Veränderte Auffassung der Sinnhaftigkeitsbedingung) oder *Haltungsänderung*. (TR). Beispiele:

---

[668] Zum „Fehler 0-Fehlerkultur" vgl. WINHELLER 2005b, S. 49ff.

[669] Zu „richtigen Fehlern" und „falschen Richtigkeiten" vgl. VARGA VON KIBÉD/SPARRER 2011, S. 80f.

- Der Streit, ob Strafvollzug „härter" werden sollte, könnte (unter der Bedingung, dass diese Frage nicht instrumentalisiert wird, sondern tatsächlich alle Beteiligten an einer sachgerechten Lösung interessiert sind) integrativ aufgelöst werden, indem die Prämissen überprüft und ggf. korrigiert werden. Anstelle der ethischen Diskussion („Wie sollte man Strafgefangene im Rechtsstaat behandeln?") könnten die Prämissen der Vertreter eines härteren Strafvollzugs hinterfragt werden. Anstelle des weit verbreiteten Glaubens, dass ein härterer Strafvollzug zu größerer Abschreckung und damit zu weniger Kriminalität führt, hat die Kriminologie nämlich durch aufwändige Studien zeigen können, dass harter Strafvollzug vielmehr zu *mehr* Kriminalität führt. Auf dieser Basis könnte man dann eine Einigung über den *effektivsten Strafvollzug mit dem Ziel des Rechtsgüterschutzes* erzielen. (TR)

- Durch Wechsel von der assoziierten 1. Wahrnehmungsposition des NLP in den dissoziierten Meta-Zustand der 3. Wahrnehmungsposition kann z.B. ein zugrundeliegender Streit analytisch als „Theaterstück" betrachtet werden. (TR)

- Durch Auflösung von Kommunikationsmissverständnissen (z.B. Fehldeutungen auf multikultureller Grundlage: Kopfschütteln eines Griechen als Widerspruch mißdeuten) kann sich eine neue – konfliktfreie – übereinstimmende Deutung der Situation ergeben. (TR)

7. Absorption

Entsteht durch erkennen der einen Seite als Teilwirklichkeit der anderen Seite – passive Form (A). Beispiele:

- Die Meinungsverschiedenheit zwischen einem Verhandlungstrainer und einem Seminarteilnehmer darüber, dass sich der TN nach einem Seminartag „verwirrter und unsicherer als vorher" fühlt, kann dadurch aufgelöst werden, dass das Stadium der „Bewussten Inkompetenz"[670] durch Reflexion lerntheoretischer Konzepte als notwendige Durchgangsstation aller relevanten Lernprozessen erkannt wird,

[670] Zu den „4 Stufen des Lernens" nach *Alfred Bandura* (Unbewusste Inkompetenz, Bewusste Inkompetenz, Bewusste Kompetenz, Unbewusste Kompetenz) vgl. OERTER/MONTADA 2002.

das Gefühl des TN somit kein Widerspruch zu seinem Ziel des Kompetenzerwerbs darstellt. (A)

- „Der Schatten verneint das Licht nicht, sondern setzt es voraus."[671] (A)
- Das Enttabuisieren von Fehlern als notwendige Voraussetzung einer möglichst fehlervermeidenden Organisationskultur. (A)

8. „Die Kraft des Nichtgewählten in das Gewählte einfließen lassen"

Entsteht dadurch, dass auf gute Weise eine stimmige Entscheidung für eine Seite fällt und die Parteien aktiv Kraft aus der Aufgabe der anderen Option (Abschied) schöpfen (V). Beispiele:

- Durch eine bewusste und konstruktive Verarbeitung einer Trennung von einer früheren Partnerin (die bislang noch nicht verarbeitet war und die aktuelle Beziehung überlagert), ensteht Raum für neue Energie in der gegenwärtigen Beziehung, mit der ein aktueller Paarkonflikt gelöst werden kann. (V)
- Einem Auflösungsvertrag zu attraktiven Konditionen zustimmen, um die Kraft und die Ressourcen in den Aufbau einer Selbständigkeit zu investieren. (V)

9. Übersummative Verbindung

Entsteht dadurch, dass aus den beiden Ausgangspositionen eine *Synthese* entsteht, die *Synergien* schafft, die also ein neues Muster bildet, das gerade aus der Interaktion der Positionen heraus neue Möglichkeiten schafft (V). Beispiele:

- Zum Grundprinzip: Ein Dialog ist mehr als eine Summe von Monologen. (V)
- In einem Nachbarschaftsstreit zwischen dem Spielbedürfnis von Kindern, das laut ausfallen kann, und dem Ruhebedürfnis von Senioren, wird eine Lösung gefunden, bei denen die Senioren in die Aktionen der Kinder miteinbezogen werden, indem sie z.B. Hausaufgabenbetreuung machen oder zusammen spielen. (V)

---

[671] SPARRER 2009, S. 64.

- Im Rahmen eines Täter-Opfer-Ausgleichs überreicht der Täter, ein Biobauer, als Zeichen der Entschuldigung einen Obstkorb aus schmackhaftem Bioobst, das dem Opfer so gut schmeckt, das er auch zukünftig – zu Vorteilskonditionen – Obst bei diesem Bauern kauft. (V)

10. Mehrdeutigkeit

Entsteht dadurch, dass bewusst und einvernehmlich auf eine scharfe Abgrenzung bzw. eine „Klärung“ verzichtet wird und somit alle Positionen ihren Raum/ihre Richtigkeit behalten können (T). Beispiele:

- Es wird vereinbart, dass verschiedene Perspektiven (z.B. in Bezug auf ein vergangenes Ereignis oder auf die Wirklichkeit in einem System) jeweils gleich „richtig“ sein können – konstruktivistische Kommunikationshaltung. (T)[672]
- Es wird eine Zielformulierung vereinbart, die bewusst mehrdeutig ist und damit Raum für strategische Flexibilität und einen fortgesetzten Klärungsprozess enthält. (T)

11. Systematische Ambiguität

Entsteht dadurch, dass beide Positionen als zwei Aspekte einer umfassenderen Einheit aufgefasst werden, die sich gerade durch die scheinbare Gegensätzlichkeit erst erschließt (TR). Beispiele:

- Systematische Arbeit mit absichtlich herbeigeführter, zugelassener oder utilisierter Mehrdeutigkeit in der hypnotherapeutischen (Milton Erickson) oder hypnosystemischen (Gunther Schmidt) Arbeit. (TR)
- Verwenden von Metaphern oder anderen „widerstandsfreien“ Sprachmustern nach dem sogenannten Milton-Modell des NLP, die die Beteiligten jeweils mit eigener Bedeutung fassen. (TR)[673]

---

[672] Die Mehrdeutigkeit als Integrationsform ist dabei mehr als ein „Zweinigen“ (let´s agree to differ), das einen bloßen Kompromiss feststellt, sich nicht einigen zu können und zu müssen. Die „Mehrdeutigkeit“ erfordert eine konsensuale Entscheidung, sich nicht einigen zu müssen, weil es auch (und gerade) in der Mehrdeutigkeit gut und richtig ist.

12. Unschärfe/„Fuzzyness"

Entsteht dadurch, dass ein Grenzbereich zwischen den beiden Positionen in den Fokus genommen wird, der „zerfranst" ist, also keine klare Grenzziehung ermöglicht, sondern dort beide Positionen einfließen lässt (V). Beispiele:

- Anstatt bei einem joint-venture eine klare vertragliche Grenze der jeweiligen Eigen- und Gemeinschaftsaktivitäten zu setzen (auf die man sich im Moment nicht einigen kann), die Grenze nur grob beschreiben und stattdessen die grundsätzlichen Ziele und Kooperationsprinzipien positiv vereinbaren und damit die genaue Grenzziehung den alltäglichen Verhandlungen im späteren Alltag überlassen.[674] (V)
- In der Mainzer Innenstadt soll ein Kindergarten gebaut werden. Für das vorgeschriebene Außengelände war einer der beliebtesten Spielplätze vorgesehen. Dagegen wandte sich eine Bürgerinitiative, die den Spielplatz erhalten wollte und deshalb den Kindergarten an einem anderen Standort forderte. Kreativer Kompromiss: Ein Teil des Spielplatzes wird gleichzeitig zum Außengelände der Kira erklärt, bleibt aber auch öffentlich zugänglich. (V)
- Anstatt der Fortsetzung des Streits über die Auseinandersetzung zweier Gesellschafter Verheiratung ihrer jeweiligen Kinder miteinander und Übertragung der Firma auf die Kinder. (V)

---

[673] Zum Milton-Modell vgl. GRINDER/BANDLER 2004, S. 316ff.; Die Vereinbarung eines absichtlich mehrdeutigen Ergebnisses erscheint im ersten Moment als ein Verstoß gegen das elementare Qualitätskriterium der „Klarheit" eines Verhandlungsergebnisses. Trotzdem kann ein solches Vorgehen im Einzelfall dann sachgerecht sein, wenn die Implementierung der Mehrdeutigkeit nicht zu einer Eskalation des Konfliktes führt (z.B. gerichtliche Klage), sondern ein klareres Ergebnis im Moment nicht zu erzielen ist und gerade durch die (Teil-)vereinbarung ein Prozess angestoßen wird, durch den eine engere Interaktion und damit eine zunehmende Klärung zwischen den Beteiligten möglich wird. Musterbeispiel dafür sind z.B. viele diplomatische (Krisen-)verhandlungen.

[674] Dieses Vorgehen erscheint aus einer deutschen – vor allem juristischen – Perspektive als „schlampig" und hochgradig gefährlich. Gleichzeitig entspricht dieses Grundverständnis von nachträglicher Konkretisierung im Alltag unabhängig vom Vertrag genau dem Vertragsverständnis beispielsweise der chinesischen Verhandlungs- und Geschäftskultur. Vgl. PATTLOCH 2007 S. 1064 Rz. 15ff.; vgl. BRETT 2007.

13. Kontexttrennung

Entsteht dadurch, dass die streitigen Positionen ihr Recht dadurch erhalten, dass sie jeweils als zu unterschiedlichen Kontexten zugehörig erkannt oder rekonstruiert werden. (T) Beispiele:

- So können Inter-Rollenkonflikte (z.B. Chefingenieur und Vorstandsmitglied, Aufsichtsrat und Gewerkschaftsvorstand) dadurch integriert werden, dass erkannt wird, in welchen Kontexten jeweils die eine oder andere Verhaltenserwartung angemessen und nützlich ist. (V)
- Generell ist die Bedeutung jeder Kommunikation stark kontextabhängig. Dies verdeutlicht eine Szene aus der Comedyserie THE BIG BANG THEORY: *Leonard Hofstadter kommt zur Abendbrotzeit nach Hause und meint: „Ich hoffe Du hast Hunger?“, sein Mitbewohner Sheldon Cooper kommentiert diese Bemerkung so: „Interessant. Ein Ausdruck der Freundlichkeit in unserem Land, grausamer Hohn im Sudan. Das ist eine Lektion in Sachen Kontext.“*[675]

Zum Schluss noch einmal das gesamte Schema für den Tetralemmaprozess mit den verschiedenen Integrationsoptionen im Überblick:

[675] The Big Bang Theory (Staffel 4 Folge 20 „The Herb Garden Germination.“ (dt.: “Sag´s nicht weiter!”).

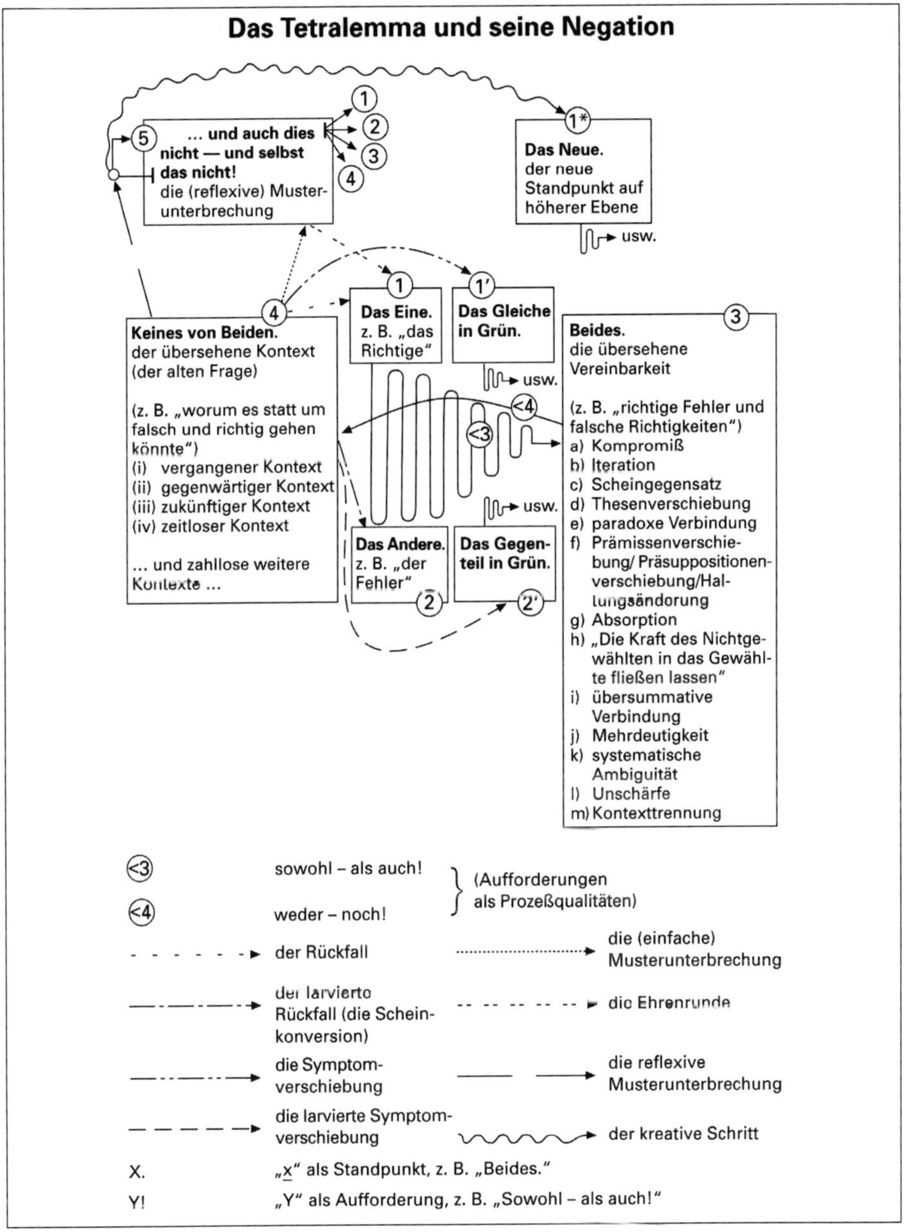

Abb. 15: Das Tetralemma und seine Negation, aus VARGA VON KIBÉD/SPARRER 2011, S.79.

4 Verhandlungstaktiken und „psychologische Fallen" in der Mediation

Im Unterschied zu den bewusst angewandten „unfairen" Taktiken, zu denen es unter der Rubrik „satanische Verhandlungskunst" (RUEDE WISSMANN 2010) o.ä. in der Verhandlungsliteratur zahlreiche Hinweise zu Abwehrstrategien oder Gegenangriffen gibt[676], wird die Frage unbewusst vorkommender Hindernisse und Barrieren für eine wertschöpfende Verhandlungsführung und damit ein erfolgreiches und zufrieden stellendes Mediationsergebnis aus Sicht der Verfasser in der Mediations- wie Verhandlungspraxis oft vernachlässigt.[677] Die oft vernachlässigten Aspekte des unbewussten Verhaltens und ihre Bedeutung für den Mediator sollen daher hier in den Vordergrund – oder besser gesagt: „ins rechte Licht" – gerückt werden. Doch starten wir mit einer beliebten, meist bewusst angewandten, Verhandlungstaktik.

4.1 Das Ausreizen des Verhandlungsspielraums durch ein überzogenes erstes Gebot als Verankerungsfalle („Anchoring")

Aus der Rhetorik ist die Regel bekannt: „Der erste Eindruck ist der wichtigste!". Unser Gehirn misst der ersten Information, die es im Zusammenhang mit einem Entscheidungsproblem aufnimmt, eine überproportional große Bedeutung zu. Erste Eindrücke, Angebote oder Informationen *verankern* die Richtung nachfolgender Überlegungen.

---

[676] Wobei versteckte Hinweise auf die vermeintliche Effektivität unfairer Taktiken meist unter dem Deckmantel von Empfehlungen daher kommen, wie man sich dagegen wehrt; unter diesem Verdacht steht in gewisser Weise KELLNER 2000. Sehr gute Defensivtaktiken gegen unfaires Verhandeln präsentieren LEMPEREUR/COLSON 2010, S. 104ff.

[677] Das ist umso erstaunlicher, als die Thematik der „Psychologischen Fallen" (Entscheidungsheuristiken und Wahrnehmungspsychologie) von Anfang an in der entsprechenden Literatur einen prominenten Platz einnahm. BIERBRAUER 1993 war schon 1987 in der Schrift von *Gottwald und Haft* vertreten, mit der die moderne Verhandlungswissenschaft das erste Mal in Deutschland aufkeimte. Auch im „Handbuch Mediation" von *Haft und Schlieffen* wird dieses Thema von Anfang an umfangreich dargestellt (KLINGER/BIERBRAUER 2009). Auch Aufsätze (vgl. WINHELLER 2005a) und das aktuelle Verhandlungslehrbuch von BÜHRING-UHLE/EIDENMMÜLLER/NELLE 2011 widmen sich umfassend diesem Thema.

> Bsp.: In einem berühmten Experiment von KAHNEMAN und TVERSKY[678] wurde Studenten eine Schätzfrage gestellt: „Wieviel Prozent der UN-Mitglieder sind afrikanische Länder?“ Die genaue Durchführung war wie folgt: Die Probanden mussten ein Glücksrad drehen, das Zahlen zwischen 1 und 100 enthielt, aber so manipuliert war, dass es nur entweder bei 10 oder bei 65 stehen blieb. Dann wurden sie zunächst gefragt, ob der Prozentsatz der afrikanischen Länder in der UNO über oder unter diesem Wert liegt. Anschließend sollten sie eine Schätzung über den tatsächlichen Prozentsatz abgeben. Die Schätzungen der Probanden, die vorher die 10 auf dem Glücksrad gesehen hatten, lagen im Schnitt bei 25%, die Schätzungen der „65er“ lag im Schnitt bei 45%. Offenkundig *ein dramatischer Unterschied, der durch eine vollkommen willkürliche Erstinformation ohne jede rationale Aussagekraft bewirkt wurde.*

Weitere Studien zeigten, dass selbst Experten in ihren Spezialbereichen solchen Ankereffekten ähnlich stark unterliegen wie Laien.[679] Selbst für die richterliche Urteilsfindung von erfahrenen Berufsrichtern konnten Verankerungseffekte durch Empfehlungen eines Laien, Zwischenrufe und sogar Ergebnisse von vorausgehenden Würfelwürfen nachgewiesen werden![680]

Diese Verankerungswirkung wirkt sich natürlich auch auf Einschätzungen in Verhandlungen aus. Tatsächlich zeigen Studien, dass das *Ergebnis in Verhandlungen stärker vom 1. Angebot als von nachfolgenden Konzessionen der Parteien abhängt* – vor allem bei unsicherer oder mehrdeutiger Informationslage bzgl. des Wertes eines Gegenstandes.[681]

---

[678] Vgl. TVERSKY/KAHNEMAN 1974, S. 1124ff.; die Originalformulierung der Schätzfrage war: „What is your best guess of the percentage of African nations in the UN?“ Zu den Ursachen und der Deutung des Verankerungseffekts vgl. KAHNEMAN 2011, S. 119ff.

[679] Vgl. NORTHCRAFT/NEALE 1987, S. 84ff., am Beispiel von Maklern und Immobilienpreisen; JOYCE/BIDDLE 1981, S. 123ff., am Beispiel von Wirtschaftsprüfern.

[680] Vgl. ENGLICH/MUSSWEILER 2001, S. 1535ff., und ENGLICH/MUSSWEILER/STRACK 2006, S. 188ff.

[681] Vgl. LIEBERT/SMITH/HILL/KEIFFER 1968, S. 431ff., sowie YUKL 1974, S. 227ff.

Bsp.: Im Großen Basar von Istanbul (der hier nur stellvertretend für das „Feilschen um Positionen" steht, aber auch eine gute Trainingsmöglichkeit für *distributives* Verhandeln bietet) lässt sich immer wieder beobachten, dass Käufer Gegenstände zu absolut überzogenen Preisen erwerben. Spricht man sie darauf an, sind sie oft der Meinung, ein „Schnäppchen" gemacht zu haben, weil sie durch hartes Verhandeln „den Verkäufer um über 50% heruntergehandelt" haben. Ausschlaggebend für die Bewertung der Käufer, was ein „gutes Geschäft" ist, ist also sehr häufig das erste Angebot des Verkäufers, das die Preiserwartung der Käufer „ankert".[682] Die Händler wissen das selbstverständlich und nennen daher von vornherein einen entsprechend höheren Preis.

Der Einfluss des *Ankerns* beruht auf Funktionsprinzipien unseres Gehirns. Niemand kann sich dieser Wirkung vollständig entziehen. Einer der wirksamsten *Anker* ist der **Status-quo**. In vielen Experimenten zeigt sich immer wieder, dass die meisten Menschen Alternativen bevorzugen, durch die die gegenwärtige Situation nicht verändert wird. Veränderung wird nur dann gewählt, wenn sie hinreichend sicher eindeutige Vorteile mit sich bringt. Bezieht sich der Status-quo auf den Besitz eines Gegenstandes, so wird der *Wert dieses Gegenstandes systematisch überschätzt*, weil für die Aufgabe des Besitzes (und Veränderung des Status-quo) ein Wertzuschlag verlangt wird (sogenannter „*Endowment-Effekt*[683]").

Bsp.: In einem dieser Experimente erhielt jeweils die Hälfte der Teilnehmer nach dem Zufallsprinzip eine Kaffeetasse oder eine große Tafel Schokolade geschenkt. Anschließend wurde gefragt, wer sein Geschenk gegen das andere Geschenk tauschen wolle. Anstatt einer rational erwartbaren Quote von 50% wollten in *beiden* Gruppen nur etwa 10% der Teilnehmer ihr Geschenk tauschen, weil sie das eigene Geschenk für wertvoller einschätzten.[684] Der Status-quo übte also schon eine große Anziehungskraft aus, obwohl er erst kurz zu-

---

682 Zur Subjektivität der Ergebniszufriedenheit in Verhandlungen vgl. Kapitel 2.3.2.4.

683 Der Begriff *Endowment Effekt* stammt von Richard THALER 1980, S. 39ff.

684 Es gibt mehrere solche „Coffee-Mug"-Experimente zur Wirkungsweise des Endowment Effects vgl. KNETSCH 1989, S. 1277ff., und KAHNEMAN/KNETSCH/THALER 1990, S. 1325ff.

vor zufällig herbeigeführt worden war. Man kann sich vorstellen, wie stark dieser Effekt wirken muss, wenn jemand sein Mofa aus Jugendtagen verkauft oder ein von ihm selbst gebautes Haus, an dem echtes „Herzblut“ hängt…[685]

Die wichtigste Maßnahme, die Wirkung von Anker-Taktiken zu begrenzen, ist **sorgfältige Vorbereitung**. Je größer die Kenntnis von objektiven Kriterien (Marktpreisen, Wertgutachten etc.) ist und je besser die Verhandlungsparteien mit Unterstützung des Mediators das Entscheidungsproblem aus verschiedenen Perspektiven untersucht haben, desto weniger werden ihre Erwartungen und Maßstäbe durch die Gegenseite geankert werden können. Wenn die Wahrnehmung kritisch hinterfragt wird und eine systematische Situationsanalyse erfolgt (z.B. mit Hilfe einer Szenarioanalyse oder anderen Methoden aus der Entscheidungstheorie[686]), kann der Einfluss des Ankerns reduziert werden.

Zwei bekannte und beliebte Verhandlungstaktiken beruhen auf dem *Ankern*:

Oft versucht eine Verhandlungspartei, durch ein **überzogenes Erstes Angebot** die Bandbreite zwischen den Angeboten sehr groß zu gestalten bzw. den Verhandlungsspielraum extrem auszureizen, um dann Druck auszuüben, sich „in der Mitte zu treffen“ und die Gegenseite im Falle der Weigerung als unnachgiebig und als „Blockierer“ hinzustellen.

Für die Mediation gilt es dabei zu bedenken, dass *als Grundlage einer Übereinkunft ausschließlich objektive Kriterien und faire Standards akzeptiert* werden sollten. Das – möglicherweise bewusst überzogene – Angebot einer Konfliktpartei ist aber kein objektives Kriterium, sondern eine subjektive Position. Man kann sich „in der Mitte treffen“ zwischen zwei nicht ganz deckungsleichen gutachterlichen Schätzungen oder ähnlichen objektiven Werten – aber sicherlich nicht zwischen willkürlich gewählten Maximalpositionen.

---

[685] Der Endowment-Effekt tritt nur dann auf, wenn jemand sich *als Eigentümer* eines Gegenstandes *fühlt* und diesen dann „aufgeben“ muss. „If a seller expects to sell goods for a profit and views the goods as currency […] the endowment effect does not occur.“, THOMPSON 2009, S. 24.

[686] Vgl. BÜHRING-UHLE/EIDENMÜLLER/NELLE 2009, S. 91ff.; AARON 2005, S. 202ff.

GALINSKY und MUSSWEILER[687] konnten experimentell nachweisen, dass die Verankerungswirkung eines extremen Angebots abgemildert oder sogar völlig aufgehoben werden kann, wenn die Gegenpartei nach dem Angebot das Prinzip beherzigt: „*Consider the opposite!*" Diese Denktechnik beschreibt WAGNER wie folgt:

> „Damit ist nicht gemeint, dass die mit einer bestimmten Zahl konfrontierte Partei sich eine andere Zahl am entgegengesetzten Ende des Spektrums vorstellen soll, sondern dass sie ganz bewusst Gründe und Argumente entwickeln soll, die gegen eine besonders hohe bzw. niedrige Zahlung sprechen."[688]

Eine zweite auf dem Ankern beruhende Verhandlungstaktik ist die sog. „unechte" Verhandlungsposition oder **Schein-Konzession**. Die Taktik besteht darin, von Anfang an eine bestimmte zusätzliche Forderung zu stellen, die man gar nicht unbedingt durchsetzen will, von der man aber sicher ist, dass Sie für die andere Seite unzumutbar ist. Nachdem die Streitpartei diese Forderung lange genug vertreten hat, gibt sie sich kompromissbereit und gibt die Forderung auf, verlangt dafür aber eine Gegenleistung, an der sie eigentlich interessiert ist. Beispielsweise an die andere Verhandlungspartei gewandt: „Nun gut, dann vereinbaren wir in Gottes Namen eine Lieferzeit von 4 Wochen, dann müssen Sie aber noch 10% mit dem Preis runter."

> Bsp.: Eine interessante Fallstudie zum Thema Scheinkonzession findet zum Zeitpunkt des Erscheinens dieses Buches in Mainz statt. Dort hat der Projektentwickler ECE Immobilien in der Innenstadt erworben und will eine innerstädtische Shopping Mall errichten. Dagegen wurden von vielen Bürgern und Geschäftsleuten Bedenken erhoben. Insbesondere die Größe der Mall (Verkaufsfläche) stieß auf Bedenken, die monolithische Bauweise und die geplante Überbauung einer Straße (Eppichmauergasse) sowie die Einbeziehung weiterer Immobilien und einer Polizeistation. Im Rahmen einer Bürgerbeteiligung wurden „Leitlinien" erarbeitet, die vom Stadtrat als Planungsgrundlage für ECE beschlossen wurden. Dort sind eine maximale Verkaufsfläche von 25.000-28.000 Quadratmetern festgeschrieben und die Überbauung der Eppichmauergasse sowie der Einbezug der Polizeiwache kategorisch ausge-

[687] GALINSKY/MUSSWEILER 2001, S. 659ff.

[688] WAGNER 2007, S. 175.

schlossen. Diese Frage der Überbauung und der Größe war während der gesamten Partizipation hochgradig emotionalisiert; gleichzeitig erklärte ECE parallel dazu in mehreren Interviews, dass das Projekt ohne diese Ausdehnung absolut nicht zu realisieren sei. Es drohe das Scheitern des Projektes. Der Stadtrat müsse dem Oberbürgermeister in dieser Frage „Verhandlungsspielraum“ einräumen.

Auf den ersten Blick erscheint diese Verhandlungsstrategie wie ein amateurhaftes „Einbetonieren“ in Maximalpositionen, die das Projekt gefährden. Tatsächlich sind die ECE-Akteure bestens beratene Vollprofis.[689] Durch das Zuspitzen dieses Themas richtet sich die Aufmerksamkeit komplett auf die Frage „Eppichmauergasse“ – dies ist die symbolische Frage, an der die Öffentlichkeit „Sieg und Niederlage“ mißt. Es ist nur eine Frage der Zeit (erst muss diese Frage noch ein wenig hochgespielt werden und das „Scheitern“ wirklich zu drohen scheinen) bis ECE anbieten wird, auf die Ausdehnung über die Eppichmauergasse hinaus zu verzichten, wenn dafür andere Zugeständnisse gemacht werden, um diese Einbußen „kompensieren“ zu können. In der Öffentlichkeit steht ECE dann als Verlierer da – in Wahrheit werden sie Zugeständnisse bekommen, deren Wert bedeutend ist, und die von Anfang an das wirkliche Ziel der ECE-Verhandlungsstrategie waren. Je mehr das Thema eskaliert, je näher das drohende Scheitern sein wird, desto teurer der Preis, den ECE für die Aufgabe dieser Forderung verlangen kann. Es wird spannend sein zu verfolgen, inwieweit diese Prognosen in den nächsten Jahren eintreten werden – in Mainz können es unsere Leser vor Ort überprüfen.

Nicht selten lassen sich Medianten (oder auch Mediatoren?) von einer solchen Taktik aushebeln, weil man froh ist „dass die schlimmste Kröte vom Tisch ist.“ Um es klar zu sagen: Es ist egal, was die Konfliktparteien fordern, aufgeben, nachgeben. Die Medianten sollten sich (aus der Perspektive rationaler Verhandlungsführung) für oder gegen eine Übereinkunft alleine auf der Basis ihrer Interessenlage, aufgrund von objektiven Kriterien und durch Vergleich mit ihrer besten Alternative (BATNA) entscheiden.

[689] Zu den Verhandlungsstrategien und fragwürdigen Taktiken von Immobilienentwicklern allgemein und ECE im speziellen vgl. BRUNE/JUNKER/PUMP-UHLMANN 2006.

4.2 Weitere psychologische Fallen

Menschen treffen falsche Entscheidungen – Tag für Tag. Häufig liegt es daran, dass sie bei der Entscheidungsfindung nicht systematisch vorgehen oder beim systematischen Vorgehen Fehler machen. Zu diesen Fehlern gehört beispielsweise:

- das Entscheidungsproblem nicht genau zu erfassen[690]
- sich die eigenen Ziele nicht ausreichend bewusst zu machen
- keine guten, kreativen Alternativen zu entwickeln
- entscheidende Konsequenzen der Optionen zu übersehen
- Unsicherheitsfaktoren zu wenig zu beachten
- sich über die eigene Risikobereitschaft nicht im klaren zu sein

Derartige Fehler können durch planvolles Vorgehen im Sinne des Deal-Structuring[691] und mit Hilfe des Mediators[692] verhindert werden. Andere Fehler hingegen lassen sich kaum oder nur sehr schwer verhindern, weil sie auf (unbewussten) Funktionsprinzipien unseres Gehirns beruhen – genauer gesagt auf der aus der „kognitiven Begrenztheit" erwachsenden „begrenzten Rationalität".[693] Solche Fehler, mit denen das Gehirn auch wohlüberlegteste Entscheidungen beeinflusst, werden **„Psychologische Fallen"**[694] genannt. Die wichtigsten für die Mediation relevanten Psychologischen Fallen lassen sich den folgenden Gruppen zuordnen.

---

690 THOMPSON 2009, S. 189: „People are good at solving problems when the problems are presented directly to them; however, they are not very good at *defining* problems."

691 Interessengerechte (Verhandlungs-)Abschlüsse strukturieren; vgl. Kapitel 3 und 5.

692 Basierend auf dem hier vertretenen Verständnis von Mediation als „unterstütztes Verhandeln".

693 BIERBRAUER 1993, S. 36ff.: „Dabei wird von der Annahme ausgegangen, daß der Mensch nur über eine begrenzte kognitive Kapazität zur Informationsverarbeitung verfügt; sie stellt eine obere Grenze oder Barriere dar, die ihn daran hindert, ein optimales Ergebnis beim Verhandeln zu erzielen. Mit anderen Worten: seine begrenzte Rationalität weicht in systematischer Weise von einem postulierten rationalen Entscheidungsmodell ab."

694 Vgl. WINHELLER 2004a, S. 123ff.; der wissenschaftliche Begriff für "psychologische Falle" lautet "Entscheidungsheuristik", eine gute Übersicht über 18 solche Heuristiken bieten SCHOLZ/MIEG/WEBER 2003, S. 208ff. m.w.N.

4.2.1 Formulierungsfallen („Framing“[695])

Entscheidungen hängen häufig nicht alleine vom Inhalt der Entscheidungsfrage ab, sondern auch von der „Verpackung“:

> Bsp.: Ein junger Mönch fragte seinen Abt: „Darf ich beim Beten rauchen?“ Die Antwort: „Nein!“ Kurz darauf traf der Mönch einen alten Mönch, der beim Beten genüsslich Pfeife rauchte. „Man soll nicht beim Beten rauchen, hat der Abt gesagt“, schimpfte er. Der alte Mönch antwortete: „Wieso? Ich habe den Abt gefragt, ob ich beim Rauchen beten darf – und er hat es erlaubt.“

Im Rahmen von umfangreichen Experimenten konnten vor allem DANIEL KAHNEMAN und AMOS TVERSKY zeigen, dass Entscheidungen häufig von der Formulierung des Entscheidungsproblems abhängen.[696] Unterschiedliche, aber gleichbedeutende Formulierungen können dieselbe Person zu ganz unterschiedlichen Entscheidungen veranlassen.

> Bsp.: Ein Mediant hat in der Verhandlungsphase der Wirtschaftsmediation die Wahl, entweder sicher 1.000 Euro zu erhalten oder mit einer 50-prozentigen Wahrscheinlichkeit 5.000 Euro.

Die beiden Optionen könnten nun ganz *rational* bewertet werden. Bezogen auf das Beispiel heißt dies: das mögliche Ergebnis multipliziert mit der Wahrscheinlichkeit seines Eintritts ergibt den „Erwartungswert“.

> Der Erwartungswert der ersten Option ist € 1.000, der Erwartungswert der zweiten Option beträgt € 5.000 x 50%, also € 2.500. Wer also dem Risiko neutral gegenüber steht, sollte sich für die zweite Option entscheiden. Es kann jedoch Gründe geben, das Risiko zu scheuen und das sichere Ergebnis zu wählen.

---

[695] Aktuelle wissenschaftliche Erkenntnisse zu „Framing“ bieten DONOHUE/ROGAN/KAUFMAN 2011, deren Titel bereits die Hauptbotschaft des Buches enthält: *„Framing matters“*.

[696] Vgl. TVERSKY/KAHNEMANN 1981. Daniel Kahneman erhielt für seine Arbeiten 2002 den Wirtschaftsnobelpreis. Der bereits 1996 verstorbene Tversky wurde nicht mit ausgezeichnet, da der Nobelpreis prinzipiell nicht posthum verliehen wird.

Experimente[697] haben aber gezeigt, dass die **Risikobereitschaft** der meisten Menschen nicht „stabil“[698] ist, sondern **von der Formulierung des Entscheidungsproblems abhängt**. Menschen scheuen das Risiko, wenn sie mit möglichen *Gewinnen* konfrontiert werden. Sie wählen dann die sicheren Gewinne statt der unsicheren noch größeren möglichen Gewinne („Besser der Spatz in der Hand, als die Taube auf dem Dach“). Werden Menschen jedoch mit möglichen *Verlusten* konfrontiert, sind sie eher risikobereit, auch wenn sie damit noch größere Verluste riskieren.

> **Die „Asiatische Krankheit“[699]**
>
> Bei einem dieser klassischen Experimente wurden Personen mit folgender Entscheidungssituation konfrontiert:
>
> „Die USA bereiten sich auf den Ausbruch einer neuartigen asiatischen Krankheit vor, durch die 600 Todesopfer drohen. Zwei Präventionsprogramme stehen zur Wahl. Welches würden Sie bevorzugen?“
>
> Die erste Teilgruppe erhielt folgende Optionen:
>
> „(1) Wenn Programm A gewählt wird, werden genau 200 Menschen gerettet.
>
> (2) Wenn Programm B gewählt wird, werden mit einer 1/3-Wahrscheinlichkeit alle Menschen gerettet; mit einer 2/3-Wahrscheinlichkeit wird niemand gerettet.“
>
> Vor diese Wahl gestellt, entschieden sich 76% der Versuchspersonen für Programm A.
>
> Die zweite Teilgruppe erhielt folgende Optionen:
>
> „(1) Wenn Programm A gewählt wird, werden genau 400 Menschen sterben.
>
> (2) Wenn Programm B gewählt wird, wird mit einer 1/3-Wahrscheinlichkeit niemand sterben und mit einer 2/3-Wahrscheinlichkeit werden alle sterben.“

---

[697] Vgl. KAHNEMANN/TVERSKY 1979 und TVERSKY/KAHNEMANN 1981.

[698] Bereits SLOVIC 1972, S. 128ff., hatte zeigen können, dass Risikoneigung kein stabiles Persönlichkeitsmerkmal darstellt, sondern kontextspezifisch konstruiert wird.

[699] TVERSKY/KAHNEMANN 1981.

> Vor diese Wahl gestellt, entschieden sich nur 13% der Versuchspersonen für Programm A.
>
> Dieser krasse Unterschied ist deshalb beachtlich, weil die Entscheidungsoptionen in beiden Teilgrupen *inhaltlich identisch* sind – lediglich die Formulierung ist unterschiedlich. Bei der Wahl zwischen dem sicheren kleinen Gewinn (Überlebende) und einem unsicheren größeren Gewinn wird der sichere Gewinn bevorzugt. Im Vergleich zwischen dem sicheren kleinen Verlust (Tote) und der unsicheren Verlustvermeidung mit dem Risiko des großen Verlustes, wird das Risiko gewählt.

Diese Erkenntnis fassten Kahnemann und Tversky in ihrer **Prospect-Theory**[700] zusammen. Demnach *editieren* und *evaluieren* Menschen bei ihren Entscheidungen die Entscheidungsoptionen und entscheiden auf Grundlage einer *Wertfunktion* (anstelle einer linearen Nutzenfunktion) und einer *Entscheidungsgewichtung* (anstelle der mathematischen Wahrscheinlichkeit). Bei den Gewinnen verläuft die Wertfunktion konkav, d.h. die kleinen Gewinne sind relativ attraktiver; bei den Verlusten verläuft die Funktion konvex, d.h. auch hier sind die ersten Verluste besonders „teuer“ – ansteigende Verluste werden zunehmend als weniger bedeutend bewertet.

Die „Verpackung“ des Problems, den Bezugsrahmen, nennt man ein „Frame“. Die entsprechenden Techniken heißen daher **Framing**[701].

> Definition: Framing ist der Gebrauch von Argumenten, Referenzpunkten, Analogien oder Metaphern, um eine günstige Beschreibung von „dem Problem“ zu schaffen, das es zu lösen gilt, und damit das Verständnis von akzeptablen Lösungen zu beeinflussen.

Schon der englische Philosoph Thomas Hobbes wusste: „Die einzige Macht auf Erden besteht darin, Definitionen aufstellen und durchsetzen zu können.“ Professionelle Verhandler versuchen daher, der anderen Seite eine für sie günstige Definition des

[700] KAHNEMANN/TVERSKY 1979; eine Übersicht bieten SCHOLZ/MIEG/WEBER 2003.

[701] Der Begriff „Framing“ wurde 1974 von dem amerikanischen Soziologen Erving Goffmann geprägt, vgl. GOFFMANN 1974.

Verhandlungsgegenstandes unterzuschieben, eine Verhandlung ist insofern immer ein *Kampf der Frames*.

> Bsp.: So könnte das Management Verhandlungen über eine Betriebsvereinbarung zur Beschäftigungssicherung wie folgt einleiten: „Wir sind hier zusammengekommen, um gemeinsam zu beraten, wie unsere Personalkosten so gegesenkt werden können, dass wir unsere Wettbewerbsfähigkeit stärken." Im Interesse des Betriebsrat läge es, die Verhandlungen anders zu eröffnen: „Wir wollen gemeinsam überlegen, durch welche strategischen Maßnahmen wir auch zukünftig erfolgreich sein werden, ggf. auch ob dazu ein Beitrag der Beschäftigten erforderlich ist." Im ersten Fall geht es nur noch um die Art und Weise der Lohnkostensenkung, im zweiten Fall wird die Aufmerksamkeit auf andere Aspekte (die Geschäftsstrategie, Produkte, Management etc.) gelenkt, statt des „wie" steht das „ob" der Kürzung der Personalkosten im Mittelpunkt.

Dieses Beispiel zeigt die strategische Bedeutung von zwei der wichtigsten *Frames* in Verhandlungen: **„Ob"-Frame und „Wie"-Frame**?

Das zentrale Framing in Besprechungen und Verhandlungen ist „ob" oder „wie". Soll besprochen werden, *wie im Detail* eine bestimmte Maßnahme ausgestaltet werden soll, oder steht zur Diskussion, *ob* eine solche Maßnahme *überhaupt* ergriffen werden soll?

„Wir sind heute hier, um zu besprechen, wie unsere diesjährige Weihnachtsfeier stattfinden soll." Eine solche Formulierung verleitet sofort zur Diskussion über Details. Die Grundsatzfrage, ob überhaupt eine Feier stattfinden soll (oder aus Sparzwängen gestrichen wird) wird stillschweigend vorausgesetzt – und mit „Ja" beantwortet. Ein Verhandler muss sehr darauf achten, dass das Anfangs-Framing seinen Interessen gerecht wird. Wenn er absolut gegen eine Maßnahme ist, egal wie diese im Detail ausgestaltet wird, dann sollte er darauf bestehen, dass die *Frage nach der Sinnhaftigkeit vorab geklärt* wird, bevor man in eine Detaildiskussion einsteigt, sonst wird er später kein Gehör mehr finden; die Beteiligten haben dann nämlich schon zuviel Herzblut in Detaillösungen gesteckt.

Als *Verkäufer* formuliert man daher am besten: „Herr Kunde, wir wollen heute besprechen, wie auch Sie zukünftig von den Vorteilen unseres neuen Astromax 2000 profitieren können." Als *Einkäufer* würde man stattdessen formulieren: „Herr Verkäufer, wir wollen einmal schauen, ob Ihr Produkt leistungsfähig und wirtschaftlich genug ist, damit wir ins Geschäft kommen können."

Als Mediator sollte man in den eigenen Formulierungen und Prozessentscheidungen streng nach der *Sachlogik* vorgehen, also *erst die grundsätzliche Frage des „ob"* klären *und dann* in die *„wie"*-Diskussion einleiten. Dabei gilt es aber darauf zu achten, dass diese *Ebenen nicht vermischt* werden. Wenn sich also die Beteiligten darauf verständigt haben, dass ein bestimmter Vorschlag grundsätzlich (abhängig von den Konditionen) von Interesse ist, dann dürfen nicht Grundsatzbedenken weiter ins Feld geführt werden, um möglichst viele Konzessionen zu erzwingen.

Die Erkenntnis, dass die Formulierung als „Gewinn" oder „Verlust" ein unterschiedliches, psychologisch wirksames „Framing" darstellt, können sich sowohl die Medianten als Verhandler als auch der Mediator zu Nutze machen. Wenn es einer Partei gelingt, die Gegenseite zu überzeugen, dass ihr Vorschlag einen sicheren „Gewinn" für die Gegenseite darstellt, wird es dieser schwer fallen, das Angebot abzulehnen,[702] selbst wenn ihr vielleicht noch vage Optionen für ein besseres Geschäft offen stehen. Gleichzeitig kann eine negative Sichtweise (das Glas ist „halbleer") dazu führen, Verhandlungschancen ungenutzt zu lassen.

> Am Beispiel von Tarifverhandlungen konnten NEALE und BAZERMAN zeigen, dass Verhandlungsführer, die jedes Zugeständnis als „Verlust" für die eigene Basis sahen (negatives Framing), seltener eine Einigung erzielen konnten als solche Verhandlungsführer, die jede Verbesserung gegenüber dem status quo in einer Verhandlungsübereinkunft als „Gewinn" für die eigene Basis betrachteten (positives Framing). Außerdem bewerteten Verhandler mit negativem Framing gefundene Vereinbarungen seltener als fair.[703]
>
> Andererseits ist ein *negatives Framing in solchen Situationen effektiv, in denen Wertschöpfung die Inkaufnahme von erheblichen Vertragsrisiken (Contractual Risk) erfordert.* In diesem Fall führt die mit einem positiven Framing korrespondierende Genügsamkeit und Risikoaversion dazu, dass die

[702] BAZERMAN/NEALE 1992, S. 40: „If you couch a proposal in terms of your opponents´ potential gain, you can induce them to assume a positive frame of reference and thus make them more likely to make concessions."

[703] NEALE/BAZERMAN 1985, S. 34ff.

Wertschöpfungspotentiale nicht ausgenutzt werden.[704] WILLIAM P. BOTTOM konnte in einer Serie von Experimenten[705] nachweisen, dass in solchen Situationen Verhandler mit negativen Frames kooperativer verhandeln und mehr Wertschöpfung betreiben, weil sie die dafür erforderlichen Risiken zu tragen bereit sind.

Neben der Formulierung als Gewinn oder Verlust hat auch die Darstellung der Ausgangslage einen messbaren Einfluss auf die spätere Entscheidung. Rahmenbedingungen können an Bedeutung gewinnen, die nach rationalen Gesichtspunkten keine Bedeutung haben dürften. Dazu zählt z.B. auch ein **Referenzpunkt**, etwa die Ausgangslage:

Bsp.[706]: Stellen Sie sich vor, Sie haben 2.000 Euro auf Ihrem Konto und man stellt Ihnen folgende Frage: „Gehen Sie auf ein Angebot ein, bei dem Sie mit der gleichen Wahrscheinlichkeit 300 Euro verlieren oder 500 Euro gewinnen können?"

Und wie wäre es, wenn man Ihnen folgende Frage stellt: „Behalten Sie lieber die 2.000 Euro sicher auf Ihrem Konto, oder gehen Sie auf ein Angebot ein, bei dem Sie mit der gleichen Wahrscheinlichkeit Ihren Kontostand auf 1.700 Euro erniedrigen oder auf 2.500 Euro erhöhen können?"

Rein logisch betrachtet sollte die Antwort auf beide Fragen dieselbe sein. Studien zeigen jedoch, dass die zweite Frage viel häufiger zu positiven Reaktionen führt. Die erste Frage geht von „0" aus; Gewinn und Verlust erscheinen also viel dramatischer. Die zweite Formulierung führt immer wieder vor Augen, dass in jedem Falle eine hohe Summe auf dem Konto verbleiben würde – da erscheint das Risiko (wegen des anderen Ausgangspunktes) eher tragbar.

Ein solcher, wegen des im vorherigen Abschnitt ausgeführten zusätzlichen „Verankerungseffektes" besonders starker Referenzpunkt ist der **Status-quo**. Es sind jedoch auch

704 THOMPSON 2009, S. 23f.

705 BOTTOM 1998, S. 89ff.

706 Angelehnt an: HAMMOND/KEENEY/RAIFFA 2001, S. 236.

andere Referenzpunkte[707] denkbar, über deren Wirkung als psychologische Entscheidungsfalle sich der Mediator immer im Klaren sein sollte.

Selbst die Auswahl der „Währung“ bzw. der Messgröße hat Auswirkungen auf die Entscheidung (sogenanntes „**Scaling**“):

> Bsp.: In einem Experiment[708] hatten amerikanische Strafrichter die Aufgabe, auf Grundlage der Aktenlage in einem hypothetischen Strafverfahren eine angemessene Haftstrafe für den Angeklagten festzusetzen. Auf dem Formular der Teilgruppe A sollte das Strafmaß „in Jahren“ eingetragen werden; im Schnitt wurden 9,6 Jahre festgesetzt. Auf dem Formular der Teilgruppe B sollte das Strafmaß „in Monaten“ eingetragen werden; hier wurden durchschnittlich 67 Monate festgesetzt (also eine etwa 4 Jahre geringere Strafdauer). Die hohe Zahl bei der Angabe in Monaten hatte einen abschreckenden Effekt auf die Richter. Die Strafe in Monaten war „gefühlt“ länger.

Scaling-Effekte sind auch im Unterschied zwischen der Formulierung als prozentuale Steigerung („2,3% mehr“ – wirkt wenig) und absolute Zahl („200.000 Euro“ – wirkt viel) festzustellen, obwohl rational betrachtet die hohe absolute Zahl bei einer entsprechend großen Basis keine Bedeutung hat. Ein Mediator sollte daher sorgsam darauf achten, wie er eine *Formulierung* finden kann, *die einerseits positiv ist und andererseits keine der Parteien einseitig begünstigt.*

Dabei ist es für den Mediator oft nicht einfach, ein für alle Verhandlungsparteien *positives Framing* einer Verhandlungsübereinkunft zu finden, da Aspekte, die für eine Partei vorteilhaft sind, meist für andere Parteien nachteilig wirken. Deshalb kann ein Framing besonders effektiv in Einzelgesprächen mit den Parteien stattfinden.[709] In jedem Fall kann der Mediator ein positives Framing dadurch bieten, dass *Vorteile einer potentiellen Einigung gegenüber einer Fortsetzung des destruktiven Konfliktes herausgestellt*

[707] „Bezugspunkte wirken immer – auch wenn sie willkürlich sind!“ (WINHELLER 2005a, S. 105). So waren selbst dann Auswirkungen auf nachfolgende Entscheidungen – unter bestimmten Rahmenbedingungen – experimentell nachweisbar, wenn Ausgangspunkt etwa zufällige Würfelwürfe oder die eigene Sozialversicherungsnummer waren.

[708] RACHLINSKI 2012, S. 151f.

[709] BAZERMAN/NEALE, S. 40f.; zu Vor- und Nachteilen von Einzelgesprächen vgl. Kapitel 5.2.

werden. Dies ist jedoch in der Praxis nicht einfach, da die Parteien meist unwillkürlich in einen negativen Bezugsrahmen zurückfallen, „als Verlust im Vergleich zum eigentlich Erhofften".[710] In diesem Moment ist es dann manchmal erforderlich, dass ein Mediator als „Agent of Reality" mit der jeweiligen Partei (meist im Einzelgespräch) erörtert, wie realistisch bzw. wahrscheinlich das Erreichen der eigenen Wunschlösung (Hoffnung) ist. Erst wenn die eigenen Maximalpositionen als unerreichbarer Wunsch entlarvt sind, kann der Nutzen einer Vermittlungslösung hinreichend attraktiv scheinen.

4.2.2 Irrationale Entscheidungen und Eskalation

Ein weiteres eingängiges Beispiel für irrationale Entscheidungsfindung ist die „Vergangenheitskostenfalle" (sunk costs bias[711]). Viele Menschen neigen dazu, sich bei Entscheidungen für die Zukunft von in der Vergangenheit getätigten Investitionen (Zeit, Geld, Beziehungen) leiten zu lassen: „Jetzt habe ich schon so viel investiert, dann muss ich auch jetzt ...". Eine derartige Einstellung kann zu erheblichen Fehlinvestitionen für die Zukunft führen.

> Bsp.: Vor einigen Wochen ging der Motor Ihres 10 Jahre alten Autos kaputt. Nach langem Überlegen haben Sie sich entschieden, einen neuen Motor für 3.000 Euro einbauen zu lassen. Nun geht auch noch das Getriebe kaputt und Sie stehen vor der Entscheidung, entweder das Auto für nur 2.000 Euro zu verkaufen oder ein neues Getriebe für weitere 1.500 Euro einbauen zu lassen, wobei wahrscheinlich auch in Zukunft Reparaturkosten zu erwarten sind.
>
> Die meisten Menschen lassen sich jetzt durch die kürzlich investierten 3.000 Euro beeinflussen und sind daher bereit, weiteres Geld in das Auto zu investieren, anstatt eine vorbehaltlose Analyse der Situation vorzunehmen. Die Volksweisheit „schlechtem Geld kein gutes Geld hinterherzuwerfen" wird regelmäßig missachtet.

Um rationale Entscheidungen zu treffen, müssen Medianten verstehen, dass in der Ver-

[710] BÜHRING-UHLE/EIDENMÜLLER/NELLE 2009, S. 40.

[711] THOMPSON 2009, S. 19: „Sunk costs are just what they sound like – money you have invested that is, for all practical purposes, gone. Economic theory asserts that only future costs and benefits should affect decisions."

gangenheit investierte Zeit und Geld bereits unwiederbringlich verloren sind (sunk costs). Der Referenzpunkt für ihre Entscheidung dürfte also – rational betrachtet – nur die *gegenwärtige* Situation und diejenigen Kosten sein, die sie *zukünftig* investieren müssten.

Eine Art *irrationale* Entscheidungs*eskalation* liegt also dann vor, wenn eine einmal festgelegte Handlungsweise bzw. Strategie auch über das hinaus weitergeführt oder aufrecht erhalten wird, was bei rationaler Analyse vernünftig wäre. Grundlage dafür ist meist eine „Verstrickungssituation“[712] (entrapment). Diese Verstrickungssituation charakterisiert HAFT wie folgt:

> „Man hat für eine Sache Aufwendungen erbracht und fürchtet, diese zu verlieren, wenn man nicht noch weitere, vergleichsweise geringfügige Aufwendungen erbringt. [...] Man gerät in einen Teufelskreis, verstrickt sich immer tiefer in die Sache und verhält sich immer irrationaler.“[713]

Eine solche Verstrickungssituation kann sich entweder darin zeigen, dass Verhandlungen nicht abgebrochen werden, obwohl bei rationaler Betrachtung der zukünftige Aufwand in keinem vernünftigen Verhältnis zu den möglichen Ergebnissen bzw. Erfolgschancen steht, oder dass eine Verhandlungspartei bereit ist, einseitige und unberechtigte Nachforderungen der Gegenseite zu Nebenaspekten zu akzeptieren, weil sie den Abschluss nicht gefährden möchte.[714]

Die „Verstrickungssituation“ ist ein Fall der **Irrationalen Eskalation**, einer Gruppe von Entscheidungsheuristiken, die von dem amerikanischen Verhandlungsforscher MAX BAZERMAN in zahlreichen Lebensbereichen nachgewiesen und experimentell belegt worden sind.[715] Die Verstrickung besteht in einer Beeinträchtigung der Fähigkeit, eine Entscheidung auf Grundlage rationaler Überlegungen zu treffen. Diese Beeinträchtigung wird durch mehrere Entscheidungsheuristiken bewirkt.

---

[712] Der Begriff wurde von BROCKNER/RUBIN 1985 geprägt. Zum Konzept der Verstrickung in Verhandlungen vgl. auch BIERBRAUER 1983, S. 53ff.

[713] HAFT 2000, S. 198.

[714] Vgl. HAFT 2000, S. 199ff., mit vielen Beispielen.

[715] Vgl. BAZERMAN/NEALE 1992. Zur Entscheidungs-Perspektive auf Verhandlungen vgl. auch BAZERMAN/SHONK 2005.

Zuletzt wird die Verstrickungssituation noch durch das „**Kontrastprinzip**" verstärkt. Dieses Prinzip der menschlichen Wahrnehmung besagt, dass wir neue Reize stets mit früheren Informationen vergleichen und dass dabei das Größere überproportional groß bzw. das Kleinere überproportional klein wirkt.[716] In Verstrickungssituationen werden die zusätzlichen Aufwendungen also an den bereits erbrachten Aufwendungen oder den Kosten des Scheiterns gemessen und erscheinen dann „infolge des [...] Verhaltensprogramms `Kontrast´ als relativ klein, obwohl sie objektiv groß sind."[717]

Der Vollständigkeit halber müssen bei den irrationalen Entscheidungsheuristiken auch noch der **Trugschluss**[718], die **Selbstbestätigungsfalle**[719] oder das **Impression Management**[720] genannt werden, die auf selektiver Wahrnehmung[721], unvollständiger Informationsauswertung oder im weitesten Sinne sozialer Regelhaftigkeit beruhen, die logisch gesehen `irrational´ sind.

4.2.3 Der Mythos vom „begrenzten Kuchen"

Eine der für die Mediation bedeutendsten psychologischen Fallen ist jedoch die bei den meisten Verhandlern fest verankerte Vorstellung von allen Verhandlungen als „**Nullsummenspiel**", der *Mythos vom begrenzten Kuchen* („Fixed Pie Assumption")[722]. Dabei

---

[716] Vgl. CIALDINI 2010, S. 34ff.

[717] HAFT 2000, S. 198.

[718] Entscheidung trotz noch fehlender wesentlicher Informationen oder „logischer" Trugschluss (Beispiele bei WINHELLER 2004a, S. 137f. Auf weitere „Fehlschlüsse" infolge *interkultureller Unterschiede* geht BIERBRAUER 2009 mit Verweis auf die bahnbrechende Arbeit von HOFSTEDE 1991 ein.

[719] Menschen neigen dazu, die Informationen, mit denen sie konfrontiert werden, zu filtern, um in der Vergangenheit getroffene Entscheidungen für sich selbst zu rechtfertigen. So halten z.B. Leute an Aktien fest, die sie einmal gekauft haben und sitzen immense Verluste aus, weil sie Informationen ignorieren, die ihre damalige Entscheidung in Frage stellen würden.

[720] Die Neigung, einen einmal eingeschlagenen Kurs beizubehalten, wird insbesondere dann verstärkt, wenn andere Menschen die Entscheidung mitbekommen und man das Gefühl hat, seinen „Ruf verteidigen" zu müssen. Zu den Impression Management-Techniken des „fassadenputzenden Identitätsarbeiters" vgl. grundlegend die Schriften des Soziologen GOFFMAN (1986, 1988) und – angewandt auf die Führungsrolle und dabei wichtige Formen symbolischer Inszenierung – PONGRATZ 2003.

[721] "Nur das sehen, was man sehen will"; vgl. HAMMOND/KEENEY/RAIFFA 2001, S. 231ff.

[722] Der Begriff „fixed pie assumption" findet sich bereits seit 1981 in dem Buch „Das Harvard-Konzept" (FISHER/URY/PATTON 2009, S. 93). Die Theorie beruht auf Forschungsarbeiten von

wird die Verhandlungssituation als „Entweder-Oder-Entscheidung“ begriffen, d.h. *Gewinne sollen nur auf Kosten der anderen Seite möglich sein.*

> „Namely, negotiators assume that there is a unitary quantity of resources that will be allocated in a fixed-sum manner between the two parties. This is true in experimental games as well as in real life negotiations, such as Camp David and the Law of the Sea negotiations […]“[723]

So konnten THOMPSON und HASTIE in einer Studie[724] zu einer Verhandlungssituation mit großem Wertschöpfungspotential zeigen, dass 68% der Verhandler unmittelbar vor Verhandlungsbeginn (also nach der Vorbereitung) **fälschlicherweise der Auffassung** waren, dass in dieser Verhandlung keine Wertschöpfungspotentiale vorhanden sind, also die **Verhandlungssituation rein distributiv** ist.

Bei der Wirkung des Mythos vom begrenzten Kuchen zeigen sich jedoch **kulturelle Unterschiede**. GELFAND und CHRISTAKOPOLOU konnten zeigen,[725] dass sich zwar die Wirkung dieser Fehlvorstellung zu Beginn der Verhandlung gleichermaßen bei Verhandlern aus einer individualistischen (USA) wie einer kollektivistischen (Griechenland) Verhandlungskultur[726] zeigte. *Am Ende der Verhandlung* jedoch waren die *individualistisch geprägten Verhandler signifikant stärker von der Fehleinschätzung betroffen* – und gleichzeitig waren sie sich deutlich sicherer, dass ihre Einschätzung der jeweiligen Interessenlage richtig ist.

Wenn aber alle Verhandlungen als Nullsummenspiel angesehen werden, hat das zwei sehr **negative Folgen**: Erstens werden die *Wertschöpfungspotentiale nicht ausgenutzt*, weil gar nicht nach ihnen gesucht wird, zweitens werden die *Angebote* bzw. Vorschläge der Verhandlungspartner *falsch bewertet.*

Max Bazerman, zuerst veröffentlicht bei BAZERMAN 1983, S. 618ff., der den Begriff „Mythical fixed pie“ prägte, vgl. auch BAZERMAN/NEALE 1992, S. 16ff.

723 THOMPSON/HASTIE 1990b, S. 39.

724 THOMPSON/HASTIE 1990a, S. 98ff.

725 GELFAND/CHRISTAKOPOULOU 1999, S. 248ff.

726 Für eine genauere Beschreibung der individualistischen und der kollektivistischen Verhandlungskultur vgl. BRETT 2007, S. 32ff. Die deutsche Verhandlungskultur ist eine individualistische und als solche stärker vom „Mythos vom begrenzten Kuchen“ betroffen.

Entgegen jener weitverbreiteten Fehlvorstellung sind die meisten Verhandlungssituationen – insbesondere bei langfristigen (Wirtschafts-)Beziehungen – nämlich **keine** Nullsummenspiele (vgl. Kapitel 2.3). Neben dem Verteilungsaspekt kommt dann auch die Perspektive möglicher Kooperationsgewinne („Kuchen vergrößern") in Betracht, die nur durch kooperatives Verhandeln und Techniken integrativer Verhandlungsführung ausgeschöpft werden können.

Wie bereits ausgeführt (vgl. Kapitel 2.3.2.7) entstehen aber Kooperationsgewinne nicht von selbst, sondern sie müssen aktiv gesucht und herausgearbeitet werden. *Wer fälschlich davon ausgeht, dass kompatible Interessen vorliegen könnten, sucht gar nicht nach Wertschöpfungspotentialen – und findet dann meist auch keine.* In vielen Verhandlungen führt die verengte Sichtweise (Nullsummenspiel) daher zu harten Verteilungskämpfen, die zu suboptimalen Ergebnissen oder gar zum Scheitern der Verhandlung führen.[727]

Der **Mythos vom begrenzten Kuchen, wirkt also als eine Annahme, die die Kreativität in der Verhandlung einschränkt.**[728]

> „[...] managers must not assume a mythical fixed-pie, rather, they should look for trade-offs. Finding trade-offs is quite easy if you think to look for them, and quite difficult if you make inappropriate assumptions about the other side´s interests."[729]

So konnte THOMPSON zeigen, dass selbst wenn die Verhandlungsparteien eigentlich das selbe wollen (es also eigentlich nichts zu verhandeln gibt), sie oftmals andere Vereinbarungen treffen, die für alle Beteiligten nachteilig sind („incompatibility bias"):[730]

---

[727] THOMPSON/HASTIE 1990b, S. 41: „We measured the relationship between negotiator bias [d.h. des Mythos vom begrenzten Kuchen, Anm. d. Verf.] and negotiation outcomes on quantitative scales and observed a strong relationship between negotiator bias and outcome."

[728] BAZERMAN/NEALE 1992, S. 18f., verweisen darauf, dass einschränkende Vorannahmen die Qualität kreativer Prozesse massiv verschlechtern können, vgl. WINKLEGREN 1974.

[729] BAZERMAN/NEALE 1992, S. 19.

[730] THOMPSON 1991, S. 161ff.

Bsp.: In einer Verhandlungssimulation waren acht Themen zu verhandeln. In zwei dieser Themen hatten die Parteien kompatible Interessen, präferierten also die selbe Lösung. Trotzdem vereinbarten *39% aller Verhandler* andere – also *für beide Seiten nachteilige* – Ergebnisse. Außerdem realisierte fast keiner derjenigen Verhandler, die sich auf die Win-Win-Optionen geeinigt hatten, dass hier eine *für beide Seiten vorteilhafte* Option gefunden wurde.

In einer Meta-Studie, in der 32 verschiedene Verhandlungsstudien mit über 5000 Probanden ausgewertet wurden, konnte gezeigt werden, dass die Parteien *in über 50% der Fälle kompatible Interessen nicht erkannt haben und in 20% der Fälle sogar echte Lose-Lose-Ergebnisse vereinbart haben.*[731]

Die zweite nachteilige Auswirkung der Fixed-Pie-Fiction liegt in der **Verzerrung der Wahrnehmung der Verhandlungsparteien**, die durch die Annahme ausschließlicher Interessengegensätze gespeist wird. Diese Wahrnehmungsverzerrung führt dazu, dass Angebote (und Zugeständnisse) „reaktiv abgewertet“ werden, d.h. als wenig wertvoll eingeschätzt werden, *gerade weil* sie von der Gegenseite vorgeschlagen wurden („**Reactive Devaluation**“). Dieses Phänomen wurde Ende der 1980er Jahre von einer Gruppe von Wissenschaftlern der Stanford University um CONSTANCE STILLINGER am Beispiel der Abrüstungsverhandlungen zwischen der USA und der UdSSR erforscht:[732]

Bsp.: Probanden wurden gebeten, einen Abrüstungsvorschlag für strategische Nuklearwaffen zu bewerten, der ursprünglich vom russischen Präsidenten Gorbatschow stammte. Wenn Gorbatschow als Urheber genannt wurde, bewerteten nur 44% der Testpersonen den Vorschlag als positiv für die USA. Wurde hingegen der amerikanische Präsident Reagan als Urheber genannt, bewerteten ihn 90% der Befragten als positiv. Immerhin 80% bewerteten ihn positiv, wenn als Urheber eine „Gruppe von neutralen Sachverständigen“ genannt wurde.

---

[731] THOMPSON/HREBEC 1996, S. 396ff.

[732] Vgl. dazu STILLINGER/EPELBAUM/KELTNER/ROSS 1990; ROSS/STILLINGER 1991, S. 389ff.; die Grundlage bildeten die Arbeiten von OSKAMP 1965, S. 43ff.

Es zeigt sich also[733], dass nicht nur „*was*" vorgeschlagen wird (also die Substanz) und „*wie*" es formuliert wird (also das Framing), sondern auch „*wer*" es vorschlägt einen erheblichen Unterschied macht. Denn das Phänomen der reaktiven Abwertung tritt auch auf, wenn die Zugeständnisse eindeutig und unmissverständlich formuliert sind[734] und wenn es sich bei den Verhandlern nicht um Gegner, sondern um „normale" Verhandlungspartner handelt[735]. ROSS konnte zudem zeigen, dass der *Wert der selben Angebote niedriger eingeschätzt* wird, nachdem das Angebot tatsächlich durch die Gegenseite unterbreitet wurde im Vergleich mit der Bewertung dieser Option als hypothetische Möglichkeit im Rahmen der eigenen Verhandlungsvorbereitung.[736]

Die einschränkende Wirkung der reaktiven Abwertung macht ein vielzitiertes Zitat des republikanischen Kongressabgeordneten Floyd D. Spence zum Abrüstungsvertrag deutlich:

> „I have had a philosophy for some time in regard to SALT[737], and it goes like this: the Russians will not accept a SALT treaty that is not in their best interest, and it seems to me that if it is in their best interest, it can´t be in our best interest."[738]

Ein *Mediator kann den Parteien helfen, die Auswirkungen der reaktiven Abwertung zu begrenzen*, indem er die Parteien zu einer gründlichen Vorbereitung mit Bewertung gewünschter Konzessionen ermuntert und in der Verhandlung darauf achtet, dass *Lösungsoptionen möglichst als Ergebnis eines gemeinsamen Problemlösungsprozesses*

[733] Die Ergebnisse der Studien von *Stillinger et al.* bestätigten 20 Jahre ältere Studien von OSKAMP 1965, S. 43ff., und zeigten, dass es sich bei den Wahrnehmungsverzerrungen nicht um flüchtige Zeiterscheinungen handelt.

[734] MAOZ/WARD/KATZ/ROSS 2002, S. 515ff.

[735] LEPPER/ROSS/TSAI/WARD 1994; ROSS 1995, S. 34ff.

[736] ROSS 1995, S. 31f.

[737] „SALT" ist die Abkürzung für *Strategic Arms Limitation Talks*, eine Reihe von Verhandlungen über Abrüstungsfragen zwischen der USA und der UdSSR, die schließlich zu mehreren Verträgen führten.

[738] STILLINGER/EPELBAUM/KELTNER/ROSS 1990 zitiert nach BAZERMAN/NEALE 1992, S. 19.

mit gemeinsamer Urheberschaft wahrgenommen werden und beispielsweise nicht als „der Vorschlag der Alpha-AG“.[739]

Wenn der Mediator den Eindruck gewinnt, dass angesichts negativer Beziehungen in einem bestimmten Konflikt eine mögliche Lösung nur deshalb abgelehnt würde, weil sie von einer Partei vorgeschlagen wird, kann der Mediator erwägen, als **ultima ratio** diese Option stattdessen **als eigenen Einigungsvorschlag** zu unterbreiten.[740]

Am Beispiel der Fixed-Pie Fiction ist empirisch nachgewiesen worden, *wie hartnäckig diese Entscheidungsfallen wirken können.* Um die negative Wirkung zu vermeiden, ist es nämlich nicht ausreichend, die Verhandler vor der Existenz dieser Fiktion zu warnen.[741] Auch Verhandlungserfahrung reicht dazu noch nicht aus.[742] Nicht einmal ein qualifiziertes Feedback zu den Interessen des Verhandlungspartners eliminiert diesen negativen Effekt vollständig.[743] Ein qualitativ gutes Verhandlungstraining kann jedoch, so das Fazit von LEIGH THOMPSON, diesen Effekt durch den Aufbau kognitiver Fähigkeiten reduzieren:

> „These results are encouraging, because if perceptual bias is associated with negotiation outcomes, an effective training program for negotiators may focus on cognitive skills, rather than the less malleable behavioral component.“[744]

Zusätzlich konnten DE DREU, KOOLE und STEINEL zeigen, dass der *Effekt der Fixed-Pie-Fiction beträchtlich gemindert* werden kann, wenn die Verhandler wissen, dass sie *im Nachhinein über ihr Verhandlungsverhalten Rechenschaft ablegen* müssen und auch dafür verantwortlich gemacht werden, *wie* sie verhandelt haben (und nicht nur für

---

[739] Vgl. ROSS 1995, S. 38ff.

[740] So auch DUVE/EIDENMÜLLER/HACKE 2011, S. 257ff. Eigene Einigungsvorschläge des Mediators gefährden sowohl die Neutralität des Mediators als auch den Charakter der Mediation als selbstbestimmter Problemlösungsprozess mit eigenverantwortlicher Lösungssuche. Sie kommen daher – wenn überhaupt (je nach Zielsetzung) – nur als ultima ratio in betracht.

[741] THOMPSON 1991, S. 161ff.

[742] THOMPSON 1990, S. 82ff.

[743] THOMPSON/DeHARPPORT 1994, S. 327ff.

[744] THOMPSON/HASTIE 1990b, S. 41.

die Ergebnisse).[745] Dies sollte daher integraler Bestandteil jedes Verhandlungsmanagements von Organisationen sein.[746]

4.2.4 Die „Entscheidungsmüdigkeit" (Decision Fatigue)

Relativ neu ist die Erkenntnis, dass die *Qualität von Entscheidungen zudem von der Fitness des Entscheiders bzw. der Anzahl der zu treffenden Entscheidungen abhängt.* Schon lange ist bekannt, dass jede kognitive Leistung auch von der physiologischen Verfassung des Entscheiders beeinflusst wird. Müdigkeit, Durst, Krankheit oder eine schlechte Nährstoffversorgung – insbesondere Glukosemangel[747] – reduzieren die Qualität der kognitiven Prozesse deutlich. Ein Mediator sollte also tatsächlich auch darauf achten, dass die Medianten gute Voraussetzungen mitbringen – und sie ggf. auch darauf hinweisen. Während jeder Verhandlung sollten Getränke und – bei länger als einer Stunde andauernden – Nahrung[748] zur Verfügung stehen.

Neuere Forschungen zeigen jedoch, wie stark die *Entscheidung auch von der Anzahl der hintereinander zu treffenden Entscheidungen abhängig* ist: Wenn ein Entscheider sehr viele anstrengende Entscheidungen hintereinander treffen muss, tritt ein Zustand der „Entscheidungsmüdigkeit" (**Decision Fatigue**) ein, in dem er Risiken weitgehend ausschließen und am liebsten den status quo erhalten will:

> Bsp.: Israelische Richter wurden systematisch bei ihren Entscheidungen über Bewährungsanträge beobachtet, mit denen Strafgefangene die Aussetzung ihrer Reststrafe zur Bewährung erreichen wollten. Ausgewertet wurden insgesamt 1112 Entscheidungen über 50 Sitzungstage. Dabei zeigte sich, dass die Erfolgsaussichten des Bewährungsantrages erheblich davon abhingen, *zu welchem Zeitpunkt am Tag der Antrag behandelt wurde.* Während zu Beginn des Tages durchschnittlich 65% der Anträge bewilligt wurde fiel die Quote vor der Mittagspause im Schnitt fast auf 0% – um dann nach der Mittagspause

[745] DE DREU/KOOLE/STEINEL 2000, S. 975ff.

[746] Dieser Aspekt ist ein Baustein des von Andreas Winheller entwickelten Konzepts des *Integrated Negotiation Management Systems (INMS)®*, vgl. WINHELLER 2011, S. 17ff., sowie – kurz – Kapitel 3.5.2.

[747] Vgl. GAILLOT/BAUMEISTER 2007, S. 303ff.

[748] Gut geeignet sind Obst (insbesondere Äpfel und Bananen) sowie Vollkornkekse.

> wieder auf 65% zu springen. Die gleiche Tendenz zeigte sich auch vor der Nachmittagspause.[749]

Nachdem eine Reihe anderer möglicher Ursachen ausgeschlossen werden konnten, fassen die Autoren die zentrale – und auch für Verhandler höchst bedeutsame – Erkenntnis wie folgt zusammen:

> „We have presented evidence suggesting that when judges make repeated rulings, they show an increased tendency to rule in favor oft he status quo. This tendency can be overcome by taking a break to eat a meal […]“[750]

Andere Forschungen haben gezeigt, dass Entscheider *im Zustand der Entscheidungsmüdigkeit* insbesondere *ungerne trade-offs* machen, weil solche trade-offs eine sehr komplexe (also energieaufwändige) kognitive Aufgabe darstellen. Stattdessen werden einfachere Entscheidungen – beispielsweise lineare Kompromisse – bevorzugt.[751]

Die Folgerungen für professionelles Verhandeln (und für das Verhandlungsmanagement des Mediators) liegen auf der Hand: **Wenn wertschöpfendes Verhandeln gewünscht ist**, das viele komplexe trade-offs erfordert (vgl. Kapitel 3.3), **muss darauf geachtet werden, dass die Medianten dafür in der richtigen physiologischen Verfassung sind**. Kurze Pausen alleine sind zur Wiederherstellung der vollen Entscheidungsfähigkeit nicht ausreichend – insbesondere wenn in den Pausen nicht ausreichend gegessen wird. Insbesondere wenn den Medianten viele Entscheidungen abverlangt werden, ist ein geeignetes *– proaktives – Pausenmanagement ein wichtiger Erfolgsfaktor.*

4.3 Vermeidung psychologischer Verhandlungsfallen und Gestaltungsmöglichkeiten des Mediators

Was kann nun der Mediator angesichts der dargestellten Entscheidungsfallen, Wahrnehmungsverzerrungen und Verstrickungssituationen tun? Welche Gestaltungsmöglichkeiten hat er?

---

[749] DANZIGER/LEVAV/AVNAIM-PESSO 2011, S. 6889ff.

[750] DANZIGER/LEVAV/AVNAIM-PESSO 2011, S. 6892.

[751] BAUMEISTER 2003, S. 1ff.

Zunächst kann der Mediator natürlich darauf hinwirken, eine solche Verstrickungssituation gar nicht erst entstehen zu lassen, indem er den Abschluss eines geeigneten Verhandlungsvertrages initiiert, der etwa den Umgang mit Nebenforderungen klar regelt, so dass das „Nachschieben" von Zusatzforderungen vereitelt wird.[752] Außerdem kann er, bevor sich einzelne Konfliktparteien durch einseitige Vorleistungen in Verstrickungsgefahren begeben, durch Thematisieren dieses Problems darauf hinwirken, diese Leistungen „Zug-um-Zug" zu erbringen, um die Machtbalance der Parteien hinsichtlich der Verstrickung im Gleichgewicht zu halten.

Generell gilt es, Entscheidungsfehler und psychologische Fallen frühzeitig zu identifizieren und als Prozessthema („wie wollen wir vorgehen") zu thematisieren. Insbesondere durch ein anderes „Framing", also eine positive Bestimmung des Entscheidungsrahmens (als Möglichkeit zur Vermeidung weiterer vergeblicher Aufwendungen) kann die Entscheidungssituation verändert und eine Partei aus der psychologischen Verstrickung befreit werden.[753] Dabei geht es nicht darum, ein einseitiges Framing durch ein anderes zu ersetzen, sondern eine neutrale Formulierung des Entscheidungsproblems zu finden, die alle möglichen Perspektiven vereint.

> Bsp.: An die Stelle der Entscheidungsfrage: „Wie schaffen wir es, unseren chinesischen Kooperationspartner zur Vernunft zu bringen, damit das joint venture wieder funktioniert, in das wir soviel investiert haben?" tritt dann beispielsweise die Formulierung: „Wie können wir unsere wirtschaftlichen Interessen auf dem chinesischen Markt in Zukunft am besten verfolgen?"

Außerdem kann der Mediator eine gründliche Kostenanalyse mit Zusammenstellung aller relevanten Posten und realistischen Kostenschätzungen anregen. Dazu kann er auf das Prinzip der Informiertheit verweisen und die „verstrickte" Partei ermuntern, vor einer endgültigen Entscheidung die Beratung neutraler Hilfspersonen (Steuerberater, Rechtsanwalt etc.) in Anspruch zu nehmen.

Natürlich muss der Mediator bei allen diesen Interventionen darauf achten, seine Allparteilichkeit nicht zu gefährden, denn die Verstrickung einer Partei könnte ja von der ande-

---

[752] Vgl. HAFT 2000, S. 201.

[753] Vgl. HAMMOND/KEENEY/RAIFFA 2001, S. 236f.

ren Partei zu einseitigen Vorteilen ausgenutzt werden, was durch die Intervention möglicherweise vereitelt wird. Andererseits ist der Mediator von den Parteien mit der Aufgabe betraut worden, einen fairen und kooperativen Verhandlungsprozess zur Erzielung interessengerechter und ausgewogener Ergebnisse zu organisieren. Es liegt daher durchaus in seiner Rolle, die Parteien immer wieder zur Reflexion aufzufordern, ob ihr Verhalten diesen Zielen entspricht.

4.4 Unfairen Taktiken und Manipulationsversuchen begegnen

Geht es beim Umgang mit „psychologischen Fallen“ und „Verstrickungssituationen“ auch um Phänomene *unbewußten* Verhaltens der Medianten[754], so können diese natürlich auch *vorsätzlich* zu als unfair erachteten oder zumindest für das „wertschöpfend“ angelegte Deal-Structuring wertbegrenzend oder wertmindernd wirkenden Techniken und Taktiken greifen.

Im Folgenden soll kurz der Umgang mit unfairen Verhandlungstaktiken und weiteren mediativen Herausforderungen angedeutet werden.[755] Eine umfassende Darstellung würde den Rahmen dieses Werkes sprengen.[756] Dabei sind die Reaktionen auf Manipulationsversuche und andere schwierige Situationen auch hier aus dem rationalen Verhandlungsmodell heraus zu begründen. Vier konkrete Beispiele sollen dies verdeutlichen:

[754] Wobei die Anwendung der Ankertechnik mit dem Setzen des Ersten Angebots ja auch als eine wichtige Frage des taktisch-bewussten Verhaltens (in Kapitel 4.1) beschrieben war. Ähnliches gilt natürlich für die Framingtechnik oder die bewusste Nutzung anderer „psychologischer“ Techniken in der Verhandlungsführung.

[755] Die Darstellung hat natürlich keinerlei Anspruch auf Vollständigkeit. Die taktische Drohung mit Verhandlungsabbruch oder Zeitdruck vorzugeben lässt sich z.B. der Kategorie „Druck ausüben“ zuordnen. Die unvollständige Offenlegung von Informationen oder gar das Lügen kann eine Form der machtbasierten Taktik sein, aber ebenso eine Reaktion auf unfaires Vorgehen des Konfliktgegners.

[756] Zum Umgang mit unkooperativen oder sogar unfairen Verhandlungstaktiken vgl. umfassend URY 1998; THOMPSON 2009, S. 105ff.; LEMPEREUR/COLSON 2010, S. 104ff.; zum souveränen Umgang mit kommunikativen Angriffen vgl. WEISBACH 2004; zum Umgang mit schwierigen Verhandlungssituationen in der Mediation allgemein vgl. MOORE 2003, S. 368ff.

Erstes Beispiel: Persönliche Angriffe

Ein persönlicher Angriff wie „Sie sind doch überhaupt nicht kompetent, die hier diskutierte Sachlage zu beurteilen“ kann als bewusster Ablenkungsversuch und damit als unfaires Verhandlungsverhalten bewertet werden.[757] Schon SCHOPENHAUER hat in seiner *Eristischen Dialektik*, die Grundlage für alle Konzepte unfairer Dialektik geworden ist, als „letzten Kunstgriff“ empfohlen:

> „Wenn man merkt, daß der Gegner überlegen ist und man Unrecht behalten wird; so werde man persönlich, beleidigend, grob. Das Persönlichwerden besteht darin, daß man von dem Gegenstand des Streites (weil man da verlornes Spiel hat) abgeht auf den Streitenden und seine Person irgendwie angreift: man könnte es nennen *argumentum ad personam*.“[758]

Das dahinter stehende *Prinzip* der Manipulation ist die *Vermischung von Sache und Person*. Neben dem reinen Ablenkungseffekt soll der Verhandlungspartner durch den Angriff in Erregung und durch das zu hohe Stressniveau letztlich zu „irrationalen“ Entscheidungen verleitet werden. Wird das Stressniveau nämlich zu hoch, ist die Fähigkeit zur Reflektion und zur bewussten Verhaltenssteuerung massiv eingeschränkt. Durch die Überflutung mit Stresshormen übernimmt ein entwicklungsgeschichtlich alter Teil des Gehirns – von MACLEAN „Reptiliengehirn“[759] genannt – die Steuerung und verleitet den Menschen zu archaischem Kampf- oder Fluchtverhalten:

> „Die Reaktion, die sich daraus ergibt, ist dann häufig nicht die eines *homo sapiens* d.h.: eines weisen (sapiens) Menschen (homo), sondern die eines überwiegend von seinen *Hormonen* gesteuerten Wesens, das ich als HoRmo sapiens bezeichne.“[760]

---

[757] Es kann allerdings auch sein, dass diese Verhaltensweise instinktives Angriffsverhalten des Medianten infolge eines zu hohen Stressniveaus darstellt, durch das der Mediant die Selbstkontrolle verloren hat. Das Verhalten ist in beiden Fällen gleichermaßen störend für den Verhandlungsprozess – die Einschätzung, ob eine bewusste Regelverletzung oder eine unbewusste Unbeherrschtheit zugrunde liegt, entscheidet jedoch über die angemessene Intervention.

[758] SCHOPENHAUER 1983, S. 76f.

[759] MacLEAN 1955, S. 355ff.

[760] BIRKENBIHL 2005, S. 191.

Die **instinktive Reaktion** – Kampf oder Flucht – **ist** aber für die Verhandlung in jedem Fall **schädlich.** *Fluchtverhalten* äußert sich in Verhandlungen meist *in einseitigen Konzessionen*, um der Situation möglichst schnell zu entkommen. Damit wird der Angreifer für sein unfaires Verhalten auch noch durch Zugeständnisse belohnt – das führt in der Regel zu einer Verhaltensverstärkung. Genau wie Ratten im Käfig sehr schnell lernen, welche Taste sie drücken müssen, um Futter zu bekommen, lernen unfaire Verhandler, wen sie unter Druck setzen müssen, um ein übergroßes Stück vom Kuchen zu bekommen. *Auf unfaire Angriffe sollte daher niemals mit Zugeständnissen reagiert werden.*[761]

Kampfverhalten äußert sich in der Regel in instinktiven Gegenangriffen. Damit wird zwar kein Nutzen an den Verhandlungspartner abgegeben, aber dieses Verhalten ist genauso schädlich für den Verhandlungsprozess. Durch die Gegenangriffe wird eine Eskalationsspirale in Gang gesetzt, die den Verhandlungserfolg gefährdet. Natürlich können in so einem Kommunikationsklima auch keine Wertschöpfungspotentiale herausgearbeitet werden. Kurz gesagt: Ein professioneller Verhandler sollte in jedem Fall vermeiden, unter Stress instinktiv zu reagieren!

Falls eine solche negative Stressreaktion bemerkt wird,[762] sollte man sich als Betroffener[763] daher **vor einer Reaktion erst beruhigen**. Diese größere Distanz und Erregungskontrolle, die die Grundlage für eine reflektierte und rationale Reaktion darstellt, kann auf verschiedenen Wegen erreicht werden. Der ungeübte Verhandler kann durch bewusste Zwerchfellatmung, die entspannend und entkrampfend wirkt, das Erregungsniveau drosseln. Außerdem hilft es, sich zu *dissoziieren („auf die Tribüne gehen“*[764])

[761] Vgl. Kapitel 3.5.1.5.

[762] Stressmanagement ist eine der Hauptaufgaben im professionellen Verhandeln, da sowohl ein zu niedriges als auch ein zu hohes Erregungsniveau zu einer schlechten Verhandlungsperformance führt. Es gilt daher, das eigene Erregungsniveau im „Performancebereich“ zu halten, vgl. SCHRANNER 2001, S. 122ff. Das gelingt umso besser, je besser man sich selbst und die eigenen Stressoren (also stressauslösenden Faktoren) bzw. „hot buttons“ kennt.

[763] Der persönliche Angriff kann sich auch gegen den Mediator von Seiten eines der Medianten wenden.

[764] Vgl. SCHRANNER 2001, S. 126. URY 1998, S. 32, rät: „Gehen Sie auf den Balkon!“. Damit ist gemeint, das Geschehen aus größerer Distanz zu betrachten – wie von einer Empore im Theater (balcony) auf die Bühne. Nicht gemeint ist, sich der Verhandlung zu entziehen und zu „fliehen“. In

und damit gedanklich etwas Distanz zum Geschehen am Verhandlungstisch zu gewinnen. Sehr wirksame professionelle Techniken, die allerdings etwas Training erfordern, sind Ressourcentechniken des NLP, Progressive Muskelentspannung nach Jacobsen (PME)[765] sowie Autogenes Training (AT)[766].

Dann allerdings sollte auf die Unfairness reagiert werden. Es ist normalerweise *nicht empfehlenswert, die Unfairness einfach zu übergehen* (zu „überhören“). Erstens ist das unfaire Verhalten eine Regelverletzung; wird die Regelverletzung einfach ignoriert, entsteht unbewusst der Eindruck, dass die Regeln in dieser Verhandlung nicht besonders ernst genommen werden bzw. dass man es mit diesem Verhandlungspartner (und diesem Mediator) „machen kann“.[767] Die Folge sind wie bei jeder Kooperationsstrategie mit mangelnder Provozierbarkeit meist weitere Regelverstöße.[768] Zweitens verfolgt der Angreifer mit seinem Verhalten ja eine Absicht. Wenn auf das unfaire Verhalten gar keine Reaktion erfolgt, erreicht der Angreifer sein Ziel nicht: Üblicherweise folgt dann ein weiterer Angriff – mit gesteigerter Dosis. Deshalb sollte unfaires Verhalten nicht ignoriert werden.

Auch die *Vergeltung von „Gleichem mit Gleichem“*, also die Reaktion auf die unfaire Behandlung mit eigener Unfairness ist *nicht empfehlenswert*. Dadurch würde Unfairness als akzeptable Verhaltensweise für die gemeinsame Verhandlung anerkannt. Der kurzfristigen emotionalen Erleichterung und Genugtuung stünde eine nachhaltige Vergiftung der Verhandlungsatmosphäre entgegen. Anschließend wäre es umso schwieriger, wieder eine Basis für eine rationale Verhandlungsführung zu schaffen; eine destruktive Eskalationsdynamik würde in Gang gesetzt.[769]

---

bestimmten Situationen kann jedoch auch eine Auszeit erforderlich sein, um die Lage zu reflektieren und die eigene Souveränität zurückzugewinnen.

765 Zur Einführung in das von dem US-amerikanischen Arzt Edmund Jacobson (1888-1983) entwickelte Achtsamkeitstraining „Progressive Muskelentspannung“, das seit 1987 die volle Kassenzulassung in Deutschland besitzt, vgl. JACOBSON 2011.

766 Das Autogene Training ist eine von dem deutschen Psychotherapeuten Johann Heinrich Schultz (1884-1970) entwickelte auf Autosuggestion beruhende Entspannungstechnik, vgl. SCHULTZ 2003.

767 So auch HAFT 2000, S. 195.

768 Vgl. Kapitel 3.5.1.4.

769 URY 1998, S. 20.

Wenig zielführend wäre es auch, sich im Falle eines persönlichen Angriffs *inhaltlich* auf die Unfairness einzulassen – etwa im Sinne der Rechtfertigung eigener Kompetenz. Damit „erweist man der Unfairness zuviel Ehre“[770].

Die anzuwendende *Technik* in der Reaktion auf diese Unfairness ist die Unterscheidung von Sache und Person bzw. von Inhalts- und Beziehungsebene.[771] Als nächstes gilt es, das unfaire Verhalten in freundlicher aber verbindlicher Weise zu benennen. Dies kann z.B. mit der **Fragetechnik**, bei der man sich nach dem Sinn des unfairen Verhaltens erkundigt, mit der **Wiederholungstechnik**, bei der eine unfaire Bemerkung mit anderer Betonung wiederholt wird, oder mit der **Übersetzungstechnik** erfolgen, bei der man sich selbst bemüht, der unfairen Bemerkung einen rationalen Sinn zu geben: „Welche Argumente (statt persönlichen Angriffe) bringen Sie gegen meine gemachten Vorschläge vor?“

Zuletzt kann dann die Regelübertretung selbst thematisiert werden, indem – natürlich sachbezogen – über die geeigneten Spielregeln für die weitere Vorgehensweise verhandelt wird.[772] Wichtig ist aber dabei in jedem Fall, dass der unfaire Mediant nicht persönlich angegriffen wird, sondern das unfaire Verhalten als Sachproblem, nämlich als kontraproduktiv für einen erfolgreichen Verhandlungsprozess thematisiert wird.

Zweites Beispiel: Einschüchterung und Druck ausüben

Weitere Manipulationsvarianten sind „Druck ausüben“ oder „Einschüchterungsversuche“ – etwa die in einer Tarifverhandlung ausgesprochene Drohung: „Wenn Sie nicht einlenken/zustimmen, gehen wir an die Öffentlichkeit!“ um die Gegenseite als nicht verhandlungswillig oder kompromissfähig zu brandmarken.

Auch hier gilt es wieder, über die Spielregeln zu verhandeln oder auf bereits vereinbarte Spielregeln zu verweisen. Dabei ist es wichtig, die Entgegnung nicht ebenfalls als (subjektiv empfundene) *Drohung*, sondern als (objektivierbare) *Warnung* zu formulieren. Etwa: „Wenn Sie jetzt an die Öffentlichkeit gehen, obwohl wir zu Beginn der Verhand-

[770] HAFT 2000, S. 194.

[771] Vgl. dazu das sogenannte „erste Harvard-Prinzip“ („Separate the people from the problem“) bei FISHER/URY/PATTON 2009, S. 69ff.

[772] Vgl. FISHER/URY/PATTON 2000, S. 183ff.

lung vereinbart hatten, dies erst nach Erreichung eines Tarifabschlusses zu tun und den Medien das Ergebnis gemeinsam zu präsentieren, könnte sich unsere Tarifkommission gezwungen sehen, die Verhandlung abzubrechen."[773]

Generell gilt als Reaktion auf derartige Manipulationsversuche, sich dem Druck nicht zu beugen und geschickt auszuweichen, um auf die sachliche Ebene rationaler Argumente zurückzuführen.[774] Dies gilt natürlich insbesondere für den Mediator, der ja gerade für den Prozess verantwortlich ist. Kaum sinnvoll ist es, die Streitpartei, die sich unfair verhalten hat, „zur Vernunft" zu rufen. So transportiert z.B. der Satz „Jetzt bleiben Sie doch bitte vernünftig." bzw. „Nehmen Sie doch Vernunft an und lassen Sie das bleiben." auf der Beziehungsseite der Nachricht so viele negative Aussagen, dass sich der Mediant oder Verhandlungspartner mit Sicherheit herabgewürdigt fühlt und zu einer Eskalation seines unfairen Verhaltens verleitet wird.

Drittes Beispiel: Macht ausspielen

In asymmetrischen Verhandlungssituationen kann die mächtigere Verhandlungspartei dazu verleitet sein, ihre Macht auszuspielen. Druck ausüben und Einschüchterungsversuche sind nur Varianten dieser Manipulationsart. Weitere Varianten sind Erpressungen, Vereinnahmungsversuche („Wenn du dich uns anschließt, bist du mächtiger/stärker"), Ködern mit Versprechungen (Geld, Posten, Statussymbole, Akzeptanz ...) oder gar Bestechung.

Das dahinter stehende *Machtprinzip* der Konfliktregulation (statt des Prinzips des Interessenausgleichs oder des Rechtsprinzips)[775] verändert die Möglichkeiten der Reaktion auf Manipulationen. Hier genügt es meistens nicht, über die Spielregeln zu verhandeln, da die mächtigere Partei die Spielregeln zu diktieren versucht – und dies im extremen Fall auch kann.

---

[773] Zum Unterschied zwischen „Warnungen" und „Drohungen" vgl. SCHRANNER 2001, S. 175.

[774] Öffentliche Drohstrategien kennzeichnen im Neun-Stufen-Modell der Konflikteskalation nach GLASL (1999) bereits Stufe 6. Oft sind nach *Glasl* die Konfliktgegner auf dieser Stufe nicht mehr in der Lage, den Konflikt selbst zu deeskalieren, so dass die Hilfe neutraler Dritter induziert ist; vgl. zum Stufenmodell Kapitel 6.1.

[775] Vgl. URY/BRETT/GOLDBERG 1996.

Generell sollte Reaktion auf Manipulation in der Verhandlung in folgenden Schritten ablaufen:

1.) Erregung kontrollieren („auf die Tribüne gehen“),

2.) unfaires Verhalten benennen,

3.) über die Spielregeln verhandeln.

Im Falle der Manipulation durch Machteinsatz kann es für die weniger mächtige Partei äußerst wichtig sein, sich der eigenen Machtquellen bewusst zu werden, Unterstützung zu organisieren, sich politisch zu betätigen und die eigenen Interessen kollektiv zu vertreten (durch politische, gewerkschaftliche, verbandliche Organisation usw.).[776]

Anders formuliert: Dem Machtübergewicht der einen Partei muss ein Gegengewicht durch die andere Partei entgegengesetzt werden, um der Manipulation entgehen zu können oder die mächtigere Verhandlungspartei davon abzuhalten, ihre Macht auszuspielen. Verhandlungstechnisch gesprochen kann natürlich auch der Rekurs auf „objektive Kriterien“ und die Erarbeitung von Alternativen („BATNA“)[777] gegen Übervorteilung durch die mächtigere Verhandlungspartei schützen. Dazu sollte der Mediator die schwächere Partei ggf. auf die Möglichkeit hinweisen, sich beispielsweise durch anwaltliche Vertretung oder andere Vertrauenspersonen unterstützen zu lassen.

Für seine Interventionen stehen dem Mediator zudem ein knappes Dutzend weitere *Macht- bzw. Beeinflussungsmittel*[778] *zur Verfügung*, die er zum Ausgleich eines Machtgefälles nutzen kann: durch Strukturierung des Verfahrens, durch Kontrolle der Kommunikation (z.B. wer darf zuerst sprechen und das „Problem“ definieren), durch Kontrolle der Rahmenbedinungen (z.B. Sitzordnung), durch Festlegung von Terminen und Fristen, durch Kontrolle des Informationsflusses, durch Entscheidung über die Teilnahme von Außenstehenden (z.B. eine Person zur Stärkung für die schwächere Partei), durch Beteiligung von Experten, durch Einsatz institutioneller oder legitimer

---

776 Zu geeigneten Strategien, um eine Konfliktpartei von der Machtstrategie zu interessenorientiertem Verhandeln zu bringen vgl. THOMPSON 2009, S. 111ff.

777 Vgl. Prinzip vier und fünf des *Program on Negotiation at Harvard Law* (FISHER/URY/PATTON 2009).

778 Vgl. BUDDE 1999, S. 59ff. mit Bezug auf MOORE 2003, S. 389ff. und HAYNES 1988, S. 285ff.

Macht, durch Anknüpfen an typische Verhaltensmuster, durch gezielten Einsatz von Zweifeln sowie durch die erwähnten „Warnungen" (statt Drohung).

Viertes Beispiel: Weitere unfaire Verhandlungstaktiken

Neben den bereits aufgelisteten Verhandlungsfallen und „Verstrickungssituationen" gibt es eine Reihe weiterer intuitiv wirkender Überzeugungsdynamiken, die ROBERT CIALDINI in seinem Buch *„Die Psychologie des Überzeugens"*[779] beschreibt. Dazu zählt z.B. die auf dem *Sympathieprinzip* basierende (unfaire) Technik der Einforderung von Zugeständnissen oder Gunstbeweisen, weil man sich doch so sympathisch ist (Abwehrtechnik: Unterscheidung von Sach- und Beziehungsebene), die dem *Harmonieprinzip* verpflichtete Erwartung manipulativer Verhandler, keine entgegengesetzte Meinung zu vertreten, die auf das *Gegenseitigkeitsprinzip* bauende Erwartung, dass ein „Geschenk" ein Gegengeschenk erfordert oder etwa das *Autoritäts- und Konformitätsprinzip* („Fachleute machen das immer so." „Was alle tun, kann nicht falsch sein.").

Als (unfaire) Taktik angewandt[780] kann z.B. bei der „Salamitechnik" (im Unterschied zur „Pakettechnik" integrativen Verhandelns[781]) vom manipulativen Verhandler die auf dem *Gegenseitigkeitsprinzip* basierende Forderung aufgestellt werden: „Wenn wir bei den ersten zwei verhandelten Aspekten Zugeständnisse gemacht haben, sind beim dritten jetzt Sie dran!" Dies jedoch wäre eine irrationale Entscheidungsfindung.

Die entsprechende Abwehrtechnik lautet: Zugeständnisse nur, wenn sachlich begründbar, nicht auf der Basis psychologischer Mechanismen! Jeden Punkt für sich – sachlich – entscheiden (bei „Salamitechnik") oder verschiedene Aspekte im Interesse des integrativen Verhandelns zum „Paket" schnüren und dabei auf Interessenausgleich und ausgewogenes Gesamtergebnis achten.

Auf diese Weise lassen sich die Techniken integrativen und rationalen Verhandelns in der Mediation im Umgang mit unfairen Taktiken und Manipulationsversuchen nutzen.

---

[779] CIALDINI 2010.

[780] Eine gute darstellung der Auswirkung der von Cialdini beschriebenen Mechanismen auf den Verhandlungsprozess bietet HAFT 2009b, S. 114ff.

[781] Zur „Salamitaktik" und „Pakettaktik" vgl. Kapitel 3.2.3.1.

5 Der Mediator als Negotiating Facilitator

Wenn man Mediation wie die Verfasser (und die Deutsche Gesellschaft für Mediation e.V., DGM) als professionelles (außergerichtliches Konfliktlösungs-) „Verfahren **unterstützten** Verhandelns" versteht, ist es wichtig, die Frage zu beantworten, welche Art von Unterstützung der Mediator leisten soll. Genauer: Soll ein Mediator Verhandlungs**führer** oder eher Verhandlungs**beförderer** (= Facilitator) sein? In jedem Fall sollte sich die Unterstützung an den *vier Schritten auf dem Weg zum Abschluss*[782] orientieren:

In 4 Schritten zum Deal

1. **Analysieren Sie die Interessenlage**
   - **gemeinsame Interessen**
   - **unterschiedliche Interessen**

   Aktion: Heben Sie zu Beginn der Verhandlung die gemeinsamen Interessen hervor!

2. **Entkoppeln Sie die einzelnen Verhandlungsgegenstände und ermitteln Sie die relative Wichtigkeit für jeden Verhandlungspartner**

   Aktion: Entwickeln Sie und testen Sie Hypothesen über mögliche Tauschgeschäfte (cross-issue trades)!

3. **Korrigieren Sie die beiderseitige Erwartungshaltung**

   Aktion: Untergraben Sie brüchige Positionen!

   Aktion: Führen Sie realistische Szenarien ein!

4. **Schnüren Sie attraktive Pakete**

   Aktion: Bieten Sie mehrere Pakete an!

   Aktion: „Was klingt für Sie interessanter, A oder B?"

Abb. 16: In vier Schritten zum Deal

[782] Eine detaillierte Darstellung dieser hier nur als grobe Übersicht dargestellten Vorgehensweise bietet Kapitel 3.2.

Die Analyse der Interessenlage der Konfliktparteien sowie die Identifikation der **gemeinsamen** (evtl. festhalten und zu Beginn betonen) sowie der (noch) **divergierenden** Interessen ist im **1. Schritt** die Grundlage für die (in Kapitel 3 aufgelisteten) Techniken des Deal-Structuring als Formen des Interessenausgleichs bzw. der Integration von Interessengegensätzen.

Dann geht es im **2. Schritt** darum, auf der Basis der Interessenanalyse die einzelnen Verhandlungsgegenstände voneinander zu entkoppeln und die relative Wichtigkeit für jeden Verhandlungspartner (bzw. jede Konfliktpartei) zu ermitteln. Die Entkoppelung der Verhandlungsgegenstände und deren subjektiv unterschiedliche Bewertung durch die Medianten (also eine Prioritätenbildung der Einzelinteressen bzw. eine Rangbildung bei dem im Konflikt eine Rolle spielenden Interessen) ist Voraussetzung dafür, dass es durch „Tauschgeschäfte" zu einem wechselseitigen, die relative Bedeutung der Einzelinteressen berücksichtigenden, Interessenausgleich kommt (cross-issue-trades).

Bevor es im **3. Schritt** durch eine **integrative** Verhandlungsführung zum Schnüren attraktiver „Pakete" kommt, ist es häufig wichtig, im Sinne der vom Mediator unterstützten Verhandlung die – möglicherweise unrealistischen - Erwartungshaltungen der Medianten zu korrigieren. Oft überschätzen Konfliktbeteiligte[783] ihre Erfolgsaussichten, hegen unrealistische Erwartungen an eine Konfliktlösung oder erheben unrealistische Forderungen gegenüber dem Konfliktgegner. Hier muss der Mediator auch seiner Rolle als „agent of reality"[784] gerecht werden, um brüchige Positionen und überzogene Erwar-

[783] Dies gilt vielleicht sogar für die nur mittelbar am Konflikt Beteiligten. So zitiert SCHMIDT 1998 den interessanten Umstand, dass die Summe der Einschätzungen der Prozessaussichten durch zwei Rechtsanwälte in Wirtschaftskonflikten in der Regel zwischen 140 und 160 Prozent liegt. Selbst ein gewisses Ausmaß an taktischem Vorgehen oder Berufsoptimismus unterstellt, zeigt dieses emprirische Ergebnis, dass es bei Konfliktbeteiligten eine Tendenz zu unrealistischen Einschätzungen gibt. Diesen Überoptimismus zu dämpfen, auch dies ist Aufgabe des Mediators, vgl. BÜHRING-UHLE/ EIDENMÜLLER/NELLE 2009, S. 42ff.

[784] Der „agent of reality" (Analytiker) gehört zu den von *Reiner Ponschab* beschriebenen sieben Rollen des Wirtschaftsmediators und hat u.a. die Aufgabe, die Vorstellungen der Parteien einem Realitätstest zu unterziehen, vgl. PONSCHAB/SCHWEIZER, Wirtschaftsmediation, S. 60. Die „aktive" Rollenauslegung spiegelt sich auch in anderen Begrifflichkeiten wie „creator of options" oder „salesman" wider, wobei klar ist, dass die Rollenaspekte im Verlauf des Mediationsprozesses wechseln bzw. unterschiedlich stark – je nach Bedarf – betont werden. Die Idee der situativen Rollenwahl ist einerseits mit der hier dargestellten Schrittfolge beim Deal Structuring gut verträglich und differenziert anderer-

tungshaltungen zu untergraben und damit realistische Szenarien für eine mögliche Vereinbarung einzuführen.[785]

Nun geht es im letzten **4. Schritt** darum, attraktive Pakete zu schnüren. Oft kann durch **kooperatives** Vorgehen der Kuchen vergrößert werden, d.h. der zur Verteilung anstehende Wert noch erhöhen. Vielleicht lassen sich Austauschverhältnisse zwischen den einzelnen, unterschiedlich bewerteten Verhandlungsgegenständen herstellen (Logrolling), Themen kreativ und auf eine vorher noch nicht angedachte Weise miteinander verbinden (Bridging). Vielleicht lässt sich klären, welchem Gesamtergebnis jede Seite zustimmen würde und die Unterschiede lassen sich wegverhandeln. Vielleicht lässt sich der Gesamtkonflikt in Teilkonflikte aufteilen, die je einzeln verhandelt werden. Vielleicht lassen sich schwierige Teilkonflikte zurückstellen und Teillösungen vereinbaren[786], wenn die Gesamtlösung des Konflikts nicht möglich erscheint. Vielleicht lässt sich ein Gesamtpaket schnüren, das durch Nachgeben jeder Seite bei Teilkonflikten ermöglicht wird.[787]

Auch wenn es im erläuterten Sinne ratsam ist, sich an den vier Schritten zum Deal zu orientieren, ist die Bezeichnung des Mediators als Verhandlungsführer **oder** -beförderer (= Facilitator) eine wichtige Weichenstellung im Verständnis der Mediation. Selbst wenn in der einschlägigen Literatur von „mediativer Verhandlung"[788] gesprochen wird, sollten Verhandlung und Mediation nicht gleich gesetzt werden. Es darf nicht übersehen werden, dass die Mediation eben nicht einfach irgendeine Verhandlung ist, sondern dem Mediator eine besondere Rolle mit besonderen Kompetenzen zuweist. Diese Rollenbeschreibung beruht auf dem Umstand, dass er eine allparteiliche neutrale Stellung hat, die ihm eine besondere Distanz zum Konflikt und daraus begründete Autorität verleiht. Zudem ist er aufgrund dieser Distanz zunächst auch weniger stark von den Wahr-

seits die konkrete Vorstellung dessen, was „aktive Mediation" als Optimierung des Verhandlungsprozesses bedeutet.

[785] Auf die Möglichkeit von Einzelgeprächen an dieser Stelle wird in Kapitel 5.2 noch eingegangen.

[786] Zur Zwischensicherung von (Teil-)Lösungen bzw. zum Ausloten weiteren Wertsteigerungspotenzials – ohne die bereits vereinbarten Absprachen zu gefährden – lässt sich auch das von *Howard Raiffa* entwickelte Verfahren des Post-Settlement-Settlement nutzen; vgl. Kapitel 5.5.

[787] Zum sog. „Paket-Verhandeln" vs. Salami-Taktik als einer strategisch-taktischen Frage integrativen Verhandelns vgl. Kapitel 3.2.3.1.

[788] Z.B. bei DIEZ 2005, S.145.

nehmungsverzerrungen beeinträchtigt, die als „Barriers to Conflict Resolution“[789] wirken können, und bei deren Überwindung der allparteiliche Mediator einen erheblichen Beitrag leisten kann und muss.[790]

Zu den verschiedenen im Rahmen der ADR-Bewegung entwickelten Konfliktlösungsmethoden gehört neben der Mediation und den Schlichtungs- und Schiedsverfahren auch das selbständige Verhandeln (*unassisted negotiation*). Letztendlich geht es bei der Unterscheidung verschiedener Verfahren und der Abgrenzung verschiedener Rollen wesentlich um die Frage der Neutralität des einbezogenen Dritten.

> Bsp.: Angenommen eine Person mit einer profunden Mediationsausbildung würde als Mitglied eines Teams von den anderen Teammitglieder aufgefordert, in einem Konflikt zu vermitteln und es wäre Konsens, dass sich das gesamte Team zusammensetzt, um in gemeinsamen Verhandlungen die Probleme aufzuarbeiten und eine Lösung zu vereinbaren. Wenn nun diese Person als „Mediator“ im Einverständnis mit den anderen Konfliktbeteiligten einen Konflikt zwischen Teammitgliedern zu mediieren versuchen würde, wäre sie in mehrfacher Hinsicht bei ihrer Arbeit behindert. Einerseits wäre sie durch ihre Vorerfahrungen mit den Beteiligten in besonderer Weise an einer unbefangenen Wahrnehmung gehindert; zweitens könnte sich im Verlauf der Konliktbearbeitung erweisen, dass sie durch einen systemischen Beitrag selbst einen relevanten Anteil zu dem Entstehen oder Fortbestehen des Konflikts leistet; und drittens könnte sich bei der Suche der Lösungsoptionen herausstellen, dass bestimmte für die Medianten interessengerechte Optionen zur Gestaltung der weiteren Zusammenarbeit ihren eigenen Interessen entgegenstehen.

Der oder die „Dritte“ würde somit dieselbe Rolle wie die anderen Beteiligten annehmen

[789] So der Titel der Dokumentation einer Tagung des Stanford Center on Conflict and Negotiation von Februar 1991, die die verhandlungs- und mediationswissenschaftliche Debatte erheblich geprägt hat, vgl. ARROW/MNOOKIN/ROSS/TVERSKY/WILSON 1995.

[790] DUVE/EIDENMÜLLER/HACKE 2011, S. 136f., 239ff., 289ff.

(„Negotiator“[791]), könnte aber natürlich trotzdem im besten Eigeninteresse eine vermittelnde Position zwischen den Kollegen einnehmen, die die Verhandlungssituation verändern und eine Einigung möglich machen würde. Dies legt nahe, den „Dritten“ in diesem Falle eher als „Negotiator“, wenn auch in einem konfliktvermittelnden und möglicherweise den Verhandlungsprozess auf starke Weise gestaltenden Sinne zu bezeichnen. Diese Gestaltung erfolgt jedoch *nicht aufgrund einer ihm übertragenen „Prozessherrschaft“ zur Besorgung fremder Angelegenheiten* (nämlich der Verhandlungsbeziehung der Medianten), sondern aufgrund der Einigung zwischen allen an der Verhandlung Beteiligten (einschließlich des vermittelnden Negotiators) über die Prozessvorschläge. Einem Mediator ist die Aufgabe der Prozessgestaltung zugewiesen, einem (vermittelnden) Negotiator lediglich eine besondere Autorität in Bezug auf seine Vorschläge zur Prozessgestaltung. Im Deutschen eignet sich für diese Funktionsbeschreibung des vermittelnden Negotiators der Begriff der „Verhandlungsführung“ (bezogen auf Prozessgestaltung und -strukturierung) einer eigenen Verhandlung.

Die hier bevorzugte Begrifflichkeit für die Rolle des Mediators ist demnach also die Bezeichnung Verhandlungs**beförderer** (= Facilitator) einer „fremden“ Verhandlung. Der Mediator als *Negotiating Facilitator* impliziert die unabdingbare **neutrale** Stellung im Mediationsverfahren (im Unterschied zu einer nicht mediierten Verhandlung), umfasst andererseits aber auch die Gestaltungsmöglichkeiten in Bezug auf die Strukturierung und Steuerung des Verhandlungsprozesses zwischen den Konfliktparteien.

Der Begriff *Negotiating* Facilitator beinhaltet aber auch das Verständnis, dass der Mediator nicht einfach nur die Verhandlung befördert – also ein Forum bietet für konstruktives Verhandeln (dann müsste man wohl eher vom Negotiation Facilitator sprechen) – sondern aktiv (mit-)gestaltend *in* der Verhandlung fördert, sich allparteilich „einmischt“. Der Mediator als *Negotiating Facilitator* fördert die Verhandlung gerade durch seine eigene aktive Beteiligung am Prozess des Austauschs von Informationen und Angeboten, um im Ergebnis zu einer Einigung über die Nutzenverteilung zu gelangen mit der trotz stellenweiser konfliktärer Präferenzen im Ergebnis eine Verbesserung ihrer Situation erzielt wird (also: der „Verhandlung“[792]).

---

[791] Zur ausführlichen Darstellung der Rolle des „Negotiators“ und zur Abgrenzung verschiedener Rollen bei Einbeziehung von neutralen oder parteilichen Dritten vgl. WATKINS 2002, S. 173ff.

[792] Vgl. die Definition der Verfasser von „Verhandlung“ in Kapitel 1.3.1.

5.1 Funktion des Negotiating Facilitators und Möglichkeiten zur Ausgestaltung dieser Rolle

Der Ausgangspunkt der Mediation im hier verstandenen Sinne ist also die **Optimierung des Verhandlungsprozesses** zwischen den Streitparteien. Die Beteiligten müssen in der Mediation auf die einseitige Durchsetzung ihrer Interessen durch eine Macht- oder Rechtsstrategie verzichten und eine für alle tragbare Lösung durch eine Strategie von Interessenklärung und Interessenausgleich zu erzielen suchen.[793] Dazu muss sich der Mediator fragen, welche Störungen, Widerstände und Barrieren[794] den Verhandlungsprozess der Parteien bislang behindert haben und wie er die Verhandlungsführung in der Mediation so optimieren kann, dass die Parteien die Einigungsgespräche erfolgreich beenden. Dies erfordert den konsequenten Einsatz der Techniken professionellen Verhandelns, um die Kooperationspotentiale auszuschöpfen und („pareto“)optimale[795] Ergebnisse zu erzielen.

Dabei gibt es eine **Vielzahl möglicher Funktionen**, mit denen ein neutraler Dritter den Verhandlungsprozess unterstützen kann. *Roger Fisher* und *Howard Raiffa* haben dazu auf einem Workshop gemeinsam mit Diplomaten der OSZE eine Liste[796] erstellt, die die verhandlungswissenschaftliche Literatur geprägt hat. Nachfolgend sind nur Übersetzungen der Überschriften wiedergegeben:

a. Unterstützung beim informellen Austausch (Vorverhandlungen, Shuttle-Diplomatie)

b. Unterstützung der Parteien durch bessere Verhandlungsvorbereitung

---

[793] URY/BRETT/GOLDBERG 1996 bezeichnen diese auf Interessen basierende Konfliktlösungsstrategie – im Vergleich zur alternativen Macht- und Rechtsstrategie – als „Wertschöpfung“ durch „Outframing“; zu Interessen-, Macht- und Rechtsstrategien und ihren grundsätzlichen Vor- und Nachteilen bei der Konfliktlösung vgl. ebd. S. 21ff.

[794] Wichtige Hemmnisse wurden am Beispiel „psychologischer Fallen“, „irrationaler Entscheidungsfindung“ sowie wertschöpfungsbegrenzender „Einstellungen“ und „Beliefs“ („Siegen wollen um jeden Preis“ oder der Glaube an den grundsätzlich „begrenzten Kuchen“) bereits in Kapitel 4 erläutert und um Hinweise zum Umgang mit unfairen Taktiken ergänzt; zu typischen Störungen, Widerständen und Barrieren im Verhandlungsprozess vgl. weiterhin KLINGER/BIERBRAUER 2009.

[795] Zur genauen Definition vgl. Kapitel 2.3.2.

[796] Vgl. RAIFFA 1995, S. 142f.

c. Unterstützung durch Evaluation der Wahrnehmung der Parteien von ihren Nichteinigungsalternativen (BATNA)

d. Unterstützung durch professionelle Gesprächsleitung

e. Unterstützung bei der Verhandlungsatmosphäre

f. Unterstützung bei den Beziehungen

g. Unterstützung beim Informationsaustausch

h. Unterstützung bei der Tatsachenfeststellung (fact-finding)

i. Unterstützung durch fachliche Expertise

j. Unterstützung beim Verhandlungsprozess (als Verhandlungslehrer)

k. Unterstützung durch analytische Interventionen bei der Entscheidungsfindung

l. Unterstützung bei der Erarbeitung eines Scoring-Systems[797] bzw. eines Ein-Text-Verfahrens[798]

m. Unterstützung bei der Generierung effizienter (möglichst pareto-optimaler) Ergebnisse

n. Unterstützung durch Optimierung des Ergebnisses in Nachverhandlungen (Post-Settlement-Settlement[799])

o. Unterstützung durch Vorschlag von Kompromisslösungen (falls von den Parteien erbeten)

p. Unterstützung bei der Entscheidung/Schiedsspruch (falls von den Parteien erbeten)

Die Auflistung macht deutlich, dass je nach den konkreten Vereinbarungen entweder die Kompetenz zur Prozessgestaltung oder sogar ein mehr oder weniger starker Einfluss auf das Ergebnis zugewiesen werden kann (nicht alle diese Kompetenzbündel würden je-

[797] Zu Scoringsystemen vgl. Kapitel 3.2.2.

[798] Zum Ein-Text-Verfahren vgl. Kapitel 5.4.

[799] Zum PSS-Verfahren vgl. Kapitel 5.5.

doch sinnvoll noch als „Mediation" bezeichnet werden können). Deshalb ist es wichtig, die Rolle zu Beginn präzise mit den Medianten festzulegen und in einem Arbeitsbündnis festzuschreiben; „Mediator" oder „Verhandlungsunterstützung" alleine ist hier bei weitem nicht konkret genug.[800] Es ist ein *Qualitätsmerkmal professioneller Mediatoren, dass sie ihr Rollenverständnis gegenüber den Medianten explizit darstellen* und so zur „Geschäftsgrundlage" der Mediation machen.[801]

Dabei besteht natürlich im Einzelnen immer ein Spannungsverhältnis zwischen dieser **aktiven Rolle** des Mediators und dem – in Kapitel 1.2 erläuterten – „Prinzip der Eigenverantwortlichkeit". Die „*Lehre von der aktiven Mediation*"[802] ist in der deutschen Mediationsszene die ganz herrschende Auffassung.[803] Danach soll der Mediator auch dafür (mit-)verantwortlich sein, dass nicht ein Beteiligter durch Einsatz seiner Machtmittel und unter Mißbrauch der Mediation ein krass unfaires Ergebnis herbeiführen kann.

Beim Spannungsverhältnis zwischen Fairnessgebot und Eigenverantwortlichkeit sind sich alle Autoren darin einig, dass es für den Umgang mit diesem Spannungsverhältnis *keine Patentrezepte* geben kann, sondern „*Fingerspitzengefühl* und gesunder Menschenverstand"[804] neben einer *geklärten eigenen Haltung zur Mediation* und umfangreicher Mediationserfahrung erforderlich sind. Zudem wird vorgeschlagen, den Beteiligten von vorneherein deutlich zu machen, dass es Aufgabe auch der Mediatoren ist, darauf hinzuwirken, dass Machtgefälle nicht durch Machtstrategien ausgenutzt und die Verhandlungschancen für einen Interessenausgleich nicht zerstört werden, und sich so im Rahmen des „Arbeitsbündnisses" ein Mandat für mögliche Interventionen einzuholen.

---

[800] DUVE/EIDENMÜLLER/HACKE 2011, S. 87ff.

[801] CHARKOUDIAN 2012, S. 368ff.

[802] Demgegenüber steht die Theorie der „passiven Mediation", die von *McCarthy* und *Cormick* begründet wurde und jegliche Verantwortung des Mediators für ein Mediationsergebnis ablehnt, vgl. CORMICK 1980, S. 24ff.

[803] Zu Argumenten und Detailfragen vgl. KRACHT, Das Ethos des Mediators, S. 53ff, und KRACHT 2009 § 12 Rn. 104; GASSNER/HOLZNAGEL/LAHL 1992, S. 24ff; MÄHLER/MÄHLER 1995, S. 133; SUSSKIND/CRUIKSHANK 1987, S.150; MONTADA/KALS 2007, S. 50ff.

[804] BUDDE 1999, S. 76.

Diesem Spannungsverhältnis wird also dadurch Rechnung getragen, dass die Parteien diejenigen Kompetenzen, die ihre eigene Kompetenz z.B. bei der konkreten Prozessgestaltung während der Mediation einschränken können, **explizit und informiert** an den Mediator **übertragen**:

> „The standard is clear that self-determinationbegins with the selection of the process and outcome. If potential mediation participants do not understand what choices they have in terms of […] what they may actually do in the mediation session, then participants can not exercise their self-determination."[805]

5.2 Das Ausloten des Verhandlungsspielraums mit den Medianten

In Kapitel 4.1 wurde das Ausreizen des Verhandlungsspielraums durch ein überzogenes *Erstes Angebot* als typische „Ankertechnik" gekennzeichnet und damit als potenziell unbewusst wirkende psychologische Verhandlungs- und Entscheidungsfalle. Aus Sicht der einzelnen Medianten ist das bewusste Ausreizen des Verhandlungsspielraums natürlich durchaus *rational*, weil oft nur dadurch festgestellt werden kann, in welchem Umfange sich eigene Interessen realisieren lassen und wo die Begrenzungen dafür durch die Interessenlage des Gegenübers liegen.

Wesentliches Erfolgskriterium für gute Wertaneignung in Verhandlungen ist nämlich ein möglichst gutes Verständnis vom Verhandlungsspielraum („Zone of Possible Agreements", ZOPA[806]).

> Bsp.: Angenommen, in einer Wirtschaftsmediation zwischen Unternehmen wäre die eine Verhandlungspartei für ein in Frage stehendes Patent maximal bereit eine Million Euro auszugeben, und die andere Partei, die über die Patentrechte verfügt, will für diese keineswegs weniger als eine halbe Million Eu-

[805] CHARKOUDIAN 2012, S. 368. Natürlich kann sich die Rolle des Mediators im Laufe des Prozesses verändern; das sollte dann aber jeweils mit den Medianten explizit vereinbart werden, DUVE/EIDENMÜLLER/HACKE 2011, S. 88.

[806] Zum Begriff der ZOPA vgl. Kapitel 2.3.2.

ro realisieren, so liegt die Zone möglicher Verhandlungsübereinkünfte zwischen einer halben und einer ganzen Million Euro.[807]

Auch für den Mediator als Negotiating Facilitator ist die Befassung mit der ZOPA, also der Frage, wie groß der Spielraum möglicher Verhandlungsübereinkünfte zwischen den Medianten ist oder sein könnte, von nicht zu unterschätzender Bedeutung. Dabei gelten ähnliche Empfehlungen, aber auch ähnliche Dilemmata wie für die Verhandlungsführung allgemein.

Für diejenigen, die selbst verhandeln, könnte man die diesbezügliche Empfehlung folgendermaßen formulieren: *Lernen Sie!*

> „Hören Sie (aktiv) zu! Und planen Sie vorher, welche Informationen Sie von der anderen Seite benötigen und wie Sie diese bekommen können!"

Diese Empfehlung für Verhandler gilt natürlich unmittelbar auch für den Mediator. Wenn er im Sinne des Deal-Stucturing sach- und interessengerechte Vereinbarungen zwischen den Parteien ermöglichen und befördern will, wird es notwendig sein, ebenso wie die Verhandler selbst im dargestellten ersten Schritt zum Deal die Interessenlage der Beteiligten zu analysieren.

Die weitere, sich unmittelbar auf den Verhandlungsspielraum beziehende Empfehlung für Verhandler, hat jedoch für den Mediator nur eine indirekte, wenn auch nicht geringere Bedeutung. Sie lautet:

- Entscheiden Sie, ob Sie das „erste Gebot" abgeben!
- Durch ein Angebot innerhalb der ZOPA verzichten Sie auf möglichen Gewinn.
- Durch ein Angebot weit außerhalb der ZOPA können Sie Ihre Glaubwürdigkeit verlieren und die Verhandlung gefährden.
- Durch ein „erstes Angebot" können Sie das Ergebnis „ankern".

---

[807] Dass davon auszugehen ist, dass die Medianten anfangs nicht bereit sind, ihre Limits offenzulegen – aus Gründen des hier bereits in Kapitel 3.5.1 diskutierten „Informationsdilemmas" – wird hier vorausgesetzt.

Der Ankerungs-Effekt des *Ersten Angebots* braucht an dieser Stelle nicht erneut erläutert zu werden. Wichtiger ist hier das beschriebene Dilemma oder auch Spannungsfeld, dem sich die Verhandler mit der konkreten Positionierung aussetzen. Liegt das Angebot oder der Vorschlag innerhalb der ZOPA, wird damit auf möglichen Gewinn verzichtet. Am obigen Beispiel erläutert: Würde das das Patent verkaufende Unternehmen als „erstes Angebot" 750.000 Euro fordern, wären 250.000 Euro verloren, wenn das interessierte Unternehmen in diesem Fall bereit wäre, für die Patentrechte maximal eine Million Euro zu zahlen.[808] Läge das erste Verkaufsangebot aber z.B. bei eineinhalb Millionen, droht Glaubwürdigkeitsverlust[809] und die Gefahr, nicht ernst genommen zu werden – oder sogar eine ernsthafte Bedrohung der Beziehungsqualität, weil eine solche Forderung von der anderen Seit vielleicht als „unverschämt" eingeschätzt wird. Diesem Spannungsfeld, ob man ein erstes Angebot und wenn ja in welcher Höhe abgeben soll, entgeht man als Verhandler nicht.

Vor einer ähnlich schwierigen Situation steht aber der Mediator, wenn es z.B. darum geht, aus der von *Reiner Ponschab* beschriebenen Rolle des „creator of options" Möglichkeiten für Lösungsoptionen einzubringen oder die von den Verhandlern eingebrachten zu analysieren und zu bewerten.[810] Dies setzt ja immer schon eine Vorstellung davon voraus, wie groß der Verhandlungsspielraum sein könnte und durch welche Limits der Medianten die ZOPA begrenzt wird. So ist also nichts anderes möglich und sinnvoll, als schrittweise **mit** den Medianten den Verhandlungsspielraum auszuloten.

Das Ausloten des Verhandlungsspielraums kann entweder gemeinsam im Mediationsprozess oder durch Einzelgespräche mit den Konfliktparteien erfolgen. Für das gemeinsame Ausloten des Verhandlungsspielraums spricht natürlich die dadurch entstehende

[808] Dass freiwillig Informationen über die Limits preisgegeben werden, ist ja aus Gründen des dadurch eintretenden taktischen Nachteils äußerst unwahrscheinlich.

[809] Gerade in der Wirtschaftsmediation ist der Glaubwürdigkeitsverlust durch Fehleinschätzung der ZOPA nicht zu unterschätzen, weil nach Erfahrung des Verfassern unterstellt wird, dass die Beteiligten eine „professionelle" Kenntnis von den Marktgesetzlichkeiten und den „realistischen" Größen haben, um die es in der Verhandlung geht. Schon leichte Fehleinschätzungen – z.B. bezüglich der Höhe üblicher Honorarsätze für eine bestimmte Leistung in einer bestimmten Branche – können hier den Verdacht von „Unprofessionalität" nähren.

[810] Aus der Rolle des Analytikers, also des „agent of reality"; vgl. PONSCHAB/SCHWEIZER, Wirtschaftsmediation, S. 60.

Transparenz des Verfahrens für alle Beteiligten. Bei komplexen Verhandlungen müssen allerdings wie bei den vier Schritten zum Deal beschrieben die einzelnen Verhandlungsgegenstände entkoppelt und deren jeweilige Bedeutung für jeden Verhandlungspartner ermittelt werden, um die Basis für wertschöpfende „Tauschgeschäfte" zu schaffen. Damit interessengerechte „Pakete"[811] geschnürt werden können, muß der Verhandlungsprozess gut gesteuert und strukturiert werden, was entsprechende Anforderungen an den Mediator stellt.

Das an sich schon sehr anspruchsvolle Verfahren setzt aber die Kooperationswilligkeit der Medianten voraus, also ihre Bereitschaft, durch kooperatives Zusammenwirken den „Kuchen zu vergrößern". Diese Kooperationsbereitschaft ist aber nicht immer gegeben oder im bisherigen Prozessverlauf vielleicht noch nicht gegeben, weil entsprechendes Vertrauen noch nicht aufgebaut ist.

Eine Möglichkeit den Verhandlungsspielraum auszuloten, auch wenn es (noch) keine Bereitschaft zur *gemeinsamen* Erarbeitung von „mutual gains" gibt, besteht in der Führung von Einzelgesprächen.[812]

Diverse **Vorteile von Einzelgesprächen** sind:[813]

- Mehr Vertrauen und Offenheit;
- Realistische Abwägung und Beurteilung der Situation und ihrer Möglichkeiten;
- Aufdeckung verborgener Gefühle, Bedürfnisse, Interessen und Ziele;
- Gelegenheit für die Medianten, Dampf abzulassen und schwierige Gefühle zu äußern – Abbau von Spannungen;
- Vermeidung destruktiver Eskalation;
- Auflösung von Blockaden;
- Stärkung der Einigungsbereitschaft;
- Entwicklung von Lösungsmöglichkeiten im „geschützten" Rahmen und neutrale Vermittlung von Lösungsideen;

---

[811] Zur Technik des „Paket-Verhandelns" vgl. Kapitel 3.2.3.1.

[812] Zu Kriterien für die Einberufung von Einzelgesprächen vgl. MOORE 2003, S. 369f.

[813] Auflistung nach *Frank Schmidt*, Seminardokumentation 13.-15.06.2008.

- Bewusstmachung und Auflösen von Wahrnehmungsverzerrungen;
- Ausgleich von Machtungleichgewichten;
- Effizienteres Verhandlungsmanagement.

Die Einzelgespräche können einseitig, im Wechsel zwischen den Medianten oder in Form der „Shuttle-Mediation" gerade auch bei Mehrparteien-Verhandlungen durchgeführt werden.[814] Bei der Shuttle-Mediation („auch „**Caucus Mediation**" genannt) findet normalerweise lediglich die Eröffnungs- und die Abschlusssitzung in Anwesenheit aller Beteiligten statt. Dazwischen führt der Mediator abwechselnd Einzelgespräche mit jeder der Konfliktparteien. Diese Art der Mediation weist dem Mediator eine sehr direktive Rolle zu:

> „When both sides disclose their worst case, there is generally an overlap, and many times settlement can be reached somewhere in this overlap. This additional information also helps the mediator in guiding the parties to resolution."[815]

Aufgrund dieser sehr direktiven Rolle des Mediators ist dieses Format – wie generell Einzelgespräche – *für die transformative Arbeit ungeeignet*.[816] Im Sinne des hier vertretenen *Flexibilitätsansatzes*, nach dem die konkrete Ausgestaltung der Mediatorenrolle nach den Zielvorstellungen der Medianten und der Art des zugrundeliegenden Konfliktes zu differenzieren ist (vgl. dazu Kapitel 1.3.2), gibt es jedoch durchaus denkbare Anwendungsbereiche, beispielsweise bei *verrechtlichten Konflikten ohne relevante Tiefenstruktur* in der Wirtschaftsmediation. So kann das Angebot der Shuttle-Mediation dazu führen, dass gerade Akteure aus der Wirtschaft Konflikte statt mit Schieds- oder Gerichtsverfahren mit der (Shuttle-)Mediation bearbeiten – was in der Sache ein „mehr" an Selbstbestimmung in der Konfliktregelung bedeuten würde.[817]

[814] DIEZ 2005, S. 86, benutzt dafür den Begriff der „Shuttle-Mediation" (oder „Caucusing") und empfiehlt die Einzelarbeit mit jedem Konfliktpartner (oder mit jeder Gruppierung) einzeln für besonders schwierige Mediationen sowie für Mehrparteien-Mediationen (ebd. S. 214).

[815] CALKINS 2007, S. 177.

[816] Vgl. BUSH/FOLGER 2005, S. 62ff.

[817] So auch CALKINS 2007, S. 179: „Caucus mediation is having a dramatic impact in the commercial arena as discussed above."

Gerade das Ausloten des Verhandlungsspielraums mit den Parteien in Einzelgesprächen stellt den Mediator aber regelmäßig vor *schwierige ethische Probleme*, wenn er mit dem Ziel, eine Einigung zu befördern, den *Informationsfluss filtert*:

> „Caucuses give mediators the greatest opportunity to manipulate parties into an agreement because disputants do not have the advantage of face-to-face communication to test the accuracy of information exchanged [...] The ability to control, suppress, or enhance data, or to introduce entirely new information, gives the mediator an inordinate amount of influence over the parties. The ethics of such control and the proper role of the intermediary are hotly debated topics among mediators."[818]

Beim Ausloten des Verhandlungsspielraums mit den Medianten kann jedoch noch ein weiteres Problem relevant werden, das in der Literatur als **Prinzipal-Agenten-Problem** bekannt ist.[819] Die Bezeichnung stellt auf den Umstand ab, dass die Verhandlungen im Kontext der Wirtschafts- oder Organisations-Mediation in der Regel von Personen oder Personengruppen geführt werden, die als Repräsentanten von Firmen, Institutionen oder Behörden agieren. Dies erfordert den regelmäßigen Informationsaustausch zwischen dem beauftragenden Entscheidungsträger (dem *Prinzipal* in dieser Beziehung) und dem oder den Repräsentanten (dem oder den *Agenten* in dieser Beziehung).

Der Einsatz von Repräsentanten kann häufig zusätzliche, organisatorische Barrieren für die erfolgreiche Regelung eines Konflikts schaffen, denn es ist z.B. fraglich, ob die Medianten als Agenten hinreichende Entscheidungsbefugnis haben, um konsensfähige Angebote zu machen, ob sie ihr „wahres" Limit wirklich kennen oder durch den Prinzipal fehlinformiert wurden,[820] ob die verhandlungsrelevanten Interessen des Prinzipals mit ihren eigenen persönlichen Interessen übereinstimmen bzw. von ihnen vollständig und unverfälscht „repräsentierend" in die Verhandlung eingebracht werden usw.

MNOOKIN ET AL sprechen daher vom „*Spannungsverhältnis zwischen Prinzipal und Agenten*" (also zwischen den Interessen des Auftraggebers und des Repräsentanten), das

---

[818] MOORE 2003, S. 375f.

[819] Vgl. MNOOKIN/SUSSKIND 1999.

[820] Aus taktischen Gründen oder auch aus dem Grund, den Agenten vor zu viel Zugeständnisbereitschaft zu „schützen".

als eines der drei grundlegenden Spannungsverhältnisse in Verhandlungen nicht aufgelöst, sondern nur gemanaged werden kann.[821] Unter den Bedingungen des deutschen Kostenrechts zeigt sich insbesondere zwischen Mandanten und Anwälten eine problematische Anreizstruktur.[822]

Wie Informationsaustausch und Abstimmungen zwischen Prinzipal und Agent(en) erfolgen, wird bei internationalen Verhandlungen zudem durch die kulturellen Orientierungen der Beteiligten beeinflusst.[823] So gibt es zahlreiche Umstände, die die Anforderung an das Verhandlungsmanagement des Mediators weiter steigern, an dieser Stelle jedoch nicht weiter vertieft werden können.

5.3 Umgang mit Emotionen

Zu diesen Herausforderungen gehört auch der Umgang mit Emotionen. Dem *rationalen* Verhandlungsmodell liegt ja die Annahme zugrunde, dass die Verhandlungspartner sich einander gegenüber rational verhalten (sollten), dass sie sich also in ihrem Handeln nicht von ihren Gefühlen leiten lassen (sollten) und dass ihre Empfindungen das Verhandlungsgeschehen nicht beeinflussen (sollten). Da Gefühle aber auch bei Verhandlungen eine wichtige Rolle spielen, ist es empfehlenswert, sich als *Negotiating facilitor* damit auseinanderzusetzen, wie mit Emotionalität umzugehen ist.

> „Damit wird nicht das Ziel verfolgt", so HAFT, „Emotionen als Störfaktoren einer rationalen Verhandlung zu diskreditieren und möglichst auszuschalten; es geht vielmehr darum, ein Gespür sowohl für das eigene Gefühlsleben als auch für das des Verhandlungspartners zu entwickeln, um drohende Ausbrüche zu erkennen und abzuwenden."[824]

Dies gilt umso mehr, wenn in der Vergangenheit belastende Emotionen wie Schuld, Empörung, Feindseligkeit oder Hass zwischen den Konfliktparteien entstanden sind.

[821] MNOOKIN/PEPPET/TULUMELLO 2002, S. 69ff. mit vielfältigen Tipps zur konkreten Gestaltung der Prinzipal-Agenten-Beziehung, insbesondere durch Konstruktion einer geeigneten Anreizstruktur.

[822] WAGNER 2007, S. 173.

[823] Vgl. BIERBRAUER 2009.

[824] HAFT, Verhandeln II, S. 70.

Solche Emotionen sind, solange sie nicht aufgearbeitet wurden, eine *Hypothek für die Zukunft*. Auf dieser Basis wird eine sachbezogene Lösung nur schwer zu finden und noch schwerer umzusetzen sein. Erst die Bewältigung dieser Emotionen nimmt ihnen die „Virulenz" und schafft die Basis für ein konstruktives Miteinander.[825]

Es besteht jedenfalls kein Zweifel, dass Emotionen zumindest in der **Entstehung von Konflikten** und in ihrer **Eskalierung**[826] eine zentrale Rolle spielen. Zweifellos können Emotionen auch schwierige Verhandlungen sehr belasten. Aber es wäre falsch, aus der Unsicherheit heraus, wie mit Emotionen umzugehen ist, die Gefühle, die einem Konflikt zugrunde liegen oder die aus einem Konflikt erwachsen, aus dem Verhandlungsmanagement auszublenden.

Es lässt sich in der Praxis vielmehr die Erfahrung machen, dass dort, wo die Beteiligten nicht dazu willens oder in der Lage sind, aus der Vergangenheit stammende Verletzungen und Beziehungsstörungen „aufzuarbeiten", die Wahrscheinlichkeit einer tragfähigen Einigung deutlich geringer wird – oder die in der Verhandlung gefundene scheinbare „sachliche" Lösung dann spätestens in der Umsetzung scheitert, weil der Vertrauensverlust zwischen den Verhandlungsparteien oder andere hindernde Gefühlszustände nach wie vor wirksam sind.

Emotionales ist also in der mediativen Verhandlung angemessen zu berücksichtigen. Da die Beziehungsstörung oft auf Ereignissen aus der Vergangenheit beruht, kann zur Beziehungsklärung auch die Aufarbeitung vergangener Wahrnehmungen und Deutungen erforderlich sein. Zudem kann die Bearbeitung von Beziehungsfragen auch ein zentrales Interesse einer oder mehrerer Parteien sein, ohne dessen Befriedigung ein interessengerechtes „Lösungspaket" nicht denkbar ist.

Mediatoren müssen also in der Lage sein, mit Gefühlen der Parteien umzugehen, um entweder den Gefühlsanlass zu *bereinigen* oder die emotionalen Einschätzungen zu *relativieren* und Möglichkeiten für eine *Dämpfung der Gefühle* zu vermitteln.[827] Dazu hilfreich ist wieder die grundsätzliche **Unterscheidung zwischen** dem **Verhandlungs-**

---

[825] Vgl. MONTADA/KALS 2007, S. 61ff.

[826] Vgl. das neunstufige Konflikteskalations-Modell bei GLASL 2011, S. 96ff.

[827] MONTADA 2007, S. 154f.

gegenstand einerseits **und** der **Beziehung** zwischen den Verhandlungsparteien andererseits, also zwischen *Sach- und Beziehungsebene.*[828]

Der Begriff „Sachebene" bezeichnet die Verhandlungsinhalte, über die sich die Parteien verständigen müssen, um gemeinsam eine akzeptable Lösung zu erarbeiten. Der Begriff „Beziehungsebene" hingegen umfasst sämtliche Aspekte der persönlichen Beziehung, die zwischen den Verhandlungspartnern besteht. Günstig für den Umgang mit Emotionen ist die Förderung einer produktiven Verhandlungsatmosphäre schon in der Eröffnungsphase, z.B. durch das Ermöglichen gegenseitigen Kennenlernens und Wertschätzens im warming up, die Schaffung angenehmer Rahmenbedingungen (Raumwahl, Sitzordung, Bewirtung) und vieles mehr.

Förderlich sind weiter **Verhandlungsunterbrechungen**, die der Erholung, aber auch der emotionalen „Abkühlung" oder gar dem Gespräch „unter vier Augen" zwischen dem Mediator und einer Partei dienen können.

Während der mediativen Verhandlung sollte im Falle einer durch eine unsachliche Bemerkung der einen Seite und einer heftigen Reaktion der anderen Seite verursachte angespannte Atmosphäre ein Mediator in der Lage sein, die Wiederherstellung eines rationalen Verhandlungsklimas, in der auf der **Ebene der Interessen** und nicht auf der Ebene von Positionen verhandelt wird, zu fördern.[829] Dabei ist insbesondere die Verwendung von Frage- und Übersetzungstechniken empfehlenswert. Durch eine *paraphrasierende*[830] oder einfühlende **Fragetechnik** wie: „Habe ich Sie richtig verstanden, nicht nur der ablehnende Bescheid, sondern auch seine dreimonatige Bearbeitungszeit hat Sie aufgebracht?" kann der Auslöser eines Gefühlsausbruchs in einzelne Aspekte zergliedert und damit *rational* verhandelbar gemacht werden.[831]

---

[828] Erstes Prinzip des „Harvard-Verhandlungskonzepts", vgl. FISHER/URY/PATTON 2000.

[829] Zweites sog. „Harvard-Prinzip", vgl. Kapitel 2.2.1.

[830] Als Technik des sog. „Aktiven Zuhörens"; vgl. ROGERS 1997, GORDON 1992.

[831] Wenn sich dabei herausstellt, dass man sich vorrangig nur über eines der beiden genannten Probleme – hier beispielsweise die lange Bearbeitungszeit – verständigen muss (Beispiel nach HAFT, Verhandeln II, S. 73). Ein auf dem Nachrichtenquadrat von Schulz von Thun basierendes Konzept zur sachgerechten Refokussierung nach verbalen Angriffen bietet WEISBACH 2004.

Eine weitere Methode zur Überführung von Emotionalität in Rationalität ist die **Übersetzungstechnik.**[832] Dabei werden die Aussagen des Verhandlungspartners mit eigenen Worten wiedergegeben. Durch diese Vorgehensweise demonstriert man, dass man seinem Gegenüber zugehört hat und dass man versucht, den Fall aus seiner Perspektive zu betrachten – letztendlich, dass man seinen Empfindungen mit Verständnis begegnet. Durch solche Formen der **Perspektivenübernahme**[833] – dem Kern von *Empathiefähigkeit* – gelingt es der Mediation immer wieder, jenen Punkt zu erreichen, an dem sie beginnen kann, zu einem rationalen Verhandlungsstil überzuleiten.

5.4 Das „Ein-Text-Verfahren"

Nicht immer gelingt es, die Komplexität schwieriger Verhandlungsprozesse mit vielen variablen Gegenständen bzw. Optionen in freier Kommunikation effektiv zu gestalten. Das gilt insbesondere dann, wenn bei vielen dieser Gegenstände deutliche Präferenzkonflikte bestehen. Dann besteht die Gefahr, dass die Verhandlungsparteien sich hinter Maximalpositionen verschanzen, die sie anschließend kaum wieder aufgeben können, ohne das Gesicht zu verlieren.

Eine bewährte Methode, mit der der Mediator in einer solchen Situation durch stärkere Strukturierung des Prozesses und Übernahme der Verantwortung für die Entwicklung von Wertschöpfungsoptionen die Parteien unterstützen kann, ist das **„Ein-Text-Verfahren“** (single-text-procedure), das von ROGER FISHER am Harvard-Verhandlungsprogramm (PON) auf Grundlage einer Idee von LOUIS SOHN entwickelt wurde.[834]

---

[832] DUVE/EIDENMÜLLER/HACKE 2011, S. 291f., bezeichnen dieses Vorgehen als „Reformulieren“.

[833] Eine weitere Technik, die sich des Prinzips der Perspektivenübernahme im Rahmen des „lösungsorientierten“ Ansatzes bedient, ist die „zirkuläre Fragetechnik“, bei der die Medianten gefragt werden, was sie glauben, was andere (auch Unbeteiligte) über die Konfliktbeteiligten denken oder wie sich andere zum Konfliktfall verhalten würden usw., so dass sich die Medianten bei der Antwort in die Perspektive anderer versetzen müssen; vgl. zu dieser systemischen Vorgehensweise MÜLLER 2003 und TOMM 2004.

[834] Vgl. FISHER/URY/PATTON 2009, S. 161ff.; DUVE/EIDENMÜLLER/HACKE 2011, S. 261ff.; LAX/SEBENIUS 1986, S. 176ff., bezeichnen diese Methode als „single negotiation text“ (SNT).

Anfang September 1978 empfing US-Präsident Jimmy Carter den ägyptischen Präsidenten Anwar-el Sadat und den israelischen Ministerpräsidenten Menachem Begin in seiner Residenz *Camp David*. Er hatte sich zum Ziel gesetzt, eine der schwierigsten Aufgaben für einen Verhandler und Mediator zu bewältigen: Er wollte Frieden zwischen den verfeindeten Staaten Israel und Ägypten stiften. Vorangegangen waren Jahre vergeblicher Friedensverhandlungen, Vermittlungsversuche und gescheiterte Konferenzen. Die Voraussetzungen hätten schlechter kaum sein können: Tiefsitzender Hass bei den beiden Völkern, ein Klima von Angst und Misstrauen, persönliche Animositäten bei den Protagonisten und öffentlich erhobene Maximalforderungen.

Bereits die erste Sitzung zwischen den drei Politikern war ein Desaster. Sadat bestand ultimativ auf dem ägyptischen „26-Punkte-Plan", der für Israel unannehmbar war. Begin forderte dagegen, seinen israelischen „6-Punkte-Plan" zur Grundlage einer Friedensregelung zu machen – eine Liste von israelischen Maximalforderungen. Die Kluft zwischen diesen beiden Positionen schien unüberwindlich. Die Gesprächsatmosphäre wurde hitzig und feindselig.[835]

Die Gefahr lag auf der Hand: Unter Berücksichtigung ihrer Vorschläge hätten sich sowohl Sadat als auch Begin hinter den eigenen Forderungen verschanzt und diese Positionen mit Klauen und Zähnen verteidigt. Jeden kleinen Schritt auf den Gegner zu hätten sie sich hart abringen lassen, kurzum: mit Feilschen um Positionen hätte man keine Einigung erzielen können, dazu lagen die beiden Positionen viel zu weit auseinander.

Es musste also in jedem Fall verhindert werden, dass sich die Parteien hinter Positionen verschanzen, die sie dann nur unter Gesichtsverlust wieder aufgeben können. In dieser Situation war das „Ein-Text-Verfahren" ein Ausweg aus der sehr schwierigen Lage.

Kern des Ein-Text-Verfahrens ist die *Einschaltung einer neutralen dritten Partei, die den „Text", also das aktuelle Zwischenergebnis, verwaltet. Nur dieses Zwischenergebnis ist Verhandlungsgrundlage, Positionspapiere der Parteien werden nicht berück-*

[835] Eine genauere Analyse der Verhandlungen von Camp David bietet RAIFFA 1982, S. 205ff.; vgl. auch die detaillierte Schilderung in der Autobiographie CARTER 1982.

sichtigt. Der Dritte ist „Anwalt" des „Textes", ihm obliegt die Weiterentwicklung des „Textes" unter Berücksichtigung der Interessen der Beteiligten. Insoweit kann man das Ein-Text-Verfahren als Mediationsmethode klassifizieren. Ziel ist es, den „Text" so weiterzuentwickeln, dass am Ende ein möglichst faires Ergebnis erzielt wird, dem alle Beteiligten zustimmen können. Es ist selbstverständlich, dass das Endergebnis dann besonders große Chancen auf Zustimmung haben wird, wenn im Rahmen der Erarbeitung die Wertschöpfungspotentiale möglichst gehoben worden sind, so dass ausreichend viel Nutzen zu verteilen ist bzw. die notwendigen Konzessionen tragbar sind.

Bei dem Ein-Text-Verfahren *nimmt ein konkreter Plan vor den Augen der Parteien Gestalt an.* Dieser Plan entspricht bei jedem Durchgang ein wenig mehr den Interessen der Parteien. Jede Partei hat die Gewissheit, dass die eigenen Bedürfnisse verstanden und bei der Erarbeitung des Plans berücksichtigt wurden. Zuletzt liegt ein konkreter Plan vor, der vielleicht nicht perfekt, aber doch ein guter Kompromiss ist, und dem die Parteien nur noch zustimmen müssen. Ein unterschriftsreifer Entwurf erspart den Parteien schließlich, jede Formulierung und jedes Detail konkret auszuhandeln.

Die gesamte Methode grenzt die Möglichkeiten für Basarverhandeln bzw. distributives Taktieren einzelner Parteien soweit wie irgend möglich ein. Sie ist daher auch eine gute Option zum *Management* des Spannungsverhältnisses zwischen „Wert schaffen" und „Wert verteilen" (Negotiator's Dilemma).[836]

5.4.1 Das Ein-Text-Verfahren: Schritt für Schritt

Voraussetzung für die effektive Anwendung der Ein-Text-Methode ist, dass ein geeigneter Dritter zu den Verhandlungen hinzugezogen wird. Diese Person sollte erstens über Fachkompetenz (u.a. Prinzipien des sachbezogenen Verhandelns, Mediationsmethoden) und Prozesskompetenz (u.a. Moderation, Umgang mit Konflikten, Prozesssteuerung) verfügen und muss zweitens von allen Parteien als „neutral" und „ehrlicher Makler" anerkannt sein. Mangelnde Kompetenzen führen zu Reibungsverlusten und Ineffektivität, mangelndes personales Vertrauen führt definitiv zum Scheitern der Ein-Text-Methode.

---

[836] So auch die Bewertung von LAX/SEBENIUS 1986, S. 176ff.

1.) Klären Sie Ihr Mandat und vereinbaren Sie das Verfahren

Weil das Ein-Text-Verfahren erfordert, dass Sie als Mediator das Vertrauen aller Parteien genießen, müssen Sie sich zur Anwendung dieser Methode eines ausdrücklichen Mandates versichern. Erklären Sie den Beteiligten die einzelnen Schritte dieser Methode; Erläutern Sie, welche Vorteile diese Methode bietet und warum Sie denken, dass in diesem konkreten Fall das Ein-Text-Verfahren empfehlenswert wäre.

Stellen Sie sicher, dass alle Beteiligten eine gemeinsame Vorstellung vom Ablauf des Verfahrens haben, damit die Parteien wissen, worauf sie sich einlassen und Missverständnisse vermieden werden können. Erklären Sie, dass Sie versuchen werden, einen Lösungsvorschlag zu erarbeiten, der den Interessen aller Beteiligten gerecht wird und eine faire Lösung darstellt. Stellen Sie klar, dass Sie von den Beteiligten nicht erwarten, dass sie diesen Vorschlag annehmen oder ablehnen. Stattdessen werden Sie diesen Vorschlag auf Grundlage der Anmerkungen der Parteien immer weiter verfeinern. Führen Sie dann eine Entscheidung aller Verhandlungsparteien herbei, dieses Verfahren unter Ihrer Leitung durchführen zu wollen („Prozess-Commitment“).

2.) Erforschen Sie die Interessen der Beteiligten

Treffen Sie sich mit den einzelnen Parteien und erforschen Sie deren Interessenlage. Wenden Sie dazu alle (Frage-)Techniken an, die Sie zum 2. Harvardprinzip („Konzentrieren Sie sich nicht auf Positionen, sondern die dahinter liegenden Interessen“) erlernt haben.[837] Bei hochemotionalisierten Konflikten wird es sinnvoll sein, wenn Sie so wenige Sitzungen wie möglich im Plenum durchführen und stattdessen Einzeltreffen mit den Beteiligten durchführen („Shuttle-Diplomatie“).[838] Während der gesamten Verhandlungen in Camp David fanden lediglich drei Plenumssitzungen statt – jede dieser Sitzungen eskalierte und provozierte fast den Abbruch der gesamten Verhandlungen.

Klären Sie: Geht es den Parteien um ihren Ruf bzw. Ruhm, um Macht, um einen Präzedenzfall, um gute Beziehungen, um Geld, um Wählerstimmen? Gibt es verborgene

[837] Vgl. WERMKE/WINHELLER 2012, S. 26ff.

[838] Zu Bedeutung und Problematik von Einzelgesprächen in der Mediation vgl. aber auch die Darstellung in Kapitel 5.2 und die Kritik des „Transformationsansatzes“ an einer zu direktiven Verhandlungsführung durch den Mediator in Kapitel 1.3.2.

Interessen („hidden agenda")? Welche Prioritäten setzen die Parteien bei ihren verschiedenen Interessen? Hören Sie aufmerksam zu, welche Forderungen (Positionen) die Parteien stellen. Fragen Sie: „*Wozu fordern Sie das?*", „Weshalb bevorzugen Sie diese Option?"

Vermitteln Sie den Beteiligten, dass Sie ihre Bedürfnisse verstanden haben und bei Ihrem Vorschlag soweit möglich berücksichtigen werden. **Vermeiden Sie es unbedingt, ein Commitment für eine bestimmte Option einzugehen**. Weisen Sie ggf. darauf hin, dass Ultimaten bzw. „dealbreaker" nach den Spielregeln des Ein-Text-Verfahrens, auf die sich die Parteien vorab geeinigt haben, unzulässig sind.

3.) Entwerfen Sie einen „Text"

Entwerfen Sie nun auf Grundlage Ihres ersten Eindrucks von dem, was die Beteiligten wollen, einen ersten Entwurf für eine Vereinbarung (den „Text"), der die Schlüsselfragen beschreibt, die gelöst werden müssen, und einen Vorschlag macht, wie diese Fragen gelöst werden könnten. Berücksichtigen Sie folgende zwei Richtlinien, um zu verhindern, dass sich die Parteien gegenüber diesem Entwurf in Positionen verschanzen, anstatt an der Weiterentwicklung offen mitzuwirken:

Tun Sie alles, um den *unfertigen und vorläufigen Zustand des Entwurfs* zu *verdeutlichen*. Schreiben Sie „1. Entwurf" in die Kopfzeile jeder Seite und lassen Sie Lücken im Text, in die „Ergänzungen eingefügt werden können".

Wenn der Konflikt besonders sensibel und die Parteien hoch emotionalisiert sind ist es am besten, zunächst einen sehr unfertigen und abstrakt formulierten Entwurf vorzulegen, um dann nach und nach zu konkretisieren und zu operationalisierbaren Formulierungen zu kommen.

4.) Bitte Sie die Parteien um Kritik an Ihrem Entwurf

Gerade in dieser Phase ist es fast immer sinnvoll, Einzeltreffen mit den verschiedenen Parteien durchzuführen, damit offene und ehrliche Kritik möglich wird und keine Fassaden aufrechterhalten werden müssen. Sorgen Sie insbesondere für absolute Vertraulichkeit der Gespräche.

Nur wenige Menschen machen gerne Zugeständnisse; die meisten lieben es aber, andere oder etwas zu kritisieren. Deshalb bitten Sie die Beteiligten auch nicht, Ihren Entwurf oder einzelne Bestandteile zu akzeptieren. Stattdessen *fordern Sie sie dazu auf, Ihren Entwurf zu kritisieren.* So lernen Sie die Interessen der Beteiligten, deren subjektive Wahrnehmung und ihre Sicht der zu lösenden Probleme noch genauer kennen. Gerade durch die Kritik an Ihrem Lösungsvorschlag erfahren Sie häufig von Interessen, die die Parteien vorher nicht angesprochen hatten.

Erklären Sie zu Beginn die Regeln der Kritikphase: „Die Frage, ob Sie die vorgeschlagene Vereinbarung oder einzelne Teile annehmen wollen, werde ich Ihnen erst am Ende des gesamten Prozesses stellen. Vorher ist sie irrelevant. Alle Vorschläge sind vorläufig. Im Moment können Sie deshalb auch keine Vorschläge annehmen oder ablehnen, weil ich Ihnen jetzt noch gar keine Vorschläge unterbreite. Der Entwurf enthält im Moment lediglich Ideen zur Lösung des Problems, zu denen ich gerne Ihre Meinung hören würde. Wenn ich meine Arbeit beendet habe, dann werde ich Ihnen einen Vorschlag unterbreiten, den Sie dann annehmen oder ablehnen können. *Durch nichts, was Sie während der Kritikphasen sagen, wird diese Entscheidungsfreiheit eingeschränkt oder eine bestimmte Lösung präjudiziert.*“

Bitten Sie die Beteiligten um Kritik und hören Sie aufmerksam zu, welche verborgenen Interessen und welche Bedenken darin sichtbar werden: „Was stört Sie an diesem Entwurf? Welche Ihrer legitimen Interessen werden durch diesen Entwurf nicht ausreichend berücksichtigt? Welche Ihrer Interessen werden gut befriedigt? Weshalb haben Sie Vorbehalte gegen diese Lösung?“

Verteidigen Sie Ihren Entwurf nicht, aber gehen Sie auch keinerlei Verpflichtungen ein, bestimmte Dinge in Ihren nächsten Entwurf zu schreiben oder nicht zu schreiben.

Vermeiden Sie es, eine Partei nach einem konkreten Lösungsvorschlag für ein Problem zu fragen; Sie riskieren sonst, dass sich diese Partei auf diese Lösung versteift und diese Position fortan verteidigt.

5.) Behalten Sie den „Text“ in Ihrer Hand

Sie sind der Verwalter des „Textes“ und die aktuelle Fassung des „Textes“ ist lediglich die gemeinsame Arbeitsplattform. Sie sollten daher den Parteien nicht gestatten, Kopien des Textes zu behalten. Das würde nämlich das Risiko verstärken, dass die Parteien ausgehend von der aktuellen Fassung für sich Änderungen erarbeiten, die alleine ihren Interessen optimal entsprechen und sich dann auf die Verteidigung dieser Positionen (deren „Text“) konzentrieren. Das Ergebnis wäre ein Feilschen um Positionen in den Hochkonfliktfeldern. Verteidigen Sie nicht Ihre Entwürfe, aber verteidigen Sie mit aller Konsequenz die Regel, *dass es nur einen „Text“ geben darf und daneben keine weiteren Texte oder Textvorschläge der Parteien in der Verhandlung berücksichtigt werden.*

Im übrigen schützen Sie sich dadurch auch besser gegen Störungen der Verhandlungen durch gezielte Indiskretionen. Bei den Verhandlungen von Camp David hätten z.B. Pressemeldungen, dass Begin über bestimmte Fragen, die in den vorläufigen Entwürfen enthalten waren, überhaupt *gesprochen* hat, zu seinem Sturz und damit zum Scheitern der Verhandlungen führen können.

6.) Schreiben Sie einen 2. Entwurf

Berücksichtigen Sie die neu gewonnenen Informationen und erarbeiten Sie einen neuen Entwurf. Überlegen Sie, wie Sie die Interessen der Parteien bestmöglich miteinander in Einklang bringen können und nutzen Sie alle Wertschöpfungspotentiale für gemeinsamen Nutzen, die Sie finden können. Es muss nicht jeder mit allen Punkten glücklich sein. Wichtig ist, dass ein ausbalancierter fairer Entwurf entsteht. Bedenken Sie, dass es oft nicht notwendig ist, in allen Fragen Übereinstimmung zu erzielen. Nutzen Sie ausdrücklich auch Möglichkeiten sich zu „zweinigen“[839] (let´s agree to differ) in Nebenfeldern oder besonders symbolträchtigen Fragen, solange die Kernprobleme dadurch leichter lösbar werden. Eine solche „Zweinigung“ kommt insbesondere bei ideologischen oder weltanschaulichen Fragen in Betracht.

7.) Bitten Sie die Parteien erneut um Kritik

Achten Sie wiederum darauf, dass keinerlei Bestimmungen des Entwurfs angenommen oder abgelehnt werden dürfen.

---

[839] Der Begriff „Zweinigung“ für eine bewusste Nicht-Einigung in Nebenfeldern wurde von der Kommunikationstrainerin *Vera F. Birkenbihl* vorgeschlagen.

8.) Führen Sie so viele dieser Schleifen („loops“) durch wie nötig und möglich

Führen Sie diesen Prozess (Entwurf vorlegen, Kritik einholen, neuer Entwurf) solange fort, bis Ihnen die Zeit ausgeht oder Sie den Eindruck gewonnen haben, dass der Entwurf nicht mehr signifikant verbessert werden kann.[840] Bei den Verhandlungen von Camp David legte Präsident Jimmy Carter in 13 Tagen 23 Entwürfe vor, bis die Endfassung feststand.

9.) Legen Sie Ihren endgültigen Vorschlag vor. Fragen Sie: „Ja oder Nein?“

Wenn Sie Ihren endgültigen Vorschlag vorlegen, bitten Sie die Parteien nicht mehr um Kritik. Bitten Sie sie nun um ihre Zustimmung:

„Ich habe Ihren Anmerkungen und Ihrer Kritik aufmerksam zugehört und die Entwürfe im Lichte dieser Bedürfnisse überarbeitet. Ich habe Ihnen nun meinen endgültigen Vorschlag für ein faires Abkommen vorgelegt, das Ihre beiderseitigen Interessen bestmöglich gewährleistet. An diesem Vorschlag wird es keine Änderungen mehr geben. Ich bitte Sie daher nur noch um ein einfaches „Ja“ oder „Nein“. Wollen Sie diesen Vorschlag so annehmen? – Wenn Sie diesen Vorschlag annehmen, können wir unverzüglich mit der Umsetzung beginnen, wenn Sie ihn ablehnen, sind diese Verhandlungen endgültig gescheitert und Sie müssen in einem anderen Rahmen neu beginnen.“

Oft genug wird der Vermittler in dieser Phase versuchen, es den Verhandlungsparteien besonders schwer zu machen, „Nein“ zu sagen. Dazu kann vorab eine hohe Erwartungshaltung („Einigung steht kurz bevor“) an die Presse lanciert werden oder auch der Nutzen für die Parteien durch externe Faktoren erhöht werden. So geschieht es häufig in der internationalen Diplomatie, und in dieser Weise ist Präsident Jimmy Carter auch in Camp David zum Ziel gelangt. Als er den endgültigen Vorschlag vorlegte, erhöhte er die Motivation sich zu einigen dadurch, dass er beiden Seiten besondere Belohnungen versprach (ein paar Millionen Wirtschaftshilfe hier, Ersatz für die Militärflughäfen auf dem Sinai dort etc.). Er hatte Erfolg.

---

[840] Das ist jedenfalls dann der Fall, wenn Sie annähernd ein pareto-optimales Ergebnis haben.

5.4.2 Das Ein-Text-Verfahren in der Praxis

Das Ein-Text-Verfahren ist nicht auf die Anwendung im diplomatischen Bereich beschränkt. Es wurde in einer Vielzahl von Anwendungsbereichen erfolgreich erprobt: z.B. Arbeitsbeziehungen, insbesondere Tarifverhandlungen bzw. Betriebsvereinbarungen, Umweltmediationen, Fusionsverträge. Und das Beispiel von ROGER FISHER[841] ist besonders eingängig: Ein Ehepaar will ein Haus bauen und beide haben vollkommen verschiedene Vorstellungen von ihrem „Traumhaus“. Hier hilft dann wirklich nur noch das Ein-Text-Verfahren und ein einfühlsamer Architekt…

Sie sollten berücksichtigen, dass das Ein-Text-Verfahren eine Methode ist, die Ihnen als Mediator eine *stark direktive Rolle* und einen indirekten Einfluss auf das Ergebnis einräumt. Sie sollten sich gründlich überlegen, ob der Einsatz der Methode angesichts der Zielsetzung in der konkreten Verhandlungssituation und Erfolgsaussichten möglicher alternativer Herangehensweisen indiziert ist. Dies wird gegeben sein, wenn für die Parteien tatsächlich nur eine effektive und effiziente Sachlösung von Interesse ist (Service Delivery-Projekt) oder auch, wenn – wie in Camp David – angesichts des Eskalationsgrades des Konfliktes eine weniger stark gesteuerte Kommunikation eher zu weiterer Eskalation und Scheitern jedlicher Vermittlung zu führen scheint. Eher kritisch muss man den Einsatz des Ein-Text-Verfahrens in solchen Situationen beurteilen, in denen vor allen Dingen die Aufarbeitung tiefsitzender Beziehungsstörungen und eine größtmögliche Stärkung der Eigenverantwortlichkeit und Selbstkompetenz in der Konfliktaufarbeitung im Vordergrund steht.

Insofern bietet sich das Ein-Text-Verfahren insbesondere in der Wirtschaftsmediation häufig an, insbesondere wenn die Interessen vieler Akteure ausgeglichen werden und egoistische Blockaden überwunden werden müssen. So wird z.B. über den erfolgreichen Einsatz des Ein-Text-Verfahrens in Insolvenzverfahren bzw. bei Refinanzierungsverhandlungen mit vielen Schuldnern berichtet.[842]

---

[841] FISHER/URY/PATTON 2009, S. 161ff.

[842] Vgl. die Fallschilderung bei DUVE/EIDENMÜLLER/HACKE 2011, S. 261ff.

5.5 Post-Settlement-Settlement nach Raiffa

Zu den typischen Fehlorientierungen des "Basarverhandelns" (Feilschen um Positionen) wurde in Kapitel 2.1 das unzureichende Ausloten von Kooperationschancen und -gewinnen („mutual gains") gezählt. Woher aber weiß man, dass es noch unausgeschöpfte Potenziale für Kooperationsgewinne gibt, dass durch Weiterverhandeln noch „mehr drin wäre" für alle an der Mediation beteiligten Konfliktparteien?

Diese Frage ist erwartungsgemäß nicht einfach zu beantworten und stellt im Rahmen des hier vertretenen Verständnisses der „verhandlungsunterstützenden Mediation" eine der größten Herausforderungen für den Mediator bzw. Negotiating Facilitator dar.

Auch hier kann die Sichtung der Forschungsergebnisse im *Program on Negotiation* hilfreich sein. Im Rahmen der an der *Harvard Law School* betriebenen Forschung sind insbesondere zwei Ansätze dafür von Interesse: der auf den Nationalökonom und Soziologen VILFREDO PARETO (1848-1923) basierende Begriff des **pareto-optimalen** Verhandlungsergebnisses und das von HOWARD RAIFFA (1985) im Rahmen des Harvard-Ansatzes entwickelte Konzept des **Post-Settlement-Settlement**.

Ein Verhandlungsergebnis ist dann „pareto-optimal", wenn sich das Ergebnis jeder Partei nur noch dadurch verbessern lässt, dass sich eine oder mehrere andere Parteien verschlechtern. Zu diesem Zeitpunkt wird die Verhandlung zu einem reinen „Nullsummenspiel" (Verteilungskampf). Es handelt sich also um ein **Qualitätskriterium** für Verhandlungsergebnisse (Kernfrage: Wurde „Geld auf dem Tisch liegen gelassen?") – nicht aber um ein Fairnesskriterium. Pareto-optimale Ergebnisse werden erzielt, indem man mögliche Kooperationsgewinne realisiert.

Was in der Theorie logisch klingt, führt aber in der Praxis häufig zu Schwierigkeiten, haben Medianten doch häufig den Eindruck, durch ein Weiterverhandeln würden sie ihr Ergebnis verschlechtern oder ein bereits erreichtes (Zwischen-)Ergebnis wieder gefährden. Sie können sich mit anderen Worten nicht sicher sein, ob noch mehr drin wäre oder schon alles erreicht ist, was – auf der Basis ihrer Interessenlage – erreicht werden kann.[843] Insbesondere wenn bei den Beteiligten der Eindruck entsteht, dass eine weitere

[843] Dieses Problem tritt natürlich gehäuft dort auf, wo der Mediator die zuvor geschilderte Paket-Technik des integrativen Verhandelns (Kapitel 3.2.3.1) anwendet, da ja die Kombinationsmöglichkeiten zwischen den einzelnen Verhandlungsgegenständen sehr groß sein können und solange keine

Berücksichtigung der Interessen der Gegenpartei nur noch auf Kosten der eigenen Interessen erfolgen kann[844], verzichten sie darauf, Potenziale für Kooperationsgewinne auszuloten und damit pareto-optimale Ergebnisse zu erzielen. Es bedürfte also einer Gewissheit, dass es nicht schlechter werden kann (also nur potenziell besser) und das bisher Erreichte abgesichert wird. Für diesen Fall eignet sich das auf *Howard Raiffa* zurück gehende Konzept des Post-Settlement-Settlement (PSS):[845]

PSS (auf dt.: „Nachverhandlungs-Vereinbarung") ist eine von den Parteien zu vereinbarende jederzeit kündbare Verpflichtung zur kooperativen Nachverhandlung nach bestimmten Spielregeln. PSS beginnt dann, wenn die Parteien ihre Verhandlung abgeschlossen haben und zu einer von allen Seiten akzeptierten Übereinkunft gelangt sind. Die Parteien vereinbaren dann (möglichst in einem rechtsgültigen Vertrag oder einer verbindlichen Mediationsvereinbarung), dass diese Übereinkunft solange verbindlich sein soll, wie die Parteien sich nicht im Konsens auf andere (bessere) Konditionen einigen.

Nach Abschluss der Übereinkunft beginnen die Parteien mit kooperativen Nachverhandlungen, bei denen sie versuchen, Mehrwert zu beiderseitigem Nutzen zu schaffen und dadurch zusätzlichen Wert zu kreieren, der zwischen ihnen verteilt werden kann und beide Parteien im Vergleich zur ursprünglichen Übereinkunft besser stellt. Möglicherweise kann auch eine Option sinnvoll sein, die die eine Seite besser stellt, ohne dass die andere Seite dadurch etwas verliert.

Bestandteil der zu vereinbarenden und vom Mediator zu erläuternden PSS-Spielregeln ist jedoch, dass jede Partei das Recht hat, die Nachverhandlungen abzubrechen und sich auf die Konditionen der ursprünglichen Übereinkunft zurückzuziehen. Dadurch wird erreicht, dass jede Seite die Sicherheit hat, sich im Rahmen der Nachverhandlungen nur verbessern aber auf keinen Fall verschlechtern zu können (denn der Rückweg zur ur-

---

Verbindlichkeit hergestellt ist, bis ein interessengerechtes „Paket" für alle Beteiligten geschnürt ist. Auch hier taucht die Frage auf, ob man die Potenziale für Kooperationsgewinne noch weiter ausloten – und die Verhandlung schlimmstenfalls scheitern lassen – soll oder den „Sack zu machen", mit dem Risiko, potenziell bessere Ergebnisse nicht zu realisieren.

[844] Dies kann auch ein Irrglaube im Sinne der geschilderten Psychofallen und irrationalen „Beliefs" sein, und beruht längst nicht immer auf einer realistischen Einschätzung der Verhandlungssituation.

[845] Beschrieben bei BAZERMAN/RUSS/YAKURA 1987, S. 283ff.

sprünglichen Vereinbarung bleibt ja jederzeit offen). Diese Sicherheit schafft eine Atmosphäre des Vertrauens, die Grundlage für die Offenlegung sensibler Informationen und die gemeinsame Suche nach kreativen Optionen zum beiderseitigen Nutzen ist. Die Informationen können zu diesem Zeitpunkt nicht mehr ausgenutzt werden, um die Verhandlungsposition zu veschlechtern. So können die Parteien ohne Risiko Austauschbeziehungen prüfen, „was wäre wenn"-Fragen stellen und ein Brainstorming kreativer Optionen ohne die „Schere im Kopf" unternehmen, die der Wunsch nach einem möglichst großen eigenen Nutzen üblicherweise darstellt.

Da es vielen Verhandlern sicherlich schwer fallen wird, nach harten Verteilungskämpfen einfach den Schalter hin zu einem kooperativen Verhandlungsstil umzulegen, sieht schon das ursprüngliche PSS-Konzept von RAIFFA die Mitwirkung eines unbefangenen Dritten vor und ist somit für die (Wirtschafts-)Mediation hervorragend geeignet. Der Gedanke ist, dass beide Parteien die getroffene Vereinbarung, sowie ihre Interessen und Ideen für Optionen zum beiderseitigen Nutzen einer dritten – neutralen – Person vortragen, die dann eine neue Fassung der Verhandlungsübereinkunft vorschlägt, die beiden Seiten maximalen Nutzen bietet. Beide Parteien haben dann das Recht, der neuen Fassung (PSS-Übereinkunft) zuzustimmen oder ihr Veto einzulegen und sich auf die Konditionen der ursprünglichen Vereinbarung zurückzuziehen.[846]

5.6 Verteilungskonflikte als besondere Herausforderung

Doch egal wieviel Wertschöpfungspotentiale genutzt werden können, so bleiben in den allermeisten Verhandlungen Präferenzkonflikte übrig, die eine Aufteilung des Nutzens (also des „Verhandlungskuchens") erfordern. Dieser Verteilungskonflikt wird dann manifest, wenn die Wertschöpfungspotentiale bereits genutzt wurden oder wenn es in einer bestimmten Verhandlungs keine solchen Potentiale gibt (rein distributive Verhandlung).[847] Solche Verhandlungssituationen gibt es durchaus auch in der Wirtschaftsmediation, auch wenn rein distributive Mediationsfälle eher selten sind.

[846] Ein PSS-Prozess kann jedoch auch schon ohne Einbeziehung eines Dritten zu einer deutlichen Verbesserung des Ergebnisses führen: je größer die Chancen für beiderseitigen Nutzen, desto größer der Nutzen des PSS-Prozesses.

[847] „Distributives Verhandeln" bedeutet, dass eine Einigung über die Nutzen*verteilung* im Mittelpunkt steht. Eine solche strategische Entscheidung zum distributiven Verhandeln sollte aber nicht verwech-

Insofern muß sich der Mediator für sein eigenes Vorgehen als *Negotiating Facilitator* zuerst die Frage stellen, *ob tatsächlich alle Potenziale für Kooperationsgewinne ausgeschöpft* oder gar nicht vorhanden sind (weil sich das Ergebnis der einen Partei nur noch dadurch verbessern lässt, dass sich eine oder mehrere andere Parteien verschlechtern – so die Definition des Pareto-Optimums[848]). Dabei sollte man die Potentiale prinzipiell sorgfältig ausloten, weil viele Wirtschaftsmediationen auf den ersten Blick erst einmal nach einem Nullsummenspiel aussehen.

> Bsp.: In einem Streitfall zwischen dem Geschäftsführer einer non-profit-Organisation und einem leitenden Angestellten, der von Andreas Winheller mediiert wurde, schien zunächst alles nach einer Verteilungsverhandlung (Höhe der Abfindung bei einem Aufhebungsvertrag) auszusehen. Schnell begannen die Beteiligten, sich für diese Frage in Stellung zu bringen. Beide Seiten versuchten, durch Angriffe auf den Anderen (Qualität der Arbeitsleistung vs. „Mobbing" durch den Arbeitgeber) eine Drohkulisse aufzubauen, um eine vorteilhafte Verhandlungsposition zu erreichen. Im Rahmen einer gründlichen Interessenklärung wurde der Non-Profit-Organisation bewusst, dass es zwar das Angestelltenverhältnis unbedingt beenden wollte, andererseits partiell nicht auf wertvolle Dienstleistungen des Mitarbeiters verzichten wollte. Der Mitarbeiter wiederum erkannte, dass ihm genau diese Dienstleistungen große Freude bereiten und sehr fehlen würden.
>
> Die Parteien vereinbarten daraufhin eine etwas geringere Abfindung; im Gegenzug verpflichtete sich die Organisation, den Mitarbeiter 5 Jahre lang eine bestimmte Anzahl Honorartage zu einem bestimmten Tagessatz als freien Berater zu engagieren, um genau diese Dienstleistung zu erbringen. Dies eröffnete dem Mitarbeiter einen guten Grundstock und eine Referenz für seine neue selbständige Beratertätigkeit. Nach einiger Zeit erklärten beide Parteien, sie seien heilfroh, sich damals nicht vorschnell absolut getrennt zu haben, und empfanden den vereinbarten status quo – auch noch in einer Nachbesprechung Monate nach der Mediation – als echte Win-Win-Lösung.

selt werden mit dem „intuitiven Basarverhandeln" des Feilschens um Positionen, das möglicherweise aus der „irrationalen" Einstellung resultiert, bei einem Konflikt gebe es „immer nur Gewinner und Verlierer" (vgl. „Mythos vom begrenzten Kuchen" Kapitel 4.2.3).

[848] Vgl. Kapitel 2.3.

Um nicht potenzielle Kooperationsgewinne zu verschenken, gilt es sämtliche möglichen Austauschbeziehungen auszuloten. Dies gelingt den Konfliktparteien in der Regel unter Vermittlung und Anleitung eines neutralen Dritten besser.

Aber selbst im Falle einer „reinen" Verteilungsverhandlung, in der es nur um die Verteilung des vorhandenen Wertes geht und keine Wertschöpfungspotentiale bestehen, kann ein Mediator dabei helfen, einen *effektiven Verteilungsprozess* zu organisieren:

1. Kann ein geeignetes Verteilungs*verfahren* verhandelt werden.[849] Es geht hier um die Frage, welche Verteilungskriterien von den Medianten als gerecht und fair empfunden werden. In dieser Verhandlung zu den Fairnesskriterien[850] können verschiedene Gerechtigkeitskriterien (z.B. bedarfsorientierte Verteilungsgerechtigkeit vs. Leistungsgerechtigkeit) oder Prinzipien (z.B. Prinzip des Ausgleichs von Geben und Nehmen, Ausgleich von Schuld oder moralischer Verpflichtung) Anwendung finden. Es ließe sich an dieser Stelle auch vom „Mediieren von Verhandlungsmodellen"[851] sprechen und die Vorschläge reichen vom bekannten **Kuchenteilen-Modell** (einer schneidet, der andere sucht als erster aus) bis hin zum **Kröten-Modell** (jeder muss etwas für ihn Unangenehmes im Ergebnissen akzeptieren).[852]

2. Lassen sich an dieser Stelle nochmals eindringlich die materiellen wie immateriellen Kosten eines Rechtsstreits[853] aufzählen, sonstige WATNA´s[854] benennen oder

[849] PONSCHAB/SCHWEIZER 2004, S. 258: „Die Mediation ist auch ein ebenso geeignetes Mittel in den Streitigkeiten, in denen es „nur" um die Verteilung vorhandener Ressourcen geht, sog. „**distributive Mediation**". Es gebe eine Reihe von professionellen Verteilungsverfahren z.B. das „adjusted winner"-Verfahren von *Steven J. Brahms* und *Alan D. Taylor*, vgl. BRAHMS/TAYLOR 2000, S. 69ff., die ihr Buch explizit „The Win-Win-Solution" nennen.

[850] DIEZ 2005, S. 126ff., sieht die „Maßstäbe für Fairness und Gerechtigkeit" als eigenen Prozess-Baustein des Mediationsverfahrens. Zur Bedeutung der Fairness und der vierfachen Subjektivität der Fairness vgl. auch Kapitel 2.3.2.

[851] DIEZ 2005, S. 146.

[852] Vgl. DIEZ 2005, S. 146f.

[853] Zur destruktiven Beziehungsdynamik rechtsförmiger Konfliktbearbeitung (Anspruchsdenken, Win-Lose-Lösungen, Absolutheitsanspruch, Vergangenheitsorientierung, Fokussierung auf Fehler etc.) vgl. PONSCHAB/SCHWEIZER 2010, S. 17ff.

einfach nur die Vorteile einer Wirtschaftsmediation[855] erneut in das Bewusstsein rufen.

3. Es kann wichtig sein, als Mediator erneut in die Rolle des „Agent of Reality" zu schlüpfen und die möglicherweise unrealistischen Erwartungshaltungen der Medianten zu korrigieren (vgl. Kapitel 5 „Vier Schritte zum Deal"). Eine realistischere Bewertung der Abbruchoption kann insbesondere durch eine gründliche Prozessrisikoanalyse ggf. in Verbindung mit einer Sensitivitätsanalyse erreicht werden.[856]

4. In der distributiven Verhandlung ohne die Möglichkeit der Nutzenmehrung bleibt noch der Ausweg, lediglich Teillösungen zu vereinbaren, wenn Gesamtlösungen nicht möglich sind. Die Medianten müssen dann entscheiden, ob sie die verbleibenden Konfliktpunkte mit anderen Verfahren (z.B. einer rechtlichen Klärung für diesen „Restkonflikt") regeln wollen, oder ob die verbleibenden Konflikte hinreichend klein sind, dass sie hingenommen werden können, weil „mehr einfach nicht drin war." Oftmals können Punkte auch durch „zweinigen" geregelt werden, d.h. die Parteien einigen sich explizit, dass sie sich in diesen Punkten nicht einigen können.[857] So entsteht durch Ausklammern von „poison pills" bzw. „toxischen Verhandlungsthemen" ein realistischer Lösungsrahmen in der Verhandlung.

---

[854] Als Pendant zur BATNA in der engl. Literatur: WATNA = **W**orst **A**lternative **t**o **n**egotiated **Agreements**.

[855] Insbesondere: die Mediation spart den Konfliktbeteiligten Geld, die Erfolgschancen sind höher als im gerichtlichen Verfahren (zur Einschätzung der Einigungschancen vgl. SCHMIDT 1998), alle ausgetauschten Informationen können vertraulich bleiben, die Parteibeziehungen bleiben besser geschützt als im Prozess und die Wirtschaftsmediation bietet erhebliche Zeitersparnis gegenüber Gerichts- oder Schiedsgerichtsverfahren.

[856] Vgl. im Einzelnen DUVE/EIDENMÜLLER/HACKE 2011, S. 243ff. Tatsächlich muss nicht jede Mediation zu einer Einigung führen; tatsächlich kann es auch sein, dass aufgrund eines besseren Verständnisses der Situation im Rahmen der Mediation einem oder mehreren Beteiligten klar wird, dass ein anderes Konfliktregelungsverfahren erfolgversprechender ist (ebd. S. 86f.)

[857] Nach diesem Prinzip wurden beispielsweise streitige Menschenrechtsfragen in Verhandlungen zu Zeiten des „Kalten Krieges" zwar angesprochen aber auch sofort wieder aus dem Verhandlungsprozess ausgeklammert, weil ansonsten eine Einigung nicht möglich gewesen wäre („toxic issues").

Eine solche Teillösung mit offen gelassenen Fragen ist von der Technik des **Pre-Settlement-Settlement** (PreSS) zu unterscheiden, das von BAZERMAN und GILLESPIE für komplexe Verhandlungssituationen entwickelt worden ist. Ein *PreSS ist eine formelle, rechtlich bindende, vorübergehende Vereinbarung über wesentliche Fragen, die durch ein anschließend detailliert zu verhandelndes umfassendes Abkommen ersetzt werden soll.* Es ist dabei weit mehr als eine bloße Absichtserklärung, sondern legt Richtung und Prozess der komplexen Detailverhandlung fest, wenn schnell Klarheit geschaffen werden muss und ein gutes Fundament für wertschöpfende Verhandlungen gelegt werden soll.[858]

5. Schlussendlich stellt sich dann auch noch die Frage, ob der Mediator sich selbst stärker in die inhaltliche Lösungsfindung einbringt, z.B. im Rahmen des bereits vorgestellten *Ein-Text-Verfahrens*, das dem Mediator die „Verwaltung" des gegenwärtig möglichen Kompromisslevels zuweist, oder als *ultima ratio* sogar durch explizites *Einbringen eigener Einigungsvorschläge*.[859]

---

[858] Zum Pre-Settlement-Settlement vgl. GILLESPIE/BAZERMAN 1998, S. 149ff., unter Bezugnahme auf das Oslo-Abkommen von 1993 zu Friedensverhandlungen zwischen Israel und Palästina. THOMPSON 2009, S. 91, fasst die Funktion des PreSS in Bezug auf einen komplexen Businessdeal so zusammen: „The parties agreed to negotiate an interim code of practice deal before the consensus on a final Agreements."

[859] DUVE/EIDENMÜLLER/HACKE 2011, S. 257ff., weisen darauf hin, dass eigene Einigungsvorschläge nur als ultima ratio in Betracht kommen können, weil sie die Mediatorenrolle stark ausdehnen und die Neutralität gefährden können. In Ausnahmefällen könne darin aber die Chance liegen, eine reaktive Abwertung von Lösungsvorschlägen durch die Medianten zu überwinden. Es könne dabei aber maximal darum gehen „Denkanstöße" zu geben; ein „Einigungsdiktat" sei unbedingt zu vermeiden.

6 Mediationseignung und Abgrenzung der Mediation zu anderen Konfliktbearbeitungsformen

Die Vermittlung in Konflikten durch einen neutralen Dritten unter Einbeziehung aller von einem Problem betroffenen Parteien, die freiwillig versuchen, den Konflikt durch ergebnisoffene Verhandlungen selbstbestimmt zu lösen, ist in der Europäischen Geschichte mindestens seit 2600 Jahren (Solon in Athen) nachweisbar. Tragende Säulen dieser Rechtstradition waren Vermittlungs- und Ausgleichsgedanke.[860] Trotz dieser Europäisch-abendländischen Wurzeln entstammt die Mediation in heutiger Form der „Alternative Dispute Resolution" (ADR) Bewegung der 1970er Jahre in den USA, die es sich zum Ziel gesetzt hat, Alternativen zum traditionellen Gerichtsprozess zu entwickeln, um Streitfälle effektiver und effizienter beilegen zu können.[861]

In Deutschland wurde diese Diskussion schnell adaptiert und durch drei unterschiedliche Motivations- und Diskussionsstränge gestützt. Der erste ist die *familienrechtliche Praxis*. Nach der Scheidungsrechtsreform von 1977 und dem Urteil des Bundesverfassungsgerichts zum gemeinsamen Sorgerecht[862] entstanden in der Praxis eine Vielzahl von Konfliktfällen, die nach Auffassung der beteiligten Richter und Anwälte mit dem gerichtlichen Instrumentarium nicht immer optimal bewältigt werden konnten. Mit der Initialzündung des Vortrags „Divorce in den USA"[863] von *Ronald Proksch* auf einer Tagung in der Evangelischen Akademie Arnoldshain im Jahr 1988 wurde die Mediation schnell als Chance erkant, das Methodenvakuum angemessen zu füllen.[864]

---

[860] Vgl. DUSS-VON WERDT 2005.

[861] Zur Geschichte und den Zielen der ADR-Bewegung vgl. GOLDBERG et al. 2003 und MENKEL-MEADOW 2005.

[862] BVerfG, FamRZ 1982, S. 1179ff.

[863] Die Grundgedanken des Vortrags sind bei PROKSCH 1991, S. 170ff., nachgezeichnet.

[864] Richtig Fahrt nahm die familienrechtliche Mediation in Deutschland mit der Tagung „Mediation in Familiensachen" in der Evangelischen Akademie Bad Boll im Januar 1992 auf, in deren Vorfeld auch die Bundesarbeitsgemeinschaft für Familienmediation (BAFM) gegründet wurde und die über die Möglichkeit zur Einbettung der Mediation in den familienrechtlichen Rahmen in Deutschland beriet, vgl. MÄHLER/MÄHLER 1995, S. 17f.

Die zweite Entwicklungslinie entstammt der *Begrenztheit der Ressourcen der Justizorgane*. So hatte der damalige Präsident des Bundesverfassungsgerichts *Ernst Benda* auf dem Richtertag 1979 angesichts ständig steigender Fallzahlen von einer „Begrenztheit der Rechtsfindungsressourcen" gesprochen und Reformen angemahnt.[865] Bundesjustizminister *Hans Jochen Vogel* griff diesen Gedanken in seinen „Mainzer Thesen" von 1981 auf und verwies auf die außergerichtliche Streitschlichtung als oftmals auch qualitativ vorzugswürdige Alternative:

> „[…] Für die Verstärkung der vor- und außergerichtlichen Streitschlichtung spricht auch, dass sie
>
> - die vom konkreten Konflikt betroffenen sozialen Beziehungen nicht endgültig zerstört sondern bestehen lässt,
>
> - rascher, lebensnäher und wirtschaftlicher zu einem Ergebnis führt, und dass sie
>
> - den eingangs von mir genannten gesellschaftlichen Ursachen eher begegnen und zu ihrer Überwindung beitragen kann."[866]

Die dritte Entwicklungslinie entstammt der *rechtssoziologischen Justizforschung*, die seit Mitte der 1970er Jahre unter dem Motto „Alternativen zum Recht" eine kritische Bestandsaufnahme der gerichtlichen Konfliktbehandlung vorgenommen und über qualitativ bessere Konfliktbearbeitungsformen diskutiert hatte.[867] Mit einem durch das Bundesjustizministerium initiierten Workshop 1981 in Stolberg begann ein Prozess der systematischen wissenschaftlichen Suche nach „Alternativen in der Ziviljustiz", der 1987 in das Forschungsprogramm „*Strukturanalyse der Rechtspflege (SAR)*[868]" mündete, das im Auftrag der Bundesregierung unter der Leitung von Dieter Strempel durchgeführt wurde. Bei optimaler Gestaltung der Schnittstellen wurde die „Filterwirkung" der ADR-

---

[865] Vgl. BENDA 1979, S. 357ff.

[866] VOGEL 1981, S. 49f.

[867] Zu den Entwicklungslinien im rechtssoziologischen Bereich vgl. STREMPEL § 4 Rn. 39ff.

[868] Zur SAR wurde eine Schriftenreihe „Rechtstatsachenforschung" vom Bundesjustizministerium als Sonderdruck des Bundesanzeigers herausgegeben. Zum SAR-Prozess insgesamt vgl. STOCK/ WOLFF/THÜNTE 1996.

Verfahren (also die „Entlastung" der Gerichte) im Abschlussbericht auf etwa 30% der zukünftig anfallenden Zivilverfahren geschätzt.

Im Rahmen der ADR-Bewegung wurde eine ganze Reihe von verschiedenen Konfliktlösungsmethoden entwickelt, zu deren wichtigsten „Verhandeln" (*unassisted negotiation*), „Moderation" (*Facilitation*), „Schiedsverfahren" (*Arbitration*), Schlichtung (*Conciliation*) und „Mediation" zählen. Grundannahme all dieser Verfahren ist, dass Konfliktparteien oftmals – falls notwendig durch neutrale Dritte unterstützt – bei sachbezogenem Verhandeln sachgerechtere Lösungen für ihre Konflikte finden als bei rechtsförmiger Behandlung. Von daher entwickelten sich die ADR-Verfahren zunächst als Alternative zum staatlichen Justizsystem und verstanden sich als dessen Ergänzung und Erweiterung („Appropriate Dispute Resolution").[869]

Die Abgrenzung der Mediation zu Schiedsverfahren und Schlichtung wurde bereits in Kapitel 1.1 behandelt. Der wesentliche Unterrschied von *Schiedsverfahren* zur Mediation besteht darin, dass im Schiedsverfahren die Konfliktparteien sowohl die Kompetenzen zur Prozessgestaltung als auch zur **inhaltlichen** Entscheidung an einen (oder mehrere) von ihnen einvernehmlich zu bestimmenden neutralen Dritten delegieren. Im Schiedsverfahren ist somit die Rolle der neutralen Dritten von allen ADR-Verfahren am meisten der Rolle eines Richters im herkömmlichen Gerichtsverfahren angenähert. Und auch in der Schlichtung als der häufigsten Form außergerichtlicher Streitbeilegung stellen die Parteien ihre Positionen und Argumente einem oder mehreren neutralen Schlichtern vor, die am Ende den Parteien einen – zwar unverbindlichen, aber ebenfalls inhaltlichen – Schlichtungsvorschlag unterbreiten.

Zu erläutern sind daher hier nur noch die Abgrenzungen der Mediation zur Moderation und – in Erweiterung des ADR-Methodenarsenals – zur Supervision (Kapitel 6.3). Um das Wesen der Mediation im Vergleich zu anderen Konfliktbearbeitungsformen beschreiben und anhand unterschiedlicher Interventionsqualitäten bestimmen zu können, sind noch einige Überlegungen dazu nötig, um welche Konflikte es in der Mediation typischerweise geht (Kapitel 6.1) und welche Indikationen im Sinne einer *Mediationseignung* identifiziert werden können (Kapitel 6.2).

[869] Vgl. BREIDENBACH 1995, S. 12ff.

6.1 Konfliktarten und Konfliktmodelle

Zentrale Missverständnisse bestehen häufig bei dem Begriff „Konflikt" bzw. „Konfliktlösung". Der Konflikt ist der gesamte **lebensweltliche** Konflikt mit allen seinen Aspekten auf Sach-, Beziehungs- und weiteren Ebenen der *Tiefenstruktur* des Konflikts. Eine „Lösung" des Konflikts erfordert, dass alle konflikttreibenden Faktoren auf allen Konfliktebenen geregelt werden und dadurch die erlebte „Unvereinbarkeit"[870] aufgehoben wird.[871] Ein Gerichtsverfahren kann und darf sich jedoch mit dem Konflikt in seiner Gesamtheit selbst gar nicht befassen. Insofern ist es selbstverständlich, dass die gerichtliche Entscheidung den Konflikt nicht sicher „lösen" kann, denn die Lösung des Konfliktes ist gar nicht die *Funktion* des Gerichtsverfahrens. Stattdessen geht es dort um eine *Befriedung* des Streits durch eine in einem legitimen Verfahren ermittelte *Regelung*, die für die Betroffenen bindend ist und mit dem staatlichen Zwangssystem durchgesetzt wird. Das Gericht „löst" also die „Streitsache" (den fragmentierten Konflikt), diese gehört aber zu einem ganz anderen „Sprachspiel" als der lebensweltliche Konflikt:

> „Diese (Streit-)Sache enthält eine Reihe rechtsstaatlicher und juristischer Probleme, die das Gericht rechtsverfahrensmäßig und juristisch lösen wird. [...] Es wird sich klug, wenn es Zeit hat, gründlich mit dem Rechtsstreit beschäftigen, aber niemals mit dem Konflikt der Parteien. [...] Aus diesen Gründen ist die Entscheidung, die das Gericht ausspricht, Ausdruck einer hervorragenden Lösung für die juristischen Probleme der Beteiligten, aber keineswegs zwangsläufig ein gutes Resultat für den lebensweltlichen Konflikt."[872]

Unbestritten ist diese Beendigung der Konfrontation durch ein legitimiertes Verfahren von hohem Wert, da sie eine einseitige Machtausübung (Selbstjustiz) unterbindet, die

[870] Nach der bekannten Definition von *Friedrich Glasl*, der nach Sichtung zahlreicher Erklärungsansätze den *sozialen* Konflikt als „eine Interaktion zwischen Aktoren (Individuen, Gruppen, Organisationen usw.)" definiert, „wobei wenigstens ein Aktor *[...] Unvereinbarkeiten* im Wahrnehmen und im Denken/Vorstellen/Interpretieren und im Fühlen und im Wollen mit dem anderen Aktor (anderen Aktoren) in der Art erlebt, dass beim Verwirklichen dessen, was der Aktor denkt, fühlt oder will, eine Beeinträchtigung durch einen anderen Aktor (die anderen Aktoren) erfolge." (GLASL 2011, S. 24).

[871] Vgl. auch SCHWARZ 2005, S. 217f.

[872] SCHLIEFFEN/PONSCHAB/RÜSSEL/HARMS 2006, S. 12f.

ansonsten drohen würde. Manchmal löst die Entscheidung der Streitsache tatsächlich den Konflikt auf – oft löst sie ihn aber auch nicht, dann beendet sie nur den aktuellen Kampf. Die wichtigsten Grenzen der justiziellen Konfliktbearbeitung liegen daher in Folgendem:

- Es gibt nur eine selektive Realitätsverarbeitung; die Eingrenzung bzw. Absonderung vom persönlichen und gesellschaftlichen Umfeld soll den Konflikt entscheidungsfähig machen; damit wird aber gerade aus Sicht des Betroffenen oft das für ihn Wichtigste weggelassen.
- Emotionalität und Partizipationschancen der Betroffenen werden ausgeblendet bzw. reduziert; die Parteien werden von den Profis des Verfahrens in eine marginale Position gerückt.
- Das Urteil ist in der Regel vergangenheitsorientiert; es wird über einen Ausschnitt der Vergangenheit entschieden[873]; für funktionierende Dauerbeziehungen wirkt die Einleitung gerichtlicher Schritte zerstörerisch.
- Die binäre Struktur des Rechts führt zu Alles oder Nichts-Entscheidungen, obwohl sich bei der Aufklärung des Sachverhalts häufig nur Wahrscheinlichkeitsschätzungen erreichen lassen.

Aus den vorgestellten Grenzen der juristischen Konfliktbearbeitung ergibt sich automatisch die Frage, nach welchem Maßstab sich bestimmen lässt, welches Konfliktbewältigungsverfahren im konkreten Fall vorzugswürdig ist. Als ein Kriterium dafür wurde die sogenannte **Konfliktnähe** entwickelt.[874] Dieser Forschungsansatz beruht auf der Überlegung, dass die gerichtliche Konfliktbearbeitung auf das tatbestandliche Verhalten im Endstadium des Konfliktgeschehens abstellt und psycho-soziale Bedingungsfaktoren (die „Vorgeschichte“ bzw. die „systemischen Wirkfaktoren“) davor unbeachtet lässt. Diese Aspekte sind zwar „nicht-justiziabel“, sie haben jedoch – je nachdem, wie stark die *Nähebeziehung* zwischen den Konfliktbeteiligten ist – eine erhebliche Bedeutung für die Entstehung und Eskalation eines Konflikts (und deshalb natürlich auch für die Suche nach einer tragfähigen Lösung).

[873] Ausnahmen sind Unterhaltsregelungen oder Entscheidungen, die Kindeswohlbelange berühren.

[874] Vgl. FALKE/GESSNER 1982, S. 289ff.

Die Nähebeziehung zwischen den Betroffenen kann wie folgt klassifiziert werden:

- Kennen sich die Betroffenen persönlich sehr gut, treffen sie als Person zusammen, z.B. als Familienmitglieder oder Freunde, beruhen Konflikte nahezu immer (auch) darauf, wie die Beteiligten als Person miteinander umgegangen sind. Solche **personenbezogenen Konflikte** lassen sich fast nie aus dem akuten Konfliktgeschehen heraus verstehen. Die komplexe „Vorgeschichte" hat eine überragende Bedeutung.

- Begegnen sich die Konliktakteure in spezifischen Rollen, z.B. in der Rolle als Führungskraft und Mitarbeiter oder als Geschäftspartner, ist ein Konflikt fast immer (auch) davon geprägt, wie die Beteiligten ihre jeweiligen Rollen verstehen und ausleben und wie sie die rollenbezogenen Interessengegensätze bewältigen. Solche **rollenbezogenen Konflikte** lassen sich dann konstruktiv bearbeiten, wenn das Rollenverständnis im Konfliktbewältigungsverfahren zur Sprache kommt und reflektiert wird.[875]

- Bei manchen Konflikten treffen die Konfliktbeteiligten nur zufällig aufeinander und haben keine bedeutsame gemeinsame „Vorgeschichte", z.B. bei einzelnen schädigenden Handlungen (Verkehrsunfall u.a.) oder singulären Geschäftskontakten (z.B. der gekaufte Fernseher entspricht nicht der Beschreibung). Solche Konflikte kommen der idealtypischen Konstruktion des Rechtssystems sehr nahe, da über die den akuten Konflikt auslösende Interaktion hinaus nahezu keine weiteren Wirkfaktoren berücksichtigt werden müssen. Sie können daher als **normbezogene Konflikte** bezeichnet und sehr gut durch Rechtsanwendung gelöst werden.

Generell gilt die Regel: Je intensiver die persönliche Beziehung ist, d.h. je weiter weg die Realität also von der idealtypischen Vorstellung des Gesetzes ist, die nur auf die *akute* Handlung abstellt, umso wichtiger ist es, dies bei der Bearbeitung und Lösungsfindung zu berücksichtigen, will man zu einer möglichst nachhaltigen Befriedung gelangen. Je

[875] ECK 2005 bietet dafür im Rahmen des Beratungs- und Supervisionsansatzes ein Konzept zur Arbeit mit Rollen in Organisationen an, das auch das „Rollenverhandeln" nach HARRISON 1972 beinhaltet. Ein detailliertes Konzept für den Einsatz des Rollenverhandelns in Konfliktvermittlungen bieten auch JUSTICE/JAMIESON 2006, S. 249ff.

weniger *psycho-soziale* „Vorgeschichte" andererseits besteht, desto effektiver wirkt die rechtsförmige Konfliktbehandlung durch die Judikative.

Stärker verbreitet als das Konzept der „Konfliktnähe" zur Bestimmung einer konfliktadäquaten Regelungsform ist die idealtypische Systematisierung von **Konfliktstilen**, die auch als „Grundmodell menschlichen Konfliktverhaltens" in die Literatur eingegangen ist und nach den miteinander kombinierten Dimensionen „**Selbstbehauptung**" und „**Rücksichtnahme auf andere**" in einer Vierfeldertafel die Stile „*Durchsetzung*" (mit geringer Rücksichtnahme), „*Vermeidung oder Flucht vor dem Konflikt*", „*Anpassung*" (mit geringer Selbstbehauptung) und „*Kooperation und gemeinsame Problemlösung*" (mit jeweils hoher Ausprägung von Selbstbehauptung und Rücksichtnahme) unterscheidet.[876]

Weitere Typisierungen von Konfliktarten und -formen aus den soziologischen, psychologischen und sozialpsychologischen Fachdisziplinen reichen von der Unterscheidung zwischen Sach- und Beziehungskonflikt, Intra- und Inter-Rollenkonflikt, Wert- und Bedürfniskonflikt über Verteilungkonflikte, latente und manifeste Konflikte bis hin zu inneren „Annäherungs-Vermeidungs-Konflikten" nach *Kurt Lewin*.[877] Als weithin bekannt vorausgesetzt werden kann außerdem das Stufenmodell von *Friedrich Glasl* als Beschreibung der **Dramaturgie von Konflikten**.[878] Die neun Stufen der Konflikteskalation sind:

Stufe 1 – Verhärtung: als belanglose Reibereien und alltägliche Konflikte.

Stufe 2 – Polarisierung und Debatte: mit Beginn der Lagerbildung und ermüdenden Debatten, die an die Stelle des Gesprächs treten.

Stufe 3 – Taten statt Worte (Aktionen): mit der Überzeugung, dass „Reden nichts mehr hilft" wird die Gegenseite mit vollendeten Tatsachen konfrontiert.

---

[876] Ein kurzer Fragebogen zur Konfliktstil-Selbsteinschätzung findet sich bei BERKEL 1992, S. 48f., eine Anwendung der daraus resultierenden „Grundstrategien im Umgang mit Konflikten" für die Verhandlungsführung bei TOELSTEDE 1997, S. 181ff.; vgl. auch ROSNER/WINHELLER 2012, S. 281ff.

[877] Vgl. im Einzelnen die Darstellung bei ROSNER/WINHELLER 2012, S. 83ff.

[878] Vgl. GLASL 1999, 2011.

Stufe 4 – Images/Koalitionen: mit Erweiterung des sozialen Konfliktrahmens wird um Anhänger geworben und die gegnerische Konfliktpartei stigmatisiert und bekämpft.

Stufe 5 – Gesichtsverlust: der Konflikt wird immer stärker in der Öffentlichkeit ausgetragen; Angriffe und Enthüllungen zielen auf den Gesichtsverlust des Gegners ab.

Stufe 6 – Drohstrategien: gehören ab dieser Stufe zur Tagesordnung; durch Ultimaten wird die Konflikteskalation beschleunigt.

Stufe 7 – Begrenzte Vernichtungsschläge: dienen der „Entmachtung" des Kontrahenten; die Feindbilder haben sich endgültig verfestigt.

Stufe 8 – Zersplitterung: die Zerstörung und Auflösung des feindlichen Systems wird als Ziel intensiv verfolgt; noch herrscht die Auffassung, dass es beim Konflikt „Gewinner" und „Verlierer" gibt.

Stufe 9 – Gemeinsam in den Abgrund: das Vernichten des Gegners wird zum Preis der Selbstvernichtung angestrebt (Kamikaze-Mentalität); es kommt zur totalen Konfrontation mit in Kauf genommenen Kollateralschäden.

Das Konflikteskalationsmodell als Typologisierung von Verlaufsprozessen in Konflikten verdeutlicht, wie das eigene Verhalten und die Reaktion des Gegenübers die jeweiligen Handlungsspielräume mit fortschreitender Konfliktdynamik immer mehr einschränken. Der Übergang von Stufe zu Stufe kann auch als Abgleiten von einem Reggressionsniveau zu einer weiteren, noch niedrigeren Stufe verstanden werden. Während sich *Friedrich Glasl* auf insgesamt neun Stufen konzentriert, reduziert der Organisationspsychologe *Oswald Neuberger* diese Stufen auf insgesamt drei Konfliktphasen:[879]

- Laut *Neuberger* ist die *erste Phase* durch Reibereien und mehr oder weniger heftige Debatten geprägt. Die Beteiligten polarisieren sich zunehmend und bilden Gruppen, die versuchen sich gegenseitig durch unterschiedliche Strategien zu überzeugen beziehungsweise zu überrumpeln. Durch demonstrative Aktionen einer der beiden Konfliktparteien weitet sich der soziale Rahmen aus. Das ursprüngliche Konfliktfeld wird erweitert.

[879] Zitiert nach PINK 2009, S. 188.

- Dies leitet die *zweite Phase* ein: In diesem Zeitraum geht es zunächst um die Verbesserung des eigenen Images. Zu diesem Zweck wird versucht, neue Verbündete zu finden und gleichzeitig die Gegenseite zu diffamieren. Drohungen und Angriffe beider Seiten läuten dann bereits die dritte Phase ein.

- *Dritte Phase:* Auf dieser Stufe werden die Vernichtungsschläge, die vorab nur angedroht wurden, tatsächlich nach und nach umgesetzt. Man versucht den Gegner zu schädigen, wo es nur geht. Massive Diffamierungskampagnen werden gestartet mit dem Ziel, als klarer Sieger aus dem Kampf hervorzugehen. Meist sind mittlerweile viele Gruppen und Lager entstanden, die sich gegenseitig bekriegen und eigene „Ghettokämpfe" ausfechten. Die Freund-Feind-Lager sind zum Teil sehr unübersichtlich und zersplittert, mit der Folge, dass jederzeit aus den verschiedenen Brandherden ein großes unkontrollierbares Flächenfeuer entstehen kann. Die Eskalation erreicht dann den Höhepunkt, wenn ein Krieg aller gegen alle ausgebrochen ist.

Der Verweis von Friedrich Glasl und Oswald Neuberger auf die zunehmende *Ausweitung des sozialen Rahmens* bei der Konflikteskalation macht deutlich, dass hier ein *linear-kausales* Konfliktverständnis, wie es häufig der gerichtlichen Konfliktbearbeitung zugrunde liegt, unzureichend ist. Für jeden Schaden gibt es im Rahmen dieses Denkmodells „Ursachen" und in der Regel einen Verursacher (den „Schuldigen"), dem die Verantwortung für den Eintritt des Schadens zugewiesen wird. Und für eine rechtsförmige Analyse von Konflikten mag diese kausalistische Perspektive unabdingbar sein. Die Konfliktforschung hat jedoch hinreichend gezeigt, dass diese Betrachtungsweise meist eine künstliche Vereinfachung des komplexen Konfliktgeschehens darstellt, die einer konstruktiven Lösung oft im Wege steht.

In der psycho-sozialen Beratung und der Mediation hat sich daher weithin eine *systemtheoretisch-konstruktivistische* Betrachtungsweise durchgesetzt (sog. „systemischer Ansatz"). Danach gibt es in menschlichen Beziehungen keine lineare Kausalität für Verhalten, sondern ein System gegenseitiger Beeinflussungsfaktoren, das die Handlungen der vernetzten Akteure in einem System (z.B. einer Familie, einer Wirtschaftsorganisation, einer Gesellschaft) prägt. Statt der Suche nach dem Schuldigen steht die Suche nach den destruktiven Aktions- bzw. Kommunikationsmustern im Vordergrund. Durch eine Veränderung dieser Muster kann die Systemdynamik möglicherweise verändert und der Konflikt aufgelöst werden.

6.2 Indikationen für Mediationseignung

Das Kriterium der „Konfliktnähe“ und die „psycho-soziale“ Vorgeschichte, die „Ausweitung des sozialen Rahmens“ in der Konflikteskalation und die der Komplexität des Konfliktgeschehens besser gerecht werdende „systemische“ und „wirklichkeitskonstruktive“ Perspektive sind also schon wichtige Hinweise auf die *Mediationseignung* eines Konfliktes. Es soll hier jedoch der Auffassung vorgebeugt werden, die Mediation sei ein universell einsetzbares Verfahren, das in allen Fällen optimale Ergebnisse produzieren würde. Die Mediation ist sicherlich ein Konfliktbearbeitungsverfahren, das aufgrund der Logik seiner inneren Wirkprinzipien in vielen Fällen eine sehr effektive Konfliktbearbeitung ermöglicht. Insoweit kann sie in vielen Fällen tatsächlich bessere – insbesondere nachhaltigere und wertschöpfendere – Ergebnissse hervorbringen als andere Verfahren. Gleichzeitig dürfte es aber auch Konflikte geben, die mit einer Mediation gar nicht effektiv bearbeitet werden können oder in denen eine Mediation zwar grundsätzlich möglich wäre, aber weniger effektiv als ein anderes Verfahren wirken würde. Es gibt eine Reihe weiterer Kriterien, nach denen Konfliktfälle analysiert werden können, um zu einem tragfähigen Urteil darüber zu gelangen, ob im konkreten Fall eine Mediation Erfolg verspricht oder ein anderes Verfahren besser geeignet wäre.

Folgende **Indikationen für eine Mediationseignung** lassen sich heranziehen:[880]

a) Interesse an der Beziehung zwischen den Konfliktparteien

Eine Mediation bietet im Gegensatz zur beziehungsgefährdenden rechtsförmigen Konfliktbewältigung die Gelegenheit zu einer beziehungsschonenden Konfliktbearbeitung, ggf. kann sogar gezielt an einer Verbesserung der Beziehung gearbeitet werden. Die Mediation ist also vor allem dann die erste Wahl, wenn die Konfliktparteien über den Konflikt hinaus miteinander verbunden sein wollen oder müssen und daher auf eine arbeitsfähige („geklärte“) Beziehung angewiesen sind.

[880] Die kompakte Zusammenstellung der Kriterien für eine Mediationseignung entstand auf Grundlage der Beratungen im Arbeitskreis Mediation der Arbeitsgemeinschaft sozialdemokratischer Juristinnen und Juristen (ASJ) des Landesverbandes Rheinland-Pfalz.

b) Interesse an der Erörterung von Beweggründen

Eine Mediation ist auch dann sehr gut geeignet, wenn es den Konfliktparteien wichtig ist, sich im Konflikt „zu erklären“ und/oder die Beweggründe der Konfliktpartner zu erfahren. Gerade das Bedürfnis, die anderen zu verstehen und selbst verstanden zu werden, findet in einem Gerichtsverfahren oft keinen Raum; in der Mediation ist diese Gelegenheit gegeben. Oft beschreiben Medianten nach einer Mediation, dass es für sie einer der interessantesten Aspekte gewesen sei, die wahre Interessenlage des anderen kennenzulernen und dass sie viel über den anderen gelernt hätten – selbst wenn man sich schon jahrzehntelang kannte.

Gleiches gilt, wenn es einer – oder mehreren – Konfliktpartei(en) eher um eine „Entschuldigung“ als um Schadensersatz geht.

c) Hohes Potenzial für eine wertschöpfende Verhandlungslösung

Manche Konfliktsituationen sind „Nullsummenspiele“; in solchen Situationen geht es lediglich um eine Verteilung des Wertes zwischen den Parteien (Win-Lose). Die meisten komplexen Konfliktlagen bieten jedoch mehr oder weniger Raum für eine „Kuchenvergrößerung“, d.h. durch kooperatives Verhandeln können Austauschpotenziale zum beiderseitigen Nutzen ausgeschöpft werden (Win-Win), wie in Kapitel 2.3 und Kapitel 3 gezeigt. Jede konfrontative Haltung vermindert die Möglichkeiten, die bestehenden Kooperationschancen voll auszunutzen.[881] Von daher werden die wertschöpfendsten Verhandlungslösungen meist bei mediativen Verhandlungen erzielt, wenn es gelingt, das „Informationsdilemma“ durch Vertrauensaufbau zu überwinden und „Paketlösungen“ auszuhandeln.

d) Wunsch nach Ergebniskontrolle bzw. selbstbestimmter Konfliktregelung

Die Mediation als konsensuales selbstbestimmtes Konfliktbearbeitungsverfahren ist besonders geeignet, wenn es den Parteien wichtig ist, die Kontrolle über das Ergebnis möglichst in den eigenen Händen zu behalten und nicht zu delegieren.

---

[881] Vgl. Kapitel 3.5.1.4.

e) Bedürfnis nach schneller Konfliktregelung

Eine Mediation ist in jedem Falle schneller durchzuführen als etwa ein Gerichtsverfahren, in der Regel auch schneller als ein Schiedsgerichtsverfahren. Das Bedürfnis nach einer schnellen Regelung spricht also je nach den sonstigen Umständen des Falles für die Durchführung einer Mediation oder einer Schlichtung.[882]

f) Möglichst gleichgewichtige Machtlage zwischen den Parteien

Je gleichgewichtiger die Machtlage in der Ausgangssituation, desto besser – und fairer – kann eine mediative Konfliktlösung stattfinden.[883] Hauptaufgabe des Mediators bei auftretenden Machtungleichgewichten ist, darauf zu achten, dass diese sich nicht in einem untragbaren Ergebnis niederschlagen. Dazu muss den Beteiligten das Machtgefälle erst einmal bewusst und damit bearbeitbar gemacht werden. Durch Thematisierung und Spiegelung des Machtgefälles entsteht Transparenz, die alleine schon dazu führen kann, das Machtgefälle ein Stück weit unter Kontrolle zu halten.[884]

Im Extremfall kann es sein, dass der Mediator die Mediation wegen nicht überbrückbarer Machtgefälle abbrechen muss, z.B. bei mangelnder Ergebnisoffenheit, wenn die Mediation als Verzögerungstaktik oder Alibi eingesetzt wird oder wenn eine Partei während der Mediation durch die mächtigere Partei massiv unter Druck gesetzt wird.[885]

e) Bedürfnis nach Vertraulichkeit

Da das Mediationsverfahren nicht öffentlich ist und sich die Parteien zu strikter Vertraulichkeit verpflichten – in der Regel auch zur vertraulichen Behandlung der Inhalte einer Mediationsvereinbarung – ist eine Mediation schließlich besonders geeignet, wenn die

---

[882] Vgl. RISSE 2003 § 14 Rn 7f.

[883] Zur Mediation in Machtungleichgewichtslagen vgl. die Hinweise in Kapitel 4.4 sowie ausführlich BUDDE 1999. Zur Bedeutung von Machtungleichgewichtslagen in Verhandlungen allgemein vgl. RUBIN/BRWON 1975, S. 214ff.; ADLER/SILVERSTEIN 2000, S. 1ff.; MOORE 2003, S. 389ff.

[884] Vgl. DUVE/EIDENMÜLLER/HACKE 2011, S. 284ff.

[885] Angesichts dieser zum Teil massiven Interventionen wird deutlich, dass beim Umgang mit Machtgefällen ein Spannungsverhältnis zwischen Fairnessgebot und Eigenverantwortlichkeit der Medianten besteht.

Parteien eine nichtöffentliche Behandlung ihres Streitfalles wünschen (z.B. in der Wirtschaftsmediation). Die gleiche Vertraulichkeit ist auch in Schiedsgerichtsverfahren gegeben. Gerade die kurze Verfahrensdauer der Mediation minimiert aber die Gefahr, dass eine undichte Stelle entsteht oder dass bleibende Imageschäden aufgrund eines hohen Medieninteresses an dem nichtöffentlichen Verfahren entstehen.[886]

Neben den genannten Indikationen für eine Mediationseignung gibt es folgerichtig auch einige Kriterien, die **gegen** die Durchführung eines Mediationsverfahrens sprechen:

Mediation setzt auf kooperative Lösungssuche durch die Beteiligten selbst. Ihre **Grenzen** liegen also zunächst da, wo die Beteiligten zu einer solchen kooperativen Lösungssuche nicht bereit oder nicht in der Lage sind. Wenn der Konflikt derart verhärtet ist, dass die Beteiligten jede Kommunikation abgebrochen haben, kann eine Regelung zunächst nur noch durch einen Machteingriff, z.B. seitens eines Richters (oder durch mit Machtmitteln gestützte Vermittlungsverfahren sog. „Power Mediation" oder „Muscle Mediation"[887]) erfolgen. Davon muss nach *Friedrich Glasl* jedenfalls bei Konflikten ab der Stufe 7 („begrenzte Vernichtungsschläge") ausgegangen werden.[888]

Wichtiges Kriterium gegen eine Mediationseignung ist also erst einmal die fehlende Bereitschaft zur direkten Kommunikation. Eine Mediation kommt auch dann nicht in Frage, wenn eine oder mehrere Konfliktparteien nicht verhandeln wollen, weil sie glauben, aufgrund ihrer Machtposition nicht verhandeln zu müssen, oder weil der Konflikt bereits eine solche Eskalationsstufe erreicht hat, dass das „Besiegen" des Gegners – ggf. auch der öffentliche „Sieg" – für die Beteiligten wichtiger geworden ist als eine interessengerechte Sachlösung für den Konflikt. In solchen Fällen kann dann vereinzelt bereits ab Stufe 5 des Eskalationsmodells („öffentliche" Austragung des Konfliktes mit Gefahr des „Gesichtsverlustes") nur noch durch Delegation der Konfliktentscheidung eine friedli-

---

[886] Vgl. RISSE 2003 § 14 Rn 9.

[887] Als „Prototyp" des „mediator-with-muscles" wird in der Literatur der amerikanische Diplomat *Richard Holbrooke* (1941-2010) genannt, der 1995 mit dem Dayton-Abkommen das Ende des Bosnien-Krieges erreichte, dabei aber den serbischen, kroatischen und moslemischen Verhandlungsführern mit amerikanischen Luftschlägen gegen jede Partei gedroht hatte, die nicht einigungsbereit verhandeln würde. Es ist bis heute sehr umstritten, inwieweit es sinnvoll ist, eine solche Intervention überhaupt „Mediation" zu nennen.

[888] Vgl. GLASL 2011, S. 196.

che Konfliktlösung möglich sein – zum Preis der Fremdbestimmtheit. Meist kann jedoch durch geschickte strategische Interventionen auf Macht- und Rechtsebene[889] eine Situation geschaffen werden, bei der der Andere „an den Verhandlungstisch (bzw. in die Mediation) gezwungen“ und letztlich doch noch eine interessenorientierte Verhandlungslösung möglich wird. In jedem Fall ist nach *Glasl* in der Regel bereits bei Konflikten ab der Stufe 4 die Grenze der Selbsthilfe erreicht und die Einbeziehung eines externen Dritten zur effektiven Konfliktbewältigung erforderlich.[890]

Als kooperative Verhandlungsmethode setzt die Mediation voraus, dass ein *Mindestmaß an Vertrauen zwischen den Beteiligten aufgebaut* werden kann,[891] um einen offenen Informations- und Interessenaustausch sowie eine kooperative Lösungsfindung zu ermöglichen. Wenn das Misstrauen zwischen den Beteiligten so tief sitzt, dass dauerhaft jede Beteuerung in Frage gestellt und hinter jeder Interaktion eine böse Absicht vermutet wird, ist eine mediative Konfliktbearbeitung wenig erfolgversprechend.

Schließlich kann das Interesse an der *grundsätzlichen* Klärung einer Rechtsfrage eine Kontraindikation sein. Wenn der Konfliktfall über den konkreten Konflikt hinaus Präzedenzwirkung hat, d.h. wenn es einer Partei gerade um die verbindliche Klärung einer unterschiedlichen Rechtsauffassung geht (z.B. um die Gültigkeit einer AGB-Bestimmung), ist eine Mediation ebenfalls ungeeignet. Nur durch ein rechtskräftiges Urteil ist Rechtssicherheit dann wirksam zu erlangen.

Diese Prüfung der Mediationseignung eines „Falles“ sollte Pflichtübung jedes Mediators in der Vorphase vor Einstieg in die mediative Konfliktbearbeitung sein. Grundsätzlich gilt dabei: *Der Einstieg in eine Mediation geht immer dann, wenn die Parteien bereit sind, sich zusammenzusetzen, um gemeinsam nach einem friedlichen Weg der Konfliktbearbeitung zu suchen.* Ist diese Voraussetzung gegeben, kann gemeinsam geklärt werden, inwieweit die Durchführung eines Mediationsverfahrens Sinn macht. Von Be-

---

[889] Vgl. THOMPSON 2009, S. 105ff.; URY/BRETT/GOLDBERG 1996.

[890] GLASL 2011, S. 176ff.

[891] THOMPSON 2009, S. 143ff., beschreibt ein Stufen-Konzept für die „Reparatur“ von gestörten Vertrauensbeziehungen: „Step 1: Arrange a personal meeting. Step 2: Put the focus on the relationship. Step 3: Apologize. Step 4: Let them vent. Step 5: Do not get defensive. Step 6: Ask for clarifying information. Step 7: Test your understanding. Step 8: Formulate a plan. Step 9: Think about ways to prevent a future problem. Step 10: Do a relationship checkup.“

deutung ist aber auch, dass Mediatoren über ein breites Methodenspektrum verfügen, um nicht nur Eignung und Begrenzungen des Mediationsverfahrens im konkreten Fall besser einschätzen zu können, sondern auch um Unterschiede und mögliche Verknüpfungen der Mediation mit anderen Konfliktbearbeitungsformen beurteilen zu können.

6.3 Abgrenzung der Mediation zu Supervision und Konfliktmoderation

Beim Umgang mit Konflikten im Wirtschafts- und Organisationskontext unter Hinzuziehung neutraler Dritter gibt es offensichtlich verschiedene Alternativen. Die etablierten Verfahren greifen auf verschiedene methodische Grundlagen und Hintergründe zurück, lassen sich jedoch auch im Hinblick auf Ziele und Anwendungsgebiete unterscheiden. Hier werden zunächst einige Unterschiede der Mediation zur Supervision und Konfliktmoderation betont und anschließend (in Kapitel 7) aber auch die Verknüpfungen der Mediation zu weiteren methodischen Alternativen der Konflikthandhabung durch Beratung, Organisationsentwicklung sowie „kurative" Verfahren[892] herausgearbeitet.

6.3.1 Supervision und Mediation

Supervision ist eine aus dem anglo-amerikanischen Raum stammende Methode professioneller Praxisberatung und -anleitung. Sie ist ein Prozess angeleiteter Selbst- und Fremdreflexion in kommunikativer Interaktion mit anderen über die Wirksamkeit des eigenen professionellen Handelns.[893] Eine einheitliche Definition für Supervision hat sich in der Literatur noch nicht durchgesetzt. Einigkeit besteht jedoch insoweit, als sie als „zeitlich begrenzte Auseinandersetzung über die praktische Arbeit"[894] beschrieben werden kann.

Bei der idealtypischen Supervision liegt der Fokus vor allem auf der Qualität der Arbeit. Durch die unterstützte Reflexion des eigenen Tuns soll die Qualität gesichert und falls erforderlich verbessert werden. In diesem Fall ist die Supervision eine längere prozessorientierte Begleitung ohne einen klaren vorab definierten Endpunkt. Erst im Zuge der Reflexion definiert dann der Supervisand für sich die Lernziele, die er innerhalb und au-

[892] Als „kurative" Verfahren werden hier die aus der Therapie heraus entwickelten Ansätze einer „widerstandsfreien Sprache" (Kapitel 7.3) und der systemischen Aufstellungen (Kapitel 7.6) bezeichnet.

[893] Vgl. SCHREYÖGG 1991.

[894] PALLASCH/MUTZEK/REIMERS 2002, S. 10.

ßerhalb der Supervision verfolgen möchte. Diese Ziele ändern sich regelmäßig im Laufe des Prozesses.

Supervision richtet sich ihrem Wesen nach vor allem auf eine **innere Klärung**, ist also besonders in der Konfliktprävention, in der Bearbeitung von Konflikten mit starkem *intra-personalen* Anteil und in der Phase nach der Bearbeitung längerer destruktiver Konflikte bzw. als Unterstützung bei der Implementierung vereinbarter Lösungen geeignet.[895] Ziel ist auch der Kompetenzaufbau, der in den Bereichen personale Kompetenz, Beziehungs- und Arbeitsgestaltung, strukturelle Kompetenz sowie methodische und instrumentelle Kompetenz verortet sein kann. Schnittmengen in Selbstverständnis und Arbeitsweise der Supervision gibt es insofern mit Mediation nach dem *Individual-Autonomy-Projekt*.[896] In der Teamsupervision liegt der Fokus neben den intra-personalen Prozessen auch im Bereich des Miteinanders – also der Zusammenarbeit.[897]

Generell ist die Supervision im Gegensatz zur Mediation stärker auf das Verhalten und den Prozess als auf das Erzielen eines Sachergebnisses orientiert. Supervision öffnet sich in Form der ergebnisorientierten punktuellen (Krisen-)Intervention[898] zwar auch Tätigkeitsfeldern, die eher der „klassischen" Konfliktvermittlung entsprechen; sie übernimmt dann einzelne Konzepte (z.B. Phasenmodell, Allparteilichkeit) der Mediation, ohne über das in sich geschlossene Konzept aus Haltung und Methodik zu verfügen. Manche scheinen in der Supervision gar den Oberbegriff für Praxisberatung und -anleitung zu sehen, der je nach Inhalt eine Ausprägung als Lehrsupervision, Praxisberatung[899], Organisationsentwicklung oder Mediation finden kann. Wollte man die Definition von Supervision so weit ausdehnen, verlöre sich jedoch die Trennschärfe zwischen Supervision und Mediation sowie den anderen Interventionsformen, wodurch eine allumfassende Definition für die Kategorisierung verschiedener Interventionsrichtungen unbrauchbar würde.

---

[895] Vgl. SCHMIDT/KOSTKA, Mediation im Kommunalrecht, S. 61.

[896] Zu den Mediationsprojekten vgl. BREIDENBACH 1995, S. 120ff.

[897] Vgl. SCHREYÖGG 1991, S. 465ff.

[898] Vgl. SCHMIDT/KOSTKA, Mediation im Kommunalrecht, S. 61.

[899] Vgl. SCHULZ VON THUN 1996, TIETZE 2003, REDDY 1997.

Betont man eher die Unterscheidungsmerkmale, dann ist die **Mediation** in der ursprünglichen Form als effektive Konfliktlösungsmethode nach dem *Service-Delivery-Projekt*[900] nicht nur stärker auf die **Erzielung eines Sachergebnisses** fokussiert, sondern im Gegensatz zur Supervision sehr **zukunfts- und lösungsorientiert**. Die Vergangenheit und die Tiefenstruktur des Konfliktes bzw. der „Beziehungsseite" des Konflikts interessieren dabei nur insoweit, wie sie für eine einvernehmliche Lösung des Konfliktes erforderlich sind. Je mehr sich der Mediator selbst zurücknimmt, um den Transformationsansatz nach dem *Individual-Autonomy-Projekt* zum Tragen zu bringen und die Förderung der Kompetenzen der Konfliktbeteiligten („Empowerment") in den Mittelpunkt seiner Arbeit stellt, desto mehr nähert er sich in seinem Selbstverständnis und seinem praktischen Wirken einer Supervision in Form einer Krisenintervention im akuten Konflikt an.

Im Unterschied zur Supervision behalten jedoch die Prinzipien der Informiertheit und der Allparteilichkeit (im Unterschied zur „Objektivität" in der Supervision) in jedem Fall eine hohe Bedeutung. Insbesondere das Wirken als „aktiver Mediator"[901] in Form von verhandlungsunterstützenden Interventionen oder gezielten Interventionen zum Ausgleich von Machtungleichgewichten ist dem Wesen der idealtypischen Supervision fremd. Ein weiteres Abgrenzungskriterium ist schließlich, dass *am Ende der Mediation eine zukunftsorientierte schriftliche Vereinbarung für das Problem* stehen soll, das der Anlass für den mediativen Prozess war.[902]

6.3.2 Konfliktmoderation und Mediation

Der Begriff „Moderation" wird heute vor allem als „Synonym für Prozessgestaltung", insbesondere die Gestaltung von Gruppengesprächen, benutzt. Vom Moderator wird dabei erwartet, dass er sich aus der inhaltlichen Arbeit heraushält, sich auf die Lenkung des Kommunikationsprozesses konzentriert und darauf achtet, dass die Kommunikation strukturiert und zielgerichtet abläuft.[903] Je nach Zielrichtung und Kontext finden im

[900] Zu den verschiedenen „Mediationsprojekten" als idealtypischen Zielorientierungen von Mediatoren vgl. BREIDENBACH 1995, S. 212ff.

[901] Vgl. ausführlich zu Funktion und Gestaltungsmöglichkeiten des Negotiating Facilitators Kapitel 5.

[902] Vgl. zu den Mediationsphasen und zur Fixierung des Ergebnisses Kapitel 1.2.1.

[903] Vgl. SEIFERT 1999.

Rahmen der Moderation Interventionstechniken aus dem therapeutischen Bereich oder der sogenannten „Moderationsmethode" Anwendung. Die „Moderationsmethode" wurde in den 1960er Jahren vom „Quickborner Team" für die Businessmoderation entwickelt und zielt darauf ab, Entscheidungsprozesse „möglichst partizipativ und geordnet ablaufen" zu lassen.[904]

Aus den genannten Kriterien für die Moderation wird klar, dass jede Mediation auch insoweit „Konfliktmoderation" ist, als dass alle genannten Kriterien der Moderation in ihr erfüllt sind. Fraglich ist jedoch, ob „Konfliktmoderation" und „Mediation" begrifflich klar voneinander abgegrenzt werden können. Das ist deshalb problematisch, weil der Begriff der „Konfliktmoderation" teilweise sehr weit definiert wird.[905]

Teilweise wird zwischen „Mediation" und „Konfliktmoderation" nach der Intensität der Prozess- und Interventionskompetenzen unterschieden. Ein **Moderator** unterstützt demnach lediglich die Gruppe in ihrem Arbeitsprozess und achtet auf die Einhaltung der vereinbarten Spielregeln, ein **Mediator** hat demgegenüber größere Kompetenzen zur Gestaltung des Prozesses mit dem Ziel, dadurch zur Entwicklung einer allseits akzeptierten Lösung beizutragen, er ist stärker auch auf Vermittlung ausgerichtet, ist allparteilich, aber achtet falls notwendig auch auf den *Ausgleich von Machtgefällen*.[906]

Für andere ist die *„Mediation" das Synonym für die professionelle Moderation in Konflikten*, die je nach Situation und Haltung des Mediators verschiedene Ausprägungen finden kann, so dass für eine eigenständige Qualität des Begriffs „Konfliktmoderation" kein Raum mehr bleibt.[907] THOMANN und SCHULZ VON THUN[908] weisen schließlich darauf hin, dass Konfliktdynamiken insbesondere unter systemischem Blickwinkel so komplex sind, dass eine Konfliktbearbeitung unter Beteiligung eines neutralen Dritten

---

[904] SEIFERT 2003, S.80; daraus entwickelte sich die „Metaplan-Methode" (vgl. SCHNELLE 1988), die „ModerationsMethode" (vgl. KLEBERT/SCHRADER/STRAUB 2006) sowie die „MODERATIOnsMETHODE" (vgl. SEIFERT 1992, 1995).

[905] Vgl. REDLICH 1997.

[906] Vgl. GLASL 2011, S. 196, („Moderation" vs. „Vermittlung"); ELLIOT 1999, S.209.

[907] Vgl. LEWICKI/HIAM/OLANDER 1998, S.201ff. (nur „Vermittlung in Konflikten"); KOVACH 2005, S. 309f. („Mediation" als Spezialbegriff für „Facilitating" in Konflikten); wohl auch BESEMER S. 13f., der Mediation nicht zur Konfliktmoderation abgrenzt.

[908] THOMANN/SCHULZ VON THUN 1993.

immer unter dem umfassenden Begriff „Klärungshilfe" gefasst werden sollte, der je nach situativer Notwendigkeit die „Moderation" und „Vermittlung" umfasst.[909]

Die Grenzen zwischen Konfliktmoderation und anderen Konfliktbehandlungsmethoden unter Zuhilfenahme eines neutralen Dritten sind sicherlich fließend. Trotzdem bieten die Kriterien der Ergebnisorientierung (jedenfalls beim *Service-Delivery-Projekt*) und der Eingriffsintensität sinnvolle Unterscheidungsmerkmale zumindest für das Verständnis zweier im Idealtypus unterschiedlicher Interventionsqualitäten. So verstanden kann in der Anfangsphase eine Konfliktes „Moderation" ausreichen, bei stärkerer Eskalation ist „Mediation" erforderlich.[910] Klar ist aber, dass die Begriffsdefinitionen so fließend sind, dass in einer präzisen Auftragsklärung mit dem oder den Klienten besprochen werden muss, welche Rollenerwartungen konkret bestehen, wenn beispielsweise eine „Konfliktmoderation" verlangt wird.

---

[909] Das Modell der „Klärungshilfe" umfasst sogar noch die intra-personale Konfliktklärung, reicht also methodisch weit in den therapeutischen Bereich hinein.

[910] SCHMIDT/KOSTKA, Mediation im Kommunalrecht, S. 61; GLASL 2011, S. 196 (Moderation bis Stufe 3, Mediation bis Stufe 7).

7 Verknüpfungen der Mediation zu weiteren Konfliktbearbeitungsformen

Fließende Übergänge gibt es auch zu weiteren Konfliktbearbeitungsformen. Hier sollen die – zum Teil innovativen – Verknüpfungen der Mediation zur *Beratung* (Kapitel 7.1), zur *Organisationsentwicklung* (Kapitel 7.2), zum Konzept der *„Gewaltfreien Kommunikation"* nach Marshall Rosenberg (Kapitel 7.3), zur *angewandten Typologie* (Kapitel 7.4), zum *Generativen Coaching* nach Robert Dilts und Stephen Gilligan (Kapitel 7.5) sowie zu den Verfahren der *systemischen Struktur- und Organisationsaufstellungen* nach Insa Sparrer und Matthias Varga von Kibéd (Kapitel 7.6) herausgestellt werden. Insbesondere das „Aufstellen" von Konfliktsystemen bzw. die Nutzung aufstellungstechnischer Elemente[911] in der Konfliktmediation halten die Verfasser für eine weitgehend noch ungenutzte Ressource in der nach wie vor eher juristisch als soziologisch, psychologisch und kommunikationstechnisch geprägten Mediationspraxis. So könnten Formate wie die Entscheidungsaufstellung, die Werte- oder Ressourcenaufstellung sowie die Organisationsstrukturaufstellungen zu wichtigen methodischen Elementen im Mediationsverfahren werden, die stärker an die „Tiefenstruktur" eines Konfliktes anknüpfen und daher eine gesteigerte transformative und kompetenzsteigernde Wirkung bei den Konfliktbeteiligten entfalten. Deren „systemisch" rekonstruierbaren Beziehungskonstellationen und Funktionszusammenhänge können durch die heuristische Verwendung der im Aufstellungsansatz ausgewiesenen „systemischen Ordnungsannahmen" schließlich auch gewinnbringend in die Hypothesenarbeit bei der Mediation Eingang finden und somit wichtige Hinweise für weitere mediative Interventionen liefern.

7.1 Beratung und Mediation

Die Verknüpfungen zwischen Mediation und Beratung sind vielfältiger Natur. Zum einen, weil das „Handwerkszeug" der Mediation aus vielen Techniken und Fertigkeiten besteht, die zunächst meist in der **therapeutischen** Arbeit entwickelt (z.B. Techniken aktiven und einfühlenden Zuhörens in der Gesprächspsychotherapie[912], „widerstands-

[911] Vgl. auch Kapitel 3.6 zur Grammatik der Integration im Tetralemma.

[912] Vgl. ROGERS 1983, GORDON 1989.

freie Sprache“ im Rahmen des hypnotherapeutischen Ansatzes nach *Milton Erickson*[913], systemische Fragetechniken aus der Mailänder Therapieschule um *Mara Selvini*[914] oder der lösungsfokussierten Kurztherapie der Miwaukee-Schule um *Steve deShazer*[915]) und anschließend in der **Beratung** aufgegriffen und adaptiert wurden.[916] Desweiteren ist die seit LIPPITT (1978) etablierte Unterscheidung zwischen *Fachberatung* und *Prozessberatung* ein Verbindungsglied zur Mediation, weil sich die Mediation – wie die meisten Organisations-, Team- oder Einzelberatungsansätze (Coaching) – eindeutig dem Modell der Prozessberatung zuordnen lässt.[917] Das heißt, der Berater oder Mediator ist vor allem für die strukturierte Gestaltung und professionelle Steuerung des **Prozesses** verantwortlich[918], die Inhalte (und die Fachexpertise) werden von den Klienten oder Kunden eingebracht und verantwortet.

Nach dieser idealtypischen Prozessberatungs-Auffassung übernimmt der Berater keine Aufgaben der inhaltlichen oder fachlichen Beratung, seine Funktion, bezogen auf die Beteiligten und den Prozess, ist neutral oder „allparteilich“. Zugegebenermaßen gibt es in der Praxis des Coachings und der Organisationsberatung viele Mischformen oder iterative Anwendungen von Fach- und Prozessberatung, abhängig von der jeweiligen Phase eines Beratungsprozesses. In der Mediation jedoch ist die Forderung nach Neutralität noch stärker ausgeprägt als in der – sich häufig als „systemisch“ verstehenden – (Prozess-)Organisationsberatung. *Adrian Schweizer* bezweifelt die durchgängige Umsetzbarkeit dieser Forderung, sieht im Bereich der Wirtschafts- und Organisationsmediation allenfalls eine „eingeschränkte Neutralität“. Dies beginne, abgesehen von der nicht immer zu unterstellenden „Freiwilligkeit“ der Teilnahme, schon mit der Frage, von wem die Mediation bezahlt werde. Die sonst übliche und zu verhandelnde Kostenteilung zwischen den Medianten ist hier kaum möglich. „Vielmehr ist die Regel,“ so *Schweizer*[919],

[913] Vgl. auch Kapitel 7.3.

[914] Vgl. SELVINI 1992.

[915] Vgl. DE SHAZER 1989.

[916] Als Beispiel für die frühe Rezeption des Kurztherapiemodells von *Steve deShazer* für die lösungsorientierte Beratung vgl. BAMBERGER 1999, zur Adaption und Zusammenschau therapeutischer Fragetechniken für die systemische Beratung vgl. etwa TOMM 2004.

[917] Vgl. auch die grundlegende Beschreibung des Prozess-Beratungs-Modell bei SCHEIN 1987.

[918] Ggf. noch für die Zulieferung von Modellen, Theorien und Hypothesen.

[919] PONSCHAB/SCHWEIZER, Wirtschaftsmediation, S. 11.

„dass die Mediation als Serviceleistung des Unternehmens für die Mitarbeiter angeboten wird. Damit sieht man sie zwangsläufig auf der Seite des Unternehmens."[920] Mit Bezahlung und Auftragserteilung sind üblicherweise auch Erwartungen verbunden, die häufig Unternehmens- oder Management-Interessen in Richtung Arbeitsfähigkeit, Produktivität und Renditeerwartungen wiederspiegeln. Die dadurch eingeschränkte Neutralität von Mediation in Unternehmen oder Non-Profit-Organisation veranlasst *Adrian Schweizer*, der als Mediator überwiegend im Bereich der Wirtschaft tätig ist, dazu, in diesen Fällen explizit von einer „Beratungs"-Mediation zu sprechen. *Mediation als Beratung* aber heißt, die Organisationsziele als Rahmensetzung und integraler Bestandteil des Zielsystems in der Konfliktbearbeitung neben den Zielen der unmittelbar Betroffenen zu akzeptieren und wenn möglich als Mediator aktiv zu fördern.[921]

7.2 Organisationsentwicklung und Mediation

Wilfried Kerntke, ein Schüler des Konfliktberaters *Friedrich Glasl*, geht noch einen Schritt weiter und sieht in der *Mediation das Potential zur Organisationsentwicklung*. In seinem gleichnamigen Buch stellt er das Modell des **Entwicklungsorientierten Konfliktmanagements** vor. Angesichts der potentiellen Kosten und angesichts der erheblichen Chancen hält er für eine zentrale Frage jeder Führungskraft: „wie lasse ich die Konflikte in meinem Betrieb optimal behandeln."[922] Im Konfliktmanagementratgeber der Beratungsgesellschaft Kienbaum findet sich sogar als zentrales Credo:

> „Führen heißt Konflikte lösen."[923]

[920] Zwar hat man im Einzel- oder Team-Coaching ähnliche Dreiecksverhältnisse (zwischen Auftraggeber, Nutznießer und Geldgeber) oder gar Vierer-Konstellationen (Management als Auftraggeber, Personalentwicklung als Vermittler, Coach und Klient), doch wird dort diese sensible Problemstellung häufig durch Verschwiegenheitsvereinbarungen zwischen Coach und Klient zu kompensieren versucht; vgl. zur Problematik dieser Rollenfigurationen im Coaching LOOSS 1997, S. 183ff.

[921] Zu den organisationalen Einflüssen auf Konfliktakteure und Verfahren vgl. BENDERSKY 2005, S. 233ff.

[922] KERNTKE 2004, S. 9.

[923] HÖHER/HÖHER 2002, S. 11.

Betriebswirtschaftlich nüchtern argumentiert KERNTKE: „Unbearbeitete Konflikte kosten viel Geld.“[924] Jedes Jahr verursachen Konflikte alleine in der deutschen Wirtschaft Kosten in Milliardenhöhe[925], nach einer amerikanischen Studie verwenden Führungskräfte über 20% ihrer Arbeitszeit nur für die Bearbeitung von Konflikten.[926] Durch eine systematische Bearbeitung von Konflikten im Betrieb unter stärkerer Einbeziehung der ADR-Verfahren können die Konfliktkosten nachweislich gesenkt werden.[927] Dabei zeigt sich vor allen Dingen die besondere Effektivität der Mediation.[928] DANA zieht daher das Fazit:

> „Unresolved conflict represents the largest reducible cost in many businesses, yet it remains largely unrecognized.“[929]

Kerntke verweist jedoch auf mehr als das Kostenargument. In vielen Konflikten seien Impulskräfte für eine neue Entwicklung zudem bereits enthalten. Diese Impulse gelte es aufzunehmen, damit nicht nur der aktuelle Konflikt beigelegt wird, sondern die Organisation daraus für die Zukunft lernen kann. So könne Mediation zum Ausgangspunkt von

[924] Vgl. KERNTKE 2004, S. 16.

[925] Vgl. BERNING 2003, S. 1ff.; CRAM/McWILLIAMS 2000 unterscheiden Konfliktkosten erster Ordnung (direkte Transaktionskosten der Konfliktaustragung), zweiter Ordnung (Versäumte Wertschöpfung durch unterlassene produktive Verwendung der Transaktionskosten) und dritter Ordnung (Folgeschäden im System, z.B. Motivationseinbußen bei anderen Beschäftigten). Die bisherigen Versuche, Konfliktkosten zu quantifizieren, umfassen dabei i.d.R. nur die Kosten erster und zweiter Ordnung, vgl. DANA 1999 und THOMAS 2002.

[926] HÖHER/HÖHER 2002, S. 12; eine andere Studie zeigte sogar einen Anteil von 42% der Arbeitszeit von Managern für Konfliktmanagement, vgl. WATSON/HOFFMAN 1996, S. 63ff.

[927] Eine Studie von Pricewaterhouse und Cornell University ergab, dass 89,2% der befragten Unternehmen durch den gezielten Einsatz von ADR-Verfahren Einsparungen erzielt hatten, vgl. LIPSKY/SEBER 1998, S. 16ff. Hans A. Stucki, der ehemalige Leiter der Rechtsabteilung des Motorola-Konzerns hat 1997 Zahlen vorgelegt, nach denen Motorola durch konsequente Nutzung der Wirtschaftsmediation seine Konfliktkosten um etwa 75% senken konnte, vgl. PONSCHAB/SCHWEIZER 2004, S. 86; DUVE/EIDENMÜLLER/HACKE 2011, S. 326ff.

[928] In einer gemeinsamen Studie der vier größten US-amerikanischen Anbieter von ADR-Verfahren zeigte sich, dass 78% der untersuchten 449 Fälle erfolgreich mediiert werden konnten – mit geringerem Zeit- und Kostenaufwand und größerer Zufriedenheit der Beteiligten als bei Schiedsverfahren, vgl. PONSCHAB/SCHWEIZER 2004, S. 269.

[929] DANA 1999.

Veränderungen einer Organisation werden. Das Verfahren hierzu sei aber nicht Teil eines „Standard-Mediationsprozesses", sondern es ergebe sich erst, wenn man *Mediation in den Bereich der Organisationsentwicklung weiterdenke*[930]. Dabei ergäben sich die Wirkungen für die Organisation nicht automatisch, sondern sie müssten aktiv durch eine geschickte Verfahrensgestaltung[931] herbeigeführt werden:

> „Manches findet sein Wesen erst, wenn man es als eben dieses Wesen anschaut. Wer Mediation nicht als Organisationsentwicklung ansähe, würde unwillkürlich verursachen, dass sie keine Organisationsentwicklung mehr ist."[932]

Diese Bewertung ist jedoch abhängig davon, wie man Organisationsentwicklung (OE) verstehen möchte. Im klassischen Sinne als strukturiertes Veränderungsverfahren unter Einbeziehung aller Beteiligter setzt jede OE ein Mandat, eine entsprechende Verfahrensgestaltung und ausreichend Ressourcen voraus.[933] In seiner Untersuchung über „*Innerbetriebliche Mediation als Element moderner Personalentwicklung*"[934] stellt Andreas Winheller dar, dass die Einführung von Mediation im Unternehmen *in jedem Fall* vorhersagbare Entwicklungen und Kulturveränderungen zu bewirken im Stande ist, auch wenn eigentlich „nur Konfliktvermittlung" geplant ist:

---

[930] Ähnlich argumentiert der Vertreter einer „Beratungs"-Mediation *Adrian Schweizer*, der den Organisationsentwicklungsprozess als einen Prozess des permanenten Verhandelns zwischen Gruppen im Unternehmen sieht: „Wir müssen hier nicht nur einen Konflikt zwischen zwei Parteien mediieren, sondern meistens ein konfligierendes System. Und dies ist bei weitem komplexer als jede Mediation zwischen zwei Unternehmen." (PONSCHAB/SCHWEIZER, Wirtschaftsmediation, S. 12).

[931] Z.B. Rückbindungsaktivitäten mit Stakeholdern und einen Post-Mediation-Workshop, auf dem die Lernchancen aus der Mediation für die Organisation identifiziert werden, KERNTKE 2004, S. 73ff.

[932] KERNTKE 2004, S. 38f.

[933] Zum gewandelten Verständnis von „Organisationsentwicklung" vgl. DOPPLER/LAUTERBURG 2008, S. 89ff.

[934] WINHELLER 2010b untersuchte das Verhältnis von Innerbetrieblicher Mediation und modernen Ansätzen von betrieblichem Lernen („Capacity Building", vgl. EADE 1997) und kam dabei zu dem Fazit: „Eine qualitativ hochwertig durchgeführte transformative Innerbetriebliche Mediation erfüllt somit alle Anforderungen eines modernen Lernkontextes im Betrieb und kann daher als moderne *arbeitsplatznahe Form der betrieblichen Weiterbildung* qualifiziert werden." (ebd. S. 16).

> „Gut gemachte Mediation wirkt aber auch in die Organisation hinein, verändert Organisationskultur und bietet Lernchancen – ob die Organisation (bzw. die Führung) das will oder nicht. Die Einführung eines Systems Innerbetrieblicher Mediation wirkt also von selbst als Organisationsentwicklungsprozess, der bestimmte Fragen an die Oberfläche bringt, die moderner PE wichtig sind. Von daher kann PE die Methode Innerbetriebliche Mediation auch als Vehikel nutzen, um bestimmte Diskussionen zu initiieren, die für sich selbst genommen von den Machtinstanzen nicht gewünscht sind."[935]

Dieser Ansatz wurde 2011 mit der Abhandlung *„Verhandlungsperformanceentwicklung in der Organisation"*[936] fortgeführt, in der gezeigt werden konnte, dass eine Organisation, die ihre Verhandlungsperformance verbessern will, sich zwangsläufig sowohl in Verfahren als auch Diskussionsthemen der klassischen Organisationsentwicklung annähern wird, dass ein solcher Prozess allerdings auch von einzelnen mittleren Führungskräften betrieben werden kann (**„Champion-Strategie"** nach MOVIUS und SUSSKIND[937]) und nicht von Anfang an der Unterstützung des Top-Managements bedarf:

> „Mittlere Führungskräfte können das Thema in ihrem Verantwortungsbereich bis zum Level-II-Standard implementieren und durch sichtbare Per-

[935] WINHELLER 2010b, S. 20.

[936] WINHELLER 2011, S. 43, kommt zu dem Schluss, dass „eine Organisation, die ihr Potential für eine Verhandlungsperformanceoptimierung voll ausschöpfen will, sich neben individueller Kompetenzentwicklung umfassend in ihren Prozessen anpassen und eine Kultur fortdauernder Optimierung und selbstorganisierten Lernens entwickeln muss."

[937] MOVIUS/SUSSKIND 2009, S. 152ff., bringen die Champion-Strategie auf die einfache Formel: „An Individual Manager can Make a Difference!" Durch modellhaftes Verhalten, konkrete Verbesserungsvorschläge im eigenen Umfeld und geschicktes mikropolitisches Agieren werden dabei die Themen der Verhandlungsperformanceoptimierung sukzessive am praktischen Beispiel in die Organisation eingespeist. Dabei stützen sich MOVIUS/SUSSKIND auf ERTEL/GORDON 2007, die zur Rolle des einzelnen Akteurs in ihrem Werk zur organisationalen Verhandlungskompetenz geschrieben hatten: „We suggest that you be the change you desire […] By modeling some of the behaviours we prescribe, you may encourage others to follow suit […] Perhaps you can create a bit of a grassroots movement" (ebd. S. 237).

formancesteigerungen zu „Leuchtturmprojekten" werden, die in die Organisation ausstrahlen und einen größeren Prozess initieren."[938]

Kerntke, setzt demgegenüber mehr auf die strukturierte Einbindung der Mediatoren in die Organisationsentwicklung, und zeigt auf, welche Fragen dazu zur Vorbereitung und in der Mediation selbst sinnvoll sind. Er führt von den ersten Vorgesprächen bis zur Nachbereitung durch alle Phasen des Geschehens. Dazu liefert er zahlreiche Beispiele aus der Unternehmenspraxis sowie hilfreiche Arbeitsblätter zur Gestaltung der einzelnen Phasen.

Konzeptioneller Kern des Buches ist der Bezug des Mediationsverfahrens auf die Entwicklungsphasen der Organisation nach GLASL/LIEVEGOED[939]. Diese unterscheiden zwischen Pionierphase, Differenzierungsphase, Integrationsphase und Assoziationsphase einer Organisation. In jeder dieser Entwicklungsphasen gibt es phasentypische Konfliktkonstellationen[940] und entsprechend unterschiedliche Herausforderungen an das Konfliktmanagement. Die Leistung der von Wilfried Kerntke gelieferten Systematik besteht darin, für die idealtypisch beschriebenen Konflikt- und Krisensituationen erfahrungsgesättigte Hinweise zu einer „Entwicklungsförderung durch Konfliktmanagement" zu bekommen.[941] In seiner heuristischen Funktion für die Hypothesenarbeit in der Mediation ist diese entwicklungsphasenbezogene Systematik daher als ähnlich fruchtbar zu bewerten wie das noch auszuführende Modell der systemischen Ordnungsprinzipien beim Strukturaufstellungsansatz.[942]

Kerntke geht es in seinem Modell des „Entwicklungsorientierten Konfliktmanagements" allerdings nicht vornehmlich um Hypothesenbildung, sondern um die praktische Beförderung von Organisationsentwicklungsprozessen durch die Anwendung von Mediationstechniken. So finden sich in dem Buch denn auch einige innovative Elemente

---

[938] WINHELLER 2011, S. 13.

[939] Vgl. GLASL/LIEVEGOED 2004.

[940] So zum Beispiel die Konflikte zwischen den Firmengründern in der „Pionierphase", Konflikte über die Form der Leistungserbringung und Konflikte über die Passung von Person und Aufgabe in der „Differenzierungsphase" sowie ein Aufbegehren gegen die beengende Ordnung in der Etablierung der „Integrationsphase"; vgl. KERNTKE 2004, S.86f.

[941] Vgl. die Übersicht bei KERNTKE 2004, S. 92f.

[942] Vgl. Kapitel 7.6.2.

außerhalb des „Standard-Mediationsprozesses" wie etwa den verstärkten „Einbezug der Stakeholder[943]" in der Organisationsmediation, die Rückbindung der Ergebnisse zu den Stakeholdern oder die Unterstützung des Praxistransfers der Mediationsergebnisse durch das Instrument des „Post-Mediations-Workshops"[944]. Insgesamt zielt der Ansatz also darauf ab, durch Beratung und Unterstützung eine konstruktive Konfliktkultur in der Organisation zu etablieren, die auf Dauer angelegt ist und **Organisationales Lernen** befördert. Ohne jeden Zweifel ist diese umfassende konzeptionelle Einbettung die effektivste Form der Implementierung von Mediation in Organisationen.[945] Das gilt besonders, wenn sie ein Element eines umfassenden **Konfliktmanagementsystems**[946] darstellt, das den Umgang der Organisation mit Konflikten systematisch professionalisiert.

7.3 Gewaltfreie Kommunikation und Mediation

Schon das von den NLP-Begründern *Richard Bandler* und *John Grinder* entwickelte **„Milton-Modell"**[947] setzt auf „widerstandsfreie Sprache" und nutzt bewusst Generalisierungen, Tilgungen, Nominalisierungen, unspezifische Verben, positive Voranahmen usw.[948], um dem Mediator zu helfen, widerstandsfrei zu sprechen und damit beispielsweise in der Optionsphase die Medianten dabei zu unterstützen, ihre Wahlmöglichkeiten

---

[943] Als „Stakeholder" werden Personen oder Gruppen bezeichnet, die Konsequenzen aus dem Konflikt oder einer möglichen Konfliktlösung zu tragen haben. KERNTKE 2004, S. 64: „[…] Stakeholder des Konflikts haben Einsätze im Konfliktspiel, die sie möglicherweise verlieren oder vermehren können."

[944] Vgl. KERNTKE 2004, S. 133f.

[945] Vgl. McEWEN 1998, S. 1ff.

[946] Ein solches Konfliktmanagementsystem umfasst typischerweise eine Gesamtstrategie für die Konfliktbearbeitung, „Fallmanager-Konzepte", gesicherte Rahmenbedingungen für Konfliktbearbeitungsverfahren sowie eine Konflikt-Policy-Erklärung der Unternehmensführung und ein Weiterbildungskonzept, vgl. SCHOEN 2003, S. 211ff.; PONSCHAB/DENDORFER 2009 § 24 Rn. 1ff.; COSTANTINO/MERCHANT 1996; BUDDE 2003, S. 107ff.

[947] Das Milton-Modell der widerstandsfreien Sprache basiert auf dem Sprachgebrauch des wohl erfolgreichsten (Hypno-)Therapeuten des Zwanzigsten Jahrhunderts, *Milton H. Erickson*; vgl. BANDLER/GRINDER 1975.

[948] Also vieles von dem, was durch die sog. „Meta-Modell-Fragen" (einem weiteren NLP-Element) in der Sprachverwendung der Medianten hinterfragt und präzisiert wird; vgl. DÖRRENBÄCHER 2009.

zu erweitern.[949] Ein weiterer elaborierter Ansatz für die Reduzierung von Widerständen und konstruktiver Konfliktbearbeitung ist die Methode der „Gewaltfreien Kommunikation" nach MARSHALL B. ROSENBERG[950]. Der amerikanische Konfliktforscher hat seine Methode in den 60er Jahren während seiner Arbeit in Anti-Rassismusprojekten in den Ghettos U.S.-amerikanischer Großstädte entwickelt und dabei immer wieder festgestellt, dass der Schlüssel bei der Suche nach effektiven Formen der Konfliktlösung in Krisensituationen eine innere Ressource ist, die jeder Mensch in sich trägt: **Empathie**. Daraus wurde nicht nur ein allgemeines Phasenmodell zur Konfliktklärung[951], sondern auch eine Schrittfolge für den Umgang mit Aggression in der Mediation entwickelt, welche auf der *Funktion der Gefühle* und der *Rolle der Bedürfnisse* beruhen.

Entsprechende Kommunikationstechniken sind denn auch das „empathische Spiegeln" (von Gefühlen und Bedürfnissen des Gegenübers), das Formulieren von (gefühlsausdrückenden) „Ich-Botschaften", die „Beobachtung" versus Bewertung sowie die konkrete „Bitte" (anstelle von Forderungen) als Voraussetzung einer konkreten Vereinbarung. Die Einbettung dieser – gewaltfreien – Kommunikationsformen in ein Mediationsverfahren und die Strukturierung des Vorgehens nach Phasen soll nach den Verfechtern dieser Methode einen sicheren Rahmen für die Konfliktaustragung bieten und weitere Eskalationsrisiken deutlich reduzieren.[952]

---

[949] Eine ausführliche Anwendung des Milton-Modells auf den Mediationskontext findet sich bei SCHWEIZER 2009, Rn. 36f.

[950] Zu den Grundlagen der „Gewaltfreien Kommunikation" vgl. ROSENBERG 2007 sowie das Trainingsbuch von HOLLER 2010.

[951] Die einzelnen Phasen sind: „Den sicheren Rahmen schaffen", „Erhebung der Konflikte", „Konfliktbearbeitung", „Lösungssuche", „Strukturentwicklung" und „Maßnahmensicherung".

[952] Vgl. hierzu das Praxis- und Methodenhandbuch von OBOTH/SEILS 2006, in dem elementare Methoden der Gruppenmoderation mit den Phasen eines Mediationsprozesses verbunden und durch *Marshall Rosenbergs* Methodik der „Gewaltfreien Kommunikation" angereichert und vertieft werden.

7.4 Angewandte Typologie und Mediation: Team-Management-System

In Konfliktverhandlungen innerhalb und außerhalb der Mediation werden *Unterschiede* zwischen den Konfliktparteien bearbeitet.[953] Dabei treten nicht nur Unterschiede in Sachfragen und Interessengegensätze in den Vordergrund, sondern ganz wesentlich auch *Unterschiede auf der Ebene der Persönlichkeit*, z.B. unterschiedliche Bedürfnisse bezüglich der Strukturierung und Flexibilisierung von Arbeitsprozessen, unterschiedliche Werte in Bezug auf die Arbeit und unterschiedliche mentale Entscheidungsprogramme. Obwohl diese Unterschiedlichkeiten auf der Persönlichkeitsebene angesichts der vielfältigen Unterschiede in Anlagen und Sozialisation selbstverständlich und unvermeidbar sind, werden sie häufig – insbesondere auf höheren Eskalationsstufen eines Konfliktes – nur negativ, sprich als Belastung und Ausdruck einer negativen Beziehungsabsicht des Konfliktgegners eindimensional mißdeutet.[954] Insbesondere die *aus den Unterschiedlichkeiten erwachsenen Chancen*[955] werden dabei regelmäßig übersehen.

Unter dem Begriff **angewandte Typologie** oder **Typenlehre** werden eine Vielzahl von Modellen verstanden, die Muster in Bezug auf Dimensionen der Persönlichkeit beschreiben und damit gleichzeitig Klassifizierungen für die „typischen" Unterschiede in den betreffenden Dimensionen bereitstellen. Diese typologischen Modelle beruhen auf sehr unterschiedlichen theoretischen Ansätzen und differieren erheblich in ihrer inhaltlichen Schwerpunktsetzung, wissenschaftlichen Fundierung und Brauchbarkeit.[956]

---

[953] SCHWARZ 2005, S. 16: „Der Sinn von Konflikten besteht darin, vorhandene Unterschiede zu verdeutlichen und fruchtbar zu machen. Konflikte können schon im Tierreich mit dem Sinn verbunden werden, einen Selektionsprozess einzuleiten und durchzuführen. Ein Konflikt bringt Unterschiede hervor und wirft damit viele Fragen auf: Wie unterscheide ich mich von anderen? Wer ist wofür zuständig? Wer ist stärker? Wer ist besser?"

[954] Vgl. BERKEL 1999, S. 28ff.

[955] Zu den sozialpsychologischen Erkenntnissen über den „Gewinn" durch Unterschiede *(Diversity)* vgl. PHILIPPS/KIM-JUN/SHIM 2011, S. 253ff. m.w.N.

[956] Eine gute Übersicht über unterschiedliche typologische Modelle und Instrumente bietet SIMON 2006, der sowohl die 15 wichtigsten Modelle darstellt, als auch (S. 18ff.) eine Einführung in die theoretischen Grundlagen, die Geschichte und die Vor- und Nachteile der Typenlehre darstellt.

Die Verfasser haben einige der typologischen Modelle[957] in vielen ihrer Konfliktverhandlungen und Mediationen – gerade auch in der Wirtschaftsmediation – als sehr hilfreich erlebt. Im Folgenden soll daher der Nutzen der angewandten Typologie für die Mediation am Beispiel eines Modells, des **Team Management Systems (TMS)** dargestellt werden. Dazu soll zunächst das TMS-Model kurz dargestellt, anschließend der spezifische Nutzen für die Konfliktverhandlung und Mediation verdeutlicht und in einer Fallstudie ein konkretes Anwendungsbeispiel gezeigt werden, bevor in einem Fazit Chancen und Risiken des Einsatzes der angewandten Typologie im Allgemeinen und des TMS im Besonderen gegenübergestellt werden.

Das TMS wurde deshalb beispielhaft ausgewählt, weil es als *Arbeitspräferenzmodell* besonders für die Wirtschaftsmediation geeignet ist, weil es auf dem deutschen Markt weit verbreitet[958] und wissenschaftlich gut fundiert ist[959] – und weil beide Verfasser als *Mastertrainer* für das Team-Management-System akkreditiert sind.

7.4.1 Das Team Management System (TMS)[960]

Das TMS ist eine Typologie über *Arbeitspräferenzen* von Menschen, die in den 1980er Jahren ursprünglich zur Teamoptimierung von CHARLES MARGERISON (England) und DICK MCCANN (Australien) auf Basis einer empirischen Teamerfolgsforschung entwickelt wurde. Weltweit sind über 10.000 Trainer für die Arbeit mit dem TMS zertifiziert – in Deutschland über 1.000, davon ca. 30 als Mastertrainer. Zentrales Instrument des TMS ist das Team Management Profil Feedback (TMPF), das auf der Basis eines Frage-

[957] Die Verfasser haben eigene (positive) Praxiserfahrungen mit den Modellen Team Management System (TMS), Myers-Briggs-Type-Indicator (M.B.T.I.), Belbin-Teamrollenmodell, Jungian Personality Profile (JPP) sowie Golden Profiler of Personality (GPOP) gesammelt.

[958] In einer Studie der Fachhochschule Mannheim konnte bereits 2004 gezeigt werden, dass das TMS zum damaligen Zeitpunkt in fast 40% der repräsentativ befragten DAX- und MDAX-Unternehmen bekannt war, vgl. KLIMMER/NEEF 2004, S. 3f.

[959] Zur wissenschaftlichen Fundierung des TMS-Modells sowie zur Güte des Team-Management-Profil-Feedback-Instruments vgl. TSCHEUSCHNER/WAGNER 2008, S.86ff.

[960] Eine umfassende Darstellung über das theoretische Fundament und praktische Anwendungsmöglichkeiten des TMS bieten TSCHEUSCHNER/WAGNER 2008, die Leiter des deutschen TMS-Zentrums.

bogens von 60 Fragen ein ca. 30-seitiges Feedback zum individuellen Arbeits-, Kommunikations-, Konflikt-, Führungs- und Entscheidungsstil bereitstellt.

Margerison und McCann haben im TMS die harten, weichen und kommunikativen Faktoren erfolgreicher Kooperationsbeziehungen im Arbeitsbereich herausgefiltert und beschrieben. Ein teamdynamischer Baukasten mit Modellen, Strategien und Mess-Instrumenten wurde entwickelt. Er enthält **vier Ebenen**:

- die Logik der Arbeit,
- die Psycho-Logik der Arbeitspräferenzen,
- die Sozio-Logik der Teamrollen und
- die kommunikativen Fähigkeiten, die im Team ausgebildet werden müssen.

Margerison-McCann konnten zeigen, dass Arbeitseffektivität bei umfassenden Aufgabenstellungen dann entsteht, wenn in den Arbeitsabläufen und Prozessketten zentral wichtige „Arbeitsfunktionen“ angemessen wahrgenommen werden. Defizite in einem oder mehreren dieser Arbeitsbereiche verursachen Qualitätsprobleme. Im Rahmen dieser „**Logik der Arbeit**“ beschreibt das TMS acht Arbeitsfunktionsbereiche und die zenrale (Führungs-)Funktion des „Verbindens“, die im *Rad der Arbeitsfunktionen* visualisiert werden.

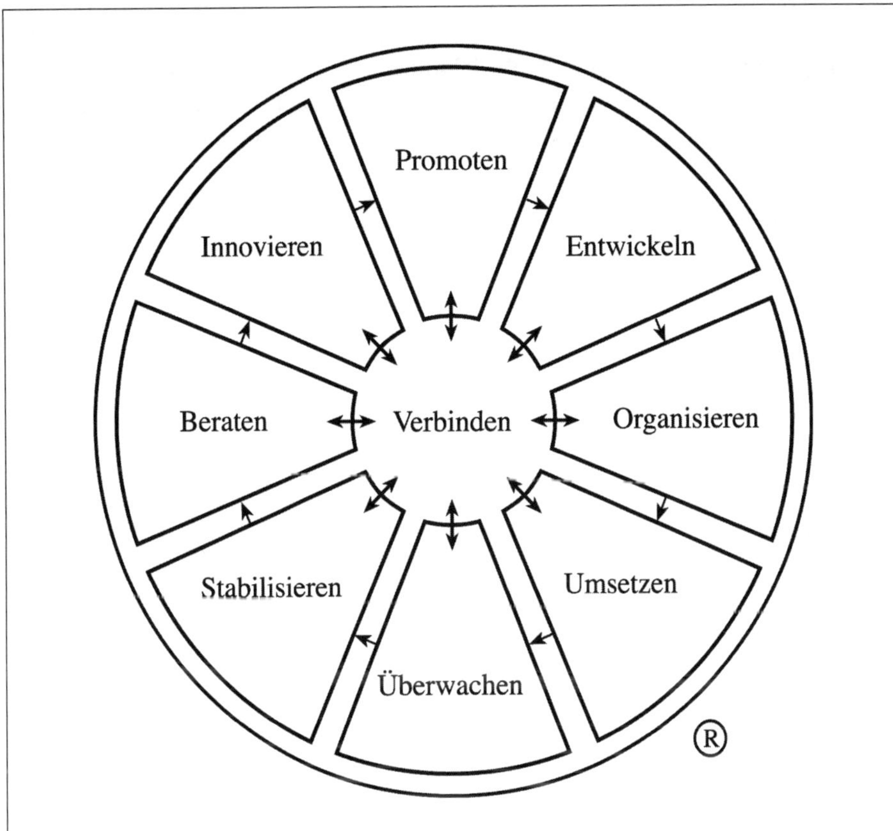

Abb. 17: Das Rad der Arbeitsfunktionen von Margerison & McCann[961]

Inspiriert von der psychologischen Typenlehre C.G.Jungs[962] entwickelten Margerison und McCann ein Modell der **Arbeitspräferenzen**, das auf vier Dimensionen beschreibt, wie ein Mensch sich bevorzugt in seiner Arbeit verhält:

---

[961] Das Rad der Arbeitsfunktionen und das Team Management Rad von Margerison und McCann sind geschützte Warenzeichen. Nutzung mit freundlicher Genehmigung von TMS Development International Ltd., York/UK (www.tmsdi.com).

[962] Umfassend JUNG 2003, eine Einführung bieten BENTS/BLANK 2006, S. 45ff.

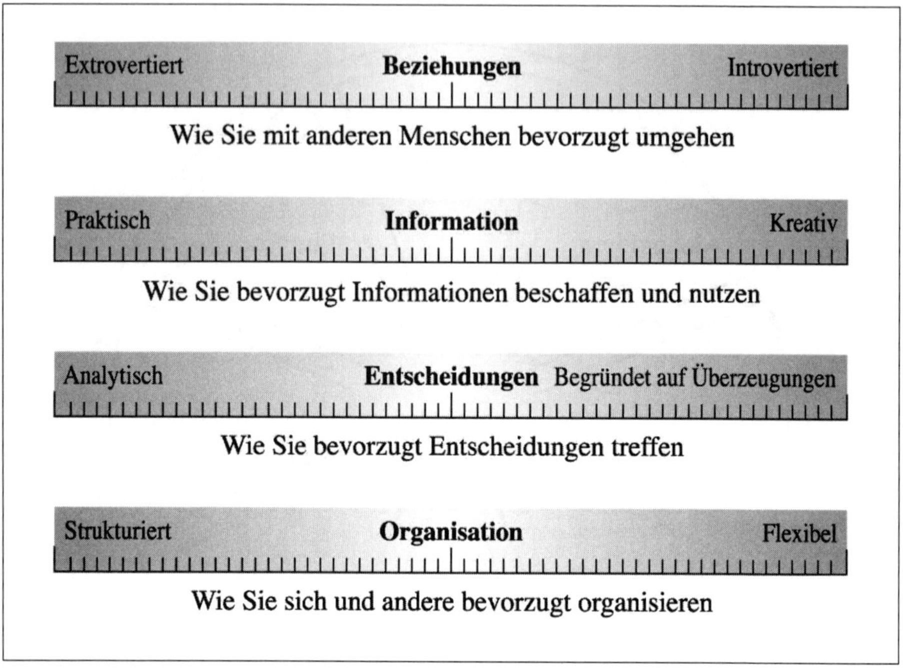

Abb. 18: Die Arbeitspräferenzskalen des Team Management Systems

Diese Arbeitspräferenzen bestimmen die Art, wie Menschen ihre Arbeit verrichten. Jeder besitzt Aspekte beider Seiten, wird aber meist die eine oder andere Seite bevorzugen. Was die einen mögen, liegt anderen weniger.

Für ihre Kontakte und Beziehungen zu anderen Menschen

- ziehen manche Personen es vor, sich **extrovertiert (E)** zu verhalten, d.h. sie treffen sich mit anderen zu Gesprächen, Sitzungen und sozialen Kontakten, nehmen öffentlich Stellung, haben wenig Scheu, dabei zu improvisieren, diskutieren Ideen mit verschiedenen Personen und genießen eine Vielzahl an Aufgaben und Aktivitäten;

- andere ziehen es vor, sich mehr **introvertiert (I)** zu verhalten, d.h. sie denken erst über etwas nach, ehe sie sprechen, bereiten Gedanken innerlich gut vor, die sie öffentlich äußern wollen, arbeiten gern allein, konzentrieren sich lieber auf wenige Aufgaben zur gleichen Zeit und ergreifen bei Sitzungen weniger häufig das Wort.

Für die Art und Weise, wie sie Informationen sammeln und nutzen

- gehen einige eher **praktisch (P)** vor: sie mögen klar definierte Aufgaben, arbeiten lieber mit erprobten Systemen und bewährten Standardverfahren, konzentrieren sich gern auf die Details und Fakten, die ihnen vorliegen und sehen die Dinge gern „realistisch", so wie sie nun mal sind; Routinearbeit machen sie gern;
- gehen andere lieber **kreativ (K)** vor: sie mögen die Herausforderung unklarer Situationen und neuer Ideen, halten Ausschau nach zukünftigen Entwicklungsmöglichkeiten und Chancen, suchen immer nach dem „Neuen", sie mögen Komplexität und halten weniger von Routinearbeiten.

Für die Art und Weise, wie sie Entscheidungen treffen

- gehen die einen eher **analytisch (A)** vor: sie suchen möglichst objektive Kriterien für Entscheidungen, sie fällen ihre Entscheidungen in einem Geist nüchterner Klarheit, sie setzen Ziele, ihr Engagement leitet sich aus den Zielen ab, die sie verfolgen; sie sind aufgabenorientiert und zielen auf maximale Resultate; wenn die Situation es offensichtlich verlangt, sind sie zu Veränderungen bereit;
- haben andere die Tendenz, ihre Entscheidungen eher vom Gefühl und ihren inneren Werthaltungen abhängig zu machen; sie lassen sich bei ihren Zielsetzungen von diesen Gefühlen und inneren Überzeugungen leiten, besitzen subjektiv gültige Kriterien (Was ist in diesem Fall falsch oder richtig?), können sich für bestimmte Themen stark engagieren und wichtige Werte in Zeiten des Umbruchs vehement verteidigen. Ihr Entscheidungsverhalten ist stärker **auf inneren Überzeugungen** und Werthaltungen **begründet (B)**.

Fur die Art und Weise, wie sie sich und andere organisieren

- mögen einige ein gut **strukturiertes (S)** organisatorisches Umfeld, Klarheit und Ordnung, sauber und aufgeräumt, optimal geeignet für schnelle Entscheidungen, die effizientes und effektives Handeln ermöglichen. Sie sind zeit- und terminbewußt, tat- und aufgabenorientiert, nicht willens, einmal getroffene Entscheidungen zu verändern. Lieber organisieren sie Dinge und bringen etwas zum Abschluss, als dass sie sich mit langen Diagnosen aufhalten;

- andere ziehen einen **flexiblen (F)** Ansatz vor, um sich und andere zu organisieren: sie nehmen sich Zeit, um eine Situation sorgfältig zu erkunden und warten mit ihren Entscheidungen, bis sie alle Informationen besitzen, die sie benötigen. Sie sind offen, neugierig und gehen mit Terminsetzungen lockerer um. Sie können ihre Meinung schnell ändern, wenn neue Informationen auftauchen, die es geraten erscheinen lassen, Veränderungen in den Blick zu nehmen.

Die zentrale Erkennntnis der Managementforschung und vieler Beratungsprojekte war: für erfolgreiche Zusammenarbeit sind alle Präferenzen wichtig!

Margerison und McCann entdeckten, dass es eine *klare Korrelation zwischen der individuellen Ausprägung der Arbeitspräferenzen und der jeweiligen Fokussierung auf bestimmte Arbeitsfunktionen* gibt. Wer beispielsweise eine introvertierte Präferenz hat, vernachlässigt typischerweise die Arbeitsfunktion „Promoten". Daraus ergeben sich je nach Präferenzausprägung acht „Rollen", also Bündel spezifischer Verhaltenserwartungen, die für diese Präferenzausprägung „typisch" sind.[963]

Diese Rollen werden im TMS nach den jeweils dominierenden Arbeitsfunktionen benannt und auf dem Team Management Rad abgebildet. Jeder Mensch bevorzugt eine der acht Rollen („Hauptrolle") und fühlt sich auch in mindestens zwei anderen Rollen „zu Hause" („Nebenrollen").[964]

---

[963] Dabei stellen die Rollenbeschreibungen des TMS bzw. die aus den „Typen" folgenden Rollenerwartungen nur *Hypothesen* dar, die im Einzelfall evaluiert werden müssen. Das Profil beschreibt also, wie Menschen, die die selben Muster aufweisen, mit *hoher Wahrscheinlichkeit* handeln. Gleichzeitig besagt die TMS-Theorie, dass jeder Mensch sich in seiner Individualität von anderen Menschen des gleichen Typs unterscheidet, also in bezug auf konkrete Verhaltensweisen vom Muster abweicht. Gerade in dieser Unterschiedlichkeit zum „Idealtyp" zeigt sich die menschliche Individualität. Bei seriöser Anwendung des TMS ist daher eben gerade *kein „Schubladendenken"* zu erwarten.

[964] Eine umfassende Darstellung der acht Teamrollen mit den jeweiligen typischen Verhaltenserwartungen bieten TSCHEUSCHNER/WAGNER 2008, S. 63ff.

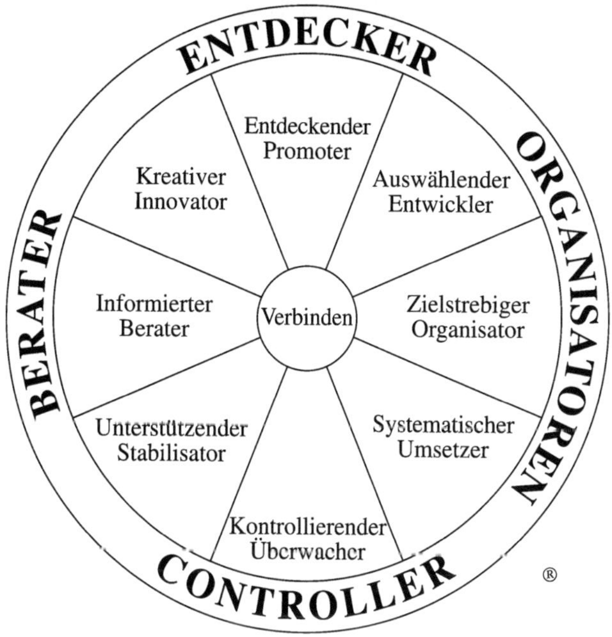

Abb. 19: Das Team Management Rad von Margerison & McCann[965]

Im Rahmen des ca. 30-seitigen *Team Management Profil Feedbacks* werden die eigene Haupt- und die Nebenrollen dargestellt, die individuellen Ausprägungen der Arbeitspräferenzen benannt, sowie die Aufmerksamkeitsverteilung (von 100%) auf die acht Arbeitsfunktionen dargestellt sowie die „typischen" Verhaltenserwartungen für diese Profilausprägung dargestellt.

Um die unterschiedlichen Ansätze und Bedürfnisse – insbesondere die verschiedenen Präferenzausprägungen – im Team zusammenzuhalten und die verschiedenen Teamrollen in positiver Weise zu integrieren sind **Kommunikationsfähigkeiten** erforderlich,

[965] Das Rad der Arbeitsfunktionen und das Team Management Rad von Margerison-McCann sind geschützte Warenzeichen. Nutzung mit freundlicher Genehmigung von TMS Development International Ltd., York/UK (www.tmsdi.com).

die Verbindungen schaffen. Dazu beschreibt das TMS im **Linking Skills-Modell** dreizehn Führungsfähigkeiten, die grundsätzlich jedes Teammitglied entwickeln kann und die eine gute Führungskraft besitzen sollte.[966]

7.4.2 Nutzen des TMS für Konfliktverhandlungen und Mediationen

Ursprünglich wurde das Team Management System zur Teamoptimierung entwickelt. Es bietet eine Theorie idealer Kooperationsbeziehungen, bei der jeder Einzelne erkennen kann, wie er sich mit seinen eigenen Präferenzen und Kompetenzen optimal in das Team und die sozialen Prozesse einbinden kann. Gleichzeitig kann durch eine Team-Analyse auf der Ebene der Teamstruktur aufgezeigt werden, wie das Team insgesamt aufgestellt ist, welchen Beitrag jeder Einzelne für das Team leistet und welche Gefährdungen (z.B. „blinde Flecken") durch bewusste Gegenmaßnahmen zur Organisation und Prozessgestaltung beseitigt werden müssen.

Die Verfasser haben das TMS auch über den Bereich der Teamentwicklung hinaus als außerordentlich nützliches Instrument für die Bearbeitung von Konflikten erlebt – insbesondere im Arbeitskontext.[967] Die Nutzenperspektiven entstehen dabei auf ganz unterschiedlichen Ebenen:

Zunächst wird durch die Bereitstellung des ca. 30-seitigen Team-Management-Profil-Feedbacks (TMPF) das **Selbst-*Bewusstsein* der Konfliktparteien verbessert**. Durch die umfassende stärkenorientierte Rückmeldung zum eigenen Verhalten in Arbeitskontexten wird ein vollständigeres Bild auf die eigene Arbeitspersönlichkeit angeregt. Wer sehr auf die eigenen Defizite orientiert war, wird stärker auf die eigenen Stärken und Leistungsbeiträge fokussiert (Empowerment). Das ist insbesondere für solche Beteiligte wichtig, die als „Exoten" nicht der dominierenden Arbeitskultur entsprechen. Wer allerdings ein übersteigert positives Selbstbild hat, wird durch das TMPF mit den eigenen „blinden

---

[966] Zum Linking Skills-Modell und den Fähigkeiten im Einzelnen siehe TSCHEUSCHNER/WAGNER 2008, S. 77ff.

[967] Als *Arbeitspräferenzmodell* bezieht sich das TMS ausschließlich auf den Kontext von Zusammenarbeit im weiteren Sinne. Im Unterschied zu anderen typologischen Modellen (z.B. dem Myers-Briggs-Typenindikator, M.B.T.I.) trifft das TMS keine Aussagen zu allgemeinen Persönlichkeitsdimensionen. Es ist daher auch z.B. bei Paarkonflikten nicht geeignet, während z.B. der M.B.T.I. sich in solchen Situationen als sehr hilfreich erwiesen hat.

Flecken" konfrontiert – und zwar „von außen"und nicht von der anderen Konfliktpartei, so dass derartige Botschaften eher durchdringen können.

Da das TMS die Beziehung zwischen der Gestaltung der Kooperation („Wie gehen wir mit einander um?") und der Arbeitseffektivität nachvollziehbar macht, wird die **Bereitschaft gesteigert**, überhaupt **über** derartige **„weiche Themen" zu sprechen** – gerade in solchen Arbeitskulturen, in denen ansonsten ein übersteigertes „Sachlichkeitspostulat" als Kern des eigenen Professionalitätsverständnisses vorherrscht.[968] Das TMS beschreibt es als eine „Sachfrage" z.B. die Qualität der eigenen Kommunikation zu verbessern. Soziale Prozesse werden so in Kategorien von „Prozessdesign" bearbeitbar – und damit als Führungsaufgabe und nicht als „soziales Gedöns" wahrgenommen.

Zudem bietet das TMS mit seinem Rad der Arbeitsfunktionen einen Anstoß, sich überhaupt einmal damit auseinanderzusetzen, was alles für den mittel- und langfristigen Erfolg zu tun ist. Das ist insbesondere in solchen Kontexten von großer Bedeutung, in denen tagesaktuelle Dringlichkeiten gepaart mit systematischer Arbeitsüberlastung den Fokus längst hin zu einem reaktiven „Durchwurschteln" auf Kosten von strategischen Schlüsselaufgaben und konzeptionellen Überlegungen verschoben haben. Hier zwingt das TMS zur Refokussierung – und bietet eine gemeinsame Sprache an, mit der sich Arbeitsprozesse und Alltagsthemen beraten lassen.

Desweiteren bietet das TMS ein gemeinsames **Erklärungsmodell zur Analyse typischer Konfliktmuster**. Viele Konflikte im Arbeitskontext (wenn auch bei weitem nicht alle) beruhen auf Unterschieden in der Herangehensweise bzw. den Arbeitspräferenzen. Durch das TMS wird es möglich, diese Konflikte von einer konkreten Situation und einer konkreten Person zu lösen und sie als Manifestation „typischer" Dynamiken im Zusammentreffen unterschiedlicher Herangehensweisen wahrzunehmen. Anstelle einer Einzelfalllösung für eine konkrete Situation können dann konstruktive Lösungen für den generellen Umgang mit diesen Dynamiken entwickelt werden. Das entspricht dem Übergang vom Single-Loop-Learning zum Double-Loop-Learning nach CHRIS ARGYRIS

[968] Vgl. dazu DOPPLER/FUHRMANN/LEBBE WASCHKE/VOIGT 2002, S. 226ff., die von einer sehr häufig anzutreffenden „Flucht in die Versachlichung" sprechen.

und DONALD A. SCHÖN[969], das eine deutlich bessere Konfliktprophylaxe und einen Aufbau von Konfliktlösungskompetenz als Meta-Kompetenz zur Folge hat.

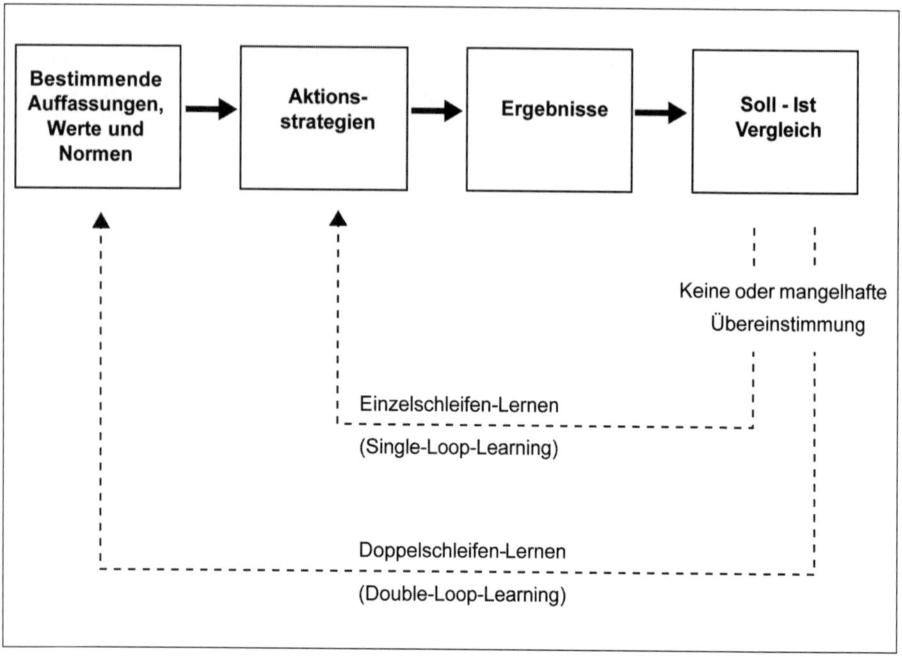

Abb. 20: Single- und Double-Loop-Learning nach ARGYRIS und SCHÖN

> **Beispiel: Introvertiert vs. Extrovertiert**
>
> Zwei Teammitglieder haben einen Konflikt. Andreas schickt Denis, der im Büro nebenan arbeitet, kurze E-Mail-Nachrichten, wenn er eine Information benötigt oder kurz etwas mitteilen möchte. Denis findet das absolut respektlos und findet, Andreas sollte doch einfach einmal aufstehen, zwei Meter gehen und die Dinge direkt mit ihm persönlich klären.
>
> Üblicherweise kann man für diesen konkreten Konflikt schnell eine Lösung finden (Single-Loop), beispielsweise dadurch dass sich Andreas bereit erklärt,

[969] Die Theorie des Schleifenlernens wurde zuerst bei ARGYRIS/SCHÖN 1974 dargelegt; zum aktuellen Stand und den Anwendungsfeldern vgl. ARGYRIS/SCHÖN 2008 sowie ARGYRIS 1997.

solche Dinge tatsächlich zukünftig persönlich zu übermitteln. Aber ist diese Konfliktlösung effektiv? Offenkundig liegt die Ursache des aktuellen Konflikts darin, dass Andreas und Denis unterschiedliche Kommunikationsbedürfnisse haben. Andreas ist „introvertiert" mit starker Betonung von Autonomie und Ruhe und Bevorzugung schriftlicher Kommunikationsformen, Denis ist extrovertiert mit Fokus auf Lebendigkeit und Austausch mit Bevorzugung der direkten persönlichen Kommunikation.

Werden diese unterschiedlichen Kommunikationsmuster herausgearbeitet (Double-Loop), kann die Interaktion auch in vielen anderen Bereichen optimiert und zahlreiche potentielle Konflikte vermieden werden. So wird Denis z.B. klar werden, dass Andreas seinerseits es überhaupt nicht schätzen wird, wenn Denis spontan in sein Büro kommt, um „mal eben eine Info zu geben" – Andreas mag es, wenn Denis ihm eine E-Mail schreibt und er sie dann zur Kenntnis nehmen kann, wann es ihm passt. Außerdem haben die Arbeitspräferenzen extrovertiert/introvertiert Auswirkungen auf Besprechungsmanagement, Entscheidungsprozesse und viele andere Aspekte, die anlässlich der konkreten Konfliktklärung gleich mit geregelt werden können.

Das Model des Double-Loop-Learning von ARGYRIS und die dahinterstehenden Erkenntnisse über effiziente soziale Strukturen und die Psycho-Logik von Veränderungen bilden wichtige Argumente aus der Perspektive der Organisations- und Lerntheorie, warum das gerade in der Wirtschaftsmediation weithin verbreitete Postulat der Fokussierung auf die effiziente Lösung des konkreten Konfliktes (Service-Delivery-Projekt)[970] vielleicht doch weniger effektiv sein könnte als gedacht, und der Transformationsansatz nach BUSH und FOLGER eine größere Beachtung verdiente. Oft kann eine effektive – also auch nachhaltige – Verhandlungslösung nur erreicht werden, wenn nicht nur eine Sachlösung, sondern auch die dahinter stehenden Muster und tieferen Konflikttreiber aufgedeckt und geregelt werden. Professioneller Maßstab für die Bearbeitungstiefe sollte

[970] Sehr typisch für diese Auffassung ist RISSE 2003, S. 29f., der den Transformationsansatz der Mediation als „therapeutische Mediation" bezeichnet und dazu ausführt: „Man mag zur Therapeutischen Mediation stehen wie man will, für die Wirtschaftsmediation ist dieses Konzept gänzlich ungeeignet. Das hat mehrere Gründe: Wirtschaftsparteien geht es in aller Regel ausschließlich um die Beilegung des konkreten Konfliktes."

daher allein die Effektivität der Regelung (die eine sorgfältige Konfliktdiagnose erfordert) sein, nicht ideologische Vorbehalte.[971]

Durch das TMS werden (jedenfalls präferenzbedingte) Konflikte zudem **ent-dramatisiert**. Das bedeutet, dass Konflikte in dem Sinne umgedeutet werden (Re-Framing), dass sie grundsätzlich unvermeidbare Ergebnisse von Typendynamik sind, die zudem Potential für Weiterentwicklung bieten und Energie bereit stellen, die nur „gemanaged", also in eine konstruktive Richtung kanalisiert werden muss. Dadurch dass *Konflikte als normale menschliche Manifestation* interpretiert werden, bei denen es gar *nicht auf die Eliminierung sondern vielmehr auf die Regelung ankommt*, wird den Konfliktparteien die Akzeptanz ihres eigenen Konfliktes erleichtert. Anstatt sich über die Tatsache zu sorgen, dass man in einem Konflikt „steckt" (oder es dem Konfliktpartner gar persönlich übel zu nehmen), gerät stärker die Suche nach einer geeigneten Vereinbarung in den gemeinsamen Fokus. Das TMS impliziert zudem, dass es für derartige Konflikte Lösungen gibt und zeigt Lösungsrichtungen auf.

Das Reframing durch das TMS bezieht sich darüber hinaus noch auf eine weitere wichtige Ebene des Konfliktes: Während die Konfliktparteien im Konflikt – insbesondere auf höheren Eskalationsstufen – durch Wahrnehmungsverzerrung und Polarisierung vor allem auf die Deutungsebene fokussiert sind, wo sie (meist negative) Absichtsunterstellungen zur Grundlage ihrer eigenen nächsten Schritte machen, **führt** das **TMS**-Modell **den Fokus von der Deutungsebene auf die Ebene konkreter Verhaltensweisen** zurück. Auf dieser Ebene sind Missverständnisse weniger wahrscheinlich und Verständigungen leichter zu erreichen. Auf der berühmten „*Leiter der Schlussfolgerungen*" (Ladder of Inference) von CHRIS ARGYRIS, führt das TMS auf natürliche Weise an die Basis (beobachtbare Verhaltensweisen), was in der normalen – auch der mediierten – Konfliktkommunikation viel schwieriger zu erreichen ist.

---

[971] Zur Bedeutung des Transformationsansatzes und der Herausarbeitung von Konfliktmustern und -dynamiken in der Organisationsmediation vgl. WINHELLER 2010b, S. 13f. und Kapitel 1.3.2.

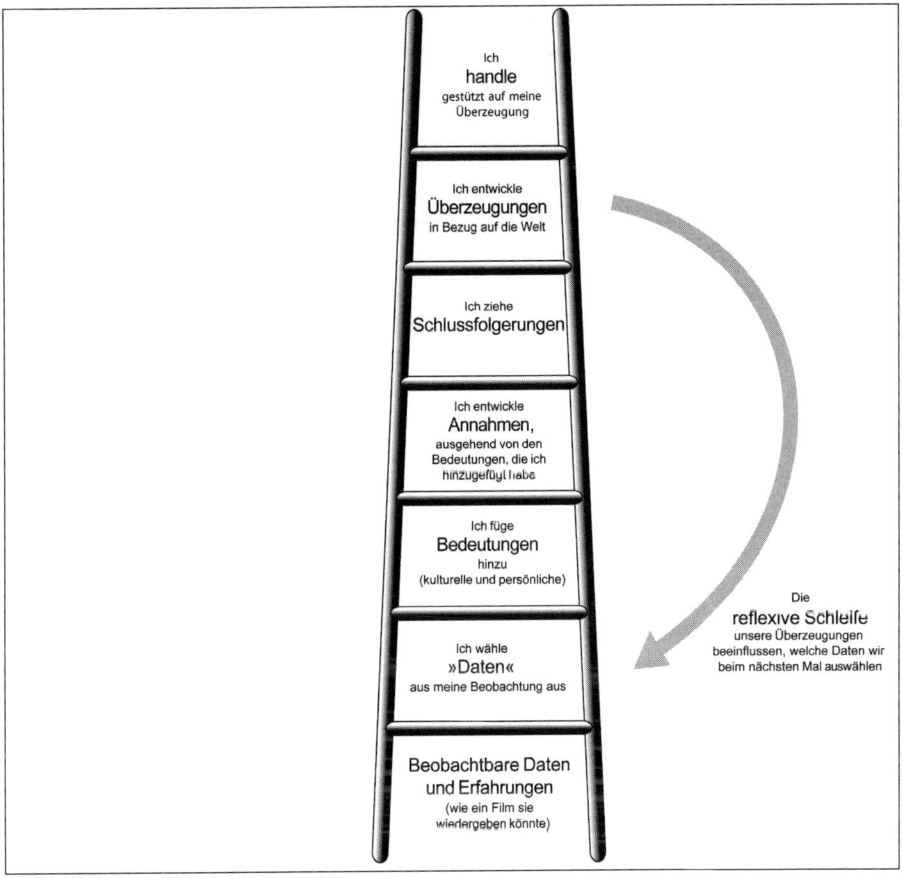

Abb. 21: Die Leiter der Schlussfolgerungen nach ARGYRIS[972]

Während in Konflikten intuitiv oft auf der Basis von „Du bist ein unzuverlässiger Mensch", „nie hältst Du Dich an Vereinbarungen", „Du willst mich ausbooten" kommuniziert wird, führt das TMS zu Fragen wie „Wie können wir Entscheidungen so treffen, dass Du ausreichend Freiraum für Deine eigene Art zu arbeiten behältst, wir aber trotzdem funktionierende Schnittstellen de-

[972] Das Modell wurde von Chris Argyris entwickelt und bei ARGYRIS 1990, S. 87ff., vorgestellt. Eine Weiterentwicklung bieten SENGE/KLEINER/SMITH/ROBERTS/ROSS 2008, S. 280, mit weiteren Hinweisen zur Operationalisierung dieses Konzeptes bei der Analyse sozialer Interaktionsmuster.

finieren?" oder „Wie stellen wir sicher, dass alle jeweils über die für sie wichtigen Informationen verfügen?"

Der wesentlichste Beitrag des TMS in der Konfliktklärung besteht aber wohl darin, dass durch die Typologie eine **positive Umdeutung der Unterschiedlichkeiten** gelingen kann. Üblicherweise werden solche Unterschiede als „störend", „nervig" und „wenig effektiv" wahrgenommen. Intuitiv glauben die Beteiligten – gerade in Konflikten am Arbeitsplatz – der Konflikt sei am besten dadurch zu lösen, dass der jeweils Andere zukünftig genauso arbeitet, wie es dem eigenen Arbeitsstil entspricht. SCHWARZ beschreibt diese Orientierung an Homogenität wie folgt:

> „In vielen hierarchisch aufgebauten Organisationen kommt es dem Vorgesetzten mehr darauf an, Einheit in der Gruppe herzustellen als Unterschiede zuzulassen. Unterschiedliche Leistungen der Mitarbeiter werden nicht offen gelegt, sie könnten Anlass zu Unruhe geben."[973]

Kennen Sie so etwas auch?

In einer Arbeitsgruppe wachsen die Spannungen. Die Mehrzahl der Mitglieder, die nach „kreativen Lösungen" suchen, sind verärgert, dass zwei Mitglieder, die sie für „Buchhalter und Erbsenzähler" halten, bei jeder neuen Idee direkt abblocken („Das ist doch viel zu teuer", „Das funktioniert sowieso nicht!"). Die beiden Mitglieder spüren die Vorhaltungen der anderen und ärgern sich ihrerseits über die „Träumer", die ständig „unrealistische Gehirngespinste" entwerfen, anstatt konkret und Schritt für Schritt ihr Projekt zu planen.

Die Reaktion ist meist die „Suche nach dem Schuldigen". Meist wird dann festgestellt, dass die Minderheit ihren „Ego-Trip" aufgeben und sich in die „Gruppe integrieren und konstruktiv mitarbeiten" soll. Das Verhalten des Einzelnen soll das Problem sein; strukturelle Probleme des Teams werden nicht gesehen.

[973] SCHWARZ 2005, S. 18.

Die Beschäftigung mit dem TMS oder anderen Modellen angewandter Typologie vermittelt demgegenüber auf der Basis eindeutiger empirischer Befunde, die den Beteiligten mittels Teamaufgaben direkt erlebbar gemacht werden können[974], den **Wert der Heterogenität**. Homogenität mag zu Ruhe im Team führen – häufig genug ist das aber eine „Friedhofsruhe", die auf Kosten der Ergebnisqualität geht. *Bei allen umfassenden Gestaltungsaufgaben sind Unterschiedlichkeiten das Fundament von Höchstleistungen* – wenn die Beteiligten es schaffen, ihre Unterschiedlichkeiten konstruktiv in einen Kooperationsprozess einfließen zu lassen. Das TMS bietet dazu eine Struktur und konkrete Planungstools.

> Im oben genannten Beispiel der Arbeitsgruppe sind die „Buchhalter und Erbsenzähler" für das Team sicher manchmal nervig. Gleichzeitig erfüllen Sie eine wichtige Funktion. Da sie auf Effizienz, Kostenkontrolle, direkten praktischen Nutzen und Controlling fokussiert sind, bieten sie Kernkompetenzen, die gerade bei stark innovativen und visionären Menschen häufig die „Achillesverse" bilden. Innovationskraft ohne Realitätssinn und präzise Abarbeitung führt eben auch nicht zu hoher Arbeitseffektivität. Es wäre also für die Gruppe hochgefährlich, wenn die „Bedenkenträger" ihre Bedenken nicht mehr äußern würden – oder gar ganz die Gruppe verließen.
>
> Wenn die Gruppe ihre Konflikte derart analysiert, kann sie ihre Planungsprozesse mit TMS-Methoden wie „Rund ums Rad denken" so strukturieren, dass die innovativen Typen ihre Kreativität in den Innovationsphasen ungebremst entfalten können und die Ergebnisse dann in den Bewertungsphasen federführend von den „Buchhaltern und Erbsenzählern" auf Realisierungschancen überprüft werden. So lernen die Buchhalter die Innovationskraft der Anderen zu schätzen (und die dazu notwendigen manchmal sprunghaften Denkprozesse) und die Mehrheit der Gruppe den Realitätssinn der „P-Typen".

---

[974] Das TMS-Zentrum bietet dazu für akkreditierte TMS-Trainer eine Sammlung von Aufgaben auf der CD-ROM „Games TMS People play". Aber auch viele Teamaufgaben aus dem klassischen Instrumentarium der Teamentwicklung oder angewandten Gruppendynamik (insbesondere auch Outdoor-Training) sind dafür gut geeignet.

Vergleicht man die Erkenntnisse der angewandten Typologie und der empirischen Teamerfolgsforschung mit den Grundprinzipien wertschöpfenden Verhandelns so zeigt sich eine spannende Parallelität: Beim wertschöpfenden Verhandeln lassen sich gerade aus Interessengegensätzen und Bewertungsunterschieden die größten Potentiale für Win-Win-Lösungen schöpfen – gleiches gilt aber auch für die Wertschöpfung bei der Gestaltung von Arbeitsprozessen. Je größer die Heterogenität, desto größer das Potential in Bezug auf die Arbeitsergebnisse – wenn es gelingt, die Unterschiedlichkeiten konstruktiv zu kanalisieren und die Potentiale auszuschöpfen. Die **Verknüpfung der Erkenntnisse aus TMS-Forschung und Verhandlungsforschung** durch WINHELLER und KITTL (2010) bietet daher eine interessante neue Perspektive zur Optimierung von Verhandlungsprozessen – gerade bei Teamverhandlungen.[975]

7.4.3 Fallstudie: TMS-Teamkonfliktklärung „Ein Team am Abgrund"

Der Stellenwert und die Vorzüge des TMS für die Konfliktklärung sowie die grundsätzliche Vorgehensweise der Verfasser soll am Beispiel einer Teamkonfliktklärung verdeutlicht werden, mit der die Verfasser durch das vierköpfige „EDV-Team" einer karitativen Organisation beauftragt worden waren. Die bestehenden Konflikte berührten dabei Beziehungs- und Rollenfragen sowie Fragen der Arbeitsorganisation und EDV-fachliche Streitfragen. Den Rahmen bot ein zweitägiger als „Teamentwicklung" bezeichneter Workshop.

7.4.3.1 Ausgangslage

Die Teamkonfliktklärung mit mediativen Elementen fand innerhalb des EDV-Teams einer karitativen Organisation statt. Das Team bestand aus „ALFRED"[976], einem 35jährigen EDV-Techniker, der sein Informatikstudium abgebrochen und sein Fachwissen als „Bastler" autodidaktisch erworbe hatte, „BERND", einem 35-jährigen Elektrotechniker, sowie „KLAUS", einem 45-jährigen Diplom-Informatiker.

Vor ungefähr 15 Jahren hatte die Organisation beschlossen, eigenes Personal zur Einrichtung und Wartung ihrer PCs vorzuhalten. Aus dem persönlichen Umfeld eines Vorstandsmitglieds wurde *Bernd* empfohlen, ein junger computerbegeisterter Informatikstudent, der den Zielen der Organisation nahe stand. Bernd wurde zunächst neben dem

---

[975] vgl. dazu WINHELLER 2010a.

[976] Die Namen der Betroffenen und der Organisation wurden verfremdet.

Studium beschäftigt, angesichts der Menge der Arbeit aber bald voll beschäftigt, und er brach das Studium ab. Wenig später wurde ebenfalls durch einen Tipp *Alfred* zur Ergänzung des EDV-Teams eingestellt. Im Laufe der Zeit wurde der Arbeitsanfall durch immer mehr PCs, Laptops und PDAs immer größer. Bei größeren Aufgaben oder schwierigen Problemen stand eine externe EDV-Servicefirma auf Honorarbasis zur Seite. Spätestens nach der Entscheidung, eigene Server zu unterhalten (vor fünf Jahren), war aber klar, dass das Team aufgestockt werden musste. Dabei wurde vom Vorstand beschlossen, dass das EDV-Team nicht mehr direkt einem Bereichsleiter unterstellt sein, sondern einen „EDV-Teamleiter" bekommen soll.

Da man Bernd und Alfred trotz Anerkennung für ihre gute und sehr engagierte Arbeit die fachlichen und persönlichen Voraussetzungen für die Leitungsaufgabe nicht zutraute, sollte der Leiter von außen kommen. Dazu stellte man einen Diplom-Informatiker („*Mister X*") als „Teammitglied" ein, dem man zusicherte, nach erfolgreicher Einarbeitung und Bewährung Teamleiter des EDV-Teams zu werden. Zwischen Mister X und dem EDV-Team gab es von Anfang an heftige Spannungen; die Zusammenarbeit war gestört und die Kommunikation war schlecht. Der Vorstand beschloss daher, dass Mister X nicht zur Teamleitung befähigt sei. Mister X wurde mitgeteilt, dass eine Beförderung derzeit nicht mehr in Betracht komme. Der Vorstand stellte daraufhin einen weiteren Diplom-Informatiker ein (*Klaus*), dem seinerseits in Aussicht gestellt wurde, nach Bewährung zum Teamleiter zu werden.

In der Folge gab es heftige Konflikte im EDV-Team, bei denen zwei Fraktionen (Klaus/Mister X gegen Alfred/Bernd) gegeneinander standen. Kooperation fand kaum statt, die Kommunikation zwischen den Beteiligten war qualitativ schlecht, die Qualität der erbrachten EDV-Dienstleistungen des Teams wurde daher aus Sicht der „Kunden" in der Verwaltung immer schlechter. Daraufhin beschloss der Vorstand, keine Teamleitung für das EDV-Team zu benennen, sondern das EDV-Team bis auf weiteres direkt durch den Bereichsleiter *Heinrich*, 45-jährig und ohne IT-Fachwissen, führen zu lassen. Entnervt von der Situation kündigte Mister X drei Monate vor der Konfliktklärung. Klaus teilte daraufhin dem Bereichsleiter mit, dass er sich im Team isoliert fühle und ebenfalls an eine Kündigung denke.

7.4.3.2 Auftragsklärung

Die Verfasser unterbreiteten den Vorschlag, den Konflikt systematisch aufzuarbeiten. Da Bernd und Alfred bestritten, überhaupt einen relevanten Konflikt zu haben, schlugen die Verfasser vor, die notwendige Konfliktklärung in einen „Teamworkshop“ einzubetten, der unter das Motto gestellt werden sollte: „Wie können wir als Team zukünftig noch erfolgreicher zusammenarbeiten?“ Die konkrete Durchführung des Workshops wurde Andreas Winheller als „Teamtrainer“ übertragen.

Nach einem ausführlichen Vorgespräch zwischen dem Trainer und der Führungskraft Heinrich über die Konfliktlage und mögliche methodische Herangehensweisen wurde der Verfasser dann für einen 2-Tages-Teamworkshop gebucht. Die Führungskraft erklärte sich bereit, selbst auch an dem Teamworkshop teilzunehmen.

Dabei folgte der Auftraggeber dem Vorschlag des Verfassers, den Teamworkshop auf Basis des **Team Management Systems** durchzuführen. Dazu wurde allen Teilnehmern vor dem Team-Workshop ein Team Management Profil (TMPF) erstellt, das den Teammitgliedern zehn Tage vor dem Workshop „persönlich/vertraulich“ mit der Bitte zugesandt wurde, im Vorfeld des Workshops – im Gespräch mit Familie und Freunden – schon einmal zu reflektieren, inwieweit dieses Profil auf sie zutrifft. Mit dem Fragebogen war ein Begleitbrief übersandt worden, in dem allen Teilnehmern das Angebot gemacht wurde, sich über die Hintergründe des TMS und des geplanten Team-Workshops im persönlichen Gespräch mit dem Trainer informieren zu lassen. Dieses Angebot wurde nur von Klaus wahrgenommen. Dieser zeigte sich skeptisch, ob man ihn „mit so einem Fragebogen“ überhaupt angemessen abbilden könne. Nach Erläuterungen zu den Hintergründen der Methode und der Zusicherung, dass nur er die Ergebnisse der Auswertung bekommen würde und selbst entscheiden könne, ob, wann und wem er diese Ergebnisse mitteilen möchte, erklärte er sich aber auch bereit, das TMPF auszufüllen. Mit dem Auftraggeber war vorab vertraglich die Vertraulichkeit der Ergebnisse und die Freiwilligkeit der Teilnahme am TMPF vereinbart worden. Alle Teilnehmer füllten jedoch das TMPF aus.

7.4.3.3 Motivation der Parteien

Der Trainer führte mit allen Beteiligten Vorgespräche zur Vorbereitung.

Heinrich sah die Konfliktklärung als „letzte Chance“ für sein Team an. Angesichts der Verdienste beim Aufbau der EDV tue es ihm in der Seele weh, wenn er den Leuten kündigen müsste. Andererseits sei die derzeitige Situation sowohl für die Organisation als auch für ihn persönlich nicht länger akzeptabel. Die Qualität der Dienstleistungen sei nicht ausreichend. Im übrigen koste ihn der Streit im EDV-Team jetzt schon seit anderthalb Jahren eine Unmenge von Zeit und Nerven. Nervig sei vor allem, dass Bernd und Alfred leugneten, überhaupt relevante Konflikte zu haben. Angeblich handele es sich immer unterschiedliche Auffassungen in Sachfragen. Er müsse daher jetzt eine nachhaltige Lösung herbeiführen – „so oder so".

Klaus ging mit großen Hoffnungen in den Workshop. Die Situation im Team sei für ihn unerträglich. Er fühle sich von den anderen beiden ausgegrenzt. Seine Vorschläge würden ignoriert. Wenn es nach Alfred und Bernd gehe, solle alles so weitergehen wie bisher. Dafür habe er nicht Informatik studiert. Der EDV-Bereich habe in den letzten Jahren mit den technischen Entwicklungen nicht Schritt gehalten, die Prozesse müssten dringend überarbeitet werden. Insbesondere sollten die Server auf Linux umgestellt werden. Die Kommunikation sei schlecht, wegen jeder Kleinigkeit gerate man sich in die Haare. Seit Mister X gekündigt habe, sei die Situation für ihn noch schwieriger geworden, da er den Eindruck habe, er solle als Nächster „herausgeekelt" werden. Er erhoffe sich durch den Workshop eine deutliche Verbesserung der Kooperation, ansonsten bleibe ihm nur die Kündigung.

Alfred und Bernd fanden es „interessant" einmal so einen Teamworkshop mitzuerleben, weil sie so etwas noch nicht kennen gelernt hatten. Auch das Tagungshotel sei sehr schön. Die Notwendigkeit des Workshops sahen sie aber – angeblich – nicht, es „laufe doch alles irgendwie". Jedenfalls hatten sie nicht das Bewusstsein, an irgendwelchen relevanten Konflikten beteiligt zu sein. Probleme gebe es nur, wenn Klaus wieder einmal komme und „den Laden auf den Kopf stellen wolle". Die Serverumstellung beispielsweise sei reine Geldverschwendung. Am besten sollten alle „einfach ihre Arbeit machen" und Klaus sich „in das Team integrieren".

7.4.3.4 Durchführung

Im Folgenden soll das konkrete Vorgehen und die Prozessentwicklung grob skizziert werden.

Erwartungsabfrage / Themenliste

Nach einer Phase des Ankommens begann der Workshop mit einer Erwartungsabfrage. Die Teilnehmer benannten zu Beginn des Workshops auf die Zuruf-Frage „Was wollen Sie hier lernen/besprechen?" folgende für sie wichtige Themen, die vom Mediator auf einem Flip-Chart visualisiert wurden:

- Methoden effektiver Teamarbeit
- Vertretungsregelung
- Umgang mit Konflikten
- Notdienst
- Serverbasis: Linux oder Windows

Zum Vorgehen wurde vereinbart, dass zunächst die Faktoren erfolgreicher Teamarbeit durch den Trainer dargestellt werden sollten, danach solle eine Erhebung des eigenen „Teamstatus: Wo stehen wir?" stattfinden und Optimierungspotential herausgearbeitet werden. Schließlich sollten Detailfragen geklärt werden.

Erste Teamaufgabe: Sin-Obelisk

Anschließend folgte die Team-Performance-Übung „Der Sin-Obelisk"[977]. Die Teilnehmer schafften es dabei nicht, innerhalb der 25 Minuten zu einer Lösung zu kommen. In der Prozessanalyse zeigte sich, dass Ursache für dieses Scheitern einerseits der ungenügende Austausch vertraulicher Informationen durch die Teilnehmer und andererseits das sture Festhalten an einer einmal gewählten – ungeeigneten – Strategie (Vorlesen sämtlicher Informationen ohne Sortierung und Auswertung) waren. Konfrontiert mit diesen Ergebnissen erklärte Klaus, er habe sich bewusst zurückgehalten, um zu sehen, was das Team leisten könne, und sei jetzt enttäuscht. Alfred und Bernd erklärten, es sei einfach Pech gewesen, im übrigen hätte man nur konsequent die Arbeit erledigen sollen anstatt sich in ständigen Strategiediskussionen zu verzetteln. Klaus erklärte, hätte man auf seine Verfahrensvorschläge gehört, wäre die Aufgabe gelöst worden. An dieser Stelle erfolgte seitens des Trainers bewusst noch nicht der Praxistransfer durch die Frage, ob diese Art der Diskussionen den Teilnehmern aus ihrer alltäglichen Erfahrung irgendwie bekannt vorkommt.

Ziel dieser Teamaufgaben in einem solchen Workshop ist es, die – gestörten – Interaktionsstrukturen aus dem Arbeitsalltag im Workshop in einem ganz anderen Kontext zu reproduzieren. Dadurch können diese einerseits anhand von aktuellen Erfahrungen,

---

[977] vgl. FRANCIS/YOUNG 1996, S. 168ff.

die auch dem Trainer bekannt sind, bearbeitet werden, anstatt in einem „Gang durch das Museum" vergangene Erfahrungen aus der eigenen Arbeit heranziehen zu müssen, die meist emotional überfrachtet und durch kognitive Verzerrungen überlagert sind. Andererseits kann deutlich aufgezeigt werden, dass es eben doch nicht (alleine) unterschiedliche Meinungen zu EDV-fachlichen Sachfragen sein können, die die konfliktäre Kommunikation verursachen, wenn identische Kommunikationsmuster auch bei der Auseinandersetzung um den Bau eines Obelisken in Atlantis entstehen.

Lehrvortrag: Erfolgsfaktoren von Teams

Stattdessen wurden als nächstes in einem Lehrvortrag die Erfolgsfaktoren von Power-Teams durch den Trainer vorgestellt, nämlich: gemeinsame Ziele, das Bewusstsein der Interdependenz („Wir sitzen alle im selben Boot" – „Keiner kann gegen das Team gewinnen"), das Verantwortungsgefühl für sich und die Gruppe, regelmäßiges Feedback, die Anwendung effektiver Kooperationstechniken und persönlicher Austausch.[978] Anschließend wurden die Teilnehmer gebeten, auf einem FlipChart für jeden dieser Erfolgsfaktoren zu „punkten"[979], wo sie ihr Team derzeit sehen. Dabei gab es insbesondere in den Bereichen „Interdependenz" und „Kooperationstechniken" eklatante Bewertungsunterschiede. Diese wurden Aufhänger einer Diskussion, indem die einzelnen Teilnehmer gebeten wurden zu erläutern, weshalb sie ihre Punkte in diesem Sinne abgegeben haben. Dabei äußerte Klaus, dass er sich im Team ausgegrenzt fühle und seine Vorschläge nie angenommen würden. Alfred und Bernd erklärten, sie könnten diese Einschätzung überhaupt nicht nachvollziehen. Diese Debatte war intensiv und kratzte schon an den jeweiligen „Panzern", kam aber noch nicht wirklich zum Kern des Problems, weil die Bereitschaft, über eigene Bedürfnisse jenseits von Sachargumenten zu sprechen noch nicht vorhanden war.[980]

---

[978] Neben diesem einfachen Erfolgsfaktorenmodell, das der Verfasser auf der Basis einer Anregung von *Reiner Blank* operationalisiert hat, gibt es natürlich auch komplexere Modelle – z.B. das Modell der Hochleistungsteams nach *Margerison/McCann*, vgl. TSCHEUSCHNER/WAGNER 2008, S. 257ff. Gerade die Reduktion auf einige zentrale Erfolgsfaktoren ermöglicht aber eine fokussierte Diskussion und einen Überblick über Optimierungspotentiale und bietet eine gute Grundlage für das „Punkten".

[979] Zur Technik des „Punktens" vgl. im Einzelnen NEULAND 1995, S. 126ff.

[980] Angesichts der Tatsache, dass die Auswertung der Team-Management Profil-Feedbacks bei allen vier Teilnehmern eine klare *analytische Präferenz* („A") ergeben hatten, war diese „typische" Schwierig-

Zweite Teamaufgabe: NASA-Spiel

Mit dem Argument, die Diskussion habe jetzt lange gedauert und sei sehr intensiv gewesen, da sei es Zeit für „Abwechslung", wurde dann nach einer Pause zur nächsten Übung „NASA-Spiel"[981] übergeleitet. Alle Teilnehmer waren da sichtlich erleichtert, erst einmal nicht weiter über die Frage „Wie gehen wir miteinander um?" reden zu müssen.

Der Verlauf der Übung glich den Erfahrungen aus der ersten Übung. Heinrich hielt sich weitgehend passiv zurück und beobachtete „sein Team" wesentlich aus der Meta-Position, Klaus versuchte – rhetorisch gewandt und manchmal ziemlich herablassend, seine Ideen einzubringen – Alfred und Bernd waren sich nahezu immer einig und lehnten, teilweise mit absurden Argumenten („Natürlich funktioniert ein Magnetkompass auf dem Mond – der ist doch wie die Erde im Kleinen gebaut.") teilweise ohne Argumente jeden Vorschlag von Klaus ab. Im Ergebnis erzielte die Gruppe schnell (nach nur 35 Minuten) ein Ergebnis, das allerdings insofern unbefriedigend war, dass es viel schlechter als das beste Einzelergebnis (von Klaus) war, die Gruppe ihr Potential also nicht schöpfen konnte – geschweige denn Synergieeffekte erzielte.

In einer intensiven Prozessauswertung wurde die Gruppe dann auf ihr schwaches Sachergebnis aufmerksam gemacht und nach Ursachen befragt. Bei der Aufarbeitung der Gründe wurden alle Teilnehmer vom Trainer mit ihren wörtlichen Zitaten aus der Arbeitsphase konfrontiert, hierbei erfolgte durch die Teilnehmer selbst der Transfer zu den Vorerfahrungen, indem zunächst eingestanden wurde, dass in der Gruppenarbeit genau diejenigen Dynamiken abgelaufen waren, deren Existenz vorher noch geleugnet worden waren. In diesem Zusammenhang wurde auch eingestanden, dass es in der Alltagsarbeit wohl auch schon ein paar Mal derartige Situationen gegeben haben könnte. Die persönlichen Konfliktanteile wurden sichtbar. Im Ergebnis dieser intensiven Diskussion hatten alle Teilnehmer ein Problembewusstsein entwickelt, das in der Aussage gipfelte: „Wir können wohl nicht miteinander".

keit zu erwarten, die TN dazu zu bringen, ihre Bedürfnisse und Gefühle offen zu legen. Insofern war auch die Konzeption der Maßnahme darauf abgestimmt, die TN in mehreren Zwischenschritten zu diesem Punkt zu bringen.

[981] Ein bekannter „Klassiker" der angewandten Gruppendynamik, vgl. ANTONS 2000, S. 155ff.

An diesem Punkt, an dem sich die Beteiligten das Vorhandensein destruktiver Konfliktdynamiken eingestanden hatten, die sie wenn möglich ändern wollten, konnte dann die Konfliktklärung im engeren Sinne beginnen.

Der Gruppe eine gemeinsame Sprache geben: Einführung in das TMS

Um den Beteiligten ein gemeinsames Analyseinstrument für die Ursachen ihrer Konflikte zu bieten und das Verständnis für die anderen zu stärken, erfolgte an diesem Punkt die Einführung in das Team-Mananagement-System (TMS) durch eine Präsentation des Trainers. Dabei wurden das Modell der Arbeitsfunktionen, das Arbeitspräferenzmodell und das Teamrollen-Modell des TMS erläutert. Heinrich hatte bereits früher seine TMPF-Auswertung im Rahmen eines Coachings erhalten, die anderen drei Teilnehmer erklärten, von der Qualität der eigenen Profilauswertung überrascht worden zu sein. Klaus, der zunächst skeptisch gewesen war, sagte: „Ich habe es meiner Frau gezeigt, und die sagte mir: genau das bist Du. Das war schon ein wenig gruselig."

Die Interessen der Anderen kennen lernen (Vernissage-Technik)

Um einen besseren Blick für die wichtigsten Aspekte der eigenen Arbeitspräferenzen zu erhalten erfolgte anschließend eine Präsentation der Teilnehmer nach der Vernissage-Technik[982]. Danach sollte jeder Teilnehmer eine Pinwand gestalten, die folgende Aspekte enthält: Name, TMS-Teamrollen, TMS-Präferenzprofil, „Wie ich gerne arbeite…", „Wie man mich zur Weißglut bringen kann…", „Mit Konflikten geht man am besten so um…" Optional konnten auch noch Punkte mit der Bitte um Feedback „Bin ich wirklich so?" aufgenommen werden. Anschließend präsentierte jeder Teilnehmer seine Pinwand (also „sich") den Anderen. Die anderen Teilnehmer konnten dann nachfragen und kommentieren (Auch mit Sprechblasenkarten auf der Pinwand). Insbesondere die Frage „Warum ist dir das so wichtig?" wurde immer wieder gestellt – nötigenfalls auch durch den Trainer.

Diese Arbeitsphase dauerte ungefähr zweieinhalb Stunden, wurde sehr konstruktiv und interessiert geführt und führte tief auf die Interessen- bzw. Gefühlsebene der Teilnehmer. So wurde beispielsweise deutlich, dass hinter der Weigerung, über die Umstellung

[982] Zur Vernissagetechnik vgl. NEULAND 1995, S. 239f.

auf Linux nachzudenken, die Angst von Alfred und Bernd stand, kompetenziell abgehängt zu werden; hinter der Ablehnung von Klaus und seinen Vorschlägen wurde erkennbar, dass er sich „ein bisschen als Chef aufgespielt" hatte ohne es zu sein. Alfred und Bernd waren außerdem verbittert, dass man ihnen als Dank für ihre engagierte Arbeit statt einer Anerkennung jetzt einen Chef vor die Nase setzen wollte. „Sind wir nicht mehr gut genug?", wurde gefragt. In dieser Phase wurden insbesondere die Rollenkonflikte gründlich aufgearbeitet.

Für diese Phase bietet die Vernissagetechnik mehrere Vorteile: Erstens hat zunächst jeder Teilnehmer die Möglichkeit, die eigenen Antworten in Ruhe vorzubereiten und ohne Druck „auf Papier" zu bringen. Insbesondere für introvertierte Typen ist das oft die Grundlage dafür, dass sie sich überhaupt öffnen und auf eine Diskussion einlassen können. Außerdem werden die Präsentationen gleichzeitig, also nicht als Reaktion auf etwas, was ein Anderer bereits gesagt hat, erstellt und daher auch nicht durch die Diskussion verzerrt. Zweitens ist es auch für die Teilnehmer viel leichter, sich in Ruhe zurückzunehmen und auf die Entdeckung eines Anderen einzulassen, wenn sie wissen, dass sie sich ja auch bereits geäußert haben. Zuletzt ist das Framing „wir wollen den anderen entdecken, und verstehen, wie er funkteioniert", eine gerade in Konfliktsituationen nützliche Unterstellung, eben doch noch nicht alles zu wissen und Raum für neue Erkenntnisse und Aufklärung von Missverständnissen zu bieten.[983]

TMS-Teamstatusanalyse

In einem nächsten Schritt wurde dann der Anteil der Präferenzkonflikte in der Arbeit mittels der TMS-Analyse aufgedeckt. Dazu wurde die Präferenzverteilung im Team auf der Grundlage des TMS-Modells dargestellt, die daraus resultierenden „typischen" (also zu erwartenden) Konfliktdynamiken herausgearbeitet und mit den real existierenden Konflikten abgeglichen.

So wurde beispielsweise erkennbar, dass Alfred und Bernd mit ihrer starken „P"-Präferenz (praktisch orientierte Wahrnehmung) Veränderungen eher skeptisch gegenüber stehen, Klaus als starker „K" (kreativ-intuitiv orientierte Wahrnehmung) hingegen

[983] Die Verfasser haben mit dem Einsatz dieser Methode in dieser Phase durchweg positive Erfahrungen gemacht. Auch wenn der Zeitbedarf hoch ist, ist die Kommunikation doch sehr zielgerichtet und intensiv – und die Teilnehmer empfinden diese Phase meist als kurzweilig und konstruktiv.

die Dinge immer aus Prinzip anders machen möchte, weil ihn jede Routine langweilt. Diese Phase gipfelte in der – für die Beteiligten beruhigenden – Erkenntnis, die grundlegenden Konflikte seien keine Persönlichkeitsdefizite, sondern logische Folge der heterogenen Typendynamik im Team.

In dieser Phase wurde gerade auch die Schwächen der jeweiligen Präferenz deutlich – gerade auch durch Vergleich mit den Gruppenarbeiten/Rollenspielen zu Beginn des Workshops. Die Teilnehmer erkannten, dass nur eine Kooperation zwischen verschiedenen Typen – also ein heterogenes Team – leistungsfähig sein kann – auch wenn das in der Zusammenarbeit manchmal stressig sein mag. Aus dieser Arbeitsphase zog das Team die Erkenntnis, dass die Unterschiede nicht aufgelöst werden können und dürfen, sondern dass es vielmehr darauf ankommt, einen modus vivendi auszuhandeln, mit dem alle im Alltag leben können. Zu diesem Zeitpunkt war das Eis zwischen den Teammitgliedern gebrochen. Das Verständnis für die jeweilige Situation war deutlich gestiegen, die Bereitschaft zum Kompromiss bzw. Konsens geweckt.

Bearbeitung der Sachkonflikte

Anschließend legten die Teammitglieder „Spielregeln" für ihre Zusammenarbeit fest; diese Diskussion verlief sehr wertschätzend, verständnisvoll und konstruktiv.

Im letzten Teil des Seminars wurden dann Schritt für die Schritt die einzelnen Sachprobleme des Teams (Notdienst, Vertretung, Serverarchitektur etc.) aufgegriffen, Optionen entwickelt und Konsenslösungen gefunden. Dabei wurde die TMS-Systematik zur Aufgabenanalyse und Arbeitsplanung genutzt („Rund ums Rad gedacht"[984]).

Ergebnisse

Am Ende der TMS-Konfliktbearbeitung standen Vereinbarungen auf unterschiedlichen „Ebenen":

Die Teammitglieder äußerten Verständnis für die unterschiedlichen Arbeitspräferenzen und Wertschätzung für die Leistungsbeiträge der anderen Teammitglieder. Alle Teammitglieder vereinbarten, zukünftig kooperativ zusammenarbeiten zu wollen. Dazu bilde-

[984] TSCHEUSCHNER/WAGNER 2008, S. 353ff.

ten die Teilnehmer auf Anregung von Alfred einen „Huddle“ (sie umarmten sich und bildeten einen Kreis wie im American Football) und riefen: „Jetzt geht’s los!“. Dieser Teil der Ergebnisse wurde nicht visualisiert.

Darüber hinaus wurden eine Reihe von Spielregeln für die zukünftige Zusammenarbeit vereinbart, die auf einem FlipChart visualisiert wurden:

- Wir sind ein Team
- Wenn einer ein Problem hat, spricht er es offen an
- Bei Problemen suchen wir eine faire Lösung im Konsens
- Wir reden mit einander und nicht über einander
- Wir geben regelmäßig Feedback
- Wir wollen ab und zu nach der Arbeit etwas miteinander unternehmen
- Wir planen unsere Projekte nach dem TMS

Alfred, Bernd und Klaus stimmten darin überein, dass sie gleichberechtigt im Team arbeiten wollen und nicht wünschen, dass ein „Teamleiter“ ernannt wird. Stattdessen wünschen sie sich, dass Heinrich die Führungsrolle weiterhin selbst wahrnimmt. Heinrich stimmte zu und erklärte, dass er sich dafür im Vorstand einsetzen wolle.

Es wurde vereinbart, die Frage „Linux oder Windows“ auf einer Klausur gründlicher zu besprechen, zu der auch externe Experten eingeladen werden sollen.

Zuletzt wurden im Konsens noch Vereinbarungen zu einer Reihe von Sachproblemen bzw. Detailfragen der Arbeitsorganisation getroffen, z.B. Vertretungsregeln, Notdienst, Zuständigkeiten. Die Vereinbarungen wurden auf FlipCharts visualisiert.[985]

Die Vereinbarungen zur Arbeitsorganisation und zur Führungsstruktur wurden anschließend vom Vorstand der karitativen Organisation gebilligt.

---

[985] Diese Vereinbarungen können aus Gründen der Vertraulichkeit hier nicht detaillierter dokumentiert werden.

Heinrich wurde ein persönlicher Coach (nicht der Verfasser) mit TMS-Ausbildung zur Seite gestellt, der ihn bei der Umsetzung unterstützen sollte.

7.4.4 Fazit

Die durchgeführte Konfliktklärung weist in ihren Rahmenbedingungen und ihrem Ablauf erhebliche Unterschiede zu einem „idealtypischen" Mediationsverfahren auf, auch wenn die „Psycho-"Logik des Vorgehens den Schritten mediativer Konfliktbearbeitung folgt:

- **Empowerment** der Parteien, ihre eigenen Interessen und Bedürfnisse zu artikulieren. Herausarbeitung der Interessen hinter der „Maske" der eigenen Rolle im Team.
- Aufbau von Verständnis und **Wertschätzung** für die Bedürfnisse der anderen – insbesondere **für die Unterschiede.**
- Identifizierung von Gemeinsamkeiten und Unterschieden in der **Interessenlage.**
- **Selbstbestimmte Optionssuche** und Verhandlungslösung bei Interessengegensätzen und Sachproblemen durch die Betroffenen.
- **Konsensuale Lösungsfindung.**
- **Prozessunterstützung** durch einen „neutralen" Dritten.

Insbesondere folgende Unterschiede zu einem Mediationsverfahren sind festzustellen:

Die Konfliktparteien waren sich am Anfang überhaupt nicht bewusst, dass sie an einer Mediation teilnehmen, man könnte also von einer **„verdeckte Mediation"** sprechen. Nun gilt wohl auch in der Mediation „falsa demonstratio non nocet"[986], allerdings hatten hier mindestens zwei der Beteiligten (Alfred und Bernd) anfänglich überhaupt nicht das

[986] „Falsa demonstratio non nocet" (falsche Benennung schadet nicht) ist ein Grundprinzip des deutschen Zivilrechts. Demnach ist es unbeachtlich, wenn die Vertragsparteien einen falschen Begriff verwenden, solange sie das Gleiche meinten. In diesem Fall kommt eine gültige Einigung über das eigentlich Gemeinte zustande.

Bewusstsein, an einer Konfliktvermittlung teilzunehmen – schon deshalb weil sie subjektiv der Meinung waren, ihr Team habe gar keine relevanten Konflikte, die bearbeitet werden müssten. Vielmehr wurde die Bearbeitung der Konflikte implizit in einen Prozess „Teamentwicklung und Verbesserung der Zusammenarbeit" verpackt. Insofern wurde auch kein explizites „Arbeitsbündnis" geschlossen und die erste Phase der Mediation nur unterschwellig durchgeführt.

Problematisch ist dieses Vorgehen unter dem Gesichtspunkt der Selbstbestimmung der Konfliktparteien. Zwar haben die Parteien ihre Bereitschaft zur Teilnahme an einem Team-Workshop erklärt, dabei jedoch keinen Auftrag zur Konfliktvermittlung erteilt. Andererseits ist dieser Auftrag im Zuge der Diskussionen auf dem Workshop implizit erteilt worden. Eine begriffliche Lösung aus diesem Dilemma wäre sicherlich, die **Anfangsphase des Workshops als Pre-Mediation** zu bewerten, bei der die Voraussetzungen für eine erfolgreiche Mediation erst geschaffen werden und dann zum geeigneten Zeitpunkt (mit Zustimmung der Betroffenen) der Einstieg in die Mediation erfolgt.

Eine weitere Besonderheit ist die arbeitsrechtliche Verpflichtung zur Teilnahme an der Maßnahme. Daraus könnten sich Bedenken hinsichtlich des Mediationsprinzips der Freiwilligkeit ergeben.

Deshalb wurde bei der Gestaltung darauf geachtet, dass das **Freiwilligkeitsprinzip** bei der Teilnahme an der TMS-Auswertung, bei der Erörterung konkreter Konfliktsituationen und eigener Interessen explizit gemacht wurde – und dass die Vertragsgestaltung mit dem Auftraggeber eindeutig vorsah, dass zwar die Teilnahme der Teammitglieder am Workshop verpflichtend ist, nicht jedoch ein bestimmtes Wohlverhalten, die Teilnahme an einzelnen Übungen oder Diskussionen.

Auch die Rolle als „Teamtrainer" entspricht in den Rollenerwartungen der Workshopteilnehmer nicht der Rolle eines Mediators. Da die Teilnehmer ausdrücklich unter der Vorgabe, „effektivere Zusammenarbeit im Team" zu lernen, zum Workshop eingeladen worden sind, erwarteten sie vom Trainer ein gewisses Maß an Theorie- und Methoden-Input. Sie wollten vom Trainer etwas „lernen". Das ermöglicht nicht das für einen Mediator typische Maß an inhaltlicher Zurückhaltung. Andererseits wurde dieses Problem im vorliegenden Fall so gelöst, dass sich der Input auf allgemeine Prinzipien beschränkte und der Trainer in die Diskussion konkreter Probleme nicht mit eigenen Lösungsvorschlägen oder Deutungen eingriff. Aus dem Kontext Teamtraining ergaben sich einige

Abweichungen im methodischen Vorgehen. Insbesondere wurde eine gemeinsame Themensammlung durchgeführt und die Interessenarbeit erfolgte zunächst nur implizit.

Der Umgang mit der Führungskraft, insbesondere die Vorabsprachen, und die exklusive Prozessberatung in Einzelgesprächen vor und während der Maßnahme stellen eine große Gefährdung der Allparteilichkeit des Trainers/Mediators dar – sind allerdings in der Organisationsmediation oft nicht zu vermeiden. Die Folge war eine deutlich zu spürende Reserviertheit der Teammitglieder zu Beginn des Workshops. Nur bei klugem Auftreten der Führungskraft und guter Rapport-Arbeit des Mediators sowie strikter inhaltlicher Zurückhaltung kann sich diese Reserviertheit auflösen.

Eine weitere Besonderheit war hier der Einsatz von Selbsterfahrungsmethoden (Rollenspiele) und des Team-Management-Systems. Während der Einsatz der Rollenspiele lediglich einen metaphorischen Zugang zu den Rollen- und Beziehungskonflikten ermöglicht und insoweit wenig bedenklich ist, könnten gegen den Einsatz von Methoden des TMS Bedenken unter dem Gesichtspunkt der Selbstbestimmung der Medianten erhoben werden. Schließlich sind diese Methoden **„Herrschaftswissen“** des Mediators/Trainers, deren Verlauf/Konsequenz von den Medianten zunächst nicht erkennbar ist.[987] Andererseits zeigt die Fallstudie eindrücklich, dass die Einführung des TMS-Systems den Medianten eine sehr wirkungsvolle Methode zur Analyse, Reframing und Optimierung ihrer Problemsituation an die Hand gibt.

Insbesondere das Bewusstsein und die Wertschätzung für die unterschiedlichen Interessen im Team kann so leichter geschaffen werden. Wichtig ist dabei jedoch die strikte Einhaltung der ethischen Standards für den Einsatz des TMS; dazu gehören insbesondere:

- Niemand soll in ein Rollenklischee gedrängt werden: niemand ist „nur typisch“.
- Neben dem Blick für die „Muster“ im Verhalten steht die „Individualität“.
- Nur der Teilnehmer kann sagen, wie oder wer er ist.
- Kein Präferenztyp ist „besser“ als ein anderer.

[987] Eine ähnliche Diskussion wird z.B. zum Einsatz von Aufstellungsmethoden in der Mediation geführt.

- Die Ergebnisse gehören den Teilnehmern. Die Teilnehmer können selbst entscheiden, welchen Teil der Ergebnisse sie anderen – z.B. Teammitgliedern – offen legen wollen.

7.5 Generatives Coaching und Mediation

Ein vielversprechender neuer Ansatz, der auch sehr interessante Anregungen für die Gestaltung von Mediationsverfahren bietet, ist das „*Generative Coaching*" bzw. die „Generative Trance", die gemeinsam von den NLP-Trainern und Hypnotherapeuten ROBERT DILTS und STEPHEN GILLIGAN[988] entwickelt wurden.

Ausgangspunkt ist ein neues Verständnis des NLP[989] – das sogenannte Third Generation NLP – in dessen Zentrum eine Erweiterung des Fokus steht:

> „Third generation NLP expands to include both somatic processes and larger system dynamics (i.e. "field") in the total "unit of mind". Thus, third generation NLP works with the interaction between three different intelligences or "minds": 1. A *cognitive mind* that emerges from the brain, 2. A *somatic mind* centered in the body and 3. A "*field mind*" that comes from our connection and relationships with larger systems around us."[990]

Das bedeutet, dass neben der Arbeit mit bewussten und unbewussten kognitiven Prozessen, die im Fokus des "klassischen" NLP standen, nun auch *stärker ein Fokus auf die Körperwahrnehmung und die Feldwahrnehmung bzw. repräsentierende Wahrnehmung in der Beziehung zu anderen gerichtet wird.* Insoweit gibt es klare Überschneidungspunkte zu den Systemischen Strukturaufstellungen. Der „Generative" Ansatz

---

[988] Vgl. DILTS/DeLOZIER/BACON DILTS 2010; DILTS/GILLIGAN 2011 sowie GILLIGAN 2012.

[989] „Neuro-Linguistic-Programming (NLP) is an approach to understanding human behavior, and a set of explicit skills and techniques derived from that approach. Originated by Richard Bandler and John Grinder in the 1970s, NLP examines the patterns or "programming" created by the interaction between the nervous system ("neuro") and language structures ("linguistic"), and their influence on our bodies and behaviors.", DILTS/DeLOZIER/BACON DILTS 2010, S. xiii.

[990] DILTS/DeLOZIER/BACON DILTS 2010, S. xxix; das Konzept des „triurnal mind" stammt aus Stephen Gilligans Arbeit der Selbstbeziehung und wurde zuerst veröffentlicht bei GILLIGAN/ SIMON 2004.

besteht in dem Versuch, durch die Integration aller drei Ebenen des Verstandes, einen schöpferischen Zustand zu erreichen, in dem transformationale Entwicklung und kreative Umdeutung möglich wird.[991]

Dilts und Gilligan verdeutlichen das veränderte Verständnis am Beispiel der *Quantenphysik*. Die zwischen 1925 und 1935 durch *Heisenberg, Born und Jordan* sowie *Schrödinger* begründete Quantenphysik brach radikal nicht nur mit einzelnen Theorien der klassischen Physik, sie ist letztlich unvereinbar mit fundamentalen Grundannahmen und ehernen Prinzipien (insbesondere der Bestimmtheit und der Kausalität) der traditionellen Physik. Einzelne Grundprinzipien der Quantenphysik sind für den menschlichen Geist schwer nachvollziehbar, wirken teilweise sogar absurd und abwegig.[992] Das einzige was man zu ihrer Verteidigung sagen kann ist, dass sie die komplexen Vorgänge in Atomen deutlich besser beschreibt, als jede andere Theorie der klassischen Physik. Deshalb ist die Quantenphysik heute allgemein anerkannt.

Dilts und Gilligan weisen nun darauf hin, dass *der in der Physik inzwischen akzeptierte Übergang zu den Prinzipien der Quantenphysik im Bereich von Kommunikation und Therapie nach wie vor nicht nachvollzogen* worden ist. Wenn die Quantenphysik aber der beste Weg ist, Wirkungsweise von Materie zu beschreiben, dann müssten doch auch die aus Materie bestehenden Menschen durch ähnliche Prinzipien noch effektiver beschrieben und die Kommunikation mit ihnen (insbesondere Veränderungsarbeit) auf der Grundlage dieser Prinzipien optimiert werden können.[993]

Besonders interessant ist dabei das Verständnis von Möglichkeiten und Festschreibungen. Nach der Quantenphysik haben die Elementarteilchen zu jedem Zeitpunkt alle Möglichkeiten in sich, sind nie „entweder – oder" sondern immer „sowohl als auch". *Erst in dem Moment, in dem ein Beobachter das Teilchen beobachtet und analysiert,*

---

[991] DILTS/GILLIGAN 2011; GILLIGAN 2012, S. 45ff.

[992] WOLF 1986, S. 11: „[…] solche neuen Gesetze waren riskant – sie bedeuteten eine Gefahr für die geistige Verfassung und die Selbstachtung der Naturwissenschaftler." Wolf bietet in diesem Buch eine auch für den interessierten Laien verständliche Einführung in elementare Grundbegriffe der Quantenphysik.

[993] DILTS/GILLIGAN 2011, GILLIGAN 2012, S. 6ff.: „Integrating these two worlds of action and potential is at the heart of creative consciousness."

wird es „festgeschrieben".[994] An die Stelle der unbegrenzten Potentialität tritt dann eine Begrenzung, die allerdings nicht Eigenschaft dieses Teilchens ist, sondern nur in dem spezifischen Kontext zum Beobachter wirksam („Reality doesn´t exist without construction by an observer"[995]).

Dilts und Gilligan übertragen diese Prinzipien nunmehr auf menschliche Interaktionen. Ausgehend von den Erkenntnissen der Quantenphysik treffen sie die Grundannahme, dass Menschen grundsätzlich alle Möglichkeiten alle Potentiale gleichzeitig in sich tragen (in der „Quantenwelt") und erst durch eine Beobachtung und Bewertung (von Anderen oder durch sich selbst) auf bestimmte Eigenschaften festgeschrieben werden, die dann in der Interaktion in der „klassischen Welt" wirksam werden.[996]

> Bsp.: Ein besonders anschauliches Beispiel stellt die bekannte Geschichte des „*Zauberer von Oz*" dar, die 1900 vom amerikanischen Schriftsteller L. Frank Baum veröffentlicht wurde[997] und durch den Kinofilm[998] mit Judy Garland weltberühmt wurde. Diese Geschichte des Kampfes eines kleinen Mädchens mit Unterstützung einer guten Hexe gegen die bösen Hexen (vor allen Dingen die „Wicked Witch of the West") scheint so eindeutig, so wenig missverständlich und in ihrer Deutung stringent, dass wohl niemand auf die Idee käme daran zu zweifeln, dass diese Wertungen absolut zutreffend sind.
>
> Umso spannender ist die Wendung, die die Geschichte durch den Roman *Wicked: The Life and Times of the Wicked Witch of the West* von Gregory

[994] Vgl. WOLF 1986, S. 12ff.

[995] DILTS/GILLIGAN 2011. Diese Sichtweise entspricht der klassischen konstruktivistischen Grundauffassung vgl. WATZLAWICK 2005.

[996] Vgl. GILLIGAN 2012, S. 16ff., 233ff. Diese Auffassung weist interessante Parallelen mit der Kriminalitätstheorie des *labeling approach* auf, die Howard S. Becker auf Grundlage der Ideen des von George H. Mead begründeten symbolischen Interaktionismus entwickelt hat. Der labeling approach beschreibt Delinquenz als das Resultat einer selffulfilling prophecy, die durch eine negative Attributszuschreibung durch die Gesellschaft in Gang gesetzt wird, vgl. BECKER 1963. Zur Kritik vgl. MEIER 2003, S. 73ff.

[997] L.F. BAUM „The wonderful Wizard of Oz", veröffentlicht am 15. Mai 1900 bei George M. Hill Company Chicago/New York.

[998] Der MGM-Film „The Wizard of Oz" feierte am 15.8.1939 Premiere und wurde zum Welterfolg.

> Maguire[999] nimmt, der auch Grundlage für das erfolgreiche Musical *Wicked*[1000] ist, und die „Vorgeschichte" vor dem Eintreffen Dorothys in Oz erzählt. Obwohl die Handlungen des Originalromans in Kraft bleiben, wandelt sich die Deutung der Figuren durch diesen neuen Rahmen radikal.
>
> Die „gute Hexe" Glinda erscheint plötzlich oberflächlich, opportunistisch und naiv, der „Zauberer" wird zum Mittelpunkt eines faschistischen Herrschaftssystems und die „Böse Hexe des Westens" erscheint plötzlich als eine sympathische Freiheitskämpferin für die Rechte der Tiere und die Hüterin von Moral und Mitgefühl in Oz. Jeder, der diesen brillianten Revisionismus einmal miterleben durfte, wird wohl endgültig von der Vorstellung geheilt sein, Interaktionen bzw. Kommunikation könnten jemals eindeutig sein.[1001] Marc Platt, der Produzent des Musicals, bringt dies auf folgende Formel: „Wicked explores the nature of good and evil and allows us to understand how politics, history, and circumstance conspire to *create misplaced labels* – and how those labels distort the way we view the past and inform the way we approach the future."[1002]

Wenn die durch die Festschreibung auf bestimmte Eigenschaften geprägten Interaktionen aufgrund der Begrenzungen zu Konflikten führen, so gilt es, den Fokus zurück auf die Potentialitäten und Ambivalenzen der Quantenwelt zu richten und damit neue Optionen und Wahlmöglichkeiten zu eröffnen, bei der verschiedene Gegensätzlichkeiten gleichzeitig wirksam sind und integriert werden können („Quanten-Überlagerung: Das Feld der unendlichen Möglichkeiten"[1003]):

---

[999] G. MAGUIRE „Wicked: The Life and Times of the Wicked Witch of the West", veröffentlicht im September 1995 bei Regan Books, New York.

[1000] Das Muscial „Wicked" (Musik: Stephen Schwartz, Buch: Winnie Holzman) feierte am 30. Oktober 2003 am Broadway Premiere.

[1001] Vgl. „Subjektive Struktur der Kommunikation durch Interpunktion der Akteure" gemäß dem dritten Axiom von Paul Watzlawick, umfassend dargestellt bei ROSNER/WINHELLER 2012, S. 26ff.

[1002] Vorwort von M. Platt in COTE 2005, S. 9.

[1003] DILTS/GILLIGAN 2011; vgl. auch GILLIGAN 2012, S. 21, S. 233ff.

> „conscious/creative unconscious; single value/multiple values; classical logic/quantum logic; actual/virtual or possible; linear/non-linear; parts/whole; time/timeless; physical/subtle (imagination); position/super position; managerial/visionary."[1004]

Dies führt in der praktischen Arbeit zunächst einmal zur Öffnung von „single-identities". Würde ein Klient (bzw. Mediant) sagen: „Ich bin ein depressiver Mensch", könnte der Mediator öffnend antworten: „Ich sehe das – und ich sehe sehr sehr viel mehr." Damit wird *der Fokus auf die im Moment ausgeblendeten anderen Potentiale gerichtet, die dann leichter aktiviert werden können.* Grundlage für diese Arbeit ist eine *achtsame Verbindung und ein kreativer (generativer) Geisteszustand*, mit der jede generative Arbeit beginnt.[1005] Wenn dieser Zustand zwischen Klient und Coach entwickelt wird, nennen Dilts und Gilligan dies *COACHing Container*™. Grundlage ist der COACH-Zustand, der für die generative Arbeit erforderlich ist: *Centered (C), Open (O), Attending with Awareness (A), Connected (C), Holding (H).* Mittels Atem- und Trancetechniken kann der Coach einen Klienten bei dem Aufbau eines solchen Zustandes unterstützen.[1006]

Im Rahmen des Generativen Coachings gibt es zahlreiche Formate und Techniken, die in einer Mediation nützlich sein können.[1007] Exemplarisch soll hier ein einfaches Format[1008] dargestellt werden, das bei einer Live-Demonstration beeindruckend wirksam war und von Andreas Winheller bereits mehrfach mit gutem Erfolg genutzt werden konnte. Die Methode – und insbesondere die verwendete Sprache – wird wahrscheinlich zunächst auf diejenigen Leser, die noch keine Erfahrungen mit Hypnotherapie oder Trancearbeit haben, ungewöhnlich oder gar „esoterisch" wirken. Die dahinterliegenden

---

[1004] DILTS/GILLIGAN 2011.

[1005] In die Idee des „generativen Zustands" sind die Konzepte des „Inner Game" (GALLWEY 2008) und des „Flow" (CSIKSZENTMIHALYI 2010) eingeflossen.

[1006] Zum COACHing-Container und zu den Techniken vgl. DILTS/DeLOZIER/BACON DILTS 2010, S. 341ff. Neuerdings spricht Gilligan von der COSMIC Consciousness (Centered, Open (and mindful), Subtle Awareness, Musicality, Intentional (positive), Creative engagement), vgl. GILLIGAN 2012, S. 54ff.

[1007] Zu den vielfältigen Methoden der generativen Trancearbeit vgl. GILLIGAN 2012, S. 87ff.

[1008] Dieses Format entspricht der „Good self/bad self"-Methode bei GILLIGAN 2012, S. 213ff.

Prinzipien, die für jede hypnotherapeutische Arbeit gelten, sind jedoch wissenschaftlich fundiert und für die Arbeit mit dem Unterbewusstsein optimiert.[1009]

Ausnahmen und Potentiale refokussieren:

A und B sitzen sich gegenüber. Ein Coach kann sie durch die Übung leiten. Zunächst gehen sie in den COACHzustand – oder werden hineingeleitet, das könnte z.B. wie folgt aussehen: „Erinnere Dich an eine Situation, in der es Dir wirklich gut ging. In der Du voll bei Dir warst. Sehe was da ist, höre, was Du hören kannst, fühle, was Du gerade fühlst, und während Du das fühlst kannst Du vielleicht auch noch Gerüche wahrnehmen oder einen Geschmack in diesem Moment[1010] - Was hast Du gespürt? Und wo hast Du das genau gespürt? Ist das nicht super, dass Du alle diese guten Gefühle in Dir hast. Und jetzt versuch einmal nachzuspüren, wo genau die absolute Basis dieses Gefühls – wo Deine Mitte ist. Im Herz – im Bauch – in der Hüfte oder höher? Oder wo ganz anders? Wo ist das Zentrum Deines Bodymind? Und nun kannst Du positive Ressourcen in das Center einladen. Freunde? Verwandte? Erinnerungen? Situationen? Lieder? Oder ganz etwas anderes? Was kommt als Ressource zu Dir, um Dich zu unterstützen?[1011] Und wenn Du bereit bist, dann kannst Du Kontakt aufnehmen mit B dort, Dich öffnen, Dein Zentrum immer weiter ausdehnen, bis es Deinen Körper verlässt, größer wird, bis es Euch beide einschließt – während Du gleichzeitig ganz zentriert bei Dir bist und

[1009] Die Hypnotherapie ist eine Richtung der Psychotherapie, die vor allem mit unterbewussten Prozessen arbeitet und wesentlich von dem US-amerikanischen Psychiater Milton H. Erickson (1901-1980) begründet wurde, vgl. ERICKSON/ROSSI 2007, G. SCHMIDT 2011, GILLIGAN 2008. Die Hypnotherapie ist seit 2006 in Deutschland vom Wissenschaftlichen Beirat Psychotherapie als wissenschaftlich gesicherte Psychotherapiemethode im Sinne des § 11 Psychotherapeutengesetzes anerkannt.

[1010] Sog. „VAKOG-Trance“ des NLP, also das sich (assoziiert) hineinsinken lassen in eine Situation unter Nutzung aller sinnesspezifischen Kanäle (V steht für den visuellen, A steht für den auditiven, K steht für den kinästetischen, O steht für den olfaktorischen und G steht für den gustatorischen Sinneskanal). TRAGESER/VON MÜNCHHAUSEN 2005 II.3f. und II.12. Zum Aufbau des generativen Zustands und zur Tranceinduktion vgl. auch GILLIGAN 2012, S. 69ff.

[1011] Zentrierung. Öffnung. Aufbau von Achtsamkeit.

gemeinsam in der Verbindung hier mit B. (Gleiches natürlich jetzt parallel mit beiden, wichtig ist ein gutes Kalibrieren und der Aufbau von Rapport[1012]).

Wenn die Klienten im COACH-Zustand sind, beginnt der ritualisierte Austausch nach folgendem Schema[1013]:

1. A: „Was ich will, daß Du von mir siehst, ist… (idealisiertes Selbst).

2. A: „Was ich will, dass Du nicht von mir siehst, ist… (Schatten-Selbst).

- B soll authentisch und offen empfangen –

3. B: „Ich sehe, daß Du … (idealisiertes Selbst)“

4. B: „Ich sehe, daß Du auch … (Schatten-Selbst)“

5. B: „Ich sehe, daß Du beides bist. Ich möchte beides annehmen und beides wertschätzen.“

6. B: „Und ich sehe, daß Du noch vieles, vieles mehr bist.“

Anschließend Schritt 1-6 mit vertauschten Rollen.

Wichtig ist die Aufrechterhaltung die Achtsamkeit und das In-sich-hineinspüren beim Hören und Verarbeiten des Gehörten.

Es versteht sich von selbst, dass der Einsatz solcher Formate weniger für die Claim Management Verhandlung in der Wirtschaftsmediation bestimmt ist – andererseits bei manchem Arbeitsplatzkonflikt in der innerbetrieblichen Mediation auch gute Dienste leisten könnte. *Grundlage ist natürlich Rapport und der Aufbau einer hinreichenden*

[1012] *Rapport* ist eine kommunikative Vertrauensbeziehung, die unbewusst entstehen oder durch Einsatz bestimmter Techniken erreicht werden kann (vgl. TRAGESER/VON MÜNCHHAUSEN 2005 I.14.1ff.). Rapport ist anhand des körpersprachliche Ausdrucks erkennbar, das bewusste und sorgfältige Wahrnehmen des Ausdrucks nennt man im NLP *Kalibrieren.* Zur Bedeutung von Rapport in der Mediation vgl. MONTADA/KALS 2007, S. 209f. Zu den NLP-Basistechniken vgl. einführend O´CONNOR/SEYMOUR 2004.

[1013] Wichtig ist, dass der Coach/Mediator darauf achtet, dass das Schema eingehalten wird und dass die Klienten im COACH-Zustand bleiben. Ansonsten sollte unterbrochen und refokussiert werden.

Vertrauensbasis. Gerade durch die Refokussierung und die Verbindung mit Körper- und Trancearbeit können sehr „kopflastige" Personen einen neuen, sehr wertschöpfenden und intensiven Zugang zu einer besseren Integration ihrer Perspektiven und Bedürfnisse finden. Bei der Live-Demonstration wirkte der Prozess ungaublich intensiv auf die beiden Personen ein – und veränderte sichtlich etwas in ihrer Beziehung. Die lösungsorientierte Arbeit folgte dann natürlich nachher im Rahmen der Auswertung der Erfahrungen angeleitet durch den Mediator/Coach.

In jedem Fall verdient dieser neue Ansatz intensiv beobachtet und für die Mediation nutzbar gemacht zu werden. Das im November 2012 erschienene Buch von STEPHEN GILLIGAN[1014] zur Generativen Trance wird dazu sicherlich noch einmal einen neuen Anstoß bieten.

7.6 Systemische Aufstellungen und Mediation

Bei systemischen Aufstellungen handelt es sich um ein Verfahren, bei dem Gruppen von Personen die Struktur und Veränderungsdynamik eines Systems modellieren und modifizieren. Dazu werden die Gruppenmitglieder (oder ersatzweise Gegenstände) stellvertretend für die Elemente eines Systems so im Raum hinsichtlich Standort, Blickrichtung, Entfernung zueinander angeordnet („aufgestellt"), wie es aus Sicht der Kunden dem Beziehungsgeflecht des Systems entspricht. Anschließend können die Repräsentanten befragt, umgestellt und erweitert werden. Im Sinne eines Simulationsprozesses geht es nicht nur um eine diagnostische Verwendung des Ausgangsbildes, sondern durch den schichtenweisen Aufbau einer Aufstellung um das Ausloten von alternativen Handlungs- und Deutungsmöglichkeiten bis hin zum experimentellen Probehandeln.

Aufbauend auf der erstaunlichen Fähigkeit der *repräsentativen* Wahrnehmung (durch die Stellvertreter) können mit Hilfe einer in die Mediation integrierten und auf diese Bedürfnisse speziell angepassten Aufstellung wichtige Lösungsprozesse verdeutlicht und ein positives Bild der Zusammenarbeit entwickelt werden, welches den Mediationsprozess unterstützend stärken kann.[1015] Insbesondere die **systemischen Strukturaufstellungen** nach **Insa Sparrer** und **Matthias Varga von Kibéd** verfügen dabei über einen

[1014] GILLIGAN 2012: „Generative Trance – The Experience of Creative Flow".

[1015] Da mehrperspektivische Methoden der Rolleneinnahme die Nachhaltigkeit von Konfliktlösungen steigern, vgl. BOHART 1977.

klaren syntaktisch-grammatischen, theoretischen Hintergrund mit Bezügen zur Therapie, lösungsfokussierter Arbeit, Sartirscher Skulpturarbeit[1016] sowie den System- und Organisationsaufstellungen. Die diesen Verfahren zugrunde liegende **strukturelle** Denk- und Vorgehensweise ist denn auch der Ausgangspunkt jeglicher Verknüpfung zwischen Aufstellungsverfahren und Mediationsverfahren.

Folgt man der von KERNTKE vorgetragenen Einschätzung, dass sich die Konfliktdynamiken – von ihrer *inneren Logik* her gesehen – trotz der Variationsbreite konkreter Erscheinungsformen in unterschiedlichen Organisationskontexten auffallend gleichen,[1017] dann hat dies methodische Konsequenzen. Die Beobachtung von Praktikern der Organisations- und Wirtschaftsmediation unterstützt einmal mehr die These, wonach die basalen Logiken von Konfliktgenese und Konflikteskalation eine hohe Ähnlichkeit aufweisen, unabhängig von den konkreten Umständen und vom konkreten Erscheinungsort eines Konfliktes – im Familienunternehmen, im Team, im Betrieb, zwischen Personen oder Organisationseinheiten usw.[1018] Wenn man in dieser Weise strukturell ähnliche Konfliktdynamiken in unterschiedlichsten Bereichen annimmt, dann gälte Gleiches wohl für die strukturell möglichen Lösungsoptionen eines Konfliktes (z.B. durch Ausgleich) und für die Interventionsmöglichkeiten des Mediators. Die *Tiefenstruktur* menschlicher Konfliktdynamik legt – anthropologisch gesprochen – auch ein typologisierbares Regelwerk der Konfliktbearbeitung und -lösung nahe.

Im Sinne einer **mediativen Interventionslehre**, die das Konzept typologisierter Konfliktdynamiken (in sozialen Zusammenhängen und sozialen Systemen) um systemische Funktions- und Ordnungsannahmen ergänzt, lassen sich dann die im Strukturaufstellungsansatz entwickelten Ordnungsprinzipien für das Funktionieren sozialer Systeme zumindest als Quelle für heuristische Hypothesenbildung zur Entstehung und Bewältigung von Konflikten nutzen.

[1016] Die „Skulpturarbeit" ist eine von der Familientherapeutin Virginia Satir (1916-1988) entwickelte Methode zur therapeutischen Arbeit mit Familiensystemen, vgl. SATIR 2011.

[1017] KERNTKE 2004, S. 19.

[1018] Das heißt, die beispielsweise in Friedrich Glasls „Neun-Stufen-Eskalationsmodell" typologisierten Strukturähnlichkeiten und Verlaufsformen von Konflikten würden unabhängig davon rekonstruierbar sein, ob es sich nun um inter-personelle (zwischenmenschliche) oder inter-organisatorische (z.B. zwischen Abteilungen einer Organisation oder zwischen Unternehmen) Konflikte handelt.

Um diese Behauptung zu begründen, sollen zunächst wichtige Verknüpfungen zwischen Aufstellungsverfahren und Mediationsverfahren aufgewiesen und das Verständnis von Strukturaufstellungen erläutert werden, dann die systemischen Ordnungsannahmen im Überblick dargestellt und ihre Verwendbarkeit für die mediative Hypothesenarbeit illustriert werden, um anschließend ausführlichere Hinweise auf die als mediative Elemente nutzbaren Aufstellungsformate geben zu können. Abschließend wird betont, dass Aufstellungs- und Mediationsverfahren zwei Varianten des lösungsorientierten Ansatzes in der Konfliktbearbeitung darstellen.

7.6.1 Der systemisch-orientierte Transformationsansatz in der Mediation

Eine erste wichtige Verknüpfung zwischen dem systemischen Aufstellungsverfahren und dem Mediationsverfahren lässt sich durch Bezug auf den systemisch-orientierten *Transformationsansatz* der Mediation herstellen. Während (wie bereits in Kapitel 1.3.2 ausgeführt) der *Verhandlungsansatz* der Mediation versucht, durch interessenorientiertes und sachbezogenes Verhandeln eine kooperative Beziehung zwischen den Konfliktbeteiligten herbeizuführen, zielt der Transformationsansatz stärker darauf ab, **zunächst** die Beziehungsqualität zwischen den Konfliktparteien zu verbessern, so dass diese schließlich aufgrund einer kooperativen Beziehung von selbst egoistische Forderungen zurückstellen und eine partnerschaftliche Konsenslösung anstreben, die den Interessen aller Beteiligten gerecht wird.[1019]

In der ursprünglichen Form als effektive Konfliktlösungsmethode nach dem *Service-Delivery-Projekt* ist der verhandlungsorientierte „Harvard-Ansatz" stark zukunfts- und lösungsorientiert. Die Vergangenheit und die Tiefenstruktur des Konfliktes bzw. die „Beziehungsseite" interessieren dabei nur insoweit, wie sie für eine einvernehmliche Lösung des Konfliktes erforderlich sind. Das kann jedoch in einer Mediation dazu führen,

---

[1019] Der von BUSH/FOLGER 2005 mit ihrem Grundlagenwerk „The Promise of Mediation" begründete Transformationsansatz geht also davon aus, dass die Mediation mehr kann – und leisten sollte – als „nur" ein einvernehmliches Ergebnis zu erzielen. Im Vordergrund der mediativen Arbeit soll demnach die Stärkung der individuellen Konfliktkompetenz (Empowerment) und die positive Klärung der gestörten Beziehungen (Recognition) zwischen den Konfliktparteien stehen. Erfolgskriterium für eine Mediation ist bei diesem Ansatz auch weniger der Inhalt der Vereinbarung, sondern die Frage „wie" sie erreicht worden ist, also der Prozess. Alle wesentlichen Konfliktebenen – auch die Tiefenstruktur – müssen von den Beteiligten eigenverantwortlich bearbeitet werden.

dass tatsächlich nur der Oberflächenkonflikt bearbeitet wird und an den tieferen Konfliktdynamiken und der „Vergangenheit“ nicht gerührt wird.[1020] In diesem Fall ist allerdings häufig auch keine größere Nachhaltigkeit der Konfliktlösung zu erwarten.

Hier könnte eine stärkere Verknüpfung des Mediationsansatzes mit dem Aufstellungsverfahren hilfreich sein. Die systemischen Aufstellungen[1021] wurden als eigenständige Verfahren und weitgehend unabhängig von der Diskussion um den Mediationsansatz entwickelt und setzen, falls auf Konfliktfälle angewendet, stärker an der *Tiefenstruktur* eines Konfliktes an. Somit arbeiten auch die Verfahren der systemischen Aufstellungen[1022] unmittelbar an den Beziehungskonstellationen zwischen den Teilen oder Elementen eines (sozialen) Systems und sind daher eher im Kontext des von Bush und Folger begründeten Transformationsansatzes zu verorten.

In der Mediation ist der Transformationsansatz vor allem im Bereich der Familienmediation weit verbreitet.[1023] Dies ist kaum erstaunlich, denn bei tiefsitzender Empörung, beispielsweise wegen empfundener Verletzung zentraler Gerechtigkeitsvorstellungen durch den Partner, entsteht eine Konfliktdynamik, die ohne Klärung des Wertekonflikts nicht nachhaltig gelöst werden kann.[1024] Es liegt auf der Hand, dass in solchen Fällen eine nachhaltige Konfliktlösung weder durch ein Gerichtsverfahren noch rein durch ergebnisorientierte Mediation zu erreichen ist, wohingegen *transformative* Mediation zu einer nachhaltigen Lösung führen kann.

Der transformativen Mediation in Anspruch und Wirkung durchaus vergleichbar sind systemische Aufstellungsverfahren, die zunächst ebenfalls im Kontext der therapeutischen Arbeit mit Familien entwickelt wurden und ursprünglich auf Arbeiten der Familientherapeutin **Virginia Satir** sowie ihrer Schüler **Les Kadis** und **Ruth McClendon**

[1020] Zur Kritik an dem Postulat, „nach vorne zu schauen und die Vergangenheit ruhen zu lassen“ vgl. MONTADA/KALS 2007, S. 66ff.

[1021] In der Öffentlichkeit meist unter Begrifflichkeiten wie Familien-, System- oder Organisationsaufstellung bekannt; vgl. die Sammelbände von WEBER 1998, 2000, 2005, sowie GROTH/STEY 2007.

[1022] Der Begriff der „systemischen Aufstellungen“ wird hier mit Bezug auf Varga von Kibéd und Sparrer dem Begriff „Systemaufstellungen“ vorgezogen.

[1023] Berühmte Vertreter sind BUSH/FOLGER 2005, S. 13ff; MONTADA/KALS 2007, S. 40ff.; RISKIN 1996, S.29ff;

[1024] Vgl. MONTADA/KALS 2007, S. 153ff.

beruhen.[1025] Dabei entwickelte sich die Methodik von **Bert Hellingers**[1026] intuitivem Ansatz der *therapeutischen Familienaufstellungen nach Hellinger*, die heute von den meisten systemischen Therapeuten und ernsthaften Vertretern der systemischen Aufstellungen als unseriös abgelehnt werden,[1027] hin zu professionellen Aufstellungsmethoden, die mit einer klaren und transparenten Grammatik[1028] und einer überzeugenden ethischen Haltung des Therapeuten arbeiten. Deren fortgeschrittendste Form dürften derzeit die „systemischen Strukturaufstellungen (©SySt)“[1029] des deutsch-ungarischen Professors für Logik, Matthias Varga von Kibéd und der Psychologin Insa Sparrer sein. Nach Auffassung der Verfasser ist der **Einsatz systemischer Aufstellungsmethoden in der Mediation dann und nur dann vertretbar, wenn sie ihre Wirkprinzipien (Grammatik) transparent machen und die Eigenverantwortlichkeit der Beteiligten bewahren**.

Da die Annahme einer vergleichbaren *inneren* Logik bei Konfliktdynamiken auf unterstellten *strukturellen Ähnlichkeiten* in Verursachung, Verlaufsform und Bearbeitungs-

[1025] SPARRER 2009, S. 40ff.; WEBER 1993.

[1026] Vgl. HELLINGER 1994.

[1027] Die Deutsche Gesellschaft für Systemische Therapie, Beratung und Familientherapie (DGSF) als zuständiger Fachverband bewertet die Arbeit Hellingers in einer Stellungnahme vom Februar 2003 wie folgt: „Auch die reale Praxis der Familienaufstellungen ist zu einem nicht geringen Teil als kritisch, ethisch nicht vertretbar und gefährlich für die Betroffenen zu beurteilen.“ Im Zentrum der Kritik steht dabei vor allen Dingen ein autoritativer Stil, mit Hilfe von Gruppendruck und bedenklichem Menschenbild und Rollenverständnis auf Massenveranstaltungen Klienten in eine bestimmte – weltanschaulich begründete – Richtung zu drängen. Zu der Kritik an Hellinger vgl. den Offenen Brief von Arist von Schlippe, damaliger Vorsitzender der Systemischen Gesellschaft, sowie die „Potsdamer Erklärung von 2004“, mit der führende systemische Therapeuten ihre Kritik an Hellinger begründen und im Interesse der Klienten Qualitätskriterien für (Aufstellungs-)methoden einfordern (beides auf http://www.metaforum.com/pg-medien/downloads/materialien/ (abgerufen am 26.9.12)). Zur inhaltlichen Kritik an Hellinger vgl. detailliert SPARRER 2009, S. 42ff.

[1028] Die Grammatik einer Methode erläutert, wie diese Methode angewendet werden muss und welche Wirkprinzipien bestehen. Sie schafft damit Transparenz über Wirkung und Verlauf, die Voraussetzung für die Eigenverantwortlichkeit der Beteiligten in Bezug auf diese Methode ist. Die Grammatik der ©SySt ist veröffentlicht, vgl. z.B. SPARRER 2009, und setzt auf das Wissen des Fallgebers (Betroffener) und der Gruppe; damit unterscheiden sie sich von der „Hellinger-Zauberei“, die in letzter Konsequenz auf das überlegene Wissen des Aufstellers (am besten: des Gurus selbst) aufbaut.

[1029] SPARRER 2009.

prozess von Konflikten ruht, bietet es sich an, am Beispiel des Verständnisses der systemischen Aufstellungsarbeit etwas zu präzisieren, was auch für die Mediationsverfahren und ihr jeweils zugrunde liegendes Konzept der in der Mediation zu bearbeitenden Konfliktdynamiken von großer Bedeutung sein dürfte. Es geht im Folgenden also nur vordergründig um Begriff und Marke der bei ©SySt[1030] entwickelten „Strukturaufstellungen". Im Wesentlichen geht es in der hier geführten Diskussion um das Verständnis von „Struktur", „System" und „Strukturähnlichkeiten" bei den strategischen Lösungsoptionen eines Konflikts. Zu den systemischen Strukturaufstellungen präzisieren Matthias Varga von Kibéd und Insa Sparrer – mit Bezug auf weit verbreitete „Missverständnisse" – ihren Ansatz wie folgt:[1031]

Strukturaufstellungen seien zwar eine Form der systemischen Aufstellungen, aber keine Systemaufstellungen. „Denn `systemisch´ in `systemische Aufstellungen´ heißt, dass die Aufstellung unter fortschreitendem Verzicht auf Deutungen, syntaktisch, im Sinne des systemisch-konstruktivistischen Ansatzes der Heidelberger Schule durchgeführt wird."[1032] Das habe nichts mit der *irrigen* Vorstellung zu tun, man könne in einer "Systemaufstellung" ein *spezifisches* System und eben nur genau dieses aufstellen, und nicht bloß die **Struktur** des Systems. Die Struktur habe ein System aber mit bestimmten anderen Systemen gemeinsam. „Bei den Systemischen Strukturaufstellungen stellen wir Strukturen auf, keine Systeme."[1033] Denn in der gleichen gestellten Struktur können verschiedene Systeme abgebildet werden. Die Idee des „Strukturebenenwechsels"[1034]

1030 ©SySt = **Sy**stemische **St**rukturaufstellungen.

1031 Im ©SySt-Newsletter vom September 2008, zum Teil wohl als Reaktion auf das zuvor von ROSSELET et al 2008 erschienene Buch „Management Constellations", in dem aus Sicht der ©SySt-Begründer Strukturaufstellungen und deren Grammatik umfangreich verwendet wurden, ohne dies hinreichend zu kennzeichnen und die Urheberschaft auszuweisen.

1032 ©SySt-Newsletter vom September 2008.

1033 ©SySt-Newsletter vom September 2008.

1034 Ein „Strukturebenenwechsel" liegt vor, wenn im Aufstellungsgeschehen (meist unbewusst) zwischen verschiedenen Systemebenen gewechselt wird, etwa in folgendem Beispiel zwischen der Ebene des Familiensystems und der Ebene des persönlichen Wertesystems. Die Aufstellungsleitung kann diesen „Strukturebenenwechsel" durch bewust „ambige" Arbeit nutzen (utilisieren). Ein „Strukturebenenwechsel" läge z.B. auch vor, wenn Autoritätsprobleme eines Mitarbeiters mit seiner Führungskraft auf frühere biographische Erfahrungen mit „Autoritäten" zurückführbar wären, also in die

setze geradezu voraus, dass wir gleichzeitig mit unterschiedlichen Systemen arbeiten können, deren Struktur die gleiche ist. Dies wird an folgendem Beispiel illustriert:

> „In der festen Tetralemmaaufstellung stehen die Positionen 'das Eine' und 'das Andere' einander gegenüber. 'Das Eine' und 'das Andere' können dabei für unterschiedliche Alternativen stehen. Sie könnten jedoch auch für unterschiedliche Loyalitäten stehen, wenn etwa 'das Eine' eine bevorzugte Alternative der Mutter darstellt und 'das Andere' eine bevorzugte Alternative des Vaters. Eine weitere Möglichkeit ist, dass 'das Eine' und 'das Andere' für unterschiedliche Werte der KlientIn stehen. Jedesmal wird dabei ein anderes System abgebildet:
>
> - das System der Entscheidungsalternativen
>
> - das System der Loyalitaten im Familiensystem
>
> - das System der Werte der KlientIn
>
> Alle drei Systeme haben die Struktur gemeinsam: 'das Eine' und 'das Andere' einander gegenüberstehend, und den Fokus im Verhältnis dazu.“[1035]

Gestellt werde also in diesem Falle eine Struktur. Welches System darin gesehen werde, sei (bloß) eine **Deutung**. Während der Aufstellungsarbeit könne die jeweilige Systemebene konkretisiert werden, indem die Aufstellungsleitung entsprechende rituelle Sätze von den Repräsentanten sagen lasse. Diese Sätze können jedoch auch zu anderen relevanten Systemen passen, so dass auf diese Weise auf verschiedenen Ebenen gleichzeitig gearbeitet werden könne und ein Transfer von einer auf eine andere Ebene leichter gelinge. In dieser Vorgehensweise würden auch (bewusst) unterschiedliche Deutungen zugelassen[1036] und ein **Transfer von einer Deutungsebene auf mögliche andere Deutungsebenen** erleichtert. Denn durch die Strukturähnlichkeit von Systemen können auch leicht Verwechslungen auftreten.

konkrete Beziehung mit dem Vorgesetzten etwas hineinprojeziert wird, was eigentlich woanders hingehört.

1035 ©SySt-Newsletter vom September 2008.

1036 Neben der genannten „syntaktischen“ Arbeit ist dies eine „systematisch ambige“, d.h. bewusst „Mehrdeutigkeiten“ zulassende und erzeugende Arbeit bei den Strukturaufstellungen.

> „Da Aufstellungen nur darstellen können, was diese verschiedenen konkreten Systeme gemeinsam haben, konkrete Systeme aber (sofern sie nicht einfach Teilsysteme voneinander sind oder sich überlappen) keine konkreten Systeme miteinander gemeinsam haben, sondern nur (abstrakte) Strukturen, ist es eine Illusion, zu glauben, man könne EIN System aufstellen."[1037]

Was wir aufstellen können, so Matthias Varga von Kibéd und Insa Sparrer, sei nur, was konkrete Systeme miteinander gemeinsam haben – und das seien **Strukturen**. Daher sei es höchst irreführend, Strukturaufstellungen für Systemaufstellungen zu halten.

Aus dieser wichtigen methodischen Diskussion innerhalb der systemischen Aufstellungsverfahren für die Mediationsarbeit ist vor allem festzuhalten, dass **Strukturähnlichkeiten** den **Transfer** von einer Systemebene auf die andere **erleichtern**, gleichzeitig jedoch auch **zu Verwechslungen und Übertragungen einladen**. Im Sinne eines positiven Transfers von einer Systemebene auf die andere heißt das zum Beispiel, dass Einsichten der Medianten in Bearbeitbarkeit und Lösungsstrategien eines zur Verhandlung anstehenden konkreten Konfliktes auf andere, strukturell ähnliche Konfliktkonstellationen übertragen werden können und somit ein Beitrag zur persönlichen Weiterentwicklung eigener Konfliktfähigkeit oder sogar zum organisations- oder gesellschaftsbezogenen „Empowerment" im Sinne des *Individual-Autonomy*- oder *Social Transformation*-Projekts[1038] geleistet wird. Erkennt man als Mediator solche „Strukturebenenwechsel" nicht, kann es im negativen Falle einer Verwechslung und Übertragung aber auch sein, dass im Mediationsverfahren mit viel Aufwand an Konflikten gearbeitet wird, die einen anderen Entstehungszusammenhang aufweisen und in dieser Form „nicht hierher gehören", weil sie in der konkreten Mediation mit den anwesenden Beteiligten nicht bearbeitbar und lösbar sind. Nur die Kenntnis des Phänomens des „Strukturebenenwechsels" und eine entsprechende Sensibilisierung der eigenen Wahrnehmung solcher Phänomene kann den Mediator vor solchen Problemen bewahren. Zudem eröffnet sich an dieser Stelle die Möglichkeit, aufstellungstechnische Elemente und Strukturaufstellungsformate in das Mediationsverfahren zu integrieren, um die in der ©SySt-Aufstellungsschule bereits erarbeiteten Methoden stärker zu nutzen.[1039]

[1037] ©SySt-Newsletter September 2008.

[1038] Nach BREIDENBACH 1995.

[1039] Ausführlichere Hinweise dazu in Kapitel 7.6.3.

Einen weiteren gemeinsamen Bezugspunkt zwischen Mediation und systemischen Aufstellungsverfahren, der mit der Annahme strukturell ähnlicher Konfliktdynamiken kompatibel ist, stellt das bereits angeführte *Reziprozitätsprinzip*[1040] als Norm des Ausgleichs in konfliktären Situationen und Systemen dar. Die altrömische Rechtsformel des *do ut des*[1041] liegt sowohl den „Austauschbeziehungen" (cross-issue trade offs) der Verhandlungsparteien durch die Techniken des Deal-Structuring im Rahmen integrativer Verhandlungsführung nach der Harvard-Methode als auch den „Formen des Ausgleichs" in der systemischen Aufstellungsarbeit zu Grunde. Nur sind die Ausgleichsprinzipien in der Aufstellungsarbeit ungleich besser beschrieben und methodisch reflektiert. Eine bewusste Rezeption auch dieser Vorarbeiten durch den Mediationsansatz – der ja weitgehend isoliert von der Entwicklung systemisch-therapeutischer (á la Hellinger) oder systemisch-konstruktivistischer (á la Varga/Sparrer) Aufstellungsverfahren entstand, sich jedenfalls bislang nicht systematisch darauf bezieht – könnte für die Mediationslehre im Sinne einer methodischen Anreicherung durchaus befruchtend wirken.[1042]

7.6.2 Systemische Ordnungsannahmen und Hypothesenarbeit in der Mediation

Bereits Bert Hellinger hat Ausgleichsprinzipien für Familiensysteme formuliert, die auf den Ideen der „systemischen Schuld" von IVAN BOSZORMENYI-NAGY basieren, der den *ethischen* Schuldbegriff – mit Rückgriff auf MARTIN BUBER[1043] – durch einen *ökonomischen* ersetzt hat, d.h. Schuld wird bei ihm nicht mehr im Sinne von „böse", sondern im Sinne einer Ausgleichsverpflichtung gesehen.[1044] Auf diese Weise wird dann auch in Situationen, in denen bisher kein Ausgleich durchführbar war, eine Konfliktlösung er-

---

1040 Vgl. Kapitel 3.4.

1041 Lateinisch = „Ich gebe, damit du gibst".

1042 Mittlerweile gibt es erste Veröffentlichungen zu dieser Verbindung zwischen Mediations- und Aufstellungsverfahren, z.B. den Artikel über „Die Mediationsaufstellung" von KOLODEJ/SMUTNY 2010. Die anregenden Ausführungen der beiden Autorinnen bestätigen und ergänzen die hier angeführten Möglichkeiten der Einbindung von Aufstellungen in die Mediation – z.B. zur Klärung eines Einzelanliegens, zur psychodynamischen Einschätzung der Situation, zur Klärung von Interessen und Bedürfnissen bis hin zur Festigung gemeinschaftlicher Lösungen.

1043 Vgl. BUBER 1994.

1044 Vgl. BOSZORMENYI-NAGY 1973.

möglicht. Varga von Kibéd und Sparrer haben die Ausgleichsprinzipien Hellingers umformuliert und erweitert und zu einer wichtigen Grundlage für Systemische Strukturaufstellungen gemacht. Es sind dies vier allgemeine *Prinzipien für den Systemerhalt* und drei sog. *Meta-Prinzipien*, die den Charakter von Grundannahmen über den Erhalt und die Funktionsweise von sozialen Systemen haben.[1045]

Prinzip der Beachtung der Zugehörigkeitsbedingungen

Das erste *Prinzip der Gleichwertigkeit der Zugehörigkeit* sichert die **Existenz** eines Systems, da sonst der Zugehörigkeitsbegriff und damit die Systemgrenze problematisch wird. Für ein Familiensystem oder eine Organisation heißt das, dass für alle am System Beteiligten klar erkennbar sein muss, wer dazugehört und wer nicht.

> „Die *Existenz eines Systems* erfordert die *Festlegung seiner Grenzen*, denn wenn wir wissen wollen, wer dazugehört und wer nicht, so muss durch eine Grenze festgelegt sein, wo der eine Bereich aufhört und der andere beginnt. Diese *Einführung einer Unterscheidung* bestimmt erst die Grenzen eines Systems und die Zugehörigkeit zu einem System."[1046] (Hervorhebung durch die Verfasser)

Insofern ist die **Grenzziehung** und die **Unterscheidbarkeit** (zwischen Systemen) nicht nur Existenzerhaltungsvoraussetzung für soziale Systeme wie Organisationen, Unternehmen, Familien, Netzwerke usw., sondern auch Voraussetzung für die Feststellbarkeit von Zugehörigkeit. Zugehörigkeit muss aber nicht nur erkennbar sein, sie muss auch anerkannt werden: Wird beispielsweise die (ehemalige) Zugehörigkeit eines entlassenen Mitarbeiters von der Organisationsspitze geleugnet, kann es zu Störungen im System kommen. Insofern wird hier zugleich das sogenannte „*1. Meta-Prinzip der Nicht-Leugnung der Wirklichkeit*" verletzt (dazu sogleich mehr).

[1045] Darstellung nach ROSNER 2006, S. 85ff.

[1046] SPARRER 2000, S. 91f.

Prinzipien der Reihen- oder Zeitfolge

Auf der nächsten Ebene gibt es *Prinzipien der Reihen- oder Zeitfolge,* die sich auf die *Bedingungen für Wachstum und Fortpflanzung* des Systems beziehen.

Das *Prinzip der direkten Zeitfolge* sichert die Möglichkeit des **Systemwachstums**, da sonst der Raumverlust der früheren Systemelemente in der Regel zu Gegenreaktionen gegen das Systemwachstum führt. Es geht dabei um die *Reihenfolge* des Eintritts und die entsprechende *Dauer* der Zugehörigkeit. Innerhalb von sozialen Systemen hat dabei das länger beteiligte Mitglied Vorrang vor dem weniger lang beteiligten. Wird beispielsweise die Tatsache der längeren Betriebszugehörigkeit im Unternehmen oder in der Abteilung nicht gewürdigt, so führt das häufig dazu, dass später Eintretende von denen, die schon länger da sind, nicht unterstützt werden.[1047]

Im Unterschied zur direkten Reihen- und Zeitfolge sichert das *Prinzip der inversen Reihen- und Zeitfolge* die Möglichkeit der **Systemfortpflanzung**, da sonst die schwächere Grenze des jüngeren Systems häufig zu dessen Reabsorption durch das ältere oder zur Diffusion führt.

> Beispielsweise braucht ein neues Subsystem in der Organisation (neue Niederlassung, Fakultät, Filiale, Tochterunternehmen usw.) in der ersten Bildungsphase einen gewissen Vorrang und wird nach erfolgreicher Bildung dieser

[1047] Die konkrete Erscheinungsweise und normative Wirkung eines solchen *Senioritätsprinzips* kann natürlich je nach spezifischer „Umgangskultur" (KERNTKE 2004) stark variieren. Ob es einen erkennbaren Vorrang des „Älteren" vor dem „Jüngeren" (z.B. bei der Besetzung von Führungsfunktionen) gibt, ist nicht nur eine Frage branchen- oder landestypischer Unternehmenskulturen (z.B. japanisch vs. amerikanisch geprägte Unternehmenskulturen), sondern kann auch zwischen Abteilungen ein und der gleichen Organisation schwanken, wenn es spezifische und außergewöhnliche Einflüsse auf die Organisationshistorie z.B. durch eine die gelebte Kultur prägende Führungspersönlichkeit gab. Die empirische Variationsbreite dieses Ordnungsprinzips macht es aber keineswegs überflüssig, diese Grundannahme zum Erhalt und zur Funktionsweise von sozialen Systemen als Mediations-Hypothese zur möglichen systemischen Störung und Konfliktursache zu prüfen. In der Praxis der Aufstellungsarbeit stellt sich in solchen Fällen häufig heraus, dass sich jemand, der schon eine längere Betriebszugehörigkeit aufweist und jetzt „dran gewesen wäre", in der Besetzung von Führungspositionen „übergangen" fühlt, wenn Jüngeren der Vorrang eingeräumt wurde. Ein derartiger Konflikt erzeugt dann eine Ausgleichsverpflichtung, d.h. das soziale System kann nur durch einen Ausgleich – materiell, symbolisch, rituell – „entstört" werden.

> Grenzen nachrangig in dem Sinne, dass das zeitliche Primat der anderen Abteilungen anzuerkennen eine gute Kooperationsvoraussetzung bildet.

Prinzip des höheren Einsatzes

Das dritte Ordnungsprinzip bezieht sich auf die **Regelung des Energieflusses**. Dabei geht es um die „Immunkraftbildung" des Systems gegen innere Auseinandersetzungen. Bei Organisationen fallen unter dieses Prinzip die *systemische* und die *offizielle Hierarchie* sowie *interne* und *externe Einflüsse*. Es ist vor allem wirksam als *Prinzip des Vorrangs des höheren Einsatzes*, das die **Immunkraftbildung** und die **Fähigkeit zur Krisenbewältigung** sichert. Wer sich mehr einsetzt, hat Vorrang vor dem, der sich weniger einsetzt. Einsatz meint hier die Menge an persönlich eingesetzter Energie, nicht aber das Leistungsergebnis.

> Systeme, bei denen diese Form der Einsatzwürdigung im Mittelpunkt steht, sind beispielsweise Vereine oder Netzwerke, in denen das Miteinander und Füreinander besonders wichtig ist. Oft wird in Organisationen jedoch nicht jener Mitarbeiter, der mehr zeitlichen Einsatz, mehr Engagement einbringt, sondern jener mit dem besseren Ergebnis höher bewertet. Die Folge ist, dass das Engagement vieler anderer zurückgeht, das aber in Summe ebenso wichtig ist für die Organisation. Besonders störend sind solche Effekte, wenn das bessere Ergebnis von den anderen Systemmitgliedern gar nicht als tatsächlich besser, sondern nur als „besser verkauft" angesehen wird.

Prinzip des Leistungs- und Fähigkeitsvorrangs

Das letzte Prinzip, das *Prinzip des Leistungs- und Fähigkeitsvorrangs* sichert schließlich die Reifung und individuelle Ausprägung des Systems (**Individuation**). Der Vorrang der höheren Leistungen sichert die Leistungsbereitschaft. Der Fähigkeitsvorrang sichert den Zugang zu den Ressourcen.

> Die Beachtung des erstgenannten *Prinzips des Leistungsvorrangs* fördert, dass der Einzelne sich bemüht, gute Ergebnisse zu erzielen. Das heißt, es wird ihm um Effektivität im Sinne von Wirksamkeit gehen. Das zweitgenannte *Prinzip des Fähigkeitsvorrangs* kann beispielsweise die Bereitschaft fördern,

sich aus- und weiterzubilden, was der Organisation die Erweiterung seiner Wissensressourcen ermöglicht.

Fasst man diese vier Ebenen und die darin wirkenden Prinzipien – Systemexistenz durch Zugehörigkeitsregelung, Wachstum (Extension) und Fortpflanzung (Replikation) des Systems durch Regelung der Reihen- und Zeitfolge, Immunkraftbildung/Krisenbewältigung des Systems durch Regelung des Energieflusses als Vorrang des höheren Einsatzes sowie Individuation durch Leistungs- und Fähigkeitsvorrang – als Kontextbedingungen für Organisationen als *soziale Systeme* auf, zum Beispiel als Elemente einer Unternehmenskultur, dann kann man erwarten, dass sich das System in einem Kontext, in dem diese Prinzipien beachtet werden, besser entwickeln wird. Dabei gilt eine Hierarchie dieser Prinzipien, die im *2. Meta-Prinzip* geregelt ist.

Meta-Prinzipien

Das bereits erwähnte *1. Meta-Prinzip der Nicht-Leugnung der Wirklichkeit* als übergeordnetes Muster, aus dem die zuvor genannten vier Grundannahmen oder allgemeinen Prinzipien für Systemerhalt erschlossen werden können, lautet: Das *Gegebene muss (an)erkannt werden, darf nicht geleugnet oder verdrängt werden.* Dieses Hellinger-Assoziationen weckende 1. Metaprinzip legt natürlich den Verdacht eines Rückfalls auf ontologische statt konstruktivistische System-Konzeptionen nahe („Was ist, ist gut!"). Es folgt wohl der eher organisationspraktischen Einsicht, „dass Systeme gefährdet werden, wenn das Gegebene nicht anerkannt beziehungsweise geleugnet wird."[1048] Da diese Grundannahmen in verschiedenen Versionen vorliegen, heißt es neuerdings auch: *Gegebenes ist anzuerkennen, indem auf seine Leugnung verzichtet wird.*

Das *2. Metaprinzip* besagt, dass die oben genannten Ordnungsprinzipien in der angegebenen Reihenfolge jeweils den Vorrang voreinander haben. Das heißt:

- Systeme, die zu sehr um ihre Existenz kämpfen müssen, können nicht ausreichend für Wachstum und Fortpflanzung sorgen.
- Systeme, bei denen Wachstum und Fortpflanzung gefährdet sind, können nicht ausreichend ihre Immunkraftbildung und Krisenresistenz gewährleisten.

[1048] SPARRER 2000, S. 97.

- Systeme, bei denen die Fähigkeiten zur Krisenbewältigung geschwächt sind, müssen sich erst darum kümmern, ehe sie mehr für die individuelle Entwicklung von Systemmitgliedern tun können.

Das zweite Metaprinzip ist also Ausdruck des *Primats* der *Systemexistenz vor Systemwachstum und Systemfortpflanzung vor Immunkraftbildung vor Individuation*. Dies bedeutet auch, dass die Verletzung der ersten Grundannahme am meisten schadet, also die gravierendsten Konsequenzen zeigt. Daher beginnt man bei Systemischen Strukturaufstellungen erst mit der Frage, wer ausgeschlossen ist (Verstoß gegen die Beachtung gleichwertiger Zugehörigkeit), fügt als Erstes die Ausgeschlossenen hinzu, fragt dann nach der Beachtung der Prinzipien der Reihen- und Zeitfolge und entsprechender Ausgleichsverpflichtungen usw.

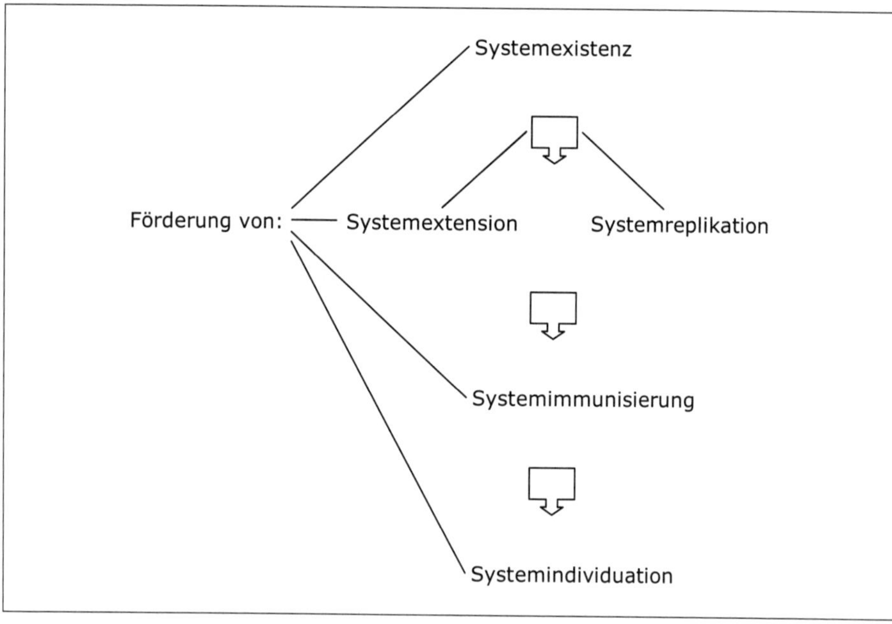

Abb. 22: Hierarchie der systemischen Ordnungsprinzipien (2. Metaprinzip)[1049]

[1049] Nach SPARRER 2000, S. 98.

Das *3. Metaprinzip* schließlich stellt darauf ab, dass Systeme durch *angemessene* Formen des (konfliktreduzierenden) „Ausgleichs von Geben und Nehmen" stabilisiert werden. Es sichert damit die Elastizität der Bindungskräfte des Systems auf jeder Systemebene. Man kann das dritte Metaprinzip auch als *Prinzip zur Förderung von Umsatz und Stoffwechsel im System* charakterisieren.[1050]

Die Ausgleichsprinzipien im Einzelnen lauten:[1051]

> **„Der Ausgleich im Guten soll ein vermehrter sein."**
>
> **„Der Ausgleich im Übel soll ein verminderter sein."**
>
> **„Exakter Ausgleich trennt."**

Diese Ausgleichsprinzipien gelten für ein System dann, wenn die Bindung in diesem System weiter bestehen soll.

Für die Arbeit mit Strukturaufstellungen besonders relevant sind noch die Sätze:

> **„Der eigentliche Ausgleich liegt in der Anerkennung der Ausgleichsverpflichtung."**
>
> **„Die Ausgleichsleistung wird nur wirksam als Ausdruck dieser Anerkennung."**

In einer Aufstellung kann ein als notwendig empfundener Ausgleich natürlich nicht wirklich durchgeführt werden, sondern „nur" die Verpflichtung zum Ausgleich mittels ritueller Sätze ausgesprochen werden. In welcher Form der Ausgleich außerhalb des Aufstellungsgeschehens erfolgen kann, lässt sich in der Nacharbeit zur Aufstellung besprechen. Wird die Ausgleichsleistung in Wirklichkeit nicht durchgeführt oder in einer nicht würdevollen Art und Weise getätigt, dann verliert auch die Aufstellung an Wirkung. Sie nimmt also die konfliktvermindernde Ausgleichsleistung in einer Art „System-

[1050] VARGA VON KIBÉD/SPARRER 2011, S. 185f.

[1051] Zitiert nach ROSNER 2007, S. 125, und SySt-Seminarmitschriften.

simulation"[1052] nur vorweg bzw. erarbeitet „modellartige"[1053] Optionen für die Lösung von Konflikten innerhalb sozialer Systeme.[1054]

Hier hat die Mediation deutliche empirische Vorteile und kann die in einer Aufstellung modellartig erarbeiteten Zukunftsentwürfe für eine Konfliktlösung real werden lassen,[1055] denn im Unterschied zur Arbeit mit Repräsentanten in der Aufstellung und zur Simulation eines systemischen Zusammenhangs kann der Ausgleich durch die Medianten **tatsächlich** erfolgen, indem beispielsweise auch immaterielle Werte wie Wertschätzung oder ausgesprochene Anerkennung in die Austauschbeziehungen eines interessengerechten Deals einbezogen werden. Wichtig dabei ist der im Modell integrativer Verhandlungsführung bereits berücksichtigte Umstand, dass Wertschöpfung durch Reziprozität entsteht.[1056] Jener in der Mediation verhandlungstechnisch für „trade-offs" und „mutual gains" umzusetzende *Ausgleich von Geben und Nehmen* erhöht eben auch die Bindungskräfte eines sozialen Systems[1057] und wirkt dadurch konfliktvermindernd.

Welche weitere Bedeutung könnten nun die in der Aufstellungs-Schule entwickelten Ordnungsprinzipien für die Mediation haben?

[1052] Vgl. SPARRER/VARGA VON KIBÉD 2001; zur Nutzung von Organisations- und Strukturaufstellungen als Simulationsverfahren für Personal- und Organisationsentwicklung vgl. auch ROSNER 2006.

[1053] Gemäß der Definition, dass systemische Aufstellungen ein System wie ein „Modell" abbilden und „die Interaktionen und Befindlichkeiten in diesem System" simulieren, SPARRER/VARGA VON KIBÉD 2001, S. 6.

[1054] Die – im Sinne des *konstruktivistischen* Konzepts von sozialen Systemen – eine Neu- oder Umkonstruktion des für das Konfliktgeschehen relevanten Wirklichkeitsverständnisses bilden; zum Aufstellungsgeschehen als aktiver und kollektiver (durch die Aufstellungsgruppe) Konstruktionsleistung vgl. ROSNER 2007, S. 153f.

[1055] Soweit mit Aufstellungs-Elementen in einem Mediationsverfahren gearbeitet wird.

[1056] Vgl. dazu Kapitel 3.4.

[1057] Dies gilt nicht nur für Systeme, die klar erkennbare Systemgrenzen aufweisen (wie Organisationen, Familien usw.), sondern auch für Systeme einer Geschäftsbeziehung zwischen zwei Unternehmen, einer problematischen Kunden-Lieferanten-Beziehung, die in der Mediation verhandelt wird, einer Arbeitsbeziehung zwischen Arbeitgeberseite und Arbeitnehmerseite in der innerbetrieblichen Mediation, in der konfliktträchtigen internen Kunden-Lieferanten-Beziehung innerhalb der gleichen Organisation zwischen unterschiedlichen Organisationseinheiten usw. Maßgeblich ist eine „Unterscheidbarkeit" als Voraussetzung für die Feststellbarkeit von Zugehörigkeit zu einem System.

Zunächst muß betont werden, dass die Begründer des Strukturaufstellungsansatzes mit der Formulierung der vier Ordnungsprinzipien und der drei Metaprinzipien die systemische Perspektive in jedem Falle bereichert haben, da in dieser ausgearbeiteten Form erstmals die den Interventionen zugrunde liegenden Funktions- und Ordnungsannahmen für soziale Systeme ausgewiesen und damit auch der Überprüfung und Kritik zugänglich sind. Die Thematisierung von Ordnungsmomenten kann desweiteren ein zentrales Problem in der Arbeit mit Organisationen[1058] wesentlich reduzieren, weil in der Aufstellungsarbeit *implizites* Wissen *explizit* gemacht werden kann und durch diese Transformation häufig auch das grundlegende, aber zum Teil **latente** Regelwerk von Organisationen transparent wird.[1059] So resultieren häufig Anlässe für Mediation im Wirtschafts- und Organisationskontext aus der Verletzung informeller Regeln[1060], wenn beispielsweise gegen „geheiligte" Normen der – ungeschriebenen – Unternehmenskultur verstoßen wird oder systemische Ordnungsprinzipien durch das vornehmlich ergebnis- und effizienzorientierte Management bei der Gestaltung der betrieblichen Wirklichkeit unberücksichtigt bleiben.

Der Unternehmensberater ANTON WÜRZL, der die Pionierarbeit von Varga von Kibéd und Sparrer im Bereich der Organisations- und Strukturaufstellungen würdigt, schreibt dazu:

> „Fasst man diese […] Prinzipien als Kontextbedingungen für das soziale System 'Unternehmen' auf, zum Beispiel als Elemente einer Unternehmenskultur, dann kann man erwarten, dass sich das soziale System in einem Kontext, in dem diese Prinzipien beachtet werden, besser entwickeln wird. Man könnte diese Prinzipien auch innerhalb der Werte des Unternehmensleitbildes verankern, dann schaffen sie dadurch Orientierung."[1061]

[1058] Ob als Beratung, Organisationsmediation, Coaching oder Training bzw. Personalentwicklung.

[1059] Darauf stellt insbesondere ROSSELET 2005 ab.

[1060] Oder die Regelverletzung hat zumindest auf die Konfliktkonstellation und den Konfliktverlauf einen nicht unwesentlichen Einfluss, wenn sie schon nicht als die Ursache eines Konflikts identifiziert werden kann.

[1061] WÜRZL 2005, S. 151.

Diesem basalen Regelwerk für Erhalt und Weiterentwicklung von Organisationen als *soziales*[1062] System entsprechende Aufmerksamkeit zu widmen, ist jedoch nicht nur für die Beratung und das Management von Organisationen hilfreich, sondern auch für die Konfliktvermittlung in und zwischen Organisationen und ihren Repräsentanten. Dies führt im hier diskutierten Zusammenhang zum entscheidenden Vorteil der systemischen Ordnungsannahmen als **Quelle der Bildung von Hypothesen** als Grundlage der Interventionen in der Mediation.

Interventionshinweise müssen immer unter der Fragestellung betrachtet werden, ob sie einen *empirischen* oder gar *normativen* Charakter haben. Die Alternative hierzu ist ein *konstruktivistischer* Charakter der Interventionslehre. Dem Dilemma zwischen verlässlichen Interventionshinweisen (begründet auf empirisch belegbaren oder gar normativen Grundannahmen z.B. über Verlauf, Dynamik und Lösbarkeit von Konflikten) einerseits und der ideologischen Dogmatisierung[1063] dieser Orientierungspunkte für die Intervention andererseits versuchten die Begründer der Strukturaufstellungsschule von vornherein dadurch zu entgehen, dass sie die oben dargestellten Ordnungsprinzipien als *Axiome*, also als *unbewiesene und prinzipiell unbeweisbare Grundannahmen* zur Funktionsweise und zum Erhalt von Systemen eingeführt haben. Die systemischen Ordnungsprinzipien und Grundannahmen sollen also weder *deskriptiv* (im Sinne von „so ist es“) noch *normativ* (im Sinne von „so soll es sein“) verwendet werden, sondern *kurativ (*im Sinne von *„als Mittel zur Aufhebung von Störungen“[1064]).*

Mit der **kurativen** Auffassung der Prinzipien ist mithin gemeint, dass die Aufstellungsleitung angesichts einer Störung in einem System prüft, ob der gegenwärtige Systemzustand *versuchsweise* als Ausdruck einer Verletzung einer der Grundannahmen oder der systemischen Ausgleichsprinzipien rekonstruiert werden kann. Die kurative Auffassung der Ordnungsmomente ist also eine „Als-ob-Konstruktion“[1065], deren Verletzung Hin-

---

1062 Also nicht als biologisches oder technisches oder durch das Management zu gestaltendes betriebswirtschaftliches System, sondern als soziales, durch Kommunikation, Interaktion und Beziehungsmuster konstituiertes System.

1063 Wie dies Bert Hellinger mit seinem normativen „Hinwirken auf (konservative) Grundordungen“ des familiären Systems praktiziert; vgl. GROTH 2004, S. 142.

1064 VARGA VON KIBÉD/SPARRER 2011, S. 182, die anmerken, im Buddhismus bezeichne man derartiges als „kunstfertige Mittel zur Aufhebung menschlichen Leidens“.

1065 Vgl. VAIHINGER 1911.

weise auf mögliche Interventionen bietet. Andererseits sollte die Aufstellungsleitung aus dem Umstand, dass eine Intervention positiv gewirkt hat, keinesfalls in linearer Weise ableiten, dass sich die Störung im System deshalb entwickelt hatte, weil eine der Grundannahmen oder Prinzipien verletzt worden war.[1066]

Der *axiomatische* und *konstruktivistische* Charakter der systemischen Ordnungsprinzipien verringert jedoch nicht ihre **heuristische** Funktion für die Formulierung von mediationsgeeigneten Hypothesen. Die Arbeit mit Hypothesen als Methodik in der Mediation und deren Bedeutung dürfte mittlerweile unstrittig sein. Es war ein Verdienst von JOHN M. HAYNES[1067], die Arbeit mit Hypothesen und deren Überprüfung aus der systemischen Therapie – besonders aus der „Mailänder Schule“[1068] und von VIRGINIA SATIR[1069] – übernommen zu haben. Die Methodik besteht darin, Arbeitsannahmen und Hintergrund-Hypothesen zu formulieren, sie zu überprüfen, sie zu verändern und in der Mediation erst dann weiter zu verfahren, wenn sie sich als hilfreich erwiesen haben. Die Arbeit mit Hypothesen und deren Überprüfung zieht sich dabei durch alle Phasen der Mediation.

Ziel der Arbeit mit Hypothesen ist:

- Unterstützung der strukturierten und direktiven Mediationsarbeit
- Klarheit in Ordnung und Prozess
- Abschätzen der Möglichkeiten, im Prozess weitergehen zu können

In der Regel bilden sich die Mediatoren für alle Konfliktparteien – oder für die Systeme, mit denen sie zusammen arbeiten – Hypothesen, überprüfen sie jeweils getrennt bei jedem der Konfliktpartner (bzw. bei den Systemen oder Gruppen), modifizieren und testen sie solange, bis der jeweilige Konfliktpartner zustimmt und dem Mediator

[1066] VARGA VON KIBÉD/SPARRER 2011, S. 183. Zur methodischen Diskussion zwischen Konstruktivismus und Naturalismus vgl. ROSNER 2008, S. 280ff.

[1067] Vgl. HAYNES et al. 2002.

[1068] Vgl. SELVINI 1992.

[1069] Vgl. SATIR 2000.

gewissermaßen die Erlaubnis gibt, weiterzumachen.[1070] Methodisch erfolgt die Hypothesen-Arbeit meist durch Zusammenfassen, Zurückspiegeln des Verstandenen, Fokussieren und reflektives Fragen.[1071]

Haynes selbst hat unterschieden zwischen *Hintergrund*-Hypothesen und den eigentlichen *Mediations*-Hypothesen, also den sich auf die konkreten Konfliktparteien beziehenden *Arbeits*-Hypothesen. Je nach Anwendungsfeld der Mediation sind die Hintergrund-Hypothesen z.B. eher *juristische*, *ökonomische*, *psychologische* und *pädagogische* Hypothesen.

Beispiele für *Hintergrund*-Hypothesen:[1072]

- *Juristische* Hypothese: „Der Schulleiter müsste diese drei Schüler eigentlich anzeigen."
- *Ökonomische* Hypothese: „Wenn die geschilderten Zahlen stimmen, steht die Firma kurz vor dem Konkurs."
- *Psychologische* Hypothese: „In dieser Familie gibt es Bündnisse zwischen den Generationen."
- *Pädagogische* Hypothese: „Aus pädagogischen Gründen liegt es nahe, dass alle drei Kinder gleich viel aus dem Erbe bekommen."

Die *Hintergrund*-Hypothesen sehen also je nach Feld der Mediation und den Schwerpunkten im Mediationsprozess anders aus. Zum Beispiel wird man bei einer Erb-Mediation sorgfältig Hypothesen entwickeln über die Kriterien von Fairness und Gerechtigkeit, während bei einer Wirtschaftsmediation eher ökonomische, betriebs- oder absatzspezifische Hypothesen zu bilden sind.

[1070] Entweder im Prozess oder mit einem andern Konfliktpartner.

[1071] Zu den Gesprächsführungstechniken vgl. die Ausführungen zu den erforderlichen Kommunikationsfähigkeiten und Methodenkompetenzen des Mediators in Kapitel 2.

[1072] Die Anregungen zur Hypothesen-Arbeit und die konkreten Beispiele verdankt Siegfried Rosner dem Besuch des Supervisions-Seminars im Rahmen des „Masterstudiums Mediation" der FernUniversität Hagen bei Cornelia Sabine Thomsen in Heidelberg am 7./8. Februar 2009.

Die eigentlichen *Arbeits*-Hypothesen sind dann die Annahmen über die Ressourcen bei den konkreten Konfliktparteien bzw. bei den verschiedenen Systemen oder Subsystemen, mit denen in der Mediation gearbeitet wird. Etwa:

> „Der alte Chef der Firma ist mehr zum Verhandeln bereit als der jetzige Geschäftsführer."

> „Das Subsystem der Geschwister könnte ein wichtiges Potenzial sein für die Erb- und Nachfolge-Mediation."

> „Die fünf Konfliktpartner sind noch nicht bereit, Optionen zu entwickeln, wahrscheinlich müssen sie noch einmal zurück zu ihren eigenen Interessen und Bedürfnissen."

> „Dieser Mediationsprozess wird schätzungsweise noch zehn Sitzungen dauern und es könnte wichtig sein, immer nur kurz- oder mittelfristige Lösungen zu erarbeiten."

Die *Arbeits*-Hypothesen können sich also wie bei den beiden letzten Beispielen auf den Mediationsprozess beziehen oder auf die Ressourcen bei den Konfliktparteien. Für die **Ressourcen**-Orientierung[1073] der Hypothesen ist es notwendig, dass die Mediatoren ihre eigenen Wertesysteme und auch ihre Fallen kennen, sonst können sie nur schwer unparteiische Hypothesen bilden. Sind Hypothesen schlicht falsch oder taugen nicht für den Fortgang der Mediation, dann muss sich der Mediator von seinen Lieblings-Hypothesen verabschieden (können) und darf nicht mit ihnen „verheiratet bleiben" (*Haynes*).

Gleiches gilt natürlich für jede Art von Hypothesen-Arbeit, also auch für den gelegentlichen Einbezug der systemischen Ordnungsprinzipien als Quelle heuristischer Annahmen zum Erhalt und zur Funktionsweise von sozialen Systemen in der beschriebenen *kurativen* – statt deskriptiven oder normativen – Verwendung.

Bezieht man sich beispielsweise auf das **erste Ordnungsprinzip**, das Bedingungen nennt, die erfüllt sein müssen, damit die Existenz eines Systems gesichert ist, dann ist das nach Varga von Kibéd und Sparrer neben der Beachtung der *Gleichwertigkeit der*

[1073] Problemorientierte Hypothesen sind nach Cornelia Sabine Thomsen aus der Arbeit zu verbannen, sonst werde die Mediation zur Beratung, zur Therapie oder zur Supervision. Allenfalls als Hintergrund-Hypothesen zum Kontext der Mediation können sie zugelassen werden.

Zugehörigkeit die *Unterscheidbarkeit* zwischen Systemzugehörigkeit und Nichtzugehörigkeit zu diesem System und es ließe sich etwa mit WÜRZL folgende *Hintergrund*-Hypothese formulieren:

> „Die heutige Tendenz, möglichst viele betriebliche Funktionen `outzusourcen´, birgt [...] die Gefahr in sich, dass die Zugehörigkeit von freien Dienstnehmern oder Werkvertragspartnern nicht mehr klar erkennbar ist. Auch eine hohe Integration von Kunden oder Lieferanten könnte, umgekehrt, die Systemgrenzen undeutlich werden lassen, wodurch die `Grenzüberschreitung´ trotz Nicht-Zugehörigkeit zu Störungen im System führen kann."[1074]

> Eine konkrete *Arbeits*-Hypothese zum selben ersten Ordnungsprinzip wäre etwa:

> Wird von einer Führungskraft die ehemalige Teamzugehörigkeit eines aufgrund persönlicher Animositäten vergraulten Mitarbeiters geleugnet, also vom Vorgesetzten so getan, als wäre dieser Mitarbeiter nie Teil der Organisation gewesen, kommt es aufgrund von nach wie vor wirksamen Loyalitätsbeziehungen mit den ehemaligen Kollegen zu einem Ansehensverlust des Vorgesetzten, der sich in unterschiedlichen Führungskraft-Mitarbeiter-Konflikten (die als konkrete Beispiele in die Mediation eingebracht werden) manifestiert. Wird vom Vorgesetzten nicht anerkannt, was ist bzw. war, also die ehemalige Zugehörigkeit des Mitarbeiters weiterhin „tot geschwiegen", wird sich an der Tiefenstruktur der aktuellen Konflikte kaum etwas ändern.

Das **zweite Ordnungsprinzip**, das sich auf die Bedingungen für Wachstum und Fortpflanzung eines Systems bezieht, könnte nach dem *Prinzip für den zeitlichen Wechsel von Rangordnungen* etwas abstrakter als *Hintergrund*-Hypothese so formuliert werden:

> „Eine sich bildende neue Subeinheit eines größeren Systems ist gegenüber den anderen Subeinheiten des Systems auf derselben Ebene anfangs als neues System vorrangig und wird, nach Bildung der eigenen Grenzen in

[1074] WÜRZL 2005, S. 149.

> hinreichendem Maße, elementartig und damit gegenüber denselben anderen Subeinheiten nachrangig."[1075]

Findet dieses *Prinzip der inversen Zeitfolge* Beachtung, dann haben im Sinne der Systemfortpflanzung „Abkömmlinge" des Systems bessere Chancen, sich gut zu entwickeln, da sie die volle Unterstützung der schon länger bestehenden Teile und Subeinheiten haben. Diese „Bevorzugung" endet jedoch mit der Phase der Neugründung. Danach hat – anlaog dem *Prinzip der direkten Zeitfolge* – wieder das ältere System Vorrang vor dem jüngeren. Für diesen zeitlichen Wechsel von Rangordnungen – das Frühere vor dem Späteren beim Systemwachstum (Extension) und das Jüngere vor dem Älteren bei der Systemfortpflanzung (Replikation) – lassen sich natürlich auch zahlreiche *Arbeits*-Hypothesen für konkrete Fälle vorstellen, etwa wenn die Filialneugründung selbst dann noch Vorrang beansprucht, nachdem die eigenständige wirtschaftliche Existenzfähigkeit nachgewiesen ist und die Bereitschaft zur weiteren Subventionierung durch das Mutterunternehmen deutlich nachgelassen hat.

Eine sich auf das sog. **2. Metaprinzip** zur Hierarchie der vier Ordnungsprinzipien beziehende Annahme könnte schließlich folgendermaßen lauten:

> Ein Unternehmen kann sich erst dann der individuellen Entwicklung der einzelnen Systemmitglieder („Individuation" durch das Prinzip des – individuellen – Leistungs- und Fähigkeitsvorrangs) ausreichend widmen, wenn für das Gesamtunternehmen die Fähigkeit zur Krisenbewältigung („Immunkraftbildung" durch das – vorrangige – Ordnungsprinzip des höheren Einsatzes) hinreichend ausgebildet ist. Wird also nicht dem, der sich loyal verhält und sich mehr einsetzt (unabhängig von seinen Fähigkeiten und den erzielten Ergebnissen), Vorrang vor dem eingeräumt, der sich weniger einsetzt, ist die Frage nach der individuellen Differenzierbarkeit nach Leistung und Kompetenz sozusagen eine zu früh gestellte. Denn es wird Mitarbeiter geben, die trotz einer geringeren persönlichen Ausstattung mit Fähigkeiten oder trotz Leistungseinbußen (z.B. durch Alter oder gesundheitliche Einschränkungen) einen hohen Einsatz zeigen und loyal auch in Krisenzeiten zum Unternehmen halten. Wird dieser Einsatz nicht anerkannt und spielen bei der individuellen Weiterentwicklung (interessantere Aufgabenstellun-

[1075] SySt-Seminarmitschrift.

gen, Karriere, Entlohnung) nur erzielte Ergebnisse und Kompetenzen eine Rolle, können Störungen und Konflikte auftreten. Die Folge kann sein, dass das Engagement vieler anderer zurückgeht.

Die Nutzung der systemischen Ordnungsprinzipien nach Varga von Kibéd und Sparrer als Quelle für die Hypothesenarbeit in der Mediation könnte also zur Aufhellung der *inneren Logik* von Konflikten und zur heuristischen Erschließung der *Tiefenstruktur* von Konfliktdynamiken in sozialen Systemen beitragen und sie wären insofern eine methodische Bereicherung für Mediationsverfahren. Ein weiterer Schritt wäre schließlich die stärkere Nutzung fortgeschrittener *systemtheoretischer* Konzepte sozialen Wandels, die auch Phänomene diskontinuierlicher, sprunghaft-nichtlinearer Veränderungen miteinbeziehen.[1076] Die Anschlussfähigkeit der Konfliktmediation nicht nur an Verhandlungstheorie und etablierte Aktionsmethoden wie das systemische Aufstellungsverfahren, sondern auch an *soziologische* Theorien von **Struktur** und **Dynamik** sozialer Systeme zu sichern, ist nicht nur eine Aufgabe für die wissenschaftliche Auseinandersetzung mit der Mediation als Konfliktbearbeitungsform, sondern auch für die praktisch motivierte mediative Interventionslehre.

7.6.3 Nutzbare Aufstellungsformate als mediatives Element

Aufstellungsverfahren und Mediationsverfahren sind zunächst zwei grundsätzlich unterscheidbare und damit **alternative** Konfliktbearbeitungsformen. Denn in der Regel tauchen auch im Aufstellungsgeschehen unterschiedliche Konfliktkonstellationen als *soziale* Konflikte (zwischen den Elementen eines sozialen Systems), als *innere* Entscheidungskonflikte bei einem oder mehreren Repräsentanten sowie als *symbolisch-kulturelle* Überzeugungs- und Glaubenskonflikte[1077] auf. Aufstellungen fokussieren dabei stärker auf die „Tiefenstruktur" von Konflikten, während Konfliktmediationen bislang häufig

---

[1076] Exemplarisch für ein solches Konzept ist Walter Bühls systemökologische Interpretation sozialen Wandels; die möglichen Verfugungen zwischen der systemischen Strukturaufstellungsarbeit und BÜHLS (1982, 1986, 1990) ethologisch und kybernetisch fundierter „Ökosystemtheorie" hinsichtlich der *Nichtlinearen Dynamik* von Veränderungen auszuloten, ist Anliegen von ROSNER 2008.

[1077] Zum Beispiel zwischen den Verfechtern der einen oder anderen unternehmenskulturellen Ausrichtung, zwischen den konfligierenden Wertorientierungen in einem sozialen System, zwischen den Glaubensüberzeugungen (Beliefs), wie eine Firma oder Non-Profit-Organisation strategisch zu führen sei usw.

als mehr sach- und ergebnisorientiert bezeichnet werden können. Weitere Differenzierungen beispielsweise bezüglich der unmittel- oder mittelbaren Beteiligung am Verfahren verringern sich aber auch sehr schnell. Zwar wird im Prinzip bei den systemischen Aufstellungen mit „fremden“ Repräsentanten gearbeitet, also im Unterschied zur Mediation nicht mit den direkt am Konflikt Beteiligten, aber das Format der Teamaufstellungen arbeitet auch mit den realen Teammitgliedern und der Ansatz der sog. „Management Constellations“ von ROSSELET ET AL.[1078] bricht ganz mit dieser ehemals ehernen Regel, nur system-fremde Repräsentanten zu stellen.[1079] Andererseits wird auch bei Konfliktmediationen mit Repräsentanzfunktionen gearbeitet, etwa wenn in der Familienmediation die Interessen der unmündigen Kinder durch die Eltern wahrgenommen oder gar durch den Mediator in das Verfahren eingebracht werden. Bei Mediationen im öffentlichen Bereich werden die Anliegen der Bürgerinnen und Bürger durch den Vertreter der örtlichen Bürgerinitiative „repräsentiert“. In der Wirtschaftsmediation werden beispielsweise die Positionen der Konfliktparteien nur durch einzelne Firmenvertreter stellvertretend für die ganze Organisation dargestellt.[1080]

Es geht im Folgenden deshalb darum, Aufstellungs- und Mediationsverfahren als zwar unterscheidbare, aber nicht unbedingt konkurrierende und sich wechselseitig ausschließende Ansätze in der Konfliktbearbeitung zu behandeln. Im Vordergrund soll vielmehr die Kompatibilität der Verfahren bzw. die Verknüpfbarkeit einzelner Elemente und Formate stehen.

Systemische Aufstellungen und ihr theoretisch-methodischer Unterbau sind aus Sicht der Verfasser mit praktischer Erfahrung in beiderlei Bereichen in mehrfacher Hinsicht für Mediationsverfahren nutzbar:

1078 ROSSELET/SENONER/LINGG 2007.

1079 Diese Regel beruht auf dem Konzept der „repräsentierenden Wahrnehmung“, d.h. der körperlichen Empfindung und (räumlichen) Wahrnehmung der Strukturen eines fremden Systems durch die Stellvertreter. In Aufstellungen zeigt sich mithin das, was *zwischen* den Personen ist. Dabei dient der Körper als „Wahrnehmungsorgan“, vgl. SPARRER/VARGA VON KIBÉD 1998.

1080 Zum dabei ggf. auftretenden „Prinzipal-Agenten-Problem“ (MNOOKIN/SUSSKIND 1999) in der mediierten Verhandlung vgl. Kapitel 5.2.

- Die im vorangehenden Kapitel bereits ausgeführte Nutzung systemischer Ordnungsannahmen und Organisationsprinzipien ist eine gute Grundlage zur Generierung von mediationsgeeigneten Hintergrund- und Arbeitshypothesen.
- Neben der Hypothesenarbeit können die heuristischen Annahmen über die Existenzbedingungen und Funktionsweise von sozialen Systemen auch wichtige Interventionshinweise für die Mediation liefern.
- Im Rahmen der Supervision können mediierte Konfliktsysteme repräsentierend gestellt und daraus Hinweise für das weitere Vorgehen in der Mediation oder für die methodische Weiterentwicklung der Mediatoren abgeleitet werden.
- In Einzelgesprächen mit den Medianten beispielsweise zum Ausloten des Verhandlungsspielraums (vgl. Kapitel 5.2) oder zur Wertigkeit der bislang verhandelten Angebote lassen sich Techniken lösungsorientierter Beratung mit Elementen systemischer Strukturaufstellungen kombinieren, wenn es etwa um das Finden „funktionaler Äquivalente“ zu „verdeckten Gewinnen“ geht.[1081]

Vorstellbar ist weiterhin, Aufstellungsformate oder Aufstellungssequenzen als Elemente in den Mediationsverlauf einzubauen. Drei mögliche Formen bieten sich an:

- Erstens die Ausfaltung der „Tiefenstruktur“ eines Konfliktes in Anwesenheit der Medianten, um tieferliegende Konflikt- und Beziehungsdynamiken transparenter und damit zugänglich und bearbeitbar zu machen.
- Zweitens die Verdeutlichung der diskutierten Optionen durch die Nutzung der systemischen Aufstellungen als Simulationsmethode, indem die verschiedenen Vorschläge mit ihren systemischen Wirkungen quasi als – die Zukunft vorwegnehmende – „Szenarien“ ausgetestet werden, um die Bandbreite interessengerechter Lösungen besser erkunden zu können.[1082]

[1081] Vgl. zu den Begrifflichkeiten die Ausführungen zum Format der sogenannten „Problemaufstellung“.

[1082] Als Simulationsverfahren genutzt haben die systemischen Aufstellungen nicht nur einen *diagnostischen* Charakter, sondern auch eine *projektive* Funktion, indem durch die simulierten Interaktionen und Befindlichkeiten in einem System der Möglichkeitsrahmen für gute Konfliktlösungen ausgelotet

- Drittens die ggf. erforderliche „Aussöhnungsarbeit" zwischen den Konfliktparteien nicht nur verbal, sondern durch die „Aktionsmethode" Aufstellung konkret stattfinden lassen. Durch den modellartigen Charakter einer Aufstellung kann auch hier intensiver, länger und emotional aktiver ein Ausgleich zwischen den konfligierenden Interessen gesucht und zugleich der Verbindlichkeitscharakter der Ausgleichsverpflichtungen vertieft werden.[1083]

Die grundsätzliche Vorgehensweise in der Aufstellungsarbeit ist dabei für die nicht mit dem Verfahren vertrauten Mediatoren erläuterungsbedürftig: Die systemischen Strukturaufstellungsverfahren von Insa Sparrer und Matthias Varga von Kibéd können maßgeblich als **Aktionsmethoden**[1084] bezeichnet werden. Mit Hilfe von meist menschlichen Repräsentanten werden Systemelemente so angeordnet und in Beziehung zueinander gesetzt („aufgestellt"), wie es dem inneren Bild eines Klienten oder der Auftraggeber[1085] entspricht, um aus der Konstellation und den sich verändernden Relationen im Aufstellungsgeschehen handlungsnahe Beschreibungen von Wirkungszusammenhängen und damit Hinweise zur Funktionsweise und Gestaltbarkeit organisatorischer Beziehungsge-

---

und abgesteckt wird; vgl. zu den drei Schritten des Simulationsprozesses (Diagnostizieren des „Ist-Zustandes" – Ausloten von Veränderungsbedarf und Gestaltungsmöglichkeiten – „Probehandeln") ROSNER 2006, S. 9f.

[1083] Auf die höhere Nachhaltigkeit dieser Methode im Sinne einer Modifizierung von Gefühlen, Einstellungen und Verhaltensweisen sowie auf die durch die Aufstellung erfolgende „Vertiefung einer vorwiegend kognitiv-emotionalen Mediationsarbeit hin zu einer im Hier und Jetzt ganzheitlich spür- und erlebbaren Veränderung" verweisen auch *Christa Kolodej* und *Petra Smutny* in ihrer fallorientierten Darstellung zur Einbindung von Aufstellungen in die Mediation in KOLODEJ/SMUTNY 2010, S. 68.

[1084] Zu den Aktionsmethoden gehören insbesondere die „szenischen Verfahren" im Anschluss an Jacob Levy Morenos Methodenrichtung (*Psychodrama, Soziodrama, soziometrische Verfahren*), Virginia Satirs *Skulpturarbeit* und Bert Hellingers *therapeutische Familienaufstellungen*; zur Nutzung der systemischen Struktur- und Organisationsaufstellungen als wissenschaftlich reflektierte „Aktionsforschungsmethode" vgl. ROSNER 2007.

[1085] Dies können auch mehrere Personen sein, beispielsweise verschiedene Angehörige eines Teams oder einer Organisation. Man spricht dann von einer „multifokalen" Aufstellung, weil unter verschiedenen Foki oder Perspektiven auf den aufgestellten Konflikt geschaut wird. Jeder „Fokus" (Bezeichnung für den Repräsentanten des Klienten in der Aufstellung) hat in der Regel eigene Anliegen und Interessen zur aufgestellten Fallsituation.

flechte und Regeln zu gewinnen. Die Personen erspüren mit Hilfe ihrer körperlichen Wahrnehmungen etwas, das zum repräsentierten System gehört.[1086]

Durch Stellungs- und Prozessarbeit als den gängigen Interventionstechniken werden „Befindlichkeitsverbesserungen" für die einzelnen Elemente und das Gesamtsystem ausgelotet. So kann z.B. im Sinne einer struktur*vermindernden* Stellungsarbeit durch Entfernung redundanter Systemelemente die Komplexität reduziert und der „Kern" eines Konfliktes besser herausgearbeitet werden. Durch Hinzunahme eventuell fehlender Systemelemente wird das System im Sinne einer struktur*erweiternden* Stellungsarbeit vervollständigt. Das bietet die Möglichkeit, die im Mediationsverfahren noch nicht repräsentierten Personen und Interessengruppen in die Konfliktklärung besser miteinbeziehen zu können. Und bei der struktur*modifizierenden* Stellungsarbeit werden etwa Entfernung, Winkel, Berührung und Blickrichtung der repräsentierten Systemelemente verändert, um die sich dabei wandelnden Strukturmuster und Befindlichkeiten auszutesten.

Steht bei der **Stellungsarbeit** die angestrebte Befindlichkeitsverbesserung durch eine Veränderung der *Anordnung* der Repräsentanten im Vordergrund, so konzentriert sich die **Prozessarbeit** schließlich auf „all jene Interventionen, die durch *zeitliche* Prozesse eine Verbesserung für die Repräsentanten erzielen soll".[1087] Zu nennen sind hier das Sprechen ritueller Sätze, die Klärung von Beziehungen durch inszenierte Dialoge zwischen den Repräsentanten und allgemein das Ausführen von Ritualen (z. B. Rückgaberitual bei übernommener „fremder Schuld", Kontexttrennungsritual bei z.B. unheilvoller Vermischung beruflicher und privater Aspekte). Eine vollständige Liste aller in der Prozessarbeit verwendeten Methoden ist kaum anzugeben, da auch Methoden aus anderen

[1086] Wenn man sich den Strukturaufstellungen kognitiv nähert, erscheint es sicherlich eigenartig, dass Menschen in den Aufstellungen Empfindungen wahrnehmen, die zu den von ihnen symbolisierten Elementen passen („repräsentierende Wahrnehmung"). Dazu SPARRER 2009, S. 13: „Wieso fremde Personen körperliche Empfindungen bekommen, die nicht zu ihnen selbst, sondern zum abgebildeten System passen, ist bisher noch nicht vollständig geklärt. Wir konnten nur die Tatsache, dass dies möglich ist, immer wieder zeigen." Derartige Wahrnehmungsphänomene zeigen sich nämlich auch in „verdeckten Aufstellungen", wenn also niemand außer dem Fallgeber (auch nicht der Aufstellungsleiter) das tatsächliche Thema kennt und die Repräsentanten nicht einmal wissen, um welche Art Kontext es überhaupt geht. Ähnliche Wahrnehmungsphänomene sind in anderen Kulturen weit mehr akzeptiert, bei uns erscheinen sie noch als „Zauber", den wir (noch) nicht erklären können.

[1087] SPARRER 2004, S. 112.

Beratungsformen in die Aufstellungsarbeit integriert werden. Wichtiger erscheint an dieser Stelle ein Überblick über die als Element von Mediationsverfahren nutzbaren Aufstellungs*formate*.

7.6.3.1 Organisationsstrukturaufstellungen

Die Anwendung des Strukturaufstellungsverfahrens auf Organisationskontexte ist die übliche Form, um schwelende Konflikte, unsichtbare Blockaden, aber auch verborgene Allianzen und unentdeckte Ressourcen zu finden. Organisationsstrukturaufstellungen sind vor allem geeignet, das Implizite explizit zu machen, also z.B. das implizite Wissen oder das informelle Regelwerk in einer Organisation transparenter und damit bearbeitbar und gestaltbar zu machen. Nicht zuletzt haben systemische Aufstellungen aber auch im Wirtschafts- und Organisationskontext durch die Nutzung von Raum und Körper einen höheren „Erlebnischarakter“ als die rein verbale Aushandlung interessengerechter Konfliktlösungen.

Bsp.: In einer Mediation mit drei Partnern einer größeren Unternehmensberatung wird nicht nur die wechselvolle Historie mit verschiedenen Vorläuferfirmen, geschäftlichen Verbindungen und jeweils sich wandelnden personellen Konstellationen (Inhaberschaften, Geschäftsbeteiligungen) als eine Kooperations- und Konfliktgeschichte rekonstruiert, um erlebte Verletzungen, Zurücksetzungen und Vernarbungen thematisierbar zu machen. Es geht auch um noch „offene Wunden“ auf der Beziehungsebene, vor allem aber um den zukünftigen Platz der drei Partner in der gemeinsamen Firma und um die optimalere Nutzung der persönlichen Kompetenzen, Präferenzen und sonstigen Ressourcen. Selbst das Ausscheiden eines Partners bzw. das von ihm so erlebte „Hinausgedrängtwerden“ ist ein vorstellbares Szenario.

Nachdem diverse Optionen und Konstellationen mit Funktionsdiagrammen sowie Zuständigkeiten der Geschäftspartner entwickelt und durchdiskutiert wurden, kommt der Prozess ins Stocken. Die alten und schon überwunden geglaubten Muster und Mißtrauensunterstellungen brechen immer wieder auf, eine erlebbare Vision von möglichen Zukünften fehlt bzw. ist durch die Medianten nicht konkret vorstellbar. Der gemeinsame Arbeitsprozess verflüssigt sich erst wieder, nachdem die drei Partner gebeten werden, ihre möglichen zukünftigen Beziehungskonstellationen räumlich abzubilden, d.h. sich als Leitungsteam der gemeinsamen Firma „aufzustellen“, Funktionen und Positio-

> nen „probehandelnd" zu wechseln, sich auch vor radikaleren Veränderungsideen nicht zu scheuen, da es zunächst ja nur um eine Simulation möglicher Entwicklungen geht. Durch Stellungs- und Prozessarbeit wird so lange ausgelotet und getestet, bis sich die Befindlichkeiten aller drei Inhaber deutlich verbessert haben und auch die möglichen Auswirkungen der jeweiligen Konstellation auf andere Systemelemente (Belegschaft, Kundenbeziehungen, Kooperationen mit Freelancern usw.) modellartig simuliert worden sind. Die Ergebnisse der systemischen Organisationsstrukturaufstellung werden schließlich in konkrete Vereinbarungen übersetzt und als mittelfristige Strategieplanung festgehalten.

Durch den schichtweisen Aufbau systemischer Aufstellungen, das sukzessive Umstellen der Repräsentanten und das Abfragen von Wahrnehmungen und Körperempfindungen, eröffnen sich Lösungsoptionen gleichsam von selbst. Dabei hat jedes „Bild" in diesem Entwicklungsprozess nur einen *vorläufigen* Charakter. Man kann beliebig wieder einen Schritt zurück oder auch nach vorne gehen, was die Medianten merklich entlastet. Durch den simulierenden, modellartigen Charakter der systemischen Aufstellung scheint die bei den Harvard-Prinzipien angeratene Trennung zwischen der **Entwicklung** der Optionen einerseits und deren späteren **Bewertung** deutlich erleichtert zu werden. Die Nutzung aufstellungstechnischer Elemente in der Mediation sorgt hier für eine förderliche Handlungsentlastung in der Kreativitätsphase und generiert zusätzliche Optionen für einen Interessenausgleich oder weitere konfliktreduzierende „Austauschbeziehungen" (cross-issue trades).

7.6.3.2 Problemaufstellung

Wie erwähnt werden bei den Systemischen Strukturaufstellungen keine (konkreten) Systeme aufgestellt, sondern Strukturen. Die Idee der *Struktur*-Aufstellungen lässt sich am Beispiel des Formats der „Problemaufstellung" wohl am besten erläutern – nämlich die Idee der *Grammatik* oder der *Syntax* einer Aufstellung, analog zur Logik einer Sprache.[1088]

[1088] Die Aufstellung wird von VARGA VON KIBÉD 1998 als eine „transverbale Sprache" bezeichnet, die als eine umfassende, die Sprache des Raumes und des Körpers nutzende gemeinsame Wahrnehmungsleistung der (Aufstellungs-)Gruppe verstanden wird.

Bei der Problemaufstellung werden als Teile die Foki[1089] oder der Fokus, dessen Ziel, ein bis drei Hindernisse, ein bis zwei Ressourcen, der Gewinn, den die Beteiligten aus der bisherigen Nicht-Lösung des Problems ziehen und die künftige Aufgabe des oder der Klienten ausgewählt und aufgestellt. Im Einzelnen:

- Zu jedem Problem muss es mindestens einen *Fokus* geben, der sozusagen „Träger" des Problems ist.
- Hätten wir kein *Ziel* (oder *Ausrichtung*), wären wir mit dem jetzigen Zustand zufrieden und es würde kein Motiv für Veränderung geben.
- Gäbe es keine *Hindernisse*, läge ein unproblematisch erreichbares Ziel vor uns.
- Hätten wir andererseits schon alle *Ressourcen* genutzt, ohne dem Ziel näher zu kommen, wäre das Anliegen schlicht eine falsch gestellte Frage. Nur mit den noch *ungenützten Ressourcen* ist es möglich, das Problem zu lösen. Wenn die Ressourcen aber noch ungenutzt sind, ist dies ein Hinweis darauf, dass die Veränderungskraft in uns selbst liegt.
- Der *verdeckte Gewinn*, den der Klient oder die anderen Konfliktbeteiligten aus der bisherigen Nicht-Lösung des Problems ziehen, wird ja oft übersehen und daher aufgestellt. Denn wäre das Problem für nichts gut, wäre es bereits verschwunden oder das Anliegen aufgegeben worden.
- Die *zukünftige Aufgabe* schließlich verweist auf „das, was danach dran ist" (auch im Sinne eines Meta-Ziels oder einer „Lösung zweiter Ordnung").
- Zu diesen Elementen der Problemaufstellung hinzu kann man das sogenannte *Wunder* aufstellen, also jenen Zustand, „als wäre das Problem schon gelöst". Und das wäre ja oft „wie ein Wunder".[1090]

Anwendbar ist das Format der Problemaufstellung durchaus auch in der Einzelarbeit mit

---

[1089] Bei einer „multifokalen" Aufstellung.

[1090] Ausführlich zu der aus der lösungsfokussierten Kurztherapie der Milwaukeeschule stammenden „Wunder"-Perspektive SPARRER 2004.

Medianten,[1091] wobei mithilfe der *Grammatik* der Problemaufstellung – in der ja das Problem nicht direkt, sondern nur die logisch oder *syntaktisch* erforderlichen Elemente einer Problemkonstellation aufgestellt werden – häufig der „geheime Gewinn" einer bestimmten Problemstellung bzw. der **Sekundärgewinn des Konflikts** entdeckt wird. Das heißt, erfüllt der Konflikt eine positive oder auch nur systemerhaltende und stabilisierende Funktion für mindestens eine der Konfliktparteien, ist es – in der Systemtheorie *Niklas Luhmanns* gesprochen – ohne „funktionales Äquivalent" für diese Systemfunktion des Konfliktes oder zumindest ohne den **bewussten Verzicht** auf den Sekundärgewinn durch den Konflikt kaum möglich, eine interessengerechte und für alle akzeptable Lösung zu finden. Vielmehr gibt es in dieser Situation ein implizites, oft unbewusstes oder zumindest nicht eingestandenes oder öffentlich geäußertes Intersse (zumindest einer Konfliktpartei), dass der Konflikt oder das „Problem" in der bisherigen Form aufrechterhalten wird.[1092]

> Bsp.: In einem an anderer Stelle[1093] ausführlicher geschilderten Fall aus der kommunal- und regionalpolitischen Szene gerät die Klientin sowohl in einen inneren Konflikt hinsichtlich unterschiedlicher gesellschaftlicher Gerechtigkeitsvorstellungen bezüglich der geschlechtsabhängigen Neubesetzung einer öffentlichen Leitungsfunktionen („Frauenquote" als Idee proportionaler Verteilungsgerechtigkeit vs. reines Prinzip der Leistungsgerechtigkeit und Eignung) als auch in einen sozialen Konflikt mit den unterschiedliche Positionen vertretenden Personen in einem darüber zu entscheidenden politischen Gremium, dem die Klientin selbst angehört. Dabei zeigt sich u.a., dass die zunächst als „Hindernis" bezeichnete „fehlende Offenheit" in der Auseinandersetzung über diese Frage[1094] sich zu einer Art Schutzwall gegen die schlum-

[1091] Auf die allgemeine Bedeutung von Einzelgesprächen mit Medianten im Sinne einer „Shuttle-Mediation" (oder „Caucusing") wurde bereits in Kapitel 5.2 hingewiesen.

[1092] Der auf Wirtschaftsmediation und innerbetriebliche Konflikte spezialisierte *Adrian Schweizer* fasst seine langjährigen Erfahrungen so zusammen: „Ich glaube heute, dass es keinen Konflikt in einem Unternehmen gibt, bei dem nicht jemand profitiert", PONSCHAB/SCHWEIZER, Wirtschaftsmediation, S. 14.

[1093] Vgl. ausführlich ROSNER 2007, S.63ff.

[1094] Der bisherige Funktionsinhaber ist ein Mann. Er soll aber wegen der „Frauenquote" abgesetzt werden, obwohl alle Gremiumsmitglieder, auch die zahlreichen Frauen, mit seiner Arbeit sehr zufrieden sind.

> mernde Erkenntnis wandelt, wie man wirklich im Gremium zueinander steht. Der „verdeckte Gewinn" wird von der Klientin als „Konfliktreduktion durch Verschwiegenheit" bezeichnet. Nur hinter vorgehaltener Hand wird von den Frauen über die mögliche Abberufung des männlichen Vorstandsvorsitzenden kommuniziert, die Frage wird nicht offen diskutiert. Im Verlauf der Aufstellung wird deutlich, dass die in der fehlenden Offenheit implizierte „Verschwiegenheit" die Beteiligten davor schützt, sich einzugestehen, welche Konflike sich wirklich im Vorstandsgremium – auch unter den weiblichen Mitgliedern – auftun. Dass diese latenten Konflikte durch die „Verschwiegenheit" der Gruppe davon abgehalten werden, zu manifesten zu werden, mit denen man sich dann auseinandersetzen müsste[1095], das ist der „verdeckte Gewinn" im Sinne der Konfliktreduktion.

Im Prozess der Aufstellung verwandeln sich die *Hindernisse* oft in *Schutzwälle* und *Helfer*, sowie der *Gewinn*, der anfangs häufig verdeckt ist, in den *Preis*, der für die Lösung zu zahlen ist, und anschließend in die *Kostbarkeit*, die die Lösung so für uns bekommt. Im vorliegenden Fall hieß das, dass als Preis für die Lösung (offener Umgang mit der Frage der Stellenbesetzung nach Gender-Gesichtspunkten, Affront gegenüber dem bisherigen männlichen Stelleninhaber, Bruch bestehender Loyalitätsbeziehungen) die Illusion der Vertrautheit im Umgang miteinander bzw. der – zunächst als Ressource gestellten – „Vertrauensbeziehungen" aufgegeben werden musste. Der bewusste Verzicht auf diese „kuschelige" Vertrautheit macht diese Lösung erst kostbar.

Vier Konstellationstypen sind bei den Problemaufstellungen häufig erkennbar und damit als Interventionshinweise für die Mediation nutzbar:

- Erstens ein Konflikt zwischen Fokus, Hindernis und Ziel;
- Zweitens eine Vertauschung von Reihenfolgen zwischen Fokus, Ziel und künftiger Aufgabe, als wenn der zweite Schritt vor dem ersten gemacht werden sollte;
- Drittens ein Konflikt zwischen Fokus, Gewinn und Ziel;
- Viertens ein Vergessen von Ressourcen bei dem Zugehen auf das Ziel.

[1095] Um dann vielleicht festzustellen, dass es mit der „vertrauensvollen Zusammenarbeit im Gremium" (die als eine der „Ressourcen" in der Aufstellung benannt wurde) doch nicht so weit her ist.

7.6.3.3 Aufstellung des ausgeblendeten Themas

Die Aufstellung des ausgeblendeten Themas kann häufig als verdeckte *partielle* Problemaufstellung aufgefasst werden, weil sie nur Elemente des vormaligen Aufstellungsformats nutzt, aber geeignet sein kann, die „Tiefenstruktur" eines Konfliktes besser zu erkennen.

> Bsp.: Bei einem Teamkonflikt wird die Führungskompetenz und -effizienz des Teamleiters thematisiert. Die Führungskraft wiederum fragt sich, wie sie die Mitarbeiter noch besser motivieren und vermutete Leistungsreserven abrufen kann. Insbesondere die älteste Mitarbeiterin im Team zeige „Verhaltensauffälligkeiten" und mangelne Motivation im Service gegenüber den Kunden. Sie sei damit ein schlechtes Vorbild für die Jüngeren. Bereits geführte „Motivationsgespräche" hätten keine nachhaltige Wirkung gezeitigt. An fehlender Kompetenz oder Erfahrung aber könne es nicht liegen.
>
> Als die Aufstellungsleitung als weiteres Element „das, wofür es gut ist, dass es noch nicht so gut funktioniert" ins System einführt, zeigt sich, dass ein das Serviceteam versteckt beschäftigende Thema bislang „ausgeblendet" war. Vor nicht allzu langer Zeit war nämlich ein älteres männliches Teammitglied plötzlich und unerwartet gestorben. Dieser Tod des Kollegen war vom Team offensichtlich noch nicht „verdaut" worden. Über das traumatische Ereignis wurde jedoch kaum gesprochen, eine Art kollektive „Trauerarbeit" hatte nicht stattgefunden. In der stressigen Alltagspraxis des Teams wurde so getan, als hätte es das Ereignis nicht gegeben bzw. als wäre der verstorbene Kollege nie im Team existent gewesen. Schließlich musste die tägliche Arbeit effektiv erledigt werden!
>
> In der weiteren Stellungs- und Prozessarbeit mit den Repräsentanten stellte sich heraus, dass die in der Zeitenfolge nächst ältere Kollegin eine Loyalität mit dem Verstorbenen empfand und durch ihr „demotiviertes" und nicht kundenfreundliches Verhalten die Zuwendung ihrer Führungskraft provozierte, um diese auf etwas anderes aufmerksam zu machen: die bislang nicht zugelassene Erinnerung an den verstorbenen Kollegen. Erst durch eine ritualisierte Würdigung und „Verabschiedung" des Verstorbenen entspannte sich die Stimmung im Team und es kam zu einer allgemeinen Befindlichkeitsverbesserung im System. Die anfängliche Frage der Führungskraft nach effektiven

> „Motivationstechniken“ hatte sich durch den Einbezug des ausgeblendeten Themas erledigt.

Eine Aufstellung des ausgeblendeten Themas kommt im Minimalfall mit drei Repräsentanten aus: dem offiziellen Thema, dem ausgeblendeten Thema und dem Repräsentanten für den Klienten. Im Sinne der partiellen Problemaufstellung stellt dann das „offzielle“ Thema das „Ziel“ oder die „zukünftige Aufgabe“ dar.[1096] Das „ausgeblendete Thema“ ist je nach Problemkonstellation:

- ein Hindernis (insbesondere wenn dieses sich im Laufe der Aufstellung als „Schutzwall“ oder „Helfer“ entpuppt),
- das Ziel (um das es „eigentlich“ geht),
- der (verdeckte) Gewinn (oder „geheime Nutzen“ oder „Sekundärgewinn“)
- oder eine (noch) ungenützte Ressource.

Die Aufstellung des „ausgeblendeten“ Themas wurde in einer früheren Phase der Strukturaufstellungsschule noch als die Aufstellung des „eigentlichen“ Themas bezeichnet.[1097] Da aber mit der Wortwahl nicht impliziert werden soll, dass das „offizielle“ Thema ein unbedeutendes – sozusagen „uneigentliches“ – ist, macht der Begriffswechsel durchaus Sinn. Die Formulierung „das, worum es hier auch noch/ oder eigentlich geht“ bzw. „Was ist in der bisherigen Diskussion über den hier verhandelten Konflikt ausgeblendet?“ lässt sich natürlich auch verbal ohne Aufstellung im Mediationsverfahren als Element verwenden, um tiefere Konfliktschichten zu erschließen. Schließlich kann die Kategorie eines ausgeblendeten Themas auch noch bei Kontext-Klärungs-Aufgaben eine große Rolle spielen, wo es in der Mediation vielleicht darum geht, Vermischtes und

[1096] Im hier berichteten Fall war das offizielle Thema aus Sicht der Führungskraft das Ziel der „Motivations- und Leistungssteigerung“ im Team.

[1097] Vgl. SPARRER 2000, S. 13f.

Vermengtes zu unterscheiden oder Getrenntes und Ausgeschlossenes zu verbinden oder einzubeziehen.[1098]

7.6.3.4 Konflikt- und Entscheidungsaufstellung – als Tetralemma

Das Tetralemma kann als eine „Grundform" Systemischer Strukturaufstellungen angesehen werden.[1099] Als kanonische Aufstellungsform wird es vor allem in Fällen angewendet, in denen eine Entscheidung zwischen zwei Möglichkeiten zu treffen ist. Die Tetralemma-Aufstellung findet also Anwendung bei Dilemmata, schwierigen Entscheidungssituationen und bei der **Vermittlung zwischen zwei Konfliktparteien**.

Das Tetralemma ist eine Struktur aus der traditionellen indischen Logik zur Kategorisierung von Haltungen und Standpunkten. Für *Matthias Varga von Kibéd*, der sich zunächst als Wissenschaftler und Schüler des bekannten Wissenschaftstheoretikers und Erkenntnisphilosophen WOLFGANG STEGMÜLLER[1100] unter logischen Gesichtspunkten damit beschäftigte, ist es ein außerordentlich kraftvolles allgemeines *Schema* zur Überwindung jeder Erstarrung im *schematischen* Denken.[1101]

Die Argumentationsform des Tetralemmas wurde bei Gericht verwendet. Man überlege sich, welche Möglichkeiten ein Richter hat, in einem Streitfall zwischen zwei Parteien zu entscheiden. Er könnte dabei

---

[1098] Hierzu gibt es ein eigenes Format der „Kontext-Klärungs-Aufstellungen". Die Vermischung von eigentlich zu Unterscheidendem schlägt sich in der Aufstellung häufig in Form des unbewußten „Strukturebenenwechsels" nieder (vgl. Anm. in Kapitel 7.6.1). In der Mediation kann dieser Aspekt die grundsätzliche Frage aufwerfen, ob z.B. eine Nachfolgemediation in eine (geschäftliche) Unternehmensnachfolgemediation und eine (private) Erbfolge- und Versorgungsmediation aufgeteilt oder integriert durchgeführt werden soll. Neben der Aufteilung der Mediationsverfahren (Teil-Mediation) kann auch mit zwei Mediatoren (ggf. als Co-Mediation) gearbeitet werden, um die jeweiligen Kontexte hinreichend unterscheiden zu können. Bei Mediationsverfahren im öffentlichen Bereich kommen häufig Mediationsteams zum Einsatz. Dies hat sicherlich auch andere, kapazitätsbezogene Gründe, aber die Frage von notwendiger Unterscheidung oder Trennung von Kontexten ist eine bei Konflikten und somit auch den professionellen Bearbeitungsformen von Konflikten grundsätzliche. Zugleich aber ist die mögliche Verbindung von Kontexten auch wichtige Quelle von „Austauschbeziehungen" im Sinne des Deal-Structuring.

[1099] VARGA VON KIBÉD/SPARRER 2011, S. 77ff.

[1100] Zu den zentralen Theorien Wolfgang Stegmüllers vgl. STEGMÜLLER 1973 und 1987-1989.

[1101] Vgl. VARGA VON KIBÉD 1990.

- der ersten Partei Recht geben,
- er könnte zu Gunsten der zweiten Partei entscheiden,
- er könnte der Meinung sein, dass beide Parteien Recht haben und
- er könnte schließlich zur Ansicht kommen, dass keine der beiden Parteinen Recht hat (weil es z.B. eine weitere Interessengruppe gibt, die berücksichtigt werden muss).

Es wird also logisch zum Beispiel zwischen der Position des Klägers, des Angeklagten, drittens der Position, dass beide recht haben, und viertens der Position, dass keiner recht hat, unterschieden. Für die Struktur von oft konfliktbehafteten Entscheidungssituationen wird „das Eine“ (die 1. Alternative), „das Andere“ (die 2. Alternative), „Beides“ (eine Verbindung zwischen „dem Einen“ und „dem Anderen“) und „Keines von beiden“ als fester Ort im Raum aufgestellt.

Nun kommt die für Angehörige des westlichen Kulturkreises häufig nur schwer nachvollziehbare *vierfache Negation* des Tetralemmas. Das **negierte** Tetralemma geht zurück auf *Nagarjuna*, den Begründer des Madhyamika-Buddhismus, der die Argumentationsform des Tetralemma kritisierte, indem er alle diese vier genannten Positionen verneinte und auf die Frage, ob er hier nicht eine neue Position einnehme, antwortete: „Ich habe nie einen Standpunkt eingenommen“.

Diese Erweiterung des ursprünglichen Tetralemmas stellt also keine eigene Position dar, sondern ist eine, die sich im selben Atemzug, in dem sie die ersten vier Positionen verneint, gleich sich selbst mit verneint. Diese fünfte „Nicht-Position“ wird als sogenanntes *„freies Element“*[1102] aufgestellt und mit dem ungewöhnlich klingenden Namen „All dies nicht ... und selbst das nicht“ versehen.

Das Argumentationsschema aus der indischen Logik haben Varga von Kibéd und Sparrer durch eine Ablauffolge ergänzt, wobei es häufig darum geht, den nächsten Schritt in einem **Entwicklungsprozess** zu finden. Insofern kann das (negierte) Tetralemma nicht nur als Konfliktklärungs- oder Entscheidungsfindungs-Aufstellung genutzt werden, sondern auch als allgemeines Schema für Entwicklungsprozesse, wobei sich das Format im

[1102] Das sich innerhalb des Aufstellungsgeschehens frei bewegen kann.

Sinne einer *multiplen* Entscheidungsaufstellung auch auf mehr als zwei Optionen erweitern lässt.

Im Sinne der Deutung des **Tetralemmas als allgemeines Schema für Entwicklungsprozesse** differenziert Varga von Kibéd fünf Arten der grundlegenden Veränderung, wobei als *radikaler* Wandel ein „Wandel von Grund auf, also ein Wandel von der Wurzel her" zu verstehen ist:[1103]

Radikaler Wandel der *ersten Art* ist eine Veränderung unserer Verhaltensmuster in einem Bereich, in dem wir bisher vermieden haben, einen klaren Standpunkt einzunehmen. Diese grundlegende Art der Veränderung besteht darin, dass wir in einer lange unentschiedenen Lage endlich Stellung beziehen (*1. Position* des Tetralemmas).

Radikaler Wandel der *zweiten Art* bedeutet, dass wir den Wert abgelehnter oder nicht gewählter Handlungs- oder Entscheidungsalternativen voll zu würdigen lernen (*2. Position* des Tetralemmas).

Durch die Einnahme der *3. Position* („Beides") und den damit verbundenen Perspektivenwechsel kann eine bisher vielleicht übersehene tiefere Verbindung oder Vereinbarkeit zwischen den vermeintlich unvereinbaren Alternativen als Form des radikalen Wandels *dritter Art* erkannt werden. Möglicherweise gibt es überraschende Kompromisse, Iterationen im zeitlichen Ablauf der Wahl, den Übergang zu den den Alternativen zugrunde liegenden Werten oder gar die Entdeckung der paradoxen Vereinbarkeit der Pole.

Die Einnahme der *4. Position* („Keines von Beiden") ermöglicht die Erkenntnis übersehener Kontexte. Insofern ist die *vierte Art* radikalen Wandels der Wandel der Frage im weiteren Rahmen, d.h. indem wir einen größeren Zusammenhang finden, innerhalb dessen die alte Frage ihre Bedeutung verliert und der Blick ganz anderen Aspekten gilt, die neuartige Problemlösungsansätze erlauben.

Die **Muster-Unterbrechung** der *5. (Nicht-)Position* besteht in einem radikalen Wandel der gewohnten Art von Veränderung. Zum Wandel dieser fünften Art gehört auch die Entdeckung immer neuer Möglichkeiten der *Änderung von Änderungsstilen*. Nach der 5. Nicht-Position kann im Sinne eines durchlaufenen Entwicklungsprozesses und

---

[1103] VARGA VON KIBÉD 1995.

des damit einhergehenden Perspektivenwechsels durchaus wieder eine **neue** 1. Position eingenommen werden.

Welche Potenziale beinhaltet nun das Tetralemma als formale Entscheidungssystematik und allgemeines Entwicklungsschema für Mediationsverfahren?

Auch das Tetralemma macht sich in den ersten beiden Positionen zunächst an einem binären Zustand („Das Eine" oder „Das Andere") bzw. an einer zweiwertigen Konfliktlogik („Das" oder „Nicht-Das") fest. Im Unterschied zur traditionellen (westlichen) Sichtweise wird die Existenz des Dilemmas aber schon als Fortschritt gedeutet, da es bereits das Vorhandensein einer Alternative voraussetzt. Insofern ist eine dilemmatische Entscheidungssituation schon besser als eine alternativenlose Entscheidungssituation. In der Verwendung des Tetralemmas als Entscheidungsaufstellung lässt sich daher häufig mit der Aufstellung der 2. Position schon die Auflösung der Fixierung auf den (alternativlosen) „Tunnelblick" beobachten. Das Dilemma ist sozusagen schon die „Lichtung des Nebels".

Im Sinne einer mediationsgeeigneten **prozessorientierten** Interpretation des Tetralemmas besonders interessant ist der Umstand, dass das Dilemma von Matthias Varga von Kibéd nicht als schlichter logischer Gegensatz gedeutet wird, sondern als eine bestimmte **Phase** in der Lösung des Problems. Das Dilemma kann also schon eine bestimmte – noch unzureichende – Form der Problemlösung darstellen. Insofern bilden die Schritte der Tetralemmaaufstellung ein komplexes Verlaufsmodell (Problemlösung, Entscheidungsfindung, Entwicklung) ab, was der Forderung nach einer *prozessualen* Betrachtungsweise statt nur binär codierten Zustandsbeschreibung von Konflikten entspricht.[1104]

Natürlich haben die Positionen des Tetralemmas auch Zustands-Qualität. So beschreibt die 3. Position „Beides" im Sinne des Sowohl-als-auch von 1. und 2. Entscheidungsposition einen Zustand mit einer bestimmten Qualität – wo aber Prozesse dazwischen liegen!

Beides thematisiert die eventuell übersehene Verbindung zwischen dem Einen und dem Anderen. Insofern setzt die 3. Position einen neuen *Kontext* für das Dilemma. Es ist ein Kontext der möglichen *Verbindung* zwischen den scheinbaren Gegensätzen des bipola-

1104 Eine Forderung, die zum Beispiel der systemtheoretisch orientierte Soziologe Walter Bühl immer wieder aufgestellt hat, vgl. BÜHL 1970, 1972, 1976, 1984.

ren Dilemmas.[1105] Besonders deutlich wird die **prozessuale Betrachtungsweise** in der 4. Position des Tetralemmas, weil „Keines von Beiden" den eventuell übersehenen Kontext des Dilemmas hinterfragt. Zum Beispiel im Sinne von: „Womit würden Sie sich (im Team, Unternehmen etc.) beschäftigen, wenn Sie sich nicht damit beschäftigen würden zu fragen, wer die Schuld hat?"

Die 4. Position generiert verschiedene Fragen auf der *Zeit*-Dimension:

- „Wie kam es dazu, dass Sie sich gegenseitig die Schuld zuschieben?" (*vergangenheitsorientiert*);
- „Was sehen Sie dabei (während oder durch die Beschäftigung mit dem Dilemma) nicht?" (*gegenwartsbezogen*);
- „Was wäre, wenn das Dilemma schon gelöst wäre?" (*zukünftig*);
- „Was wird sinnvoll durch den Gegensatz?" (*zeitlose* Frage nach dem evtl. vorhandenen *verdeckten Gewinn* durch das Dilemma).

Neben der Abkehr von einer zweiwertigen (Standard)-Logik[1106] berührt die indische Argumentationsform des Tetralemmas schließlich auch Fragen der Grenzziehung: Die Bestimmung einer Entscheidungsoption als „Das Eine" beinhaltet eine Grenzziehung. „Das Andere" befindet sich damit außerhalb dieser Grenze – und damit auch außerhalb der Entwicklungspotentiale dieser organisatorischen Festlegung. „Beides" löst die unverrückbar scheinenden Grenzen zwischen 1. und 2. Position in der Suche nach Verbindendem auf und „Keines von Beiden" setzt den Kontext und damit die Grenze der Betrachtungsweise des Dilemmas neu. Die 5. musterunterbrechende Position „All dies

---

[1105] VARGA VON KIBÉD/SPARRER 2011, 77ff., unterscheiden mittlerweile 13 Untertypen der dritten Position von den erwähnten Kompromissen, Iterationen und paradoxen Verbindungen über Scheingegensätze, Thesen- und Prämissenverschiebungen (bzw. Haltungsänderungen) bis zu Mehrdeutigkeiten, systemischen Ambiguitäten, übersummativen Verbindungen, Unschärfen und Kontexttrennungen. Vgl. dazu auch die Darstellung in Kapitel 3.6.

[1106] In diesem Sinne wird das Tetralemma von VARGA VON KIBÉD 1990 als (logisches) „Schema zur Überwindung schematischen Denkens" gekennzeichnet; vgl. zur Kritik einer zweiwertigen Logik auch BÜHL 1969.

nicht und selbst das nicht" schließlich ist grenzüberschreitend im wahrsten Sinne des Wortes und Inbegriff von Reflexion.

Das Argumentations- und Entwicklungsschema des (negierten) Tetralemmas kann daher auch als Schema einer systematischen *Kontexterweiterung* gesehen werden: Der „Kontext des Anliegens" in der 1. Position wird in der 2. Position erweitert um den „Kontext des Dilemmas". In der 3. Position wird der „Kontext der Verbindung" und möglichen Vereinbarkeit hergestellt und die 4. Position erweitert dies um den „Kontext der Betrachtung des Dilemmas". Damit werden die Bedeutungskontexte außerhalb des (Entscheidungs-)Systems schrittweise in die Betrachtungsweise des Systems miteinbezogen bzw. Grenzen aufgelöst, verschoben und erweitert. Diese Erweiterung der *Rahmung* und die Mitberücksichtigung weiterer Perspektiven auf den Konflikt entspricht letztlich auch der Idee integrativer Verhandlungsführung, das Potenzial für Konfliktlösungen durch neuartige, ungewöhnliche, kreative sowie innovative Verbindungen und „Austauschbeziehungen" zu erweitern. Das Tetralemma-Format kann somit wieder im Mediationsverfahren als Aufstellung mit allen oder einzelnen Medianten genutzt werden, einfach nur als Ideenlieferant beispielsweise für die oben gelisteten Fragen in der Zeit-Dimension oder gar als verhandlungstechnische Möglichkeit der „Kuchenvergrößerung" durch Einbezug zusätzlicher Fragen und Gesichtspunkte.

7.6.3.5 Supervisionsaufstellung

So wie Konflikte im Tetralemma als *Entscheidungs*konflikte abgebildet und bearbeitet werden, so können auch in sogenannten „Supervisionsaufstellungen" vielfältige Konfliktkonstellationen aufbereitet werden. Im klassischen Format der Supervisionsaufstellung werden beratendes und zu beratenes System in deren Verhältnis zueinander aufgestellt, also das aus Klienten und Beratern für die Dauer der Beratung gemeinsam gebildete System einerseits und das Kunden- oder Klientensystem andererseits. Dabei wird von Innen nach Außen aufgestellt, d.h. zuerst das Kundensystem und dann das System der Berater, wobei die Reihenfolge der einzelnen Repräsentanten innerhalb der beiden Systeme von dem konkreten Anliegen abhängt.

All die anderen bei systemischen Strukturaufstellungen auftauchenden Phänomene wie

- Strukturebenenwechsel
- (Wieder-)Einbezug von etwas Ausgeschlossenem
- Ausblendung eines Themas sowie
- Vermischung von Kontexten und „Verwechslungen"

können natürlich auch bei Supervisionsaufstellungen auftauchen.

In der Anwendung auf die Supervision von Mediatoren würde das zu mediierende Konfliktsystem im Verhältnis zum Mediator oder den Mediatoren (bei Co- oder Teammediation) gestellt.[1107] Natürlich lassen sich im zu mediierenden Konfliktsystem die einzelnen Medianten, Konfliktpositionen, Entscheidungsvarianten usw. wieder differenziert repräsentieren und das ganze Arsenal der systemischen Strukturaufstellungen nutzen. Entscheidend bei der Supervisionsaufstellungen ist das **Verhältnis** der Medianten und ihres Konfliktes zum Mediator. Das Format dient also vor allem dazu, mögliche „Verstrickungen" des Mediators in das System der Konfliktparteien, die – möglicherweise gefährdete – Funktion der „Allparteilichkeit" der Mediation, Übertragungen und Gegenübertragungen zwischen Klienten- und Beratungssystem, biographisch bedingte „Strukturebenenwechsel" beim Mediator, in der Mediation „ausgeblendete" Themen usw. zu identifizieren und simulierend (probehandelnd) zu bearbeiten. Daraus können dann Hinweise für das weitere Vorgehen in der Mediation oder für die methodische Weiterentwicklung der Mediatoren abgeleitet werden. Es versteht sich von selbst, dass die Supervisoren dabei über eine profunde Ausbildung nicht nur in Mediation, sondern auch in systemischen Aufstellungsverfahren verfügen sollten.

7.6.3.6 Werte- oder Ressourcenaufstellung

Die Aufstellung von Werten und Ressourcen orientiert sich am Strukturaufstellungsformat der sogenannten „Glaubenspolaritätenaufstellung", einer weiteren Grundform Systemischer Strukturaufstellungen.[1108] Die Aufstellung von Polaritäten geht zurück auf die Einteilung religiöser Systeme nach ihrer primären didaktischen Betonung nach FRITHJOF SCHUON[1109]. Danach liegen dem Judentum besonders die Perspektive der Ordnung, dem Christentum die Perspektive der Liebe und dem Islam die Perspektive der Erkenntnis zugrunde. Bei der Glaubenspolaritätenaufstellung wird mit diesen Polaritäten „Erkenntnis", „Liebe" und „Ordnung" ein in der Regel gleichschenkeliges Dreieck im Raum aufgespannt, in das der Fokus als Repräsentant hineingestellt wird. Ziel der Aufstellung ist es, dass der Fokus von diesen Kraftquellen im Konfliktfalle unbehindert nehmen kann.

[1107] Wenn man nicht auch Mediation als eine Form der Beratung begreift (vgl. Kapitel 7.1). Tut man dies, ließe sich auch die übliche Bezeichnung „Klientensystem" und „Beratersystem" beibehalten.

[1108] Vgl. VARGA VON KIBÉD/SPARRER 2011, S. 134ff.

[1109] Vgl. SCHUON 1981.

Manchmal ist dies nicht möglich, wenn durch die Erziehung oder andere biographische Aspekte der Zugang zu diesen Polen, die als sinn- und orientierungsstiftende Ressourcen gedacht sind, behindert wird. In der Aufstellung werden diese Behinderungen dann aufgedeckt und ohne auf das Warum der Behinderung einzugehen der Zugang zu den Kraftquellen geöffnet.[1110]

Die Glaubenspolaritätenaufstellung kann ebenso wie die Tetralemmaaufstellung auch als *Meta-Aufstellung* genutzt werden. Eine *Meta-Aufstellung* ist sozusagen eine *Aufstellung in der Aufstellung*. Wir haben es dabei mit einem hierarchisch über- und einem hierarchisch untergeordneten System zu tun. Das hierarchisch übergeordnete System bildet dabei den Rahmen für das hierarchisch untergeordnete System. So kann die jeweils gewählte Meta-Aufstellung einen Kontext aufspannen, in dem andere Aufstellungen wie Organisationsstruktur-, Supervisions- oder Teamaufstellungen stattfinden können. Wie erwähnt geben beim Tetralemma als Meta-Aufstellung die verschiedenen (Entscheidungs-)Positionen die Schritte in einem Entwicklungsprozess an. Bei einer Glaubenspolaritätenaufstellung wirken die als feste Orte aufgestellten Pole als Ressourcen und geben Schutz und Kraft. Sie können dann sozusagen als *überpersönliche Kraftquellen* für die Aufstellung innerhalb der Glaubenspolaritätenaufstellung ausgleichend wirken. Das Glaubenspolaritätenformat kann also immer dann angewendet werden, wenn es darum geht, Ressourcen zu finden, (wieder-)zuerschließen und eigenes Handeln zu stärken. Als Meta-Aufstellung genutzt hat sie den Vorteil, dass die Kraftquellen die Intensität der Konflikte innerhalb des aufgestellten Systems abmildern. Sie sorgen für einen **Ressourcenraum**, der die aufgestellten Repräsentanten schützt.

Die Werte und Ressourcen verkörpernden Polaritäten in diesem Format können selbstverständlich auch in einem nicht-religiösen Sinne verwendet und in der Aufstellung an die Besonderheiten des Anliegens angepasst werden. In diesem Fall sucht die Aufstellungsleitung nach stimmigen ergänzenden Bezeichnungen für die drei Pole, die aus der Konfliktgeschichte oder dem bisherigen Mediationsverlauf identifizierbar und rekonstruierbar sind. Danach werden dann die drei Pole in der Regel als feste, unverrückbare Orte (als Rahmen) gestellt, dann die anderen Systemelemente als Repräsentanten im engeren Sinne (als Aufstellung in der Aufstellung) und schließlich „die Weisheit", die *sofia*, als sich bewegendes freies Element.

[1110] Zu den entsprechenden Techniken, wie die Pole „gereinigt" oder wieder frei gelegt werden können, vgl. WRESNIK 2006, S. 214ff.

Die Glaubenspolaritäten-Grammatik lässt sich nach Erfahrung der Verfasser auch gut für die Aufstellung von Werten und Wertorientierungen in Organisationen verwenden. Dabei werden die „festen", also als Orte gestellten Pole der Glaubenspolaritätenaufstellung als Orientierungsrahmen beispielsweise für die Werte einer Firma gestellt. Dies können tatsächlich gelebte Werte sein (im Sinne des Begriffs der Unternehmenskultur) oder auch normativ wirkende Wertvorstellungen (z.B. im Sinne eines anzustrebenden Unternehmens-Leitbildes). Das mit den Orten „Erkenntnis", „Liebe" und „Ordnung" oder vergleichbaren Begrifflichkeiten aufgespannte Dreieck gibt dann Hinweise, an welcher Stelle der Glaubenspolaritäten es Ergänzungen für das Wertesystem der Firma bedürfte, in welche Richtung die „gelebten" Werte überhaupt tendieren und wie die „nicht-gelebten" Pole der Glaubenspolaritäten eventuell für die Organisationskultur zugänglich gemacht werden können. In dieser Weise geht es also um die „Ver-Ortung" eines realen Wertesystems innerhalb eines über-persönlichen und auch trans-organisationalen „Rahmens", um den ungehinderten Zugang zu Ressourcen und Kraftquellen und somit um die Überwindung von – mentalen, kulturell-spirituellen, normativ-ideologischen – „Blockaden".

> Bsp.: In einer deutschen Gewerkschaft hat sich ein Disput darüber entwickelt, wie dem als „Werteverlust" titulierten Wandel der Präferenzen und dessen Auswirkungen auf den gewerkschaftlichen Organisationsgrad begegnet werden soll, wie mit den „Trittbrettfahrern"[1111] strategisch umzugehen sei und ob es Sinn mache, sich bei der Mitgliederwerbung stärker auf neue, jedenfalls für Gewerkschaften eher ungewohnte, soziale Milieus wie etwa hochqualifizierte Angestellte zu konzentrieren. Bei den als Meta-Aufstellung gewählten Glaubenspolaritäten werden die Pole umbenannt in „Erkenntnis/Vision", „Solidariät" am ursprünglichen Pol der Liebe und schließlich „Ordnung/Moral" als drittem Pol. Innerhalb dieses Rahmens aufgestellt werden der in „Zeitgeist" umformulierte gesellschaftliche Wertewandel, die „Art und Weise des sich Organisierens" der betreffenden Gewerkschaft, aber auch die „Trittbrettfah-

[1111] Als „Trittbrettfahrer" gelten im einschlägigen Jargon jene Arbeitnehmerinnen und Arbeitnehmer, die von den tarifpolitischen Dienstleistungen und Verhandlungsergebnissen der Gewerkschaften profitieren, ohne selbst Mitglied zu sein, es also aus gewerkschaftlicher Sicht an Solidarität und Unterstützung mangeln lassen.

rer" und verschiedene soziale Milieus als Zielgruppen gewerkschaftlicher Aktivitäten.

Im Laufe der Aufstellung stellt sich – wenig überraschend – heraus, dass z.B. das Arbeitermilieu gut bedient, das Angestelltenmilieu aber vernachlässigt wird. Der Fokus tendiert dazu, sich zurückzuziehen und sich auf das Gewohnte zu konzentrieren, wenn auch mit einer erheblichen Larmoyanz und Klageführung gegen die „unmoralischen" Trittbrettfahrer. Erst als der zwischendurch verstellte Zugang zu den Polen wieder freigelegt und nach umfänglicher Stellungs- und Prozessarbeit von den Ressourcen „getankt" wird, fassen die Repräsentanten für Fokus und Organisation wieder Mut. Durch offensive Hinwendung zum „Zeitgeist" und kraftspendene Orientierung am Pol „Erkenntnis/Vision" wird plötzlich nicht nur das Interesse des klassischen Arbeitermilieus wieder geweckt, sondern auch Angestelltenmilieu und „Trittbrettfahrer" auf die Ereignisse aufmerksam. Die Repräsentanten reagieren mit gesteigertem Interesse, sogar Wohlwollen gegenüber der Gewerkschaft und ihren Vertretern. Als Fazit aus diesem Fall[1112] wird von der Aufstellungsgruppe gezogen, dass sich nur durch Hinwendung zum „Zeitgeist", d.h. durch die aktive Auseinandersetzung mit dem gesellschaftlichen Wandel (nicht durch Abwendung oder Rückzug) eine Wiederbelebung der gewerkschaftlichen Solidaritäts-Idee bzw. die Ansprache neuer Adressatengruppen und Milieus erreichen lässt.

Die dargestellte Werte- und Ressourcenaufstellung (mit Nutzung des Glaubenspolaritätenformats als Meta-Aufstellung) wurde zum Zeitpunkt eines Strategieentwicklungsprojektes einer Einzelgewerkschaft durchgeführt, an dem Siegfried Rosner als Organisationsberater und Moderator beteiligt war. Die Frage, wie dem stark rückläufigen Mitgliederbestand[1113] strategisch zu begegnen sei, hatte unter den Projektmitgliedern zu stark kontroversen Diskussionen und Konflikten geführt, in denen es im Sinne einer

[1112] Dokumentiert bei ROSNER 2006, S. 49ff.

[1113] Der Nettoorganisationsgrad ohne Renter sank, bezogen auf die dem Deutschen Gewerkschaftsbund (DGB) angehörenden Einzelgewerkschaften, seit der deutschen Wiedervereinigung im Durchschnitt von 28 Prozent auf heute unter 17 Prozent.

sachlichen Auseinandersetzung mit den zur Verfügung stehenden Optionen zu vermitteln galt.

Die **Ressourcen**-Orientierung des Glaubenspolaritätenformats entspricht auch der diesbezüglichen Empfehlung bei der Hypothesenarbeit in der Mediation. Während bei der Formulierung von Kontext- und Arbeitshypothesen aber nur der Mediator darauf achten sollte, auf problemorientierte Hypothesen zu verzichten, ist der Einbezug von entsprechenden Aufstellungsformaten in das Mediationsverfahren noch besser geeignet, diese Orientierung an Ressourcen (statt Problemen) auch bei den Medianten zu fördern und zu unterstützen. Natürlich kann dies zusätzlich auch durch weitere Techniken lösungsfokussierter Gesprächsführung und -beratung geschehen, aber das Aufstellungsgeschehen ist erneut eine erlebnisreichere und aller Erfahrung nach tiefer gehende Art des Ressourcenaufbaus bei den Medianten. So können aufstellungstechnische Elemente erneut in der Form der Einzelarbeit mit Medianten oder beispielsweise beim Aufstellen von Werten einer Firma auch als kollektive Erfahrung in das Mediationsverfahren integriert werden.

7.6.4 Lösungsorientierung in der Konfliktbearbeitung

Aufstellungs- und Mediationsverfahren weisen auffallende Gemeinsamkeiten hinsichtlich Ressourcen-Orientierung und der stärkeren Orientierung an zukünftigen Lösungen im Unterschied zur vergangenheitsorientierten Problemsicht auf. Lösungsorientierung in der Konfliktbearbeitung ist aber nicht nur das verbindende Glied zwischen Mediations- und Aufstellungsverfahren. Ähnliches gilt auch im Vergleich zwischen Mediation und NLP. „Das Menschenbild, das dem Modell der Mediation zugrunde liegt, entspricht im Wesentlichen dem des NLP“, so die aktuelle Selbstdarstellungsbroschüre des Deutschen Verbandes für Neuro-Linguistisches Programmieren e.V. (DVNLP).[1114] Und weiter: „Beides sind ressourcen-, zukunfts- und lösungsorientierte Verfahren.“ Von besonderer Relevanz seien die NLP-Techniken Rapport-Strategien sowie Modelle der De-Eskalation und der Visualisierung.[1115] Die Vergleichbarkeit der Verfahren erlaube es, in der Mediation die gesamte Palette der NLP-Fähigkeiten einzusetzen. Hier dagegen soll erneut die Bedeutung lösungsfokussierter Gesprächsführung und -beratung für die Mediation her-

---

[1114] DVNLP 2009, S. 15.

[1115] Eine Einführung in das NLP und die Basistechniken bieten O´CONNOR/SEYMOUR 2004.

vorgehoben werden, die in der Strukturaufstellungsschule bereits erkannt und aufgearbeitet wurde.[1116]

Den vor einigen Jahren verstorbenen Psychotherapeuten *Steve de Shazer* und seiner Frau *Insoo Kim Berg* vom Brief Family Therapy Center in Milwaukee/Wisconsin haben wir die „lösungsorientierte Kurzzeittherapie“ zu verdanken. Diese Methode, die beide Therapeuten erfolgreich in ihrer Arbeit angewandt haben, hat sich im Coaching bei Managern bewährt, ist also anschlussfähig für Konflikte im Organisations- und Wirtschaftskontext. Vom ersten Moment an geht es beim **Solution Focused Consulting** darum, die Aufmerksamkeit konsequent auf die *Lösung* zu richten. Die Beschreibung des Problems ist dabei nur so weit interessant, als – laut Steve de Shazer – in der Beschreibung eines Problems oft schon dessen Lösung erkennbar ist. Lösungsansätze werden genau an dem Punkt deutlich, wo der Ratsuchende Situationen und Zustände beschreibt, in denen er das Problem nicht oder nur abgeschwächt hatte.

In der Beratungsschule von Milwaukee und dem daraus entstehenden lösungsorientierten Ansatz wird also auf Fragen nach dem Scheitern und dessen Bedingungen verzichtet zugunsten der Frage: „Wie kann es funktionieren?“ Lösungsorientiert vorzugehen bedeutet, die Suche nach den *Möglichkeiten des Gelingens* und den erfolgreichen Ausnahmen vor die Analyse der Ursachen des Scheiterns zu setzen. Natürlich wird man bei der Konfliktmediation kaum umhin können, auch nach den Ursachen des Scheiterns oder zumindest nach der „Vorgeschichte“ und den Entstehungsbedingungen des Konflikts zu fragen. Dies gilt umso mehr, wenn man um eines nachhaltigen Ergebnisses willen auf allen Ebenen des Konflikts – auch den tieferen Schichten – arbeiten will, um im Sinne des Transformatiosansatzes in der Mediation die Steigerung individueller Konfliktkompetenz (Empowerment) und die positive Klärung der gestörten Beziehungen (Recognition) zu erreichen und nicht nur ein schnelles Ergebnis. Trotzdem bleibt der im lösungsorientierten Ansatz herausgearbeitete und mittlerweile bei den systemischen Aufstellungsverfahren hinreichend rezipierte Grundsatz auch für die Mediation hilfreich, dass die Merkmale der Lösung wesentlicher sind als die des Problems.

Die Kurzzeittherapie um Steve de Shazer nutzt dafür zwei Vorgehensweisen. Sie sucht die Ausnahmen vom Problem auf einer Zeitlinie in der Vergangenheit und geht – mit der „Wunderfrage“ – auf der Zeitlinie in die Zukunft. Diese Frage ist die *Ziel*frage, da

---

[1116] Vgl. insbesondere SPARRER 2004.

sie sich mit der Zeit, in der das Problem gelöst sein wird, beschäftigt. Sie lädt dazu ein, neue Räume zu betreten und damit neue Möglichkeiten zu eröffnen. Bei beiden Vorgehensweisen geht es um die Suche nach *Referenzerfahrungen*, wobei die eine den Weg in die Zukunft wählt und die andere den Weg über die Vergangenheit.

Beim *Weg in die Zukunft* spielen in der systemischen Aufstellungsarbeit und der entsprechenden Adaption lösungsfokussierter Elemente die **Frage nach Unterschieden** eine große Rolle. Denn nicht immer können die Konfliktparteien die Zielfrage konkret beantworten. Häufig erfolgt eine Antwort in dem Sinne: der Konflikt und die damit verbundenen Unannehmlichkeiten sollen verschwinden. Was aber „statt dessen" sein soll, ist für die Konfliktbeteiligten oft schwieriger zu benennen. Aber: „Wir können wissen, was besser heißt, ohne zu wissen, was gut heißt." Dieser Ausspruch *Steve de Shazers* weist darauf hin, dass wir Unterschiede und damit Verbesserungen (wie auch Verschlechterungen) wahrnehmen können, ohne auf objektive Werte zurückgreifen zu müssen.

Beim *Weg über die Vergangenheit* sind die **Fragen nach den Ausnahmen vom Problem** wichtig. Diese „Ausnahmen", gleichgültig ob sie bewusst erzeugt wurden oder ob sie nur zufällig aufgetreten sind, werden als Lösungsschlüssel aufgefasst. Über die Frage nach den Ausnahmen kann es auch dem Mediator gelingen, den Konfliktparteien ihre Fähigkeiten für die aktive Problemlösung bewusst zu machen. Denn vergleicht man Zeiten, in denen das Problem oder die Konflikte auftreten mit solchen, in denen das Problem nicht auftritt, werden die Bedingungen eines Problems oder eines Konfliktes und damit auch dessen mögliche Beseitigung deutlich.

Dazu empfehlen sich folgende Formulierungen:

- Wie oft, wann und wo ist das Problem nicht aufgetreten?
- Was haben Sie und andere in dieser Zeit anders gemacht?
- Wie haben Sie es da geschafft, das Problem nicht auftreten zu lassen?
- Wie könnten Sie mehr von dem machen, was Sie in Nicht-Problem-Zeiten gemacht haben?

Lösungsansätze werden also aufgrund der Analyse von Ausnahmen erarbeitet. Oft aber sagen Menschen, die in ihren Problemen und Konflikten verstrickt sind, es gäbe überhaupt keine Ausnahme. Für solche Situationen wurde in der lösungsfokussierten Kurztherapie und Beratung die sogenannte „Wunderfrage“ entwickelt:

> „Angenommen, es passiert während Sie nachts schlafen ein Wunder. Sie wachen morgens auf und Ihr Problem beziehungsweise Ihre Konflikte sind gelöst, ohne dass Sie dies bewusst gemerkt haben. Woran werden Sie am nächsten Morgen (und in den folgenden Tagen) merken, dass das Wunder passiert ist?“

Folgende Anschlussfragen sind wiederum empfehlenswert:

- Was würden Sie danach als Erstes anders machen und was würden Sie als Zweites anders machen? Und was noch …?
- Wenn Sie etwas anders machen, wie würden die Menschen um Sie herum (bzw. die anderen am Konflikt Beteiligten) darauf reagieren?
- Wer wäre am meisten überrascht von dieser Veränderung?
- Wie sähe die Beziehung zwischen Ihnen und den Menschen in Ihrer Umgebung (bzw. den anderen Konfliktbeteiligten) einen Monat, ein halbes Jahr oder ein Jahr nach dem Wunder aus?

Mit der **Wunderfrage** wird unverbindlich angetestet, ob jemand sich Veränderungen vorstellen kann, ohne gleich für deren Ausführung verantwortlich sein zu müssen. Insofern hat die Wunderfrage einen ähnlich handlungsentlastenden Effekt wie die Optionsentwicklung in der Mediation oder das vorläufige weitere Ausloten potenzieller Kooperationsgewinne (mutual gains, cross-issue trades) ohne Gefährdung des Status-quo in der Post-Settlement-Settlement-Technik integrativer Verhandlungsführung.[1117] Auch die Wunderfrage fördert die Suche nach *kreativen* Optionen und Konflitklösungen. Zum anderen verliert das „Wunder“, wenn man darüber redet, seine Übernatürlichkeit, und dadurch entsteht zwangsläufig der Eindruck, dass sich die eigenen Wünsche auch durch normale Anstrengungen erfüllen lassen.

[1117] Vgl. zur PSS-Technik („Nach-Verhandlungsabschluss-Vereinbarung“) Kapitel 5.5.

Die Wunderfrage ist unproblematisch in der Einzelarbeit mit Konfliktparteien anwendbar, aber auch z.B. in der Arbeit mit Teams.[1118] Für die Mediation liegt die Bedeutung dieses Konzeptes in der durchgängigen **Fokussierung auf die Lösungserfahrungen**. Alle in der Mediation (und den ihr zugrunde liegenden Konflikten) erscheinenden Aktionen und Reaktionen, also alle Denkmuster, emotionalen Prozesse und Verhaltensbeiträge können als Ressourcen verstanden werden. Dazu sollen alle relevanten Beteiligten in ihrer Konzentration auf die lösungsfördernden Ressourcen unterstützt werden. Der Mediator kann die kontinuierliche Fokussierung der Aufmerksamkeit auf mögliche Lösungen sowohl im Bewussten als auch im Unbewussten der Medianten unterstützen.

Die dafür hilfreichen lösungsorientierten Fragetechniken sind zum einen die erwähnten Fragen nach Unterschieden, die Wunderfrage sowie die Frage nach Ausnahmen. Hinzu kommen Skalierungsfragen (als weitere Unterart von Unterscheidungsfragen), Pacingfragen, die dazu dienen, sich den Medianten anzupassen, um sich dadurch bei ihnen einen „Kommunikationskredit" zu verschaffen sowie zirkuläre Fragen, die benutzt werden, um jene einzubeziehen, die mit dem Umfeld des Konfliktgeschehens und der speziellen Art des Problems in Zusammenhang stehen. Beispiele für zirkuläre Fragen sind:

- Wenn ihr Kunde hier wäre, was würde er an Ihnen anderes wahrnehmen in den Zeiten, in denen der innerbetriebliche Konflikt mit Abteilung X nicht auftritt?
- Was denken Sie, was er sagt, was Sie dann anders machen?
- Was würde er sagen, was passieren müsste, damit dies öfter stattfindet?

Die *zirkuläre* Fragetechnik bedient sich im Rahmen des lösungsorientierten Ansatzes des Prinzips der Perspektivenübernahme, bei der die Medianten gefragt werden, was sie glauben, was andere (auch Unbeteiligte) über die Konfliktbeteiligten denken oder wie sich andere zum Konfliktfall verhalten usw., so dass sich die Medianten bei der Antwort in die Perspektive anderer versetzen müssen. Damit dient das zirkuläre Fragen der The-

[1118] Vgl. dazu auch das sog. „Lösungsgeometrische Interview" bei SPARRER 2009, S. 136ff., S. 195ff., das häufig mit der Wunderfrage eingeleitet wird.

matisierung des „sozialen Rahmens“[1119] eines Konfliktes und lotet das System gegenseitiger, auch indirekter Beeinflussungsfaktoren in Richtung einer möglichen Lösung aus. Im Sinne des systemisch-wirklichkeitskonstruktiven Verständnisses von Konflikten liegt bei dieser Vorgehensweise der Schwerpunkt jedoch nicht auf der Erklärung von Konfliktentstehung und -eskalation, sondern auf der Suche nach den Möglichkeiten des Gelingens.

[1119] Konflikteskalation als Ausweitung des sozialen Rahmens nach *Friedrich Glasl* und *Oswald Neuberger*; vgl. Kapitel 6.1.

III Literaturverzeichnis

AARON, Marjorie Corman (2005): Finding Settlement with Numbers, Maps, and Trees. In: Moffitt/Bordone (Hg.) – The Handbook of Dispute Resolution. San Francisco: Jossey-Bass.

ADLER, Robert B. mit Elliott M. SILVERSTEIN (2000): When David Meets Goliath: Dealing with Power Differentials in Negotiations. In: 5 Harvard Negotiation Law Review, S. 1ff.

ALTMANN, Gerhard et al. (1999): Mediation: Konfliktmanagement für moderne Unternehmen. Weinheim und Basel: Beltz Verlag.

ANTONS, Klaus (2000): Praxis der Gruppendynamik – Übungen und Techniken. 8. Auflage, Göttingen/Bern/Toronto/Seattle: Hogrefe-Verlag.

ANTES, James R. mit Joseph P. FOLGER und Dorothy DELLA NOCE (2001): Transforming Conflict Interactions in the Workplace: Documented Effects of the U.S. Postal Service REDRESS Program. Hofstra Labor & Employment Law Journal 18(2), S. 429-467.

ARGYRIS, Chris und Donald A. SCHÖN (1974): Theory in Practice. San Francisco: Jossey-Bass.

ARGYRIS, Chris (1990): Overcoming Organizational Defenses. Needham: Allyn & Bacon.

ARGYRIS, Chris (1997): Wissen in Aktion – Eine Fallstudie zur lernenden Organisation. Stuttgart: Klett-Cotta.

ARGYRIS, Chris und Donald A. SCHÖN (2008): Die lernende Organisation - Grundlagen, Methode, Praxis. Stuttgart: Klett-Cotta.

ARROW, Kenneth mit Robert H. MNOOKIN, Lee ROSS, Amos TVERSKY und Robert WILSON (1995): Barriers to Conflict Resolution, New York/London: Norton.

AUFERKORTE-MICHAELIS, Nicole (2000): Die Technik teilnehmender Neutralität. Skript der Fernuniversität Hagen 71065-6-01-S 1.

AUFERKORTE-MICHAELIS, Nicole und Lars Oliver MICHAELIS (2000): Kommunikation – Grundlage mediativer Verfahren. Teil 2 (mit einem Beitrag von Ed Watzke). Skript der Fernuniversität Hagen 71008-7-02-S 1.

AXELROD, Robert (2000): Die Evolution der Kooperation. 5. Auflage. München: R. Oldenbourg. (amerik. Original 1984 bei Basic Books, New York).

BACKHAUS, Klaus und Markus VOETH (2009): Industriegütermarketing, 9. Auflage. München: Vahlen.

BÄHNER, Christian und Elke SCHWERTFEGER (2003): Marktanalyse zur Anwendung von Mediation in deutschsprachigen Unternehmen, Freiburg: Zweisicht / Managementwissen Online.

BAMBERGER, Günter (1999): Lösungsorientierte Beratung. Weinheim: Beltz Verlag.

BALZER, Wolfgang (2009): Die Wissenschaft und ihre Methoden: Grundsätze der Wissenschaftstheorie. Ein Lehrbuch. 2. Auflage, Freiburg/München: Karl Alber.

BANDLER, Richard und John GRINDER (1975): Patterns of the Hypnotic Techniques of Milton H. Erickson, M.D. – Vol 1. Cupertino/CA: Meta Publications (deutsche Übersetzung 1996 bei Junfermann Verlag).

BARISCH, Sina (2011): Optimierung von Verhandlungsteams – Der Einflussfaktor Hierarchie. Wiesbaden: Gabler.

BARRY, Bruce und Richard L. Olliver (1996): Affect in dyadic negotiation: A model and propositions. In: Organizational Behavior and Human Decision Processes 67 (2), S. 127-143.

BAUHOFER, Bernhard (2004): Reputation Management – Glaubwürdigkeit im Wettbewerb des 21. Jahrhunderts. Zürich: Orell Füssli.

BAUMEISTER, Roy F. (2003): The Psychology of Irrationality. In: Brocas/Carrillo (Hg.): The Psychology of Economic Decisions: Volume I: Rationality and Well-Being. Oxford: Oxford University Press. S. 1-15.

BAZERMAN, Max und Margaret NEALE (1982): Improving negotiation effectiveness under final offer arbitration: The role of selection and training. In: Journal of Applied Psychology 76 (5), S. 543-548.

BAZERMAN, Max (1983): Negotiator Judgment: A Critical Look at the Rationality Assumption. In: 27 American Behavioral Scientist, S. 618-634.

BAZERMAN, Max und Roy J. LEWICKI (1985): Contemporary Research Directions in the Study of Negotiations in Organizations: A Selective Overview. In: Journal of Occupational Behaviour 6 (1), S. 1-17.

BAZERMAN, Max et al. (1987): Post-Settlement Settlements in Two-Party Negotiations: The Need for Renegotiation in Complex Environments. In: Negotiation Journal 3, S. 283-297.

BAZERMAN, Max und Margaret NEALE (1992): Negotiating Rationally. New York: Free Press.

BAZERMAN, Max und Margaret NEALE (1995): The Role of Fairness. Considerations and Relationships in a Judgmental Perspective of Negotiation. In: Arrow/Mnookin/Ross/Tversky/Wilson: Barriers to Conflict Resolution. New York/London: Norton & Company, S. 87-106.

BAZERMAN, Max und James J. GILLESPIE (1999): Betting on the future: The virtues of contingent contracts. In: Harvard Business Review 77(4), S. 155-160.

BAZERMAN, Max mit Jonathan BARON und Katherine SHONK (2001): You can´t Enlarge the Pie! Cambridge (MA): Basic Books.

BAZERMAN, Max und Katherine SHONK (2005): The Decision Perspective to Negotiation. In: Moffit/Bordone (Hg.): The Handbook of Dispute Resolution., S. 52-65.

BAZERMAN, Max (2006): Judgment in Managerial Decision Making. 6. Edition. Hoboken: John Wiley & Sons.

BECK, Reinhilde und Gotthard SCHWARZ (1995): Konfliktmanagement. Alling: Verlag Sandmann.

BECKER, Howard (1963): Outsiders. Studies in the Sociology of Deviance. New York: Free Press of Glencoe.

BENDA, Ernst (1979): Richter im Rechtsstaat. DRiZ 1979, S. 357-366.

BENDERSKY, Corinne (2005): Organizational Influences on Disputants. In: Moffitt/Bordone (Hg.) – The Handbook of Dispute Resolution. San Francisco: Jossey-Bass, S. 233-243.

BENDERSKY, Corinne und Kathleen L. McGINN (2010): Perspective – Open to Negotiation: Phenomenological Assumptions and Knowledge Dissermination within Organizational Studies. In: Organization Science (21) Mai/Juni 2010, 781-797.

BERGER, Klaus P. mit Madeleine BERNHARDT und Andreas BERNHARDT (2011): Umgang mit Emotionen in Verhandlungen – Teil 1. ZKM 2/2011, S. 40-44.

BERKEL, Karl (1999): Konflikttraining. Band 15 der „Arbeitshefte Führungspsychologie“. 6. Auflage. Heidelberg: Sauer-Verlag.

BERNING, Detlev (2003): Konflikte kosten Unternehmen Geld – aber wie viel? Sonderdruck von Spektrum der Mediation 26/2003, S. 1-8.

BESEMER, Christoph (1995): Mediation – Vermittlung in Konflikten. 3. Auflage. Heidelberg und Freiburg.

BESEMER, Christoph (2003): Mediation – Vermittlung in Konflikten. 10. überarb. Auflage. Königsfeld und Freiburg.

BIERBRAUER, Günter (1993): Zur Sozialpsychologie des Verhandelns – Strategien der Beeinflussung und psychologische Fallen. In: Gottwald/Haft – Verhandeln und Vergleichen als juristische Fertigkeiten. 2. Auflage. Tübingen: Attempto, S. 34-64.

BIERBRAUER, Günter (2009): § 18 – Interkulturelles Verhandeln. In: Haft/Schlieffen (Hg.): Handbuch Mediation. 2. Auflage. München: C.H. Beck. S. 433-453.

BINGHAM, Lisa B. (2003): Mediation at Work: Transforming Workplace Conflict at the United States Postal Service. Washington D.C.: IBM Center for the Business of Government.

BINGHAM, Lisa B. und Tina NABATCHI (2001): Transformative Mediation in the U.S. Postal Service REDRESS Program: Observations of ADR Specialists. Hofstra Law and Employment Law Journal 18(2), 399-427.

BIRKENBIHL, Vera F. (2005): Kommunikationstraining – Zwischenmenschliche Beziehungen erfolgreich gestalten. 26. Auflage. Heidelberg: mvg-Verlag.

BLAKE, Robert R. und Jane MOUTON (1964): The managerial grid. Houston: Gulf.

BLANK, Reiner und Richard BENTS (2006): Sich und andere verstehen – Eine dynamische Persönlichkeitstypologie, München: Claudius-Verlag.

BLANKENBURG, Erhard mit Siegfried SCHÖNHOLZ und Ralf ROGOWSKI (1979): Zur Soziologie des Arbeitsgerichtsverfahrens. Die Verrechtlichung von Arbeitskonflikten. Darmstadt: Luchterhand.

BOHART (1977): Role Playing and Interpersonal-Conflict Reduction. In: Journal of Counseling Psychology 24 (1), S. 15-24.

BOSZORMENYI-NAGI, Ivan und G. SPARK (1973): Unsichtbare Bindungen. Die Dynamik familiärer Bindungen, Stuttgart: Klett-Cotta Verlag.

BOTTOM, William P. (1998): Negotiator risk: Sources of uncertainty and the impact of reference points on negotiated Agreements. In: Organizational Behavior and Human Decision Processes 76 (2), S. 89-112.

BRAHMS, Steven J. und Alan D. Taylor (2000): The Win-Win Solution: Guaranteeing Fair Shares to Everybody. New York: W. W. Norton & Co.

BRANDENBURGER, Adam und Barry J. NALEBUFF (2008): Coopetition – kooperativ konkurrieren. 3. Auflage. Eschborn: Christian Rieck Verlag.

BREIDENBACH, Stephan (1995): Mediation – Struktur, Chancen und Risiken von Vermittlung im Konflikt. Köln.

BREIDENBACH, Stephan und Martin HENSSLER (Hg.) (1997): Mediation für Juristen. Köln: Otto Schmidt Verlag.

BRESLIN, William J. und Jeffrey Z. RUBIN (1991): Negotiation Theory and Practice. Cambridge: PON Books.

BRETT, Jeanne M. mit David L. SHAPIRO und Anne L. LYTLE (1998): Breaking the bonds of reciprocity in negotiations. In: Academy of Management Journal 41(4), S. 410-424.

BRETT, Jeanne M. (2007): Negotiating Globally. 2nd Edition. San Francisco: John Wiley.

BROCKNER, Joelle mit Phyllis A. SIEGEL, Christopher MARTIN, Thomas REED, Larry HEUER, Batia WIESENFELD, Steven GROVER und Svali BJORGVINSSON (1998): The moderating effect of self-esteem in reaction to voice: Converging evidence from five studies. In: Journal of Personality and Social Psychology 75, S. 394-487.

BROWN, Jennifer G. (2012): Empowering Students to Create and Claim Value through the Thomas-Kilman Conflict Mode Instrument. In: Negotiation Journal 28 (1), S. 79-91.

BRUNE, Walter mit Rolf JUNKER und Holger PUMP-UHLMANN (2006): Angriff auf die City. Düsseldorf: Droste.

BUBER, Martin (1994): Das dialogische Prinzip. Gerlingen: Lambert & Schneider.

BUDDE, Andrea: Mediation im Arbeits- und Sozialrecht. Teil 1. Skript der Fernuniversität Hagen 71075-8-01-S 1.

BUDDE, Andrea (1999): Modul 4: Herausforderungen für Mediatoren. Der Umgang mit Machtgefällen. Skript der Fernuniversität Hagen 71064-2-01-S 1.

BUDDE, Andrea (2003): Mediation und Arbeitsrecht – Rahmenbedingungen für die Implementierung von Mediation im Betrieb. Berlin: Leutner.

BÜHL, Walter L. (1969): Das Ende der zweiwertigen Soziologie. Zur logischen Struktur der soziologischen Wandlungstheorien. In: Soziale Welt, 20. Jg., H. 2, S. 163-180.

BÜHL, Walter L. (1970): Evolution und Revolution. Kritik der symmetrischen Soziologie. München: Goldmann Verlag.

BÜHL, Walter L. (Hg.) (1972): Konflikt und Konfliktstrategie: Soziologische Aufsätze. München: Nymphenburger Verlagshandlung.

BÜHL, Walter L. (1976): Theorien sozialer Konflikte. Darmstadt: Wissenschaftliche Buchgesellschaft.

BÜHL, Walter L. (1982): Struktur und Dynamik des menschlichen Sozialverhaltens. Tübingen: Mohr.

BÜHL, Walter L. (1984): Die Dynamik sozialer Konflikte in katastrophentheoretischer Darstellung. In: Kölner Zeitschrift für Soziologie und Sozialpsychologie. 36. Jg., S.641-666.

BÜHL, Walter L. (1986): Soziologie und Systemökologie. In: Soziale Welt, 37. Jg., H.4, S. 363-389.

BÜHL, Walter L. (1990): Sozialer Wandel im Ungleichgewicht: Zyklen, Fluktuationen, Katastrophen. Stuttgart: Enke Verlag.

BÜHRING-UHLE, Christian (1997): Das Harvard Negotiation Project. In: Gottwald et al. (Hg.): Handbuch Alternative Konfliktregelung. Lose Blatt Sammlung. Frankfurt am Main, Stand 1997.

BÜHRING-UHLE, Christian, Horst EIDENMÜLLER und Andreas NELLE (2009): Verhandlungsmanagement. Analyse – Werkzeuge – Strategien. München: Beck Verlag.

BUSH, Robert und Joseph P. FOLGER (2005): The Promise of Mediation. The Transformative Approach to Conflict. Rev. Edition. San Francisco: Jossey-Bass.

CAESAR, Gaius Julius (1971): Der Bürgerkrieg. Stuttgart: Reclam.

CALKINS, Richard M. (2007): The Use of Caucussing in Mediation. In: ZKM 6/2007, S. 176-179.

CALLIÉRES, Francois de (2000): On the Manner of Negotiating with Princes. (Original 1716). Boston/New York: Houghton Mifflin.

CAMP, Jim (2002): Start with No: The Negotiating Tools That the Pros Don't Want You to Know. New York: Crowne Business.

CAMP, Jim (2007): No: The Only Negotiating System You Need for Work and Home. New York: Crowne Business.

CARTER, Jimmy (1982): Keeping Faith: Memories of a President. New York: Bantam Books.

CHEN, Yaru mit Elisabeth A. MANNIX und Tetsushi OKUMURA (2003): The importance of who you meet: Effect of self-versus-other-concerns among negotiators in the United States, the People´s Republic of China and Japan. In: Journal of Experimental Social Psychology 39, S. 1-15.

CHRISTIE, Nils (1977): Conflicts as property, in: British Journal of Criminology, 17, S. 1-15.

CHUFRIN, Gennady I. und Harold H. SAUNDERS (1993): A Public Peace Process. 9 Negotiation Journal, S. 155-177.

CIALDINI, Robert (2010): Die Psychologie des Überzeugens. Ein Lehrbuch für alle, die ihren Mitmenschen und sich auf die Schliche kommen wollen. 6. Auflage. Bern: Verlag Hans Huber.

CLOSTERMANN, Guido mit Katja JOSEPHI, Andreas KLEINE-TEBBE, Antje NIEWISCH-LENNARTZ und Carolin VOGELEI (2003): Gerichtsnahe Mediation im öffentlichen Recht. Die Sozialgerichtsbarkeit, 50. Jg., Heft 5/2003, S. 266-272.

CLYMAN, Dana R. (1995): Measures of Joint Performance in Dyadic Mixed-Motive Negotiations. In: Organizational Behavior and Human Decision Processes 64 (1), S. 38-48.

COLE, Sarah Rudolph und Kristen M. BLANKLEY (2005): Arbitration. In: Moffitt/Bordone: The Handbook of Dispute Resolution. S. 318-335.

COLEMAN, Peter T. und Joanne LIM (2001): A Systematic Approach to Evaluating the Effects of Collaborative Negotiation Training on Individuals and Groups. In: 17 Negotiation Journal, S. 363-392.

COSTANTINO, Cathy A. und Christina Sickles MERCHANT (1996): Designing Conflict Management Systems: A Guide to Creating Productive and Healthy Organizations. San Francisco: Jossey-Bass.

CHARKOUDIAN, Lorig (2012): Just My Style: The Practical, Ethical, and Empirical Dangers of the Lack of Consensus about Definitions of Mediation Styles. In: Negotiation and Conflict Management Research 5 (4), S. 367-383.

CORMICK, Gerald W. (1980): The Theory and Practice of Environmental Mediation. In: The Environmental Professional 2/1980, S. 24-33.

COTE, David (2005): Wicked – The Grimmerie. New York: Hyperion.

COVEY, Stephen M. R. und Rebecca R. MERRILL (2011): Schnelligkeit durch Vertrauen – Die unterschätzte ökonomische Macht. 3. Auflage. Offenbach: GABAL.

CRAM, James A. und Richard K McWILLIAMS (2000): The Cost of Conflict in the Workplace. Veröffentlichung von Crambyriver Consulting. Online verfügbar unter http://www.crambyriver.com/coc.html (Abruf am 31.10.2012).

CROTT, Helmut mit Michael KUTSCHKER und Helmut LAMM (1977a): Verhandlungen I – Individuen und Gruppen als Konfliktparteien. Stuttgart: Kohlhammer.

CROTT, Helmut mit Michael KUTSCHKER und Helmut LAMM (1977b): Verhandlungen II – Organisationen und Nationen als Konfliktparteien. Stuttgart: Kohlhammer.

CSIKSZENTMIHALYI, Mihaly (2010): Flow – Das Geheimnis des Glücks. 15. Auflage. Stuttgart: Kett-Clotta.

DAEUBNER, Claudia und Daniela HENNRICH (2001): Weltweit verhandeln. Frankfurt a.M./Wien: Ueberreuter Wirtschaft.

DANA, Daniel (1999): Measuring the Financial Cost of Organizational Conflict. Boston: MIT-Press.

DANZIGER, Shai mit Jonathan LEVAV und Liora AVNAIM-PESSO (2011): Extraneous factors in judicial decisions. In: Proceedings of The National Academy of Sciences of the United States of America 108 (17), S. 6889-6892.

DAVIES, Albie M. (1991): An Interview with Mary Parker Follett. In: Breslin/Rubin (Hg): Negotiation Theory and Practice. Cambridge: PON Books.

DE DREU, Carsten K.W. mit Sander L. KOOLE und Wolfgang STEINEL (2000): Unfixing the fixed pie: A motivated information processing approach to integrative negotiation. In: Journal of Personality and Social Psychology 79, S. 975-987.

DE SHAZER, Steve (1989): Der Dreh. Überraschende Wendungen und Lösungen in der Kurzzeittherapie. Heidelberg: Carl Auer Verlag.

DE SHAZER, Steve (2009): Worte waren ursprünglich Zauber. Von der Problemsprache zur Lösungssprache. Heidelberg: Carl Auer Verlag.

DIETMYER, Brian J. und Rob KAPLAN (2004): Strategic Negotiation. Chicago: Dearborn Trade Publishing.

DIEZ, Hannelore (2005): Werkstattbuch Mediation. Köln: Centrale für Mediation.

DILTS, Robert mit Judith DeLOZIER und Deborah BACON DILTS (2010): NLP II The Next Generation – Enriching the Study of the Structure of Subjective Experience. Capitola: Meta Publications.

DILTS, Robert mit Stephen GILLIGAN (2011): The Art of Generative Coaching. Unveröffentlichtes Handout zum Coachingworkshop in Berlin 7.-9.1.2011.

DIXIT, Avinash K. und Barry J. NALEBUFF (1997): Spieltheorie für Einsteiger. Strategisches Know-how für Gewinner. Stuttgart: Schäffer-Poeschel.

DÖRRENBÄCHER, Peter (2009): § 15 – Erfolgreiche Kommunikation. In: Haft/Schlieffen: Handbuch Mediation. 2. Auflage. München: C.H. Beck., S. 363-380.

DONNENBERG, Otmar (Hg.) (1999): Action Learning – Ein Handbuch. Stuttgart: Klett-Cotta-Verlag.

DONOHUE, William A. (1981): Analyzing negotiation tactics: Development of a negotiation interact system. In: Human Communications Research 7 (3), S. 273-287.

DONOHUE, William A. mit Randall G. ROGAN und Sanda KAUFMAN (2011): Framing matters. Perspectives on Negotiation Research and Practice in Communication. New York: Peter Lang.

DOPPLER, Klaus, Hellmuth FUHRMANN, Birgitt LEBBE-WASCHKE und Bert VOIGT (1999): Unternehmenswandel gegen Widerstände – Change Management mit den Menschen. Frankfurt a.M./New York: Campus-Verlag.

DOPPLER, Klaus und Christoph Lauterburg (2008): Change Management – Den Unternehmenswandel gestalten. 12. aktualisierte und erweiterte Auflage. Frankfurt a.M./New York: Campus.

DUDEN online (2012): Begriffsbestimmung „Alternative", (abgerufen am 28.5.12), http://www.duden.de/zitieren/10018077/2.2

DUNNING, David mit Kerri JOHNSON, Joyce EHRLINGER und Justin KRUGER (2003): Why people fail to recognize their own incompetence. In: Current Directions in Psychological Science, 12 (3), S. 83-87.

DUSS-VON WERDT, Josef (2005): homo mediator – Geschichte und Menschenbild der Mediation. Stuttgart.

DUSS-VON WERDT (2008): Einführung in die Mediation. Heidelberg: Carl-Auer Verlag.

DUVE, Christian (1999): Gerichtsverbundene Streitbeilegung in den USA. In: Gottwald et al.: Außergerichtliche Streitbeilegung für Rechtsanwälte und Notare. Loseblattsammlung, unter 3.3.3.3.

DUVE, Christian und Reiner PONSCHAB (1999): Wann empfehlen sich Mediation, Schlichtung oder Schiedsverfahren. KON:SENS 5/1999, S. 263ff.

DUVE, Christian mit Horst EIDENMÜLLER und Andreas HACKE (2011): Mediation in der Wirtschaft. Wege zum professionellen Konfliktmanagement. 2. Auflage. Köln: Otto Schmidt.

DVNLP (2009): Denkweisen – Der offizielle NLP-Guide. 4. Auflage. Download unter http://www.dvnlp.de/fileadmin/dvnlp_dateien/dvnlp/DENKWEISEN_internet.pdf (abgerufen am 16.11.2012).

EADE, Deborah (1997): Capacity-Building: An Approach to People-Centered Development. Oxford: Oxfam Pub.

ECK, Claus D. (2005): Rollencoaching als Supervision – Arbeit an und mit Rollen in Organisationen. In: Gerhard Fazer (Hg.): Supervision und Beratung. 11. Auflage. Köln: Bergisch Gladbach: EHP, S. 209-247.

EIDENMÜLLER, Horst (1997): Ökonomische und spieltheoretische Grundlagen von Verhandlung/Mediation. In: Breidenbach/Henssler. Mediation für Juristen. Köln: Otto Schmidt. S. 31-55.

EIDENMÜLLER, Horst (2005): Effizienz als Rechtsprinzip: Möglichkeiten und Grenzen der ökonomischen Analyse des Rechts. 3. Auflage. Tübingen: Mohr Siebeck.

EISENFÜHR, Franz und Martin WEBER (2003): Rationales Entscheiden. 4. Auflage. Berlin u.a.: Springer.

ELLIOTT, Michael L. (1999): The Role of Facilitators, Mediators and other Consensus Building Practitioners. In: Susskind/McKearnan/Thomas-Larmer (Hg.): The Consensus Building Handbook. Thousand Oaks: Sage.

ENGLICH, Birte und Thomas MUSSWEILER (2001): Sentencing under Uncertainty: Anchoring Effects in the Courtroom. In: Journal of Applied Social Psychology 31, S. 1535-1551.

ENGLICH, Birte mit Thomas MUSSWEILER und Fritz STRACK (2006): Playing Dice With Criminal Sentences: The Influence of Irrelevant Anchors on Experts' Judicial Decision Making. In: Personality and Social Psychology Bulletin 32, S. 188-200.

ERICKSON, Milton H. und Ernest L. ROSSI (2007): Hypnotherapie: Aufbau - Beispiele – Forschungen. 9. Auflage. Stuttgart: Klett-Cotta.

ERTEL, Danny und Mark GORDON (2007): The Point of the Deal – How to negotiate when Yes is not enough. Boston MA: Harvard Business School Press.

FALKE, Josef und Volkmar GESSNER (1982): Konfliktnähe als Maßstab für gerichtliche und außergerichtliche Streitbehandlung. In: Blankenburg/Gottwald/Strempel (Hg.): Alternativen in der Ziviljustiz – Berichte, Analysen, Perspektiven. Köln: Bundesanzeiger. S. 289-315.

FEHR, Ernst und Klaus SCHMIDT (2001): Theories of Fairness and Reciprocity - Evidence and Economic Applications. Working Paper No. 75 des Institute for Empirical Research in Economics der Universität Zürich. Download unter www./iew.unizh.ch/wp/iewwp075.pdf (Abruf am 13.9.12).

FISHER, Roger (1971): Basic Negotiation Strategy – International Conflict for Beginners. London: Penguin Books.

FISHER, Roger (1972): Dear Israelis, Dear Arabs. New York: Harper & Row.

FISHER, Roger mit William URY (1978): International Mediation, a Working Guide: Ideas for the Practitioner.Cambridge: HNP.

FISHER, Roger (1985): Beyond YES. In: 1 Negotiation Journal, S. 65-70.

FISHER, Roger und Scott BROWN (1992): Gute Beziehungen – Die Kunst der Konfliktvermeidung, Konfliktlösung und Kooperation. 2. Auflage. Frankfurt a.M./New York: Campus Verlag.

FISHER, Roger, William URY und Bruce PATTON (2009): Das Harvard-Konzept. Der Klassiker der Verhandlungstechnik. 23. Auflage. Frankfurt a.M./New York: Campus Verlag.

FISHER, Roger und Daniel SHAPIRO (2007): Erfolgreicher Verhandeln mit Gefühl und Verstand. Frankfurt a.M./New York: Campus Verlag.

FISS, Owen M. (1984): Against Settlement. 93 Yale Law Journal, S. 1073-1090.

FLECHSIG, Andrea mit Reiner PONSCHAB und Adrian SCHWEIZER: Grundlagen der Mediation: Teil 2. Skript der Fernuniversität Hagen 71001-8-02-S 1.

FRANCIS, Dave und Don YOUNG (1996): Mehr Erfolg im Team. 5. Auflage. Hamburg: Windmühle Verlag.

FREY, Dieter und Verena GRAUPMANN (2012): Konfliktmediation – Erfolgsfaktoren aus der Sicht der Sozialpsychologie und der Psychologie des Überzeugens. In: ZKM 4/2012, S. 127-131.

FRIEDMAN, Gary (1993): A guide to divorce mediation. New York: Workman.

FROMAN, Lewis A. Jr. und Michael D. COHEN (1970): Compromise and logroll: Comparing the efficiency of two bargaining processes. In: Behavioral Science 30, S. 180-183.

FRY, W.R. mit I.J. FIRESTONE und D.L. WILLIAMS (1983): Negotiation process and outcome of stranger dyads and dating couples: Do lovers lose? In: Basic and Applied Social Psychology 4, S. 1-16.

FUNKEN, Katja: The Pros and Cons of Getting to Yes. Masterthese (LL.M. Dispute Management Law) für die University of Queensland, Brisbane (Australien). Download unter http://papers.ssrn.com/sol3/papers.cfm?abstract_id=293381 (Abruf am 27.9.12).

GAILLOT, Matthew T. und Roy F. BAUMEISTER (2007): The physiology of willpower: Linking blood glucose to self-control. In: Personality and Social Psychology Review 11, S. 303-327.

GALINSKI, Adam D. und Thomas MUSSWEILER (2001): First offers as anchors - The role of perspective-taking and negotiator focus. In: Journal of Personality and Social Psychology 81, S. 657-669.

GALINSKI, Adam D. (2005): Teaching Multiple Equivalent Simulataneous Offers. Presentation at the Havard PON – ESSEC IRENE Conference November 14-15, 2005, Cergy Pontoise, Frankreich.

GALINSKI, Adam D. mit Gillian KU und Cynthia S. WANG (2005): Perspective-taking: Fostering social bonds and facilitating coordination. In: Group Processes and Intergroup Relations 8, S. 109-125.

GALINSKI, Adam D. mit William W. MADDUX, Debra GILIN und Judith B. WHITE (2008): Why it pays to get inside the head of your opponent: The differential effects of perspective-taking and empathy in strategic interactions. In: Psychological Science 19 (4), S. 378-384.

GALLWEY, W. Timothey (2008): The inner Game of tennis – Die Kunst der entspannten Konzentration. 2. Auflage. Bonn: New School.

GASSNER, Hartmut, Bernd HOLZNAGER und Uwe LAHL (1992): Mediation - Verhandlungen als Mittel der Konsensfindung bei Umweltstreitigkeiten. Bonn: Economica.

GEIGER, Ingmar (2007): Industrielle Verhandlungen – Empirische Untersuchung von Verhandlungsmacht und –interaktion in Einzeltransaktion und Geschäftsbeziehung. Wiesbaden: Gabler.

GELFAND, Michele J. und Sophia CHRISTAKOPOULOU (1999): Culture and Negotiator Cognition: Judgment Accuracy and Negotiation Processes in Individualistic and Collectivistic Cultures. In: Organizational Behavior and Human Decision Processes 79, S. 248-269.

GILLESPIE, James J. und Max H. BAZERMAN (1998): Pre-settlement settlement (PreSS): A simple technique for initiating complex negotiations. Negotiation Journal 14 (2), S. 149-159.

GILLIGAN, Stephen und Dvorah SIMON (2004): Walking in two Worlds – The relational Self in Theory, Practice, and Community. Phoenix, AZ: Zeig, Tucker & Theisen Inc.

GILLIGAN, Stephen (2008): Therapeutische Trance. 5. Auflage. Heidelberg: Carl-Auer-Verlag.

GILLIGAN, Stephen (2012): Generative Trance – The Experience of Creative Flow. Camarthen/Bethel: Crowne House Publishing.

GILOVICH, Thomas mit Kenneth SAVITSKY und Victoria H. MEDVEC (1998): The illusion of transparency: Biased assessments of others´ ability to read one´s emotional states. In: Journal of Personality and Social Psychology 75 (2), S. 332-346.

GLASL, Friedrich (1999): Konfliktmanagement. 6.Auflage. Bern und Stuttgart: Haupt Verlag.

GLASL, Friedrich und Bernard LIEVEGOED (2004): Dynamische Unternehmensentwicklung. Grundlagen für nachhaltiges Change Management. 3. Aufl. Bern: Haupt Verlag.

GLASL, Friedrich (2011): Selbsthilfe in Konflikten. Konzepte – Übungen – Praktische Methoden. 6. überarbeitete und erweiterte Auflage. Stuttgart und Bern: Verlag Freies Geistesleben und Haupt Verlag.

GLICK, Steven und Rachel CROSON (2001): Reputations in negotiations. In: Hoch/Kunreuther (Hg.) – Wharton on making decisions. New York: Wiley, S. 177-186.

GOFFMAN, Erving (1974): Frame Analysis. New York: Harper.

GOFFMAN, Erving (1986): Interaktionsrituale. Über Verhalten in direkter Kommunikation. Frankfurt am Main (orig. 1967).

GOFFMAN, Erving (1988): Wir alle spielen Theater. Die Selbstdarstellung im Alltag. 6. Auflage. München (orig. 1959).

GOLDBERG, Stephen B. mit Frank E.A. SANDER, Nancy H. ROGERS und Sarah Rudolph COLE (2003): Dispute Resolution – Negotiation, Mediation, and Other Processes. 4. Auflage. New York: Aspen.

GOLDING, Martin P. (1975): Philosophy of Law. Englewood Cliffs: Prentice Hall.

GORDON, Thomas (1989): Familienkonferenz. München: Heyne Verlag.

GORDON, Thomas (1992): Managerkonferenz. 8.Auflage. München: Heyne Verlag.

GORDON, Jeffrey N. (2002): Das neue deutsche „Anti"-Übernahmegesetz aus amerikanischer Perspektive. Arbeitspapier Nr. 98 des Institut für Bankrecht der Johann-Wolfgang-Goethe Universität Frankfurt a.M.

GOTTWALD, Walther mit Fritjoft HAFT (1993): Verhandeln und Vergleichen als juristische Fertigkeiten. 2. Auflage. Tübingen: Attempto-Verlag.

GOTTWALD, Walther (2002): § 17 – Gerichtsnahe Mediation. In: Haft/Schlieffen: Handbuch Mediation. 2. Auflage. München: C.H. Beck. S. 421-443.

GOULDNER, Alvin W. (1960): The Norm of Reciprocity: A Preleminary Statement. In: American Sociological Review 25, S. 161-178.

GRAHAM, Richard (2011): Developing effective negotiation skills. Huthwaite White Paper.

GREENBERG, Jerald und Robert G. FOLGER (1983): Procedural justice, participation, and the fair process effect in groups and organizations. In: P. Paulus (Hg.): Basic group process. New York: Springer. S. 235-256.

GREENHALGH, Leonard und Deborah I. Chapman (1993): The influence of negotiators´ relationships on the process and outcomes of business transactions. Working Paper. Dartmouth University.

GREGER, Reinhard und Christine MÜNCHHAUSEN (2010): Verhandlungs- und Konfliktmanagement für Anwälte. München: C.H.Beck.

GREITER, Ivo (2009): § 16 – Die Suche nach kreativen Lösungen. In: Haft/Schlieffen. Handbuch Mediation. 2. Auflage. München: C.H. Beck. S. 381-406.

GRIGSBY, David W. und William J. BIGONESS (1982): Effects of mediation and alternative forms of arbitration on bargaining behavior: A laboratory study. In: Journal of Applied Psychology 67(5), S. 549-554.

GRIMM, Jacob und Wilhelm GRIMM (1899): Deutsches Wörterbuch, Band 9 (Schiefeln-Seele), Leipzig: S. Hirzel.

GRINDER, John und Richard BANDLER (2004): Therapie in Trance. 11. Auflage. Stuttgart: Klett-Cotta.

GROTH, Torsten und Gerhard STEY (Hg.) (2007): Potenziale der Organisationsaufstellung. Innovative Ideen und Anwendungsbereiche. Heidelberg: Carl-Auer-Systeme Verlag.

GULLIVER, P.H. (1979): Disputes and Negotiations – A cross-cultural Perspective. San Diego: Academic Press.

HABERMAS, Jürgen (1983): Moralbewußtsein und kommunikatives Handeln. Frankfurt a.M.: Suhrkamp.

HAFT, Fritjof (1993): Strukturdenken. Berlin: Ullstein.

HAFT, Fritjof (2000): Verhandlung und Mediation. 2. Auflage. München.

HAFT, Fritjof (2009a): § 2 – Verhandlung und Mediation. In: Haft/Schlieffen: Handbuch Mediation. 2. Auflage. München: C.H. Beck. S. 69-79.

HAFT, Fritjof (2009b): Der Verhandlungsmanager. Anleitung zum strukturierten Verhandeln. München: edition Normfall

HAFT, Fritjof und Katharina Gräfin SCHLIEFFEN (Hg.) (2009): Handbuch Mediation. Verhandlungstechnik, Strategien, Einsatzgebiete. 2. erweiterte Auflage. München: Beck Verlag.

HALL, Douglas T. mit Donald D. BOWEN, Roy J. LEWICKI und Francine S. HALL (2000): Experiences in Management and Organizational Behavior. 2nd Edition. New York/Chichester/Brisbane/Toronto/Singapore: John Wiley & Sons.

HALLER, Volkmar mit Stefan MACHURA und Hans Werner BIERHOFF (1995): Urteil und Verfahrensgerechtigkeit aus der Perspektive jugendlicher Strafgefangener. In: Bierbrauer/Gottwald/Birnbreier-Stahlberger (Hg.) – Verfahrensgerechtigkeit. Köln: Dr. Otto Schmidt. S. 111-138.

HALPERN, Jennifer J. (1994): The Effect of Friendship on Decisions: Field Studies of Real Estate Transactions. CAHRS Working Paper 5-1-1994 der Cornell University ILR School.

HAMMOND, John mit Ralph KEENEY und Howard RAIFFA (2001): Smart Choices – Die aktive Methode für bessere Entscheidungen. Düsseldorf/Regensburg: Metropolitan Verlag.

HARRIS, Richard J. und Mark A. JOYCE (1980): What´s fair? It depends on how you ask the question. In: Journal of Personality and Social Psychology 38 (1), S. 165-179.

HARRISON, Roger (1972): Role negotiation: A tough-minded approach to team development. In: Burke/Horstein (Hg.): The social technology of organization development. San Diego: University Associates, S. 84-96.

HARTMANN, Christoph (2009): § 44 – Sicherung der Vertraulichkeit. In: Haft/Schlieffen: Handbuch Mediation. 2. Auflage. München: C.H. Beck. S. 1087-1117.

HAUSER, Christoph (2002): Eine ökonomische Theorie der Mediation. Chur/Zürich: Verlag Rüegger.

HAYNES, John M. (1988): Power Balancing. In: Folberg/Milne (Hg.): Divorce Mediation: Theory and Practice. New York: Guilford Press. S. 277-297.

HAYNES, John M. mit Reiner BASTINE, Gabriele LINK und Axel MECKE (2002): Scheidung ohne Verlierer – Familienmediation in der Praxis. München: Kösel.

HEGENBARTH, Rainer (1980): Sichtbegrenzungen, Forschungsdefizite und Zielkonflikte in der Diskussion über Alternativen zur Justiz. In: Blankenburg/Klausa/Rottleuthner (Hg.): Alternative Rechtsformen und Alternativen zum Recht (Jahrbuch für Rechtssoziologie, Band 6). Opladen: Westdeutscher Verlag. S. 48-82.

HEHN, Marcus (2009): § 8 – Entwicklung und Stand der Mediation – ein historischer Überblick. In: Haft/Schlieffen (Hg.): Handbuch Mediation. 2. Auflage. München: C.H. Beck. S. 175-195.

HELLINGER Bert (1994): Ordnungen der Liebe. Ein Kursbuch. Heidelberg: Carl-Auer Verlag (8. Auflage: 2007).

HELWIG, Paul (1967): Charakterologie. Freiburg i. Br.: Herder.

HERBST, Uta (2007): Präferenzmessung in industriellen Verhandlungen. Wiesbaden: DUV Gabler Edition Wissenschaft.

HERBST, Uta und Sabine SCHWARZ (2011): How valid is negotiation research based on student sample groups. In: 27 Negotiation Journal, S. 147-170.

HEUER, Luke S. mit Edward M. BLUMENTHAL, Alexander S. DOUGLAS und T. WEINBLATT (1999): A deservingness approach to respect as a relationally based fairness judgement. In: Personality and Social Psychology Bulletin 25, S. 1279-1292.

HOBBES, Thomas (1958): Leviathan. Indianapolis: Bobbs Merrill (Original: 1651).

HÖHER, Peter und Friederike HÖHER (2002): Konfliktmanagement – Konflikte kompetent erkennen und lösen. 2. Auflage. Freiburg/Berlin/München: Haufe.

HÖLZER, Camilla (2012): Mediation im Steuerverfahren. In: ZKM 4/2012, S. 119-122.

HOFSTEDE, Gerd (1991): Cultures and organizations. London: McGraw-Hill.

HOLLER, Ingrid (2010): Trainingsbuch Gewaltfreie Kommunikation. 5. Auflage. Paderborn: Junfermann.

HOMANS, George Caspar (1967): Soziales Verhalten als Austausch (amerik. Original von 1958). In: Heinz Hartmann (Hg.): Moderne amerikanische Soziologie. Stuttgart 1967, S.173-185.

HOMANS, George Caspar (1968): Elementarformen sozialen Verhaltens (amerik. Original von 1961). Opladen: Westdeutscher Verlag.

HONEYMAN, Christopher mit Andrea KUPFER SCHNEIDER (2006): The Negotiator's Fieldbook. Washington D.C.: American Bar Association.

HUBER, Vandra L. und Margaret A. NEALE (1986): Effects of cognitive heuristics and goals on negotiator performance and subsequent goal setting. In: Organizational Behavior and Human Decision Processes 40, S. 342-365.

INTRATER, Karen A. und Tracy G. GANN (2001): The Lawyers Role in Institutionalizing ADR. Hofstra Labor and Employment Law Journal 18 (2), S. 469-477.

JACOBSON, Edmund (2011): Entspannung als Therapie: Progressive Relaxation in Theorie und Praxis. 7. Auflage. Stuttgart: Klett-Cotta.

JAKOBS, Günther (1993): Strafrecht Allgemeiner Teil. 2. Auflage. Berlin: De Gruyter.

JUNG, C.G. (2003): Typologie, 7. Auflage. Stuttgart: dtv-Verlag.

JUSTICE, Tom und David W. JAMIESON (2006): The Facilitator´s Fieldbook. 2nd Edition. New York: HRD Press.

KAHN, Peter H. (1994): Resolving environmental disputes: Litigation, mediation, and the courting of ethical community. In: Environmental Values 3, S. 211-228.

KAHNEMAN, Daniel und Amos TVERSKY (1979): Prospect Theory: An Analysis of Decision Under Risk. In: Econometrica 24, S.263-291.

KAHNEMAN, Daniel mit Jack L. KNETSCH und Richard H. THALER (1990): Experimental Tests of the Endowment Effect and the Coase Theorem. In: The Journal of Political Economy 98 (6), S. 1325-1348.

KAHNEMAN, Daniel (2011): Thinking, fast and slow. New York: Farrar, Straus & Giroux.

KATZ, Harry und Thomas A. KOCHAN (2004): Collective Bargaining & Industrial Relations. 3. Auflage. New York: Irwin.

KELLEY, Harold H. (1966): A classroom study of dilemmas in interpersonal negotiations. In: K. Archibald (Hg.) – Strategic intervention and Conflict. Berkeley (CA): Institute of International Studies, S. 49-73.

KELLNER, Hedwig (2000): Rhetorik: hart verhandeln – erfolgreich argumentieren. München/Wien: Carl Hanser Verlag.

KELLY, John und Günter F. MÜLLER (1997): Verhandlung. In: Greif/Holling/Nicholson: Arbeits- und Organisationspsychologie, 3. Auflage, München: Psychologie Verlags-Union. S. 459-463.

KERNER, Hans-Jürgen (2009): § 33 – Mediation beim Täter-Opfer-Ausgleich. In: Haft/Schlieffen (Hg.): Handbuch Mediation. 2. Auflage. München: C.H. Beck. S. 815-834.

KERNTKE, Wilfried (2004): Mediation als Organisationsentwicklung. Mit Konflikten arbeiten – Ein Leitfaden für Führungskräfte. Bern: Haupt Verlag.

KESSEN, Stefan und Markus TROJA (2009): § 13 – Die Phasen und Schritte der Mediation als Kommunikationsprozess. In: Haft/Schlieffen (Hg.): Handbuch Mediation. 2. Auflage. München: C.H. Beck, S. 293-319.

KINDL-BEIFUß, Carmen (2009): Fragen können wie Küsse schmecken. Heidelberg: Carl Auer Verlag.

KINNAIRD, Tom und Hal MOVIUS (2008): Avoiding the three deadly sins. In: CPO Agenda Autumn 2008, S. 49-55.

KIRCHHOFF, Lars (2007): Wirtschaftsmediation in Deutschland: Momentaufnahme und Perspektive. In: ZKM 2007, S. 108-111.

KIRSCH, Werner und Michael KUTSCHKER (1972): Die Handhabung komplexer Verhandlungsprobleme beim Investitionsgütermarketing. Mannheim: Universität Mannheim.

KLIMMER, Matthias und Martina NEEF (2004): Einsatz von Persönlichkeitstypologien in der deutschen Wirtschaft – Ergebnisse einer empirischen Studie. Mannheim: FH Mannheim.

KLINGER, Edgar W. und Günter BIERBRAUER (2009): § 5 – Sozialpsychologie des Verhandelns. In: Haft/Schlieffen (Hg.): Handbuch Mediation. 2. Auflage. München: C.H. Beck. S. 109-135.

KLEBERT, Karin, Einhard SCHRADER und Walter STRAUB (2006): Moderations-Methode – Das Standardwerk. 3. Auflage. Hamburg: Windmühle.

KNAPP, Peter und Andreas NOVAK (2010): Effizientes Verhandeln – Konstruktive Verhandlungstechniken in der täglichen Praxis. 3. Auflage. Hamburg: Windmühle.

KNETSCH, Jack L. (1989): The Endowment Effect and Evidence of Nonreversible Indifference Curves. In: The American Economic Review 79 (5), S. 1277–1284.

KOLODEJ, Christa und Petra SMUTNY (2010): Die Mediationsaufstellung – eine nachhaltige Methode der Ergebnissicherung. In: Zeitschrift für Konflikt-Management 13 (3), S.68-71.

KOLB, Deborah (1983): The Mediators. Cambridge: MIT-Press.

KOLB, Deborah (2000): The Love for Three Oranges - Or: What did we miss about Ms. Follett in the Library. In: M. Wheeler (Hg.) – Teaching Negotiation: Ideas and Innovations. Cambridge, MA: PON Books.

KOVACH, Kimberley K. (2005): Mediation. In: Moffitt/Bordone (Hg.): The Handbook of Dispute Resolution. San Francisco: Jossey-Bass. S. 304-317.

KRACHT, Stefan (2009): § 12 – Rolle und Aufgaben des Mediators – Prinzipien der Mediation. In: Haft/Schlieffen (Hg.): Handbuch Mediation. 2. Auflage. München: C.H. Beck. S. 267-292.

KRACHT, Stefan (2004): Das Ethos des Mediators. Skript der Fernuniversität Hagen 71004-8-01-S 1.

KRAUTER, Armin, Dieter W. LÜER und Lis RIPKE (2002): § 19 – Vermarktung der Mediation. In: Haft/Schlieffen (Hg.): Handbuch Mediation. 2. Auflage. München: C.H. Beck. S. 477-509.

KRAY, Laura mit Adam GALINSKI und Leigh L. THOMPSON (2002): Reversing the gender gap in negotiations: An exploration of stereotype regeneration, in: Organization Behaviour and Human Decision Processes 87, S. 386-410.

KREGGENFELD, Udo (2010): Verhandeln² – Systemische Verhandlungskompetenz für eine komplexe Welt. Berlin: Cornelsen.

KREYER, Simone (2011): Multikulturelle Teams in interkulturellen B2B-Verhandlungen. Eine empirische Untersuchung am Beispiel der deutschen und französischen Kultur. Lohmar/Koln: EUL-Verlag.

KURTZBERG, Terri und Victoria H. MEDVEC (1999): Can we negotiate and still be friends? In: Negotiation Journal 15 (4), S. 355-362.

LANDRY, Elaine M. mit Deborah M. KOLB und Jeffrey Z. RUBIN (1991): Curriculum for Negotiation and Conflict Management – Instructor´s Manual. Cambridge: PON Books.

LAX, David A. und James K. SEBENIUS (1986): The Manager as Negotiator – Bargaining for Cooperation and Competitive Gain. New York: The Free Press.

LAY, Rupert (2003): Dialektik für Manager. 20. Auflage. Wien: Signum.

LEMPEREUR, Alain und Aurélien COLSON (2010): The first move – A Negotiator's Companion. Chichester: Wiley.

LEPPER, Mark R. mit Lee ROSS, J. TSAI und Andrew WARD (1994): Preference reversal in the reactive devaluation of concessions. Unveröffentlichtes Manuskript. Stanford: Stanford Universität (zitiert nach ROSS 1995).

LEVENTHAL, Gerald S. (1980): What should be done with equity theory? New approaches to the study of fairness in social relationships. In: Gergen/Greenberg/ Willis (Hg.): Social Exchange: Advances in theory and research. New York: Plenum Press. S. 27-55.

LEWICKI, Roy J. mit Alexander HIAM und Karen Wise OLANDER (1998): Verhandeln mit Strategie. Das große Handbuch der Verhandlungstechniken. St. Gallen/ Zürich: Midas Management Verlag.

LEWICKI, Roy J. mit David M. SAUNDERS und Bruce BARRY (2006): Negotiation. 6. Auflage. New York: McGraw-Hill.

LIEBERT, Robert M. mit William P. SMITH, J.H. HILL und Miriam KEIFFER (1968): The effects of information and magnitude of initial offer on interpersonal negotiation. In: Journal of Experimental Social Psychology 4, S. 431-441.

LIND, E. Allan und Tom R. TYLER (1988): The social psychology of procedural justice. New York: Plenum Press.

LINDEMANN, Roswitha (2003): Verhandeln als Schlüsselqualifikation – erste Erfahrungen mit neuen Unterrichtsmethoden. In: JuS 2003, S. 724-725.

LIPPIT, Gordon und Ronald LIPPIT (1978/1995): Beratung als Prozess. Was Berater und ihre Kunden wissen sollten. 2. überarb. Auflage der deutschen Ausgabe 1984. Leonberg: Rosenberger Verlag.

LIPSKY, David B. und Ronald L. SEEBER (1998): The appropriate resolution of corporate disputes: A report on the growing use of ADR by U.S. corporations. Ithaca, NY: Institute on Conflict Resolution.

LOEWENSTEIN, George F. mit Leigh L. THOMPSON und Max H. BAZERMAN (1989): Social utility and decision making in interpersonal contexts. Journal of Personality and Social Psychology, 57 (3), S. 426-441.

LOEWENSTEIN, Jeffrey und Leigh L. THOMPSON (2006): Learning to negotiate: Novice and experienced Negotiators. In: Thompson – Negotiation Theory and Research. New York: Hove Psychology Press.

LOOSS, Wolfgang (1997): Unter vier Augen. Coaching für Manager. 4. Auflage. Landsberg: Verlag Moderne Industrie.

LOTZ, Sebastian mit Anna BAUMERT, Thomas SCHLÖSSER, Franz GRESSER und Detlef FECHTENHAUER (2011): Individual Differences in Third-Party Interventions: How Justice Sensitivity Shapes Altruistic Punishment. In: 4 Negotiation and Conflict Management Research Nr. 4, S. 297-313.

LUHMANN, Niklas (1983): Legitimation durch Verfahren. Frankfurt a.M.: Suhrkamp.

LUM, Grande mit Irma TYLER-WOOD und Anthony WANIS-St. JOHN (2003): Expand the pie. How to create more value in any negotiation. Seattle/Washington D.C.: Castle Pacific Publishing.

LUM, Grande (2005): The Negotiation Fieldbook. New York: McGraw-Hill.

LYTLE, Anne L. mit Jeanne M. BRETT und Debra L. SHAPIRO (1999): The strategic use of interests, rights and power to resolve disputes. In: Negotiation Journal 15 (1), S. 31-49.

MacLEAN, Paul D. (1955): The Limbic System (Visceral Brain) in Relation to Central Gray and the Reticuluan of the Brain Stene. In: Psychosomatic Medicine 17, S. 355-366.

MÄHLER, Gisela und Hans-Georg MÄHLER (1995): Zur Geburt einer neuen Streitkultur bei Trennung und Scheidung & Mediation in der Praxis. In: Duss-von-Werdt/Mähler/Mähler (Hg.): Die andere Scheidung. Stuttgart: Klett-Cotta. S. 13-23 u. S. 129-143.

MÄHLER, Gisela und Hans-Georg MÄHLER (1997): Mediation – eine interessengerechte Konfliktregelung. In: Breidenbach/Henssler (Hg.). Mediation für Juristen Köln: Dr. Otto Schmidt, S. 13-29.

MÄHLER, Gisela und Hans-Georg MÄHLER (1999): Mediation als Konsensverfahren. In: KON:SENS, S. 200-204.

MALHOTRA, Depak (2007): The Perils of Negotiating to Win. In: PON-Negotiation-Newsletter, April 2007. S. 1-3.

MALHOTRA, Depak und Max BAZERMAN (2007): Negotiation Genius. How to Overcome Obstacles and Achieve Brilliant Results at the Bargaining Table and Bexond. New York: Bantam Book.

MAOZ, Ifat mit Andrew WARD, Michael KATZ und Lee ROSS (2002): Reactive Devaluation of an „Israeli" vs. „Palestinian" Peace Proposal. In: Journal of Conflict Resolution 46 (4), S. 515-546.

MASTENBROEK, Willem (1992): Verhandeln – Strategie, Taktik, Technik..Wiesbaden: FAZ/Gabler.

McCARTHY, William (1985): The Role of Power and Principle in Getting to YES. 1 Negotiation Journal, Januar 1985, S. 59-66.

McCORMACK, Mark (1988): Die Wahrheit über Anwälte: Tips und Tricks für den Umgang mit einem streitbaren Stand. München: Heyne.

McEWEN, Craig A. (1998): Managing Corporate Disputing: Overcoming Barriers to the Effective Use of Mediation for Reducing the Cost and Time of Litigation. In: 14 Ohio State Journal on Dispute Resolution 1, S. 1-28.

MEDVEC, Victoria Husted und Adam D. GALINSKY (2005): Putting More on the Table: How Making Multiple Offers Can Increase the Final Value of the Deal. In: PON Negotiation Newsletter 4/2005, S. 4-6.

MEDVEC, Victoria Husted mit Geoffrey L. LEONARDELLI, Adam D. GALINSKY und Aletha CLAUSSEN-SCHULZ (2005): Choice and Achievement at the Bargaining Table: The Distributive, Integrative and Interpersonal Advantages of Making Multiple Equivalent Simultaneous Offers. Empirical Paper für die 18th Annual Conference der International Association for Conflict Management.

MEIER, Bernd-Dieter (2003): Kriminologie. München: C.H.Beck.

MENKEL-MEADOW, Carrie (2001): Negotiating with lawyers, men and things: The contextual approach still matters. 17 Negotiation Journal, S. 257-293.

MENKEL-MEADOW, Carrie und Michael WHEELER (2004): What´s fair – Ethics for Negotiators. San Francisco: Jossey Bass.

MENKEL-MEADOW, Carrie (2005): Roots and Inspirations – A Brief History of the Foundations of Dispute Resolution. In: Moffitt/Bordone (Hg.): The Handbook of Dispute Resolution. San Francisco: Jossey Bass.

MENKEL-MEADOW, Carrie (2006): Why hasn´t the world gotten to yes? An Appreciation and some reflections. 22 Negotiation Journal, S. 485-503.

MERTON, Robert K. (1948): The self-fulfilling prophecy. In: Antioch Review Band 8, S. 193-210.

MESSICK, David M. und Keith P. SENTIS (1979): Fairness and preference. In: Journal of Experimental Social Psychology 15 (4), S. 418-434.

MIEBACH, Bernhard (2006): Organisationstheorie: Problemstellung – Modelle – Entwicklung. München: VS Verlag,

MILLER, Max (1994): Ellenbogenmentalität und ihre theoretische Apotheose: Einige kritische Anmerkungen zur Rational Choice Theory. In: Soziale Welt 45 (1), S. 3-15.

MNOOKIN, Robert (2011): Verhandeln mit dem Teufel. Frankfurt/New York: Campus-Verlag.

MNOOKIN, Robert und Lawrence SUSSKIND (1999): Negotiating on Behalf of Others. Boston: McGraw-Hill.

MNOOKIN, Robert mit Scott PEPPET und Andrew TULUMELLO (2000): Beyond Winning – Negotiating to create value in deals and disputes. Cambridge/London: Belknap Press.

MOFFIT, Michael L. und Robert BORDONE (Hg.) (2005): The Handbook of Dispute Resolution. San Francisco: Jossey-Bass.

MOFFIT, Michael L. (2006): Before the Big Bang: The Making of an ADR Pioneer. 22 Negotiation Journal, S.437-443.

MONTADA, Leo und Elisabeth KALS (2007): Mediation – Ein Lehrbuch auf psychologischer Grundlage. 2. Auflage. Weinheim und Basel: BeltzPVU.

MOORE, Christopher W. (2003): The Mediation Process: Practical Strategies for resolving conflict. 3. Auflage. San Francisco: Jossey-Bass.

MOVIUS, Hal mit Masa MATSUURA, Jin YAN und Dong-Young KIM (2006): Tailoring the Mutual Gains Approach for Negotiations with Partners in Japan, China, and Korea. 22 Negotiation Journal, S. 389-435.

MÜHLEN, Alexander (2005): Internationales Verhandeln – Konfrontation, Wettbewerb, Zusammenarbeit. 3. Auflage. Münster: LIT-Verlag.

MÜLLER, Gabriele (2003): Systemisches Coaching im Management. Weinheim und Basel: Beltz Verlag.

MURNIGHAN, J. Keith (1991): The Dynamics of Bargaining Games. Upper Saddle River: Prentice Hall.

MURNIGHAN, J. Keith (2012): Do nothing! – How to Stop Overmanaging and Become a Great Leader. New York: Portfolio/Penguin.

NADLER, Janice mit Leigh L. THOMPSON und Leaf VAN BOVEN (2003): Learning negotiation skills: Four models of knowledge creation and transfer. In: Management Science 49 (4), S. 529-540.

NEALE, Margaret A. und Max BAZERMAN (1985): The effects of Framing and Negotiator Overconfidence on Bargaining Behaviours and Outcomes. In: Academy of Management Journal 28 (1), S. 34-49.

NEALE, Margaret A. und Max BAZERMAN (1992): Negotiator Cognition and Rationality: A Behavioral Decision Theory Perspective, in: Organizational Behaviour and Human Decision Processes 51(2), S. 157-175.

NEELEY, Andy mit Mike GREGORY und Ken PLATTS (1995): Performance Measurement System Design. In: International Journal of Operation and Production Management 15, S. 80-116.

NEULAND, Michéle (1995): Neuland-Moderation. Eichenzell: Neuland – Verlag für lebendiges Lernen.

NORTHCRAFT, Gregory B. und Margaret A. NEALE (1987): Experts, Amateurs, and Real Estate: An Anchoring-and-Adjustment Perspective on Property Pricing Decisions. In: Organizational Behavior and Human Decision Processes 39, S. 84-97.

OBOTH, Monika und Gabriela SEILS (2006): Mediation in Gruppen und Teams. Konfliktklärung in Gruppen, inspiriert durch die Gewaltfreie Kommunikation. 2. Auflage. Paderborn: Junfermann Verlag.

O´CONNOR, Joseph und John SEYMOUR (2004): Neurolinguistisches Programmieren: Gelungene Kommunikation und persönliche Entfaltung. 14. Auflage. Kirchzarten bei Freiburg: VAK.

OEHMING, Manfred (2003): Auge um Auge, Zahn um Zahn. In: Ruperto Carola 3/2003, Forschungsmagazin der Universität Heidelberg.

OERTER, Rolf und Leo MONTADA (2002): Entwicklungspsychologie – Ein Lehrbuch. 5. Auflage. Weinheim: Beltz.

OLEKALNS, Mara und Philip L. SMITH (1999): Social value orientations and strategic choices in competitive negotiations. In: Personality and Social Psychology Bulletin 25 (6), S. 657-668.

OLSON, Mancur (1968): Die Logik des kollektiven Handelns. Kollektivgüter und die Theorie der Gruppe. Tübingen: Mohr (Siebeck) (Original von 1965).

ORBELL, John M. mit Alphons VAN DE KRAGT und Robyn M. DAWES (1988): Explaining discussion-induced cooperation. In: Journal of Personality and Social Psychology 54 (5), S. 811-819.

OSKAMP, Stuart (1965): Attitudes toward U.S. and Russian actions: A double standard. In: Psychological Reports 16, S. 43-46.

OSTROM, Elinor, James WALKER und Jimmy WALKER (1994): Rules, Games, and Common-Pool Resources. University of Michigan: Ann Arbor Books.

OSTROM, Elinor (1998): A Behavioral Approach to the Rational Choice Theory of Collective Action. In: American Political Science Review 92 (1), S. 1-22.

OSTROM, Elinor (1990): Governing the Commons. The Evolution of Institutions for Collective Action. Cambridge: University Press.

PALANDT, Otto (1999): Bürgerliches Gesetzbuch, Kommentar. 58. Auflage. München: C.H. Beck. (zitiert: Palandt-Bearbeiter)

PALLASCH, Waldemar, Wolfgang MUTZEK und Heino REIMERS (2002): Beratung, Training, Supervision. 3. Auflage. Weinheim/München: Juventa.

PARETO, Vilfredo (1909): Manuel d´économie politique. Paris: Giard et Bri.

PARKER FOLLETT, Mary (1940): Constructive Conflict. In: Metcalf/Urwick (Hg.): Dynamic Administration – The Collected Papers of Mary Parker Follett. New York: Harper & Brothers.

PARRA, Beate (2006): Modul 7 – Konfliktordnungen im Umbruch: Mediation in den USA, Skript der Fernuniversität Hagen 71090-6-01-S 1.

PATRZEK, Andreas (2010): Fragekompetenz für Führungskräfte. 5. Auflage. Leonberg: Rosenberger Fachverlag.

PATTLOCH, Thomas (2007): Verhandeln in China. In: Heussen (Hg.) – Handbuch Vertragsverhandlung und Vertragsmanagement. 3. Auflage. Köln: Otto Schmidt.

PATTON, Bruce (2000): On Teaching Negotiation. In: M. Wheeler (Hg.): Teaching Negotiations: Ideas and Innovations. Cambridge: PON Books.

PETERSON, Robert M. und C. David SHEPHERD (2010): Preparing to Negotiate: An Exploratory Analysis of the Activities comprising the Pre-Negotiation Process in a Buyer-Seller Interaction. In: Marketing Management Journal 20 (1), S. 66-75.

PHILLIPS, Katherine W. mit Sun Young KIM-JUN und So Hyeon SHIM (2011): The Value of Diversity in Organizations: A Social Psychological Perspective. In: De Cremer/van Dick/Murnighan: Social Psychology and Organizations. New York/Hove: Taylor and Francis.

PICHLBAUER, Michaela und Siegfried ROSNER (Hg.) (2008): Systemdynamik und Systemethik – Verantwortung für Soziale Systeme. Gedenkschrift für Walter Ludwig Bühl. München und Mering: Hampp Verlag.

PINK, Ruth (2009): Konflikttheorien als Lösungsmodelle für die Praxis. In: Mahlmann/Dulabaum/Pink u.a. (Hg.): Konfliktmanagement und Mediation. Schwierige Situationen souverän meistern. Weinheim und Basel: Beltz Verlag. S. 183-188.

PÖRNBACHER, Karl und Daniel WORTMANN (2012): Schiedsgerichtsbarkeit: Eine wertvolle Alternative zu staatlichen Gerichtsverfahren. In: ZKM 4/2012, S. 144-148.

PLEIER, Nils (2008): Performance-Measurement-Systeme und der Faktor Mensch. Wiesbaden: Gabler.

PONGRATZ, Hans J. (2003): Die Interaktionsordnung von Personalführung. Wiesbaden: Westdeutscher Verlag.

PONSCHAB, Reiner und Adrian SCHWEIZER: Wahl-Modul 2: Mediation in der Wirtschaft. Wirtschaftsmediation, Teil I. Skript der Fernuniversität Hagen 71074-8-01-S 1.

PONSCHAB, Reiner und Adrian SCHWEIZER (2004): Die Streitzeit ist vorbei. Wie Sie mit Wirtschaftsmediation schnell effizient und kostengünstig Konflikte lösen. Paderborn: Junfermann.

PONSCHAB, Reiner und Renate DENDORFER (2009): § 24 Konfliktmanagement im Unternehmen. In: Haft/Schlieffen (Hg.): Handbuch Mediation. 2. Auflage. München: C. H. Beck.

PONSCHAB, Reiner und Adrian SCHWEIZER (2010): Kooperation statt Konfrontation – Neue Wege anwaltlichen Verhandelns. 2. Auflage. Köln: Otto Schmidt.

PONSCHAB, Reiner (2012): Erinnerungen an den amerikanischen Verhandlungsexperten Roger Fisher. In: ZKM 5/2012, S. 171-172.

POUNDSTONE, William (1992): Prisoner´s Dilemma. New York: Doubleday.

POWELL, Walter W. (1996): Weder Markt noch Hierarchie: Netzwerkartige Organisationsformen. In: Kenis/Schneider (Hg.): Organisation und Netzwerk. Frankfurt/New York: Campus, S. 213-272.

PROKSCH, Roland (1991): Geschichte der Mediation. In: H. Krabbe (Hg.) – Scheidung ohne Richter. Hamburg: Rowohlt Taschenbuch Verlag, S. 170-191.

PRUITT, Dean G. (1981): Negotiation Behavior. New York: Academic Press.

PRUITT, Dean G. (1983): Achieving Integrative Agreements. In: Bazerman/Lewicki (Hg.): Negotiating in Organizations. Beverly Hills (Ca.), S. 35-50.

PRUITT, Dean G. (1993): Negotiation in Social Conflict. Buckingham: Open University Press.

PRUITT, Dean G. (1999): Strategic Choice in Negotiation. In: Breslin/Rubin (Hg.): Negotiation Theory and Practice. 5th Edition. Cambridge (MA): PON Books.

PRUITT, Dean G. (2012): Commentary 1. In: Negotiation and Conflict Management Research 5 (4), S. 384-391.

RACHLINSKI, Jeffrey J. (2012): Predictable Misjudgment: How Intuition Produces and Prolongs Conflict. In: ZKM 5/2012, S. 149-154.

RADDATZ, Thomas (2005): Dimensionen des Verhandlungsstils. Eine differenzial- und wirtschaftspsychologische Analyse des Interaktionsverhaltens professioneller Verhandler. Frankfurt a.M.: Peter Lang.

RAESCHKE-KESSLER, Hilmar und Klaus Peter BERGER (1999): Recht und Praxis des Schiedsverfahrens. 3. Auflage. Köln: RWS-Verlag.

RAIFFA, Howard (1982): The Art and Science of Negotiation: How to resolve conflicts and get the best out of bargaining. Cambridge/London: Harvard University Press.

RAIFFA, Howard (1985): Post-Settlement Settlements. In: Negotiation Journal 1, S. 283-297.

RAIFFA, Howard (1995): Analytical Barriers. In: ARROW/MNOOKIN et. al. (Hg.): Barriers to Conflict Resolution. New York/London: W. W. Norton & Company.

RAIFFA, Howard mit John RICHARDSON und David METCALFE (2002): Negotiation Analysis – The science and art of collaborative decision making. Cambridge/ London: Belknap Press..

RAPOPORT, Anatol mit Albert M. CHAMMAH (1965): Prisoner´s Dilemma. Ann-Arbor: University of Michigan Press.

REDLICH, Alexander (1997): Konflikt-Moderation. Handlungsstrategien für alle, die mit Gruppen arbeiten. Hamburg: Windmühle Verlag.

REDDY, Michael (1997): Mitarbeiter beraten. Kollegiale Hilfe zur Selbsthilfe. Weinheim und Basel: Beltz Verlag.

RISKIN, Leonard L. (1994): Mediator Orientations, Strategies and Techniques: A Grid for the Perplexed. 12 Alternatives, S. 111-114.

RISSE, Jörg (2003): Wirtschaftsmediation. München: C.H. Beck.

RISSE, Jörg (2011): Against Settlement. In: H. Eidenmüller (Hg.) – Alternative Streitbeilegung. München: C.H. Beck.

RISSE, Jörg (2012): Konfliktlösung durch Gerichtsprozesse: Benchmark für alle ADR-Verfahren. In: ZKM 3/2012, S. 75-79.

RÖHL, Klaus F. (1980): Der Vergleich im Zivilprozeß – Eine Alternative zum Urteil? In: Blankenburg/Klausa/Rottleuthner (Hg.): Alternative Rechtsformen und Alternativen zum Recht (Jahrbuch für Rechtssoziologie Band 6). Opladen: Westdeutscher Verlag. S. 279-316.

RÖHL, Klaus F. (1987): Rechtssoziologie. Ein Lehrbuch. Köln, Berlin, Bonn, München: Heymanns.

ROGERS, Carl R. (1983): Die klientenzentrierte Gesprächspsychotherapie. Frankfurt a.M.: Fischer Verlag.

ROGERS, Carl R. (1997): Die nicht-direktive Beratung. 9. Auflage. Frankfurt a.M.: Fischer.

ROSENBERG, Marshall B. (2007): Gewaltfreie Kommunikation. Eine Sprache des Lebens. 9. Auflage. Paderborn: Junfermann Verlag.

ROSENBERG, Marshall B. (2004): Das können wir klären! Wie man Konflikte friedlich und wirksam lösen kann. Paderborn: Junfermann Verlag.

ROSNER, Siegfried (1990): Gesellschaft im Übergang? Zum Wandel von Arbeit, Sozialstruktur und Politik. Frankfurt a.M.: Campus Verlag.

ROSNER, Siegfried (2006): Systeme in Szene gesetzt. Organisations- und Strukturaufstellungen als Managementinstrument und Simulationsverfahren. Leonberg bei Stuttgart: Rosenberger Verlag.

ROSNER, Siegfried (2007): Systemaufstellung als Aktionsforschung. Grundlagen, Anwendungsfelder, Perspektiven. München und Mering: Hampp Verlag.

ROSNER, Siegfried (2008): Bewegungen des Gruppenkörpers. Verfugungen zwischen systemischer Strukturaufstellungsarbeit und Walter Bühls systemökologischer Interpretation sozialen Wandels. In: Pichlbauer/Rosner (Hg.): Systemdynamik und Systemethik. Gedenkschrift für Walter Ludwig Bühl. München und Mering: Hampp Verlag, S. 274-301.

ROSNER, Siegfried mit Andreas WINHELLER (2012): Gelingende Kommunikation – revisited. 3. überarb. und erw. Auflage. München und Mering: Hampp Verlag.

ROSS, Lee und Constance A. STILLINGER (1991): Barriers to conflict resolution. In: Negotiation Journal 7 (4), S. 389-404.

ROSS, Lee (1995): Reactive Devaluation in Negotiation and Conflict Resolution. In: Arrow/Mnookin/Ross/Tversky/Wilson (Hg.): Barriers to Conflict Resolution. New York/London: W.W. Norton & Company, S. 26-43.

ROSSELET, Claude (2005): Von der Irritation zur Information. Systemaufstellungen und Managementpraxis. In: OrganisationsEntwicklung 3/2005, S. 16-27.

ROSSELET, Claude, Georg SENONER und Henriette K. LINGG (2007): Management Constellations. Mit Systemaufstellungen Komplexität managen. Stuttgart: Klett-Cotta.

RUBIN, Jeffrey Z. und Bert R. BROWN (1975): The Social Psychology of Bargaining and Negotiation. New York/San Francisco/London: Academic Press.

RUEDE-WISSMANN, Wolf (2010): Satanische Verhandlungskunst – und wie man sich dagegen wehrt. 9. Auflage. München: Langen/Müller.

RÜSSEL, Ulrike (2002): Vorgerichtliche Güte- und Schlichtungsverfahren. In: Haft/Schlieffen (Hg.): Handbuch Mediation. 2. Auflage. München: C.H. Beck. S. 858-890.

SALACUSE, Jeswald W. (1992): International erfolgreich verhandeln. Frankfurt/New York: Campus Verlag.

SALEWSKI, Wolfgang (2008): Die Kunst des Verhandelns – Motive erkennen, erfolgreich kommunizieren. Weinheim: Wiley-VCH.

SANDER, Frank E. (1976): Varieties of dispute processing. Federal Rules Decisions 77, S. 111-123.

SANDSTEDE, Christoph (2010): Verhandlungen unter Unsicherheit auf Industriegütermärkten. Wiesbaden: Gabler Research.

SANER, Raymond (1997): Verhandlungstechnik – Strategie, Taktik, Motivation, Verhalten, Delegationsführung. Bern/Stuttgart/Wien: Paul Haupt.

SANFEY, Alan G. mit J.K. RILLING, J.A. ARONSON, L.E. NYSTROM und J.D. COHEN (2003): The neural basis of economic decision-making in the ultimatum game. Science 300, S. 1755-1758.

SAPOSNEK, Donald T. (1983): Mediating Child Custody Disputes. San Francisco: Jossey-Bass.

SATIR, Virginia et al. (2000): Das Satir-Modell. Familientherapie und ihre Erweiterung. Paderborn: Junfermann Verlag.

SATIR, Virginia (2011): Selbstwert und Kommunikation. Familientherapie für Berater und zur Selbsthilfe. 18. Auflage. Stuttgart: Klett-Cotta.

SAUERLAND, Ute: Risiken der Streitbeilegung: Jurisprudenz und Mediation im Vergleich. Skript der Fernuniversität Hagen 71052-5-01-S 1.

SAUNDERS, Harold H. (1999): We Need a Larger Theory of Negotiation: The Importance of Pre-Negotiation Phases. In: Breslin/Rubin (Hg.): Negotiation Theory and Practice. 5th Edition. Cambridge (MA): PON Books.

SCHÄFFER, Hartmut (2004): Mediation – Die Grundlagen. Würzburg: Stephans-Buchhandlung M. Mittelstädt KG.

SCHEIN, Edgar H. (1987): Process Consultation - Vol. II. Reading Mass.: Addison-Wesley Publishing Comp.

SCHLICKSUPP, Helmut (1999): Ideenfindung. 5. Auflage. Würzburg: Vogel.

SCHLIEFFEN, Katharina Gräfin von (2002): § 7 – Mediation im Rechtsstaat – Chancen einer neuen Konfliktordnung. In: Haft/ Schlieffen (Hg.): Handbuch Mediation. München: C.H. Beck. S. 172-195.

SCHLIEFFEN, Katharina Gräfin von (2009a): § 1 – Propädeutikum. In: Haft/ Schlieffen (Hg.): Handbuch Mediation. 2. Auflage. München: C.H. Beck. S. 3-67.

SCHLIEFFEN, Katharina Gräfin von (2009b): § 9 – Perspektiven der Mediation. In: Haft/Schlieffen (Hg.): Handbuch Mediation, 2. Auflage. München: C.H. Beck. S. 197-216.

SCHLIEFFEN, Katharina Gräfin von mit Reiner PONSCHAB, Ulrike RÜSSEL und Torsten HARMS (2006): Mediation und Streitbeilegung, Verhandlungstechnik und Rhetorik. Berlin.: BWV.

SCHMID, Michael (1994): Entscheiden, Handeln und Institutionen. Neuere Arbeiten zur soziologischen Handlungstheorie. In: Berliner Journal für Soziologie. 4. Jg., S. 571-580.

SCHMIDT, Frank (1998): Wirtschaftsmediation – die nicht gesehene Chance. In: BB 1998 (Beilage 10), S. 6-8.

SCHMIDT, Gunther (2011): Einführung in die hypnosystemische Therapie und Beratung. 4. Auflage. Heidelberg: Carl-Auer-Verlag.

SCHMIDT, Frank und Dieter KOSTKA: Mediation im Kommunalrecht und innerbehördliche Mediation. Skript der Fernuniversität Hagen 71080-9-01-S-1.

SCHNEIDER, Andrea Kupfer (2002): Shattering negotiation myths: Empirical evidence on the effectiveness of negotiation style. In: Harvard Negotiation Law Review 7, S. 143-233.

SCHNELLE, Eberhard (1988): Fibel zur Metaplantechnik – Wie man mit der Metaplantechnik Gruppengespräche moderiert. Quickborn: Metaplan.

SCHÖN, Donald (1983): The Reflective Practitioner: How Professionals Think in Action. New York: Basic Books.

SCHOEN, Torsten (2003): Konfliktmanagementsysteme für Wirtschaftsunternehmen. Köln: Centrale für Mediation.

SCHOLZ, Roland mit Harald MIEG und Olaf WEBER (2003): Entscheidung. In: Auhagen/Bierhoff (Hg.): Angewandte Sozialpsychologie. Weinheim/Basel/Berlin: BeltzPVU. S. 194-219.

SCHOPENHAUER, Arthur (1983): Eristische Dialektik oder Die Kunst, Recht zu behalten. Zürich: Haffmanns Verlag.

SCHRANNER, Matthias (2001): Verhandeln im Grenzbereich. München: Econ.

SCHRANNER, Matthias (2009): Teure Fehler. Berlin: Econ.

SCHREYÖGG, Astrid (1991): Supervision. Lehrbuch zu Theorie und Praxis. Paderborn: Junfermann Verlag.

SCHULTZ, Johann Heinrich (2003): Das autogene Training: Konzentrative Selbstentspannung. Versuch einer klinisch-praktischen Darstellung. 20. Auflage. Stuttgart: Thieme.

SCHULZ VON THUN, Friedemann (1981/1989): Miteinander reden 1 + 2. Psychologie der Kommunikation. Reinbek bei Hamburg: Rowohlt Verlag.

SCHULZ VON THUN, Friedemann (1996): Praxisberatung in Gruppen. Weinheim und Basel: Beltz Verlag.

SCHWARTZ, Hansjörg mit Markus TROJA (2010): Lehrmodul 16: Verhandeln. In: ZKM 6/2010, S. 186-190.

SCHWARZ, Gerhard (2005): Konfliktmanagement – Konflikte erkennen, analysieren, lösen. 7. Auflage. Wiesbaden: Gabler.

SCHWARZ, Sabine (2012): Analyse und Steuerung von Verhandlungsperformance in industriellen Verhandlungen. Hamburg: Dr. Kovac.

SCHWARZMANN, Henning (2006): Hybride Mediationsverfahren. In: R. Walz (Hg.): Formularbuch Außergerichtliche Streitbeilegung. Köln: Otto Schmidt, S. 82-109.

SCHWEIZER, Adrian (2003): Wahl-Modul 2 Zivilrecht II: Konflikte und wie wir sie lösen. Skript der Fernuniversität Hagen 71059-5-01-S 1.

SCHWEIZER, Adrian (2009): § 14 – Techniken des Mediators – Übersicht. In: Haft/Schlieffen (Hg.): Handbuch Mediation. 2. Auflage. München: C.H. Beck. S. 321-362.

SCHWINGER, Thomas (1980): Gerechte Güterverteilung – Entscheidungen zwischen drei Prinzipien. In: Mikula/Gerold (Hg.): Gerechtigkeit und soziale Interaktion. Bern: Huber. S. 107-140.

SEBENIUS, James K. (1980): Anatomy of Agreements. PhD-Diss. Harvard University Economics Departement and Harvard Business School, Cambridge, MA.

SEBENIUS, James K. (1984): Negotiating the Law of the Sea: Lessons in the Art and Science of Reaching Agreements. Cambridge, MA: Harvard University Press.

SEBENIUS, James K. (1996): Sequencing to Build Coalitions: With Whom Should I talk first. In: Zeckhauser/Keeney/Sebenius (Hg.): Wise Choices: Decisions, Games and Negotiations. Boston (MA): HBS Press. S. 324-348.

SEIFERT, Josef W. (1992): Visualisieren, Präsentieren, Moderieren. 4. Auflage. Speyer: Gabal Verlag.

SEIFERT, Josef W. (1995): Gruppenprozesse steuern. Offenbach: Gabal Verlag.

SEIFERT, Josef W. (1999): Moderation und Kommunikation. Offenbach: Gabal Verlag.

SEIFERT, Josef W. (2003): Moderation. In: Auhagen/Bierhoff (Hg.): Angewandte Sozialpsychologie. Weinheim/Basel/Berlin: BeltzPVU. S. 75-87.

SELLNOW, Reinhard (1998): Mediation – ein geeignetes Verfahren für Agenda-21-Prozesse! In: Apel/Dernbach/Ködelpeter/Weinbrenner (Hg.): Wege zur Zukunftsfähigkeit. Methodenhandbuch Stiftung Mitarbeit – Arbeitshilfen für Selbsthilfe- und Bürgerinitiativen Nr. 19. Bonn, S. 49-55.

SELTEN, Reinhard (2001): Die konzeptionellen Grundlagen der Spieltheorie einst und jetzt. Discussion Paper 2/2001 der Bonn Graduate School of Economics.

SENGE, Peter M. mit Art KLEINER, Bryan SMITH, Charlotte ROBERTS und Richard ROSS (2008): Das Fieldbook zur Fünften Disziplin. Stuttgart: Schäffer-Poeschel-Verlag.

SELVINI, Matteo (Hg.) (1992): Mara Selvinis Revolutionen. Die Entstehung des Mailänder Modells. Heidelberg: Auer Verlag.

SCHUON, Frithjof (1981): Von der inneren Einheit der Religionen. Interlaken: Ansata Verlag.

SHELL, G. Richard (2001): Bargaining Styles and Negotiation: The Thomas-Kilman Conflict Mode Instrument in Negotiation Training. In: Negotiation Journal 17 (2), S. 155-174.

SIEGEL, Sidney und Lawrence E. FOURAKER (1960): Bargaining and group decision making. New York: McGraw-Hill.

SILBEY, Susan S. und Sally E. MERRY (1986): Mediator Settlement Strategies, 8 Law & Policy (1), S. 7-32.

SIMON, Herbert (1955): A behavioral model of rational choice. In: Quaterly Journal of Economics 69 (1), S. 99-118.

SIMON, Walter (2006): Persönlichkeitsmodelle und Persönlichkeitstests, Offenbach: GABAL-Verlag (Jokers Edition).

SLOVIC, Paul (1972): Information processing, situation specificity, and the generality of risk taking behaviour. In: Journal of Personality and Social Psychology 22, S. 128-134.

SPARRER, Insa (2000): Vom Familien-Stellen zur Organisationsaufstellung. Zur Anwendung Systemischer Strukturaufstellungen im Organisationsbereich. In: G. Weber (Hg.): Praxis der Organisationsaufstellungen. Deidelber: Carl-Auer-Systeme Verlag. S. 91-126.

SPARRER, Insa (2004): Wunder, Lösung und System. Lösungsfokussierte Systemische Strukturaufstellungen für Therapie und Organisationsberatung. 3. Auflage. Heidelberg: Carl-Auer-Systeme Verlag.

SPARRER, Insa (2009): Sytemische Strukturaufstellungen. Theorie und Praxis. 2. Auflage. Heidelberg: Carl-Auer-Systeme Verlag.

SPARRER, Insa (2007): Einführung in Lösungsfokussierung und Systemische Strukturaufstellungen. Heidelberg: Carl-Auer-Systeme Verlag.

SPARRER, Insa und Matthias VARGA VON KIBÉD (1998): Wie Systeme Systeme wahrnehmen: Körperliche Selbstwahrnehmungen bei Systemischen Strukturaufstellungen. In: Milz/Varga von Kibéd (Hg.): Körpererfahrungen – Anregungen zur Selbstheilung. Zürich: Walter Verlag. S. 114-141.

SPARRER, Insa und Matthias VARGA VON KIBÉD (2001): Systemische Strukturaufstellungen: Die Simulation von Systemen. In: Lernende Organisation. Nr. 4/2001, S. 6-14.

SPRENGER, Reinhard K. (2007): Vertrauen führt – Worauf es im Unternehmen wirklich ankommt. 3. Auflage. Frankfurt a.M.: Campus.

STEGMÜLLER, Wolfgang (1973): Probleme und Resultate der Wissenschaftstheorie und Analytischen Philosophie. Bd. 2 Theorie und Erfahrung. Berlin: Springer.

STEGMÜLLER, Wolfgang (1987-89): Hauptströmungen der Gegenwartsphilosophie. Bd. 1-3. Stuttgart: Kröner Verlag.

STEINHEUSER, Sylvia (2006): Aufbau und Stabilisierung von Vertrauen in interorganisationalen Netzwerken. München und Mering: Rainer Hampp.

STILLINGER, Constance A. mit Michael EPELBAUM, Dacher KELTNER und Lee ROSS (1990): The „reactive devaluation" barrier to conflict revolution. Unveröffentlichtes Manuskript. Stanford: Stanford University.

STRASSER, Hermann (1986): Das Ideal der sozialen Gerechtigkeit im Lichte von Ungleichheitstheorien. In: Krüger/Strasser (Hg.): Soziale Ungleichheit und Sozialpolitik. Legitimation. Wirkung. Programmatik. Regensburg: Transfer Verlag, S. 43-64.

STOCK, Johannes mit Heimfried WOLFF und Petra-Ida THÜNTE (1996): Strukturanalyse der Rechtspflege – Bilanz eines Forschungsprogramms des Bundesministeriums der Justiz. Köln: Bundesanzeiger.

STONE, Douglas mit Bruce PATTON und Sheila HEEN (2000): Offen gesagt! Erfolgreich schwierige Gespräche meistern. München: Goldmann.

STREMPEL, Dieter (2002): § 4 Rechtspolitische Aspekte der Mediation. In: Haft/Schlieffen (Hg.): Handbuch Mediation. München: C. H. Beck., S. 87-103.

SUBRAMANIAN, Guhan (2012): Negotiauctions – So gewinnen sie mit neuen Verhandlungstrategien. Frankfurt/New York: Campus.

SUSSKIND, Lawrence (2010): How to negotiate when values are at stake. Negotiation Newsletter Oktober 2010, Cambridge: PON, S. 1-4ff.

SUSSKIND, Lawrence und Jeffrey CRUIKSHANK (1987): Breaking the Impasse – Consensual Approaches to Resolving Public Disputes. Cambridge: Basic Books.

SUSSKIND, Lawrence mit Sarah McKEARNAN und Jennifer THOMAS-LARMER (1999): Consensus Building Handbook, Thousand Oaks/London/New Delhi: SAGE.

TENBERGEN, Rasmus (2001): Prinzipienorientiertes Verhandeln und das Verhandlungsdilemma – ist das „Harvard-Konzept" zu weich? Thesenpapier Mai 2001, überarbeitete deutsche Version.

THALER, Richard (1980): Toward a positive theory of consumer choice. In: Journal of Economic Behavior and Organization (1), S. 39-60.

THOMANN, Christoph und Friedemann SCHULZ VON THUN (1993): Klärungshilfe. Handbuch für Therapeuten, Gesprächshelfer und Moderatoren in schwierigen Gesprächen. Reinbek bei Hamburg: Rowohlt Verlag.

THOMAS, Kenneth W. (1976): Conflict and Conflict management. In: M.D. Dunnette (Hg.): Handbook of industrial and organizational psychology. Chicago: Rand McNally.

THOMAS, Rian (2002): Conflict Management Systems. A Methodology for Adressing the Cost of Conflict in the Workplace. Online verfügbar unter http://www.mediate.com//articles/thomasR.cfm (abgerufen am 31.10.2012).

THOMPSON, Leigh L. (1990): An examination of naïve and experienced negotiators. In: Journal of Personality and Social Psychology 59 (1), S. 82-90.

THOMPSON, Leigh L. und Reid HASTIE (1990a): Social perception in negotiation. In: Organizational Behavior and Human Decision Processes 47, S. 98-123.

THOMPSON, Leigh L. und Reid HASTIE (1990b): Judgment Tasks and Biases in Negotiation. In: Sheppard/Bazerman/Lewicki (Hg.): Research on Negotiation in Organizations Vol. 2. Greenwich/London: JAI Press, S. 31-54.

THOMPSON, Leigh L. (1991): Information exchange in negotiation. In: Journal of Experimental Social Psychology 27 (2), S. 161-179.

THOMPSON, Leigh L. und Terri DeHARPPORT (1994): Social judgment, feedback, and interpersonal learning in negotiation. In: Organizational Behavior and Human Decision Processes 58 (3), S. 327-345.

THOMPSON, Leigh L. und Dennis HREBEC (1996): Lose-Lose-Agreements in interdependent decision making. In: Psychological Bulletin 120 (3), S. 396-409.

THOMPSON, Leigh L. (2009): The Mind and Heart of the Negotiator. 4th Edition. Upper Saddle River: Prentice Hall.

TIETZE, Kim-Oliver (2003): Kollegiale Beratung. Problemlösungen gemeinsam entwickeln. Reinbek bei Hamburg: Rowohlt Verlag.

TINSLEY, Catherine mit Kathleen O´CONNOR und Brandon SULLIVAN (2002): Tough guys finish last: The perils of a distributive reputation. In: Organizational Behaviour and Human Decision Processes 88 (2), S. 621-642.

TOELSTEDE, Bodo (1997): Das Verhandlungskonzept. Hart in der Sache – menschlich im Dialog. Weinheim und Basel: Beltz Verlag.

TOMM, Karl (2004): Die Fragen des Beobachters. Schritte zu einer Kybernetik zweiter Ordnung in der systemischen Therapie. Heidelberg: Carl Auer Systeme Verlag.

TRACY, Karen und Anna SPRADLIN (1994): Talking like a mediator: Conversational moves of experienced divorce mediators. In: Folger/Jones (Hg.): New Directions in Mediation. Thousands Oaks: Sage. S. 110-132.

TRAGESER, Waltraut und Marco von MÜNCHHAUSEN (2005): Die NLP-Kartei – Practitioner Set. Paderborn: Junferman.

TREIBEL, Annette (1997): Einführung in soziologische Theorien der Gegenwart. 4. Auflage. Opladen: Leske & Budrich.

TRENCZEK, Thomas (2005): Alternatives Konfliktmanagement in der Bürgergesellschaft. Spektrum der Mediation 19/2005, S. 5-13.

TROSSEN, Artur (2009): § 40 – Integrierte Mediation. In: Haft/Schlieffen (Hg.): Handbuch Mediation. 2. Auflage. München: C.H. Beck. S. 987-1005.

TSCHEUSCHNER, Marc und Hartmut WAGNER (2008): TMS – Der Weg zum Hochleistungsteam. Offenbach: GABAL-Verlag.

TVERSKY, Amos und Daniel KAHNEMAN (1974): Judgment under uncertainty: Heuristics and biases. In: Science 185, S. 1124–1130.

TVERSKY, Amos und Daniel KAHNEMAN (1981): The Framing of Decisions and the Psychology of Choice. In: Science 211, S. 453-458.

ULLRICH, Christian (2004): Die Dynamik von Coopetition – Möglichkeiten und Grenzen dauerhafter Kooperation. Wiesbaden: DUV.

URY, William mit Jeanne M. BRETT und Stephen GOLDBERG (1996): Konfliktmanagement – Wirksame Strategien für den Interessenausgleich. Frankfurt a.M.: Campus Verlag. (amerikanisches Original 1988)

URY, William (1998): Schwierige Verhandlungen. Wie Sie sich mit unangenehmen Kontrahenten vorteilhaft einigen. 3. Auflage. München und Frankfurt: Heyne und Campus Verlag.

URY, William (2000): The Third Side – Why we fight and how we can stop. New York/London: Penguin Books.

URY, William (2009): Nein sagen und trotzdem erfolgreich verhandeln. Frankfurt/New York: Campus-Verlag.

VAIHINGER, Hans (1911): Die Philosophie des Als Ob. System der theoretischen, praktischen und religiösen Fiktionen der Menschheit auf Grund eines idealistischen Positivismus. Berlin: Reuther und Reichard.

VARGA VON KIBÉD, Matthias (1990): Aspekte der Negation in der buddhistischen und formalen Logik. In: Synthesis Philosophica, H. 10, S. 581-593.

VARGA VON KIBÉD, Matthias (1995): Fünf Arten des radikalen Wandels. In: Blickpunkte 1/95, München: GC Graphic Consult (später in „Ganz im Gegenteil").

VARGA VON KIBÉD, Matthias (1998): Bemerkungen über philosophische Grundlagen und methodische Voraussetzungen der systemischen Aufstellungsarbeit, In: G. Weber (Hg.): Praxis des Familien-Stellens. Heidelberg: Carl-Auer Systeme Verlag. S. 51-60.

VARGA VON KIBÉD, Matthias (2000): Unterschiede und tiefere Gemeinsamkeiten der Aufstellungsarbeit mit Organisationen und systemischen Familienaufstellungen. In: G. Weber (Hg.): Praxis der Organisationsaufstellungen. Heidelberg: Carl-Auer Systeme Verlag. S. 11-33.

VARGA VON KIBÉD, Matthias und Insa SPARRER (2000): Tetralemmaarbeit als eine Form Systemischer Strukturaufstellungen. In: H. Döring-Meijer (Hg.): Die entdeckte Wirklichkeit. Die systemisch-phänomenologische Arbeit nach Bert Hellinger. Paderborn: Junfermann Verlag.

VARGA VON KIBÉD, Matthias und Insa SPARRER (2011): Ganz im Gegenteil. Tetralemmaarbeit und andere Grundformen Systemischer Strukturaufstellungen – für Querdenker und solche, die es werden wollen. 7. Auflage. Heidelberg: Carl-Auer-Systeme Verlag.

VOETH, Markus mit Uta HERBST (2009): Verhandlungsmanagement – Planung, Steuerung und Analyse. Stuttgart: Schäffer-Poeschel.

VOGEL, Hans-Jochen (1981): Bewirtschaftung der Rechtsgewährung? – Thesen zur Problematik der Streit- und Konfliktschlichtung. In: Recht und Politik 1981, S. 49-50.

WACHS, Friedhelm (2012): Faktor V – Die fünf Phasen erfolgreichen Verhandelns. Weinheim: Wiley-VCH.

WACK, Otto Georg mit Georg DETLINGER und Hildegard GROTHOFF (1998): kreativ sein kann jeder. 2. Auflage. Hamburg: Windmühle.

WAGNER, Gerhard (2007): Heuristiken und Mediation. In: ZKM 6/2007, S. 172-176.

WALL, James A. und Michael E. BLUM (1991): Negotiations. In: Journal of Management 17 (2), S. 273-303.

WALL, James A. und Kenneth KRESSEL (2012): Research on Mediator Style: A Summary and Some Research Suggestions. In: Negotiation and Conflict Management Research 5 (4), S. 403-421.

WALTERS, Amy E. mit Alice STUHLMACHER und Lia MEYER (1998): Gender and Negotiator Competitiveness: A Meta-Analysis. In: Organizational Behaviour and Human Decision Processes 76 (1), S. 1-29.

WALTON, Richard E. und Robert B. McKERSIE (1965): A Behavioral Theory of Labor Negotiations. New York: Cornell University Press.

WALTON, Richard E. mit Joel E. CUTCHER-GERSHENFELD und Robert B. McKERSIE (1994): Strategic Negotiations – A Theory of change in labor-management relations. Boston, MA: Harvard Business School Press.

WALZ, Robert (Hg.) (2006): Formularbuch Außergerichtliche Streitbeilegung. Köln: Dr. Otto Schmidt.

WATKINS, Michael (2002): Breakthrough Business Negotiation – A Toolbox for Managers. San Francisco: Jossey-Bass.

WATKINS, Michael (2003): Analyzing Complex Negotiations. Harvard Business School Paper 9-903-088.

WATKINS, Michael (2006): Shaping the Game – The new Leaders Guide to effective Negotiating. Boston (MA): HBS Press.

WATSON, Carol and L. Richard HOFFMAN (1996): Managers as negotiators: A test of power versus gender as predictors of feelings, behavior, and outcomes. In: The Leadership Quaterly 7 (1), S. 63-85.

WATZLAWICK, Paul (2005): Wie wirklich ist die Wirklichkeit? 3. Auflage. München/ Zürich: Piper.

WEBER, Gunthard (Hg.) (1993): Zweierlei Glück. Die systemische Psychotherapie Bert Hellingers. Heidelberg: Carl-Auer-Systeme Verlag.

WEBER, Gunthard (Hg.) (1998): Praxis des Familien-Stellens. Beiträge zu systemischen Lösungen nach Bert Hellinger. Heidelberg: Carl-Auer-Systeme Verlag.

WEBER, Gunthard (Hg.) (2000): Praxis der Organisationsaufstellungen. Grundlagen, Prinzipien, Anwendungsbereiche. Heidelberg: Carl-Auer-Systeme Verlag.

WEBER, Gunthard et al. (2005): Aufstellungsarbeit revisited … nach Hellinger? Heidelberg: Carl-Auer-Systeme Verlag.

WEBER, J. Mark mit Deepak MALHOTRA und J. Keith MURNIGHAN (2001): An Attributional Impetus Model of Trust Development. Conference Paper for the 14th Annual Conference of the International Association of Conflict Management.

WEINGART, Laurie mit Jeanne M. BRETT und Mara OLEKALNS (2007): Conflicting social motives in negotiation groups. In: Journal of Personality and Social Psychology 93 (6), S. 994-1010.

WEISBACH, Christian-Rainer (2004): Gekonnt kontern – Wie Sie verbale Angriffe souverän entschärfen. München: Deutscher Taschenbuch Verlag.

WERMKE Christian mit Andreas WINHELLER (2012): Die Anwaltsbasics: Mediation. Würzburg: hemmerVerlag für Anwälte.

WHITE, James J. (1984): The Pros and Cons of "Getting to Yes". In: 34 Journal of Legal Education 115-124.

WILLIAMS, Gerald R. (1983): Legal Negotiation and Settlement. St. Paul: West Publishing & Co.

WILLIAMS, Gerald R. (1993): Style and Effectiveness in Negotiation. In: L. Hall (Hg.): Negotiation. Newbury Park/London/New Delhi: SAGE. S. 151-174.

WINHAM, Gilbert R. (1979): Practitioner´ Views of International Negotiation. In: World Politics, Oktober 1979, S. 111-135.

WINHELLER, Andreas (2003): Harvard-Verhandlungskunst: So kommen Sie mit der optimalen Strategie sicher zu ihrem gewünschten Verhandlungserfolg. In: ORG-Berater. Juli-August 2003, S. 105-124.

WINHELLER, Andreas (2004a): Seien Sie auf der Hut: So tappen Sie nicht in die 5 schlimmsten psychologischen Verhandlungsfallen. In: ORG-Berater. Januar-Februar 2004, S. 123-138.

WINHELLER, Andreas (2004b): Wenn´s hart auf hart kommt: So gehen Sie auch aus härtesten Verhandlungsrunden souverän als Sieger hervor. In: ORG-Berater. Mai-Juni 2004, S. 109-126.

WINHELLER, Andreas (2004c): Gemeinsam das Bestmögliche erreichen: Die 5 Prinzipien erfolgreicher Verhandlungen. In: ORG-Berater. September-Oktober 2004, S. 127-146.

WINHELLER, Andreas (2005a): Typische Verhandlungsfallen: Wie Sie sie durchschauen – und für Ihre Ziele nutzen. In: Kommunikation im Management. August-September 2005, S. 97-114.

WINHELLER, Andreas (2005b): Machen Sie Fehler und lernen Sie daraus – aber richtig! So finden Sie Lösungen statt Schuldige. In: Praxishandbuch Einfach organisiert 9/10 2005, S. 49-68.

WINHELLER, Andreas (2006): Komplizierte Konflikte in 3 einfachen Schritten systematisch auflösen. In: Praxishandbuch Einfach organisiert 3/4 2006, S. 65-82.

WINHELLER, Andreas mit Denis KITTL (2010a): TMS-Statuscheck für Verhandlungsteams und Verhandlungen „Rund ums Rad gedacht“ (unveröffentlichte Schulungsmaterialien).

WINHELLER, Andreas (2010b): Innerbetriebliche Mediation als Element moderner Personalentwicklung. München: GRIN-Verlag.

WINHELLER, Andreas (2011): Ein Seminar ist nicht genug – Verhandlungsperformanceentwicklung in der Organisation. Masterthese im Studiengang „M.A. Personalentwicklung“ an der TU Kaiserslautern.

WINKLEGREN, W.A. (1974): How to solve problems. San Francisco: Freeman.

WIRTGEN, Hans-Joachim (2005): Pilotprojekt „Güterichter“: Gerichtsinterne Mediation in Bayern. In: DGM-Newsletter 4/2005, S. 5-7.

WITTSCHIER, Bernd (1998): Verflixt und zugenäht. Konflikte kreativ lösen durch Wirtschaftsmediation. Wiesbaden: Gabler.

WOLF, Christian mit Matthias M. WEBER und Christoph KNAUER (2003): Gefährdung der Privatautonomie durch therapeutische Mediation? NJW 2003, S. 1488-1491.

WOLF, Fred Alan (1986): Der Quantensprung ist keine Hexerei – Die neue Physik für Einsteiger. Basel/Boston/Stuttgart: Birkhäuser.

WRESNIK; Helmut J. (2006): Von Bild zu Bild… Arbeiten mit Systemischen Strukturaufstellungen. Mit einem Vorwort von Matthias Varga von Kibéd, Norderstedt: Books on Demand.

WÜRZL, Anton (2005): Systemisches Management in Theorie und Praxis. Strategieentwicklung und zielorientierte Organisationsentwicklung mit der Balanced Scorecard. Bern/Stuttgart/Wien: Haupt Verlag.

YARN, Douglas (2009): § 53 – Mediation in den USA. In: Haft/Schlieffen (Hg.): Handbuch Mediation2. Auflage. München: C.H. Beck. S. 1259-1269.

YUKL, Gary A. (1974): Effects of situational variables and opponent concessions on a bargainer´s perception, aspirations, and concessions. In: Journal of Personality and Social Psychology 29, S. 227-236.

ZARANKIN, Tal G. und James A. WALL Jr. (2012): Negotiators´ Information Sharing: The Effects of Opponent Behavior and Information about Previous Negotiators´ Performance. In: Negotiation and Conflict Management Research 5 (2), S. 162-181.

ZÖLLER, Richard mit Reinhold GEIMER und Reinhard GREGER (2007): Zivilprozessordnung. 26. Auflage. Köln: Dr. Otto Schmidt.

ZÖLLNER, Wolfgang (1976): Privatautonomie und Arbeitsverhältnis. In: AcP 176, S. 221-246.

IV Abbildungsverzeichnis

V Über die Autoren

SIEGFRIED ROSNER

Dr. rer.pol., Dipl.-Soziologe und Master of Mediation (MM), geschäftsführender Partner der Rosner Consult Partnerschaftsgesellschaft in München, ist Management- und Organisationsberater sowie Führungs- und Verhandlungstrainer.

Ausbildungen in systemischer Beratung und Prozessmanagement (bei ComTeam) sowie in Systemischen Strukturaufstellungen (SySt©) bei Matthias Varga von Kibéd und Insa Sparrer. NLP-Lehrtrainer und Lehrcoach (DVNLP). TMS-Mastertrainer.

Nach seiner Tätigkeit bei einem internationalen Industriekonzern arbeitet er mit Unternehmen verschiedener Branchen und non-profit-Organisationen an der Gestaltung organisatorischer und persönlicher Veränderungsprozesse.

Schwerpunkte: Führung und Managemententwicklung, systemdynamische Organisationsberatung, Team- und Change Management, Gesprächsführung und Verhandlung, Konfliktmediation und Coaching.

ANDREAS WINHELLER

Jurist (Bonn/Mainz), absolvierte ein Masterstudium in Mediation (FU Hagen), ein Masterstudium in Personalentwicklung (TU Kaiserslautern) sowie die Managementausbildung an der Kellogg School of Management, Evanston, USA.

Weiterbildung als Verhandlungstrainer am Harvard Verhandlungsprogramm (PON) und dem Dispute Resolution Research Center (DRRC) der Kellogg School of Management.

Weiterbildung in Systemischen Strukturaufstellungen (SySt©) bei Matthias Varga von Kibéd und Insa Sparrer.

Zertifizierter Mediator (DGM), Mastertrainer für den M.B.T.I. und das Team-Management-System (TMS), NLP-Master (DVNLP, Society of NLP).

Er arbeitet als selbständiger Unternehmensberater mit seinem Team von Verhandlungsexperten für deutsche Unternehmen verschiedener Branchen und non-profit Organisationen mit dem Schwerpunkt *Verhandlungsperformanceentwicklung* (Verhandlungscoaching, Verhandlungstraining, Organisationsentwicklung, Mediation).

Systemische Organisationsberatung und Aktionsforschung

Schriftenreihe des Instituts für systemische Aktionsforschung

herausgegeben von Siegfried Rosner

Band 1
Siegfried Rosner
Systemaufstellung als Aktionsforschung
Grundlagen, Anwendungsfelder, Perspektiven
mit Gastbeiträgen von Georg Gombos, Henriette Katharina Lingg, Ruth Sander und Wolfgang Zimmermann
ISBN 978-3-86618-150-2, Rainer Hampp Verlag, München u. Mering 2007, 173 S., € 19.80

Die Systemaufstellung hat sich in der Organisationsberatung als (Gruppen-)Simulationsverfahren für Systeme als fruchtbarer Ansatz erwiesen. Als „Aktionsmethode" liefert sie handlungsnahe Beschreibungen von Wirkungszusammenhängen in Organisationen und vermittelt den Mitwirkenden eine Vorstellung von Funktionsweise und Gestaltbarkeit organisatorischer Beziehungsgeflechte und Regeln.
Die diesbezügliche Forschung im Rahmen einer Action Science ist aber noch rar. Dieser Band will Anregungen zum Konzept einer Systemaufstellung als Aktionsforschung bieten. Dazu werden wichtige methodologische Grundlagen des Systemaufstellungsverfahrens dargestellt und diskutiert, typische Anwendungsfelder und methodische Weiterentwicklungen der „Systemaufstellung in Aktion" durch vier Gastbeiträge am Praxisbeispiel vorgestellt und schließlich die auf einer breiten philosophischen und psychologischen Basis von Matthias Varga von Kibéd und Insa Sparrer entwickelten Systemischen Strukturaufstellungen (©SySt) gezielt auf soziologische Aspekte und Konzepte bezogen. Das Systemaufstellungsverfahren soll dabei als Methode einer soziologisch bewussten und auch gesellschaftstheoretisch inspirierten Aktionsforschung etabliert werden.
Bei den Interventionen der ©SySt-Schule wird mit ausgewiesenen Annahmen über Ordnungsprinzipien zum Systemerhalt gearbeitet. Am Beispiel des „Prinzips der Zugehörigkeit" unter den Bedingungen „doppelter Entgrenzung" werden die möglichen Folgen des Strukturwandels in Wirtschaft und Gesellschaft für die Aufstellungsarbeit und ihre interventionstheoretischen Grundlagen diskutiert. Angeregt wird, darüber zu forschen, was das Konzept des „Arbeitskraft-Unternehmers" und die neue Sozialfigur des „Arbeitenden Kunden" für das Verständnis systemischer Ordnungsmomente und für die systemische Interventionslehre bedeuten könnte.

Band 2
Michaela Pichlbauer, Siegfried Rosner (Hrsg.):
Systemdynamik und Systemethik. Verantwortung für Soziale Systeme
Gedenkschrift für Walter Ludwig Bühl
ISBN 978-3-86618-299-8, Rainer Hampp Verlag, München u. Mering 2008, 361 S., € 29.80

Die vorliegende Gedenkschrift enthält sowohl Vorträge der Tagung als auch durch sie angeregte und neu angefertigte Beiträge von KollegInnen aus Wissenschaft und Praxis, die sich auf diese Weise mit Werk und Wirkung Walter Bühls auseinander setzen. Der Band schließt mit einem bisher unveröffentlichten Originalbeitrag von Walter L. Bühl zur „Stellung und Funktion Bayerns in der regionalen Dynamik des Europäischen Binnenmarktes".

Band 3

Siegfried Rosner (unter Mitwirkung von Andreas Winheller):

Gelingende Kommunikation – revisited.

Ein Leitfaden für partnerorientierte Gesprächsführung, wertschöpfende Verhandlungsführung und lösungsfokussierte Konfliktbearbeitung

ISBN 978-3-86618-814-3,
Rainer Hampp Verlag, München u. Mering,
3. überarb. u. erw Aufl. 2012,
315 S., € 27.80

In Gesprächen, Verhandlungen und Konflikten ist das Gelingen von Kommunikation Voraussetzung für Erfolg. Die völlig überarbeitete Neuauflage versteht sich nach wie vor als praktische Handreichung mit wissenschaftlicher Fundierung und enthält jetzt weiterführende Übungsaufgaben und Arbeitshilfen, die die Auseinandersetzung mit der Anwendungspraxis der dargestellten Techniken vertiefen.

Das Buch bietet im ersten Abschnitt neben der Einführung in die Grundlagen der ziel- und partnerorientierten Gesprächsführung auch Leitfäden für verschiedene Gesprächssituationen in der Leitungsfunktion und enthält Empfehlungen für die Moderation von Teamsitzungen und von Konfliktgesprächen.

Im zweiten Abschnitt geht es um Strategien, Taktiken und Techniken einer wertschöpfenden Verhandlungsführung, die auch im Rahmen des Verhandlungsansatzes der Konfliktmediation genutzt werden können. Es wird gezeigt, wie Verhandlungen sachgerecht strukturiert, Entscheidungsfallen rechtzeitig erkannt und typische Fehler vermieden werden können. Fragen zur Verhandlungsvorbereitung und das Phasenmodell für politisierte Verhandlungen von A. Winheller unterstützen den Praxistransfer.

Die lösungsfokussierte Konfliktbearbeitung mit Hilfe externer Dritter steht im Mittelpunkt des dritten Abschnitts. Dabei werden die Verknüpfungen zwischen der transformativen Konfliktmediation und den systemischen Strukturaufstellungsverfahren herausgearbeitet und die Transformation einer Konfliktkonstellation auch auf systemische und systemtheoretische Veränderungsmodelle bezogen.